普通高等教育“十二五”规划教材
高分子材料与工程专业系列教材

# 高分子材料成型工程


方少明 冯 钠 主 编

方少明 冯 钠 闫春绵 夏 英
曲敏杰 刘伟良 冯孝中 李亚东 编 著

中国轻工业出版社

**图书在版编目（CIP）数据**

高分子材料成型工程/方少明，冯钠主编．—北京：中国轻工业出版社，2014.6

普通高等教育“十二五”规划教材．高分子材料与工程专业系列教材

ISBN 978-7-5019-9038-2

Ⅰ.①高…　Ⅱ.①方…②冯…　Ⅲ.①高分子材料－成型－工艺学－高等学校－教材　Ⅳ.①TQ316

中国版本图书馆CIP数据核字（2014）第027038号

责任编辑：林　媛

策划编辑：林　媛　　责任终审：滕炎福　　封面设计：锋尚设计

版式设计：宋振全　　责任校对：燕　杰　　责任监印：张　可

出版发行：中国轻工业出版社（北京东长安街6号，邮编：100740）

印　　刷：三河市万龙印装有限公司

经　　销：各地新华书店

版　　次：2014年6月第1版第1次印刷

开　　本：787×1092　1/16　印张：20.25

字　　数：467千字

书　　号：ISBN 978-7-5019-9038-2　定价：52.00元

邮购电话：010-65241695　传真：65128352

发行电话：010-85119835　85119793　传真：85113293

网　　址：http://www.chlip.com.cn

Email：club@chlip.com.cn

如发现图书残缺请直接与我社邮购联系调换

101028J1X101ZBW

# 前　言

高分子材料的成型加工过程是决定制品结构与性能的关键因素，其相关知识体系涉及多个学科。本书比较详细地介绍了高分子材料加工相关理论基础知识和主要的成型加工方法及原理，并侧重高分子科学与加工工程的紧密结合，增加了高分子材料加工工程的最新理论、方法以及工艺的篇幅。

本书共分七章，第一章、第二章和第三章由郑州轻工业学院方少明、闫春绵和李亚东共同编写；第四章由大连工业大学冯钠编写；第五章由大连工业大学夏英编写；第六章由山东轻工业学院刘伟良编写；第七章中的第 1 节、第 4 节和第 6 节由大连工业大学曲敏杰编写；第七章中的第 2 节、第 3 节、第 5 节和第 7 节由郑州轻工业学院冯孝中编写。

《高分子材料成型工程》供高分子材料与工程专业学生使用，也可供从事高分子材料及相关专业的教学、科研、设计、生产和应用的人员参考使用。本书在编写过程中得到三所高校高分子材料与工程专业教研室全体教师的大力支持，作者在此表示衷心感谢。

编　者

2013 年 8 月

# 出 版 说 明

本系列教材是根据国家教育改革的精神，结合“十一五”期间院校教育教学改革的实践和“十二五”期间院校高分子材料与工程专业建设规划，根据院校课程设置的需求，编写的高分子材料与工程专业系列教材，旨在培养具备材料科学与工程基础知识和高分子材料与工程专业知识，能在高分子材料的合成、改性、加工成型和应用等领域从事科学研究、技术和产品开发、工艺和设备设计、材料选用、生产及经营管理等方面工作的工程技术型人才。本系列教材架构清晰、特色鲜明、开拓创新，能够体现广大工程技术型高校高分子材料工程教育的特点和特色。

为了适应高分子材料与工程专业“十二五”期间本科教育发展的需求，中国轻工业出版社组织了相关高分子材料与工程专业院校召开了“‘高分子材料与工程’专业‘十二五’规划教材建设研讨会”，确定了“高分子材料与工程”专业的专业课教材，首批推出的是：《高分子物理》《高分子科学基础实验》《高分子材料加工工程专业实验》《高分子材料科学与工程导论》（双语）、《高分子材料成型加工》（第三版）、《高分子材料成型工程》《聚合物制备工程》《聚合流变学基础》《聚合物成型机械》《塑料模具设计》《高分子化学与物理》《塑料成型 CAE 技术》《塑料助剂及配方》《涂料与黏合剂》《材料导论》（第二版）。

本系列教材具有以下几个特点：

1. 以培养高分子材料与工程专业高级工程技术型人才为目标，在经典教学内容的基础上，突出实用性，理论联系实际，适应本科教学的需求。

2. 充分反映产业发展的情况，包括新材料、新技术、新设备和新工艺，把基本知识的教学和实践相结合，能够满足工程技术型人才培养教学目标。

3. 教材的编写更注重实例的讲解，而不只是理论的推导，选用的案例也尽量体现当前企业技术要求，以便于培养学生解决实际问题的能力。

4. 为了适应现代多媒体教学的需要，主要教材都配有相关课件或多媒体教学资料，助学助教，实现了教学资源的立体化。

本系列教材是由多年从事教学的一线教师和具有丰富实践经验的工程技术人员共同编写的结晶，首批推出的15本教材是在充分研究分析“十二五”期间我国经济社会发展和材料领域发展战略的基础上，结合院校教学特色和实践经验编写而成的，基本能够适应我国目前社会经济的迅速发展和需要，也能够适应高分子材料与工程专业人才的培养。同时，由于教材编写是一项复杂的系统工程，难度较大，也希望行业内专家学者不吝赐教，以便再版修订。

# 出版说明

# 目　　录

# 第1章　绪　　论

## 1.1　高分子材料分类

高分子材料是一定配合的高分子化合物（由主要成分树脂或橡胶和次要成分添加剂组成）在成型设备中，受一定温度和压力的作用熔融塑化，然后通过模塑制成一定形状，冷却后在常温下能保持既定形状的材料制品。因此适宜的材料组成、正确的成型方法和合理的成型机械和模具是制备性能良好的高分子材料的3个关键因素。高分子材料按特性分为塑料、橡胶、纤维、高分子胶黏剂、高分子涂料和高分子基复合材料等。

塑料是以合成树脂或化学改性的天然高分子为主要成分，再加入稳定剂、增塑剂、填料等添加剂制得。其分子间次价力、模量和形变量等介于橡胶和纤维之间。室温下通常处于玻璃态，呈现塑性。通常按合成树脂的特性分为热固性塑料和热塑性塑料；按用途又分为通用塑料和工程塑料。

橡胶是一类线型柔性高分子聚合物。其分子链间次价力小，分子链柔性好，在外力作用下可产生较大形变，除去外力后能迅速恢复原状。室温下处于高弹态，呈现弹性。有天然橡胶和合成橡胶两种。

高分子纤维分为天然纤维和化学纤维。前者指蚕丝、棉、麻、毛等。后者是以天然高分子或合成高分子为原料，经过纺丝和后处理制得。纤维的次价力大、形变能力小、模量高，一般为结晶聚合物。

高分子胶黏剂是以合成和天然高分子化合物为主体制成的胶黏材料。分为天然胶黏剂和合成胶黏剂两种。应用较多的是合成胶黏剂。

高分子涂料是以聚合物为主要成膜物质，添加溶剂和各种添加剂制得。根据成膜物质不同，分为油脂涂料、天然树脂涂料和合成树脂涂料。

高分子基复合材料是以高分子化合物为基体，添加各种增强材料制得的一种复合材料。它综合了原有材料的性能特点，并可根据需要进行材料设计。

除胶黏剂、涂料一般无需加工成型而可直接使用外，塑料、橡胶、纤维等通常须用相应的成型方法加工成制品。本书着重讨论塑料制品的成型，兼及橡胶和化纤。

## 1.2　高分子材料成型及其重要性

高分子材料的生产由高分子化合物的制造和成型加工两大部分组成，图1－1所示为高分子材料的制造框图。

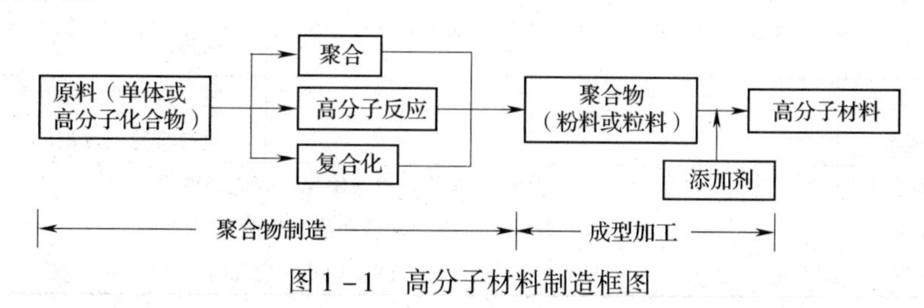


图1－1　高分子材料制造框图

利用单体的聚合反应、高分子化合物的化学反应性使之改性和采用接枝反应、相容剂等复合化制造出高分子化合物——聚合物，经过成型加工制备成有用的高分子材料。聚合物的制造是决定高分子材料结构、性能和应用的前提，而成型加工是决定高分子材料最终结构和性能的重要环节。聚合物制造在《高分子化学》课程上论述，成型加工是本课程的内容。

成型加工是将高分子材料（有时还加入各种添加剂、助剂或改性材料等）转变成实用的材料或制品的一种工程技术。在成型过程中，聚合物有可能受温度、压强、应力及作用时间等变化的影响，导致高分子降解、交联以及其他化学反应，使聚合物的聚集态结构和化学结构发生变化。因此加工过程不仅决定高分子材料制品的外观形状和质量，而且对材料超分子结构和织态结构甚至链结构有重要影响。要使成型过程中材料性能达到满意，不同材料、不同制品要采用不同的成型加工方法。一般塑料制品常用的成型方法有挤出、注射、压延、吹塑、模压、热成型等；橡胶制品有塑炼、混炼、压延或挤出、硫化等成型工序；纤维有纺丝溶体制备、纤维成型和卷绕、后处理、初生纤维的拉伸和热定型等。研究这些方法及所获得的产品质量与各种因素（材料的流动和形变的行为以及其他性质、各种加工条件参数及设备结构等）的关系，就是高分子材料成型加工这门技术的基本任务。

## 1.3 高分子材料制品类型及成型方法

高分子材料已经应用到国民经济各个领域，从人们的日常生活到航空航天及军工领域，到处都有高分子材料的身影。高分子材料可制作出耐腐蚀、耐辐射、耐紫外线和臭氧、耐高温（350℃）和耐低温（－100℃）、耐深度真空和超高压条件、阻燃、隔热、消音减震、具有磁性和生物医学功能等特殊性能的制品。高分子材料品种繁多，成型方法各异。对于塑料制品而言，根据其形状和使用性能分管材、薄膜、中空制品、汽车配件、日用品和建筑结构材料等，其成型方法与制品的适应性如表 1－1 所示。

表 1－1 各种成型方法与制品适应性

| 成型方法 | | 成型时剪切速率范围/$s^{-1}$ | 成型时压力/MPa | 制品实例 |
|---|---|---|---|---|
| 一次成型 | 挤出成型 | $10^2 \sim 10^3$ | 几～几十 | 管、薄膜、片、板、棒、丝、网、异型材、电线电缆 |
| | 注射成型 | $10^3 \sim 10^4$ | 高压 50～100、低压 <30 | 日用品、家电配件、汽车保险杠、浴缸、齿轮 |
| | 压延成型 | $10 \sim 10^2$ | | 人造革、薄膜 |
| | 发泡成型 | | 零点几～几 | 隔热材料、漂浮材料、 |
| | 模压成型 | 1～10 | 几 | 密胺餐具、连接器件 |
| | 层压成型 | | 高压 >5、低压 0～5 | 电解槽、安全帽、印刷线路板 |
| | 传递模塑 | ～10 | 10～20 | 电器零件 |
| | 浇铸 | ～10 | | 有机玻璃产品、尼龙滚轮 |
| | 滚塑 | ～10 | | 大型容器、小船壳体 |
| | 搪塑、蘸浸 | | | 玩具、手套 |
| 二次成型 | 中空吹塑 | | 几 | 瓶、管、桶、鼓状物 |
| | 热成型 | | | 敞口容器、冰箱内胆、罩、广告牌 |
| 二次加工 | 表面处理 | 印刷、涂装、表面硬化、静电植绒等 | | |
| | 黏接 | 溶剂黏接和热熔黏接 | | |
| | 机械加工 | 钻、车、刨、切断、弯曲等 | | |

## 1.4 高分子材料成型工业的发展现状和前景

高分子材料工业经历了将近一个半世纪，19世纪之前人们就开始使用天然高分子材料，1823年英国建立了世界上第一个橡胶加工厂，生产防水胶布；1826年发现了橡胶进行双辊塑炼可提高可塑度，为橡胶加工奠定了基础；1869年第一个人工半合成高分子材料硝酸纤维素用樟脑增塑后制得赛璐珞，1870年用柱塞式湿式挤出法和1892年用立式注射机使赛璐珞成型。1892年确定了天然橡胶的干馏产物为异戊二烯结构，这为高分子合成指明了方向。1907年第一个合成高分子材料——酚醛树脂诞生，随后又开发了氨基塑料，这预示着热固性塑料时代的开始。与之相匹配的模压、注压等工艺技术开始发展。20世纪20年代后多种乙烯基聚合物工业化，使得热塑性塑料成型达到快速发展时期。在这一时期，聚合理论、结构与性能关系的研究已十分深入，各种聚合方法和成型加工技术的确立，极大地推动了高分子材料工业发展。20世纪50年代 Ziegler－Natta 发明了低压催化剂，使得聚乙烯、聚丙烯的生产规模更大型化，价格更便宜。同时各种通用橡胶（顺丁橡胶、异戊橡胶、乙丙橡胶等）大规模生产，聚甲醛、聚碳酸酯、聚酰亚胺、聚砜、聚苯硫醚等工程塑料相继问世，之后各种新型高强度、耐高温、导电、降解等功能高分子材料层出不穷，促进了聚合物成型加工技术的迅速发展。表1－2列举了高分子材料成型加工技术的发展史。

**表1－2　　高分子材料及其成型加工技术发展史**

| 年代 | 高分子材料 | 成型加工工艺 | 成型加工方法 |
|---|---|---|---|
| 20世纪30年代前 | 天然纤维素、赛璐珞、UF、MF | 双辊混炼、溶解、纺丝、配制、加热塑化、粉末化 | 编、织、组合、双辊混炼加工、加硫、压制、挤出、柱塞式注射 |
| 20世纪30年代后 | PVC、PMMA、PS、LDPE | | 螺杆式注射、真空成型 |
| 20世纪40年代 | AS、ABS、PA、氟树脂、FRP、硅树脂 | | 薄板片成型、发泡成型、吹塑成型 |
| 20世纪50年代 | HDPE、PP、PET、PC、POM | 挤出、双向拉伸 | 螺杆式注射、薄膜挤出、异型挤出、泡沫挤出 |
| 20世纪60年代 | 第二代高分子合金、CF、高分子/无机物复合材料 | | 大型注射、挤出吹塑、大型吹塑、网挤出 |
| 20世纪70年代 | PPS、PE | 大型挤出机、多螺杆挤出、偶联剂处理 | 嵌件成型、低发泡注射、多层吹塑、多层挤出 |
| 20世纪80年代 | PEEK、PES、第三代高分子合金、LCP、长纤维增强材料 | 相容性技术、反应挤出 | 拉伸吹塑、RIM、超大型挤出、精密成型、ST板 |
| 20世纪90年代 | 功能高分子、生物降解高分子、超细材料 | | 三元吹塑、气体辅助注射成型、多层注射 |
| 21世纪 | 分子设计 | 流体辅助塑料成型、振动成型、纳米复合成型 | 振动气体辅助注射成型、超临界流体辅助微发泡技术、全电动注射吹塑 |

目前三大合成高分子材料（合成树脂、合成橡胶、合成纤维）的世界产量已经超过3亿多吨[4]，其中80%以上为合成树脂及塑料。到2004年底，中国五大合成树脂（聚乙烯、聚丙

烯、聚苯乙烯、聚氯乙烯、ABS）的产量已经达1790万t，列世界第二位，国内消费量达3125万t；五大合成纤维（涤纶、腈纶、锦纶、丙纶、维纶）产量达1314万t，列世界第一位，国内消费量达1481万t；合成橡胶产量达148万t，列世界第三位，国内消费量达258万t。

近年来，由于加工技术理论的研究、加工设备设计和加工过程自动控制等方面都取得了很大的进展，产品质量和生产效率大大提高，产品适应范围扩大，原材料和产品成本降低，高分子材料成型加工工业更进入了一个高速发展时期。高分子材料的发展已经超过钢铁、水泥和木材三大传统的材料。

## 1.5 本课程的主要内容和要求

本课程是在读者学习了四大化学及化工原理、高分子化学、高分子物理、高分子材料等本专业基础课程上开设的，论及的内容主要是以塑料成型为主并涉及橡胶和化学纤维成型的基础理论、主要设备原理以及成型工艺。

本教材除第二章高分子材料成型基础理论外，以塑料成型所涉及的方法进行分章节，穿插讲述橡胶及纤维的成型。考虑目前塑料成型的发展趋势，把混合与塑炼、挤出、注射、中空吹塑成型工艺和所用设备原理着重进行介绍，其他压延、模压、涂层、浇铸、泡沫塑料成型、热成型等方法作为一章中的节简要介绍。限于时间和数学基础，对于一些理论问题不作过多的数学推导，而主要就其物理意义加以说明。对于不同的成型加工方法，由于品种繁多，产品千变万化，不可能逐一进行详细介绍，只对主要的典型品种进行讨论分析，学习者以此为基础，进行举一反三，对一些新的方法和技术发展能较好的理解和掌握。

学习时，要求了解和掌握成型设备和模具的基本构造和作用，了解设备的基本参数、性能和应用范围。结合高分子材料的成型工艺过程，尽可能对每种工艺所依据的原理、生产控制因素以及在工艺过程中所发生的物理与化学变化和它们对制品性能的影响具有清晰的认识和理解。

高分子材料成型工程是一门实践性很强的课程，除了课堂学习外，还需要通过实验、实习等环节对课程内容进一步理解和掌握，并且对于一些成型方法的还要学会实际操作，只有亲自动手操作，才能更好的分析、理解和掌握技术要领，发现和解决实际中的技术问题，培养动手能力和分析解决问题的能力，未来才能成为一个卓越的工程师。

# 第2章　高分子材料成型基础理论

## 2.1　概述

高分子材料相对于低分子材料而言，由于它的相对分子质量大，分子结构复杂，在成为有用制品的成型加工过程中，大多数聚合物都要求加热到黏流状态或熔融状态，在外力作用下，分子链相对滑移，产生流动而变形。达到一定形状后，要固定下来，成为制品，聚合物要发生物理或化学变化，如结晶、取向、交联、降解等。了解这些变化的特点，才能合理拟订成型工艺条件，选择设计成型设备及模具，分析产品质量影响因素，制备出合格的制品。

## 2.2　高分子材料的加工性

加工性质有两层含义：一是材料能否成型加工的性质，即可加工性，二是成型加工过程附加于材料的性质，如形状、尺寸及内部结构的变化。由于绝大多数高分子材料在成型加工时，都要借助加热、加压、剪切等方式使原来处于固态的成型材料达到熔融或至少是部分可流动状态，并继而获得模具所赋予的形状及尺寸。而热、力等的作用都不可避免地会改变聚合物内部的物理及化学结构，如结晶结构、结晶形态、结晶度、树脂分子及添加物的取向；如果成型温度过高，还可能会产生局部降解和不希望出现的过度交联。因此，高分子材料的成型加工过程必然会附加某些重要性质于其制品中。不仅如此，由于聚合物分子的结构特点所决定，聚合物分子运动以及由此带来的材料的变形具有力学松弛特性，因此，成型后的性质还强烈地依赖于时间。这一点在高分子材料成型中也是不容忽视的，因为这将对制品的因次稳定性带来极大影响。从这个意义上说，成型加工过程是重新塑造材料性质的一个过程。

### 2.2.1　高分子材料的聚集态及其加工性

绝大多数高分子材料在成型时，为使成型材料获得良好的流动性都要借助加热等手段，使成型材料温度升高。聚合物在温度变化时，其所处的力学状态也必然随之发生变化，即由室温下的坚硬固体（玻璃态）变为类似橡胶的弹性体（高弹态），最后，当温度高于其黏流温度后，成型材料即成为黏性流体（黏流态）。当聚合物处于玻璃态、高弹态、黏流态等不同的力学状态时，其力学性质的差别也较大，主要表现在材料的变形能力显著不同，因而在不同状态下所适合的成型加工方法也随之不同。

聚合物处于玻璃态，力学行为特点是内聚能大，弹性模量高（一般可达 $10^{10}\sim10^{11}$ Pa）。在外力作用下，只能通过高分子主链键长、键角的微小改变发生变形，因此变形量很小，断裂伸长率一般在 0.01% ~0.1% 范围内，在极限应力范围内形变具有可逆性。其力学特点决定了在玻璃态下聚合物不能进行引起大变形的成型，但适于进行机械加工，如车削、挫削、制孔、切螺纹等。如果将温度降到材料的脆化温度 $T_b$ 以下，材料的韧性会显著降低，在受到外力作用时极易脆断，因此，$T_b$ 是塑料加工使用的最低温度。

线型非结晶型聚合物所处的力学状态为高弹态时，聚合物力学行为的特点为：弹性模量与玻璃态相比显著降低（一般在 $10^5\sim10^7$ Pa）。在外力作用下，分子链段可发生运动，因此变形能力大大提高，断裂伸长率可达100% ~1000%，所发生的形变可恢复，也就是说，当外力去除后，高弹形变会随时间延长而逐渐减小，直至为零。

聚合物在高弹态下的力学行为特点决定了在该状态下可进行较大变形的成型加工，如薄膜和纤维的拉伸成型、中空吹塑成型、热成型等。但需特别注意的是，因为此状态下发生的形变是可恢复的，因此，将变形后的制品迅速冷却至玻璃化温度以下是确保制品形状及尺寸稳定的关键。同时，由于高弹态下聚合物发生的变形是可恢复的弹性变形，因此，骤冷容易使制品内部产生内应力。

线型非结晶型聚合物所处的力学状态为黏流态时，聚合物力学行为的特点为：整个分子链的运动变为可能，在外力的作用下，材料可发生持续形变（即流动）。此时的形变主要是不可逆的黏流形变，在黏流态下可进行变形大、形状复杂的成型，如注射成型、挤出成型等，由于此时发生的形变主要是不可逆的黏流形变，因此，当制品温度从成型温度降至室温时不易产生热致内应力，制品的质量易于保证。

当聚合物熔体温度高于其降解温度 $T_d$后，聚合物发生降解，使制品的外观质量和力学性能降低。从图2－1可更直观地理解温度、聚合物的力学状态以及成型加工三者的关系。

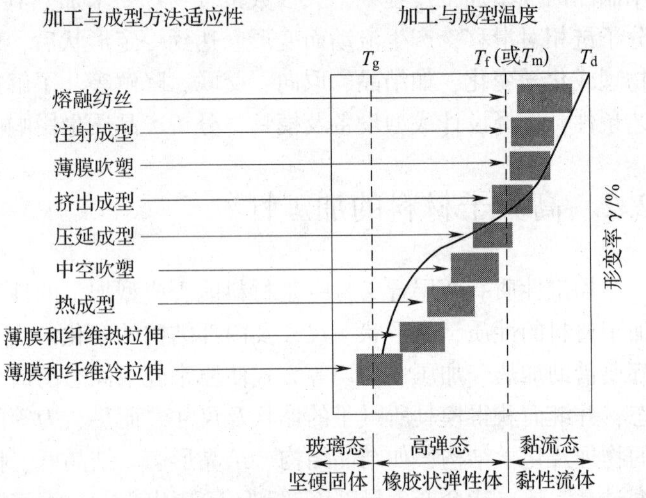

图2－1　线型非结晶型聚合物的温度、力学状态及成型加工的关系

## 2.2.2　高分子材料的可挤压性

高分子材料在成型过程中经常要受到挤压作用，如在挤出成型机和注射成型机的料筒中、压延机的辊筒间以及模具型腔中都受到挤压作用。可挤压性是指聚合物材料通过挤压作用变形时，获得和保持此形状的能力。研究高分子材料的可挤压性，对正确选择聚合物材料和成型方法、确定和控制合理的成型工艺条件都具有十分重要的意义。

通常情况下处于固体状态的聚合物不能通过挤压而成型，只有在熔体或浓溶液状态下才具有可挤压性。聚合物熔体或浓溶液在受到挤压作用时将发生剪切流动和拉伸流动而变形，流动变形的难易程度取决于流体的黏度（包括剪切黏度和拉伸黏度）。黏度太低，虽然流动性好，但保持形状的能力较差，可挤压性不好；黏度过高，虽然保持形状的能力较好，但挤压困难，流动和成型不易，因此，也就不易获得形状，可挤压性也不好。因此，聚合物流体只有在合适的黏度范围内才具有良好的可挤压性。

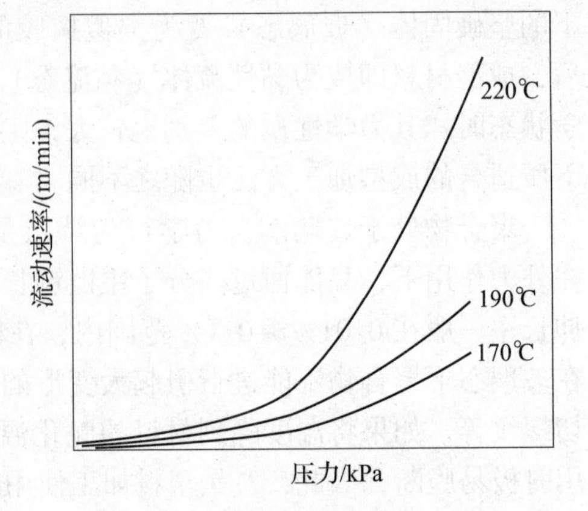

图2－2　聚丙烯熔体流动速率与温度和压力的关系

材料的可挤压性还与加工设备的结构有关。在加工过程中聚合物的流动速率随压力的增大而增加，如图2－2聚丙烯在不同温度下的流动速率图。根据

流动速率的测量可以决定加工时所需的压力，选择加工设备的几何尺寸。

材料的可挤压性与聚合物的流变性（剪切应力或剪切速率对黏度的关系）、熔体流动速率密切有关。有关聚合物流变性和熔体流动速率的测定和计算将在2.3中讨论。工业上，塑料可挤压性的好坏，通常用熔体流动速率值的大小评价。尤其是对于聚烯烃类塑料是一种简单又实用的方法。

熔体流动速率MFR（g/10min）也称熔融指数MI，指在规定的温度和压力下，从规定长度和直径的毛细管中10min挤压出热塑性树脂材料的克数。一般熔体流动速率值越大，熔体的流动性和加工性越好。可以用熔体流动速率作为选择聚合物材料和制定工艺条件的依据。表2-1给出了某些成型方法与适宜的熔体流动速率范围。由于不同种类聚合物材料在测定其MFR值时，所选的温度和压力条件不同，因此不能只用MFR值比较不同种类聚合物的可挤压性。

**表2-1　某些成型方法与适宜的熔体流动速率范围关系**

| 成型方法 | 产品 | 所需材料 MFR/（g/10min） |
|---|---|---|
| 挤出成型 | 管材 | <0.1 |
| | 片材、瓶、薄壁管材 | 0.1～0.5 |
| | 电线、电缆 | 0.1～1.0 |
| | 薄片、单丝 | 0.5～1.0 |
| | 多股丝或纤维 | ≈1.0 |
| | 瓶（高级玻璃） | 1～2 |
| | 胶片 | 9～15 |
| 注射成型 | 模塑制件 | 1～2 |
| | 薄壁制件 | 3～6 |
| 涂布 | 涂敷纸、涂敷编织布 | 9～15 |
| 热成型 | 制件 | 0.2～0.5 |

## 2.2.3　高分子材料的可成型性

高分子材料的可成型性是指材料在温度和压力作用下形变和在模具中成型的能力。具有可成型性的材料可以通过挤出、注射和模压等成型方法制成各种各样的模塑制品。可成型性主要取决于材料的流变性、热性能和其他物理力学性能等，热固性聚合物还与其化学反应性有关。可成型性实际考察的是成型材料与模具间的适应关系。成型条件（温度、压力、时间等）和模具结构会影响高分子材料的可成型性，同时也会对产品的力学性能、外观、收缩性等产生广泛影响。目前考察可成型性的方法多是以聚合物的流变性为依据的。

## 2.2.4　高分子材料的可延展性（可拉伸性）

可延展性表示无定形或半结晶聚合物材料在一个或两个方向上受到压延或拉伸力作用时产生变形的能力。利用高分子材料的可延展性，通过压延或拉伸工艺可生产薄膜、片材和纤维。

高分子材料可延展性与聚合物的大分子长链结构和柔性有关，固体材料在$T_g \sim T_m$（或$T_f$）温度下受到大于屈服强度的拉伸应力作用时，产生宏观的塑性变形，在拉伸形变过程中逐渐变细或变薄、变窄。非晶态高聚物在$T_b \sim T_g$温度范围内典型的拉伸应力-应变曲线及试样形状的变化过程如图2-3所示。

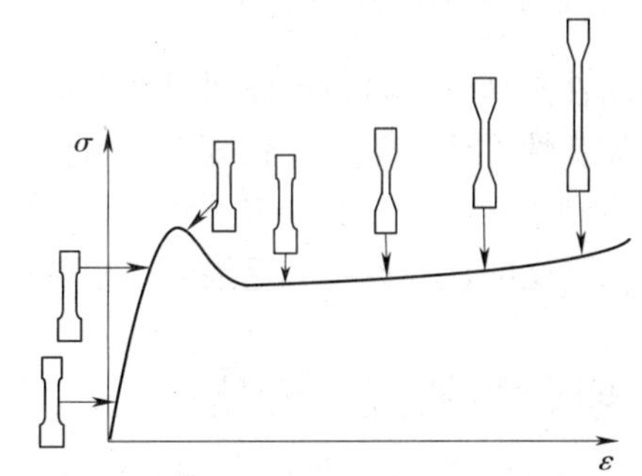


图2-3　非晶态高聚物在$T_b \sim T_g$范围内的典型拉伸应力-应变曲线及拉伸过程中试样变化示意图

当试样受到大于其屈服强度的拉伸应力作

用后，试样工作段局部区域出现缩颈，材料由普弹形变转变为高弹形变。继续拉伸时，近水平的曲线说明在屈服应力作用下，通过链段的逐渐形变和位移，聚合物逐渐延伸，应变增大。在拉伸应力的持续作用下，材料形变逐渐由弹性形变发展为以大分子链的解缠和滑移为主的塑性形变。

由于材料在拉伸时发热（外力所做的功转化为分子运动的能量，使材料出现宏观的放热效应），温度升高，以致形变明显加速，并出现被拉伸材料截面形状突然变细即“细须”现象。这种因形变引起发热，使材料变软形变加速的作用称为“应变软化”。此时聚合物中的结构单元（链段、大分子和微晶）因拉伸开始取向。细颈区后的材料在恒定应力下被拉长的倍数称为自然拉伸比。显然自然拉伸比越大，聚合物的延伸程度越高，结构单元的取向程度也越高。

随着取向程度的提高，大分子间作用力增大，引起聚合物黏度升高，使聚合物表现出“硬化”倾向，形变也趋于稳定而不再发展。取向过程的这种现象称为“应力硬化”，它使材料的杨氏模量增加，抵抗形变的能力增大，引起形变的应力也就相应地升高。此时继续施加拉伸应力，材料因不能承受应力的作用而破坏，这时的应力称为抗张强度或极限强度。形变的最大值称为断裂伸长率。显然此时的强度和模量较取向前要高得多。所以在一定温度下，材料在连续拉伸中产生拉细的现象不会无限进行下去，拉应力势必转移到模量较低的低取向部分，使那部分材料进一步取向，从而可获得全长范围都均匀拉伸的制品。这是聚合物通过拉伸能够生产纺丝纤维和拉幅薄膜等制品的原因。聚合物通过拉伸作用可以产生力学各向异性，从而可根据需要使材料在某一特定方向（即取向方向）具有比别的方向更高的强度。

聚合物的可延性取决于材料产生塑性形变的能力和应变硬化作用。形变能力与固体聚合物所处的温度有关，在 $T_g \sim T_m$（或 $T_f$）温度区间聚合物分子在一定拉应力作用下能产生塑性流动，以满足拉伸过程材料截面尺寸减小的要求。对半结晶聚合物在稍低于 $T_m$ 以下温度拉伸，非晶聚合物则在接近 $T_g$ 的温度进行。适当地升高温度，材料的可延伸性能进一步提高，拉伸比可以更大，甚至一些延伸性较差的聚合物也能进行拉伸。通常把在室温至 $T_g$ 附近的拉伸称为“冷拉伸”，在 $T_g$ 以上的温度下的拉伸称为“热拉伸”。在拉伸过程中聚合物发生“应力硬化”后，将限制聚合物分子的流动，从而阻止拉伸比的进一步提高。

如果在试样拉断前卸载，则拉伸时所产生的变形除少量可回复外，大部分将保留下来。如果将试样温度提高到 $T_g$ 以上，形变基本可完全回复。因此，试样在 $T_b \sim T_g$ 温度范围内受到拉伸时产生的大形变实质是高弹形变，称为强迫高弹形变。强迫高弹形变的产生是由于在拉伸力作用下聚合物分子链段发生了运动，并沿拉伸方向发生了取向。

任何线型的聚合物材料都具有拉伸屈服后产生大形变的能力，也就是说具有可延展性。但可延展性的优劣取决于聚合物的分子结构及实验条件，通常通过测定材料的拉伸比来评价其可延展性。

### 2.2.5 高分子材料的可纺性

可纺性是高分子材料熔体通过成型而制成细长而连续的固态纤维的能力。它与高分子材料的熔体流变性、熔体黏度、强度以及熔体的热稳定性和化学稳定性有关。熔体黏度大，熔体强度高，有利于纺丝细流的稳定；纺丝材料的热稳定性和化学稳定性好，聚合物在高温下停留时间长，并经受的住在设备和毛细管口模的高剪切作用，不容易分解或降解。

## 2.3 聚合物的流变性质

在聚合物加工成为需要制品和制件的过程中，总是通过变形和流动来实现的，变形和流动贯穿于成型过程的始终。研究聚合物流动与形变的科学称为流变学（*Rheology*）。主要研究内容为高分子材料在应力作用下产生黏性、塑性和弹性变形的行为，以及这些行为与各种因素（聚合物结构与性能，应力作用大小、方式与作用时间，材料的组成等）之间的相互关系。

### 2.3.1　高分子材料在成型过程中的黏性流动与黏度

在高分子材料成型加工过程中，除少数几种成型方法外，均要求材料成型时处于黏流态。如前所述，黏流态是聚合物在 $T_f \sim T_d$ 温度范围内出现的一种力学状态，它的基本特征是在外力作用下，聚合物分子重心可发生相对位置的变化，流体主要发生不可逆的黏性流动变形。少数几种聚合物如纤维素、聚四氟乙烯等，由于分子链刚性太大或分子间作用力太大，使得 $T_d < T_f$，从而不可能出现黏流态；热固性聚合物，由于分子间产生交联甚至变为体型结构，也不可能出现黏流态。大多数的热塑性塑料的成型、合成纤维的熔融纺丝和橡胶制品的成型，都是利用黏流态下的流动行为进行加工成型的。

流体的流动和变形都是在受到外力作用时产生的。聚合物受外力作用后内部产生与外力相平衡的力称为应力，单位帕（Pa）。液体流动和变形所受的应力有3种：剪切应力、拉伸应力和压缩应力。其中剪切应力最重要，其次拉伸应力也常见，压缩应力不常用，但会影响熔体黏度。

3种应力不同，产生流动方式不同。在剪切应力作用下产生的流动为剪切流动。例如在双辊机塑炼、挤出机、口模、流道和喷嘴以及纺丝喷丝板毛细管孔道中等的流动主要是剪切流动。在拉伸应力作用下的流动称为拉伸流动，如纺丝，拉伸薄膜等。

#### 2.3.1.1　高分子液体的剪切流动

质点速度沿流动方向的垂直方向发生变化，称为剪切流动。剪切流动可能由管壁的表面对流体进行剪切摩擦而产生，即所谓的拖曳流动，如运转辊筒表面对流体的剪切摩擦而产生的流动；也可以因压力梯度作用而产生，即所谓的压力流动，聚合物成型时在管内的流动多属于压力梯度引起的剪切流动。如注射时流道内熔体由正压力产生的流动。

聚合物成型过程中的流变性质主要表现为黏度的变化，根据流体在剪切流动中黏度与应力及应变速率的关系可将高聚物的流变行为分为牛顿流体和非牛顿流体。

（1）牛顿流体

牛顿流体是理想的黏性流体，在无限小的应力作用下也没有屈服值，在静止状态下也没有固定形状。牛顿型流体在外力作用下所发生的流动形变具有不可逆性，当外力消除后，形变将永久保留。流体流动时，内部抵抗流动的阻力称为黏度，它是流体内摩擦力的表现。为了研究剪切流动的黏度，可将这种流体的流动简化成图2－4的层流模型。

流体在剪切力 $F$ 作用下，以流速 $v$ 做层流流动，单位面积上所受的剪切力称为剪切应力 $\tau$（$N/mm^2$）为：

$$\tau = F/A \tag{2-1}$$

在恒定应力作用下，可以看作彼此相邻的薄液层沿作用力方向进行彼此滑移，移动层可以看作管中心，从中心到管壁由于管壁的摩擦力（外摩擦）和流层间的黏滞阻力（内摩擦力）使流层速度递减，管壁处最小，管中心处最大。相邻两层距离为 $dr$，速度为 $v$ 和 $v + dv$，垂直液流方向的速度梯度即为 $dv/dr$，

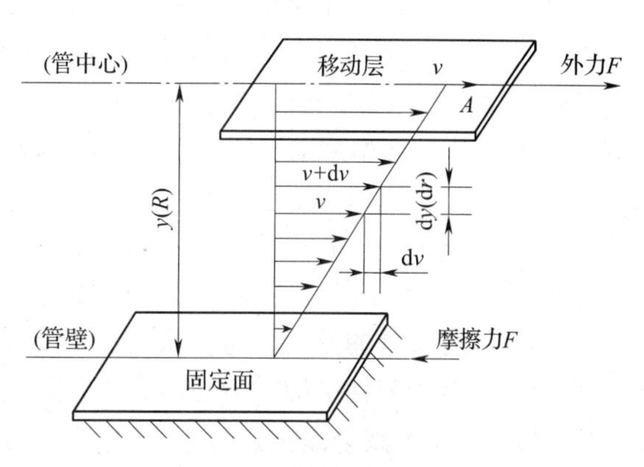


图2－4　剪切流动的层流模型

液层移动速度等于单位时间内液层沿管轴上移动的距离，即 $v = dx/dt$，故速度梯度可表示为：

$$dv/dr = d\ (dx/dt)\ /dr = d\ (dx/dr)\ /dt$$

$dx/dr$ 表示径向距离为 $dr$ 的两层液面在 $dt$ 时间内的相对移动距离，流体在剪切应力作用下产生的剪切应变 $\gamma$，$\gamma = dx/dr$，单位时间内的应变称为应变速率，即为剪切速率 $\dot{\gamma}$（$s^{-1}$），

$$\dot{\gamma} = \frac{d\gamma}{dt} = \frac{dv}{dr} \qquad (2-2)$$

牛顿在研究低分子液体的流动行为时发现，在一定温度下剪切应力和剪切速率存在以下关系：

$$\tau = \eta \cdot \dot{\gamma} \qquad (2-3)$$

此关系式即为牛顿流体的流动方程。式中 $\eta$ 为比例常数，通称牛顿黏度或绝对黏度，又叫切变黏度系数，简称黏度，单位 Pa·s。

牛顿黏度定义为产生单位剪切速率（速度梯度）所必须的剪切应力值。它表征液体流动时流层之间的摩擦阻力，即抵抗外力引起流动变形的能力。仅与流体的分子结构和外界条件有关。黏度不随剪切应力和剪切速率的大小而改变，始终保持常数的流体通称为牛顿流体。

把剪切应力与剪切速率的关系曲线称为流动曲线，牛顿流体的流动曲线为过原点的直线。如图 2-5 中曲线 $a$ 所示。该直线与 $\dot{\gamma}$ 轴夹角 $\theta$ 的正切值是流体的牛顿黏度，即 $\eta = \tau/\dot{\gamma} = \mathrm{tg}\theta$。牛顿黏度与分子结构和温度有密切关系。

真正属于牛顿流体的只有低分子化合物的液体或溶液，如水和甲苯等。而聚合物熔体，除聚碳酸酯、偏二氯乙烯-氯乙烯共聚物等少数几种物料与牛顿流体相近外，绝大多数只能在剪切应力很小或很大时表现为牛顿流体，在聚合物成型过程中一般不是这种情况，流动行为不遵循牛顿流体定律。

（2）非牛顿流体

由于大分子长链结构和缠结，高分子聚合物熔体、溶液和悬浮体的流动行为远比低分子物质液体复杂。在宽广的剪切速率范围内，其剪切应力和剪切速率不再成正比关系，液体的黏度不再是常数，而是随剪切应力和剪切速率而变化。流体的流动行为不符合牛顿流动定律，通常把不遵循牛顿流动定律的流动叫作非牛顿流动，具有这种流动行为的液体称为非牛顿流体。聚合物加工时大都处于中等剪切速率范围（$\dot{\gamma} = 10 \sim 10^4 s^{-1}$），此时，大多数聚合物流体都表现为非牛顿流体。

黏性系统的非牛顿型流体，其剪切速率仅依赖于所施加的剪切应力，而与剪切应力所施加时间长短无关。此类非牛顿型黏性流体可分为宾哈流体、膨胀性流体和假塑性流体。

宾哈流体与牛顿型流体相比，如图 2-5 所示，剪切应力与剪切速率之间也呈线性关系，但此直线的起始点存在屈服应力 $\tau_y$，只有当剪切应力高于 $\tau_y$ 时，宾哈流体才开始流动。因此，宾哈流体的流变方程为：

$$\tau - \tau_y = \eta_p \dot{\gamma} \quad (\tau > \tau_y) \qquad (2-4)$$

式中，$\eta_p$ 称为宾哈黏度。它为流动曲线的斜率。宾哈流体所以有这样的流变行为，原因是此种流体在静止时内部有凝胶性结构。当外加剪切应力超过 $\tau_y$ 时，这种结构才完全崩溃，然后产生形变不能恢复的塑性流动。在塑料加工中，几乎所有的聚合

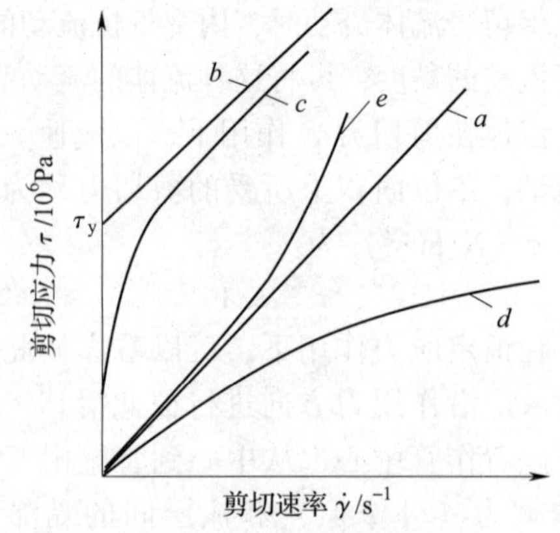


图 2-5　不同类型流体的流变曲线

a—牛顿性流体　b—宾哈流体　c—假塑性流体 1　d—假塑性流体 2　e—膨胀性流体

物的浓溶液和凝胶性糊塑料的流变行为，都与宾哈流体相近。

假塑性流体是非牛顿型流体中最常见的一种。橡胶和绝大多数塑料的熔体和溶液，都属于假塑性流体。如图 2－5 中 $c$、$d$ 所示，此种流体的流动曲线是非线性的。剪切速率的增加比剪切应力增加得快，并且不存在屈服应力。因此其特征是黏度随剪切速率或剪切应力的增大而降低，常称为"剪切变稀的流体"。假塑性流体的黏度随剪切应力或剪切速率增加而下降的原因与流体分子的结构有关，对聚合物溶液来说，当它承受应力时，原来由溶剂剂化作用而被封闭在粒子或大分子盘绕空穴内的小分子就会被挤出，这样，粒子或盘绕大分子的有效直径即随应力的增加而相应地缩小，从而使流体黏度下降。因为黏度大小与粒子或大分子的平均大小成正比，但不一定成线性关系。对聚合物熔体来说，造成黏度下降的原因在于其中大分子彼此之间的缠结。当缠结的大分子承受应力时，其缠结点就会被解开，同时还沿着流动的方向规则排列，因此就降低了黏度，缠结点被解开和大分子规则排列的程度随应力的增加而加大。显然，这种大分子缠结的学说，也可用于说明聚合物熔体黏度随剪切应力增加而降低的原因。

膨胀性流体也不存在屈服应力。如图 2－5 中 $e$ 所示流动曲线，剪切速率增加比剪切应力增大得慢些。其特征是黏度随剪切速率或剪切应力的增大而升高，故称为"剪切增稠的流体"。如固体含量高的悬浮液、在较高剪切速率下的聚氯乙烯糊以及碳酸钙填充的塑料熔体属于此种流体。剪切增稠的原因可解释为：当悬浮液处于静止时，体系中的固体粒子构成的空隙最小，其中流体只能勉强充满这些空间。当施加于这一体系的剪切应力不大时，也就是剪切速率较小时，流体就可以在移动的固体粒子间充当润滑剂，因此黏度不高。当剪切速率逐渐增高时，固体粒子的紧密堆砌就逐渐被破坏，整个体系就显得有些膨胀。此时流体不再能充满所有空隙，润滑作用因而受到限制，黏度就随剪切速率增大而增大。

描述假塑性和膨胀性的非牛顿流体的流变行为，用如下的幂律函数方程：

$$\tau = K\dot{\gamma}^{n} \tag{2-5}$$

式中，$K$ 为流体稠度，Pa · s；$n$ 为流体指数，也称非牛顿指数。

流体的 $K$ 值越大，流体越黏稠。流动指数 $n$ 可用来判断流体与牛顿型流体的差别程度。$n$ 值离整数 1 越远，则呈非牛顿性能越明显。因为对于牛顿流体 $n=1$，此时 $K$ 相当于 $\eta$。对于假塑性流体 $n<1$；对于膨胀性流体 $n>1$。

试将幂律函数方程与式（2－1）进行比较，把式（2－5）化为：

$$\tau = (K\dot{\gamma}^{n-1})\dot{\gamma} \tag{2-6a}$$

令：

$$\eta_a = K\dot{\gamma}^{n-1} \tag{2-6b}$$

则幂律方程式（2－5）可写成：

$$\tau = \eta_a\dot{\gamma} \tag{2-6c}$$

式中，$\eta_a$ 称为非牛顿型流体的表观黏度，单位是 Pa · s。显然，在给定温度和压力下，对于非牛顿型流体，其 $\eta_a$ 不是常量；它与剪切速率有关。倘若是牛顿流体，$\eta_a$ 就是牛顿黏度 $\eta$。幂律方程还有另一种变换形式。将式（2－5）变成：

$$\dot{\gamma} = \left(\frac{1}{K}\right)^{\frac{1}{n}}\tau^{\frac{1}{n}} \tag{2-7}$$

令 $m=\dfrac{1}{n}$，则

$$\left(\frac{1}{K}\right)^{\frac{1}{n}} = \left(\frac{1}{K}\right)^{m} = \left(\frac{1}{K^m}\right)$$

又令

$$k = \frac{1}{K^m}$$

则有

$$\dot{\gamma} = k\tau^m \tag{2-8}$$

式中，$k$ 为流动度，或流动常数；$m$ 为流动指数的倒数。

稠度 $K$ 和流动指数 $n$ 与温度有关。稠度 $K$ 随温度的增加而减小；而流动指数 $n$ 随温度升高而增大。在聚合物加工中可能的剪切速率范围内，$n$ 不是常数。但是，对于某种塑料加工过程，熔体流动的速率范围不是很宽广，见表 2-2。因此，允许在相应的较窄的剪切速率范围内，将 $n$ 视为近似常数。

表 2-2　几种成型中的剪切速率

| 加工方法 | 剪切速率 $\dot{\gamma}$ 范围/$s^{-1}$ | 加工方法 | 剪切速率 $\dot{\gamma}$ 范围/$s^{-1}$ |
|---|---|---|---|
| 浇铸与压制 | 1 ~ 10 | 挤出、涂覆 | $10^2$ ~ $10^3$ |
| 压延、开炼、密炼 | 10 ~ $10^2$ | 注射 | $10^3$ ~ $10^4$ |

在常见的塑料成型条件下，大多数聚合物熔体呈现假塑性的流变行为。但在很低的剪切速率下，剪切应力随剪切速率上升而线性升高，具有黏度一定的牛顿型流体的特征。但只有将糊塑料刮涂时，才处于该剪切速率的范围。在很高的剪切速率下，聚合物熔体呈现最低的极限黏度值，也呈现不依赖剪切速率的恒定黏度。但在此高剪切速率下，聚合物易出现降解。塑料成型加工极少在此剪切速率区域内进行。常见各种塑料加工的剪切速率 10 ~ $10^4 s^{-1}$ 范围内，绝大多数热塑性塑料熔体呈现假塑性的流变行为。

以上描述的是热塑性聚合物的流变特性，热固性聚合物在成型过程中的黏度变化与之有本质不同。热固性聚合物黏度除对温度有强烈的依赖性外，同样也受剪切速率的影响；但还受到交联反应程度的影响。

（3）影响聚合物黏性流动的因素

大多数聚合物熔体属于假塑性流体，黏性剪切流动中，黏度是受各种因素影响，主要有剪切速率（它是剪切应力的函数）、温度、静压力、聚合物的相对分子质量与分子质量分布以及助剂与添加剂等。

① 剪切速率的影响　聚合物熔体有非牛顿假塑性的流变行为，其黏度随剪切速率的增加而下降；这种黏度下降趋势，延续到剪切速率变化的多个数量级。在高剪切速率下熔体黏度比低剪切速率下的黏度小几个数量级。不同聚合物熔体在流动过程中，随剪切速率的增加，黏度下降的程度是不相同的。如图 2-6 所示，低剪切速率下低密度聚乙烯和聚苯乙烯的黏度比聚砜和聚碳酸酯大；但在高剪切速率下，低密度聚乙烯和聚苯乙烯的黏度比聚砜和聚碳酸酯小。

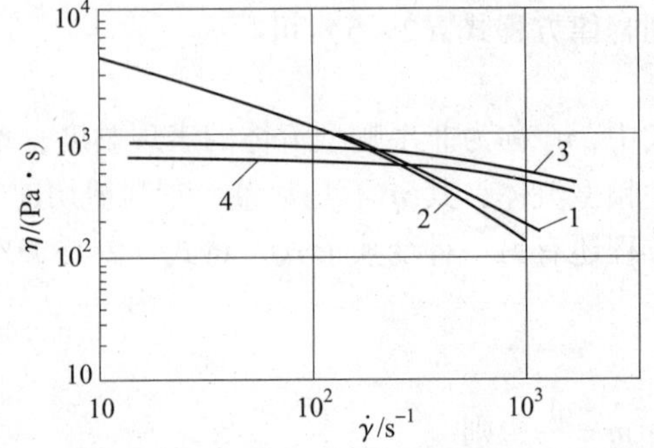


图 2-6　聚合物熔体黏度与剪切速率的关系
1—低密度聚乙烯（210℃）　2—聚苯乙烯（200℃）
3—聚砜（375℃）　4—聚碳酸酯（315℃）

从黏度剪切速率的依赖性来说，一般橡胶对剪切速率的敏感性要比塑料大。通常人们用流体在 $\dot{\gamma}$ 为 $10^2$ 和 $10^3$ 时的黏度之比表示剪切速率对黏度的敏感性，聚合物不同，熔体黏度对 $\dot{\gamma}$ 的敏感性也不同，黏度对剪切速率敏感性指标越大的，表明熔

体黏度对 $\dot{\gamma}$ 越敏感。从表2－3可以看出，PS、PP、PVC等对 $\dot{\gamma}$ 较敏感，POM、PC、PA、PET等对 $\dot{\gamma}$ 不敏感。

**表2－3　　聚合物熔体黏度对 $\dot{\gamma}$ 和 $T$ 的敏感性数据**

| 聚合物 | 熔体温度 $T_1$/℃ | 在 $T_1$ 和给定 $\dot{\gamma}$ 下的黏度 $\eta\times10^{-2}$/Pa·s | | 熔体温度 $T_2$/℃ | 在 $T_2$ 和给定 $\dot{\gamma}$ 下的黏度 $\eta\times10^{-2}$/Pa·s | | 黏度对 $\dot{\gamma}$ 敏感性指标 $\eta$（$\dot{\gamma}=10^2s^{-1}$）/$\eta$（$\dot{\gamma}=10^3s^{-1}$） | | 黏度对温度的敏感性指标 $\eta$（$T_1$）/$\eta$（$T_2$） | |
|---|---|---|---|---|---|---|---|---|---|---|
| | | $\dot{\gamma}=10^2s^{-1}$ | $\dot{\gamma}=10^3s^{-1}$ | | $10^2s^{-1}$ | $10^3s^{-1}$ | $T_1$ | $T_2$ | $\dot{\gamma}=10^2s^{-1}$ | $\dot{\gamma}=10^3s^{-1}$ |
| 共聚甲醛（注射级） | 180 | 8 | 3 | 220 | 5.1 | 2.4 | 2.4 | 2.1 | 1.55 | 1.35 |
| 尼龙6（注射级） | 240 | 2.9 | 1.75 | 280 | 1.1 | 0.8 | 1.6 | 1.4 | 2.50 | 2.40 |
| 尼龙66（注射级） | 270 | 2.6 | 1.7 | 310 | 0.55 | 0.47 | 1.5 | 1.2 | 4.70 | 3.50 |
| 尼龙610（注射级） | 240 | 3.1 | 1.6 | 280 | 1.3 | 0.8 | 1.9 | 1.6 | 2.40 | 2.00 |
| 尼龙11（注射级） | 210 | 5.0 | 2.4 | 250 | 1.8 | 1.0 | 2.0 | 1.8 | 2.80 | 2.40 |
| HDPE（挤出级） | 150 | 380 | 5.0 | 190 | 27 | 4.0 | 7.6 | 6.8 | 1.40 | 1.25 |
| HDPE（注射级） | 150 | 11 | 3.1 | 190 | 8.2 | 2.4 | 3.5 | 3.4 | 1.35 | 1.30 |
| LDPE（挤出级） | 150 | 34 | 6.6 | 190 | 21 | 5.1 | 5.1 | 4.2 | 1.60 | 1.30 |
| LDPE（注射级） | 150 | 508 | 2.0 | 190 | 2.0 | 0.75 | 2.9 | 2.6 | 2.90 | 2.70 |
| PP（挤出级） | 190 | 21 | 3.8 | 230 | 14 | 3.0 | 5.5 | 4.7 | 1.50 | 1.30 |
| PP（注射级） | 190 | 8 | 1.8 | 230 | 4.3 | 1.2 | 4.4 | 3.6 | 1.80 | 1.50 |
| HIPS | 200 | 9 | 1.8 | 240 | 4.3 | 1.1 | 5.0 | 3.9 | 2.10 | 1.60 |
| PC | 230 | 80 | 21.0 | 270 | 17 | 6.2 | 3.8 | 2.7 | 4.70 | 3.00 |
| PVC（软质） | 150 | 62 | 9.0 | 190 | 31 | 6.2 | 6.8 | 5.0 | 2.00 | 1.45 |
| PVC（硬质） | 150 | 170 | 20.0 | 190 | 60 | 10 | 8.5 | 6.0 | 2.80 | 2.00 |
| 聚苯醚 | 315 | 25.5 | 7.8 | 344 | 9.4 | 3.0 | 3.2 | 3.1 | — | |

了解和掌握聚合物熔体黏度对剪切速率的依赖性，对聚合物成型加工过程中选择合适的剪切速率很有意义。对剪切速率敏感性大的塑料，可采用提高剪切速率的方法使其黏度下降。而黏度降低使聚合物熔体容易通过浇口而充满模具型腔，也可使大型注塑机能耗降低。

②温度的影响　根据聚合物流体流动机理可以分析得知，随着流体温度的升高，聚合物分子链活动性增加，分子间的相互作用力减弱，聚合物熔体的黏度降低，流动性增大。除聚苯

乙烯的环己烯溶液以及聚 2－羟乙基丙烯酸酯与尿素的水溶液黏度随温度升高而增大外，绝大多数聚合物熔体和浓溶液的黏度均随温度的升高而降低，只是当流体的种类不同时，流体的黏度对温度的敏感性不同。从表 2－3 中可知，凡聚合物分子链刚性越大和分了间的引力越大时，表现黏度对温度的敏感性也越大。但这不是很肯定的结论，因为敏感程度还与聚合物相对分子质量和相对分子质量分布有关。表观黏度对温度的敏感性一般比它对剪切应力或剪切速率要强些。在成型操作中对一种表观黏度随温度变化不大的聚合物来说，仅凭增加温度来增加其流动性是不适合的，因为温度即使升幅很大，其表观黏度降低有限（如聚丙烯、聚乙烯、聚甲醛等）。另一方面，大幅度地增加温度很可能使其发生热降解，从而降低制品质量。此外成型设备等的损耗也较大，并且会恶化工作条件。相对而言，在成型中利用升温来降低聚甲基丙烯酸甲酯、聚碳酸酯和聚酰胺等聚合物熔体的黏度是可行的。因为升温不多即可使其表观黏度下降较多。

在温度范围为 $T > T_g + 100℃$ 时，聚合物熔体黏度对温度的依赖性可用经验公式阿雷尼乌斯（Arrhenius）方程来表示。视剪切速率恒定和剪切应力恒定的黏流活化能不同，黏度分别表示为：

$$\eta = A\exp(E_{\dot{\gamma}}/RT) \quad (2-9a)$$

$$\eta = A'\exp(E_{\tau}/RT) \quad (2-9b)$$

式中，$A$、$A'$ 为与材料性质、剪切速率和剪切应力有关的常数；$E_{\dot{\gamma}}$、$E_{\tau}$ 为在恒定剪切速率和恒定剪切应力下的黏流活化能，J/mol；$R$ 为气体常数，8.32J/（mol·K）；$T$ 为热力学温度，K。

对于服从幂律方程的流体，经推导可得活化能 $E_{\dot{\gamma}}$、$E_{\tau}$ 与流动指数有 $n$ 如下关系：

$$E_{\dot{\gamma}} = nE_{\tau} \quad (2-10)$$

活化能是分子链流动时克服分子间作用力，以便更换位置所需要的能量；或每摩尔活动单元流动时所需要的能量。故活化能越大，黏度对温度的敏感性越大。其温度升高时，其黏度下降越明显。一些聚合物在一定剪切速率下的黏流活化能见表 2－4。此表数据为特定聚合物在某个温度下的 $E_{\dot{\gamma}}$ 值。

**表 2－4　几种聚合物熔体的黏流活化能**

| 聚合物 | $\dot{\gamma}/s^{-1}$ | $E_{\gamma}$/（kJ/mol） | 聚合物 | $\dot{\gamma}/s^{-1}$ | $E_{\gamma}$/（kJ/mol） |
|---|---|---|---|---|---|
| POM（190℃） | $10^1 \sim 10^2$ | 26.4～28.5 | PMMA（190℃） | $10^1 \sim 10^2$ | 159～167 |
| PE（MFR2.1，150℃） | $10^2 \sim 10^3$ | 28.9～34.3 | PC（250℃） | $10^1 \sim 10^2$ | 167～188 |
| PP（250℃） | $10^1 \sim 10^2$ | 41.8～60.1 | NBR | $10^1$ | 22.6 |
| PS（190℃） | $10^1 \sim 10^2$ | 92.1～96.3 | NR | $10^1$ | 1.1 |

将式（2－10）取对数，则有：

$$\ln\eta = \ln A + \frac{E_{\gamma}}{RT} \quad (2-11a)$$

$$\ln\eta = \ln A' + \frac{E_{\tau}}{RT} \quad (2-11b)$$

视 $\ln\eta$ 为 $1/T$ 的函数，在温度不太大的范围内，可根据所得直线斜率来求出相应的 $E_{\gamma}$ 和 $E_{\tau}$。

在较低温度 $[T_g \sim (T_g + 100℃)]$，聚合物熔体的黏度与温度的关系不再符合阿雷尼乌斯方程，而是用威廉斯、兰特尔和费里（Williams、Lardel and Ferry）方程，即 WLF 方程来描述：

$$\lg\eta_T = \lg\eta_g - \left[\frac{17.44(T-T_g)}{51.6+(T-T_g)}\right] \quad (2-12)$$

式中 $\eta_g$ 是玻璃化温度 $T_g$ 下的黏度。

③ 压力的影响　由于聚合物分子长链结构，使分子堆砌不紧密，分子间存在微小空穴，使聚合物流体中存在所谓的“自由体积”，因而聚合物流体具有可压缩性。也正是自由体积的存在使聚合物分子的链段位置迁移成为可能。流体所受压力增加时，自由体积减小，分子间距离也随之减小。分子间作用力增大，链段迁移变得困难，流体流动阻力也增大，流体黏度增大。

在测定恒定压力下黏度随温度的变化和恒定温度下黏度随压力的变化后，得知压力增加 $\Delta P$ 与温度下降 $\Delta T$ 对黏度的影响是等效的，它们的等效关系可以用换算因子 $(\Delta T/\Delta P)_\eta$ 来处理。这一换算因子可确定与产生黏度变化所施加的压力增量相当的温度下降量。一些聚合物熔体的换算因子见表2－5[3]。

表2－5　　几种聚合物熔体换算因子 $(\Delta T/\Delta P)_\eta$

| 聚合物 | $(\Delta T/\Delta P)_\eta$ (℃/MPa) | 聚合物 | $(\Delta T/\Delta P)_\eta$ (℃/MPa) | 聚合物 | $(\Delta T/\Delta P)_\eta$ (℃/MPa) |
|---|---|---|---|---|---|
| 聚氯乙烯 | 0.31 | 聚苯乙烯 | 0.40 | 低密度聚乙烯 | 0.53 |
| 聚酰胺66 | 0.32 | 高密度聚乙烯 | 0.42 | 硅烷聚合物 | 0.67 |
| 聚甲基丙烯酸甲酯 | 0.33 | 共聚甲醛 | 0.51 | 聚丙烯 | 0.86 |

例如，低密度聚乙烯在167℃下的黏度要在100MPa压力下维持不变，需升高多少温度。由表2－4查得换算因子0.53℃/MPa，温度升高为：

$$\Delta T = 0.53 \times (100 - 0.1) \approx 53℃$$

换言之，此熔体在220℃和100MPa时的流动行为与在167℃和0.1MPa时的流动行为相同。

挤出成型加工的压力比注射成型大致小一个数量级。因此，挤出压力使熔体黏度增加，大致相当于加工温度下降几度。

④ 分子参数与结构的影响　聚合物分子结构对其黏度的影响比较复杂。聚合物熔体的黏性流动主要是分子链之间发生的相对滑移，因此聚合物相对分子质量越大，流动性越差，其熔体黏度也随之增大。因此在满足制品力学性能要求条件下，应尽量采用相对分子质量低的聚合物。此外成型方法不同，对聚合物相对分子质量的要求也不同。例如，注射成型要求聚合物的相对分子质量低，挤出成型则可采用相对分子质量较高的聚合物，而中空吹塑成型介于两者之间。

相对分子质量分布对熔体黏度的影响与剪切速率有关。在低剪切速率范围内，相对分子质量分布越宽，则熔体黏度越高；而当剪切速率增加时，相对分子质量分布越宽的聚合物熔体黏度急剧下降，而相对分子质量分布窄的，其黏度变化比较缓慢，因而在较高的剪切速率范围内，相对分子质量分布宽的聚合熔体黏度较低。通常聚合物成型的剪切速率较高，所以，相对分子质量分布较宽的，其流动性较好，易于加工，但此材料的拉伸强度较低。

当相对分子质量相同时，分子链是直链型还是支链型及其支化程度，对黏度影响很大。虽然一般生胶的分子链是直链型的，但也有一定程度的支化。在聚合过程中若转化率和温度较高，则容易产生支链。高的支化程度会导致凝胶形成，使合成橡胶变硬，在炼胶过程中，由于机械和氧的作用，也有可能产生支链。改变分子链的形状，会使流动性能发生变化。按照比切（Bueche）理论，支化聚合物的黏度比相同分子质量的线型聚合物黏度要小。黏度减小，主要是由于支化分子的无规运动在熔体中弥散的体积较线型分子的小。

⑤ 添加剂的影响　高分子材料是以聚合物为主要成分，加入各种添加剂构成的多组分体

系。常见的添加剂主要有两种形态，一是小分子流体；二是固体颗粒或纤维状填料。对于第一种形态的小分子流体如溶剂、增塑剂、润滑剂等，在成型条件下，能够降低物料的整体黏度，增加其流动性。对于成型条件下呈固态的物质，如填充剂、补强剂等，则会增大物料的整体黏度，降低其流动性。

（4）聚合物在简单导管内的流动

聚合物成型过程中，经常需要通过管道（包括模具中的流道），以便对它加热、冷却、加压和成型。通过管道时聚合物的状态可以是流体或固体，但前者居多。通常聚合物通过管道的形状有圆形、狭缝形、环隙形、矩形、椭圆形和等边三角形等等截面流道和截面形状各异的变截面流道，如锥形流道等。了解聚合物流体在管道内流动时的流率与压力降的关系，以及沿着流通截面上的流速分布是很重要的，因为这些对设计模具和设备、了解已有设备的工作性能以及进行制品和工艺设计都很有帮助，甚至成为一种设计依据。以下就圆形、窄缝形和锥形流道进行分析，其他流道可以为这 3 种形式的组合。

① 聚合物在圆形流道中的流动　在成型中所涉及的聚合物熔体黏度都很高，所以它们在流道内的流动基本上都属于层流，流体还仅限于服从指数定律的流体，可以认为在等温条件下流动，流动是稳态流动，即流动速度不因时间改变而变化。熔体按上述条件在等截面圆形流道中流动时，根据圆管内熔体的受力平衡分析，如图 2－7，可以得出任意半径 $r$ 处的流层所受到的剪切应力 $\tau$ 为：

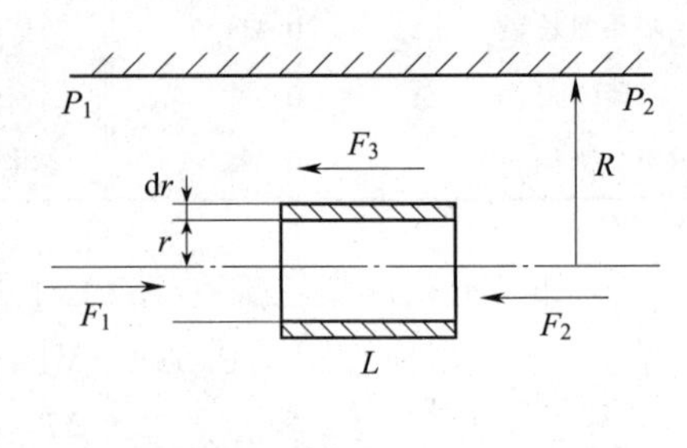

图 2－7　圆管内流体受力平衡分析

$F_1$为推动液柱移动的力，$F_1 = \pi r^2 P_2$；$F_2$和 $F_1$相反，为另一端面阻力 $F_2 = -\pi r^2 P_2$；$F_3$为液柱外侧面由于剪切作用而产生的黏滞阻力，$F_3 = 2\pi rL\tau_r$。稳态流动时 $\sum F = 0$，则有：

$$\tau = \frac{r\Delta p}{2L} \tag{2-13}$$

式中，$\Delta P$ 为 $\Delta P = P_1 - P_2$，在长度 $L$ 范围内的压力降，Pa。

式（2－13）说明流体的剪切应力是管径的线性函数，当 $r = 0$ 时，即管中心剪切应力为零，而 $r = R$（管半径）处，剪切应力最大。其剪切应力在圆管径向方向分布如图 2－8 所示。剪切应力与流体的性质无关。

a. 对于牛顿型流体，由式（2－3）并考虑流动方向可得：

$$\dot{\gamma} = -\frac{\mathrm{d}v}{\mathrm{d}r} = \frac{\tau}{\eta} = \frac{\Delta pr}{2\eta L} \tag{2-14}$$

式中 $v$ 为线速度，它是 $r$ 的函数。管中心流速最大，随 $r$ 的增大流速减小，所以速度梯度取负值。此式说明剪切速率 $\dot{\gamma}$ 与 $r$ 成正比。在管中心处 $\dot{\gamma} = 0$；在管壁处有：

$$\dot{\gamma}_w = \frac{\Delta pR}{2\eta L} \tag{2-15}$$

假设管壁处没有滑动，$v = 0$ 代入式（2－10）对 $r$ 积分可得到描述流体沿管径方向的速度分布方程：

$$v_{(r)} = \frac{\Delta p}{4\eta L}(R^2 - r^2) = \frac{\Delta pR^2}{4\eta L}\left[1 - \left(\frac{r}{R}\right)^2\right] \tag{2-16}$$

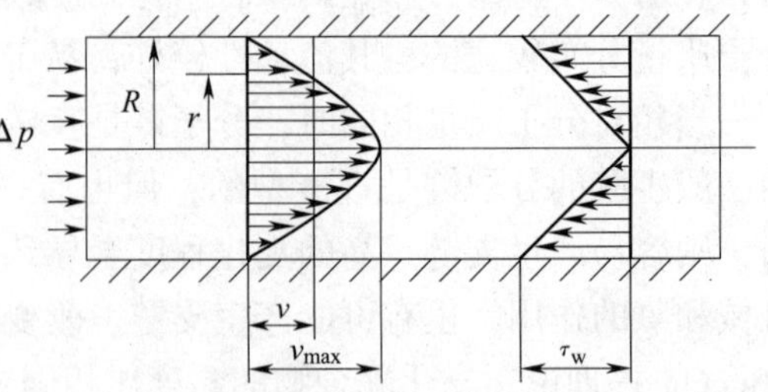

图 2－8　牛顿流体在圆管中的速度分布和剪切应力分布

式（2－16）说明牛顿流体在等截面圆管内流动速度分布为抛物线。如图 2－8 所示。

将式（2－16）对 $r$ 作整个截面积分，可得体积流量 $q_v$ 为：

$$q_v = \int_0^R v(r)\mathrm{d}S = \int_0^R v(r)2\pi r\mathrm{d}r = \frac{\pi \Delta p R^4}{8\eta L} \tag{2-17}$$

这就是哈根－泊肃叶（Hagen－Poseuille）方程。将式（2－17）与式（2－5）比较可得：

$$\dot{\gamma}_w = \frac{4q_v}{\pi R^3} \tag{2-18}$$

并定义熔体通过圆管的表观剪切速率 $\dot{\gamma}_a$ 为 $\dot{\gamma}_w$，即将非牛顿流体看成牛顿流体的剪切速率。

b. 对于非牛顿流体，在圆管中的流动行为显然不能用以上关系式来计算。但是在通常的加工条件下，剪切速率一般都小于 $10^4 s^{-1}$，雷诺准数都很小，在管中流动都为层流。和推导牛顿流体的有关方法类似，剪切应力关系式仍为式（2－13），根据非牛顿流体的幂律方程式（2－5）推导出流速分布、体积流量、剪切速率的关系式。

任意半径处流速分布：

$$v_{(r)} = \left(\frac{n}{n+1}\right)\left(\frac{\Delta p}{2KL}\right)^{\frac{1}{n}} R^{\frac{n+1}{n}}\left[1-\left(\frac{r}{R}\right)^{\frac{n+1}{n}}\right] \tag{2-19}$$

通过圆管的体积流量：

$$q_v = \left(\frac{\pi n}{3n+1}\right)\left(\frac{\Delta p}{2KL}\right)^{\frac{1}{n}} R^{\frac{3n+1}{n}} \tag{2-20}$$

式（2－20）是非牛顿流体在圆形等截面通道中流动的最基本表达式，称为幂律流体基本方程。

将式（2－20）变换整理得：

$$\frac{\Delta p R}{2L} = K\left(\frac{3n+1}{n}\frac{q_v}{\pi R^3}\right)^n \tag{2-21}$$

将式（2－21）与式（2－5）比较可得非牛顿流体在圆管中流动的真实剪切速率 $\dot{\gamma}_T$ 与表观剪切速率 $\dot{\gamma}_a$ 的关系：

$$\dot{\gamma}_T = \frac{3n+1}{n}\frac{q_v}{\pi R^3} = \left(\frac{3n+1}{4n}\right)\dot{\gamma}_a \tag{2-22}$$

此式称为拉宾诺维奇（Rabinowitsch）修正。对于假塑性聚合物熔体 $n<1$，所以 $\dot{\gamma}_T > \dot{\gamma}_a$。同样可以得到稠度 $K$ 与表观稠度 $K'$ 的关系：

$$K' = K\left(\frac{3n+1}{4n}\right)^n \tag{2-23}$$

当 $n=1$ 时，$\dot{\gamma}_T = \dot{\gamma}_a$；$K=K'$，流速、体积流量均为牛顿流体的情况。

将基本方程式（2－20）重排，可得非牛顿流体在等截面圆管中的压力降：

$$\Delta p = 2K\left(\frac{3n+1}{\pi n}q_v\right)^n R^{-(3n+1)}L \tag{2-24}$$

在流速关系式（2－19）中，当 $r=0$ 时，即管中心处，流速为最大流速 $v_{max}$，即：

$$v_{max} = \frac{n}{n+1}\left(\frac{\Delta p}{2KL}\right)^{\frac{1}{n}} R^{\frac{n+1}{n}} \tag{2-25}$$

将式（2－20）除以 $\pi R^2$，便得到非牛顿流体在等截面圆管中的平均流速 $\bar{v}$，即：

$$\bar{v} = \frac{q_v}{\pi R^2} = \frac{n}{3n+1}\left(\frac{\Delta p}{2KL}\right)^{\frac{1}{n}} R^{\frac{n+1}{n}} \tag{2-26}$$

由任意管径的速度 $v_{(r)}$ 与平均速度 $\bar{v}$ 之比可得：

$$\frac{v_{(r)}}{\bar{v}} = \left(\frac{3n+1}{n+1}\right)\left[1-\left(\frac{r}{R}\right)^{\frac{n+1}{n}}\right] \tag{2-27}$$

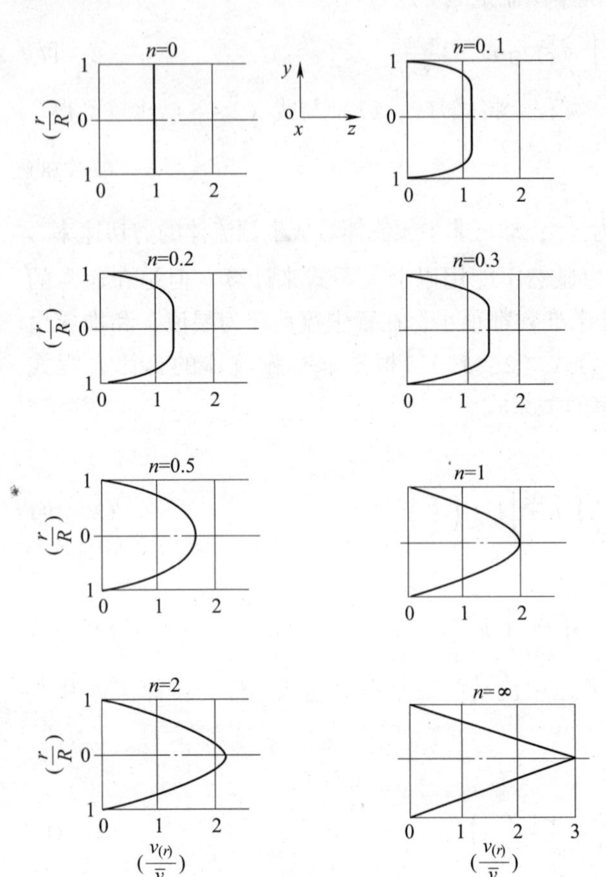


图 2－9　n 值不同时圆管中流动流体的速度分布

根据式（2－27），取不同 $n$ 值，以 $\left(\frac{v_{(r)}}{\bar{v}}\right)$ 对 $\left(\frac{r}{R}\right)$ 作图可得如图 2－9 所示的速度分布曲线。

由图 2－9 可知，当 $n=1$ 时，速度分布为抛物线；当 $n>1$ 时，为膨胀性流体，速度分布变得非常陡峭尖锐，$n$ 值越大，越接近于锥形；当 $n<1$ 时，为假塑性流体，分布曲线则较抛物线平坦，$n$ 值越小，假塑性越强，管中心的分布越平直，曲线形状类似于柱塞，故称之为柱塞流动。

如图 2－10 所示，宾汉液体在管中流动时的速度分布曲线更具有明显的柱塞流动特征，可以将柱塞流动看成是由两种流动成分组成。设 $r$ 为柱塞流动区域半径，$R$ 为圆管半径。则在（$R-r$）区域为剪切流动区域，这一区域中液体中的剪切应力大于液体流动的屈服应力，在管子中心部分，液体具有类似固体的行为，能像一个塞子一样在管中沿受力方向移动；在 $r$ 处是由一种流动转变为另一种流动的过渡区域。聚合物熔体在柱塞流动中，受到剪切作用很小，均化作用差，制品性能低，对于多组分物料加工尤为不利，因此，对于多组分典型柱塞流动的 PVC 和 PP，必须通过螺杆甚至双螺杆挤出，方能达到满意的效果。

流体在管中的流速及其体积流率均随管径和压降的增大而增加，随管长的增加而减少。

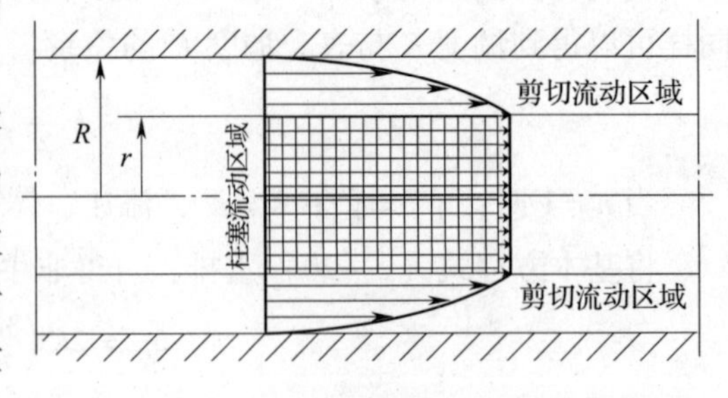


图 2－10　圆管中柱塞流动速度分布

前面曾假定在管壁的流速为零，但实际上熔体在管壁上有滑移现象。此外，熔体在管内流动过程中，还伴随有聚合物相对分子质量的分级效应。相对分子质量较低的级分在流动中逐渐趋于管壁附近，黏度降低，流速增加；相对分子质量较大的级分趋向于管中心，使其黏度增加，流速减缓。因此熔体流动速率实际值比计算值大。

② 聚合物在窄缝型流道内的流动　当符合指数定律的聚合物流体在等温条件下在狭缝形流道中稳定流动时，如果狭缝宽度 $b$ 大于狭缝厚度 $d$ 的 20 倍，则狭缝形流道两侧壁对流速的减缓作用可忽略不计。如那些厚度 $d$ 比宽度 $b$ 小得多的挤板或挤膜的口模，还有挤管和吹膜所用的环隙口模等，都是典型的狭缝通道。注射模具的矩形分流道及侧浇口等，属矩形通道。但矩形通道的流动分析方程很复杂。倘若借用狭缝通道计算式，会有一定的误差。$b/d$ 越接近 1，

误差越大。

狭缝截面上任意一点距中心 $y$ 处与中心层平行的流层所受到的剪切应力为：

$$\tau = \frac{p}{L}y \tag{2-28}$$

非牛顿流体在狭缝通道中流动的剪切速率为：

$$\dot{\gamma} = \frac{4n+2}{n}\frac{q_v}{bd^2} \tag{2-29}$$

当 $n=1$ 时，得到牛顿流体在窄缝形流道的表观剪切速率：

$$\dot{\gamma}_a = \frac{6q_v}{bd^2} \tag{2-30}$$

聚合物流体在窄缝形流道中体积流量：

$$q_v = \frac{2n}{2n+1}\left(\frac{\Delta p}{KL}\right)^{\frac{1}{n}} b\left(\frac{d}{2}\right)^{\frac{2n+1}{n}} \tag{2-31}$$

对于流程长 $L$ 的压力降式为：

$$\Delta p = \left(\frac{4n+2}{n}\right)^n q_v^n \frac{2KL}{b^n d^{2n+1}} \tag{2-32}$$

稠度 $K$ 与表观稠度 $K'$ 的关系式同式（2-23）：

$$K' = K\left(\frac{3n+1}{4n}\right)^n$$

③ 圆锥形通道　注塑模的主流道和挤圆棒口模等均为圆锥形通道。在挤出成型中使用圆锥形口模能制止流动缺陷。因为它可获得足够压缩比，产生较高的压力。圆锥形通道如图2-11所示。

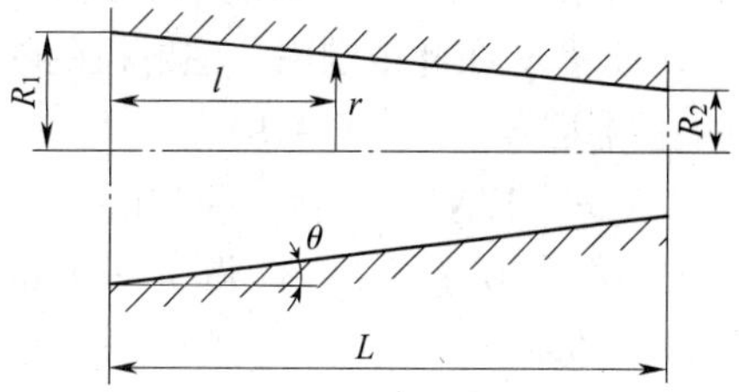

设其大小端的半径分别为 $R_1$ 和 $R_2$，锥角为 $2\theta$（一般小于10°）。全长为 $L$。取其任意位置上的半径为 $r$，且离大端的距离为 $l$。它们之间的关系为：

$$r = R - l\text{tg}\theta \tag{2-33a}$$

图2-11　圆锥形通道

又有：

$$\text{tg}\theta = -\frac{dr}{dl} \tag{2-33b}$$

由式（2-24）分析可知，如果把圆形通道改为圆锥形，就会发生收敛流动。此时必须考虑 $dr$ 对应 $dl$ 上的压力降。其值为以 $R_1$ 到 $R_2$ 为上下限，对 $r$ 的积分，并简化即：

$$\Delta p = \frac{2K\text{ctg}\theta}{3n}\left(\frac{3n+1}{n\pi}q_v\right)^n\left[R_2^{-3n} - R_1^{-3n}\right] \tag{2-34a}$$

若以 $\text{ctg}\theta = \dfrac{L}{R_1 - R_2}$ 代入式（2-34a）得：

$$\Delta p = \frac{2KL}{3n[R_1 - R_2]}\left(\frac{3n+1}{n\pi}q_v\right)^n\left[R_2^{-3n} - R_1^{-3n}\right] \tag{2-34b}$$

若以式（2-23）中的 $K'$ 置换两式中的 $K$，可得聚合物熔体在圆锥形通道中流动时的又一组压力降计算式：

$$\Delta p = \frac{2K'\text{ctg}\theta}{3n}\left(\frac{4}{\pi}\right)^n q_v^n\left[R_2^{-3n} - R_1^{-3n}\right] \tag{2-35a}$$

和

$$\Delta p = \frac{2K'L}{3n[R_1 - R_2]}\left(\frac{4}{\pi}\right)^n q_v^n\left[R_2^{-3n} - R_1^{-3n}\right] \tag{2-35b}$$

此外，对于厚度方向有变化的窄楔形流道、宽度方向有变化的宽楔形流道和两个方向都有变化的鱼尾形流道等的流动分析可参考有关书籍。

④ 计算示例　从高分子材料制品的设计开始，在工艺分析和模具设计的整个过程中已广泛运用了计算机技术。尤其在注射和挤出工艺方面，计算机辅助工程和辅助设计及辅助制造 CAE/CAD/CAM 的各种计算机软件，在生产中得到成熟的应用。在塑料件的三维造型后，进行加工工艺条件下的流动和冷却分析，可获得最佳的产品设计，合理的工艺拟定和先进的模具设计，从而确保了制品质量。

常用的注射和挤出的计算机分析软件，是基于聚合物流变学和传热学的理论，应用现代计算机技术进行数值分析。下述的注射模型腔压力的分析计算式示例，具体应用了本章的流变学的基础知识，有助于掌握实际的计算方法，也可体验 CAE/CAD 技术的实用意义。

用 ABS 在国产 $100cm^3$ 注塑机上，生产体积 $V=427cm^3$ 的收录机中框。有如图 2－12 的浇注系统。若熔体温度 $T_m=220℃$，注射压力 $P_0=80MPa$。问熔体经注射机和模具的流道后，在塑件型腔的最大充模压力多少？所需锁模力多大？

［**解**］ a. 采用上海高桥化工厂生产 IMT－100 的 ABS。由相关手册查得；熔体剪切速率 $\dot{\gamma}=(10^2\sim10^3)\ s^{-1}$ 时，流动指数 $n=0.34$，表观稠度 $K'=19500Pa\cdot s=1.95N\cdot s/cm^2$。正常的注射条件下，料筒和模具的分流道中熔体的剪切速率 $\dot{\gamma}$ 在此范围内。注射机的喷嘴和模具的主流道 $\dot{\gamma}=(10^3\sim10^4)\ s^{-1}$，查得 $n=0.27$，$K'=3.17N\cdot s/cm^2$。模具的矩形浇口有 $\dot{\gamma}=(10^4\sim10^5)\ s^{-1}$，查得 $n=0.18$，$K'=7.27N\cdot s/cm^2$。

b. 在常态的充模速度下，充填 $427cm^3$ 注射量的注射时间 $t=4s$。可得体积流量：

$$q_v=\frac{V}{t}=\frac{427}{4}=107(cm^3/s)$$

c. 求熔体在注射机的料筒和喷嘴中的压力损失 $\Delta p_1$ 和 $\Delta p_2$。已知此注射机的料筒半径 $R_1=4.0cm$；料筒里螺杆前贮料长度 $L_1=22.5cm$。喷嘴半径为 $R_2=0.275cm$，长 $L_2=2.0cm$。

代入熔体在圆锥形通道中的压降计算式（2－35b），有料筒中的压力降：

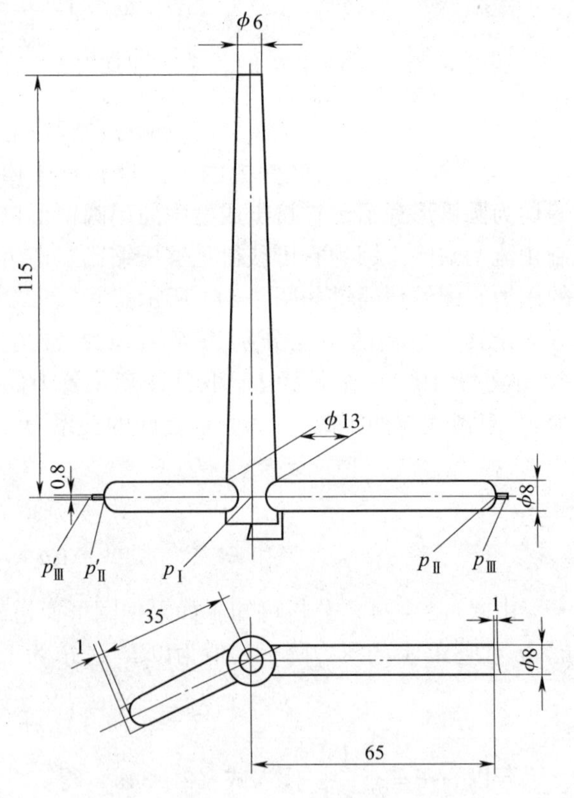


图 2－12　某收录机中框注射模浇注系统

$$\Delta p_1=\frac{2K'L}{3n(R_1-R_2)}\left(\frac{4}{\pi}\right)^n q_v^n(R_2^{-3n}-R_1^{-3n})$$

$$=\frac{2\times1.95\times22.5}{3\times0.34\times(4.0-0.275)}\left(\frac{4}{\pi}\right)^{0.34}\times107^{0.34}\times(0.275^{-3\times0.34}-4.0^{-3\times0.34})$$

$$=428.5(N/cm^2)=4.29(MPa)$$

代入熔体在圆管通道中的压力降计算式（2－24），有注射机喷嘴中的压降：

$$\Delta p_2=2K\left(\frac{3(n+1)}{\pi n}q_v\right)^n R^{-(3n+1)}L=\left(\frac{4}{\pi}\right)^n\frac{2K'q_v^nL}{R^{3n+1}}$$

$$= \left(\frac{4}{\pi}\right)^{0.27} \frac{2 \times 3.17 \times 107^{0.27} \times 2}{0.275^{3\times0.27+1}} = 4.95(\text{MPa})$$

d. 求熔体在模具浇注系统的压力损失，以得知注入型腔的熔体压力。用式（2－35b）计算模具的锥形主流道熔体的压力降。由图 2－11 可知，主流道小端 $R_2 = 0.3\text{cm}$，大端 $R_1 = 0.65\text{cm}$，长 $L = 11.55\text{cm}$。

$$\Delta p_3 = \frac{2 \times 3.17 \times 11.5}{3 \times 0.27(0.65 - 0.3)} \left(\frac{4}{\pi}\right)^{0.27} 107^{0.27}(0.3^{-3\times0.27} - 0.65^{-3\times0.27}) = 18.87(\text{MPa})$$

熔体进入右侧的圆锥面分流道，有 $L_s = 6.5\text{cm}$，$R_s = 0.4\text{cm}$，用式（2－24）计算压力降。由于流道分叉，各分流道流量 $q_{vs} = q_v/2 = 107/2 = 53.5$（$\text{cm}^3/\text{s}$）

$$\Delta p_4 = \left(\frac{4}{\pi}\right)^n \frac{2K' q_{vs}^n L_s}{R_s} = \left(\frac{4}{\pi}\right)^{0.34} \frac{2 \times 1.95 \times 53.5^{0.34} \times 6.5}{0.4^{3\times0.34+1}} = 6.78(\text{MPa})$$

熔体进入左侧的分流道 $L_s' = 3.5\text{cm}$。其压降 $\Delta p_4'$ 比右侧小：

$$\Delta p_4' = \left(\frac{4}{\pi}\right)^{0.34} \frac{2 \times 1.95 \times 53.5^{0.34} \times 3.5}{0.4^{3\times0.34+1}} = 3.65(\text{MPa})$$

流经矩形浇口熔体，有 $W = 0.8\text{cm}$，$h = 0.08\text{cm}$，$L_G = 0.1\text{cm}$。查得 $n = 0.18$，$K' = 7.27\text{N} \cdot \text{s/cm}^2$，先换算成：

$$K = K' \left(\frac{4n}{3n+1}\right)^n = 7.27 \left(\frac{4 \times 0.18}{3 \times 0.18 + 1}\right)^{0.18} = 6.34(\text{N} \cdot \text{s/cm}^2)$$

用熔体在狭缝通道中的压降式（2－32），近似计算矩形浇口中压力降。

$$\Delta p_5 = \left(\frac{4n}{3n+1}\right)^n q_v{}^n \frac{2KL_G}{b^n d^{2n+1}}$$

$$= \left(\frac{4 \times 0.18 + 2}{0.18}\right)^{0.18} 53.5^{0.18} \times \frac{2 \times 6.34 \times 0.1}{0.8^{0.18} \times 0.08^{2\times0.18+1}} = 1.37(\text{MPa})$$

e. 从注射压力 $p_0 = 80\text{MPa}$ 开始，由各段的压力降可知：

右侧浇口熔体注入型腔压力：

$$p_{\text{III}} = p_0 - \Delta p_1 - \Delta p_2 - \Delta p_3 - \Delta p_4 - \Delta p_5$$

$$= 80 - 4.29 - 4.95 - 18.87 - 6.78 - 1.37 = 43.7(\text{MPa})$$

左侧浇口熔体注入型腔压力：

$$\Delta p'_{\text{III}} = p_0 - \Delta p_1 - \Delta p_2 - \Delta p_3 - \Delta p_4 - \Delta p_5$$

$$= 80 - 4.29 - 4.95 - 18.87 - 3.65 - 1.37 = 46.9(\text{MPa})$$

f. 校核分型面上锁模力

由图 2－11，浇注系统在分型面上的投影面积 $A_s = \pi \times 0.65^2 + 0.8$（$6.5 + 3.5$）$+ 0.8 \times 0.1 \times 2 = 9.49$（$\text{cm}^2$）$= 9.49 \times 10^2$（$\text{mm}^2$）。

图示各处压力：$p_{\text{I}} = 51.9\text{MPa}$、$p_{\text{II}} = 48.2\text{MPa}$、$p_{\text{III}} = 43.7\text{MPa}$、$p'_{\text{III}} = 46.9\text{MPa}$。取平均值 $p_{cp} = 50\text{MPa}$。

浇注系统熔体的胀模力：

$$F_s = p_{cp} \cdot A_s = 50 \times 9.49 \times 10^2 = 47.5(\text{kN})$$

由塑件图可知塑件在分型面胀模作用面积是 $A_P = 156 \times 10^2$（$\text{mm}^2$）。型腔压力低于熔体射出浇口的压力 $p_{\text{III}}$ 和 $p'_{\text{III}}$，现取平均值 $p'_{cp} = 40\text{MPa}$。得塑件型腔的胀模力：

$$F_p = p'_{cp} \cdot A_P = 40 \times 156 \times 10^2 = 624(\text{kN})$$

已知此台注射机具有的最大锁模力是 400t，折合 3924kN，大于所需锁模力：

$$624 + 48 = 672(\text{kN})。$$

本例题假定聚合物熔体为等温流动。但实际上，聚合物熔体在模具通道中流动是非等温的。首先，由于固化成型制品要求对模具进行冷却。模具通道壁上各处温度是不均匀的，其次，聚合物熔体在流动过程中黏滞性的剪切变形，其损耗能量转变为热，从而使熔体的温度升高。此外，模具向外界空间散热，致使模具和熔体温度降低。同理，在相似状态下的塑料机械中的熔体流动也都属于非等温流动。各种模具的几何通道和各种加工条件下的非等温的聚合物熔体流动分析，可参见有关专著。

2.3.1.2　高分子液体的拉伸流动

质点速度沿流动方向发生变化，称为拉伸流动；而剪切流动是速度沿流动方向的垂直方向发生变化。如图 2－13 所示，$X$ 为流动方向；$y$ 为流动方向的垂直方向。

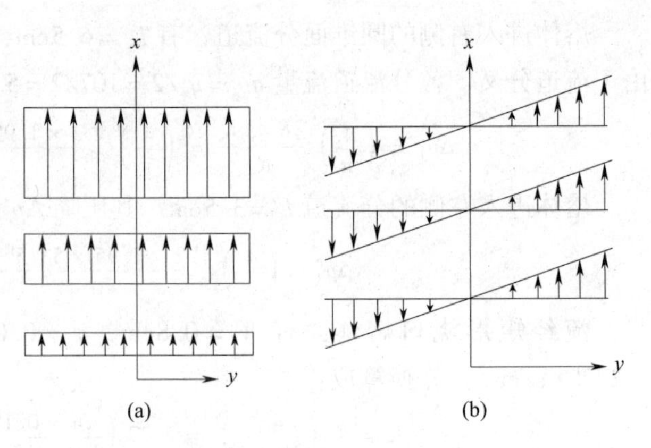

图 2－13　拉伸流动与剪切流动速度分布
（a）为拉伸流动　（b）为剪切流动

聚合物液体纺丝、生产拉伸薄膜的过程都有典型的拉伸流动；在吹塑薄膜、挤出单丝、管子或型材时，在离开口模的一定距离内，材料中也有不同程度的拉伸流动；而聚合物熔体在锥形或楔形流道的流动（如生产管材用的挤出口模，注射模具的流道、喷嘴等是典型的锥形流道，挤出异型材、板材、流延薄膜用的机头口模是典型的楔形流道），也存在拉伸流动，习惯上把这些流动称为收敛流动。拉伸流动或收敛流动中，聚合物液体会产生很大的拉伸应变，它表现为柔性分子链流动中逐渐伸展和取向。伸展与取向的程度与液体中的速度梯度和流动的收敛角（层流条件下当聚合物液体从一大直径圆管流入一小直径圆管时，大管中各位置上的液体将改变原有流动方向，而以一自然的角度向小管流动，这时液体的流线将形成一锥角，称此锥角的一半为流线收敛角。并以 $\alpha$ 表示）有关，随着速度梯度和收敛角的增大，都会使拉伸应变增加，大分子能更快地伸展和取向。对大多数聚合物，锥形管道的收敛角不应过大，否则拉伸应变的增加会导致大量弹性能的贮存，它可能引起成型制品变形和扭曲，甚至引起熔体破裂现象的出现，所以通常都使收敛角 $\alpha < 10°$。在一定收敛角时，液体中的拉伸应变沿流动过程而增加，在锥角的窄端达到最大值。

聚合物熔体在受拉伸应力 $\sigma$ 时，其黏度 $\lambda$ 和拉伸应变速率 $\dot{\varepsilon}$ 也存在以下关系：

$$\lambda = \frac{\sigma}{\dot{\varepsilon}} \tag{2-36}$$

拉伸应力是以拉伸时真正断面积计算的。拉伸流动时形状发生了不同于剪切流动的变化，长度从原长 $l_0$ 变至 $l_0 + \mathrm{d}l$，即拉伸应变 $\varepsilon$ 为：

$$\varepsilon = \int_{l_0}^{l} \frac{\mathrm{d}l}{l} = \ln \frac{l}{l_0} \tag{2-37}$$

故拉伸应变速率 $\dot{\varepsilon}$ 为：

$$\dot{\varepsilon} = \frac{\mathrm{d}\varepsilon}{\mathrm{d}t} \frac{\mathrm{d}[\ln(l/l_0)]}{\mathrm{d}t} = \frac{1}{l} \cdot \frac{\mathrm{d}l}{\mathrm{d}t} \tag{2-38}$$

拉伸流动分单轴拉伸和双轴拉伸。单轴拉伸特点是一个方向伸长，另两个方向缩短。如合成纤维、扁丝等。双轴拉伸特点是两个方向同时拉伸、另一个方向缩短。如中空吹塑、薄膜生产等。拉伸黏度随所受拉伸应力是单向或双向而异，这是剪切黏度所没有的。

假塑性流体的剪切黏度 $\eta_a$ 随剪切速率的增大而下降，而拉伸黏度则不同，有降低、不变、升高 3 种情况。因为拉伸流动中，除了由于解缠结而降低黏度外，还有链的拉直和沿拉伸轴取向，使拉伸阻力、黏度增大。因此，拉伸黏度随 $\dot{\varepsilon}$ 的变化趋势，取决于这两种效应哪种占优势。

① 拉伸黏度 $\lambda$ 随拉伸应变速率 $\dot{\varepsilon}$ 增大而增大　这种性质使拉伸成型过程中的弱点或缺陷起到补强作用，使拉伸制品趋于均匀化。低密度聚乙烯、聚异丁烯和聚苯乙烯等支化聚合物属于这种性质。尤其是第三代聚乙烯 LLDPE，在高速拉伸（拉伸比 = 100）条件下，对于凝胶、机械杂质非常不敏感，原因可能是在拉伸过程中出现的微孔、微缝有缝合作用，因此LLDPE是吹塑超薄薄膜的理想材料。

② 拉伸黏度 $\lambda$ 与拉伸应变速率 $\dot{\varepsilon}$ 无关　聚甲基丙烯酸甲酯、ABS、聚酰胺、聚甲醛、聚酯等低聚合度线型高聚物，随着拉伸应变速率的增加，黏度几乎不变。

③ 拉伸黏度 $\lambda$ 随拉伸应变速率 $\dot{\varepsilon}$ 增大而降低　高密度聚乙烯、聚丙烯等高聚合度线型高聚物，因局部弱点在拉伸过程中引起熔体的局部破裂，所以 $\lambda$ 随 $\dot{\varepsilon}$ 增大而降低。这种情况对高速拉伸不利，出现单丝断头和薄膜的破裂。

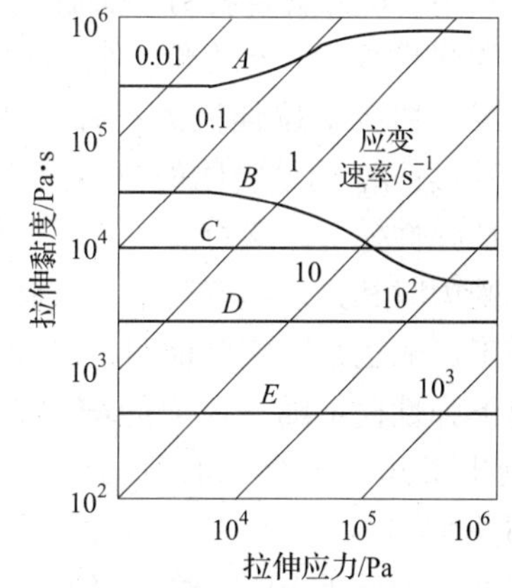


图 2 – 14　几种热塑性塑料在常压下的拉伸黏度 – 拉伸应力的关系

*A*—LDPE（170℃）　*B*—乙丙共聚物（230℃）

*C*—PMMA（230℃）　*D*—POM（200℃）

*E*—尼龙 – 66（285℃）

应指出的是，聚合物熔体的剪切黏度随应力增大而大幅度降低，而拉伸黏度随应力增大而增大，即使有下降其幅度也远比剪切黏度小。因此，在大应力下，拉伸黏度往往要比剪切黏度大 100 倍左右，而不是像低分子流体那样 $\lambda = 3\eta$。因此可以推断，拉伸流动成分只需占总形变的 1%，其作用就相当可观，甚至占支配地位，因此拉伸流动不容忽视。在成型过程中，拉伸流动行为具有实际指导意义，如在吹塑薄膜或成型中空容器型坯时，采用拉伸黏度随拉伸应力增大而升高的物料，则很少会使制品或半制品出现应力集中或局部强度变弱的现象。反之则易于出现这些现象，甚至发生破裂。几种热塑性塑料的拉伸应力 – 拉伸黏度的实测数据见图 2 – 14。

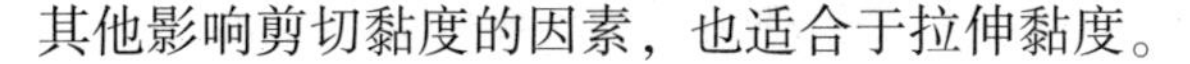

其他影响剪切黏度的因素，也适合于拉伸黏度。

## 2.3.2　聚合物在成型过程中的弹性

大多数聚合物在成型流动过程中，因外在条件的改变而发生聚集态的变化，伴随这些变化的是聚合物不仅有液态的黏流性，而且还具有固体的弹性。黏性形变、弹性形变与时间的依赖关系可用下式来表示：

$$\varepsilon = \varepsilon_1 + \varepsilon_2 + \varepsilon_3 = \frac{\sigma}{E_1} + \frac{\sigma}{E_2}(1 - e^{-t/\tau}) + \frac{\sigma t}{\eta_3} \qquad (2-39)$$

式中，$\sigma$ 为物料所受外力，Pa；$E_1$ 为聚合物普弹形变模量，Pa；$E_2$ 为聚合物高弹形变模量，Pa；$t$ 为外力作用时间，s；$\eta_3$ 为聚合物黏性形变时的黏度，Pa · s；$\tau$ 为聚合物形变松弛时间，它是聚合物高弹形变的黏度与模量的比值（$\eta_3/E_2$），其数值为应力松弛到初始应力的 1/e（即 36.79%）所需要的时间。

从式（2 – 39）可以看出，聚合物在受到外力作用时，其总的变形 $\varepsilon$ 由不可逆的黏性形变 $\varepsilon_3$ 和可回复的弹性形变（$\varepsilon_1$ 与 $\varepsilon_2$）所组成。一旦外力移去，普弹形变即可瞬时回复；而在弹性形变中占主导地位的高弹形变会随后缓慢回复，这是由于大分子长链结构，在成型过程中有弯曲和延伸现象，当应力解除后，这种弯曲和延伸部分的回复需要克服内在的黏性阻滞；黏性变形则作为永久变形保存在聚合物材料中，作为制品的有用变形。因此在聚合物加工过程中的弹性形变及其随后的回复，对聚合物的成型有很大的影响。例如，聚合物熔体在挤出成型时的离模膨胀现象是典型的弹性效应。

2.3.2.1　弹性模量

弹性模量是表征聚合物弹性行为程度的重要物理量。它是聚合物所受应力与弹性变形的比值。随着成型过程中所受应力的不同，表现的弹性也有剪切弹性和拉伸弹性之分。其弹性模量可用下式表示：

$$G = \frac{\tau}{\gamma_R} \tag{2-40a}$$

$$E = \frac{\sigma}{\varepsilon_R} \tag{2-40b}$$

式中，$G$ 为聚合物剪切弹性模量；$E$ 为聚合物拉伸弹性模量；$\tau$ 为聚合物所受的剪切应力；$\sigma$ 为聚合物所受拉伸应力；$\gamma_R$ 为聚合物的剪切弹性变形；$\varepsilon_R$ 为聚合物的拉伸弹性变形。

从弹性模量定义可看出，凡弹性模量大的材料，受力时其弹性形变就小，其弹性行为对聚合物加工影响也小。实验证明，绝大多数聚合物在定温下弹性模量随着应力的增大而上升。图 2-15 列出了几种聚合物的剪切弹性模量与剪切应力的关系。

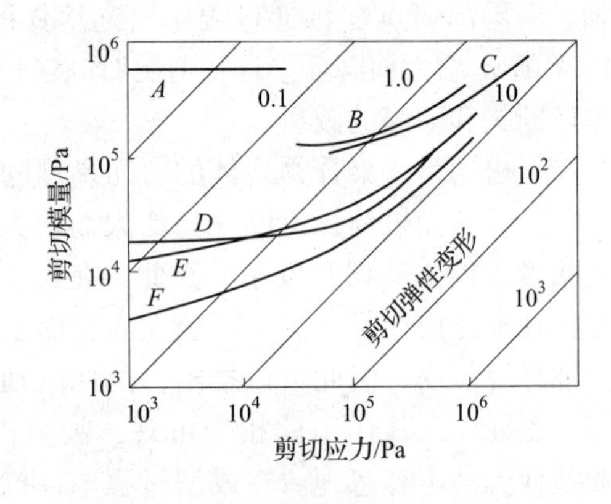


图 2-15　几种聚合物在大气压力下剪切弹性模量

A—尼龙-66（285℃）　B—尼龙-11（220℃）
C—共聚甲醛（200℃）　D—低密度聚乙烯（190℃）
E—聚甲基丙烯酸甲酯（230℃）
F—乙丙共聚物（230℃）
此处所列塑料均为指定产品，数据仅供参考

在应力低于 $10^6$Pa 时，聚合物的剪切弹性模量约为 $10^3 \sim 10^6$ Pa，剪切应变的最高限值为 6，而拉伸弹性形变的最高限值为 2。在单向拉伸应力不大于 1MPa 时，拉伸模量等于剪切弹性模量的 3 倍。

2.3.2.2　聚合物弹性形变的影响因素

（1）成型过程中的外力和作用时间

从式（2-39）可知，增大成型时的外力，可以增大弹性变形，但外力的增加能迅速增加黏性变形。弹性变形是随时间而恢复的，黏性变形是随时间而增加的。所以，增加外力和外力的作用时间，能使可逆变形部分转变为不可逆变形。即使在黏流温度以下（$T_g \sim T_f$），给予高弹态聚合物以较大的外力和较长的作用时间，聚合物大分子会强制性流动而产生不可逆变形。对于塑料的中空吹塑、热成型、薄膜热拉伸等在高弹态下的拉伸就是应用了这种时温等效原理。增大作用力和时间，相当于降低了聚合物的流动温度，迫使大分子间产生解缠和滑移。因此，调整应力和应力作用时间，并配合适当温度，就能使材料由弹性形变向塑性形变转变。

（2）成型时的温度

从式（2-39）还可以看出，当成型温度上升时，黏度会降低，从而导致高弹形变 $\varepsilon_2$ 和黏性形变 $\varepsilon_3$ 都会增加；而且随着时间的增加，黏性形变的比例逐渐增大。当成型温度上升到 $T_f$（或 $T_m$）以上时，聚合物处于黏流态。此时聚合物的黏度低，流动性好，易于成型。因此多数聚合物的成型方法是在黏流态下进行的。黏性形变是黏流态聚合物的主要形变，但也表现出一定程度的弹性行为。当温度降低到 $T_f$ 以下时，聚合物处于高弹性，其形变主要是高弹形变。

（3）松弛时间

当聚合物承受应力时，一方面大分子无规线团被解缠和拉直，另一方面又有已经拉直的大分子重新缠结和卷曲，它是一个动态的过程。如果在时间上允许大分子重新卷曲和缠结的进展，即有充足的松弛时间，则聚合物总变形中的弹性变形就是次要的。

成型方法对松弛时间的影响列于表2－6。由这些数据可以看出，在相同成型温度（230℃）下，由于成型方法的不同而导致材料所需的剪切应力（或剪切速率）不同，因而松弛时间不同。随着所承受的剪切应力的增大，绝大多数聚合物熔体的黏度降低而弹性模量增加，从而导致松弛时间缩短。松弛时间缩短，不仅可以在形变经历的时间内使高聚物得到充分的松弛，以减少弹性变形，而且可以缩短成型周期。注射模塑是高剪切速率的成型方法，其松弛时间比聚合物变形所经历的时间短得多，且成型周期还有辅助时间。注射成型过程中弹性变形是很小的。在挤出成型过程中，剪切速率较小，松弛时间相对较大，所以容易出现挤出物胀大现象。为了减小弹性变形，应适当加长挤出机头、口模平直部分，以延长挤出物变形时间。

**表2－6　　成型方法对松弛时间的影响**

| 成型方法 | 原材料 | 最大剪切速率/$s^{-1}$ | 成型温度/℃ | 最大剪应力/Pa | 黏度/（Pa·s） | 弹性模量/Pa | 松弛时间/s | 变形经历时间/s |
|---|---|---|---|---|---|---|---|---|
| 注射 | PMMA | $10^5$ | 230 | $9\times10^5$ | 9 | $2.1\times10^5$ | $4.3\times10^{-3}$ | 2 |
| 挤出 | PMMA | $10^3$ | 230 | $3\times10^5$ | — | — | $2.5\times10^{-3}$ | 20 |
| 挤出 | PP | 10 | 230 | $0.27\times10^5$ | — | — | 0.4 | 20 |
| 挤出吹塑 | PP | 0.03 | 230 | — | $3.6\times10^4$ | $4.5\times10^3$ | 3 | 5 |

还应指出，聚合物熔体在非等截面流道（如锥形流道）内流动，同时受到剪切和拉伸两种应力，所以其弹性变形也是两种效应叠加的结果。区别聚合物弹性变形属性是剪切弹性还是拉伸弹性，仍是松弛时间：根据聚合物成型中所经历的过程分别求出剪切和拉伸的松弛时间，两者比较，松弛时间长的表明其弹性变形占优势。实验证明，若两者应力在$10^3$Pa以下，则这种松弛时间近似相等，应力较大时，拉伸松弛时间总是大于剪切松弛时间，其差异程度，与聚合物材料性质有关。

### 2.3.2.3 弹性的表现行为

聚合物在成型流动过程中所表现出的弹性，会对成型产生很大影响。主要有3种表现形式：入口效应、挤出胀大和不稳定流动。

（1）入口效应

被挤出的聚合物熔体通过一个狭窄的口模，即使口模很短，也会有很大的压力降。这种现象称为入口效应。

① 聚合物熔体从大直径料筒进入小直径口模会有能量损失，如图2－16所示。

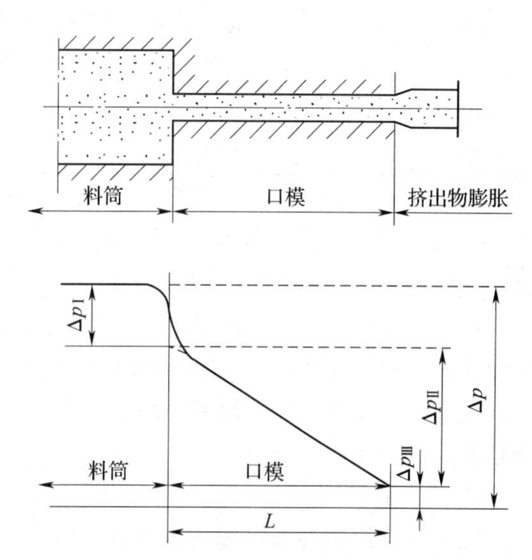


图2－16　口模挤出过程中的压力分布图

若料筒中某点与口模出口之间总的压力降为

$\Delta p$，则可将其分成 3 个组成部分。有：

$$\Delta p = \Delta p_{\mathrm{I}} + \Delta p_{\mathrm{II}} + \Delta p_{\mathrm{III}} \quad (2-41)$$

在此式中，认为料筒直径与口模直径之比很大，以致动能变化所引起的压力降被略去不计。口模入口处的压力降 $\Delta P_{\mathrm{I}}$ 被认为是 3 种原因造成的。

a. 物料从料筒进入口模时，由于熔体黏滞流动流线在入口处产生收敛所引起的能量损失，从而造成的压力降。

b. 在入口处为适应小流道，流线强行收敛，分子链产生强行变形，把消耗的压力能转换成弹性能储存于熔体中，这部分压力损失是引起挤出物胀大的原因之一。

c. 熔体流经入口处时，由于剪切速率的剧烈增加所引起速度的激烈变化，为达到稳定的流速分布所造成的压力降。

口模内的压力降 $\Delta p_{\mathrm{II}}$ 是克服黏滞能所产生的压力降，这种压力损失转换成摩擦热，使聚合物熔体温度有所升高。这是产生径向温差的主要原因。

口模出口压力 $\Delta p_{\mathrm{III}}$ 是聚合物熔体在出口处的压力与大气压力之差。对于牛顿流体，$\Delta p_{\mathrm{III}}$ 为零，即出口压力与大气压力相等；对非牛顿流体 $\Delta p_{\mathrm{III}} > 0$，出口压力随剪切速率的增加而增大。

聚合物熔体从大直径料筒进入小直径口模或毛细管时，在入口区料流强行收缩，流线的收敛角为 $\alpha$，如图 2－17 所示。

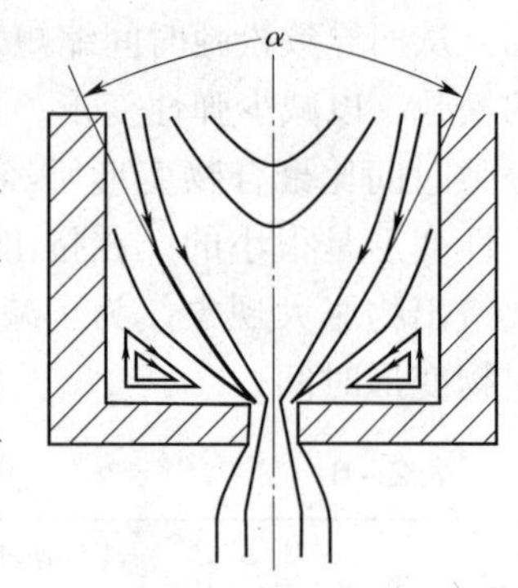


图 2－17　流线收敛角

实验研究表明，LDPE、PS 在口模入口处产生明显的涡流。收敛角 $\alpha$ 较大的 HDPE 和 PP 等则无此现象发生。这种入口处所产生的不同现象，取决于聚合物的品种与其收敛角。各种聚合物熔体的收敛角如表 2－7 所示。

表 2－7　**部分高聚物熔体的收敛角**

| 高聚物 | 剪切速率 $\dot{\gamma}=133\mathrm{s}^{-1}$ | | $\beta=\frac{料筒直径}{口模直径}$ | 高聚物 | 剪切速率 $\dot{\gamma}=133\mathrm{s}^{-1}$ | | $\beta=\frac{料筒直径}{口模直径}$ |
|---|---|---|---|---|---|---|---|
| | $\alpha\pm5°$ | 温度/℃ | | | $\alpha\pm5°$ | 温度/℃ | |
| LDPE | 30～50 | 180 | 7.2 | PS | 90 | 180 | 7.2 |
| LDPE | 28 | 190 | 20.0 | PP | 130 | 180 | 7.2 |
| LDPE | 30～40 | 183 | 5.3 | PMMA | 126 | 180 | 7.2 |
| HDPE | 130 | 180 | 7.2 | PA66 | 90 | 270 | 7.2 |
| HDPE | 144 | 190 | 20.0 | 甘油 2.5% | 180 | 25 | 21.0 |

一般说来，入口速度越大，收敛角越小，易产生涡流。实验证明，收敛角 $\alpha$ 随剪切速率的增加而减小。在近似相同的剪切速率下，不同口模长径比的入口压力降 $\Delta p_{\mathrm{I}}$ 基本相同，入口压力降只是剪切速率的函数，与口模长径比无关。而 $\Delta p_{\mathrm{I}}$ 随剪切速率的增加而升高。对于黏弹性流体来说，其入口总压降 $\Delta p_{\mathrm{I}}$ 可以分成两部分，黏性入口压力降和弹性入口压力降。通过对多种聚合物熔体的研究发现，黏性入口压力降小于总入口压力降的 5%，压力降的大部分是由熔体的弹性所引起的。

② 入口修正

入口效应使聚合物熔体从较短的口模中挤出时，压力损失比实际长度引起的线性压力损失要大得多，常用巴格勒（Bagely）方法进行修正。它是用数根（三根以上）同径（或异径）

的毛细管，分别用它们作出表观剪切速率与压力降的关系图，如图 2 - 18 所示。

在图 2 - 18 上求出定剪切速率下的压力降与毛细管长径比的关系图，如图 2 - 19 所示。

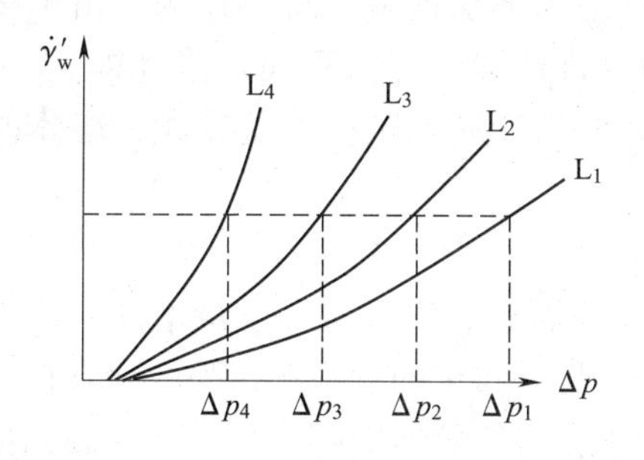


图 2 - 18　表观剪切速率与压力降的关系

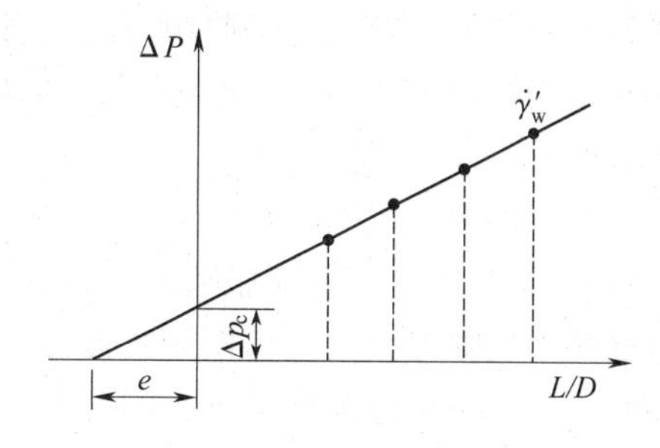


图 2 - 19　巴格勒修正图

将此 $\Delta p$ - （$L/D$）斜线外推至压力为零，则可得到横轴上的（ - $L/D$）值，该值的绝对值称为入口修正系数（末端修正系数），用 $e$ 表示。或者将此斜线外推至长径比为零处，则可得到该剪切速率下的修正压力 $\Delta p_c$。巴格勒的计算毛细管壁上的真实剪切应力 $\tau_T$ 的修正式是：

$$\tau_T = \frac{\Delta pR}{2(L + eR)} = \frac{\Delta p}{2\left[\left(\frac{L}{R}\right) + e\right]} = \frac{\Delta p - \Delta p_c}{2\left(\frac{L}{R}\right)} \qquad (2 - 42)$$

巴格勒引入的入口修正系数 $e$ 的含义为：由于聚合物熔体的黏弹性，使得口模的真实长度比计算长度长。当毛细管长径比不是很大时，都应该进行修正，才能得到比较准确的剪切应力值。但是当毛细管长度大到黏度不随长径比而变化后，就可以不进行修正。

入口修正系数 $e$ 受聚合物熔体的松弛机理影响，也依赖于温度和相对分子质量及其分布。有实验证实，相对分子质量越大，相对分子质量分布越宽，$e$ 值越大。现已证明，巴格勒修正实际上包括了入口和出口两种修正。

（2）离模膨胀

被挤出的聚合物熔体断面积远比口模断面积大。此种现象称之为巴拉斯效应（Barus 效应），也称为离模膨胀或记忆效应。

① 离模膨胀机理　当牛顿流体从口模挤出时，挤出物直径比口模直径小，出现收缩现象，而黏弹性的聚合物熔体从口模中挤出时，挤出物的直径 $d$ 比口模直径 $D$ 大，出现离模膨胀现象，如图 2 - 20 所示。把挤出物直径 $d$ 与口模直径 $D$ 之比称为离模膨胀比 $B$。就圆形口模而言，离模膨胀比可表达为：

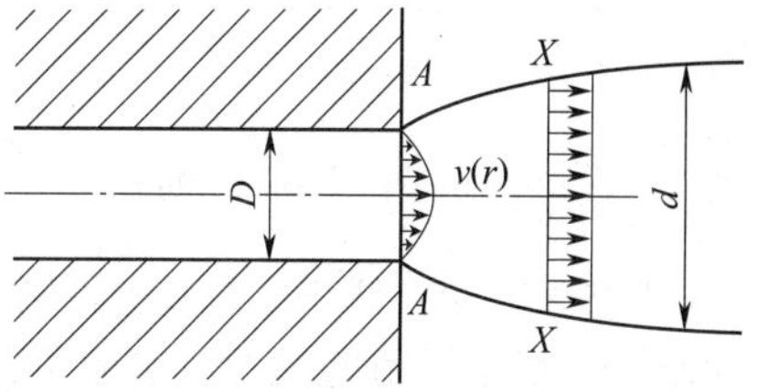

图 2 - 20　聚合物熔体挤出口模的流动状态

$$B = \frac{d}{D} \qquad (2 - 43)$$

也可用挤出物和口模截面积之比表示

$$B' = \frac{d^2}{D^2} = B^2$$

离模膨胀依赖于熔体在流动期间可恢复的弹性变形。关于离模膨胀的机理有以下定性的解释。

a. 取向效应　聚合物熔体在口模内流动过程中，由于高分子链的高度几何不对称性，不可能同处于同一速度区，一根分子链就以不同的速度相对运动，会使大分子在流动方向伸直取向，出模后发生解取向，引起横向胀大。

b. 弹性变形　当聚合物熔体由大直径的料筒进入小直径口模时，产生了弹性变形，而在熔体离开口模时，弹性变形获得恢复，从而引起离模膨胀。即弹性变形效应或称之为记忆效应所引起。

c. 法向应力　熔体流动时，总是受有静压力、切应力或法向应力等的作用，由于黏弹性流体的剪切变形，在垂直于剪切方向上引起了正应力（即法向应力）存在差值（即 $p_{11}-p_{22}>0$），正应力差将使熔体流出管子后发生垂直于流动方向的膨胀。正应力差越大，熔体的膨胀现象越严重。

②影响离模膨胀的因素

a. 分子参数　离模膨胀随聚合物的品种和结构不同而异。当相对分子量增加，流动过程中弹性变形也随之增大，离模膨胀也会增加；相对分子量分布窄的非牛顿性强的聚合物，流动中会储存更多的可逆弹性成分，同时又因松弛过程缓慢，熔体的离模膨胀越严重；高弹性模量聚合物，如图2-14中尼龙、聚甲醛等，流动中可逆弹性形变少，离模膨胀程度低；拉伸弹性模量与拉伸弹性应变也有相似的性质，但拉伸弹性模量值约为剪切弹性模量的3倍，因此，拉伸弹性应变比剪切弹性应变低，只为后者的1/3。一般情况下，聚酰胺、共聚甲醛、PET等聚合物膨胀比约为1.5左右，而PP、PS、PE等可达1.5~2.8甚至3.0~4.5范围。

b. 成型应力和应变速率　应力或应变速率的提高（不超过临界值），会使流动中的可逆弹性形变增大，熔体中法向应力差也随之增大，因而出口膨胀更严重。膨胀比随剪切应力和剪切速率的变化如图2-21和图2-22。

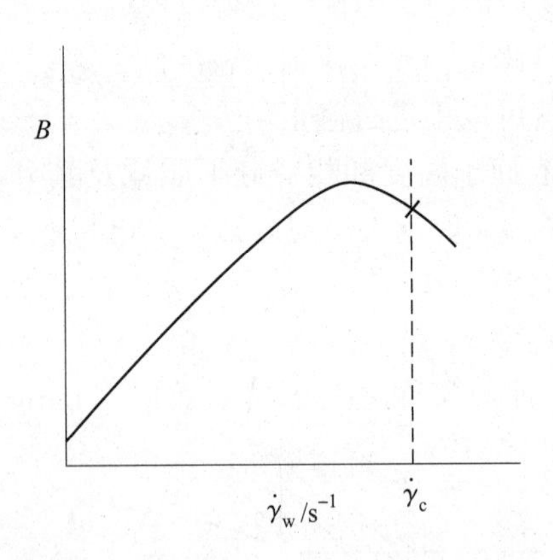


图2-21　剪切速率对膨胀比的影响

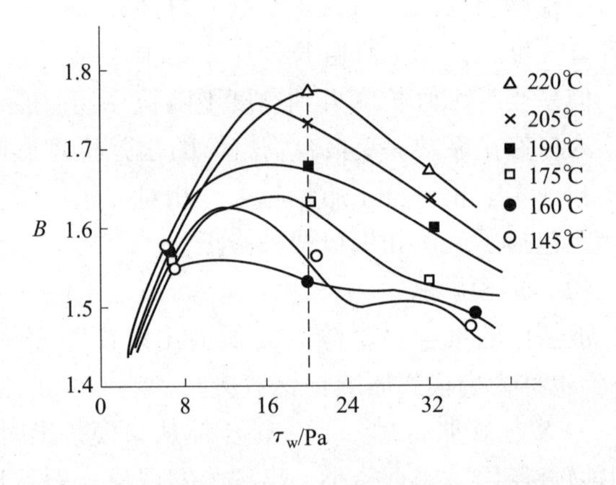


图2-22　LDPE剪切应力对膨胀比的影响

c. 成型温度　在低于临界剪切速率下，离模膨胀比 $B$ 随温度升高而降低。其原因是熔体的黏度、松弛时间随温度的升高而减小。但其最大膨胀比却随温度的升高而增加，如图2-23所示。对有些特殊材料如PVC，其膨胀比 $B$，随温度升高而增大。因此设计模具时要考虑这种特殊情况。

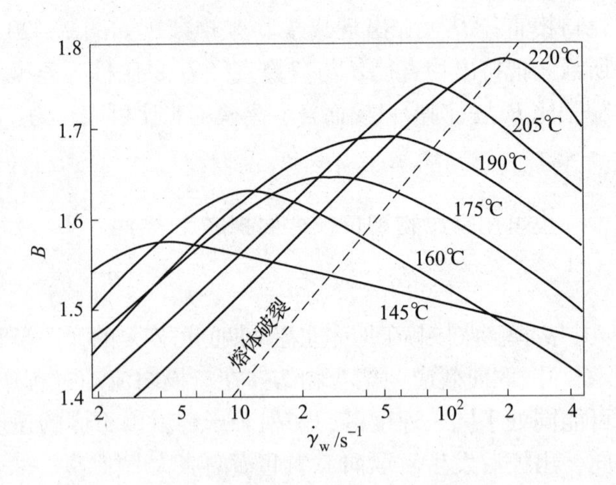


图2-23　温度对膨胀比的影响

d. 停留时间　离模膨胀随熔体在口模内停留时间呈指数关系地减小。这是由于在模内停留期间每个体积单元所引起的弹性变形得到逐步恢复，其法向应力效应也逐渐减少。其离模膨胀的减小是典型的松弛过程。

e. 牵伸 从口模挤出的挤出物出现了膨胀，若要得到希望的制品尺寸，进行适当的牵伸是有必要的。例如膨胀比为1.5，即挤出物的断面积是口模断面积的2.25倍。如果要使挤出物尺寸保持口模尺寸，则需要牵伸225%。牵伸比越大，对于熔体黏度大的材料，松弛时间长，成型很不利，会使制品产生残余压力，因此采用适当的牵伸同时，要提高加工温度、增加口模长度及降低挤出速度，来降低挤出制品的残余压力。

f. 口模几何尺寸 在一定温度和剪切速率下，膨胀比随口模 $L/D$ 的增加而减小，$L/D$ 达到某一值后，膨胀比为一定值。该 $B$ 值为法向应力所贡献。离模膨胀与口模入口的几何结构无关。实验测得平板形、截锥形和圆筒形入口。一定剪切速率下的 $B-L/R$ 曲线，三者重合为一条曲线。

(3) 不稳定流动

聚合物熔体从口模或毛细管流出时，当挤出速率逐渐增加时，挤出物表面将出现不规则现象，像鲨鱼皮症，竹节形、螺旋挤出物，甚至支离和不连续等，使其内在质量受到破坏，此类现象统称为不稳定流动，一般分鲨鱼皮症和熔体破裂两种类型。

在流体剪切速率较低时经口模挤出物具有光滑的表面和均匀的形状。当剪切速率达到某一值时，在挤出物表面失去光泽且表面粗糙类似于“橘皮纹”；剪切速率再增加时表面更粗糙不平，在挤出物的周向出现波纹，此种现象称为“鲨鱼皮”。当挤出速率再升高时，挤出物表面出现众多的不规则的结节、扭曲或竹节纹，甚至支离和断裂成碎片或柱段。这种现象称为“熔体破裂”。这些现象说明，在低的剪切应力或速率下，各种因素引起的小扰动被熔体黏性所抑制。而在高的剪切应力或速率下，流体中的扰动难以抑制，并发展成不稳定流动，引起流体的破裂，如图2-24所示。

① 鲨鱼皮症 主要特征是挤出物周边具有周期性的皱褶波纹。但这些波纹并不影响挤出物的内部材料结构。它与熔体破裂有关，也是一种不稳定流动的挤出物，但与熔体破裂有区别。它易于发生在LLDPE塑料，当挤出速度较快时，薄膜会失去光泽，透明度变差继而出现不规则波纹。当流速继续增加时，会出现有序而有周期性的鲨鱼皮症状。

造成鲨鱼皮症状的原因有以下4点。

a. 由于熔体在口模壁上滑移和口模对挤出物产生周期性拉伸作用的结果。

b. 存在一个临界挤出速率。由图2-25可知，表观临界剪切速率 $\dot{\gamma}_{cr}$ 和口模半径 $R$ 的乘积是常数。有：

$$\dot{\gamma}_{cr}R = 常数 \tag{2-44}$$

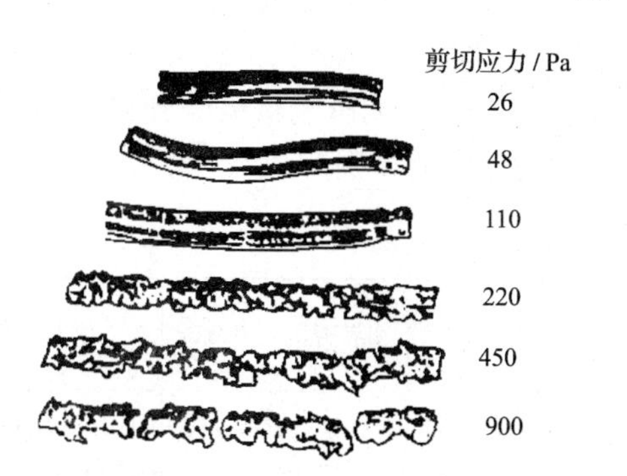


图2-24 PMMA于170℃下不同剪切应力所发生的不稳定流动的挤出物

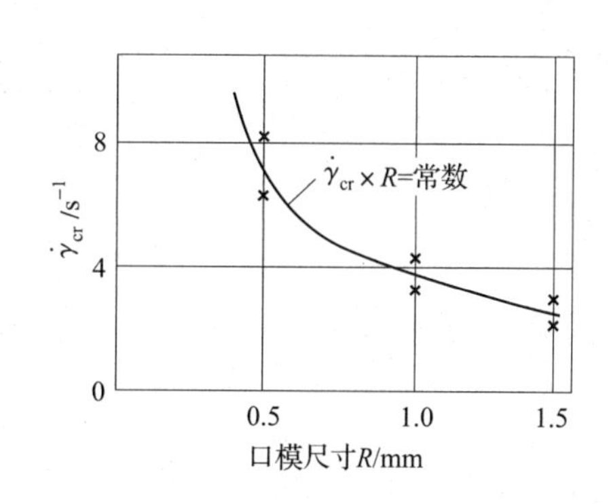


图2-25 口模尺寸 $R$ 与临界剪切速率 $\dot{\gamma}_{cr}$ 的关系

这就意味着，口模径向尺寸越大，其临界速率 $\dot{\gamma}_{cr}$ 较低些，易产生“鲨鱼皮症”。

c. 临界挤出速率随挤塑温度的增加而变大，但与口模的表面粗糙度无关。因此，升高温度是挤塑成功的有效办法。

d. 鲨鱼皮的出现与聚合物的相对分子质量关系不大。但相对分子质量分布窄的聚合物比分布宽的，更易出现鲨鱼皮症。

② 熔体破裂　熔体破裂不仅在挤出物表面出现畸变、支离和断裂，而且还深入到挤出物内部结构。对产生此种严重破坏的原因，有两种看法：一种认为是由于熔体流动时，在口模壁上出现了滑移现象和熔体中弹性恢复所引起；另一种看法是，在口模内由于熔体各处受应力作用的历史不尽相同，因而在离开口模后所出现的弹性恢复就不可能一致。如果弹性恢复力不为熔体强度所容忍，既会引起熔体破裂。熔体破裂现象是聚合物熔体所产生弹性应变和弹性恢复的总结果，是一种整体现象。

③ 影响不稳定流动的因素

a. 临界剪切应力 $\tau_c$　发生不稳定流动现象所确定的临界剪切应力应为 $10^5$ Pa 数量级，临界剪切应力 $\tau_c$ 和临界剪切速率 $\dot{\gamma}_{cr}$ 都随着温度的升高而增加。如图 2－26 所示。

b. 口模收敛角　口模的收敛角对临界剪切速率的影响较大。如图 2－27 所示，将收敛角从 180°改为 30°，其临界剪切速率提高了 10 倍多。因此在设计口模时，提供一个合适的入口角，使用流线型的结构是防止聚合物熔体滞留并防止挤出物不稳定的有效方法。

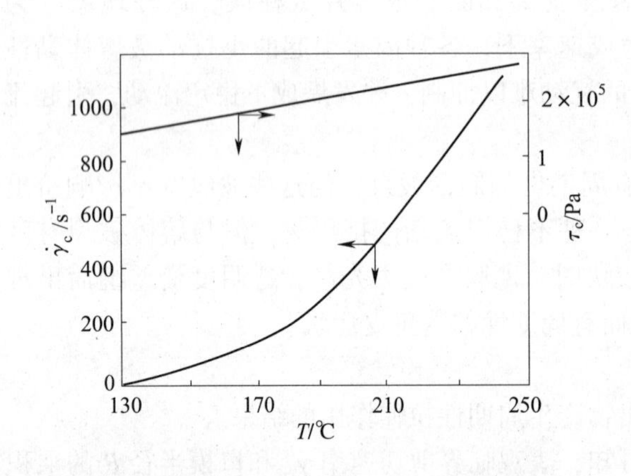


图 2－26　温度对 PE 熔体 $\tau_c$ 和 $\dot{\gamma}_{cr}$ 的影响

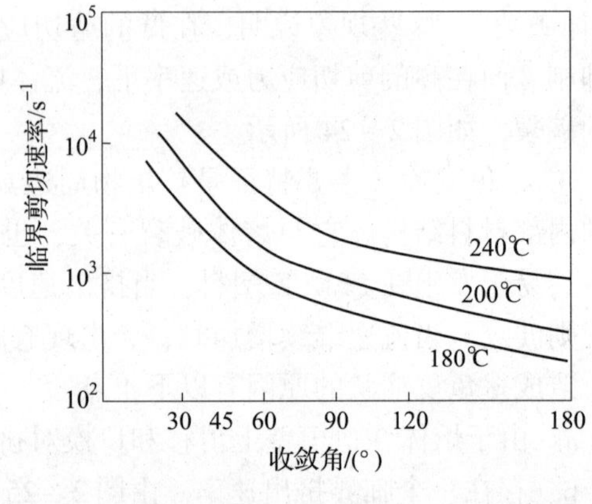

图 2－27　收敛角 α 与临界剪切速率 $\dot{\gamma}_{cr}$ 的关系

c. 口模长径比　临界剪切速率 $\dot{\gamma}_{cr}$ 随口模长径比 $L/D$ 的增加而增大；同时也随温度的升高而增大。

d. 制模材料　尽管口模表面的粗糙度对熔体破裂的发生并无影响，但受到口模制造材料的影响。表 2－8 给出了不同材料口模所引起的临界剪切应力的差别。

表 2－8　口模材料对临界剪切应力的影响

| 口模材料 | 临界剪切应力/kPa | 实验条件 | 口模材料 | 临界剪切应力/kPa | 实验条件 |
|---|---|---|---|---|---|
| 黄铜 | 155 | 聚合物 LDPE | 铜镍合金 | 135 | 180° |
| PA66＋炭黑 | 155 | MFR2.0 | 低碳钢 | 135 | $R$＝0.5mm |
| 紫铜 | 150 | 熔体温度 150℃ | 磷青铜 | 120 | $L$＝6.35mm |
| PA66＋50% 玻纤 | 140 | 口模入口角 | 银钢 | 92 | $L/D$≈6 |

e. 聚合物品种　工业用聚合物的临界剪切应力在 $10^5 \sim 10^6$Pa 范围内；但随聚合物品种而变化，即便是相同的聚合物也随其牌号而异。表 2－9 列出了若干聚合物的临界剪切应力和临界剪切速率。

**表 2－9　　工业用聚合物的临界剪切应力和临界剪切速率**

| 聚合物 | | 熔体温度 $T$/℃ | 临界剪切应力/kPa | 临界剪切速率/$s^{-1}$ | 聚合物 | 熔体温度 $T$/℃ | 临界剪切应力/kPa | 临界剪切速率/$s^{-1}$ |
|---|---|---|---|---|---|---|---|---|
| LDPE | MFR2. 1 | 150 | 150～200 | 50 | PP | 200 | 100 | 350 |
| | MFR2. 0 | 190 | 130 | 600 | | 260 | 100 | 1200 |
| HDPE | $\bar{M}_n$4×104 | 200 | 250～300 | — | PVC | 210 | 250 | 100 |
| | $\bar{M}_n$15. 5×104 | 240 | 300 | — | | 188 | 200 | 400 |
| PS | | 190 | 90 | 300 | PMMA | 200 | 400 | 260 |
| | | 210 | 148 | 2140 | PA66 | 275 | 900 | $2.8\times10^5$ |
| | | | | | PB | 100 | 20 | 7 |

f. 分子参数　临界剪切应力 $\tau_c$ 与相对分子质量成反比关系，聚合物的重均分子量 $\bar{M}_w$ 与临界剪切应力的乘积近似于一个常数，见表 2－10，但与相对分子质量分布无关。而对于熔体破坏的临界剪切速率 $\dot{\gamma}_{cr}$是随着相对分子质量的减少、相对分子质量的分布变宽而增加。即相对分子质量大的聚合物，在较低的剪切速率时就会发生熔体破裂。对于高速模塑来说，临界剪切速率 $\dot{\gamma}_{cr}$值显得特别重要。一般说来，相对分子质量越小，临界剪切速率越大。因此，相对分子质量低的聚合物，适宜于高速模塑。

**表 2－10　　聚合物的 $\bar{M}_w \times \tau_c$ 值**

| 聚合物 | $\bar{M}_w\times\tau_c/\times10^{-2}$Pa | 温度/℃ | 聚合物 | $\bar{M}_w\times\tau_c/\times10^{-2}$Pa | 温度/℃ |
|---|---|---|---|---|---|
| PS | 2. 83 | 175～225 | PMMA | 2. 70 | 190 |
| HDPE | 2. 07 | 190 | PP | 4. 50 | 230 |

就某些聚合物而言，尤其是 HDPE，有较高的流动范围。即使超过正常的临界剪切速率，也不会引起挤出物的畸变，适宜实现高速挤出。

## 2. 3. 3　聚合物流变性测量

前面介绍了很多聚合物流动行为的数学关系式，但是，由于聚合物熔体的黏弹性、流动过程的非等温性，液体的可压缩性以及流动过程中的管壁滑移等，使得流变行为的测量十分困难，计算结果与实际情况有很多差异。但是对于聚合物成型过程中的材料选择、工艺制定、成型设备和模具的设计以及成型设备功率的计算等都有指导意义。常采用不同仪器，测量在不同温度、压力下聚合物的剪切应力、剪切速率、表观黏度之间的关系；拉伸应力和拉伸黏度和温度的关系；挤出膨胀比测量等。

### 2. 3. 3. 1　剪切黏度的测量

剪切黏度的测量常用的仪器一般称为流变仪或黏度计，常见的有毛细管黏度计、转矩流变仪、锥－板黏度计、旋转黏度计和落球黏度计等几种。各种方法测得的剪切速率范围不同，挤出式毛细管黏度计通常测量剪切速率范围在 $10^{-1} \sim 10^6 s^{-1}$，接近于实际成型条件，而落球式、旋转式和平行板黏度计测量范围 $< 10^{-2} s^{-1}$，黏度计只能在剪切速率较低的情况下适用，比如

压延用材料的测量。但是最常用的是毛细管流变仪。

毛细管流变仪有两种，一种是熔体利用活塞推进的高压毛细管式流变仪，可获得较高的剪切速率（可达10000$s^{-1}$以上），适合于注射塑料测量。另一种是利用螺杆挤出机推进，可获得中低剪切速率（几千$s^{-1}$之内），在这一范围内挤出式毛细管测量可代替高压毛细管流变仪，并且物料可在挤出机中充分剪切塑化，更适合于挤出加工料测量。毛细管流变仪基本构造如图2-28所示。其核心部分为一套精致的毛细管，具有不同的长径比（通常$L/D=10/1$，$20/1$，$30/1$，$40/1$等）；料筒周围为恒温加热套，内有电热丝；料筒内物料的上部为液压驱动的柱塞。物料经加热变为熔体后，在柱塞高压作用下，强迫从毛细管挤出，由此测量物料的黏弹性。除此之外，仪器还配有高档次的调速机构，测力机构，控温机构，自动记录和数据处理系统，有定型的或自行设计的计算机控制、运算和绘图软件，操作运用十分便捷。

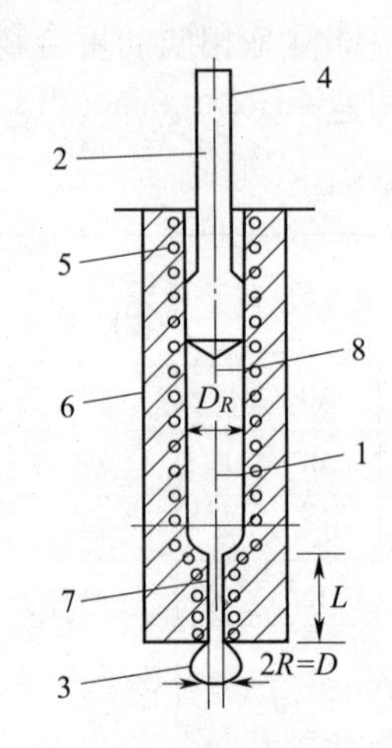


图2-28　毛细管流变仪原理图
1—试样　2—柱塞　3—挤出物
4—载荷　5—加热线圈　6—保温套
7—毛细管　8—料筒　L—毛细管长
D—毛细管直径

毛细管流变仪测试的基本原理就是基于前面推导的剪切应力和剪切速率关系式

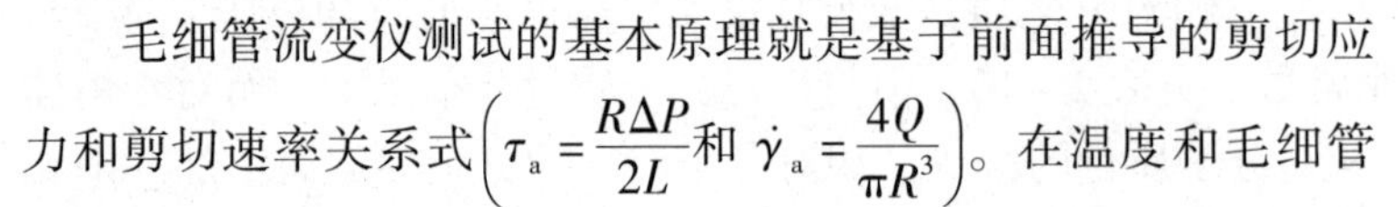

$\left(\tau_a=\dfrac{R\Delta P}{2L}\text{和 }\dot{\gamma}_a=\dfrac{4Q}{\pi R^3}\right)$。在温度和毛细管长径比（$L/D$）一定的条件下，测定在不同的压力下塑料熔体通过毛细管的流动速率（$Q$）和毛细管两端的压力差（$\Delta P$），可计算出相应的表观剪切应力$\tau_a$和表观剪切速率$\dot{\gamma}_a$值，将一组对应的$\tau_a$和$\dot{\gamma}_a$在双对数坐标上绘制流动曲线图，即可求得非牛顿指数（$n$）和熔体的表观黏度（$\eta_a$）。

$$n=\frac{d\lg\tau_a}{d\lg\dot{\gamma}_a} \tag{2-45}$$

$$\eta_a=\frac{\tau_a}{\dot{\gamma}_a} \tag{2-46}$$

要得到非牛顿流体的真实流变曲线，须用拉宾诺维奇（Rabinowitsch）式（2-22）进行修正，对于$n=1$的牛顿流体，$\dot{\gamma}=\dot{\gamma}_a$。若非牛顿指数$n=1/3$，则$\dot{\gamma}_T=1.5\dot{\gamma}_a$。用真实剪切速率可以得到$\tau_w-\dot{\gamma}_T$或$\eta_T-\dot{\gamma}_T$流变曲线。对应此种流变曲线是系数为稠度$K$，$\tau_w=K\dot{\gamma}_T^n$的幂律方程。

再利用巴格勒（Bagely）方法进行剪切应力修正，得到真实流变曲线对应的$\tau_T=K\dot{\gamma}_T^n$的幂律方程。如若毛细管的$L/D$大于40，或该测试数据仅用于实验对比，也可不作改正要求。测量表观黏度与剪切速率的关系曲线代表材料的流动性，如果几种物料的表观黏度及剪切速率范围接近，那么它们应具有相近的加工特性。

塑料工业中经常使用的熔体流动速率仪（熔融指数仪）为一种恒压型毛细管流变仪。通过在柱塞上预置一定重量（压力），测量在规定温度下、规定时间内流过毛细管的流量。以此来比较物料相对分子质量的大小，判断其适用于何种成型加工工艺（见表2-1）。

另外一种常用的流动性测量仪器为转矩流变仪。它是一种多功能积木式转矩测量仪器。其基本结构由3部分组成：主机（包括传动和电子式流变转矩记录仪）；可更换的混合测量装置（混炼装置、挤出装置、各种类型的挤出口模）、电控仪表系统（记录温度、转矩随时间变化）。新式的流变仪采用电脑控制并自动显示、记录运算和打印测试结果。混炼装置用于研究高分子材料的熔融塑化行为，高分子材料的热稳定性和剪切稳定性，反应性加工中的反应程度，流动与材料交联的关系，增塑剂的吸收特性，PVC 的塑化和凝胶化特性，热固性塑料的挤出行为等。由于篇幅关系，不作过多介绍。具体测量方法可查阅有关实验讲义和书籍。

2.3.3.2　拉伸黏度的测量

拉伸黏度的测量方法报道不少，如，Cogswell 等采用各种拉伸装置从纺丝孔挤出进行拉伸黏度的测定方法，如图 2－29（a）所示。Hagler 开发了让高分子熔体自重下落进行拉伸黏度的测定方法。Fabula 开发了从储料器挤出棒材熔坯进行拉伸黏度的测定技术。联邦德国 BASF 公司 J. Meiβner 设计了拉伸黏度的测定装置，如图 2－29（b）所示。

对于图 2－29 来说，纺丝时的拉伸应力 $\sigma$ 可以测量，对于继膨胀区之后的拉伸区的拉伸应变速率 $\dot{\varepsilon}=\frac{\mathrm{d}u_x}{\mathrm{d}x}$ 通过照相可以计算。于是单轴拉伸黏度可求。

2.3.3.3　挤出膨胀比的测量

膨胀比可用各种挤出式流变仪或挤出设备测定，如图 2－30 所示。

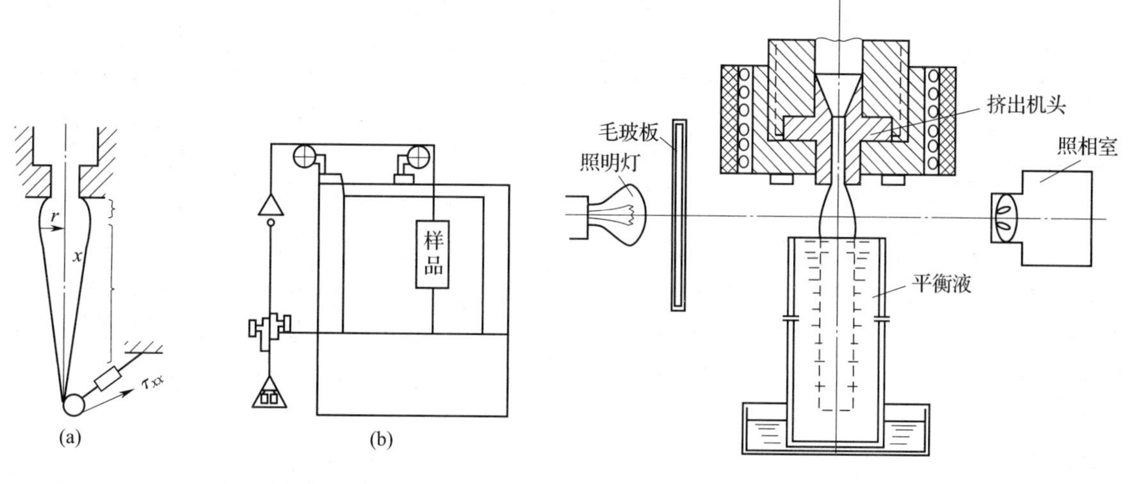


图 2－29　拉伸黏度的测量装置　　　图 2－30　膨胀比测定装置

为了消除挤出物自重而引起的牵伸，特别在口模下面装有平衡液，平衡液的密度一般小于挤出物密度的 5% 或者接近挤出物的密度，当挤出物进入平衡液中，液体的浮力与挤出物的重力相当，克服了重力或浮力对膨胀比的影响。如测定高压聚乙烯采用甲醇水溶液，测定低压聚乙烯可用硅油，测定聚氯乙烯可用水玻璃等。平衡液的高度确保能摄影 3 次，量取挤出物直径（或厚度）的平均值；也可用千分尺直接测定其直径。为了排除伴随结晶产生的应力对结晶性挤出物胀大比的影响，可在一定温度的平衡液中进行热处理，如低压聚乙烯可在 120℃ 的硅油中热处理 20min，为了消除温度对膨胀比的影响，可用式（2－47）进行计算。

$$B=\frac{D_s}{D}\left(\frac{\rho_0}{\rho_m}\right)^{\frac{1}{3}} \tag{2-47}$$

式中，$\rho_0$、$\rho_m$ 分别为挤出物在室温、挤出温度下的密度；$D_s$ 为挤出物的直径。

## 2.4　聚合物在成型中的物理和化学变化

聚合物在成型加工过程中会发生一些物理和化学变化，例如在某些条件下，聚合物能够结晶或改变结晶度；能借外力作用产生分子取向；当聚合物分子链中存在薄弱环节或有活性反应基团（活性点）时，还能发生降解或交联反应。加工过程出现的这些物理和化学变化，会引起聚合物出现性能上的变化，如力学、光学、热性质等。这些物理和化学变化，有些对制品质量是有利的，有些则是有害的。例如为生产透明和有较好韧性的制品，应避免制品结晶或形成过大的晶粒，但有时为了提高制品使用过程中的因次稳定性，对结晶聚合物进行热处理能加快结晶速度，有利于避免在使用中发生缓慢的后结晶，引起制品尺寸和形状持续变化。又如对聚合物薄膜进行拉伸使大分子形成取向结构，能获得具有多种特殊性能的各向异性材料，扩展了聚合物的应用领域。加工过程利用化学交联作用能生产硫化橡胶和热固性塑料，提高了聚合物的力学强度和热性能，利用塑炼降解能提高橡胶的流动性，改善橡胶的加工性质，但加工过程有时出现的降解与交联反应都会使聚合物的性质劣化，可加工性降低和使用效果变坏。所以，了解聚合物加工过程产生结晶、取向、降解和交联等物理和化学变化的特点以及加工条件对它们的影响，并根据产品性能和用途的需要，对这些物理和化学变化进行控制，这在聚合物的加工和应用上有很大的实际意义。

## 2.4.1 成型过程中聚合物的结晶

聚合物成型过程中常出现结晶现象，结晶形态、结晶度随聚合物所处的状态（如稀溶液、浓溶液或熔体）、结晶条件（如过冷度、有无应力等）而不同；结晶度和形态又会影响高分子材料的性能，下面就聚合物在成型条件下结晶形态、成型条件对聚合物结晶的影响以及结晶对制品性能的影响进行论述。

### 2.4.1.1 成型条件下聚合物的结晶形态

聚合物晶体结构及结晶形态受其加工方法、受热过程（温度、结晶时间、冷却速率）和组成（共混物组成、共混物形态、无机填料的形状和种类）等的影响非常大。这给结晶聚合物的加工和应用带来了一定的复杂性。尤其是多数成型方法中，聚合物不可避免受到剪切、拉伸、振动、电场、磁场等外力的作用。这些作用力都会对聚合物的结晶行为和结晶形态产生影响。

（1）球晶

在不存在外界应力和流动的情况下，结晶聚合物从浓溶液中析出或熔体冷却结晶时，一般趋向于形成球晶。球晶呈圆球状，直径可以从几微米到几毫米，在正交偏光显微镜下呈特有的黑十字（即 Maltese Cross）消光图像。对其微光结构进行分析可知，球晶实际上是由许多径向发射的长条扭曲晶片组成的多晶聚集体。扭曲的晶片是厚度约为 $10^{-8}$m 的折叠链片晶。球晶是聚合物成型时常见的一种结晶形态，如在注射成型塑料制件时，中心部位熔体所受的剪切应力很小，并且冷却较表层缓慢，具备形成球晶的外部条件。在晶核较少，球晶较小的时候，它呈球形；当晶核较多，并继续成长扩大后，它们之间会出现非球形的界面。因此，当生长一直进行到球晶完全充满整个空间时，将失去其球形外形，称为不规则多面体。

（2）伸直链晶体

在熔融态结晶的聚合物，在低于熔点的温度下进行热处理，由于压力的增加折叠链的表面能，有可能获得由完全伸展的聚合物链平行规整排列而成的伸直链晶片，晶片厚度与分子链长度相当。如聚乙烯在温度高于200℃，压力大于400MPa 结晶时，就可以得到伸直链晶体。这种晶体的密度及熔点非常接近理想晶体的相应数据，目前被认为是热力学上最稳定的聚合物晶体。并且伸直链晶体可能大幅度提高聚合物材料的力学强度，如果能提高制品中伸直链晶体的含量，可以有效地提高聚合物力学强度。在常见的聚合物成型方法中，虽然聚合物也会受到压力的作用，但多数情况下压力不足以使聚合物形成伸直链晶体。

（3）串晶

聚合物浓溶液在边搅拌（溶液受到剪切力作用）边结晶时，或聚合物熔体在拉伸或剪切流动过程中，倾向于生成串晶。串晶是由具有伸直链结构的中心线及在中心线上间隔生长的具有折叠链结构的晶片所组成的。在电子显微镜下观察时，状如串珠，因此得名，如图2－31所示。串晶中心部分为伸直链组成的纤维状晶体，外延间隔地生长着折叠连晶片。搅拌速度越快，聚合物在结晶过程中受到的剪切应力越大，串晶中伸直链晶体的比例也越大。

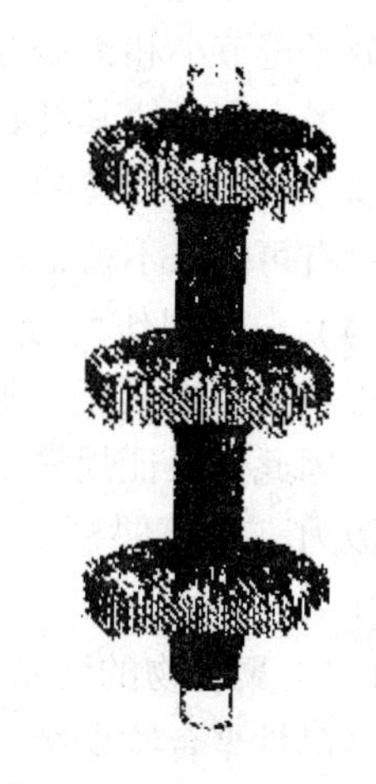

图2－31 串晶的结构模型

（4）柱晶

在应变或应力作用下，聚合物形成伸直分子链并呈带状取向，这些先取向的条带成为其后结晶的晶核，这种特殊的线型的晶核称作排核。排核开始结晶生长的温度比均相或异相成核结晶的温度高。排核诱导折叠链晶空间取向生长，生成柱状对称的晶体，称为柱晶。柱晶实际上是扁平球晶的堆砌。在注射成型制品的皮层中以及挤出拉伸薄膜中常可观察到柱晶的存在。

（5）横晶

横晶在形态上和柱晶极为相似，但通常认为由异相表面引起成核进而生成的聚合物结晶超分子结构称作横晶。例如，将碳纤维与聚丙烯复合时，由于纤维与聚合物熔体的热膨胀系数不同，在冷却结晶过程中，纤维与聚丙烯界面会产生一定的应力，这个应力达到一定水平就会诱导产生横晶。

2.4.1.2 聚合物的结晶能力

聚合物的结晶能力由其分子结构特征所决定。有的聚合物容易结晶或结晶倾向大，有的聚合物不易结晶或结晶倾向小，有的则完全没有结晶能力。影响聚合物结晶能力的结构特征包括以下几方面。

（1）聚合物分子链的对称性

聚合物分子链的结构对称性越高，则越容易结晶，如聚乙烯、聚四氟乙烯，分子主链上全部是碳原子，没有杂原子，也没有不对称碳原子，连接在主链碳原子上的全部是氢原子或氟原子，对称性极好，所以结晶能力也极强，以致将其熔体在液氮中淬火也能部分结晶。

主链上含有杂原于的聚合物（如聚甲醛等），主链上含有不对称碳原子的聚合物（如聚氯乙烯、聚丙烯等），以及对称取代的烯类聚合物（如聚偏二氯乙烯、聚异丁烯等），分子链的对称性不如前述聚乙烯和聚四氟乙烯，但仍属对称结构，仍可结晶，结晶能力大小取决于链的立构规整性。

（2）聚合物分子链的立构规整性

主链上含有不对称中心的聚合物，如果不对称中心构型是间同立构或全同立构，则聚合物具有结晶能力。结晶能力大小与聚合物的等规度有密切关系，等规度高，结晶能力就大。如果不对称中心的构型完全是无规立构，则聚合物将失去结晶能力。

二烯类聚合物由于存在顺反异构，所以，如果主链结构单元的几何构型是全顺式或全反式，则聚合物具有结晶能力，否则聚合物就不具备结晶能力、不可能结晶。

支化及轻度交联都能使聚合物的结晶能力降低，交联度太大的聚合物则会完全失去结晶能力。

(3) 分子链的柔顺性

分子链节小和柔顺性适中有利于结晶。链节小有利于形成晶核，柔顺性适中一方面不容易缠结，另一方面使其具有适当的构象才能排入晶格形成一定的晶体结构。如主链中含有苯环的聚对苯二甲酸乙二醇酯，链的柔顺性差，其结晶能力因此也较低。这样，在熔体冷却速度较快时，就有可能来不及结晶。

(4) 分子间作用力

规整的结构只能说明分子能够排列成整齐的阵列，但不能保证该阵列在分子热运动下的稳定性。因此要保证规整排列的稳定性，分子链节间必须有足够的分子间作用力。这些作用力包括偶极力、诱导偶极力和氢键。分子间作用力越强，结晶结构越稳定，而且结晶度和熔点越高。

2.4.1.3 聚合物的结晶过程

结晶性聚合物的结晶温度范围在聚合物的玻璃化转变温度 $T_g$ 与熔点 $T_m$ 之间。聚合物由非晶态转变为结晶的过程就是结晶过程。结晶过程也包括两个阶段：晶核生成和晶体生长。所以聚合物结晶的总速度由晶核生成速度与晶体生长速度所控制。晶核生成和晶体成长对温度都很敏感，且受时间的控制。

当聚合物熔体温度降至 $T_m$ 以下不远时，由于分子热运动剧烈，分子链段有序排列所形成的晶核不稳定或不易形成，所以尽管此时分子运动能力很强，但总的结晶速度几乎等于零；随着熔体温度的下降，晶核生成的速度增加，同时由于此时分子链仍具有相当的运动活性，容易向晶核扩散排入晶格，因而晶体生长速度也加快，所以结晶总速度迅速增加；在某一温度 $T_{max}$ 下，结晶总速度达到极大值；当温度进一步下降时，虽然晶核生成速度继续增加，但由于此时温度较低，聚合物熔体黏度增大，分子链的运动能力降低，不易向晶核扩散而排入晶格，因而晶体生长速度降低，从而使结晶总速度也随之降低；当熔体温度接近玻璃化转变温度 $T_g$ 时，分子链的运动越来越迟钝，因此晶核生成速度和晶体生长速度都很低，结晶几乎不能进行。

显然，成型过程中的冷却速率会严重影响聚合物的结晶速度。如果将聚合物熔体从高温的熔融态骤冷至玻璃化温度以下，即使是结晶型聚合物得到的也将是非晶态固体。结晶速度与温度有关，通常在高分子化合物的熔点以下，玻璃化温度以上结晶速度出现极大值。而且，最大的结晶速度都在靠近熔点以下的高温一侧。图 2-32 所示为 PA-6 的结晶温度与结晶速度的关系。PA-6 的熔点约为 220℃，$T_g$ 约 50℃，其最大的结晶速率的温度约在 135℃。

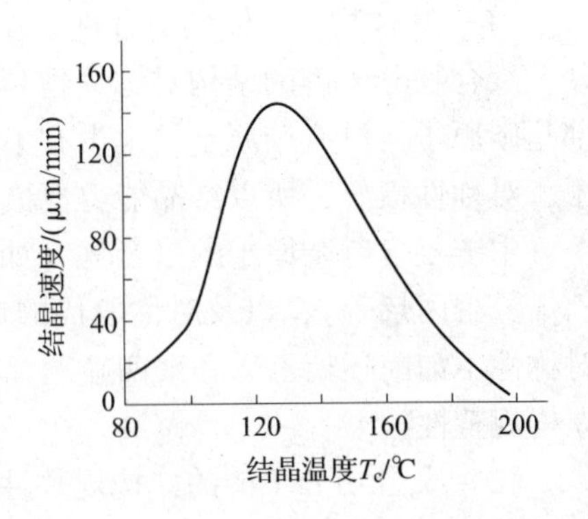


图 2-32 PA-6 的结晶温度与结晶速度的关系

以上讨论的是均相成核的结晶过程。如果在聚合物熔体中混有其他物质，则这些外来物质对结晶过程的影响是比较复杂的。有的外来物质的存在会阻碍结晶过程的进行，有的外来物质却能起到成核剂的作用，加速结晶过程，并且减少温度条件对结晶速度的影响。常用的成核剂是微量的高熔点聚合物，它可在熔体冷却时首先结晶。微细的无机或有机结晶物质的粉末也可作为成核剂。

聚合物的结晶过程是一个非常复杂的过程，既与聚合物分子结构有关，又随结晶时外部条件的变化而有所改变。改变结晶条件能对结晶度、结晶形态、晶粒大小及数目等产生影响，而这些无疑都会在制品性能上有所体现。以下着重讨论成型条件与加工过程对聚合物结晶过程的影响。

2.4.1.4　成型工艺对聚合物结晶的影响

成型过程中聚合物的结晶是一个动态结晶，因为成型过程中熔体会受到外力作用，并产生流动、取向等。成型中聚合物的结晶过程同时还是非等温过程，原因是不仅制品中同一区域的熔体温度随时间延长而降低，而且同一时间不同区域的聚合物所处的温度也不同，这一特点在注射成型过程中体现得尤为明显。这样就使得定量地描述和预测成型工艺条件对塑料制品结晶结构的影响变得非常复杂，以至不可能。因此，下面的分析也只限于定性分析。

（1）模具温度

温度是聚合物结晶过程的最敏感因素。这里的模具温度是指与制品直接接触的模腔表面温度，它直接影响着塑料在模腔中的冷却速度。当然，除了模具温度外，制品厚度以及聚合物自身的热性能等对冷却速度也起着十分重要的作用。

模具温度对结晶的影响表现在它将决定制品的结晶度、结晶速度、晶粒尺寸及数量等。塑料成型时模具温度应根据制品结构及使用性能要求来确定，不同的使用场合所要求的制品性能不同，结晶结构也应随之发生变化，模具温度也应随之调整。制品的结构（如厚度）不同，熔体冷却速度不同，要得到同样结晶结构的制品，所选择的模具温度也不同。

影响塑料熔体在模具中冷却速度的一个很重要的因素就是聚合物熔点 $T_m$ 与模具温度 $T_M$ 之差，也称过冷度 $\Delta T$（$T_m - T_M$）。根据过冷度的不同，可将聚合物成型时的冷却分为 3 种情况。

① 等温冷却　此时，过冷度 $\Delta T$ 很小，模具温度 $T_M$ 接近于聚合物熔点 $T_m$。熔体冷却缓慢，结晶过程在近似于等温条件下进行。在这种情况下，由于晶核生成速度低，且生成的晶核数目少，而聚合物分子链的运动活性很大，故制品中易生成粗大的结晶晶粒，但晶粒数量少，结晶速度慢。粗大的晶粒结构会使制品韧性降低，力学性能劣化。同时，冷却速度太慢会使成型周期延长，生产效率降低。另外，由于模具温度太高，成型出的制品刚度往往不够，易扭曲变形，所以实际生产中较少采用这种操作。

② 快速冷却　采用快速冷却操作时，过冷度 $\Delta T$ 很大，$T_M$ 远低于 $T_m$，而接近聚合物的 $T_g$ 值。此时冷却速度太快，聚合物分子链运动重排的松弛速度滞后于温度的降低速度，这一点对制品表层塑料尤为突出。快速冷却造成的结晶结果是这样的：首先，由于模具温度很低，聚合物的导热系数也较小，虽然制品表层部分靠近模具，温度降低较快，但制品芯部温度下降较缓慢，这样造成制品表层和芯部温差较大，不仅会在结晶度上表现为皮层低于芯部，晶粒尺寸上皮层大于芯部，晶粒数目上皮层少于芯部，结晶速度上皮层低于芯部，还易造成制品产生较大的热致内应力，其次，由于熔体温度骤冷，造成制品总的结晶度很低，这无疑会使结晶型聚合物的物理及力学性能大大降低。最后，迅速冷却造成制品中形成的结晶结构不完善或不稳定，制品在以后的储存和使用过程中会自发地使这种不完善或不稳定的结晶结构转化为相对完善或稳定的结构，即在制品中发生后结晶和二次结晶，从而造成制品形状及尺寸的不稳定性。

与等温冷却相比，快速冷却虽然大大缩短了成型周期，提高了生产效率，但通常制品的性能较难达到要求，因此，实际生产中也不常用。

③ 中速冷却　中速冷却时，一般控制模具温度 $T_M$ 在聚合物的玻璃化转变温度 $T_g$ 与聚合物的最大结晶速度温度 $T_{max}$ 之间。此时，靠近表层的聚合物熔体在较短时间内形成凝周壳层，在冷却过程中最早结晶。而制品内部温度有较长时间处于 $T_g$ 以上，有利于晶体结构的生长、完善和平衡。在理论上，这一冷却速度能获得晶核数量与其生长速度之间最有利的比例关系。晶

体生长好，结晶完善且稳定，故制品的因次稳定性好。同时，成型周期也较短，因此是实际生产中常常被采用的一种冷却方式。

（2）塑化温度及时间

结晶型聚合物在成型过程中必须要经过熔融塑化阶段，塑化中熔融温度及时间也会影响最终成型出的制品的结晶结构。若塑化时熔融温度低，熔体中就可能残存较多的晶核；如果塑化时熔融温度较高，分子热运动加剧，分子就难以维持原来的晶核，熔体中残存的晶核就少。熔融时间对熔体中的残存晶核也有相似的影响。如果熔体中有残存的晶核存在，则其在冷却成核时就会存在异相成核。结晶速度快，晶粒尺寸小且均匀，制品的力学性能及耐热性能等均较理想。反之，如果熔体在冷却以前，熔体中没有残存晶核或残存晶核很少，则其冷却成核主要为均相成核。均相成核时结晶速度慢，晶粒尺寸大且不均匀。

（3）应力作用

可以说，高分子材料的一切成型方法和过程都离不开应力的作用。成型方法和工艺条件不同，聚合物熔体所受应力类型及大小也不同。应力对结晶的影响表现在如下几个方面：首先，应力的大小及作用方式会明显改变聚合物的晶体结构和形态。其次，应力（剪切应力和拉伸应力）的存在会增大聚合物熔体的结晶速度，并降低最大结晶速度温度 $T_{max}$。这是因为在外界应力作用下，聚合物分子沿力的方向取向，形成局部有序区域，容易诱导产生晶坯，并进而成长为晶核，使晶核数量增加，从而加速结晶过程。由于同样的原因，最大成核速度温度就可降低，从而使总的最大结晶速度温度也降低，如图2-33所示。第三，通常随着剪切或拉伸应力（或应变）的增加，聚合物的结晶度也增大。最后，压应力的存在会提高聚合物熔体的结晶温度。

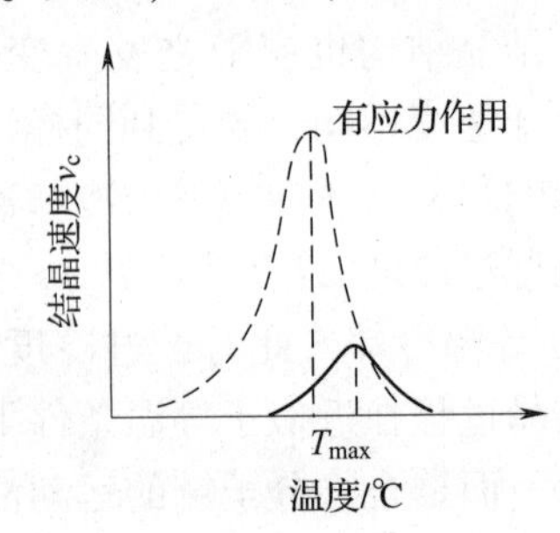


图2-33　应力对结晶速度和 $T_{max}$ 的影响

应力对熔体结晶过程的作用在塑料成型中应充分重视。例如，注射成型中，压应力控制不当会使聚合物结晶温度提高。此时即使熔体温度仍然很高，但由于提前出现结晶而引起熔体黏度的急剧增大，将使成型发生困难，严重时还会因为早期形成过多晶体而改变熔体流变性质，表现出膨胀性流体的剪切增稠现象。

（4）材料其他组分对聚合物结晶的影响

在实际生产过程中，聚合物中常常要加入一些其他组分，如低分子溶剂、增塑剂、水等；以及作为填充补强剂的固体物质，如炭黑、二氧化硅、氧化钛、滑石粉等。它们的存在对聚合物的结晶过程必然会产生影响，但这些影响比较复杂。实验证明，溶剂四氯化碳（$CCl_4$）扩散到聚合物中时，能促使在内应力作用下的小区域加速结晶。聚酰胺等聚合物在吸收水分后也能加速表面结晶作用。某些固体物质如炭黑、二氧化硅、氧化钛、滑石粉和树脂粉等，也能起到成核剂的作用，加速结晶进程。表2-11为成核剂应用实例。

**表2-11　成核剂应用实例**

| 聚合物 | 成核剂 |
| --- | --- |
| PP | 滑石粉、有机羧酸盐、有机磷酸盐、DBS及同系物 |
| PA-6 | 滑石粉、陶土、PA-66、磷酸二氢钠 |
| PET | 安息香酸钠盐、滑石粉、钛白粉、陶土、二氧化硅 |

（5）成型后处理对结晶的影响

术语介绍：

① 二次结晶是指一次结晶后，在残留的非晶区和结晶不完整的部分区域内，继续结晶并逐步完善的过程。这个过程相当缓慢，有时可达几年，甚至几十年。

② 后结晶是指一部分来不及结晶的区域，在成型后继续结晶的过程。在这一过程中，不形成新的结晶区域，而在球晶界面上使晶体进一步长大，是初结晶的继续。

③ 后收缩指制品脱模后，在室温下存放1h后所发生的、到不再收缩时为止的收缩率。如PP注射制品的收缩率为1%～2%。制品在室温存放时会发生后收缩。其中后收缩总量的90%，约在制品脱模后6h内完成，剩下的10%约在10天内完成。通常，制品脱模后24h可基本定型。

以上情况的出现，将引起晶粒变粗、产生内应力，造成制品挠曲、开裂等弊病，冲击韧性变差。因此，在成型加工后，为消除热历史引起的内应力，防止后结晶和二次结晶，提高结晶度，稳定结晶形态，改善和提高制品性能和尺寸稳定性，往往要对大型或精密制品进行退火处理。退火是将试样加热到熔点以下某一温度（一般控制在制品使用温度以下10～20℃，或热变形温度以下10～20℃为宜），以等温或缓慢变温的方式使结晶逐渐完善化的过程。PA的薄壁制品采用快速冷却，为微小的球晶，结晶度仅为10%；对模塑制品，采用缓慢冷却再退火，可得尺寸较大的球晶，结晶度在50%～60%。一般成型条件下的PS，热变形温度在70～80℃，当选择退火温度为77℃，退火时间为150min后，热变形温度为85℃；而当将退火时间延长到1000min后，则热变形温度可达90℃。显然，长时间退火，有利于高分子链段重排。

另一种方法是淬火（又称骤冷）。淬火是指熔融状态或半熔融状态的结晶性高分子，在该温度下保持一段时间后，快速冷却使其来不及结晶，以改善制品的冲击性能。如PCTFE是优良的耐腐蚀材料。通常情况下，结晶度可达85%～90%，密度、硬度、刚性均较高，但不耐冲击，用作涂层时容易剥落。采用淬火，可使结晶度降低（仅35%～40%），冲击韧性提高，成为较理想的化工设备防腐涂料。低结晶度的PCTFE的冲击强度为37kJ/m$^2$，伸长率为190%；而中等结晶度的PCTFE相应的为17k/m$^2$和125%。显然，淬火后冲击韧性提高了许多。且可在120℃以下使用，不会有大的变化。

2.4.1.5　结晶对制品性能的影响

（1）结晶对制品密度及光学性质的影响

由于结晶时聚合物分子链做规整、紧密排列，所以晶区密度高于非晶区密度，因而制品的密度也随结晶度的增加而增大。

物质的折光率与密度密切相关，因此，制品中晶区与非晶区折光率也不同。这样，当光线通过结晶聚合物制品时，就会在晶区与非晶区的界面上发生反射和折射，不能直接通过制品，因此结晶聚合物制品通常呈乳白色，不透明。但如果晶区与非晶区密度十分接近或者晶区尺寸小于可见光的波长则结晶聚合物制品也可能具有较好的透明性。故在成型过程中，常采用加入成核剂减小晶区尺寸的方法来提高结晶型聚合物制品的透明度。

（2）结晶对制品力学性能的影响

结晶对聚合物制品力学性能的影响与制品中非晶区所处的力学状态有关。如果制品中非晶区处于橡胶态，则随着结晶度的增加，制品的硬度、弹性模量、拉伸强度增大，而冲击强度、断裂伸长率等韧性指标降低，如果制品中非晶区处于玻璃态，随着结晶度的增加，制品变硬，拉伸强度也下降。如表2－12所示为不同结晶度聚乙烯性能。

表 2-12　不同结晶度聚乙烯的性能

| 结晶度/% | 相对密度 | 熔点/℃ | 拉伸强度/MPa | 伸长率/% | 冲击强度/($kJ/m^2$) | 硬度/GPa |
|---|---|---|---|---|---|---|
| 65 | 0.91 | 105 | 1.4 | 500 | 54 | 1.3 |
| 75 | 0.93 | 120 | 18 | 300 | 27 | 2.3 |
| 85 | 0.94 | 125 | 25 | 100 | 21 | 3.6 |
| 95 | 0.96 | 130 | 40 | 20 | 16 | 7.0 |

除结晶度外，聚合物的结晶形态、晶粒尺寸和数量也对制品的力学性能产生影响。一般为使制品获得良好的综合力学性能，总是希望制品内部形成细小而均匀的晶粒结构。

另外需要注意的是，对于结晶度不是100%的制品来说，由于制品内不同区域的结晶度、结晶结构及形态不同，因此各部分的力学性能也会产生差异，这也是结晶型塑料成型过程中，制品产生翘曲与开裂的原因之一。

(3) 结晶对耐热性及其他性能的影响

结晶有利于提高制品的耐热性能。例如，结晶度为70%的聚丙烯热变形温度为124.9℃，结晶度变为95%后，热变形温度提高到151.1℃。耐热性提高后，在相同温度条件下，制品的刚度也提高，而制品获得足够刚度是注塑制品脱模的前提条件之一，因此提高制品的结晶度可以减少制品在模内的停留时间，缩短成型周期，提高生产效率。

结晶后由于分子链排列紧密、规整，与无定形聚合物相比，能更好的阻隔各种试剂的渗入。因此，随着结晶度的提高，制品的耐溶剂性也得到提高，同时结晶度也会影响气体、蒸汽或液体对聚合物的渗透性。如表2-13所示结晶度对阻隔性的影响。由表可知：随结晶度增加，透水性、透氧性变小。

表 2-13　结晶度对阻隔性的影响

| 聚合物 | 结晶度/% | 透水性/[mL·cm/(cm²·d·Pa×10⁷)] | 透氧性/[mL·cm/(cm²·d·Pa×10¹⁰)] | 聚合物 | 结晶度/% | 透水性/[mL·cm/(cm²·d·Pa×10⁷)] | 透氧性/[mL·cm/(cm²·d·Pa×10¹⁰)] |
|---|---|---|---|---|---|---|---|
| PE | 43 | 0.65 | 18.71 | PA-6 | 0 | 58.32 | 0.29 |
| PE | 74 | 0.12 | 0.38 | PA-6 | 60 | 11.02 | 0.045 |
| PET | 10 | 0.32 | 0.49 | PB-1 | 0 | 13.61 | 97.2 |
| PET | 30 | 0.18 | 0.24 | PB-1 | 60 | 3.89 | 27.2 |
| PET | 45 | 0.12 | 0.14 | | | | |

结晶性塑料成型时，由于形成结晶，成型收缩率较高（可以为无定形塑料成型收缩率的数倍）。加入玻璃纤维或无机填料可以使成型收缩率变小。结晶性塑料熔融成型时易产生缩孔状凹斑或空洞。因此，精密成型的模具设计时必须充分考虑这一问题。

### 2.4.2　成型中的取向作用

聚合物的链段、分子链、结晶聚合物的晶片以及具有几何不对称性的纤维状填料，在外力作用下做某种形式和某种程度的平行排列称为取向。

根据外力作用的方式不同，取向可分为拉伸取向和流动取向。拉伸取向是聚合物的取向单元

（包括链段、分子链、晶片、纤维状填料等）在拉伸力的作用下产生的，并且特指热塑性聚合物在其玻璃化转变温度 $T_g$ 与熔点 $T_m$（或黏流温度 $T_f$）范围内所发生的取向。流动取向是指聚合物处于可流动状态时，由于受到剪切力的作用而发生流动，取向单元沿流动方向所做的平行排列。

根据取向的方式不同，取向又可分为单轴取向和双轴取向（又称平面取向）。单轴取向是指取向单元沿着一个方向做平行排列而形成的取向状态；双轴取向则指取向单元沿着两个互相垂直的方向取向。

根据取向过程中聚合物的温度分布与变化情况，取向又可分为等温取向和非等温取向。在注射成型时，聚合物在机筒（又称料筒）和喷嘴中的取向过程可近似看作等温取向，而在各种流道、浇口和模腔中的取向都是非等温取向。发生在流道、浇口和模腔中的非等温取向对制品的质量和性能将产生很大影响，是本书讨论的重点内容。

根据聚合物取向时的结构状态不同，还可将取向分为结晶取向和非结晶取向。结晶取向是指发生在部分结晶聚合物材料中的取向，而非结晶取向则指无定形聚合物材料中所发生的取向。无论是结晶取向还是非结晶取向，只要它存在于最终制品中就会造成制品性能上表现出明显的各向异性。而这种各向异性有些是根据设计及使用要求须在成型过程中特意形成的，如薄膜和单丝的拉伸取向，可使制品沿拉伸方向的强度及光泽等提高；有些则是在成型过程中须极力避免产生的。这是因为：首先，取向（特别是流动取向）的发生过程和最终结果受很多因素影响，常常是不可预测和控制的，取向结构和状态有很大的随机性；其次，由于在成型中制品各部分所处的应力、温度场等存在差异，因此造成制品各部分的取向也是不一致的，这样制品中就容易产生内应力而使制品出现翘曲、变形甚至开裂；第三，由于取向造成沿取向方向（也称直向）制品的力学及其他性能提高的同时也造成了与取向方向垂直方向（也称横向）上的制品相应性能劣化，最常见的现象就是制品易出现与取向方向平行的撕裂；最后，由于取向状态是热力学非平衡状态，当条件合适时，与之作用相反的解取向过程会自发进行，造成制品形状及尺寸的不稳定性，常见的现象就是取向后制品的热收缩率很大。制品成型过程中产生的不希望出现的取向应通过改良制品及模具设计、合理选择成型工艺等方法得到减小或消除。

2.4.2.1　成型过程中的流动取向

根据取向单元的不同，可将流动取向分为聚合物分子取向和填充物取向。

（1）聚合物的流动取向

① 无定形聚合物的流动取向　在热塑性塑料制品的成型过程中，只要存在着聚合物熔体或浓溶液的流动，几乎都有聚合物分子取向的出现，原因是由于聚合物流体的流动过程必然伴随着分子链构象的变化。不管采用什么成型方法，影响取向的因素以及因取向给制品性能带来的影响几乎是一致的。因此，为了使以下的讨论更简单明了，就以出现取向现象较为复杂和工业上广泛应用的注射成型法为例，来阐明无定形聚合物的流动取向机理。其他成型方法中取向的发生情况可以此为依据类推而知。

注射成型热塑性塑料制品的过程可大致描述如下：首先，将成型材料通过适当方法变为均匀的塑料熔体，然后，这些塑料熔体在高压作用下通过注射机喷嘴，注入模具的主流道、分流道，最后经浇口注入温度较低的模腔中，经保压、冷却、定型、脱模，得到制品。在成型过程的各个阶段中，对制品最终的取向结构影响最大的是浇口位置以及熔体在冷模腔（一般温度在40～70℃）中流动和冷却的过程。下面就以成型如图2－34所示的长方形制品为例，讨论在此过程中发生的分子取向。

采用双折射法测定成型出的塑料制品中分子的取向情况是：沿制品长度方向，从浇口开始顺着料流的方向，取向程度逐渐增加，在靠近浇口一侧的某一位置，取向度达到极大值，继续沿长度方向向前深入，则取向程度逐步递减。沿着制品的厚（宽）度方向的取向情况，在制品的中心区和表层区，取向程度都不高，取向程度较高的区域是介于中心区和表层区之间的部分。

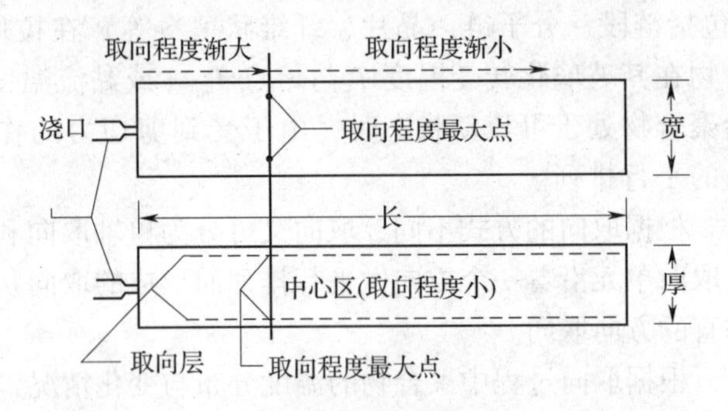


图 2－34　注射成型长方形热塑性塑料制品时流动取向过程示意图

分析造成取向的因素以及它们对取向结果的影响。流动取向是由于流体受到剪切力的作用而发生的，剪切应力具有促使聚合物分子取向的作用，是分子取向的动力；而另一方面，取向是一种热力学非平衡状态，当温度较高，时间较长时，取向了的聚合物在分子热运动的作用下又可能发生解取向。所以，分子热运动具有破坏取向的作用，而分子热运动的强弱取决于温度的高低，因此，制品中任一点最终的取向状态和结构都是剪切应力和温度这两个主要因素综合作用的结果。

熔体在充模完成之前料流的前后存在着压力梯度，而造成分子取向的剪切应力与压力梯度成正比，从浇口向里压力逐渐减小，剪切应力逐步减小；但由于注射压力的作用，熔体总是先充满离浇口最远处的模腔横截面，然后，逐步向后充满与其相邻的模腔，靠近浇口的模腔是最后才被充满的。而且由于成型热塑性塑料的模腔温度较低，所以沿着制品长度方向熔料温度应是离开浇口越远，温度也越低。剪切应力与温度沿制品长度方向这样的分布状态，决定了沿此方向聚合物的分子取向程度在距离浇口最近处和最远处都较低，而在这二者之间的某一位置取向程度最大。

制品横截面上剪切应力的分布是靠近模壁处最大，而中心区域最小。温度分布是靠近模壁处最低，而中心区域最高。所以在制品横截面上取向程度最大处既不是模壁，也不是中心区域，而是介于二者之间的某一区域。这是因为靠近模壁处熔体温度较低，分子运动被冻结，尽管受到最大程度的剪切作用也不能再发生取向，或只能发生很小程度的取向。在制品的中心区域，流体所受剪切力较小，不足以诱导分子取向，即使能够发生某种程度的取向，但由于此处熔体温度最高，分子热运动剧烈，也会对取向的进行构成破坏作用。在介于中心区域与模壁之间的某一区域，剪切应力和温度条件都合适，使得取向极易进行，取向程度也较高。

沿长度方向取向程度最大的截面与沿宽度或厚度方向取向程度最大的截面的交线就是制品中取向程度最大的一系列点，如图 2－34 所示。

② 结晶型聚合物的流动取向　结晶型聚合物的流动取向机理与无定形聚合物基本相同，不同之处在于结晶型聚合物的取向还与结晶过程密切相关，并且对结晶结构和形态产生影响。结晶性聚合物的流动取向更为复杂，取向机理与无定形聚合物基本相同，这里不再详述。

（2）纤维状填料的流动取向

如果成型材料中存在具有几何不对称性的纤维状填料（如短切玻璃纤维、木粉、二氧化钼粉等），那么，在成型过程中由于熔融物料的流动，不仅聚合物分子会发生流动取向，而且裹挟在其中的纤维状填料也会在剪切应力的作用下做定向排列而发生流动取向。纤维状填料发生流动取向的情况比较复杂，取向机理也不完全等同于聚合物分子的取向。但是一般纤维状填料的取向方向总是与流动方向保持一致。下面以注射成型如图 2－35 所示的扇形制品为例，说明纤维状填料的取向过程。

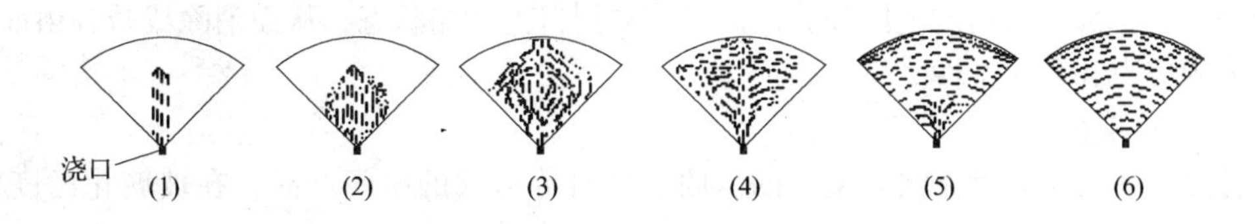


图 2－35　纤维状填料在扇形制品中的流动取向

注射扇形制品时，纤维状填料的取向过程按图 2－35 中（1）～（6）的顺序进行，首先裹挟着纤维状填料的熔料从浇口进入扇形模腔后，从浇口处沿半径方向铺散开来，当流速较大的料流前端接触到模腔后，被迫改变流动方向，由原来沿扇形模腔径向流动改为沿其切线方向流动，熔料中纤维状填料的取向也沿着料流方向的改变而改变，随着成型物料温度的降低（热塑性塑料）或交联反应的进行（热固性塑料），物料逐渐固化，由于流动造成的纤维状填料的取向也就被保留在制品中。在远离浇口的位置，取向效果尤其显著。以上分析结果，在对扇形制件做显微分析以及分别测定其在径向和切向上的拉伸强度和收缩率后得到了验证。实验证明，扇形片状试样的切向拉伸强度大于径向拉伸强度，成型收缩（指制品从模具中取出后，在室温条件下放置 24h 内所引起的收缩）率和后收缩（24h 以后制品所发生的收缩）率，则是切向大于径向。由此也可以看出，纤维状填料的取向同样会造成制品性能上的各向异性。

值得注意的是，纤维状填料的取向在塑料制品使用过程中，一般不会由于聚合物的分子热运动而发生解取向，除非将热塑性塑料制品重新加热到黏流态，否则，填料的取向将永远保留在制品中。纤维状填料的取向更大程度上依赖于剪切应力，对温度的依赖性相对较小，这一特点也是纤维状填料取向区别于聚合物分子取向之处。纤维状填料的流动取向除特殊设计要求外，一般也是应在成型中避免或减少的。

从以上分析可以看出，无论是聚合物分子还是纤维状填料的流动取向，都起源于成型物料的流动，并且与成型过程中制品的固化过程密切相关。因此，深入揭示物料的流动和固化规律是控制流动取向过程和结果的关键。

（3）影响流动取向的因素及减少流动取向的方法

影响流动取向（包括聚合物分子取向和纤维状填料取向）的因素很多。除了以上分析的剪切应力和温度外，在注射成型时，浇口位置和模具结构也会对取向的结果产生重要影响。

在实际生产中，为消除或减轻由流动取向给制品性能带来的不利影响，常常采用以下措施控制或减少流动取向的发生。

① 采用较高的模具温度　模具温度升高，熔体的冷却速度变小，聚合物分子热运动加剧，可部分抵消分子取向作用。事实上，这一方法对消除或减轻聚合物分子的取向效果较明显，而对消除或减轻纤维状填料的取向，效果不太明显。

② 采用较低的流速　减小流速实际上就降低了流体所受到的剪切力，这对取向的削弱作用是显而易见的。

③ 采用较宽的流道　加宽流道和增加制品壁厚所产生的效果与方法②相同，都可降低流体所受的剪切力。

④ 合理设计流动模式　模具的独特设计（包括浇口位置的选择）可以改变流动模式，减少流动中的流向，甚至可使取向得到合理利用，生产出性能更优的产品。要做到这一点也是十分不容易的。特别值得提出的是，在进行模具设计时，为减少成型中的流动取向，浇口应尽量宽且短，位置应设在型腔深度较大的部位。

⑤ 热处理　将成型出的制品在合适的条件下进行退火处理，可以加速聚合物分子的热运

动和松弛过程，部分取向的链段和分子链可恢复到自由卷曲状态，从而消除或减轻由取向带来的制品的内应力和各向异性。

2.4.2.2　拉伸取向

拉伸取向是将用各种方法成型出的薄膜、片材等形式的中间产品，在玻璃化温度 $T_g$ 和熔点 $T_m$ 之间的温度范围内，沿着一个或两个相互垂直的方向拉伸至原来长度的几倍，使其中的聚合物链段、分子链或微晶结构发生沿拉伸方向规整排列的过程。

在很多有关高分子材料成型加工的书籍中将拉伸取向作为一种独立的成型方法（有的称拉伸成型）来讨论。经过拉伸并迅速冷却至室温的薄膜或片材等，在拉伸方向上的机械强度和透明性等都得到较大提高，因此拉伸取向可以看作在成型过程中对材料进行的一种物理改性。拉伸取向既可以是在一个方向上进行的单轴（向）拉伸，也可以是在两个相互垂直方向进行的双轴（向）拉伸。拉伸取向后的材料，在重新被加热时，会沿着原来的取向方向发生较大的收缩，收缩包装正是利用这一特性，使薄膜与包装物紧密贴合，达到良好的包装效果。对需要减小制品受热收缩的场合，一般将拉伸取向的薄膜等材料在紧张情况下进行热处理。热处理的温度高于拉伸温度而低于材料熔点，时间较短（通常为几秒钟），将热处理后的材料快速冷却至室温。经这样处理后的材料的收缩率将大大降低，制品具有了良好的热稳定性。

并不是所有的聚合物材料都适宜通过拉伸取向改善其使用性能，目前已知的能够取向且取得较好效果的有聚乙烯、聚丙烯、聚氯乙烯、聚苯乙烯、聚甲基丙烯酸甲酯、聚偏二氯乙烯、聚对苯二甲酸乙二醣、聚酰胺等。

（1）非晶型聚合物与结晶型聚合物拉伸取向的区别

如2.2.4所述，对于无定形聚合物和结晶型聚合物来说，由于它们的内在结构不同，所以发生拉伸取向的机理也不尽相同。无定形聚合物（如聚苯乙烯、聚甲基丙烯酸甲酯、聚氯乙烯等）的取向，有链段的取向和大分子链的取向。两种取向过程同时进行，但是速率不同。主要受高弹拉伸、塑性拉伸或黏性拉伸所致。

在玻璃化温度附近及拉伸应力小于屈服应力（$\sigma < \sigma_y$）的情况下，拉伸时的取向主要是链段的形变和位移，这种链段的取向程度低，取向结构不稳定。当拉伸应力大于屈服应力时，塑性拉伸在玻璃化温度附近即可发生，此时，拉伸应力部分用于克服屈服应力，剩余应力是引起塑性拉伸的有效应力，它迫使高弹态下大分子作独立结构单元发生解缠和滑移，使材料由弹性形变发展为塑性形变，从而得到高而稳定的取向结构。在实际生产中，塑性拉伸多在对聚合物玻璃化温度 $T_g$ 与黏流温度 $T_{f(m)}$ 之间进行。随着温度的升高，材料的模量和屈服应力均下降，所以高的拉伸温度可降低拉伸应力和增大拉伸比。温度足够高时，材料的屈服强度几乎不变，在较小的外力下即可得到均匀而稳定的取向结构。

黏性拉伸发生在 $T_f$（或 $T_m$）以上，此时很小的应力就能引起大分子链的解缠和滑移。由于在高温下解取向发展很快的缘故，有效取向程度低。黏性拉伸与剪切流动引起的取向作用有相似性，但两者的应力与速度梯度方向不同，剪切应力作用时，速度梯度在垂直于流线方向上；拉应力作用时，速度梯度在拉伸方向上。

结晶性聚合物的拉伸取向包括晶区的取向和非晶区的取向，两个过程同时进行，但速率不同，晶区取向发展很快，非晶区取向发展较慢，在晶区取向达到最大时，非晶区取向才达到中等程度。晶区取向包括结晶的破坏、链段的重排和重结晶以及微晶的取向等，还伴随有相变发生。随着拉伸取向的进行，结晶度会有所提高。结晶聚合物的拉伸取向通常在 $Tg$ 以上适当温度进行。拉伸时所需应力比非晶聚合物大。且应力随结晶度的增加而增加。

对结晶型聚合物进行拉伸时，取向过程比较复杂，因为拉伸与结晶过程是相互影响的，对结晶型聚合物的拉伸取向过程应注意如下事项。

① 拉伸前的聚合物中尽量不含有结晶相　因为含有结晶相的聚合物拉伸时取向程度不易提高。但使拉伸前的聚合物中不含结晶相对于具有结晶倾向的聚合物来说是很困难的，例如聚丙烯，它的玻璃化转变温度低于室温很多，除非在制造拉伸用的中间产品时，将其在某种低于玻璃化转变温度的介质中淬火，否则，所得到的中间产品中总会或多或少地有结晶相存在。因此，在拉伸这类聚合物时，为保证其无定形态，拉伸温度通常定在它们的最大结晶速度温度 $T_{max}$ 和熔点 $T_m$ 之间。例如，聚丙烯的熔点为170℃，按照最大结晶速度温度 $T_{max}$ 与熔点 $T_m$ 间的统计关系：

$$T_{max} \approx 0.85T_m$$

则 $T_{max} \approx 145$℃，所以，聚丙烯的拉伸温度应在145～170℃范围内。

② 拉伸取向后的制品应具有足够的结晶度　这是因为结晶型聚合物在拉伸时，取向单元基本上与无定形聚合物相同，仍是聚合物分子链段，所以，取向后的制品在储存和使用中受热时，极易在取向方向发生收缩。如果制品是单丝形式，这种情况下它依然没有使用价值；如果制品是薄膜形式也只能用作包装材料。要解决这个问题，使取向结构稳定，采取的措施就是热处理。虽然结晶型聚合物拉伸取向后进行热处理的目的和结果与对无定形聚合物实施的热处理是相同的，但机理却有很大差别。前者是通过热处理使制品中形成结晶相，限制分子运动，从而稳定取向结构；而后者进行热处理是在不扰乱制品主要取向结构的情况下，通过加速聚合物短链分子和链段的松弛最终达到减少制品在取向方向上的收缩。

用结晶型聚合物制成的薄膜、片材等制品如果只结晶，无取向，则一般性脆且缺乏透明性；只取向而不结晶或结晶度不够，则具有较大的收缩性，只有既取向又结晶，才能兼具其优点又避其缺点。

③ 绝大多数结晶性聚合物，在其玻璃化温度与熔融温度之间拉伸时，会促使结晶的产生，同时还会使原本存在的晶体结构发生变化。而一旦被拉伸物中存在晶相，在拉伸过程中会表现出明显的屈服点。会产生拉伸不均的现象（出现细颈化区域），细颈区域强度高，在此后的继续拉伸过程中非细颈部分可以继续拉伸而均匀化，如果没有均匀化，并且细颈区多个产生，制品性能就会因区而异，厚度波动增大。这与非晶聚合物有所不同，非晶聚合物进行拉伸时无相变，应力作用下连续伸长，其试样横截面缓慢收缩。如图2－3所示。

④ 对于结晶性聚合物和无定形聚合物的热处理本质有些不同。对于无定形聚合物热处理目的在于使已经拉伸定向的中间产物的短链分子和分子链段得到松弛，但是不能扰乱主要定向部分。这就要由温度来定。所以无定形聚合物的热处理温度应该满足短链分子和分子链段松弛的前提下尽量降低。对于结晶性聚合物以上考虑是次要的，主要原理是结晶常能限制分子的运动，热处理温度和时间应该在形成结晶度足够大能防止收缩的区域。

（2）影响聚合物拉伸取向的因素

① 拉伸比　在一定温度下，高分子材料在屈服应力作用下被拉伸的倍数，即拉伸前后的长度比，称拉伸比。取向随拉伸比的增加而增大。

② 拉伸温度　在拉伸比和拉伸速度一定的情况下，拉伸温度越低（不得低于玻璃化温度），取向程度越高；由于聚合物拉伸时有热量放出，会使原来设定的等温拉伸状态被破坏，从而造成制品厚度波动较大，因此，拉伸取向有时在温度梯度降低的情况下进行较好。因为在降温与拉伸同时进行的过程中，原来厚的部分比薄的部分降温慢，较厚的部分就会有较大的黏性变形，从而减小了厚度波动的幅度。

③ 拉伸速度　在拉伸比和拉伸温度相同情况下，拉伸速度越大，取向程度越高。

④ 骤冷速率　在其他条件相同时，骤冷速率越大，制品的取向程度越高。

⑤ 聚合物的分子结构　在拉伸条件相同的情况下，同一品种聚合物，平均分子量高的试样，其取向程度较平均分子质量低的小；结晶性高分子比无定形高分子取向结构稳定；结构复杂的高分子取向较难，当施以较大应力取向后结构稳定性也好。

从以上讨论可以看出，拉伸取向不同于流动取向，它往往是为改善制品性能而特意在制品中造成各向异性，是对制品进行的一种物理改性方法。拉伸取向这个看似简单的过程实际涉及的内容非常广泛，本书只将其抽象为一个过程来讨论，并不面面俱到。

### 2.4.3　聚合物的降解

高分子材料在成型、贮存或使用过程中，由外界因素——物理的（热、力、光、电、超声波、核辐射等）、化学的（氧、水、酸、碱、胺等）及生物的（霉菌、昆虫等）作用下所发生的聚合度减小的过程，称为降解。高分子材料在成型过程中的降解比在贮存过程中遇到的外界作用要强烈，后者降解过程进行比较缓慢，又称为老化。但降解的实质是相同的，都是断链、交联、主链化学结构改变、侧基改变以及上述4种作用的综合。在以上的许多作用中，一般会产生活泼自由基中间产物从而使高分子材料结构发生变化。对成型来说，在正常操作的情况下，热降解是主要的，由力、氧和水引起的降解居于次要地位，而光、超声波、核辐射的降解则是很少。

随着高分子材料的降解，材料的性能变劣，变色、变软发黏、甚至丧失力学强度；严重的降解会使高分子材料炭化变黑，产生大量的分解物质，从加热料筒中喷出，使成型过程不能顺利进行。老化过程中，由降解所产生的活性中心往往会引起交联，使材料丧失弹性、变脆、不溶和不熔。虽然大多数降解对材料起破坏作用，但有时为了某种特殊需要，而使高分子材料降解，如对天然橡胶的“塑炼”就是通过机械作用降解以提高塑性的。机械作用降解还可以使高分子化合物之间进行接枝或嵌段聚合制备共聚物，对高分子材料进行改性和扩展其使用范围。

#### 2.4.3.1　热降解

合成聚合物的热降解是最普遍的一种由物理因素引起的降解反应类型。通常热降解是指在无氧或少氧情况下，由热能直接作用而导致的断链过程。热降解可归纳为3个类型。

（1）无规热降解

主链发生断裂的部位是任意的、无规律的。研究表明，大多数聚合物的热降解都是无规热降解，例如聚乙烯、聚丙烯、聚丙烯酸甲酯的热降解。

（2）链式降解

碳链聚合物在各种物理因素或氧的作用下，分子链末端或中间断链，形成活泼自由基，活泼自由基瞬时引发大分子链连续断裂，从而降解为大小不一的碎块，直至为低分子单体为止。这种降解可视为自由基引发的加聚反应的逆反应，所以也称作解聚反应。PMMA的热降解就是典型的解聚反应，它常始于大分子链的末端，当分子质量较大时，链中间的弱键也可能断裂。

（3）消除反应

某些含有活泼侧基的聚合物，如聚氯乙烯、聚乙酸乙烯酯和聚甲基丙烯酸叔丁酯等在热的作用下，首先发生侧基的消除反应，进而引起主链结构的变化。如聚氯乙烯的消除反应是脱HCl，并在主链上生成共轭双键，然后含有双键的分子之间发生交联反应。第一步脱HCl反应产生的HCl本身又是脱HCl反应的催化剂。所以，长时间加热，会引起聚氯乙烯碳化。因此，要增加聚氯乙烯的稳定性就必须减小游离HCl的含量，常采用的方法是添加稳定剂。

因此，当所处的温度非常高（大于其降解温度 $T_d$）时，聚合物会发生降解。但是在聚合物成型中，在低于 $T_d$ 的温度下停留时间过长，聚合物也会发生降解。可见，除了温度对降解有影响外，时间因素也不可忽视。为此人们引入“热稳定性”这个概念来表征聚合物在温度和时间双重作用下的持久能力。聚合物的热稳定性很大程度上取决于组成聚合物主链化学键的强弱，关于化学键的强弱次序一致认为：C—F＞C—H（烯和烷）＞C—C（脂链）＞C—Cl；在聚合物主链中各种 C—C 键的强度是：

```
                                                        C
                                                        |
------C—C—C------>------C—C—C------>------C—C—C------
                          |                             |
                          C                             C
```

同时也与聚合物含有的、具有催化作用的微量杂质有关。聚合物种类不同，其使用的场合不同，衡量热稳定性的指标也不同，常见的有半寿命 $T_{1/2}$（聚合物在真空中加热 30min 后，重量损失 1/2 所需要的温度）和 $K_{350}$（聚合物在 350℃下的失重速率）等。$T_{1/2}$ 越高或 $K_{350}$ 越小，聚合物的热稳定性越好。

在考察聚合物的耐热特性时，不能把温度作为唯一的因素，必须同时把时间，甚至力等因素综合考虑。当然，具体实施时，应考察哪些因素，哪些是主要因素，还必须根据聚合物在成型时所处的状态加以取舍和判断。

2.4.3.2　力降解

聚合物在成型过程中（如粉碎、研磨、高速搅拌、塑炼、混炼、挤出、注射等），经常会受到剪切力及拉伸力的作用，这些力有时也会引起聚合物的降解，称为力降解或机械降解。力降解发生的难易及程度不仅与聚合物的种类和化学结构有关，而且与聚合物所处的物理状态（如温度等）有关。发生力降解反应时会有热放出，且常会产生大量的活泼自由基，如果控制不当，力降解反应又会诱发其他降解反应，如热降解等。因此，除特殊情况如橡胶的塑炼外，一般不希望出现力降解。

力降解过程的一般规律为：

① 聚合物分子质量越大，越易发生力降解。

② 在条件（包括应力大小、温度）一定时，最终力降解的程度是一定的，也就是说，一定的力只能将聚合物分子链断裂为一定长度，当全部分子链都断裂到这个长度后，力降解不再继续。

③ 初始聚合度相同，力降解条件相同时，聚合物种类不同，分子链最终的平均长度也不同。

④ 升高温度、添加增塑剂等降低聚合物黏度的方法，有助于减轻力降解。

⑤ 施加的应力越大，聚合物越易发生降解。

2.4.3.3　氧化降解

聚合物在成型过程中难免与氧接触发生氧化作用，但一般常温下这种氧化反应进行得极缓慢，而在热和紫外辐射的作用下就会表现得比较明显。聚合物的热氧化降解历程比较复杂，随聚合物种类不同，反应性质不同。在大多数情况下，氧化降解反应类型属自由基反应；碳链聚合物比杂链聚合物更易发生氧化降解反应；不饱和碳链的聚合物，由于主链上的双键及其 α 碳上的氢容易与氧反应，所以，主链中含有双键的聚合物加工成型时，应避免使其在高温下过久地暴露于空气中，因为氧会加速任何降解反应，尤其是当聚合物处于较高温度时，氧化降解更明显。发生了氧化降解的聚合物制品会变色（发黄、变黑等）、变脆，同时机械强度降低。

#### 2.4.3.4 水降解

聚酰胺、聚酯、缩醛及某些酮类聚合物的分子结构中含有可被水解的基团，如成型过程中如遇水分存在，加之成型时的高温，极易发生水解反应。水解反应的发生同样会引起聚合物的断链，这种作用就是水降解。为避免在成型中水降解的发生，很重要的一点就是物料成型前进行充分的干燥，一般含水率应控制在0.2%～0.5%。否则，会使制品内部及外观质量受到影响，如制品内部产生气泡、银纹，水降解严重时甚至使产物性能劣化至无法使用。

### 2.4.4 聚合物的交联

交联，是指具有化学反应活性的线型聚合物通过化学反应变为三维网状（体型）结构聚合物的过程。促使体系发生这一结构上转变的方法有加热和在体系中加入固化（交联）剂。热塑性塑料在热、氧等的作用下发生降解反应的同时，有时也会伴随着交联反应，这一类交联反应无论交联程度如何都是在成型中所不希望看到的。有时为了提高材料的耐热性或强度也会使热塑性塑料进行适当的交联（如PE耐热交联管）。热固性塑料和橡胶的成型主要依靠的是交联反应。橡胶工业中把交联称为硫化。

从本质上说，交联反应就是聚合物分子链上反应点之间或反应点与固化剂之间相互反应的过程，反应程度高低用交联度（已经参加交联反应的反应点与初始反应点数目之比）表示。实际的交联反应很难使交联度达到100%，这是因为：

① 随着交联反应的进行，体系黏度越来越大，聚合物分子链的活动能力越来越小，分子链上反应点之间以及反应点与固化剂间的接触概率越来越小，最后，接触甚至完全成为不可能；

② 反应体系（尤其是可逆的缩聚反应体系）产生出的副产物，有时会阻止交联反应的继续进行。

在塑料成型工业中，常用硬化或熟化、固化程度衡量制品内部交联反应的程度，但它们与交联度是有区别的。所谓“硬化完全”或“硬化合适”并不意味着交联度达到了100%，而是特指对制品的物理机械性能等而言是适宜的交联程度。可见，交联度是衡量体系交联进行程度的一个客观标准，而硬化度是主观标准。同一种类塑料，由于使用要求不同，“硬化完全”的含义也可能不同。显然，交联度不可能大于100%，但硬化程度却可以。因此，硬化程度为100%时，对应制品的交联度肯定小于100%，如为70%或是其他某一数值；硬化程度超过100%时，对应的制品交联度过大，称为“过熟”或“超固化”；反之，硬化程度不足100%的，称为“欠熟”或“欠固化”。

过熟或欠熟都会给热固性塑料制品性能带来不利影响。首先，欠熟时，制品的机械强度、耐热性、耐化学腐蚀性和电绝缘性都会降低，而热膨胀、后收缩、内应力及受力时的蠕变量增加，同时还会出现表面光泽性差，易翘曲变形甚至产生裂纹；过度硬化会降低制品的机械强度，使制品变色、发脆，在制品表面出现小泡，影响制品的内在及外观质量。事实上，如果成型时模具温度过高，上下模温度不一致以及制品过大或过厚时，过熟和欠熟现象可能会出现在同一制品中。

交联聚合物和线型聚合物相比，其力学强度、耐热性、耐溶剂性、化学稳定性和制品的形状稳定性均有所提高。通过模压、铸塑、传递模塑及注射模塑等成型方法，生产各种热固性塑料制品，使热固性聚合物得到了广泛的应用。通过交联，对某些热塑性聚合物进行改性，也获得发展。如高密度聚乙烯的长期使用温度在100℃左右，经辐射交联后，使用温度可提高到135℃（在无氧条件下可高达200～300℃）。此外，交联还可以提高聚乙烯的耐环境应力开裂的性能。

## 思　考　题

1. 解释以下概念：可成型性、可挤压性、可延展性、应力软化、应力硬化、可纺性、流变学、应力、应变、剪切流动、拉伸流动、剪切应力、剪切速率、弹性模量、入口效应、鲨鱼皮症、不稳定流动、离模膨胀比、结晶、二次结晶、后结晶、取向、流动取向、拉伸取向、拉伸比、聚合物降解、热降解、力降解、氧化降解、水降解、聚合物交联、过熟、欠熟。

2. 与低分子相比，高聚物的黏性流动有什么特点?

3. 何谓牛顿流体和非牛顿流体？试从数学表达式和物理意义上分析讨论两者区别。

4. 何谓表观黏度？成型过程中有哪些因素影响聚合物的黏度?

5. 简要说明聚合物弹性的起因和表现形式。如果被加工的塑料种类和牌号确定后，怎样减少或消除弹性效应?

6. 聚合物熔体产生离模膨胀的原因是什么？分析影响因素。

7. 简述一到两种表征聚合物加工性能的方法及其原理。

8. 结晶对制品性能有何影响？在塑料成型中哪些因素有利于结晶？哪些因素不利于结晶?

9. 试分析纤维状填料和聚合物分子的定向有什么不同？热塑性塑料和热固性塑料的定向各有何特点？并简要说明原因。

10. 在成型制品过程中，什么时候需要定向？什么时候不需要定向？各采取什么措施达到目的?

11. 将聚丙烯丝拉伸至相同伸长比，分别用冰水或90℃热水冷却后，再分别加热到90℃的两个聚丙烯丝试样，哪种丝的收缩率高？为什么?

12. 拉伸无定形聚合物和结晶性聚合物有什么区别?

13. PVC 热收缩膜和 PVC 普通薄膜的生产工艺原理区别在哪里?

14. 交联能赋予高聚物制品哪些性能？为什么热塑性聚合物成型加工过程中要避免不正常的交联?

15. 都有哪些因素会使聚合物降解？在聚合物成型过程中都是怎样避免和利用的?

## 参 考 文 献


[1] 吴崇周. 塑料加工原理及应用 [M]. 北京：中国轻工业出版社，2008.
[2] 吴其晔，巫静安. 高分子材料流变学 [M]. 北京：高等教育出版社，2002.
[3] 史铁钧，吴德峰. 高分子流变学基础 [M]. 北京：化学工业出版社，2009.
[4] 杨鸣波. 聚合物成型加工基础 [M]. 北京：化学工业出版社，2009.
[5] 王小妹，阮文红. 高分子加工原理与技术 [M]. 北京：化学工业出版社，2006.
[6] 周达飞，唐颂超. 高分子材料成型加工 [M]. 北京：中国轻工业出版社，2000.
[7] 黄锐，曾邦禄. 塑料成型工艺学（第二版）[M]. 北京：中国轻工业出版社，1997.
[8] 王文俊. 实用塑料成型工艺学 [M]. 北京：国防工业出版社，1999.
[9] 赵素合. 聚合物加工工程 [M]. 北京：中国轻工业出版社，2008.
[10] 王加龙. 高分子材料基本加工工艺 [M]. 北京：化学工业出版社，2004.
[11] 王贵恒. 高分子材料成型加工原理 [M]. 北京：化学工业出版社，1982.

# 第3章　混合与混炼

## 3.1　概述

在高分子材料制品的生产中，很少单独使用聚合物，大部分由聚合物与其他物料混合，进行配料后才能进行成型加工。加入其他物料的目的是改善高分子材料制品的使用性能和成型工艺性能以及降低成本。所以高分子材料是由聚合物为主，各种配合剂为辅所组成的。

根据高分子材料成型过程不同的需要，所要求的高分子材料形态也就不同。生产橡胶和塑料制品，聚合物和配合剂混合均匀，制成粉料、粒料、溶液或分散体。然后再制成所需要的几何形状。这些物料的配制工艺过程实际上是橡胶塑料制品成型前的准备工艺。合成纤维成型前的准备工艺比较简单，但溶液纺丝也要配制聚合物溶液。高分子材料的性能和形状是千差万别的，成型工艺各不相同，但成型前的准备工艺基本相同，关键是靠混合来形成均匀的混合物，只有把高分子材料各级分相互混在一起成为均匀的体系，生产出合格的混炼胶和各种形态的塑料才有可能得到合格的橡胶和塑料制品。本章讨论高分子材料混合与混炼设备、配方设计方法以及橡胶和塑料的配制工艺。

## 3.2　混合与混炼设备

混合设备是完成混合操作工序必不可少的工具，混合物的混合质量指标、经济指标（产量及能耗等）及其他各项指标在很大程度上取决于混合设备的性能。由于混合物的种类及性质各不相同，混合的质量指标也有不同，所以出现了各式各样的具有不同性能特征的混合设备。根据物料品种要求不同，混合设备可分为初混设备和混炼设备。

### 3.2.1　初混设备

初混合是将聚合物原料经过简单混合制成粉状，或将不同的聚合物进行简单混合。混合的目的是将原料各组分相互分散以获得成分均匀的物料。某些情况下（如目前广泛使用的高速混合机，料温可升到120℃左右）也包含水分及大分子物的去除、树脂进入高弹态并对增塑剂等部分吸收，某些助剂（如加工助剂、冲击改性剂、润滑剂等）已开始熔化，而相互渗入。初混设备的种类和形式很多，一般按间歇式或连续式工作、加热或不加热来区别分类。同一类别中还有多种结构形式。下面介绍几种聚合物加工中常用的初混设备。

#### 3.2.1.1　冷混机

广义而言，所有一切不加热的混合机械都可叫作冷混机。用于聚合物加工业的冷混机数量相当多，生产不同的产品还可选用不同的结构形式。

（1）高速分散机

高速分散机的结构如图3－1所示。它主要由机身、传动装置、主轴、叶轮等组成。机身装有液压升降和回转装置，依靠液压泵压力上升，靠自重下落。下降速度由行程节流阀控制，回转装置可旋转360°，靠手柄锁紧。电机有几种速度或无级调速。分散和混合主要靠叶轮或分散盘。叶轮是一圆盘形平板，沿边缘切割成各种齿状。

高速分散机操作很简便，结构、维护和保养都很容易，适用范围广，可广泛用作拌和、混合、分散等各种场合，但不适用于粉料混合，大多用于湿状、浆状物料搅拌及分散。

（2）重力混合器

重力混合器是一种借助重力来实现混合的设备。适用于粒状料。重力混合器的主要结构原理如图3－2所示。其主要由一组分配管、容料室、置换体和混合室所组成。工作时，加入容料室的料分层放置，靠重力作用进入分配管并下落从而形成连续流动。各管的料则依次定量进入混合室混合，然后排出。这种混合装置只适于较粗糙的初混合。

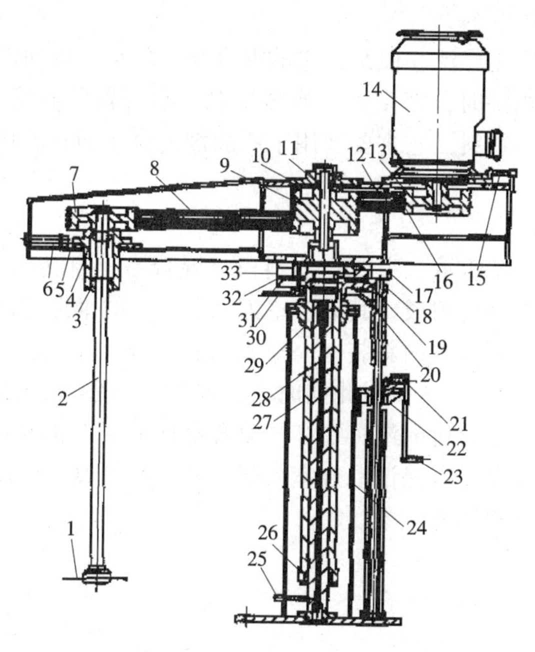


图3－1 国产GFJ－22A高速分散机结构图

1—叶轮 2—主轴 3，4，11，18，33—轴承 5—轴承座滑板 6，15—调节螺栓 7—从动轮 8，12—V带 9—中间轮 10—上盖 13—电机滑板 14—电动机 16—主动轮 17，31—齿轮 19—摩擦片 20—排气阀 21、22—伞齿轮 23—摇臂 24—机体 25—进出油管 26—V型密封圈 27—n体 28—柱塞 29—行程节流阀 30—旋转手柄 32—压环

图3－2 重力混合器

1—分配器 2—容料室 3—置换体 4—混合室 5—出料口 6，7，8—分配管上的通孔

（3）转鼓式混合机

转鼓式混合机是最简单的滚筒类混合机。它的结构如图3－3所示。它是依靠混合室转动振荡料粒来进行混合的。物料在转鼓中作离心和飞瀑运动，经反复运动使物料位置不断置换而实现混合。转鼓式混合机的混合效果除与混合室构造相关外，还与转速和填充率有很大关系。填充率太小影响产量，填充率过大则不能充分混合物料。一般推荐粒状料的填充率为0.7～0.85。对于粉料填充率则应0.4以下。

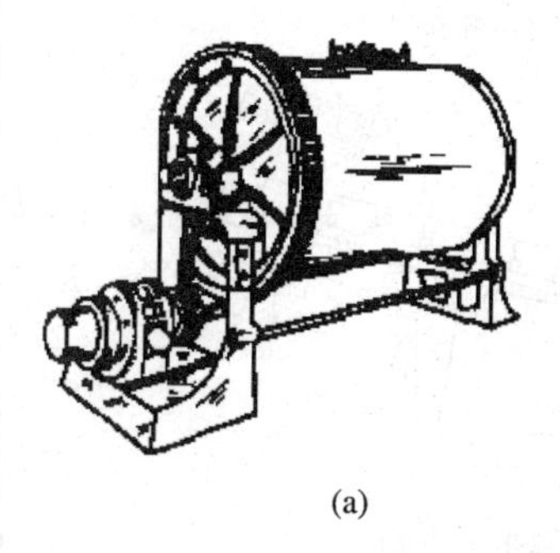

(a)

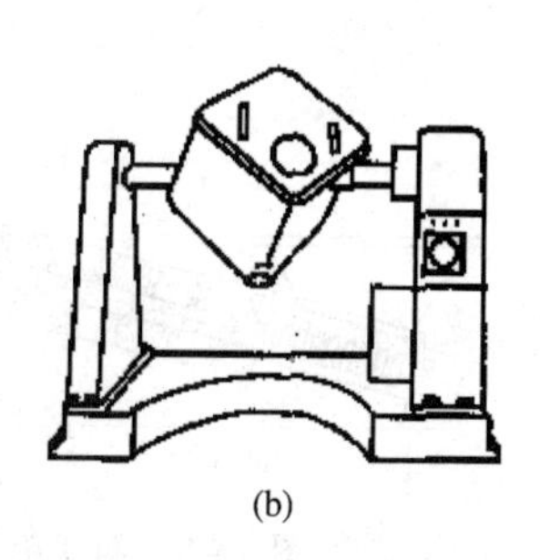

(b)

图3－3 转鼓式混合机

（a）滚动式 （b）立方体式

(4) 螺带混合机

螺带式混合机的结构如图3－4与图3－5所示。图3－4为普通型。图3－5为斜式螺带混合机，按螺带根数或旋向可分为单螺带混合机或多螺带混合机；也可根据螺带的安装形式与位置分为卧式、立式或斜式的螺带混合机。螺带混合机的主要构造由螺带、混合室、驱动装置及机架所组成。设备上部有可启闭及加料的压盖，底部有卸料口。某些螺带机亦设计成夹套式可作加热冷却用。但目前一般多作为冷混的搅拌机用或与高速混合机配合夹套通冷却水作为冷混机使用。当螺带旋转时，其推力棱面推动物料沿螺旋方向移动。由于物料之间的摩擦作用，使得物料上下翻滚，起到径向分布混合的作用。

螺带式混合机结构简单，操作方便，应用广泛。但是，它的混合强度较小，因而混合时间较长；另外，当两种密度相差较大的物料相混时，密度大的物料易沉于混合器的底部。因此，在使用螺带式混合机时混合密度相对较近的物料。它主要适用于添加剂混合、塑料着色、干粉初混、共混及填充料的初混等。

(5) 锥筒螺杆式混合机

锥筒螺杆式混合机的典型结构如图3－6所示。主要由加料口、混合室、自转驱动装置、排料口、混料螺杆、转臂、公转驱动装置等部分组成。其混合室为一个倒立的锥形圆筒，上部装有进料口，下部装有可以开闭的排料口。混合室内斜装有一根或几根混料螺杆。公转驱动装置通过转臂带动混料螺杆在混合室内绕其周边公转，与此同时，在底部自转驱动装置的带动下，混料螺杆还进行自转。一般锥筒螺杆式混合机的混料螺杆与混合室均采用不锈钢制造，混合室的顶部和底部均设有良好的双向密封装置，以保证混合室内部与外界的隔离，以及与传动箱、支承轴承座之间的隔离，防止物料被润滑脂所污染。

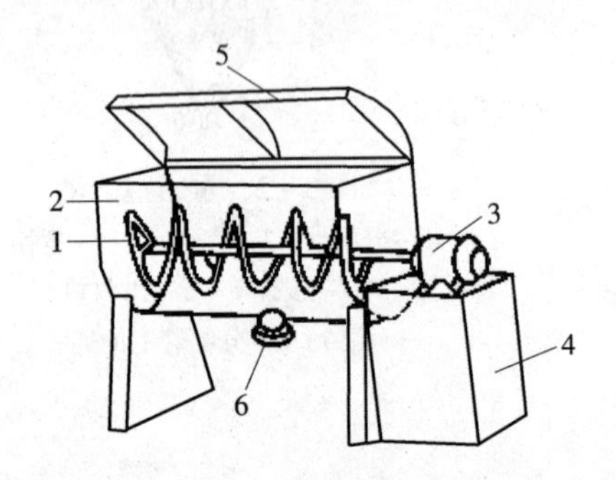


图3－4 卧式单螺带混合机

1—螺带 2—混合室 3—驱动装置 4—机架 5—上盖 6—卸料口

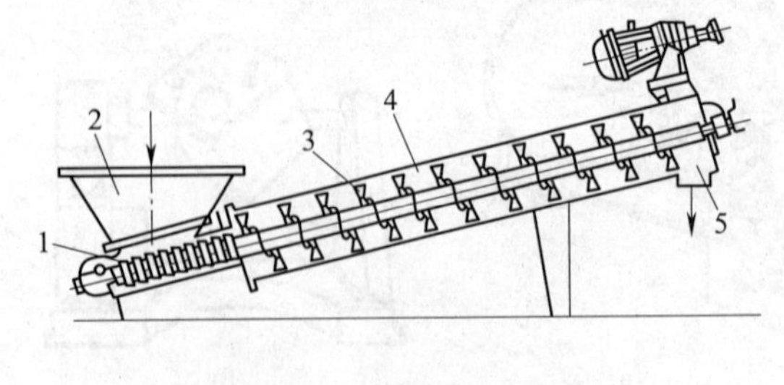


图3－5 斜式单螺带混合机

1—输送螺杆 2—加料斗 3—螺带 4—混合室 5—排料口

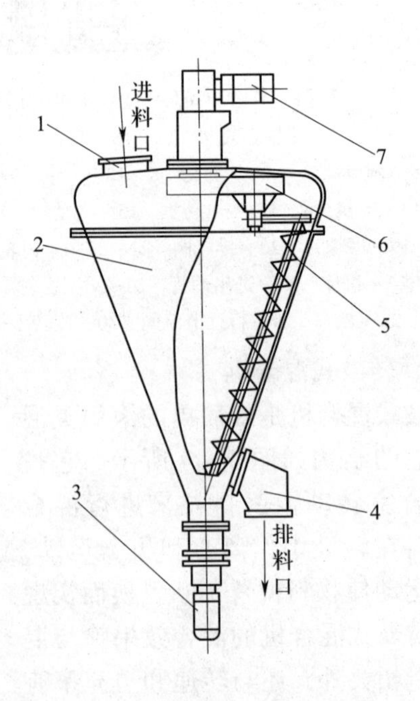


图3－6 锥筒螺杆式混合机的典型结构

1—加料口 2—混合室 3—自转驱动装置 4—排料口 5—螺杆 6—转臂 7—公转驱动装置

当锥筒螺杆式混合机工作时，螺杆周围的物料在混料螺杆自转的带动下，由混合室底部向顶部移动，继而又在重力的作用下回落到混合室的底部，实现了在混合室垂直方向的上下移动。与此同时混料螺杆在混合室内的公转，搅动了物料，使混合室壁的物料向中心流动，形成了物料的径向混合。

锥筒螺杆式混合机是一种高效混合设备。其混合时间一般不超过 5min，功率消耗也比较少。混合机的一次加料量一般不超过混料螺杆的最顶端螺棱。其混合强度不高，物料在混合过程中发热不多。因此一般不设（加热）冷却夹套。锥筒螺杆式混合机适用于双组分或多组分干粉料或粒料的混合与预混，也适用于糊状或高黏度液体物料的混合，还可以用于母料的预混。

3.2.1.2　捏合机

捏合机是带有加热装置的一类混合机，下面介绍的捏合机是指不包括高速混合机在内的混合捏合机。主要介绍犁状转子混合机和 Z 形捏合机。

（1）犁状转子混合机

图 3 - 7 是犁状转子混合机的结构示意图。这种混合机主要由混合室、转子及驱动装置组成。进料和排气口都在上面。混合室下部有卸料口并有开关，因其转子形状如犁而得名。当转子在驱动轴带动下旋转时，转子的犁锋切碎料团使之分散，转子转动过程中物料受到很高的离心力作用，从而得到良好的混合。调节转子转速可调整混合强度。这种混合机适合于填料混合及热固性塑料的混合。

（2）Z 形捏合机

Z 形捏合机又称 Sigma 桨叶捏合机。它是一种广泛用于塑料和橡胶等高分子材料的混合设备。Z 形捏合机的构造与原理简图如图 3 - 8 所示。Z 形捏合机主要由 Z 形转子、捏合室、驱动装置等所组成。捏合室是一个倒放鞍形槽，由钢制成，上有压盖及加料口。捏合室为夹套式，可通蒸汽或水等冷热介质。有的捏合室还设有真空装置，以利在混合过程中排出水分与挥发物。捏合室下部设有卸料口，有的需倾倒出料，有的则在底部利用一根螺杆实现连续排料。转子安装在混合室内，两转子可以是同向旋转，也可以是逆向旋转，转子间的速比一般为 1.5∶1.2∶1.0 或 3∶1。一个转子连接驱动轴，一个连接速比齿轮。转速一般在 10～35r/min。当 Z 形转子转动时物料上下翻滚，受到反复折叠和撕捏，在强烈的剪切作用下得到混合。

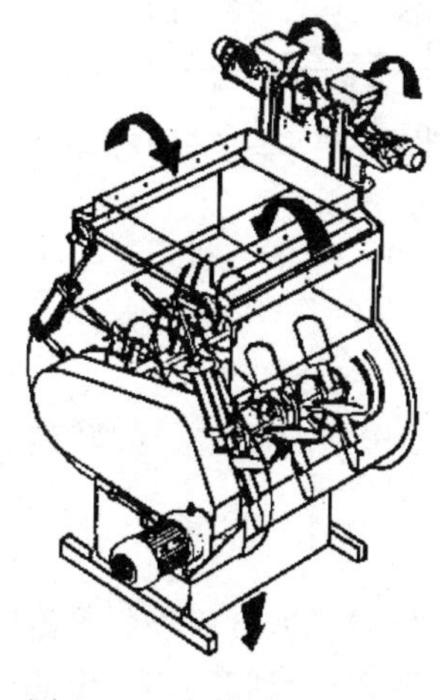

图 3 - 7　犁状转子混合机

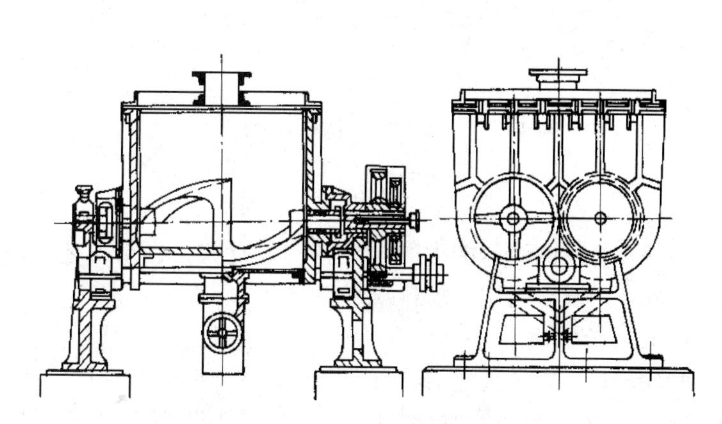

图 3 - 8　Z 形捏合机

用Z形捏合机混合，一般需要较长时间，约半小时至数小时不等。这种捏合机主要适用于高黏度、糊状料和需要较大功率搅拌的聚合物的混合。

3.2.1.3　高速捏合机

高速捏合机也叫高速混合机，它是使用极为广泛的塑料混合设备，适用于固态混合和固液混合，更适于配制粉料。其结构简图如图3－9所示。其主要由混合室（混合锅）、叶轮、折流板、压盖、排料装置及传动和加热冷却装置组成。

混合室为圆形钢质多层结构。内层有夹套和隔热层，一般内层防腐耐磨。夹层可通蒸汽及冷却水，混合室上盖有良好的密封盒定位，还可以设计成自动计量加料，不用打开上盖，由配料室通过管道风送入捏合机。下部有排料口。混合室内叶轮由驱动轴带动可高速旋转。折流板的作用是使物料在混合时形成涡旋状态。折流板断面呈流线型，固定悬挂在上盖，高度可调，视料的高度而定。折流板表面镀硬铬，内部中空，可装测温元件来检测料温。混合室的排料口与排料装置连接。排料装置主要由汽缸和卸料门组成。卸料门由电磁阀控制气缸实现快速启闭。叶轮的驱动则由电机通过传动装置实现。

高速捏合机工作时，叶轮高速旋转，并借助摩擦力让物料做沿叶轮表面侧向切线运动，又借助离心力使物料抛向混合锅内壁并沿壁面上升到一定高度后靠重力下落，又回到锅中心，如此反复地旋转与上抛使物料快速碰撞摩擦进行无数次交叉混合。同时，随着温度升高再加上折流板的阻止打破运动规律，这就使得混合锅内的物流运动变得复杂，促使物料在复杂运动下很快得到均匀混合。一般的高速混合机需加热到100℃左右，加热温度不可太高，以避免物料发生过热分解情况。

混合器夹套加热常在开车时进行，以后随着剪切作用增加，物料产生热量，因此有时要通过夹套冷却，冷却时叶轮应减速。由于高速捏合机混合速度相当快，因此非常适应混合那些热敏性物料。高速捏合机有时候可与螺带式混合机等冷混机配合使用，物料先加热混合，再冷却处理降温，然后直接包装。如图3－10所示布置。

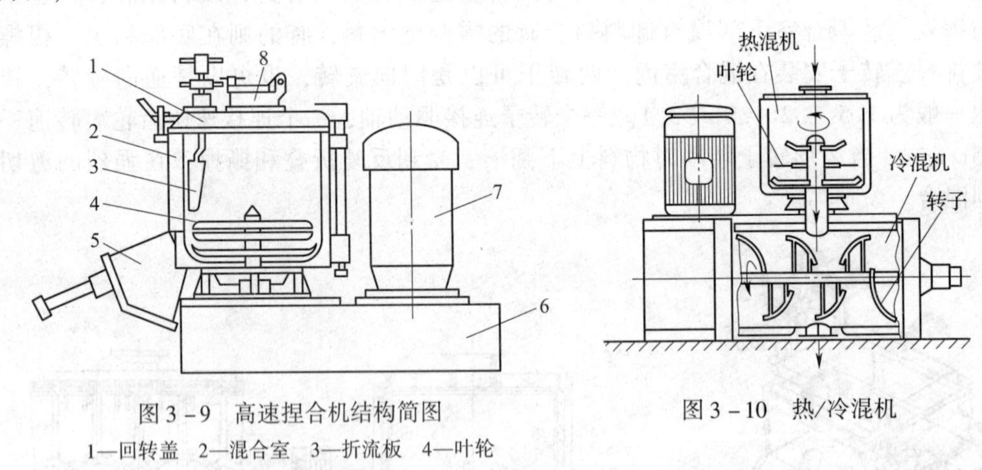


图3－9　高速捏合机结构简图

1—回转盖　2—混合室　3—折流板　4—叶轮
5—排料装置　6—机座　7—电动机　8—加料口

图3－10　热/冷混机

高速捏合机的混料能力既与设备构造有关，也与工艺条件和操作情况相关。如转速、料温、装料率、混合时间和加料顺序等。

（1）叶轮转速

叶轮转速决定了传递给物料的能量效率，叶轮线速度，尤其是外缘线速度对物料升温有明显影响。一般选择叶轮速度时还应考虑叶轮形状和物料的热性能以及混合时间。当速度高时混合时间可短些，而速度低时混合时间则可长些。通常叶轮线速度在20～50m/s范围内。

（2）料温

影响混合最终质量的一个关键因素是料温。一般来说，料温随混合时间增长而升高，即使不加热也是如此。此外料温的变化还与转速、混合时间和加料方式相关。

（3）装料率

装料率也称填充率，它也是影响混合质量的一个重要因素。填充率小，料流空间大，对混合有利，但效率低。反之过大则影响质量，适宜的填充率为0.7。高位安装叶轮时填充率可用到0.9。

（4）加料顺序

加料顺序一般为：树脂—稳定剂—颜料—填料。

高速捏合机的混合效率较高，所用时间远比Z形捏合机短，通常只需8～10min。就一般配料而言，使用高速捏合机是有效而经济的。

## 3.2.2　混（塑）炼设备

对于塑料而言，塑炼是将初混物进一步混合并塑化的过程，也叫混炼，它是在黏流温度以上分解温度以下进行的。而对于橡胶来说，塑炼和混炼是不同的（后面讲到），但是所用设备是相同的，常用的有开炼机、密炼机、挤出机等。

### 3.2.2.1　开炼机

开炼机又称双辊炼塑机（双辊机）或开放式炼胶机。它是通过两个相对旋转的辊筒将物料进行挤压和剪切作用的设备。它在橡胶和塑料制品加工过程中得到较广泛的应用。开炼机的发展已有100多年的历史，它的结构简单，加工适应性强，使用也很方便。可是，开炼机存在着劳动条件差，劳动强度大，能量利用不尽合理，物料易发生氧化等缺点，它的一部分工作已由密炼机所代替。但由于开炼机具有其自身的特点，至今仍得到广泛应用。

开炼机主要由两个辊筒、辊筒轴承、机架、横梁、传动装置、辊距调整装置、润滑装置、加热或冷却装置、紧急停车装置、制动装置和机座等组成。开炼机的结构如图3－11所示。

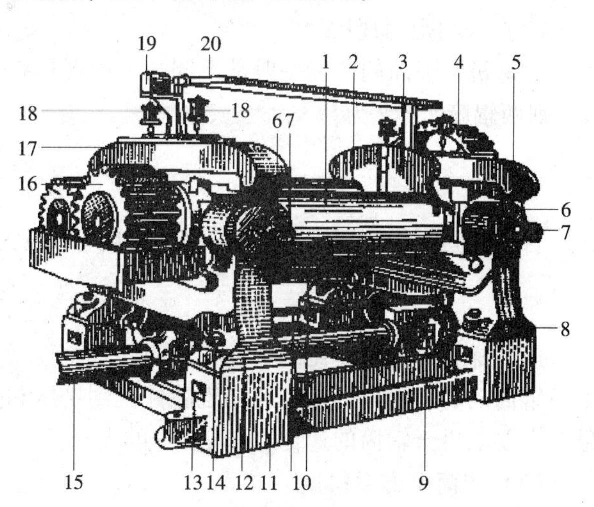


图3－11　开放式炼胶机结构简图

1—前辊筒　2—后辊筒　3—挡板　4—大驱动齿轮　5，8，12，17—机架　6—刻度盘　7—控制螺旋杆　9—传动轴齿轮　10—加强杆　11—基础板　13—安装孔　14—传动轴齿轮　15—传动轴　16—摩擦齿轮　18—加油装置　19—安全开关箱　20—紧急停车装置

它的主要工作部分是两个辊筒。两个辊筒并列在一个平面上，分别以不同的转速做向心转动，两辊筒之间的距离可以调节。辊筒为中空结构，其内可通入介质加热或冷却。开炼机的规格表示一般以有效辊长与工作辊径表示。如国产开炼机型号SK400中S表示塑料；K表示开炼机；400表示辊筒工作直径。具体规格与性能参数如下。

①生产能力　指开炼机单位时间内的产量，以kg/h表示。理论产量可按下式计算：

$$G = \frac{60V\rho}{t}\alpha \qquad (3-1)$$

式中，$G$ 为生产能力，kg/h；$V$ 为一次装料量，L；$\rho$ 为混炼物料的密度，kg/L；$t$ 为一次混炼或塑化时间，min；$\alpha$ 为设备利用系数（$\alpha = 0.85 \sim 0.9$）。

连续生产的开炼机的产量还可以用下式计算：

$$G = 60\pi Dndb\rho\alpha \tag{3-2}$$

式中，$D$ 为辊筒直径，cm；$n$ 为辊筒转速，r/min；d 为料片厚度，cm；$b$ 为料片宽，cm；其他同上式。

② 辊径与辊长　辊筒是开炼机的主要零件，辊径指辊筒最大外圆的直径，用 $D$ 表示。辊长指辊筒最大外圆表面沿轴线方向的长度，用 $L$ 表示。工作辊径与辊长直接决定了一次装料量 $V$。

$$V = KDL \tag{3-3}$$

式中，$V$ 为一次装料量，L；$D$ 为辊筒工作直径，cm；$L$ 为工作辊长，cm；$K$ 为经验计算系数，$K = 0.0065 \sim 0.0085$（$\mathrm{L/cm^2}$）。

开炼机工作时，两个辊筒相向旋转，且速度不等。放在辊筒上的物料由于与辊筒表面的摩擦和黏附作用以及物料之间的黏接力而被拉入辊隙之间，在辊隙内物料受到强烈的挤压和剪切，这种剪切使物料产生大的形变，从而增加了各组分之间的界面，产生了分布混合。该剪切也使物料受到大的应力，当应力大于物料的许用应力时，物料就会分散开。同时由于辊筒的剪切摩擦热和加热辊筒的作用，物料趋于熔融或软化。所以提高剪切作用就能提高混合塑炼效果。影响开炼机熔融塑化和混合质量的因素主要有以下几种。

（1）辊温

辊筒温度的选择与被混合物料的性质和混合目的有关。一般加工热塑性塑料时，辊筒温度要在100℃左右，辊筒需要加热；而橡胶的塑炼与混炼时，辊筒温度常常不能超过70℃，故辊筒设计成中空或钻孔结构，以便通入冷却水。

（2）辊间距与速比

开炼机两辊筒的速度一般是不同的，两者具有一定的速比。设快辊速度为 $v_1$，慢辊速度为 $v_2$，则两辊筒速比 $f$ 为：

$$f = \frac{v_1}{v_2} \tag{3-4}$$

若辊隙间距为 $e$，则辊隙间的平均速度梯度 $\bar{\gamma}$ 为：

$$\bar{\gamma} = \frac{v_1 - v_2}{e} = \frac{v_2}{e}(f-1) \tag{3-5}$$

速度梯度随辊筒速比的增大和辊距的减小而增大。速度梯度越大，物料的剪切变形越大，因而辊筒间的速度梯度是物料在辊隙处得到挤压和剪切的重要条件。辊筒对物料的剪切塑化效果，主要取决于辊筒的速比 $f$ 和辊隙 $e$ 的大小。

（3）辊筒上方存料量

开炼机正常操作时，当物料包覆前辊后，两辊间隙上方还有一定数量的物料堆积。随着两辊筒的旋转，这些堆积的物料不断进入辊隙，如此不断更新两辊上方的堆积物料。若堆积物料过多，堆积的物料便不能被引入隙缝，只能在原处抖动。这一现象不仅使物料混炼周期加长，而且同一批物料不能经受相同的混炼历程而影响物料的均匀性。若堆积物料太少，则会引起操作过程的不稳定性。所以，确定两辊筒间隙上方适宜的积料量是很重要的。为此，需引入物料与辊筒的接触角的概念来讨论物料进入辊隙的条件。

所谓接触角，即物料在辊筒上接触点 $a$ 与辊筒断面圆心连线和两辊筒断面中心线连线的交角，以α表示，如图3－12所示。物料能否进入辊隙，取决于物料与辊筒的摩擦因数和接触角的大小。在接触点上方的物料不能进入辊隙，在接触点以下的物料能被拉入辊隙中。

从受力分析的角度来看，当两辊相对旋转时，物料对辊筒产生径向作用力，于是，辊筒对物料也产生一个大小相等、方向相反的径向反作用力 $F_Q$（正压力），又由于辊筒相对回转，辊筒表面与物料接触，辊筒对物料产生切向力 $F_T$（摩擦力）。径向反作用力 $F_Q$ 又分解为分力 $F_{Q,x}$ 和 $F_{Q,y}$；切向力 $F_T$ 又分解为 $F_{T,x}$ 与 $F_{T,y}$。从图3－12可见，水平分力 $F_{Q,x}$、$F_{T,x}$ 对物料产生挤压作用，称为挤压；垂直分力 $F_{Q,y}$ 阻止物料进入辊隙，而垂直分力 $F_{T,y}$ 则力图把物料拉入辊隙中。为保证物料能够被拉入辊隙中去，就必须使 $F_{T,x} > F_{Q,y}$，否则，物料只能在辊筒间隙上方抖动，不能进入辊隙，达不到混炼目的。

切向力（摩擦力）$F_T$ 为：

$$F_T = F_Q \cdot \mu \tag{3-6}$$

式中 $\mu$ 为物料对辊筒的摩擦因数。

因
$$\mu = \mathrm{tg}\beta \tag{3-7}$$

故
$$F_T = F_Q \cdot \mathrm{tg}\beta \tag{3-8}$$

式中 $\beta$ 为摩擦角。

因此有切向分力 $F_{T,y}$ 为：
$$F_{T,y} = F_Q \cdot \mathrm{tg}\beta \cdot \cos\alpha \tag{3-9}$$

垂直分力 $F_{Q,y}$ 为：
$$F_{Q,y} = F_Q \cdot \sin\alpha \tag{3-10}$$

为使开炼机正常操作，必须 $F_{T,y} \geqslant F_{Q,y}$

即
$$F_Q \cdot \mathrm{tg}\beta \cdot \cos\alpha \geqslant F_Q \cdot \sin\alpha$$
$$\mathrm{tg}\beta \geqslant \mathrm{tg}\alpha$$

也即
$$\beta \geqslant \alpha$$

所以只有当物料与辊筒的接触角α小于或等于摩擦角β时，物料才能被拉入辊隙中去，从而保证开炼机的正常工作。

由此可见，开炼机的容量受接触角和物料堆积量大小的限制。

（4）物料切割换位

根据流体力学的分析，开炼机在工作过程中，物料的流线分布如图3－13所示，靠近辊筒处物料的流线与辊筒转动面同轴，存在一回流区域，形成两个封闭的回流线。因此，在开炼机操作过程中，采用翻捣和切割料片的方法，促使物料沿辊筒轴线移动，不断破坏封闭回流，加速物料的混炼、塑化作用，这是开炼机的基本操作方法。

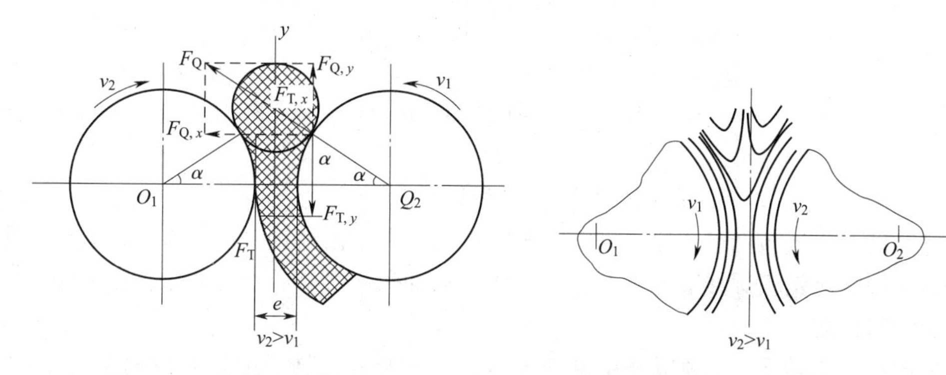


图3－12 物料在辊隙处的受力　　图3－13 辊筒间的物料回流区

开炼机主要用于橡胶的塑炼、混炼、压片和破胶；塑料的塑化、混合和压片；填充与共混改性物的混炼；为压延机连续供料；母料的制备等。随着橡胶和塑料工业的不断发展，开炼机的结构和性能有了很大改进，其发展动向是提高机械自动化水平，改善劳动条件，提高生产效率，缩小机台占地面积，完善附属装置和延长使用寿命等方面。近年来，由于开炼机从结构上作了进一步的改进，使其在技术上达到了一个新的水平。

3.2.2.2 密炼机

密炼机是密闭式操作的混炼塑化设备。是在开炼机基础上发展起来的一种高强度间歇混合设备。由于密炼机的混炼室是密闭的，混合过程中物料不会外泄，可避免混合物添加剂的氧化与挥发，并且较易加入液态添加剂。所以，环保、节能、生产效率高、工作安全性好是密炼机的优点。密炼机是目前橡胶和塑料加工中典型的混合设备之一。

(1) 密炼机的结构

密炼机的结构形式较多，但主要由5个部分和5个系统组成。

5个部分是：密炼室、转子及密封装置；加料及压料机构；卸料机构；传动装置；机座。

5个系统是：加热冷却系统；气动控制系统；液压传动系统；润滑系统；电控系统。

图3-14所示为S（X）M-30型椭圆形转子密炼机的结构。

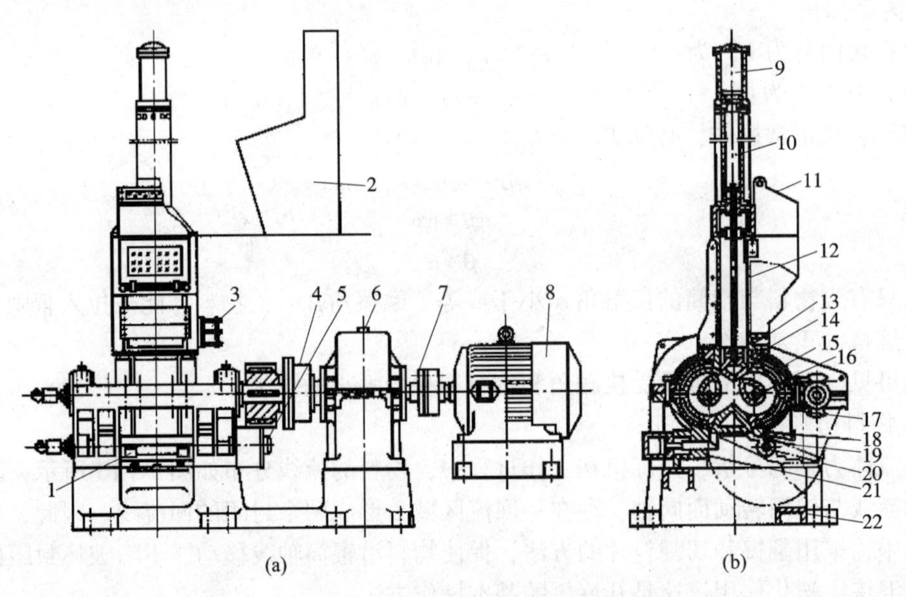


图3-14 S（X）M-30型椭圆形转子密炼机结构图

1—卸料装置 2—控制柜 3—加料门摆动油缸 4—齿轮联轴器 5—摆动油缸 6—减速机 7—弹性联轴器 8—电动机 9—氮气缸 10—油缸 11—顶门 12—加料门 13—上顶栓 14—上机体 15—上密炼室 16—转子 17—下密炼室 18—下机体 19—下顶栓 20—旋转轴 21—卸料门锁紧装置 22—机座

密炼室和转子一般包括密炼室、转子、密封件。密炼室由铸钢制成。有的分上下两半，用螺栓连接，室内装有钢板焊接成的夹套，夹套内可通加热循环介质，目的是使密炼室快速均匀升温来强化塑料混炼。

密炼室内有一对转子，通常转子的转速不等，转向相反。转子的形状根据不同结构而异。转子固连在转轴上，表面具有两个螺旋角度不等、长短不同的螺旋凸棱。转子内装有与转子外形相似的空腔，也可通加热介质使转子升温。两转子安装在密炼室外的机体上的轴承座内。轴承一端采用双列向心球轴承，另一端采用一对滚锥轴承，这样安排的主要目的是支承的同时可方便轴向定位，确保在受径向力与轴向力作用下能正常运转。

密炼室转子轴端设有密封，以防止转动时溢料。常用填料式或机械迷宫式密封。

加压机构由俗称上顶栓的加压件与油缸组成。上顶栓由油缸带动能上下往复运动，起着压实料并有助物料在压力下加速塑化的功能。整个机构处于密炼机上方。

加料机构由加料斗和加料门所组成。卸料机构由下顶栓与锁紧装置组成。

下顶栓由摆动油缸5驱动而实现启闭，锁紧装置为卸料门，通过油缸进行往复动作，实现锁紧或松开。卸料门的形式有移动或转动，转动式卸料门的排料能力较好，转角是135°，下顶栓内部还可通入加热介质。

传动装置主要由电机、弹性联轴器、减速齿轮机构、速比齿轮等组成。机座主要用于安装密炼室及转子，加料压料机构，卸料机构等之用。常由铸钢制造。

加热冷却系统主要由管道，阀门组成。在操作时可通入冷却水或蒸汽，冷却加热密炼机的上、下顶栓，密炼机室和转子，使密炼机正常工作。

液压系统主要由一个双联叶片泵15、油箱、阀板、冷却器及管道16组成。它给卸料机构提供动力。气动控制系统，由空气压缩机，气阀、管道组成。它主要给加料压料机构提供动力。

为减少旋转轴、轴承、密封装置等各个转动部分的摩擦，增加其使用寿命，设置了润滑系统。润滑系统主要由油泵、分油器、管道等组成。

电控系统是全机的操作控制中心，主要由电控箱、操作台和各种电气仪表组成。

（2）密炼机分类及规格型号

密炼机类型通常按混炼室或转子形状来划分。按密炼室结构可分为整体翻转式、前后组合式和上下对开式3种密炼机。更常用的分类是按转子划分。按转子的转速分为：慢速密炼机（转子转速在20r/min以下）、中速密炼机（转子转速在30r/min左右）和快速密炼机（转子转速在40r/min以上），还有双速、变速密炼机等；按转子横截面几何形状分有：三角形、圆筒形和椭圆形转子（2个棱或4个棱）密炼机。而按两转子配合工作的方式分又有相切型转子和啮合型转子密炼机。另外还有按上顶栓对被加工物料施加压力大小分低压、高压和变压3种类型密炼机。

密炼机规格型号的表示一般以它的工作容量和转子的转速来表示。如S（X）M－50/30×70，表示工作容积为50L，转子速度为30r/min和70r/min双转速，S代表塑料，X代表橡胶，M代表密炼机。

（3）密炼机工作原理

在密炼机工作过程中，物料所受到的机械捏炼作用十分复杂。各种不同截面的转子，其工作原理有些差异。由于椭圆形转子密炼机具有良好的混炼效果和较高的生产能力，在国内外应用较为广泛，故下面重点叙述椭圆形两棱转子密炼机的工作原理。

物料从加料斗加入密炼室以后，加料门关闭，压料装置的上顶栓降落，对物料加压。物料在上顶栓压力及摩擦力的作用下，被带入两个具有螺旋棱、有速比、相对回转的两转子的间隙中，致使物料在由转子与转子，转子与密炼室壁、上顶栓、下顶栓组成的捏炼系统内，于是物料在外力和热复合作用下承受剪切、捏合、混合、塑化和均化，达到塑炼或混炼的目的。物料炼好后，从密炼室下部的排料口排出，完成一个加工周期。

密炼机在工作时，物料在密炼室中主要受到几种作用，如图3－15所示。

① 转子间以及转子突棱棱峰与密炼室壁内表面间隙之间的捏炼作用由于转子的外表面有螺旋状突棱，其表面各点与转子轴心距离不同，故产生的线速度不同，且两转子相应点线速比变化大，物料在转子间受到的机械剪切和挤压作用强烈。另外，转子外表面与密炼室内表面之

间的间隙，是随转子的转动而变化，形成一个连续变化的间隙，其最小间隙是在转子突棱棱峰与密炼室内壁之间（如图 3－15 中的 $\delta$）。在这个区域速度梯度较大，当物料通过最小间隙时，便受到强烈的撕裂剪切和挤压作用。

② 两转子棱间的搅拌作用物料从加料口加入密炼室后，由于密炼室中两转子的转速不同，两转子突棱的相对位置也在不断变化，这就引起两转子相对距离 $e$ 和容积不断变化，致使物料的相对位置和容积也发生变化。如此反复，物料受到了充分的搅拌混合作用。

③ 转子间的轴向捏炼作用物料加入密炼机的密炼室内，由于转子突棱是螺旋形的，物料不仅围绕转子轴线转动，而且转子螺棱对物料产生轴向推移作用，使物料沿转子作轴向移动，如图 3－16 所示。

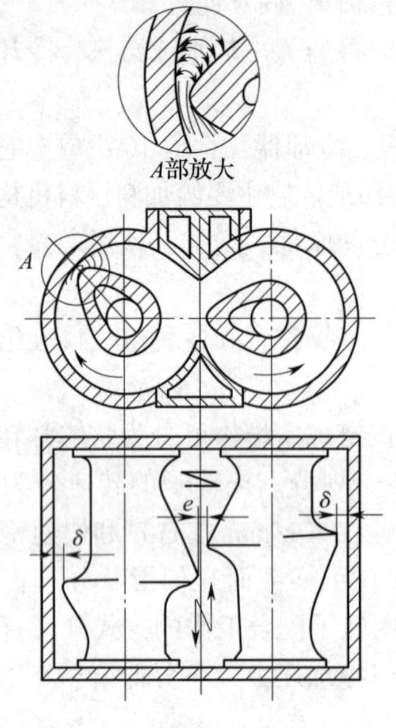

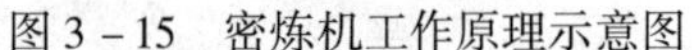

图 3－15　密炼机工作原理示意图

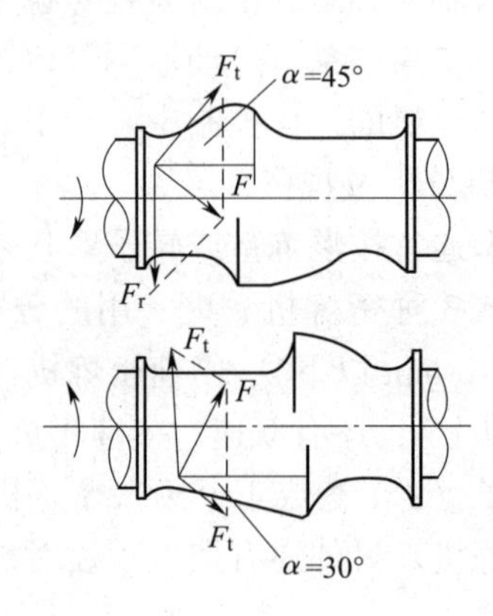


图 3－16　转子的轴向作用力

对于两棱转子来讲，由于每个转子都具有两个方向不同，长短不一的螺旋棱，长螺旋棱的螺旋角通常为 $\alpha=30°$，短螺旋棱的螺旋角通常为 $\alpha=45°$。当转子转动时，转子螺旋突棱表面对物料产生一个垂直作用力 $F$，这个垂直作用力 $F$ 可分解为两个分力，周向力 $F_r$，和轴向力 $F_t$。$F_r$ 和 $F_t$ 可由下列两式求出：

$$F_r = F\cos\alpha \tag{3-11}$$

$$F_t = F\mathrm{tg}\alpha \tag{3-12}$$

周向力 $F_r$ 使物料绕转子轴线转动，轴向力 $F_t$ 使物料沿轴向移动。因为物料与转子表面的摩擦力 $F_f$ 企图阻止物料轴向移动，由此可见，物料轴向移动的必要条件是轴向力 $F_t$ 大于或等于摩擦力 $F_f$，即：

$$F_t \geqslant F_f$$

已知

$$F_f = F \cdot \mathrm{tg}\varphi$$

故有

$$F \cdot \mathrm{tg}\alpha \geqslant F \cdot \mathrm{tg}\varphi$$

所以

$$\alpha \geqslant \varphi$$

式中，$\varphi$ 为物料与转子金属表面的摩擦角，它随物料温度变化而变化，一般为 37°～38°。

在转子长螺旋棱段，$\alpha=30°$，$\alpha<\varphi$，物料不会产生轴向移动；在转子短螺旋棱段，$\alpha=$

45°，故 $\alpha>\varphi$，此处的物料会产生轴向移动。

一般，两个转子的螺旋长段和短段是相对安装的，从而使物料从转子的一侧被挤压移动到另一侧，这是两转子对物料的折卷作用。

综上所述，密炼机是利用上顶栓施压、特殊形状转子和混炼室壁所形成的特殊运动变化，以及转子对物料产生的轴向力、加热及塑化等多种作用促使物料均匀混合和塑炼。

3.2.2.3　连续混炼机

虽然密炼机是一种混合性能优异的混炼设备，但是它不能连续工作，因此在密炼机的基础上发展了连续混炼机。较典型的有 FCM 机、LCM 机和 CIM 机等。

（1）FCM 机

FCM 机是 Farrell Continuous Miner 的缩写，其工作原理及结构如图 3－17 所示。它有一对相对转动却不啮合的转子，转子两端由轴承支承，由加料段、混炼段和出料段组成。加料段上有螺纹由此向混炼段进料，混炼段有如密炼机上的椭圆转子，它有 2 条反旋向的螺纹。靠近加料段处的螺纹旋向与加料段同向。混炼段后是排料段（也称泵送段），排料段近来也设计成螺纹段，混炼段和排料段相接的螺纹方向与加料段相反。为了迫使物料做相互运动，增加混炼效果。混炼室上有加料口和排料口。混炼机筒也与普通密炼机一样有水套及加热源，排料口由液压油缸控制启闭及开口度。

这种连续密炼机工作时物料通过速率可控计量装置加入加料段，然后在螺纹的输送下输送到混炼段。在混炼段，混合料受到捏合、辊压（如同在密炼机中经受的那样），发生彻底混合，在两段相反方向螺纹的作用下，最终迫使物料移动到排料段，经可调间隙的排料孔排出。图 3－18 表明了物料在 FCM 机中的混炼历程。

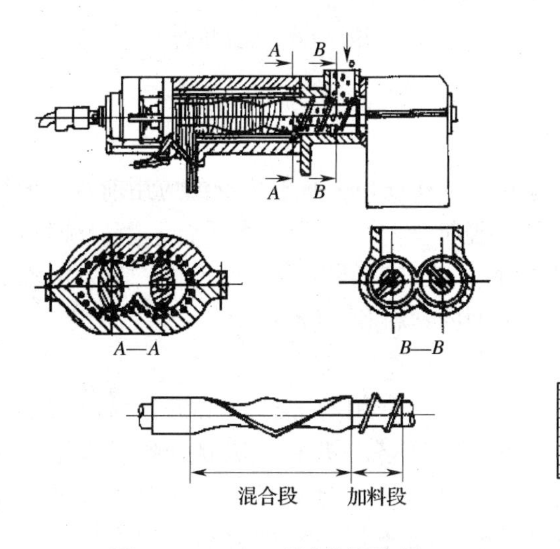


图 3－17　FCM 型连续混炼机

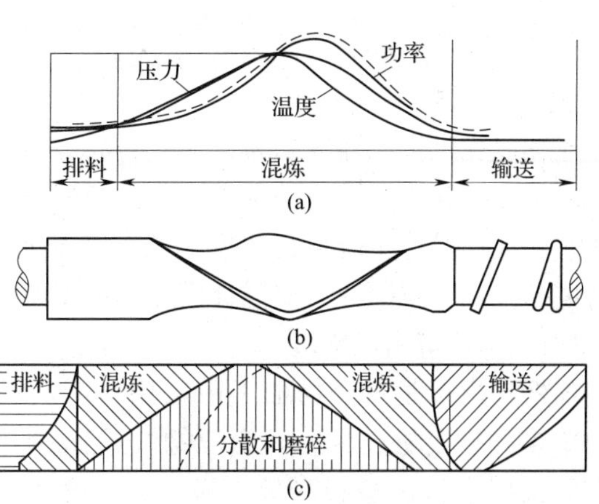


图 3－18　FCM 型混炼机混炼历程

（a）混炼参数按区域的分布　（b）转子

（c）混炼过程各阶段的流动图

FCM 机的排料量是由加料速度决定的，而加料量是可调的，以此来调节物料在混炼段内的停留时间和产量。转子加料段螺槽始终处于未充满状态，即转子的转速大小与物料输送效率无关，仅与驱动功率成正比。从加料段输送到混炼段的物料在转子作用下混合，升温并熔融。与此同时，由于转子上另一反旋螺棱的反向挤推使排料受阻力，阻力大小和排料口开口度有关，这样就可利用开口度大小来调节物料在腔室内混炼时间的长短，从而适应不同的原材料对剪切混炼时间要求。

FCM 机使用范围广，用来对填充聚合物、未填充聚合物、增塑聚合物、未增塑聚合物、热塑性塑料、橡胶掺混料、母料等进行混合，也可用于含有挥发物的聚烯烃或合成橡胶的混合。其主要缺点是不能自洁，清理麻烦而困难。

(2) LCM 机

LCM 机是在 FCM 机的基础上发展而成的。因其具有较长转子而得名，如图 3－19 所示。它的转子比 FCM 机长 2 倍，转子轴分为 4 段。第 1 段有螺纹用于送料；第 2 段无螺纹用于分散及预热；第 3 段又有螺纹，可用于加添加剂；第 4 段为混炼段并接排料口。排出的料可直接连接挤出机。排料开口度可调。LCM 机与 FCM 机相比具有如下特点：停留时间长、转速低、混炼能力强、热交换大、排气性好、可二次加料（从第二加料口加添加剂等）和能耗小。

(3) CIM 机

CIM 型混炼机的转子与 FCM 机相似，只是又增加了锥形节流段用以调速，增强混炼程度。CIM 机转子结构如图 3－20 所示。

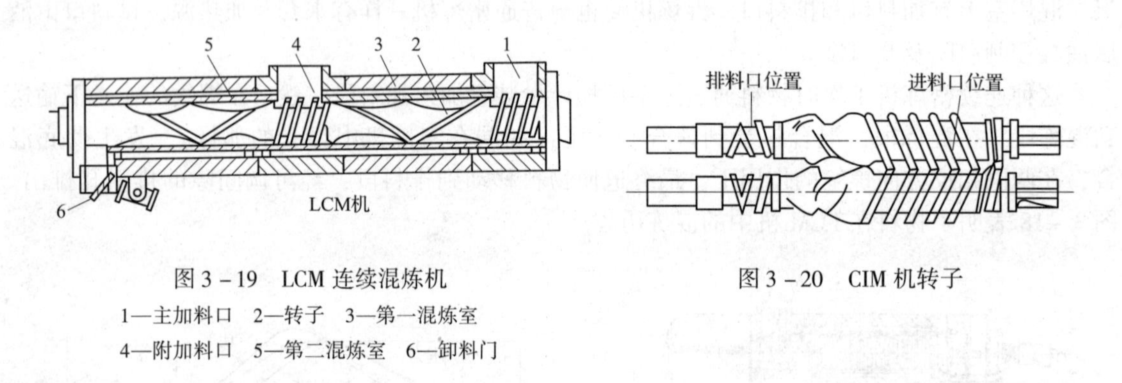


图 3－19　LCM 连续混炼机

1—主加料口　2—转子　3—第一混炼室

4—附加料口　5—第二混炼室　6—卸料门

图 3－20　CIM 机转子

连续混炼机生产连续，易自动化，混炼质量稳定，结构简单，具有广泛的应用前景。值得注意的是连续混炼机较适用于规模化连续生产，对需经常换料的情形不太适合，因清洗较难，且费时。连续混炼机既保持了密炼机的优异混合特性，又使其转变为连续工作，其万能性较好，可在很宽的范围内完成混合任务，可用于各种类型的塑料和橡胶的混合。

3.2.2.4　螺杆挤出混炼机

螺杆挤出机是聚合物加工中应用最广泛的设备之一。常用的螺杆挤出机分为两类，一类为单螺杆挤出机，另一类为双螺杆挤出机。常规单螺杆挤出机的剪切混合效果有限，因此主要被用来挤出造粒，成型板、管、丝、膜、中空制品、异型材等。只有少数单螺杆挤出机可作为某些简单共混体系的连续混炼设备。双螺杆挤出机是随聚合物共混、填充、增强改性工艺的快速发展而出现的兼有连续混炼和挤出成型双重作用的新型加工设备，其剪切、混合、塑化能力强，挤出物料的分散均匀度高，质量稳定性好，所以目前是广泛用于高填充体系及加工反应成型体系的理想设备。有关单、双螺杆挤出机的结构，工作原理及应用特点请参阅本书第 4 章。

近年来，为了提高混合效果和生产效率，在螺杆挤出机的基础上，相继发展了其他类型的连续混炼机。如双阶挤出机、行星螺杆挤出机、传递式混炼挤出机、FMVX 混炼挤出机等。这些混合机在设计思路上都有独到之处，在工作原理上注重将混合理论应用于实际的混合过程，混合效果好。这些混合机已在国内外问世多年，受到了聚合物加工业的普遍欢迎。

(1) 双阶挤出机

为了提高螺杆挤出机的塑化混合效果和挤出生产量，人们提出了双阶挤出的概念：把一台挤出机的各功能区分开来，设置成两台挤出机，而两台挤出机是一个整体，串联在一起，完成整个混合挤出过程。第一台挤出机被称为第一阶，第二台挤出机被称为第二阶。第一阶可以是单螺杆挤出机，也可以是双螺杆挤出机或其他类型的挤出机。第二阶也可以是单螺杆挤出机或双螺杆挤出机。也可以成L型。图3－21表示为由两台单螺杆挤出机组成的双阶挤出机。

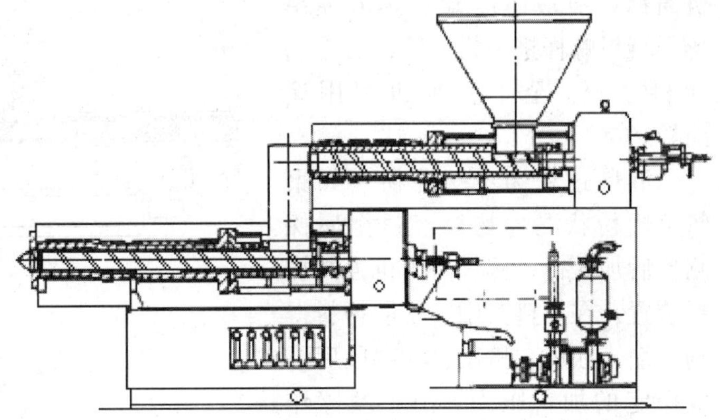

图3－21 用于加工PVC的由单螺杆组成的双阶挤出机

预混过的物料经计量加料装置加到第一阶螺杆挤出机中，物料在料筒中进行部分塑化，各组分得以均化和分散。已塑化或半塑化的物料借助重力落入第二阶单螺杆挤出机的加料口。物料由第一阶挤出机落入第二阶挤出机的过程中，在大气或真空压力下进行排气。这种排气方式的效果要比单阶排气挤出机的效果好，因为排气面积及物料的表面更新要大得多。物料在第二阶挤出机中进一步补充压缩、混炼、均化。物料塑化完毕后，定压、定温、定量地通过造粒机头，经切刀切成粒子。

若第一阶挤出机为双螺杆挤出机，如kombiplast（KP）型双阶挤出机，混炼效果及挤出机的可调性和适应性更强。

双阶挤出机有以下优点：

① 动力消耗分配比较合理，有效地利用了能量；

② 在第一阶挤出机中出现的塑化、混合不均匀现象，在物料进入第二阶时可补充捏炼；

③ 排气效果比较好。主要是由于在两阶之间进行排气的结果；

④ 物料在一次完整操作中生产出最终产品；

⑤ 两阶挤出机螺杆的长径比一般较短，给机械加工提供了方便。

但是，这种挤出机的操作要复杂一些，例如两阶挤出机的转数不能任意给定，其间有一定的配合关系。若第一阶挤出机的挤出量波动，会引起口模成型不良。挤出机的转数低，物料在挤出机中停留时间长而导致剪切生热大，引起物料过热。

(2) 行星螺杆挤出机

行星螺杆挤出机是一种广泛应用的混炼机械，尤其适于RPVC的加工。

这种挤出机是把行星齿轮传动概念移植到挤出机中。它的结构特点是：挤压系统分两段，第一段为常规螺杆（螺杆直径等于机筒内径），第二段为行星螺杆段。行星螺杆段由多根螺杆组成。各螺杆的螺纹断面为渐开线形，螺旋角为45°，状如螺旋齿轮。中心螺杆为主螺杆。在主螺杆周围安置着与之啮合的若干根（7～18根不等，由挤出机螺杆直径大小决定，也决定于使用目的）小直径的螺杆，这些小螺杆同时与机筒内壁加工出的内螺纹（渐开线螺纹，螺旋角45°）相啮合（见图3－22）。小螺杆除自转外，还绕主螺杆作公转，故叫行星螺杆。挤出机设置的这段行星段的长径比一般为5。主螺杆旋转时，行星螺杆被带动，其运动与行星轮系相似。行星螺杆实际上是浮动的，为防止它沿轴向脱去，在口模处设置了止动环。主螺杆和带有内齿的机筒都设有液体冷却加热温控系统。行星螺杆挤出机一般设有强制加料系统，至于其辅机视用途而异。

混炼过程为：初混物（如聚氯乙烯粉状混合物）经过金属探测器后加入行星螺杆挤出机强制加料装置，在加料器中，松散粉料得到压缩，在进入挤出机加料段后形成稳定的加料压力。由于摩擦作用，物料被预热。当物料进入行星段后，在主螺杆、行星螺杆、机筒啮合齿的作用下，物料被辊压成薄片。由于螺旋角为45°，故被向前输送。在输送过程中，物料在由加热装置传来的热量和因承受挤压、捏合以及齿面之间的相对滑动而形成的剪切产生的热量作用下很快塑化。在建立起的熔体压力作用下，已塑化的物料经口模而被挤出。如果是造粒，口模端有切粒机将条状挤出物切成粒子；如果是给压延机喂料或给第二阶单螺杆挤出机供料，则不装机头。塑化后挤出的聚氯乙烯物料如同咀嚼过的甘蔗状。挤出时，可以通过更换止动环调节物料出口处的流通面积来控制熔体压力和停留时间，进而控制塑化及混合质量。

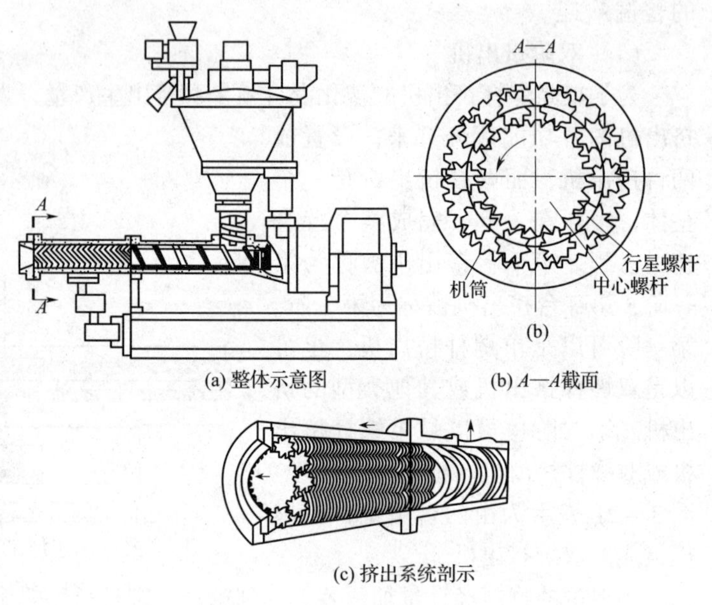


图 3－22　行星螺杆挤出机

与常规单螺杆挤出机相比，行星螺杆挤出机有以下特点。

① 流道无死点，具有良好的自洁作用（啮合齿相互把齿间物料挤压出去），因而不存在因物料滞留而分解，这对 RPVC 尤为重要。

② 在行星段，中心螺杆和机筒都用循环油来进行加热以控制温度，这与相同螺杆直径的单螺杆挤出机相比，物料与螺杆和机筒的热交换面积几乎大了 5 倍，这非常有利于热传导，对于这种主要靠热传导熔融塑化物料而不是靠剪切产生的热量来熔融塑化物料的机器来说是至关重要的。另外，当物料通过啮合的齿侧间隙时，形成 0.2～0.4mm 的薄层，而且其表面不断更新，这也非常有利于塑化熔融。

③ 由于全部啮合螺杆的总啮合次数非常高，最高可达 $3\times10^5$次/min。这种作用与螺杆转数成正比。这就大大增加了物料的捏合、挤压、剪切和搅拌次数，因而增加了塑化效率。

④ 当物料由加料段进入行星段后，在主螺杆齿和行星螺杆的齿间隙中，物料的流动情况犹如开炼机两辊筒间形成的滚动料笼。物料被成 45°螺旋角的齿拖曳挤压着而形成一定的压力，该压力在行星段的末端达到最大值。物料还在滚动料垅内形成一种涡漩，这有利于横向混合。

⑤ 比能耗低，同样用来加工 RPVC，单螺杆挤出机的比能耗为 6612kJ/kg，异向旋转双螺杆挤出机比能耗为 432kJ/kg，而行星螺杆挤出机的比能耗仅为 288kJ/kg。

⑥ 物料停留时间短。在相同挤出量下（如挤出量为 100kg/h），普通单螺杆挤出机为 40～70s，双螺杆挤出机为 30～60s，而行星螺杆挤出机仅为 20～40s。因而避免了物料因停留时间过长而分解。

⑦ 产量高。

由于上述特点，行星螺杆挤出机特别适合于加工聚氯乙烯。广泛应用于压延机喂料工序。若在行星段后再加一螺杆段，便可用来挤出制品或造粒。

(3) 传递式混炼挤出机

传递式混炼挤出机是常用于橡胶加工的连续混炼机，于1968年问世，现国外已批量生产。图3－23为用于橡胶加工的传递混炼机（W. P. 公司生产的Transfermix）。

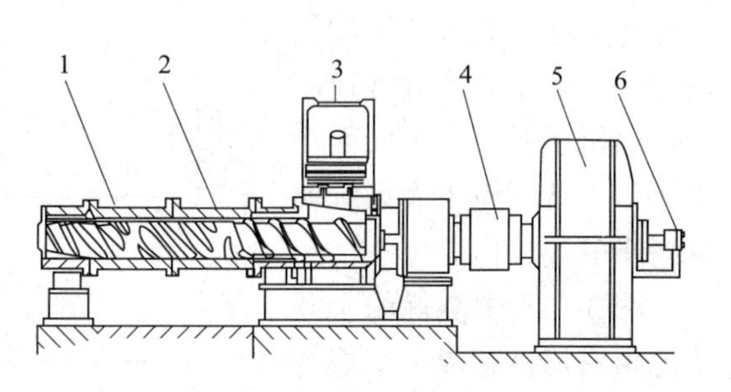


图3－23　加工橡胶用的WP－Transfermix R21
1—螺杆　2—机筒　3—强制加料斗
4—联轴器　5—减速箱　6—旋转接头

这种挤出机的结构特点为螺杆和机筒内壁都开有螺纹沟槽。螺纹沟槽有两种形式，一种是窄棱的，另一种是宽棱的。前者自加料段开始共设有6段，后者开设在螺杆机筒的末端。在窄螺棱的第4、第5段之间有一排气段。无论是窄螺棱还是宽螺棱段，螺纹的高度都是不固定的，即当螺杆的螺纹高度升高时，机筒壁上的螺纹高度就降低；反之亦然。当物料由加料口进入，并沿着螺杆轴线向前输送时，因螺杆的螺槽深度减小而机筒上螺纹沟槽加深，机筒上的螺纹把螺杆槽中的物料一层层刮去，物料逐渐由螺杆螺槽进入机筒沟槽；反之亦然。在整个轴线方向上这种变化达六次之多。这种变化称为“连续强迫有序的加工原理”。

此外，在输送过程中，物料在螺槽和机筒沟槽中还发生涡漩流动。当物料由螺杆上被机筒刮下时，螺槽中的涡漩变小，而机筒沟槽中的涡流变大。另外，在刮削时，有一垂直于料流（由螺槽向机筒沟槽的流动）方向的剪切作用（这非常有利于混合）。借助涡漩和螺杆机筒沟槽的相互刮削，原来处于沟槽底部的物料就逐渐传递到沟槽表面；反之亦然，这实为换位。在一个传递混炼段，所有物料必定与螺杆和机筒的热传递表面接触一次。

在输送过程中，物料流动方向也在不断变化，螺杆中物料通道最初近似为一条直线或轻度螺旋线。当物料被从转子上刮下时，它就必须沿机筒螺旋线运动。通过这种在相互螺旋中物料的“强迫有序”相互作用，实现泵送。物料的这种交织、收敛、发散的快速强迫质量传递能保证很好的排气与优良的混炼。

这种挤出机由于把宽范围的混合和可调节的剪切作用以及挤出联合到一起，因此可省去配料工序，节省了设备投资、空间和人力。通过在大范围内的精确参数控制，能生产较为均匀的制品。这种挤出机既可用于塑料加工，也可用于橡胶加工，可作为万能挤出机使用。

(4) FMVX混炼机组

为了提高混炼物料的质量及质量稳定性，并能形成连续化操作，相继生产出了将间歇混炼机与连续混炼机结合起来形成“串联”流程的混炼机组。如美国Farrel公司在一个机架上，把一台FCM机安装在一台可以热进料的单螺杆挤出机上，形成所谓紧凑型连续配料混炼机。它实为由FCM机和单螺杆挤出机组成的双阶挤出机。其最大好处是将混炼和挤出功能各自分开，连续操作，因而对各种工艺的适应性强。

Farrel公司生产的另一混炼机组为将密炼机与单螺杆挤出机串联起来，称为FMVX（Farrel Mixing、Venting and Extruding），如图3－24所示。

该机由3部分组成：

① 连续喂料系统；

② 异向旋转双转子密炼机，带有上顶栓；

③ 单螺杆挤出机。

密炼机混炼室中有两个三角形转子，转子不会产生纵向移动。通过调整供料螺杆转速、往复活塞的运动周期和产生的压力及混炼速度和挤出机螺杆转速不同而产生的压力就可使3大系统实现同步的连续化混炼。

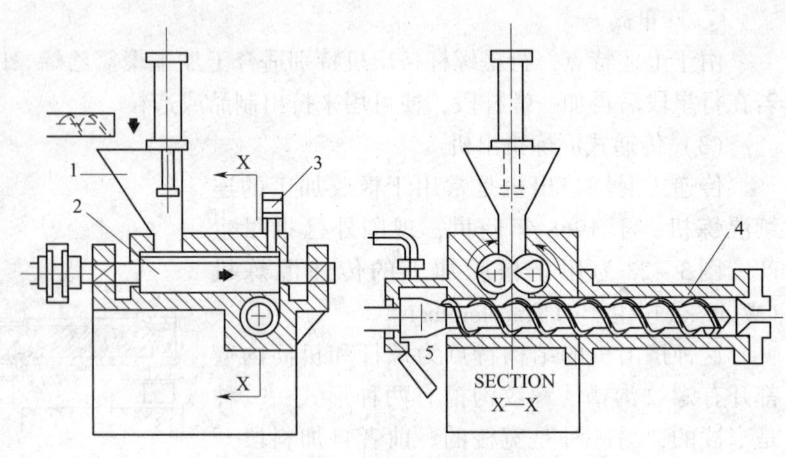


图3-24 FMVX 混炼机组

1—料斗 2—混炼室 3—压料杆 4—螺杆 5—清料口

图3-24中混炼的主要功能由密炼机完成，单螺杆挤出机只作为进一步补充混炼和稳定挤出。近年来人们将单螺杆换成双螺杆（同向旋转）挤出机，混炼功能可由密炼机和双螺杆挤出机共同承担。连续化生产过程更易操作，混炼物料的质量及其稳定性进一步提高。

另外还有 Buss-kneader 连续混炼机以及隔板式连续混炼机等都是目前世界上已实现工业化生产的连续混炼设备。

## 3.3 高分子材料的混合及塑炼工艺

将各种配合剂混入并均匀分散在橡胶中的过程叫混炼，其产物叫混炼胶。有时为了便于混炼，需要增加橡胶的塑性，为此进行的加工叫塑炼。在塑炼过程中，橡胶在产生变形后，不能恢复其原来状态，或者说能保持其变形状态的性质称为可塑性（或称为塑性）。塑炼是混炼前的准备，也是混炼胶的工艺要求。混炼胶的质量对半成品的工艺加工性能和橡胶制品的质量具有决定性的作用。因此，混炼过程是橡胶加工工艺中最重要的工艺过程之一。其基本任务就是生产符合质量要求的混炼胶。

与此相似，塑料制品生产为了满足各种需要，也需加入各种配合剂。将各种配合剂混入并均匀分散在塑料中的过程叫塑化（或称塑炼），其产物叫塑化料。塑料塑化质量的好坏，直接影响到加工性能和制品质量。其过程也是塑料加工的重要工艺过程之一。它与橡胶的混炼虽有不少差异，但基本过程有很多相似的地方。有关原材料组成、性能及配合知识由于篇幅所限，本书不做介绍。

### 3.3.1 塑料的混合与塑化工艺

塑料是以合成树脂为主要成分与某些配合剂相互配合而成的一类可塑性材料。根据组成不同，塑料可分为单组分塑料和多组分塑料。单组分塑料中树脂的含量很高，可达95%以上，只是为了加工工艺和使用性能上的要求，加有少量的配合剂，如润滑剂、稳定剂、着色剂等；多组分塑料则由合成树脂与多种起不同作用的配合剂组成的，多组分塑料在实际生产中应用较多。多组分塑料的配制即塑料的配制是塑料成型前的准备阶段。塑料的主要形态是粉状或粒状物料，另外还有液体和分散体。

#### 3.3.1.1 粉料和粒料

粉料和粒料的区别不在于它们的组成，而在于混合、塑化和细分的程度不同，一般是由物料的性质和成型加工方法对物料的要求来决定是用粉状塑料还是粒状塑料的，粉状的热塑性树脂用作单组分塑料可以直接用于成型，某些热塑性的缩聚树脂在缩聚反应结束时通过切片（粒）成的单组分粒状塑料，也可以直接成型，这些单组分塑料的配制过程都比较简单。但是大多数多组分粉状和粒状热塑性塑料或热固性塑料的配制是一个较复杂的过程，一般包括原料的准备、混合、塑化、粉碎或粒化等工序，其中物料的混合和塑化是最主要的工艺过程。工艺流程见图3－25所示。

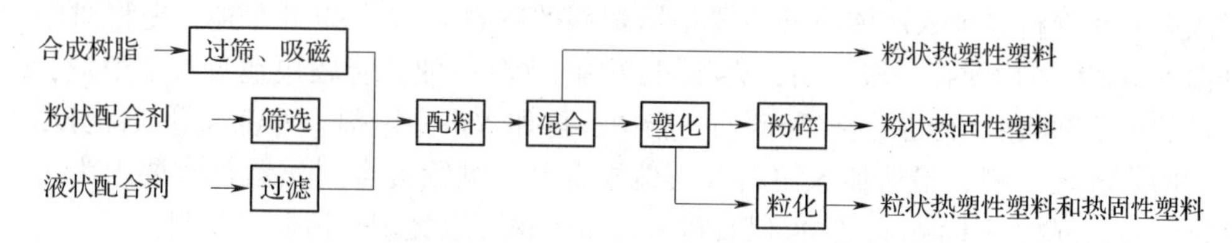


图3－25　粉状和粒状塑料配制工艺流程图

（1）原料准备

各种原材料按配方进行称量前，一般先按标准进行检验，了解其是否符合标准要求。然后根据称量和混合的要求，对原材料进行预处理。如合成树脂和各种配合剂在贮存和运输过程中，有可能混入杂质或吸湿，为了提高产品质量，在混合前要对原材料进行吸磁、过筛、过滤和干燥等处理；某些块状物的粉碎加工；对液体配合剂进行预热，以加快其扩散速度率；对于一些小剂量和难分散的配合剂，为了让其在塑料中均匀分散，可以先把它们制成浆料或母料，再混入混合物中。母料系指事先制成的内含高百分比的小剂量配合剂（如色料、填料）的塑料混合物。浆料系指事先按比例称取的配合剂和液体增塑剂，经研磨（必要时三辊研磨）、搅匀的浆状物。配制母料的方法大多是配合剂、分散剂和塑料等成分均匀混合、塑化、造粒而得。

物料按要求进行预处理后，必须按配方进行称量，以保证粉料或粒料中各种原料组成比率精确的步骤。物料的称量过程包括各种原料的输送过程，其称量和输送设备的大小、形式、自动化程度及精度等随工厂的规模、水平、操作性质的差别而有很多变化。对液态物料（如各种增塑剂）常用泵通过管道输送到高位槽贮存，再用计量泵进行称量；对固体粉状物料（如树脂）则常用气流输送到高位的料仓，再用自动秤称量后放在投料储斗中。为混合过程连续化、密闭化创造必要条件。对环境保护是有利的。

（2）原料混合

混合一般可分为简单混合和分散混合。简单混合只使各组分作空间无规分布；如果混合过程中产生组分的聚集体尺寸减少，则称为分散混合。在塑料的混合中，真正属于单一混合的情况极少，往往两者同时存在，只不过是混合过程是以简单混合为主，不是以分散混合为主。

混合一般是借助扩散、对流和剪切3种作用来实现，扩散作用凭各组分之间的浓度差推动。在塑料混合中，扩散作用很小，配合剂中如有液体组分，扩散才起作用。对流是两种以上组分相互占有的空间发生流动，以期达到组分的均匀。对流一般需要借助机械搅拌来达到。剪切作用是利用剪切力促使物料组分混合均一。其原理是在剪切过程中，物料本身体积不变，只是在剪切力作用下发生变形、偏转和拉长，使其表面积增大，从而扩大了其进入其他物料组分所占有的空间，达到其混合的目的。

混合是在树脂的流动温度以下和较低剪切作用下进行的，在这一混合过程中，只是增加各组分微粒空间的无规则排列程度，而不减小粒子的尺寸。一般是一个间歇操作过程。根据混合组分中有无液体物料而分为固态混合和固液混合，种类不同，混合的工艺和设备也不同。

在大批量生产时，较多使用高速混合机，其适用于固态混合和固液混合。S形和Z形捏合机主要适用于固态和液态混合，对物料有较强的撕捏作用。另外还有转鼓式混合机和螺带式混合机。

通常对固态非润性物料混合的步骤是按树脂、稳定剂、着色剂、填料和润滑剂等先后次序加到混合设备中，混合一定时间后，通过设备的夹套加热使物料升到规定的温度，使润滑剂熔化便于与树脂等物料均匀混合。

对固态润性物料（加入液体组分主要是增塑剂的物料）混合的步骤是；先将树脂加入混合器升温到100℃以内搅拌一段时间，去除树脂中的水分以便树脂较快地吸收增塑剂，然后把经加热过的增塑剂喷射到正在搅拌翻动的树脂中，再加入由稳定剂、着色剂等与部分增塑剂所调配而成的浆（母）料，最后加入填料及其他配合剂，继续混合到质量符合要求为止。这样的混合物称为初混物或干混料，它可以直接来成型，也可以经塑化后制成粒料。

物料初混合的终点判定，理论上可以通过取样进行分析，要求各样品的差异降到最小程度。在实际生产中，一般凭经验来控制，初混物应疏松不结块，表面无油脂，手捏有弹性。如加有增塑剂的润性物料，增塑剂应被吸收，渗入聚合物粒子内部，不露在粒子表面，互不黏连。一般混合多用时间进行控制。

经初混合的物料，在某些场合下可直接用于成型，直接使用初混物优点是所受的热历程短，对设备要求低，生产周期短。但初混合后均匀度差。因此对于这种粉状塑料在成型过程中要求有较强的塑化混合作用，例如PVC粉状塑料在双螺杆挤出成型中受到了较强的塑化混合作用，常用双螺杆挤出机成型硬质PVC制品。

（3）塑化

塑料的混合与塑化，主要有两种类型：初混物和塑化料。初混物主要是通过简单混合而达到各组分的均一，混合一般在树脂的熔点以下进行，主要借助搅拌作用完成，如有液体组分则有互溶渗透的扩散作用；塑化料一般是在初混物的基础上，为了改变初混物料的性状，在加热和剪切力的作用下，经熔融、剪切混合而得到均匀的塑性料。一般，聚合物不管合成时生成的是粉状、粒状或其他形状，总是一定程度上会含有胶凝粒子，为了使其性能均一和便于成型加工，就有必要对初混物进行塑化加工。此外，初混物料经塑化后，除了各种组分的分散更趋于均匀外，同时利用塑化条件驱出其中的挥发物（如残存的单体和催化剂残余物等），以保证制品的性能均匀一致。

塑化是在聚合物的流动温度（$T_f$或$T_m$）以上和较高的剪切速率下进行的。在这些条件下，可能会使聚合物大分子发生热降解、力降解、氧化降解（如果塑化是在空气中进行）以及分子取向作用等。这些物理和化学变化都与聚合物分子结构和化学行为有关。另外，助剂对塑化也有影响，如果塑炼条件不当，会引起一定的物理和化学变化，给物料带来不良后果。

塑化的目的是使物料在温度和剪切力的作用下熔融，获得剪切混合的作用，驱出其中的水分和挥发物，使各组分的分散更趋均匀，得到具有一定可塑性的均匀物料。不同的塑料品种和组成，塑化工艺要求和作用也就不同。热塑性塑料的塑化，基本上是一个物理作用，但由于混合塑化的条件比较激烈，如果控制不当，塑炼时也会发生树脂降解、交联等化学变化，给成型和制品性能带来不良的影响。因此，对不同的塑料应有其相宜的塑炼条件，一般需通过实践来确定主要的工艺控制条件，如温度、时间和剪切力。热固性塑料的塑化主要也是一个物理过程，但塑化时树脂起了一定程度的化学反应。例如酚醛压塑粉的配制，在塑化阶段既要使树脂对填料等配合剂浸润和混合，也要使树脂缩聚反应推进到一定的程度，这样才能使混合后的物料达到成型前应具有的可塑度。

塑化常用的设备主要是开放式塑炼机、密炼机和挤出机。开炼机塑化塑料与空气接触较多，一方面因冷却而使黏度上升，会提高剪切效果；另一方面与空气接触多了易引起氧化降解。密炼机塑化的物料为团状的，为便于粉碎和切粒，需通过开炼机压成片状物。挤出机塑化是连续操作过程，塑化的物料一般为条状或片状，可直接切粒得到粒状塑料。本章只对开炼机和密炼机塑化工艺进行介绍，挤出机塑化在第4章介绍。

① 开炼机塑化工艺　开放式炼塑机的塑化工艺可分为两种类型：一种是粉状物料已混合均匀的初混物的塑化；另一种是未混合物料的直接塑化。从组分来看，当掺加大量增塑剂或大量填料时，塑化工艺也不同。现以未混合但需填充大量填料的聚乙烯高发泡钙塑料的塑化工艺为例介绍。如填充大量填料的聚乙烯高发泡钙塑料，未经混合直接塑化。其塑化工艺可分为两段，可在两台炼塑机上进行。第一台炼塑机为粗炼，工艺条件为前辊辊温130～140℃，后辊辊温120～130℃，辊距为2mm。先投入聚乙烯粉末熔化包辊，再加入各种配合剂。在塑化过程中，应尽量让各种物料混入熔化在聚乙烯中，防止胶片脱辊，不断将物料进行交叉翻炼，保证塑化分散均匀到一定程度。塑化时间为10～15min。第二台炼塑机为精炼，前辊温度120～130℃，后辊110～120℃，辊距为0.5～2mm。将第一段塑化的物料在辊上辊压3次，然后打卷出片。

如果是已混合好的初混物，含有较大量增塑剂而无填料时，这时的主要任务是塑化粉粒，均化物料。如物料为软聚氯乙烯塑化料，这时前辊温度为160～170℃，后辊温度为150～160℃，一般塑化时间为8～10min即可。

开放式炼塑机用来大量生产塑化料，因为它温度高，劳动强度大，环境条件差。现在工厂很少单独采用开炼机进行塑炼，多与密炼机组成生产线。

② 密炼机的塑化工艺　密炼机塑化物料，一般都将各组分预先混合制成初混物，然后趁热加入密炼机中塑化。这样物料能在较短时间内受到强烈的剪切作用，而且基本上是在隔绝空气条件下进行，所以物料在高温下，相对开放式塑炼机受到的氧化破坏要小，塑化效果和劳动条件也都要好。

初混物料在密炼机塑化过程的功率曲线如图3－26所示。从图3－26中可见，当投入初混物，上顶栓下压到位，功率曲线并不升起，因为此时物料处在松散状，温度不高，物料以粉粒状流动，转子受到的阻力小，物料只作简单混合，所以功率升不起来。随着时间延长，物料温度升到熔点以上，聚合物粉粒开始逐渐熔化，在密炼机转子的作用下，被剪切、挤压，粉状配合剂附着在熔化的聚合物表面，而熔融的聚合物又相互压紧，逐渐结成一些较大的团块，这时功率逐渐开始上升，到一定时间后，物料全部熔融，粉粒状物料流动基本消失，而代之为熔融大团块产生的大分子黏弹流动，这时转子受到的阻力大，功率上升快，达到一最大值后开始变为平稳，然后缓慢下降，这时物料已被分散、均化，同时物料大分子受切断而黏度下降，表现为功率逐渐下降，表示塑化已完成。

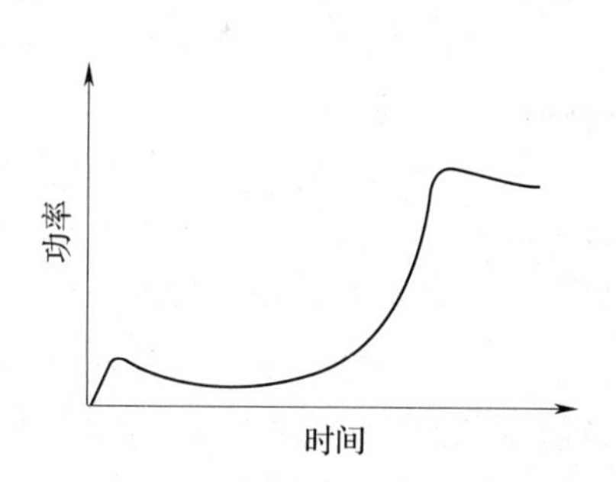


图3－26　塑料初混物在密炼机中塑化过程功率曲线

密炼机塑化室的外部和转子的内部都开有循环加热和冷却通道，借以加热或冷却物料。由于内摩擦生热的作用，物料除在开始生产阶段需要加热外，其他时间一般不再需要加热，有时还要进行适当冷却。

一般在密炼机的转速一定，电压基本保持不变的条件下，常借助电流表的电流变化来指导控制生产操作。而现在可采用密炼机混炼工艺微机监控系统，从塑化功率曲线变化的规律来精确控制物料的塑化。密炼机塑化后的物料呈团块状，流入下一工序生产制品，或进行造粒。

现在，在工厂的实际生产中，塑料塑化过程较少使用开放式炼塑机或密炼机，而是由挤出机来代替。挤出机生产过程连续，一般物料经高速混合机混合，生成初混物，然后放入挤出机直接塑化生产制品或造粒待用。

（4）粉碎和粒化

物料便于贮存、运输和成型时的操作，必须将塑化后的物料进行粉碎或粒化。制成粉状或粒状料。粉状和粒状料无本质区别，只是细分程度不同。对于相同组成的物料是制成粉料还是制成粒料，主要由物料性质及成型方法对物料的要求来决定。一般挤出、注射成型要求的多是粒状塑料，热固性塑料的模压成型多数要求制成模塑粉。

粉料和粒料都是将塑化后的物料尺寸减小，常用的减小尺寸方法是靠压缩、冲击、摩擦和切割等基本操作原理来完成。

① 粉碎　粉状塑料一般是将塑化后的片状料用切碎机先进行切碎，然后再用粉碎机粉碎而得到。某些热固性粉状塑料，如酚醛压塑粉就是将酚醛树脂与配合剂混合后，进行塑炼成片状，然后选用具有冲击作用和摩擦作用的粉碎机和研磨机进行细化而成。

② 粒化　塑料（尤其是热塑性塑料）多是韧性或弹性物料，常用具有切割作用的设备进行制粒。造粒方法根据塑化工艺的不同有以下 3 种。

a. 开炼机轧片造粒　开炼机塑化或密炼机塑化的物料经开炼机轧成片状物或水冷后进入平板切粒机，先被上、下圆辊切刀纵切成矩形断面的窄条，再被回转刀模切成方块状的粒料，见图 3－27。

b. 挤出机挤出条冷切造粒　挤出机塑化的物料在有许多圆孔的口模中挤出料条，在水槽中冷却后引出并切成粒料，用这种方法可制得圆柱形粒料。

c. 挤出热切造粒　此法是用装在挤出机机头前的旋转切刀切断由多孔口模挤出的塑化料条。切粒需在冷却介质中进行，以防粒料互相粘结。冷却较多是用高速气流或喷水，也有将切粒机构浸没在循环流动的水中，即水下热切法。此种方法制得足球状粒料。

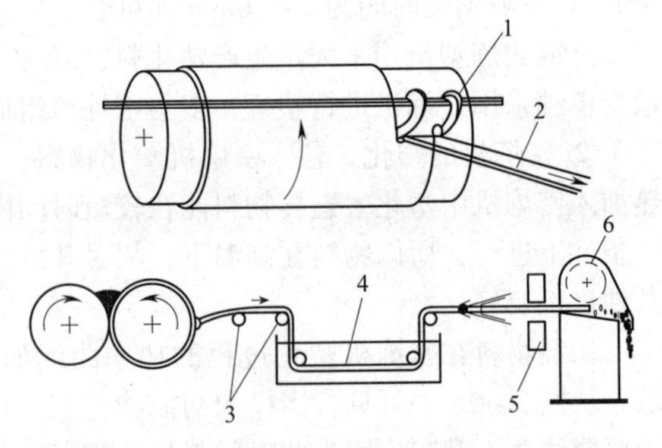


图 3－27　开炼机轧片造粒工艺流程示意图
1—割刀　2—料片　3—导辊
4—冷却水箱　5—吹气干燥器　6—切粒机

3.3.1.2　高分子溶液

（1）溶液组成及选择

塑料溶液的主要组成是作为溶质的合成树脂及各种配合剂和作为溶剂的有机溶剂。溶剂的作用是为了分散溶解树脂，使得到的塑料溶液获得流动性。溶剂对制品是没有作用的，只是为了加工而加入的一种助剂，在成型过程中必须予以排出。

对溶剂的选择有如下要求：

① 对聚合物有较好的溶解能力，这可以由聚合物和溶剂两者溶解度参数相近的法则来选择，当然结晶和氢键对聚合物在溶剂中的溶解不利；

② 无色、无臭、无毒、不燃、化学稳定性好；

③ 沸点低，在加工中易挥发；

④ 成本低，因为溶剂最终是排除的。

其中溶剂对聚合物的溶解性是最重要的，采用混合溶剂是一种有效的方法，有时两种溶剂均不溶解聚合物，但混合后却能溶解聚合物。

此外，溶液组成中还可含有增塑剂、稳定剂、着色剂和稀释剂等，前3种配合剂的作用如同其他塑料配方，稀释剂往往是有机性的非溶剂，其作用可以是与溶剂组成混合溶剂，降低溶液的黏度，利于成型，也可以是提高溶剂的挥发性或降低成本。

用于溶液成型的树脂种类并不多，一般为某些无定形树脂，结晶型的应用较少。例如：三醋酸纤维素的熔融黏度较高，难以采用一般的薄膜加工方法来成型，往往配成溶液，以便进行流延成膜，广泛用作照相底片和电影胶片。某些树脂如酚醛树脂的乙醇溶液可用来浸渍连续片状填料，然后经压制成型生产层压塑料。

（2）聚合物的溶解

无定形聚合物与溶剂接触时，由于聚合物颗粒内和分子链间存在空隙，溶剂小分子会向空隙渗透，使聚合物分子逐渐溶剂化，聚合物颗粒逐渐膨胀，这就是溶胀。此时聚合物颗粒即呈黏性小团，小团间通过彼此粘结而成大团。为了加快聚合物的溶解，应采取必要的措施来加速溶胀和大分子的相互脱离及扩散，最终溶化成溶液。例如采用颗粒较小和疏松的聚合物为原料，通过加热和机械搅拌等都能有利于聚合物的溶解。

结晶型聚合物的分子排列规整，分子间的作用力大，其溶解要比无定形聚合物困难很多，往往要提高温度，甚至要升高到它们的熔点以上，待晶型结构被破坏后方能溶解。

聚合物溶液的黏度与溶剂的黏度、溶液的浓度、聚合物的性质和相对分子质量以及温度等因素有关。

溶剂性质不同，温度对溶液黏度的影响也不同。对良溶剂而言，由于溶剂的黏度随温度的上升而下降，则溶液的黏度随温度的上升而下降。在不良溶剂中，虽然溶剂的黏度也随温度的上升而下降，但当温度上升时，聚合物分子会从卷曲状变为比较舒展而使溶液的黏度上升。

（3）溶液的制备工艺

溶液配制时所用的设备是带有强烈搅拌的加热夹套的溶解釜，釜内往往有各式挡板，以增加搅拌作用。工业上常用下面两种配制方法。

① 慢加快搅法　先将溶剂置于溶解釜内，加热至一定温度，而后在恒温和不断搅拌的作用下，缓慢加入固体聚合物，直到加完为止。加料速度以聚合物在溶剂中未完全分散之前不出现结块为宜，而快速搅拌则为了加速聚合物的分散和扩散作用。

② 低温分散法　先在溶解釜内将溶剂的温度降到其对聚合物失去溶解的活性温度为止，而后将聚合物一次投入釜中，并使其很好地分散在溶剂中，再在不断搅拌下将温度升到溶剂具有溶化聚合物的活性，这样就能使已经分散的聚合物很快地溶解。

不论采用哪一种方法，溶解釜内的温度应尽可能低一些，以防在溶解过程中溶剂挥发损失，造成环境污染和影响生产安全。另外，溶解过程时间过长，在过高的温度下会造成聚合物降解，过激烈的搅拌作用产生的剪应力也会促使聚合物降解。

配制的溶液都要经过过滤和脱泡，去除溶液内可能存在的杂质和空气，然后才可用于成型。

适用于不同成型方法的溶液的主要控制指标是固体含量和黏度。

3.3.1.3　分散体（溶胶塑料）

（1）分散体（溶胶塑料）概述

成型工业中作为原料用的分散体是指固体树脂稳定地悬浮在非水液体介质中形成的悬浮体即为溶胶塑料，又称糊塑料，在溶胶塑料中氯乙烯聚合物或共聚物应用最广，通常称聚氯乙烯溶胶塑料或聚氯乙烯“糊”。

溶胶塑料中的非水液体主要是在室温下对树脂溶剂化作用很小而在高温下又很易增塑树脂的增塑剂或溶剂，是分散剂。有时还可加入非溶剂性的稀释剂，甚至有些加入热固性树脂或其单体。除此之外，溶胶塑料还因不同的要求加入胶凝剂、填充剂、表面活性剂、稳定剂、着色剂等各种配合剂，因此，溶液塑料的组成是比较复杂的，其在室温下是非牛顿液体，具有一定流动性。

溶胶塑料可适合多种方法来成型制品，成型时经历塑型和烘熔两个过程。塑型是利用模具或其他设备，在室温下使塑料具有一定的形状，这一过程不需要很高的压力，所以塑型比较容易。烘熔则是将塑型后的坯料进行高温热处理，使溶胶塑化，并通过物理或化学作用定型为制品。

溶胶塑料用途较广，常用的聚氯乙烯糊可用来制造人造革、地板、涂层、泡沫塑料、浸渍和搪塑制品等。

(2) 溶胶塑料分类

根据组成不同，有4种不同性质的溶胶塑料：

① 塑性溶胶　由固体树脂和其他固体配合剂悬浮在液体增塑剂里而成的稳定体系，其液相全是增塑剂，为保证流动性，一般增塑剂含量较高，故主要制作软制品。这类溶胶应用较广。

② 有机溶胶　在塑性溶胶基础上加入有挥发性而对树脂无溶胀性的有机溶剂，即稀释剂，也可以全部用稀释剂而无增塑剂。稀释剂的作用是降低黏度，提高流动性并削弱增塑剂溶剂化的作用，便于成型，适用于成型薄型和硬质制品。

③ 塑性凝胶　在塑性溶胶基础上加入胶凝剂，如有机膨润黏土和金属皂类。胶凝剂的作用是使溶胶变成具有宾哈流体行为的凝胶体，可降低其流动性，这种流体只有在一定剪切作用下才发生流动，使凝胶在不受外力和加热情况下，不因自身的重量而发生流动。这样，在塑型后的烘熔过程中，型坯不会形变，可使最终制品的型样保持原来的塑型。

④ 有机凝胶　在有机凝胶的基础上加入胶凝剂。有机凝胶与塑性凝胶的区别和有机溶胶与塑性溶胶的区别相同。

(3) 溶胶塑料的配制工艺

配制溶胶塑料时，主要是将固体物料稳定地悬浮分散在液体物料中，并将分散体中的气体含量减至最小。配制工艺通常由研磨、混合、脱泡和贮存等工序组成。

① 研磨　首先将颗粒较大的而又不易分散的固体配合剂（如颜料、填料、稳定剂等）与部分液体增塑剂在三辊研磨机上混匀成浆料。研磨的作用一方面使附聚结团的粒子尽可能分散，另一方面使液体增塑剂充分浸润各种粉体料的粒子表面，以提高混合分散效果。

② 混合　这是配制溶胶塑料的关键工序，为求得各组分均匀分散，要求混合设备对物料有一定的剪切作用。常用的设备为调漆式混合釜、捏合机和球磨机等。塑性溶胶通常用捏合机或行星搅拌型的立式混合机。有机溶胶则常用球磨机在密闭下进行，可防止溶剂的挥发。钢制球磨机因钢球密度大可获得较大的剪切效率，混合效果好；瓷球球磨机则可避免因铁质而引起的降解作用。

溶胶配制时，将树脂、分散剂和其他配合剂以及上述在三辊研磨机上混匀的浆料加入混合设备中进行混合。增塑剂含量较大时，宜分步加入。但对有机溶胶或有机凝胶，增塑剂应一起加入，以免有机溶剂挥发。

为了避免混合过程中树脂溶剂化而增大溶胶的黏度，混合温度不得超过30℃。由于混合过程温度会升高，设备最好附有冷却装置。搅拌作用要均匀，不宜过快，防止卷入过多的空气。混合终点视配方和要求而定，一般混合在数小时以上。混合操作质量一般通过测定溶胶的黏度和固体粒子的细度来检验。

③ 脱泡　溶胶塑料在配制过程中总会卷入一些空气，所以配制后需将气泡脱除。常用的方法是抽真空或利用离心作用排除气体，也有将混合后的溶胶塑料再用三辊研磨机以薄层方式再研磨一至二次。

④ 贮存　溶胶塑料在通常情况下是稳定的，但随着贮存时间的延长或贮存温度较高，由于分散剂的溶剂化作用，溶胶的黏度会慢慢增加。因此贮存时的温度不宜超过 30℃，也不可直接与光线接触。在较低温度下，一般可贮存数天至数十天。此外，溶胶盛放时应避免与铁、锌等接触，以免树脂降解，贮存容器以搪瓷、玻璃等器具为宜。

3.3.1.4　胶乳

胶乳是高聚物粒子在水介质中所形成的具有一定稳定性的胶体分散体系。橡胶胶乳与橡胶干胶虽都属橡胶，但两者加工工艺截然不同，胶乳加工工艺是以胶体化学体系为基础，有其自己独特的工艺。因此放在此处介绍。

（1）胶乳原材料的加工

由于胶乳是一种胶体水分散体系，胶乳所用的配合剂在配制前必须先制成水溶液、水分散体系或乳状液。

① 配合剂溶液制备　对水溶性的固体或液体的胶乳配合剂，一般都是用搅拌方法配制成水溶液来使用，此类物质多数为表面恬性剂、碱、盐类和皂类。

② 配合剂分散体制备　对非水溶性的固体粉末配合剂首先研磨成粒子细、不易沉淀、分散均匀、不附聚、与胶乳有较好配合性能的水分散体。制备水分散体时，要加入分散剂、稳定剂和水，所用的设备一般有球磨机、砂磨机、胶体磨和高压匀浆泵，制备时加料的顺序是：水→稳定剂、分散剂→固体粉料。制备时各种配合剂可以分别研磨或分组研磨，也可以混合研磨，视具体配方而定。配合剂分散体制备的关键是将配合剂研磨得细，粒子越细，在胶乳中的悬浮分散越稳定。

③ 配合剂乳状液制备　非水溶性液体或半流体的胶乳配合剂，必须先制成乳状液才可加入胶乳中。要制备稳定的乳状液，关键是乳化剂，乳化剂一般为表面活性剂，有阳离子型、阴离子型、两性和非离子型 4 种。根据乳化剂的种类和油与水的比例不同，可生成水包油型（O/W）和油包水型（W/O）两类乳状液。制备乳状液的乳化设备主要有简单混合器、匀化器、超声乳化器或胶体磨等。制备方法按乳化剂加入的方式不同有剂在水中法、剂在油中法、初生皂法和轮流加液法。乳状液浓度低，稳定性好，为保证配合剂在胶乳中分散均匀，乳状液配制时应尽量采用低浓度。

（2）胶乳的配制

胶乳的配制是将各种配合剂的溶液、水分散体和乳状液等与胶乳进行均匀混合的过程，胶乳的配制工艺与干胶完全不同。

胶乳品种很多，胶乳制品的要求也各不相同，为了保证胶乳配制工艺的顺利进行和符合制品的性能要求，在配制前，先要对原料胶乳进行除氨、稀释、纯化和增稠等加工处理。胶乳配制时应使用软水。硬水中含有钙盐和镁盐，会使胶乳凝固。

胶乳是一个水分散体系，流动性好，配合剂在胶乳中分散所需的机械力比较小，所以胶乳配制的设备比较简单，常用的是呈漏斗形，内装有搅拌器的配料罐，用于制备硫化胶乳的配料罐应有可通热水或冷水的夹套。

胶乳的配制方法常用下面 3 种。

① 配合剂分别加入法　在搅拌下按一定顺序加入各种配合剂，一般顺序为：胶乳→稳定

剂→硫化剂→促进剂→防老剂→活性剂→填充剂→着色剂→增稠剂→消泡剂等。

搅拌速度不宜过快，应保证均匀混合。配合剂加完后继续搅拌 10～20min，使配合剂与胶乳充分混合均匀。

② 配合剂一次加入法　将所需的配合剂按配方先混合均匀再加入胶乳中，再充分搅拌均匀。

③ 母胶配合法　取出一小部分胶乳，加入稳定剂后再加入各种配合剂的混合料，搅拌均匀制得母胶，再把母胶在搅拌下加入到其余的胶乳中，搅拌均匀。

配好的胶乳在一定温度下停放或加入消泡剂进行消泡，并在一定温度下经一定时间的熟成，从而达到胶乳加工工艺要求。

## 3.3.2　橡胶的塑炼与混炼工艺

橡胶制品成型前的准备工艺包括原材料处理、生胶的塑炼、配料和胶料的混炼等工艺过程，也就是按照配方规定的比例将生胶和配合剂混合均匀，制成混炼胶的过程。在这些工艺过程中生胶的塑炼和胶料的混炼是最主要的两个工序。

### 3.3.2.1　生胶的塑炼

生胶是线型的高分子化合物，在常温下大多数处于高弹态。高弹性是橡胶及其制品的最宝贵性质，然而生胶的这一宝贵性质却给制品的生产带来极大的困难。如果不首先降低生胶的弹性，在加工过程中，一方面各种配合剂无法在生胶中分散均匀，另一方面，大部分机械能将消耗在弹性变形上，不能获得人们所需的各种形状。所以为了满足各种加工工艺的要求，必须使生胶由强韧的弹性状态变成柔软而具有可塑性的状态，这种使弹性生胶变成可塑状态的工艺过程称为塑炼。

(1) 塑炼的目的

主要是为了获得适合各种加工工艺要求的可塑性，即降低生胶的弹性，增加可塑性，获得适当的流动性，使橡胶与配合剂在混炼过程中易于混合分散均匀；同时也有利于胶料进行各种成型操作。此外，还要使生胶的可塑性均匀一致，从而使制得的胶料质量也均匀一致。

随着生胶可塑性的增大，硫化胶的机械强度、弹性、耐磨耗性能、耐老化性能下降，因此，塑炼胶的可塑性不能过大，应避免生胶的过度塑炼。

近年来，随着合成橡胶工业的发展，许多合成橡胶在制造过程中控制了生胶的初始可塑度，在加工时可不经塑炼而直接进行混炼。

(2) 塑炼机理

橡胶经过塑炼，可塑性增加，其实质是橡胶大分子链断裂，相对分子质量降低，从而橡胶的弹性下降。在橡胶塑炼时，主要受到机械力、氧、热、电和某些化学增塑剂（塑解剂）等因素的作用，其中起主要作用的是氧和机械力，而且两者是相辅相成的。工艺上降低橡胶相对分子质量获得可塑性的塑炼方法有机械塑炼法和化学塑炼法，其中机械塑炼法应用最为广泛。机械塑炼又可分为低温塑炼和高温塑炼，前者以机械降解作用为主，氧起稳定游离基的作用；后者以自动氧化降解作用为主，机械作用强化橡胶与氧的接触。

① 机械塑炼机理　橡胶的机械塑炼的实质是力化学反应过程，即以机械力作用及在氧或其他自由基受体存在下进行的。在机械塑炼过程中，机械力作用使大分子链断裂，氧对橡胶分子起化学降解作用，这两个作用同时存在。根据所采用的塑炼方法和工艺条件不同，它们各自所起作用的程度不同，塑炼效果也不同。

a. 机械力作用　非晶态橡胶分子的构象是卷曲的，分子之间以范德华力相互作用着。在塑炼时，由于受到机械的剧烈摩擦、挤压和剪切的反复作用，使卷曲缠结的大分子链互相牵扯，容易使机械应力局部集中，当应力大于分子链上某一个键的断裂能时，则造成大分子链断裂，相对分子质量降低，因而可获得可塑性。塑炼时，橡胶分子接受机械作用的断裂并非杂乱无章，而是遵循着一定的规律。当有剪切力作用时，大分子将沿着流动方向伸展，分子链中央部分受力最大，伸展也最大，而链段的两端仍保持一定的卷曲状。当剪切力达到一定值时，大分子链中央部分首先断裂。相对分子质量越大，分子链中央部位所受剪切力也越大。

橡胶的黏度越大，剪切速率越大，分子受力越大，分子链也越容易被切断。

当外力作用的机械功大于化学键能时，分子断裂几率上升，相对分子质量下降，即断裂往往发生在键能低的化学键上。

由于橡胶大分子的主链比侧链长得多，大分子间的范德华力和几何位相的缠结使得主链上受到的应力要比侧链上受到的应力大得多，所以主链断裂的可能性比侧链断裂的可能性大很多。

根据这个原理，机械力作用的结果是生胶的最大相对分子质量级分最先断裂而消失，低相对分子质量级分几乎不变，而中等相对分子质量级分得以增加，这就使生胶相对分子质量下降的同时，其相对分子质量分布变窄。

b. 氧的作用　低温下机械力作用首先使橡胶大分子断裂生成大分子自由基：

$$R—R \rightarrow 2R\cdot$$

自由基的化学性质很活泼，生成的自由基会重新结合起来，而得不到塑炼效果：

$$R\cdot + R\cdot \rightarrow R—R$$

因此，单纯机械力的作用是不够的，实践证明，在惰性气体中进行长时间塑炼的可塑性几乎不变，而在氧气中塑炼，生胶的黏度迅速下降，见图 3－28。实验表明，生胶结合 0.03% 的氧就能使其相对分子质量降低 50%；结合 0.5% 的氧，相对分子质量可从 10 万降低到 5 千。可见，在塑炼时，氧对分子链的断裂影响很大。

在实际塑炼过程中，橡胶都与周围空气中的氧接触，氧既可以直接与橡胶大分子发生氧化反应，使大分子氧化裂解，又可以作为活性自由基的稳定剂使自由基转变为稳定的分子，即氧是起着极为重要的双重作用。

$$R\cdot + O_2 \rightarrow ROO\cdot$$

$$ROO\cdot + R'H \rightarrow ROOH + R'\cdot$$

$$ROOH \rightarrow \text{分解成稳定的较小分子}$$

可见，在这一反应中，氧是橡胶分子活性自由基受容体，起着阻聚作用。

c. 温度的作用　温度对橡胶的塑炼效果有很大影响，而且在不同温度范围内的影响也不同。天然橡胶在空气中塑炼时，塑炼效果与塑炼温度之间的关系如图 3－29 所示。

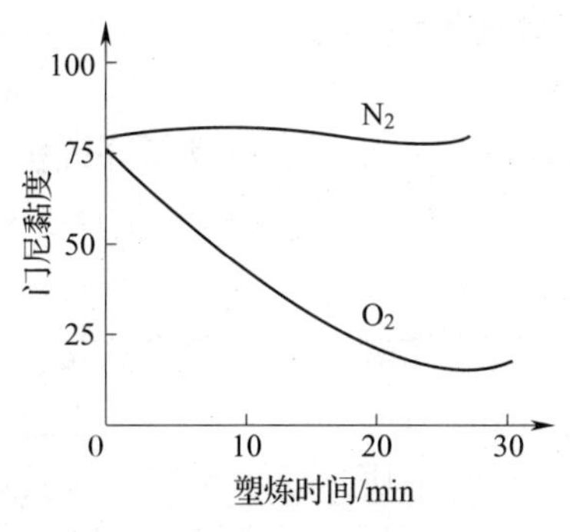


图 3－28　橡胶在不同介质中塑炼时门尼黏度的变化

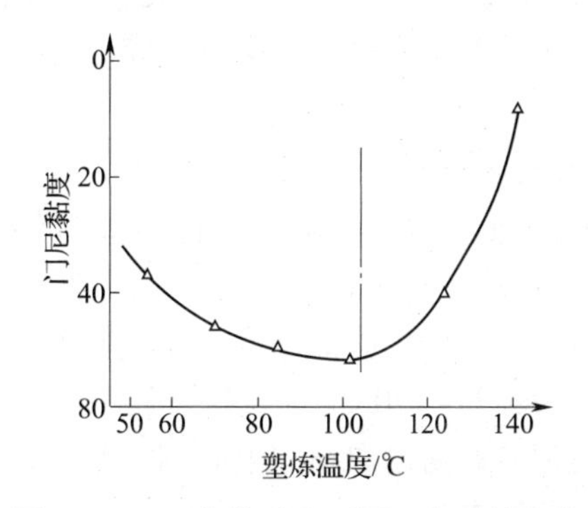


图 3－29　天然橡胶在不同温度下的塑炼

由图3－29可以看出，随着塑炼温度的升高，开始塑炼效果是下降的，在110℃左右达最低值，温度继续升高，塑炼效果开始不断增大，温度对塑炼效果的影响呈“U”形。实际上总的曲线是由两个不同曲线组成的，它们分别代表两个独立的过程。在低温塑炼区（110℃以下），主要依靠机械力使分子链断裂，随着温度升高，生胶黏度下降，塑炼时受到的作用力较小，因而塑炼效果下降。相反，在高温塑炼区（110℃以上），虽然机械力作用下降，但由于热和氧的自动催化氧化破坏作用随着温度的升高而急剧增大，大大加快了橡胶大分子的氧化降解速度，塑炼效果也迅速增大。由此可见，高温机械塑炼的机理与低温机械塑炼机理是不同的，由于温度较高，橡胶分子和氧都活泼，橡胶大分子主要以氧的直接氧化引发作用导致自动催化氧化连锁反应，分3步进行：

链引发　首先由氧夺取橡胶分子上的氢原子生成自由基：

$$RH + O_2 \rightarrow R\cdot + HOO\cdot$$

链增长　自由基继续被氧化并引发橡胶分子产生一系列氧化反应，生成橡胶分子氢过氧化物：

$$R\cdot + O_2 \rightarrow ROO\cdot$$

$$ROO\cdot + R'H \rightarrow ROOH + R'$$

$R'\cdot$ 又可重新与氧反应生成ROOH。

链终止　ROOH很不稳定，立即分解生成相对分子质量较小的分子，连锁反应终止：

ROOH→分解成稳定的分子

高温塑炼时，因为氧化对相对分子质量最大和最小部分同样起作用，所以并不发生相对分子质量分布变窄的情况。

d. 静电作用　在塑炼过程中，橡胶受到强烈的机械作用而发生反复变形、剪切和挤压，在橡胶之间、橡胶与机械设备之间不断产生摩擦，导致橡胶表面带电，电压可达数千伏到数万伏，这样的电压必然引起放电现象。这种放电会使周围空气中的氧活化生成活性很高的原子态氧或臭氧，从而促进橡胶分子进一步氧化断裂。

② 化学塑炼机理　在低温和高温塑炼过程中，加入化学增塑剂能加强氧化作用，促进橡胶分子断裂，从而增加塑炼效果。化学增塑剂主要有3大类。

a. 自由基接受型　如硫酚、苯醌和偶氮苯等，在低温塑炼时起着和氧一样的自由基接受体作用，使断链的橡胶分子自由基稳定，从而生成较短分子。

b. 引发型　如过氧化二苯甲酰和偶氮二异丁腈等，在高温塑炼时分解成极不稳定的自由基，再引发橡胶大分子生成大分子自由基，进而氧化断链。

c. 混合型或链转移型　如硫醇类和二邻苯甲酰氨基苯基二硫化物类，它们既能使橡胶分子自由基稳定，又能在高温下引发橡胶形成自由基加速自动氧化断链。

（3）塑炼工艺

在橡胶工业中，应用最广泛的塑炼方法是机械塑炼法。用于塑炼的机械是开炼机、密炼机和螺杆式塑炼机。生胶塑炼之前需先经过烘胶、切胶、选胶和破胶等准备工序，然后进行塑炼。

烘胶是为了降低生胶的硬度，便于切割，同时还能解除生胶结晶。烘胶多数是在烘房中进行，温度一般为50～70℃，不宜过高，时间需长达数十小时。

切胶是把从烘房内取出的生胶用切胶机切成10kg左右的小块，便于塑炼。切胶后应人工选除表面砂粒和杂质。

破胶是在辊筒粗而短的破胶机中进行，以提高塑炼效率。破胶时的辊距一般在2～3mm，辊温在45℃以下。

① 开炼机塑炼 开炼机塑炼是最早的塑炼方法，塑炼时生胶在辊筒表面之间摩擦力的作用下，被带入两辊的间隙中，由于两辊相对速度不同，对生胶产生剪切力及强烈的碾压和拉撕作用，橡胶分子链被扯断而获得可塑性。开炼机塑炼方法的优点是塑炼胶料质量好，可塑度均匀，收缩小，但此法生产效率低，劳动强度大，因此此法主要适用于胶料品种多，耗胶量少的工厂。

在开炼机上进行塑炼，常用薄通塑炼、一次塑炼和分段塑炼等不同的工艺方法，还可添加塑解剂进行塑炼。

薄通塑炼是生胶在辊距0.5～1.0mm下通过辊隙不包辊而直接落盘，然后把胶扭转90°再通过辊隙，反复多次，直至获得所需可塑度为止。此法塑炼效果大，获得的可塑度大而均匀，胶料质量高，是常用的机械塑炼方法。

一次塑炼是将生胶加到开炼机上，使胶料包辊后连续塑炼，直至达到要求的可塑度为止。此法所需塑炼时间较长，塑炼效果也较差。

分段塑炼是将全塑炼过程分成若干段来完成，每段塑炼一定时间后，生胶下片停放冷却，以降低胶温，这样反复塑炼数次，直至达到要求。塑炼可分为2～3段，每段停放冷却4～8h。此法生产效率高，可获较高可塑度。

在机械塑炼的同时可加入化学塑解剂来提高塑炼效果。操作方法一样，只是塑炼温度应适当提高一些，以充分发挥塑解剂的化学作用。

影响开炼机塑炼的主要因素有辊温、时间、辊距、速比、装胶量和塑解剂等。

开炼机塑炼属于低温机械塑炼，温度越低，塑炼效果越好。所以，在塑炼过程中应加强对辊筒的冷却，通常胶料温度控制在45～55℃以下。开炼机塑炼在最初的10～15min内塑炼效果显著。随着时间的延长，胶料温度升高，机械塑炼效果下降。为了提高塑炼效果，胶料塑炼一定时间后，可使胶料下片停放冷却一定时间，再重新塑炼，这即是分段塑炼的目的。

辊筒速比一定时，辊距越小，胶料受到的剪切作用越大，且胶片较薄也易冷却，塑炼效果也越大。辊筒速比越大，胶料所受的剪刀作用也大，塑炼效果就越大。一般用于塑炼的开炼机辊筒速比在1.00∶1.25～1.00∶1.27之间。

装胶量依开炼机大小和胶种而定，装胶量太大，堆积胶过多，热量难以散发，塑炼效果差，合成橡胶塑炼生热较大，应适当减少装胶量。

使用化学塑解剂能缩短塑炼时间，减少弹性恢复现象，提高塑炼效果。

② 密炼机塑炼 密炼机塑炼时，胶料所受到的机械混炼作用十分强烈，生胶在密炼室内一方面在转子与密炼室壁之间受剪应力和摩擦力作用；另一方面还受到上顶栓的外压作用。密炼机塑炼的生产能力大，劳动强度低，自动化程度高，但由于是密闭系统，清理相对困难，散热也较困难，所以属高温塑炼，温度通常达140℃，生胶在密炼机中主要借助于高温下的强烈氧化断链来提高橡胶的可塑性。

由于密炼机塑炼温度较高，可采用两段塑炼法，也可用化学塑解剂塑炼方法，其效果要比开炼机低温下的增塑效果好。

密炼机塑炼效果取决于塑炼温度、时间、转子的转速、装胶量和上顶栓压力等。

密炼机塑炼属高温塑炼，塑炼效果随温度升高而增大，但温度过高会导致橡胶分子过度氧化降解，使物理机械性能下降。因此，要严格控制塑炼温度，对于天然橡胶，塑炼温度一般控制在140～160℃。塑炼温度一定时，生胶的可塑性随塑炼时间的增长而不断增大，但经过一定时间以后，可塑性增长速度逐渐变缓。

在一定温度下，转子速度越快，胶料达到同样可塑度所需的塑炼时间越短，所以，提高转子速度可以大大提高生产效率。

密炼时装胶量过大或过小，都不能使生胶得到充分的碾轧。装胶量过小生胶在密炼室中打滚，得不到有效地塑炼；装胶量过大，生胶在密炼室中不能充分搅拌，而且会使设备超负荷工作。通常各种设备的装胶量（也称工作容量或有效容量）为密炼室容积的48%～60%（此百分率称为容量系数或填充系数）。另外，密炼机经长期工作会磨损，使密炼室变大，此时装胶量可适当增加。为降低排胶温度，有时可适当减少装胶量。这些由具体情况定。

上顶栓压力增大对胶料的剪切作用增加，塑炼效果增大。但过大会使设备负荷过大。因此，上顶栓压力一般在0.5～0.8MPa范围内，以保证获得很好的塑炼效果。

化学塑解剂在密炼机高温塑炼中的应用比在开炼机中更为有效，这是因为温度对化学塑解剂效能有促进作用。在不影响硫化速度和物理机械性能的条件下，使用少量化学塑解剂（生胶的0.3%～0.5%），可缩短塑炼时间30%～50%。

③ 螺杆塑炼机塑炼　螺杆塑炼机塑炼是在高温下进行的连续塑炼，在螺杆塑炼机中生胶一方面受到螺杆的螺纹与机筒壁的摩擦搅拌作用，另一方面由于摩擦产生大量的热使塑炼温度较高，致使生胶在高温下氧化裂解而获得可塑性。螺杆塑炼机生产能力大，生产效率高，能连续生产，适用于大型工厂。但由于温度高，胶料的塑炼质量不均，对制品性能有所影响。

塑炼前对生胶先切成小块并要预热，而且螺杆塑炼机的机身、机头、螺杆都要预热到一定的温度，再进行塑炼。

影响螺杆塑炼机塑炼效果的主要因素是机头和机身温度、生胶的温度、填胶速度和机头出胶空隙的大小等。

#### 3.3.2.2　胶料的混炼

混炼就是将各种配合剂与可塑度合乎要求的生胶或塑炼胶在机械作用下混合均匀，制成混炼胶的过程。混炼是橡胶加工中最重要的工艺过程之一，制造出的混炼胶要求能保证橡胶制品具有良好的物理机械性能和具有良好的加工工艺性能。因此，混炼过程的关键是使各种配合剂能完全均匀地分散在橡胶中，保证胶料的组成和各种性能均匀一致。

（1）混炼理论

混炼过程是各种配合剂在生胶中的均匀分散过程，为了获得配合剂在生胶中的均匀混合分散程度，必须借助炼胶机的强烈机械作用进行混炼。混炼胶的质量控制对保持橡胶半成品和成品性能有着重要意义。混炼胶组分比较复杂，不同性质的组分对混炼过程、分散程度以及混炼胶的结构有很大的影响。

① 配合剂的性质　胶料里各种配合剂的性质相差很大，不同性质的配合剂与生胶的混合难易程度是不同的。软化剂、促进剂、硫黄等配合剂多数能溶解于橡胶中，易混合均匀；填充剂、补强剂等往往与橡胶不相容，难以混合均匀。各种配合剂的几何形状也不尽相同，片状的陶土、滑石粉，针状的石棉、玻璃丝比球状的炭黑等配合剂难以分散。

在混炼过程中，配合剂与橡胶混合首先是配合剂粒子表面与橡胶接触，所以配合剂表面性质与混炼效果关系密切。有些配合剂粒子表面性质与生胶表面性质接近，两者界面极性相差较小，易与橡胶混合，例如各种炭黑等。有些配合剂粒子表面性质与生胶相差较大，两者界面极性相差很大，这样的配合剂就难以在橡胶中分散均匀，例如陶土、硫酸钡、碳酸钙、氧化锌、氧化镁、氧化钙等表面具有亲水性的配合剂。

为了改善亲水性配合剂的表面性质可以使用表面活性剂。常用的表面活性剂有硬脂酸、高级醇、含氮有机化合物、某些树脂和增塑剂等，多数具有不对称两性分子结构的有机化合物，分子的一端为—COOH、—OH、—$NH_2$、—NO、—SH等极性基团，具有亲水性；另一端为非极性长链、苯环式烃基，具有疏水性。由于表面活性剂两端具有不同的性质，当表面活性剂处于亲水性配合剂表面时，其亲水性一端与配合剂粒子相吸附，而疏水性一端向外，能与橡胶很好的结合，这样就使得配合剂粒子容易与橡胶混炼均匀。另外表面活性剂还起到稳定已分散的配合剂粒子在胶料中的分散状态的作用。

细粒状的配合剂往往是以聚集体形式存在的，例如，直径为几毫米的炭黑颗粒是由很多的粒径只有几十纳米的炭黑粒子所聚集成的。要使配合剂在橡胶中均匀分散就必须把配合剂聚集体搓开，这就需要一定的剪切力。橡胶的黏度高一些，在混炼时能产生较大的剪切力。为了让橡胶有足够的黏度，塑炼胶的可塑性不宜过大，混炼温度不宜过高。

② 结合橡胶的作用　生胶在塑炼时橡胶大分子断链生成自由基，这种情况在混炼时同样会发生。在混炼过程中，橡胶分子断链生成大分子自由基可以与炭黑粒子表面的活性部位结合，也可以与炭黑聚集体在混炼时被搓开所产生的具有较高活性的新生面结合，或者已与炭黑结合的橡胶又通过缠结或交联结合更多的橡胶，形成一种不溶于橡胶溶剂的产物——结合橡胶。

结合橡胶的生成有助于配合剂粒子的分散，对改善橡胶的性能有好处。结合橡胶的产生及多少与橡胶及配合剂的性质、混炼工艺条件有关。橡胶的不饱和度高，活性大，易生成结合橡胶；配合剂粒度小，结构性高，表面活性大，易生成结合橡胶；混炼温度越高，越容易生成结合橡胶。所以，对于丁基橡胶、乙丙橡胶等低不饱和度橡胶与炭黑混炼时，可以采用高混炼温度来提高结合橡胶量。但对于天然橡胶、顺丁橡胶等高不饱和度橡胶，由于在混炼初期结合橡胶逐渐增多，混炼温度不宜过高，否则一下子集中生成许多与橡胶结合的炭黑凝胶硬粒，反而难以进一步分散。

③ 混炼胶的结构　在混炼胶里，与生胶不相溶的配合剂以细粒状分散在生胶中，成为细分散体；生胶和溶于生胶的配合剂成为复合分散介质。所以，混炼胶实质上是由多种细分散体与生胶介质组成的胶态分散体。

与一般胶态分散体相比，混炼胶有自己的特点：

a. 分散介质不是单一的物质，而是由生胶和溶于生胶的配合剂共同组成。各种配合剂在橡胶中的溶解度是随温度而变的，所以分散介质和分散体的组成会随温度而增高。

b. 细粒状配合剂不仅是简单地分散在生胶中，还会与橡胶在接触面上产生一定的化学和物理的结合作用，甚至在橡胶硫化以后仍保持这种结合。

c. 橡胶的黏度很大，而且有些配合剂与橡胶有化学和物理的结合，所以表现为胶料的热力学不稳定性不明显。

所以混炼胶是一种具有复杂结构特性的胶态分散体。

(2) 混炼工艺

要使配合剂在生胶中分散均匀，必须借助强大的机械作用力。目前混炼加工主要用间歇混炼和连续混炼两种方法，其中属间歇混炼方法的开炼机混炼和密炼机混炼应用最广泛。

① 开炼机混炼　开炼机是最早使用的混炼机械，开炼机混炼适应性强，可以混炼各种胶料，但生产效率低，劳动强度大，污染环境，所以主要适用于实验室、工厂小批量生产和其他机械不宜使用的胶料，如海绵胶、硬质胶和某些生热量较大的合成胶等，仍需在开炼机上进行混炼。

开炼机混炼经历包辊、吃粉、翻捣三个阶段。

先将胶料包在辊筒上，在辊缝上应保持适量的堆积胶，根据配方规定依次加入各种配合剂，然后经多次翻炼捣胶，采用小辊距薄通法，使橡胶和配合剂互相混合。

混炼操作可用一次混炼法和分段混炼法。对含胶率高或天然橡胶与较少合成橡胶并用且炭黑用量较少的胶料，采用一次混炼法；对天然橡胶与较多合成橡胶并用且炭黑用量较多的胶料，可采用二段混炼方法。

辊筒转速越快，配合剂在胶料中的分散速度也越快，混炼时间越短，但转速太快，则操作困难，也不安全。两轮筒转速比大，产生的剪切作用就大，可促使配合剂在胶料中的分散。但使用转速快、速比大的炼胶机，胶料摩擦生热大，温度高，易引起焦烧。通常混炼用炼胶机的速比为1.0:1.1～1.0:1.2之间；辊温宜在50～60℃之间，在这个温度下胶料能包在一个辊筒上，操作方便。混炼过程中，胶料会因摩擦产生大量的热，为了保持辊温，在开炼机辊筒内应通冷却水降温。

开炼机混炼要求两辊筒之间上方保持适当堆积胶，见图3－30。随着辊筒转动，堆积胶出现波纹和皱褶并不断更新，夹裹着配合剂进入辊缝隙，并产生横向混合作用，使配合剂分散到胶料中。为了保持适当的堆积胶量，混炼时应该加入适当的装胶量和调节适当的辊距。合理的装胶量可按下式计算：

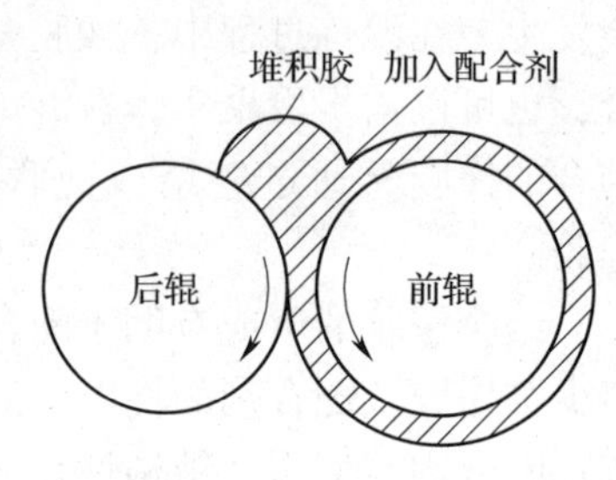

图3－30　堆积胶

$$V = KDL \quad (3-13)$$

式中　$V$为装胶量，L；$K$为经验系数（$K = 0.0065 \sim 0.0085 L/cm^2$）；$D$为辊筒直径，cm；$L$为辊筒包胶量，cm。

这是一个经验公式。实际上，装胶量随配方的不同而变化，填充量多的、密度大的配方和合成胶的装胶量宜小一些，含胶率高的配方装胶量宜大些。在混炼操作中，可调节辊筒的距离，以保持堆积胶适量，装胶量少的，辊距调小一些，随着配合剂的加入，胶料体积增大，辊距应适当放宽。

配合剂是靠堆积胶夹带混入胶料中，所以，操作时应将配合剂放在堆积胶上。当堆积胶表面覆盖配合剂时，开始是以较快的速度混入胶料中，且混入速度是不变的。随着配合剂的混入，堆积胶上的配合剂就减少，混入速度就逐渐降低。所以，混炼一开始就应把配合剂加足，并及时将其余配合剂加入，这样可以让配合剂以较快速度混入，缩短混炼时间。

配合剂是在辊缝处转速不同的辊筒所产生的剪切力作用下而分散到胶料中的，由于剪切力的分布作用，包辊胶里层与辊筒相对静止，配合剂难以混入而成为呆滞层。呆滞层约为胶层厚度的三分之一，为了使配合剂在胶料中分散均匀，要采用割刀、翻动、折叠等操作方法。

配合剂加入顺序是混炼主要的工艺条件，为了能在较短的混炼时间里得到质量良好的混炼胶，应根据配合剂的作用、用量及其混炼特性来合理安排加入顺序。一般原则是：难分散的、量少的先加入；易分散的、量多的后加入；硫化剂和促进剂分开加入，以免混在一起加入时因局部温度过高而使胶料焦烧；硫黄最后加入。所以通常配合剂加入顺序为：

生胶→固体软化剂→促进剂、活性剂、防老剂→补强剂、填充剂→液体软化剂→硫黄及超促进剂。

对特殊配方要作特殊处理，例如：对于补强填充剂很多的配方，可以是补强填充剂与液体软化剂分批交替加入，但不能一起加，以免粉剂结团；对于硫黄含量高达30～50份的硬质胶，应先加入硫黄，后加入促进剂。

② 密炼机混炼　密炼机混炼容量大，混炼时间短，生产效率高，自动化程度高，劳动强度低，环境卫生条件好。但混炼温度高，不能用作混炼对温度敏感的胶料。由于密炼得到的混炼胶形状不规则，需要和压片机配合使用。而且由于密炼温度高，通常不在密炼机里加硫黄和

超促进剂，而是将密炼后的胶料放在压片机上降温后加入。

密炼机混炼是在高温和加压条件下进行的，配合剂与橡胶在密炼机中的混炼过程主要分为湿润、分散和混炼3个过程。

密炼机混炼同样可以用一段混炼和分段混炼。生胶和配合剂先按一定顺序加入密炼机中，使之混合均匀后，排料至压片机压成片，使胶样冷却到100℃以下，然后加入硫化剂和超促进剂，再通过捣胶翻炼，以混合均匀。这种经密炼机和压片机一次混炼得到均匀的混炼胶的方法即是一段混炼。

对有些混炼生热较大的胶料如氯丁胶、顺丁胶以及填料含量较高的胶料经密炼机混炼后在压片机压片冷却，并停放一定时间，再次回到密炼机上进行混炼，然后再在压片机上冷却后加入硫化剂和超促进剂，并混合均匀，这种方法为分段混炼（通常为二段混炼）。

装胶量、加料顺序、混炼温度、上顶栓压力、转子转速和混炼时间是影响密炼机混炼的重要因素。

密炼室的容积是一定的，装胶量太小，胶料可能在密炼室内空转而不与配合剂混合，装胶量太多，胶料没有翻动混合的余地，也不能很好地混炼。密炼机适宜装胶量可按下式计算：

$$V = KV_0 \tag{3-14}$$

式中 $V$ 为适宜装胶量，L；$K$ 为填充系数（通常在0.48～0.75）；$V_0$为密炼室总容积，L。

除了硫黄及超速促进剂必须在压片机上将胶料降温后加入外，其余配合剂的加入顺序与开炼机的混炼基本相同；另外炭黑和液体软化剂不能同时加，以免结团，分散不均。近年来发展了引料法和逆混法等适应不同配方的混炼加料顺序。

在密炼机内混炼，由于胶料受到的剪切摩擦作用十分剧烈，胶料温度升高很快。温度过高，胶料太软，剪切作用下降，还会促使炭黑与橡胶生成过多的炭黑凝胶而影响混炼，另外也可能加剧橡胶分子热降解，因此密炼机要使用冷却水控制温度。通常排胶温度控制在100～130℃。近年来也有采用170～190℃的高温快速密炼。

在密炼室内，胶料受到上顶栓的压力作用，使得胶料与转子、密炼室壁间不会打滑，挤压剪切作用大，有利混炼，提高上顶栓压力可以适当增加装胶量、缩短混炼时间，提高混炼胶质量。

胶料所受到的剪切作用随转子转速的增加而增加，提高转子转速能提高混炼效率。目前密炼机转速已从原来20r/min提高到40r/min、60r/min，甚至80r/min。混炼时间由原来的十几分钟缩至几分钟。但转速越快，剪切作用越强，胶料发热量越大，必须采用有效冷却措施。为了适应生产工艺要求，近年来出现了多速或变速密炼机。

③ 连续混炼　为了进一步提高生产率，改善混炼胶的质量，使混炼操作实现自动化、连续化，近年来发展了连续混炼，使加料、混炼和排胶连续进行，也可使混炼与压延、压出联动。工业上已获得应用的连续混炼机主要有双螺杆型的FCM转子式连续混炼机和单螺杆型的传递式和隔板式连续混炼机。

胶料混炼后应立即强制冷却，以免产生焦烧和喷霜现象，胶料温度要降至30～35℃以下。冷却后的胶片要停放8h以上才能使用，停放过程中胶料能应力松弛，配合剂能进一步扩散，橡胶与炭黑之间能进一步相互作用，从而提高补强效果。生产上对每批混炼胶要进行快速检验，以控制混炼胶质量。

## 思 考 题

1. 简述高速混合机工作原理，影响混合效果的工艺因素有哪些？

2．简述开炼机和密炼机的工作原理，并分析它们各有何优缺点。
3．试分析两辊开炼机的混炼效果与哪些因素有关。
4．双辊机塑炼为什么要打“三角包”？
5．何谓浆料、母料、润性物料、非润性物料、分散体、胶乳？
6．塑料混合和塑化有什么区别？
7．塑料混合和橡胶混合有什么区别？
8．什么叫橡胶的塑炼？生胶为什么要塑炼？哪些因素影响橡胶塑炼？
9．开炼机和密炼机塑炼控制工艺因素各有哪些？如何影响塑炼？
10．什么叫橡胶的混炼？混炼的目的和意义何在？
11．塑料和橡胶的两辊塑炼工艺有什么区别？

## 参考文献

[1] 黄　锐，曾邦禄．塑料成型工艺学（第二版）［M］．北京：中国轻工业出版社，1997.
[2] 王文俊．实用塑料成型工艺学［M］．北京：国防工业出版社，1999.
[3] 赵素合．聚合物加工工程［M］．北京：中国轻工业出版社，2008.
[4] 王加龙．高分子材料基本加工工艺［M］．北京：化学工业出版社，2004.
[5] 王贵恒．高分子材料成型加工原理［M］．北京：化学工业出版社，1982.
[6] 张　海，赵素合．橡胶及塑料加工工艺［M］．北京：化学工业出版社，1997.
[7] 段予忠，谢林生．材料配合与混炼加工［M］．2001.
[8] 刘廷华．聚合物成型机械［M］．北京：中国轻工业出版社，2009.
[9] 丁　浩．塑料工业实用手册（第二版）［M］．北京：化学工业出版社，2000.

# 第4章　挤出成型

## 4.1　概述

挤出成型是一种高效、连续、低成本、适应面宽的成型加工方法，是高分子材料加工中出现较早的一门技术，经过100多年的发展，挤出成型是聚合物加工领域中生产品种最多、变化最多、生产率高、适应性强、用途广泛、产量所占比重最大的成型加工方法。挤出成型是塑料材料加工最主要的形式之一，它适合于除某些热固性塑料外的大多数塑料材料，约50%的热塑性塑料制品是通过挤出成型完成的，同时，也大量用于化学纤维和热塑性弹性体及橡胶制品的成型。挤出成型方法能生产管材、棒材、板材片材、异型材、电线电缆护层、单丝等各种形态的连续型产品，还可以用来混合、塑化、造粒、着色和高分子材料的共混改性等。并且，以挤出成型为基础，配合吹胀、拉伸等方法的挤出—吹塑成型技术和挤出—拉幅成型技术是制造薄膜和中空制品等的重要方法。

### 4.1.1　挤出成型过程与分类

挤出成型（Extrusion Molding）又称挤压模塑或挤塑成型，主要是指借助螺杆或柱塞的挤压作用，使受热熔化的高分子材料在压力的推动下，强行通过机头模具而成型为具有恒定截面连续型材的一种成型方法。挤出成型过程主要包括加料、熔融塑化、挤压成型、定型和冷却等过程。

挤出成型的分类方法很多，按塑化方式可分为干法挤出和湿法挤出。干法挤出是指高分子材料的塑化和加压在同一设备内完成；而湿法挤出是采用溶剂先将高分子材料充分软化并塑化，物料塑化与挤出加压是两个独立的过程，定型处理采用溶剂脱出的方法，同时还需考虑溶剂的回收和利用。按加压方式又可分为连续挤出与间歇挤出，连续挤出即借助螺杆旋转产生的压力和剪切力，使物料充分塑化和混合均匀，不间断地通过机头模具而成型的方法；间歇挤出通常指借助柱塞压力将预先塑化好的物料从机头模具推出而成型的方法。

### 4.1.2　挤出成型的特点

挤出成型具有设备简单，生产过程连续，产品质量稳定，生产效率高，单位质量成本低，制品种类多，使用范围广，适于大批量生产等特点。

不同类型的挤出成型设备，其成型的特点也有所变化。在采用螺杆式挤出机的成型过程中，物料的塑化和加压过程都是在挤出机内进行，物料通过料筒传入的外热和螺杆旋转产生的剪切作用而发生塑化和分散，并借助螺杆旋转时产生的推动力将熔融物料推向机头模具的连续过程。采用螺杆式挤出机成型的特点是制品连续，生产质量和产量比较高，适于绝大多数的热塑性材料。采用柱塞式挤出机成型过程中，物料的熔融塑化在加热的料筒中完成，然后由柱塞将熔融塑化的物料推向机头模具，这种挤出方法能够产生较大的压力，但其工艺过程一般是间歇进行的，物料的塑化程度与均匀性稍差，因此应用范围受到限制，它适用于聚四氟乙烯、超高分子量聚乙烯等特殊种类高分子材料的成型。

### 4.1.3 挤出成型的发展趋势

近年来，随着现代挤出机技术的出现和发展，挤出成型理论和技术不断得到深化和拓展，研究开发新产品、新工艺的手段不断加强，各种结构与功能的挤出设备不断产生，如多螺杆挤出机、反应式挤出机和组合式挤出机等；可挤出加工的材料种类、制品结构和制品形式也越来越多；同时，随着计算机技术在挤出成型加工中应用的日益广泛，出现了反应挤出、辅助挤出、挤出发泡、共挤出、高速挤出、精密挤出和近熔点挤出等挤出成型新技术。

对于塑料、橡胶和合成纤维等高分子材料，挤出成型所用的设备和加工原理基本上是相同的。本章将以塑料材料的挤出成型工艺原理为论述重点，对橡胶材料的挤出成型原理将结合其特点和制品的性能要求进行讨论。

## 4.2 挤出成型设备

### 4.2.1 挤出成型设备概述

#### 4.2.1.1 挤出成型设备的组成及作用

随着挤出成型制品的种类、对制品质量的要求及自动化程度的不同，挤出成型设备的类型也各异，而且每一类设备又有多种形式。

挤出成型设备一般包括挤出机、辅机和控制系统3个部分，见图4－1。挤出机是挤出过程的核心设备；辅机是与挤出机配套的后续设备；此外，挤出成型设备还有由电器、仪表和执行机构组成的生产工艺控制系统。

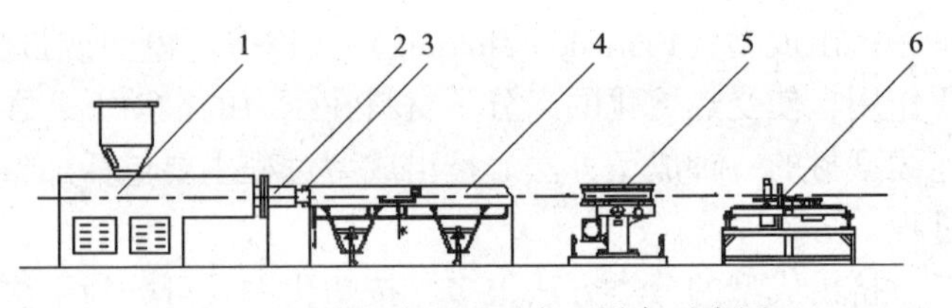

图4－1 挤出成型过程主要设备示意图

1—挤出机 2—机头 3—定型装置

4—冷却装置 5—牵引装置 6—切割装置

挤出机的主要作用是熔融塑化物料，定量、定压、定温挤出高分子熔体。挤出机可以与管材、薄膜、棒材、单丝、扁丝、板（片）材、异型材、造粒、电缆包覆等各种制品成型辅机配套，组成各种制品的挤出成型生产线，以生产各种挤出制品。

辅机一般包括机头模具、定型装置、冷却装置、牵引装置、卷取装置和切割装置等。

机头模具是挤出成型制品的主要部件，熔融物料通过机头挤出获得制品的初步尺寸和几何截面；

定型装置的作用是将机头模具挤出的制品形状稳定下来，并对其进行精确定型，从而得到更为精确的制品截面形状、尺寸和表面光洁度；

冷却装置的作用是使定型装置出来的制品得到更充分的冷却，以获得最终的制品形状和尺寸；

牵引装置的作用是从挤出机机头中均匀地牵出制品，使挤出过程稳定进行，并对制品截面尺寸进行控制；

卷取装置和切割装置分别是对软制品和硬制品进行收卷或切割成一定长度的设备。

#### 4.2.1.2 挤出机的主要类型

挤出机主要有柱塞式和螺杆式两种型式，目前广泛应用的是螺杆式挤出机。根据螺杆的空间位置和数目，螺杆式挤出机又可分为立式和卧式，以及单螺杆挤出机、双螺杆挤出机和多螺杆挤出机等，螺杆式挤出机的具体分类见图4－2。

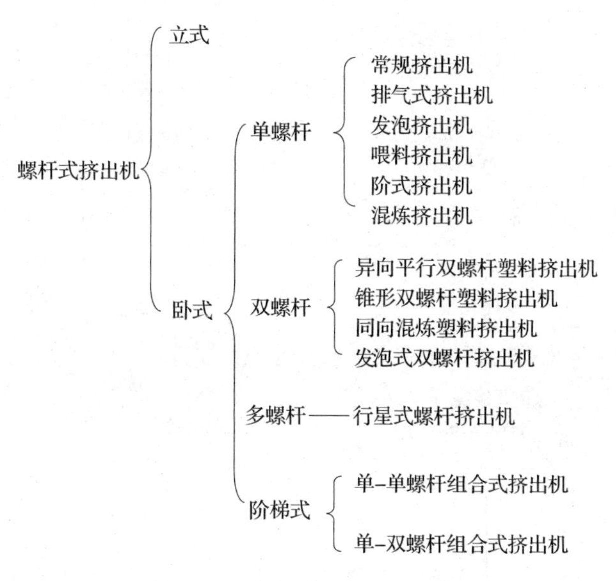


图4－2 螺杆式挤出机分类图

这里重点介绍应用较多的单螺杆挤出机和双螺杆挤出机的基本结构和工作原理，与挤出成型辅机相关的内容将在“典型挤出成型制品”一节做以介绍。

## 4.2.2 单螺杆挤出机

单螺杆挤出机是由一根阿基米德（Archimedean）螺杆在加热的料筒中旋转构成的。由于其结构简单，制造容易，加工效率高，价格便宜而被广泛使用，是目前技术最成熟、用量最多的挤出机类型。

目前单螺杆挤出机已从最初基本的螺旋结构，发展出如阻尼螺块、排气式螺杆、开槽螺筒、销钉料筒、积木式结构等各种不同的结构类型，同时，由于单螺杆挤出机占用空间小，而成为复合加工以及塑料吹塑薄膜领域的主要使用设备。

### 4.2.2.1 基本结构

单螺杆挤出机主要由挤压系统、传动系统和加热冷却系统等3个部分组成，其基本结构如图4－3所示。

（1）挤压系统

挤压系统的主要作用是将高分子材料熔融塑化形成均匀的熔体，实现由玻璃态向黏流态的转变，并在这一过程中建立一定的压力，被螺杆连续的挤压输送到机头模具。因而，挤压系统对挤出加工的成型质量和产量起到重要作用。

挤压系统主要包括加料装置、螺杆和料筒等部分，它是挤出机最关键部分，其中螺杆是挤出机的心脏，物料通过螺杆的转动才能在料筒内移动，并得到增压和部分热量。

（2）传动系统

传动系统通常由电动机、减速器和轴承等组成。其作用主要是驱动螺杆，供给螺杆在挤出过程中所需要的扭矩和转矩。在挤出过程中，要求螺杆转速稳定，并且不随螺杆负荷的变化而变化，以保证制品质量均匀一致。但在不同的场合下，要求螺杆能够实现变速，以达到一台设备能适应挤出不同材料或不同形状制品的要求。在多数挤出机中，螺杆速度的变化是通过调整电机速度实现的。传动系统还设有良好的润滑系统和迅速制动的装置。

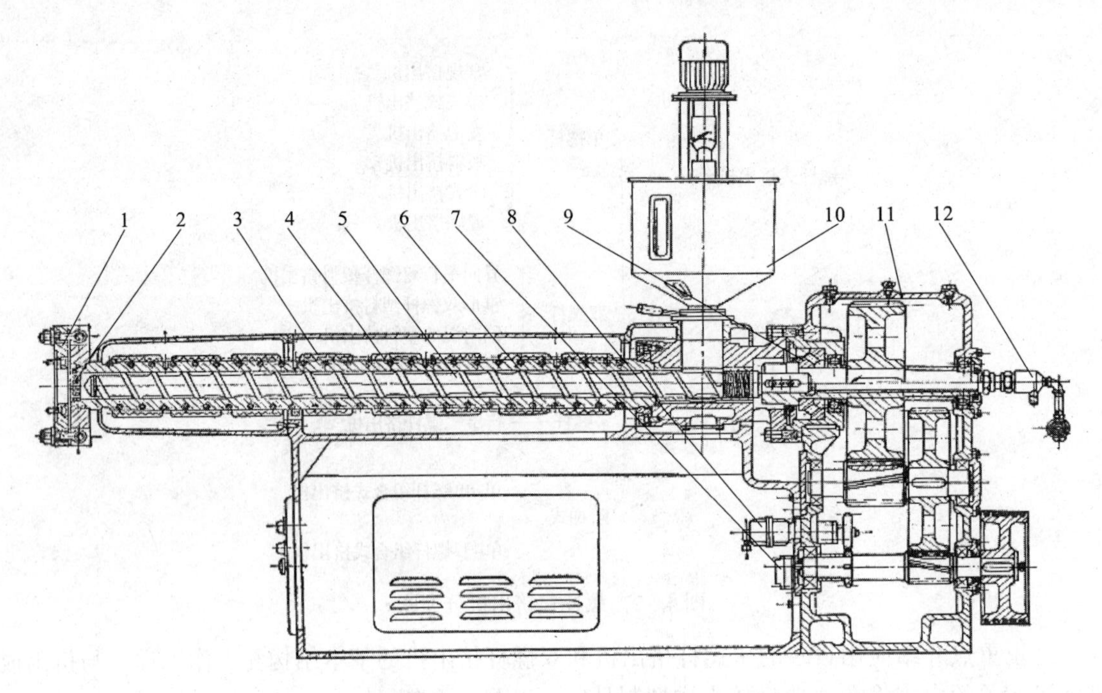


图4－3　挤出机的基本结构图

1—连接法兰　2—多孔板　3—冷却水管　4—加热器　5—螺杆　6—料筒　7—油泵
8—测速电机　9—滚珠轴承　10—进料斗　11—齿轮减速箱　12—螺杆冷却装置

(3) 加热和冷却系统

挤出机的加热冷却系统由加热装置和冷却装置组成，它是挤出过程能够顺利进行的必要条件，加热装置和冷却装置必须保证高分子材料熔融塑化和在成型过程中的温度条件达到工艺要求。

冷却装置一般设置在挤出机的料筒、螺杆以及料斗底部等部位。料筒冷却可以采用水冷或风冷方式，一般中小型挤出机多采用风冷方式；大型挤出机则多采用水冷或两种形式相结合的方式。螺杆冷却主要采用中心水冷，目的是增加物料固体输送速率，稳定出料量，同时提高产品质量。在料斗底部的冷却装置主要是为了加强对固体物料的输送作用，防止因升温使物料颗粒发黏，堵塞料口进而影响进料。一般对于螺杆直径为90mm以上的挤出机和高速挤出机，其料斗底部处必须设置冷却装置。

4.2.2.2　技术参数

单螺杆挤出机的主要技术参数有螺杆直径、螺杆长径比、螺杆转速、驱动电机功率、料筒加热功率、生产能力等，具体见表4－1。

表4－1　**单螺杆挤出机的基本参数（ZGB 95009.1—88）**

| 螺杆直径 $D$/mm | 长径比 $L/D$ | 螺杆最高转速 $n_{max}$/（r/min） | 最高产量 $Q$max/（kg/h） LDPE M12－7 | 电动机功率 /kW | 料筒加热段数（推荐） | 料筒加热功率 /kW≤ | 中心高 $h$/mm |
|---|---|---|---|---|---|---|---|
| 20 | 20 | 120 | 32 | 1.1 | 3 | 3 | 1000 |
| | 25 | 160 | 44 | 1.5 | 3 | 4 | 500 |
| | 30 | 210 | 65 | 2.2 | 3 | 5 | 350 |

续表

| 螺杆直径 $D$/mm | 长径比 $L/D$ | 螺杆最高转速 $n_{max}$/（r/min） | 最高产量 Qmax/（kg/h） LDPE M12－7 | 电动机功率 /kW | 料筒加热段数（推荐） | 料筒加热功率 /kW≤ | 中心高 $h$/mm |
|---|---|---|---|---|---|---|---|
| 30 | 20，25<br>20，30 | 160<br>200 | 16<br>22 | 5.5<br>7.5 | 3<br>4 | 5<br>6 | 1000<br>500，350 |
| 45 | 20，25<br>28，30 | 130<br>155 | 38<br>50 | 13<br>17 | 3<br>4 | 8<br>10 | 1000<br>500，350 |
| 65 | 20，25<br>28，30 | 120<br>145 | 90<br>117 | 30<br>40 | 4<br>4 | 14<br>18 | 1000<br>500 |
| 90 | 20，25<br>28，30 | 100<br>120 | 150<br>200 | 50<br>60 | 4<br>5 | 25<br>30 | 1000<br>500 |
| 120 | 20，25<br>28，30 | 90<br>100 | 250<br>320 | 75<br>100 | 5<br>6 | 40<br>50 | 1100<br>600 |
| 150 | 20，25<br>28，30 | 65<br>75 | 400<br>500 | 125<br>160 | 6<br>7 | 65<br>80 | 1100<br>600 |
| 200 | 20，25<br>28，30 | 50<br>60 | 600<br>700 | 200<br>250 | 7<br>8 | 120<br>140 | 1100<br>600 |

注：本表以生产聚烯烃为主，也可生产软PVC等塑料。

① 螺杆直径（$D$）：标志着挤出机的生产能力，即挤出量，单位为毫米（mm）；
② 螺杆长径比（$L/D$）：标志着挤出机的塑化能力和质量；
③ 螺杆转速范围：直接影响挤出机的挤出量和熔体物料的流动性，单位一般为r/min；
④ 螺杆驱动电机功率（$N$）：单位为kW；
⑤ 料筒加热段数目：料筒加热温控的段数；一般为3段。
⑥ 料筒加热功率：单位为kW；
⑦ 生产能力（$Q$）：单位小时的挤出机产量，单位为Kg/h；
⑧ 中心高：螺杆水平中心线与地面距离，单位为mm；
⑨ 机器的外形尺寸：总长×总宽×总高，单位为mm；
⑩ 机器总重：机器总质量，单位为t。

#### 4.2.2.3 挤压系统

（1）螺杆

螺杆是挤压系统的最主要部件，它直接关系到挤出机的应用范围和生产率，它的性能对挤出机的生产率、塑化质量、助剂的分散性、熔体温度和动力消耗等因素影响最大。螺杆一般是由高强度、耐腐蚀的合金钢制成。由于高分子材料品种多、性质各异，为了在挤出过程中能够对高分子材料产生较大的输送、挤压、混合和塑化作用，以适应加工不同种类材料的需要，螺杆的种类很多，结构上也各不相同。

螺杆的几何结构参数主要有：螺杆直径（$D$）、螺杆长径比（$L/D$）、压缩比（$\varepsilon$）、螺槽深度（$h$）、螺纹螺距（$S$）、螺棱宽度（$b_e$）、螺槽宽度（$bn$）、螺旋角（$\varphi$）等（见图4－4）。这里仅对挤出过程影响较大的参数进行较详细的说明。

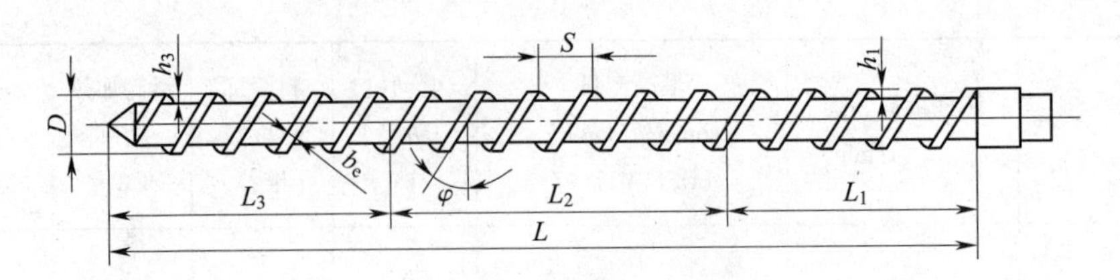


图4-4 螺杆的基本结构与特征参数

① 螺杆直径（$D$） 螺杆直径是指螺杆的最大直径，其大小一般根据所加工制品的断面尺寸、材料种类和挤出量确定。已经标准化，系列标准有20、30、45、65、90、120、150、165、200、250、300。

② 长径比（$L/D$） 长径比是指螺杆工作部分有效长度与螺杆直径之比，通常用$L/D$表示。$L/D$对螺杆的工作特性有重大的影响。长径比越大，则物料在料筒中停留时间越长，塑化越充分和均匀。一般挤出机长径比为18～25；但近年来挤出机的$L/D$有不断增大的趋势，甚至达到40以上。

③ 螺杆分段与螺槽深度（$h$） 螺槽深度影响高分子材料的塑化及挤出效率，通常从料斗至机头沿轴向长度方向，根据螺杆的螺槽深度变化情况，依次分为加料段$L_1$、压缩段$L_2$和均化段（或称为计量段）$L_3$等3个结构段；相应的螺槽深度分别为$h_1$、$h_2$（变化的）和$h_3$，见图4-4。

在加料段，未熔融的固体物料被向前输送和压实；在压缩段，物料逐渐从固态向黏流态转变，这种转变是通过料筒的外热传导和螺杆旋转时剪切、搅拌摩擦等复杂作用实现的；均化段是将压缩段输送来的熔融物料的压力进一步增大并均匀塑化，然后定温、定压、定量地将其输送到机头口模。

④ 压缩比（$\varepsilon$） 压缩比表示物料通过螺杆的全过程被压缩的程度。其作用是将物料压缩，排除气体，建立必要的压力，保证物料到达螺杆末端时有足够的致密度。

压缩比包含几何压缩比和物理压缩比两个概念。几何压缩比是指挤出机螺杆加料段第一个螺槽容积与均化段最后一个螺槽容积之比；物理压缩比主要指均化段熔体密度与物料加工之前的松散密度之比。

螺杆压缩比$\varepsilon$越大，物料受到挤压的作用也就越大，排除物料中夹杂空气的能力也越强。但$\varepsilon$太大，螺杆本身的机械强度下降。

压缩比$\varepsilon$的大小通常取决于挤出物料的种类和形态，如粉状物料的相对密度小，夹带空气多，其压缩比应大于粒状物料。另外挤出薄壁状制品时，压缩比$\varepsilon$应比挤出厚壁制品大。一般地，螺杆几何压缩比大于物理压缩比，压缩比$\varepsilon$为2～5。常见塑料材料的物理压缩比见表4-2。

表4-2 常见材料的物理压缩比

| 塑料种类 | 物理压缩比 | 塑料种类 | 物理压缩比 |
|---|---|---|---|
| PVC（粒料） | 2.5 | PE | 3-4 |
| PVC（粉料） | 3～4 | PP | 2.5-4 |
| 软PVC（粒料） | 3～4 | ABS | 1.6-2.5 |
| 软PVC（粉料） | 3～5 | PA-6 | 3.5 |
| PS | 2～4 | PA-1010 | 3 |

⑤ 螺旋角（$\varphi$） 螺旋角是螺纹与螺杆横断面的夹角。随螺旋角增大，挤出机的生产能力提高，但剪切作用和挤压力减小，通常在10°～30°，对于等距螺杆，当螺距等于直径时，螺旋角约为17°41′。同时，物料形状不同，对加料段的螺旋角要求也有所不同，螺旋角为30°时比较适于粉料加工，螺旋角为17°和螺旋角为15°时，分别适于圆柱料和方块料的加工。

⑥ 螺纹的头数（$i$） 螺杆螺纹可以是单头的，也可以是双头的，但多头螺纹比较少见，这是因为物料在多头螺纹中不易均匀充满，会造成挤出波动。

（2）料筒

料筒又叫机筒，挤出成型时的工作温度一般在180～290℃，料筒内压可达60MPa，因此，料筒必须能够承受高温和高压，并要求具有足够的强度、刚度和耐腐蚀性。料筒一般由耐热、耐压、耐磨、耐腐蚀的合金钢或内衬合金钢的复合钢管制成。料筒的长度一般为其直径的15～30倍，并且内壁光滑。

一般在料筒的外面设有加热装置和冷却装置。加热装置一般分3～4段，常用电阻或电感加热器，也有采用远红外线加热的。料筒冷却一般采用风冷装置或水冷装置。

（3）加料装置

加料装置是保证向挤出机料筒连续供料的装置，外形如漏斗，有圆锥形和方锥形，也称料斗，其底部与料筒连接处是加料孔，该处设有截断装置，可以调整和截断料流。在加料孔的四周设有冷却夹套，用以防止料筒的热量向料斗传递，从而导致料斗内物料升温发粘，引起加料不均和料流受阻等情况的发生。料斗的侧面有玻璃视窗及标定计量装置。有些料斗还有防止物料从空气中吸收水分的预热干燥真空减压装置，以及带有能克服粉状物料产生“架桥”现象的搅拌器和能够定时定量自动加料的装置等。挤出成型的供料一般采用粒状物料。

#### 4.2.2.4 控制系统

挤出机组控制系统一般由传动控制和温度控制两部分组成，其作用是满足螺杆所需的转速和功率，控制挤出机和辅机的温度、压力和流量，以保证制品质量，实现挤出机组的自动控制和主机、辅机协调运行等。挤出过程需要控制的工艺条件有温度、压力、螺杆转数、螺杆冷却、料筒冷却、制品冷却以及制品外径控制、牵引速度等。

（1）挤出机的温度控制

挤出机的温度控制应从整体方面考虑，既要考虑加热器的加热功率，又要考虑螺杆挤出的热量流失，并要求正确合理地确定测量元件的位置和安装方法。

（2）挤出机的压力控制

挤出机的压力波动是引起挤出质量不稳的重要因素之一，为了反映机头模具的挤出情况，需要检测挤出时的机头压力，对于没有设置机头压力传感器的单螺杆挤出机，一般用螺杆挤出后推力的测定代替机头压力的测定。挤出过程的压力波动与挤出温度、冷却装置的使用、连续运转时间的长短等因素密切相关，当发生异常现象时，可以通过检测的压力表读数，了解物料在挤出时的压力状态，一般取后推力极限值报警控制。

（3）螺杆转速的控制

螺杆转速的调节与稳定是挤出机传动的重要工艺要求之一。螺杆转速直接决定挤出成型的速度和产量。螺杆转速的波动将导致挤出量的波动而影响挤出成型质量。一般要求挤出机螺杆转速从起动到所需工作转速时可供使用的调速范围大，而且稳定性高。

（4）制品外径的控制

为了保证制品外径的尺寸，除要求控制模具的尺寸公差外，在挤出温度、螺杆转速和牵引装置线速度等方面也应有保证。制品外径的测量控制则综合反映上述控制的精度和水平。在挤出成型设备中，特别是高速挤出生产线上，应配置在线外径检测仪，以随时对制品外径进行检测，并且能及时将超差信号反馈，调整牵引速度或螺杆转速，纠正外径超差。

（5）电气自动化控制

挤出机的电气化控制包括开机温度联锁，工作压力保护与联锁，挤出和牵引两大部件传动比例的同步控制，制品外径在线检测与反馈控制，以及根据各种不同需要组成部件的单机与整机跟踪的控制。

4.2.2.5　单螺杆挤出机选用注意事项

与其他挤出机相比，常规单螺杆挤出机具有结构简单、坚固耐用、维修方便、价格低廉、操作容易等特点，但同时也存在混炼效果差、不适合粉料直接加工、生产效率低等缺点。在选用单螺杆挤出机时，通常需要注意以下参数的确定。

（1）螺杆直径的确定

确定挤出机螺杆直径的主要依据是挤出制品的种类、截面积形状、尺寸，以及加工物料的种类和生产率等因素，见表4-3。也可以参照经验公式（4-1）确定。

表4-3　螺杆直径与加工制品范围关系

| 螺杆直径/mm | 硬管直径/mm | 吹膜直径/mm | 挤板宽度/mm |
|---|---|---|---|
| $\phi$30 | 3～30 | 50～300 | |
| $\phi$45 | 10～45 | 100～500 | |
| $\phi$65 | 20～65 | 400～900 | 400～800 |
| $\phi$90 | 30～120 | 700～1200 | 700～1200 |
| $\phi$120 | 50～180 | ～2000 | 1000～1400 |
| $\phi$150 | 80～300 | ～3000 | 1200～2500 |
| $\phi$200 | 120～400 | ～4000 | |

$$Q = \beta D^3 n \tag{4-1}$$

式中，$Q$为挤出量；$\beta$为出料系数，一般为0.003～0.007；$D$为螺杆直径，mm；$n$为螺杆转速，r/min。

（2）$L/D$的选择

$L/D$直接反映挤出机的塑化能力，特别是当挤出机螺杆转速较高时，会导致物料相变点后移，此时只有通过加大$L/D$才能获得良好的塑化效果。当$L/D$较大时，物料在挤出机内停留时间长，料筒内物料的温度分布能够得到改善，对混合和塑化有利，这样即可以实现低温挤出，也可以增大螺杆转速，进一步提高挤出机的生产能力。因此，对于硬质塑料、粉状塑料等要求塑化时间长的物料，应选$L/D$较大的挤出机。但$L/D$过大，易造成热敏性物料因受热时间长而出现分解；同时，会出现螺杆自重增加，螺杆制造和安装困难，挤出机功率消耗增大等问题。目前，单螺杆挤出机的$L/D$以25居多。

（3）螺杆的结构形式的选择

螺杆各段的长度和螺槽深度直接影响物料的塑化质量及挤出效率，在实际生产中，螺杆长度和螺槽深度往往是变化的。根据螺杆压缩段螺槽深度的变化情况，螺杆的结构有渐变型和突变型两种结构型式，见图4-5。

① 渐变型　螺杆的螺槽深度变化是在一个较长的螺杆轴向距离内完成的，渐变型螺杆包括等距不等深和等深不等距两种结构。渐变型螺杆的特点是加料段长度为螺杆全长的10%～

20%，压缩段约占60%～70%，均化段占10%左右。其特点是传热好，剪切不剧烈，但是混炼效果不好，适用于热敏性物料与非结晶性物料。

(a) 渐变型螺杆

(b)突变型螺杆

图4－5　螺杆常见结构形式

② 突变型　螺槽深度的变化是在较短的螺杆轴向距离内完成的，甚至在1～2个直径长度内完成。其特点是剪切剧烈，传热不好。适用于黏度小、具有突变熔点的塑料，如PA、PS、PP等。

(4) 螺杆头部型式

螺杆头部型式有半圆、平、锥、尖、螺纹头等形状，图4－6是常见螺杆的头部形式。为了避免如PVC等热敏性塑料因滞留在螺杆头端面死角引起分解，螺杆头部常设计成锥形或半圆形；有些螺杆的头部是表面完全平滑的杆体，常被称为“鱼雷体”；也有刻上凹槽或铣刻成花纹的型式。鱼雷体结构具有搅拌物料和控制物料流量、消除料流脉冲现象，增大物料压力，降低料层厚度，改善物料加热状况，提高螺杆塑化效率的作用。

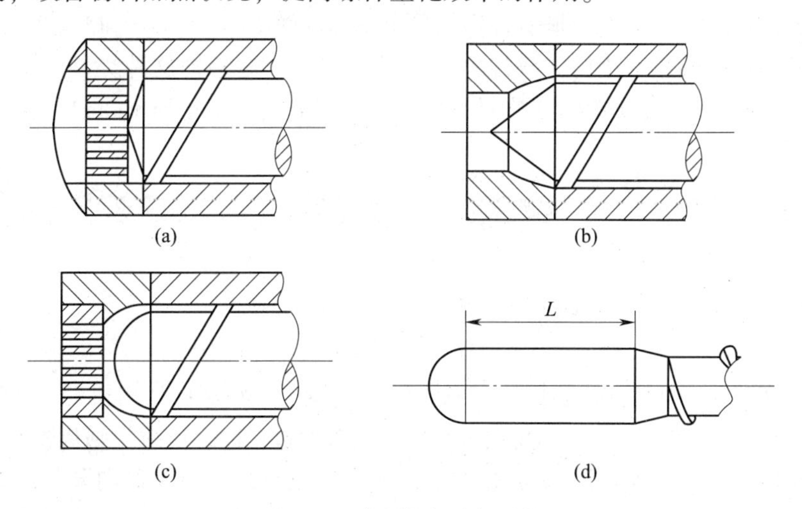


(a)　(b)　(c)　(d)

图4－6　常用螺杆头部形状

(a) 大圆锥 (120°)　(b) 锥体 (60°)　(c) 半圆形　(d) 鱼雷体

## 4.2.3　双螺杆挤出机

双螺杆挤出机是20世纪30年代后期意大利首先开始研制的，经过半个多世纪的不断改进和完善，双螺杆挤出机得到了很大的发展。在国外，双螺杆挤出机的应用已占全部挤出机总数的40%左右，特别是生产硬聚氯乙烯粒料、管材、异型材、板材的加工几乎都采用双螺杆挤出机。此外，作为连续混合机，双螺杆挤出机也广泛用于共混、填充、增强改性和反应性挤出等工艺过程。

4.2.3.1 双螺杆挤出机的结构与分类

(1) 双螺杆挤出机的基本结构

双螺杆挤出机同样是由传动系统、挤压系统以及加热冷却系统等几个部分组成，各部件的作用与单螺杆挤出机相似，但双螺杆挤出机挤压系统的两根螺杆可以是啮合或非啮合、整体式或组合式、同向旋转式或异向旋转式等型式，料筒也有整体式或组合式两种型式。双螺杆挤出机的基本结构如图4-7所示。

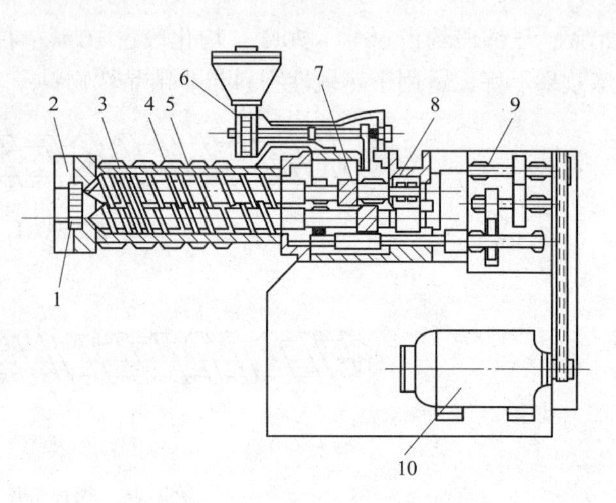


图4-7 双螺杆挤出机的基本结构

1—多孔板 2—连接法兰 3—料筒 4—螺杆 5—加热器 6—加料器 7—支座 8—止推轴承 9—减速器 10—电动机

(2) 双螺杆挤出机的分类

双螺杆挤出机的螺杆结构要比单螺杆挤出机复杂得多，随着两根螺杆的啮合程度、相互位置、旋转方向以及形状特点的不同，有多种不同的型式。同时，挤出机的功能也会发生相应变化。

① 啮合型与非啮合型 根据两根螺杆的相对位置，可将双螺杆挤出机分为啮合型双螺杆挤出机和非啮合型双螺杆挤出机。啮合型双螺杆（Intermeshing Twin Screw Extruder）可按其啮合的程度分为部分啮合型与全啮合型。见图4-8所示。全啮合双螺杆的中心距等于一根螺杆的根部半径与另一根螺杆的顶部半径之和。部分啮合双螺杆的中心距大于一根螺杆的根部半径与另一根螺杆的顶部半径之和。非啮合型双螺杆挤出机（Non-itermeshing Twin Screw Extruder）也被称为外径接触式或相切式双螺杆挤出机，国际上通常把这种类型的双螺杆挤出机叫作Double Extruder，以示与通常称呼的双螺杆挤出机（Twin Screw Extruder）的区别。

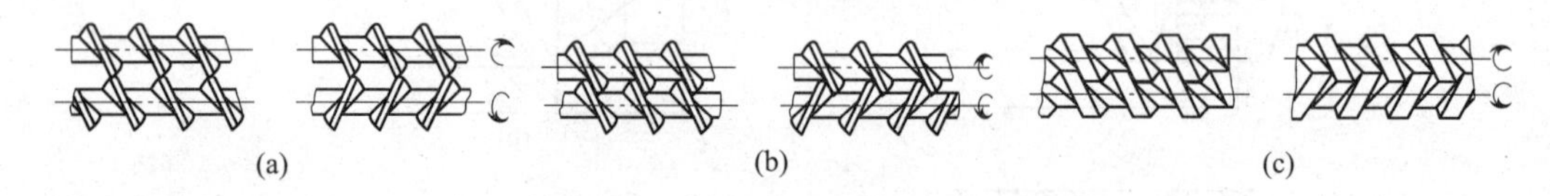


图4-8 双螺杆挤出机的啮合型式

(a) 非啮合型 (b) 部分啮合型 (c) 全啮合型

② 螺槽开放与螺槽封闭 按照螺棱和螺距的不同情况，双螺杆挤出机的啮合区螺槽可以是开放的或封闭的。所谓螺槽开放，即物料可在某一位置通过；而螺槽封闭则指物料不能通过。开放和封闭的情况又可按沿着螺槽或横过螺槽分为纵向开放或封闭以及横向开放或封闭。图4-9表示了双螺杆的纵向开放、纵向封闭以及横向开放。物料可以从一根螺杆沿螺槽流到另一根螺杆的螺槽，则称为纵向开放。纵向封闭则意味着两根螺杆上各自形成若干个互不相通的腔室，一根螺杆的螺槽完全被另一根螺杆的螺棱堵死。在两根螺杆的啮合区，若横过螺棱物料有通道，即物料可以从同一根螺杆的一个螺槽流向相邻的另一个螺槽，或一根螺杆的螺槽中的物料可流到另一根螺杆的相邻两个螺槽，被称为横向开放，否则被称为横向封闭。横向开放与纵向

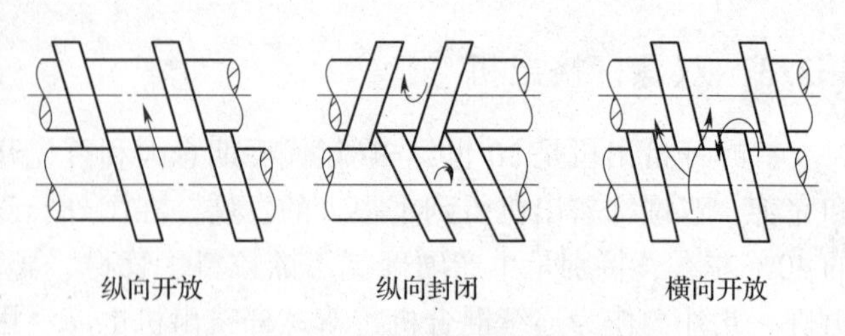


图4-9 双螺杆的螺槽开放与封闭

开放并不是孤立的，两者有联系，如果是横向开放，那么必然纵向也开放。

③ 同向旋转与异向旋转　根据螺杆的旋转方向，双螺杆挤出机可以分为同向旋转和异向旋转。同向旋转双螺杆挤出机是两根螺杆工作时旋转方向一致；异向旋转双螺杆挤出机是指两根螺杆工作时旋转方向相反，异向旋转有向内旋转和向外旋转两种情况。目前螺杆向内旋转的情况较少，这是由于物料自加料口加入后，在两根螺杆的推动下，物料会首先进入啮合区的径向间隙，并在上方形成料堆，这样导致螺槽可以利用的自由空间减少，不利于物料将螺槽尽快充满和向前输送，易形成架桥；同时，进入两根螺杆径向间隙的物料有将两根螺杆向外分开的作用，即把螺杆推向料筒内壁，从而加快了螺杆和料筒的磨损。而两根螺杆向外旋转则没有上述缺点，两根螺杆向外异向旋转时，物料在两根螺杆的带动下，将很快向两边分开而充满螺槽，并与料筒接触吸收热量，有助于物料的加热与熔融。

从外形上看，异向旋转的两根螺杆螺纹方向相反，一根螺杆是螺纹右旋，另一根螺杆是螺纹左旋，两者对称。

④ 平行双螺杆挤出机与锥形双螺杆挤出机　按照两根螺杆轴线的关系，双螺杆挤出机可分为平行双螺杆挤出机和锥形双螺杆挤出机，轴线平行的为平行双螺杆挤出机，轴线相交的为锥形双螺杆挤出机，见图4－10所示。一般情况下锥形双螺杆挤出机的螺杆转向为异向旋转。

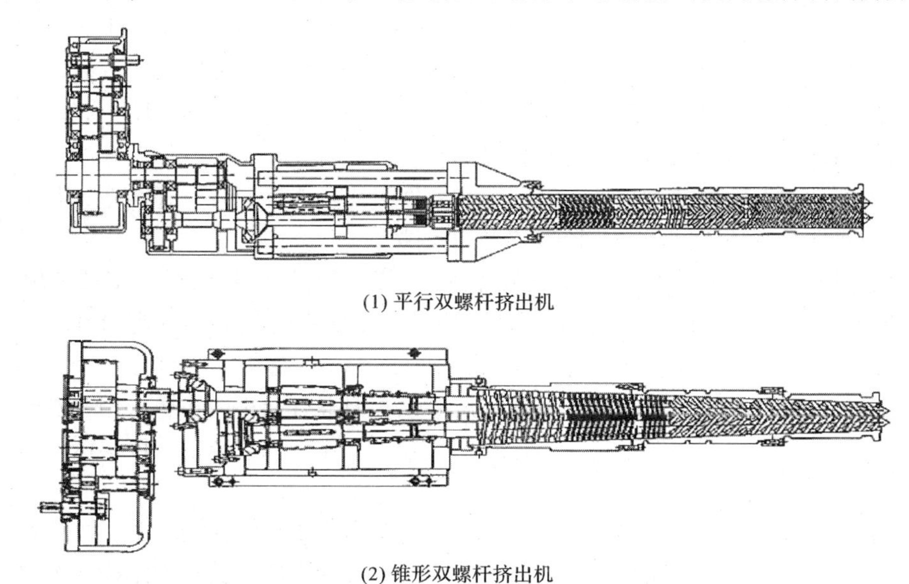

(1) 平行双螺杆挤出机

(2) 锥形双螺杆挤出机

图4－10　平行双螺杆挤出机与锥形双螺杆挤出机

与平行双螺杆挤出机相比，锥形双螺杆挤出机具有如下优点：塑化效果平稳；加料表面积大；塑化压力可减少50%～60%；熔体热降解几率降低；由于传动一侧加长，因而有充分的空间安装轴承，传动装置零部件的寿命长，磨损损坏易于修补；螺杆更换方便；加料段螺杆根部直径较大，螺杆芯部温度控制系统易于安装；螺杆长度较短，挤出机结构紧凑。

此外，按螺杆旋转速度，双螺杆挤出机还可分为高速或低速双螺杆挤出机；按螺杆与料筒的结构，可分为整体式或组合式双螺杆挤出机。

#### 4.2.3.2　双螺杆挤出机的主要参数与螺杆结构

(1) 双螺杆挤出机的主要参数

① 螺杆公称直径　螺杆公称直径指螺杆外径，单位为mm。对于变径（或锥形）螺杆而言，一般用最小直径和最大直径等两个参数来表示，如：65/130。双螺杆的直径越大，表征双螺杆挤出机的加工能力越大。

② 螺杆长径比　螺杆长径比是指螺杆的有效长度与螺杆外径之比。一般整体式双螺杆挤出机的长径比在7～18之间。对于组合式双螺杆挤出机，长径比是可变的。从发展看，长径比有逐步加大的趋势。

③ 螺杆转向　螺杆的转向有同向和异向之分。一般同向旋转的双螺杆挤出机多用于混料，异向旋转的双螺杆挤出机多用于成型制品。

④ 螺杆的转速范围　螺杆的转速范围是指螺杆的最低转速到最高转速间的范围。同向旋转双螺杆挤出机的转速可以较高，而异向旋转的挤出机转速较低，一般低于40r/min。

（2）螺杆结构形式

双螺杆挤出机的螺杆有整体式和组合式（或积木式）两种结构。整体式螺杆是指螺杆由整根材料制作而成的。组合式的螺杆也常被称为积木式螺杆，它是由不同数目、不同功能的螺杆元件按照一定的要求和顺序组装到螺杆芯轴上。相应地，料筒也必须采用组合形式，其内衬套可以根据螺杆元件的不同进行调整。组合式螺杆挤出机可以实现不同效果的连续输送、加压、塑化、排气和均化等作用。

异向旋转双螺杆挤出机的螺杆一般为整体式的，以保证啮合精度，尤其是锥形双螺杆挤出机。同向旋转双螺杆挤出机的螺杆元件可分为正向螺纹输送元件和反向螺纹输送元件。前者又有单头，双头，叁头之分，单头螺纹螺槽较深，输送能力大，剪切作用小，主要用于输送，双头螺纹螺槽稍浅，剪切作用中等，用于良好的混合和输送；叁头螺纹螺槽浅，剪切作用强，输送能力低，适于高剪切混合。反向螺纹输送元件的输送方向与挤出方向相反，作为阻力元件，用于形成密封和建立高压，以利于排气和脱出挥发组分。

常用的螺杆元件有常规螺纹元件、反向螺纹元件、混合混炼元件、捏合盘、齿形盘、S型元件、六棱柱元件等，这里只介绍几种有特点的元件。

捏合盘元件是一种具有很强剪切和混合作用的混炼元件，它相当于一个螺纹侧面倾角为90°，螺距为无限大的同向旋转螺杆的一部分，可分为正向捏合块和反向捏合块，如图4－11所示。一般来说，错列角越大，输送能力越弱，剪切混合效果越好；错列角越小，输送能力越好，剪切混合效果越弱；捏合盘越厚，剪切作用越强，但混合和正向输送作用也越弱。

齿形混合盘元件主要用作搅乱料流、加强均化和混合作用，它能使浓度很低的添加剂混合更均匀，其基本结构见图4－12。

混合混炼元件在结构上相当于在普通输送元件上开出垂直于螺棱的沟槽，这样在相邻两螺槽间压差的作用下，物料会流向压力低的螺槽，起到回混的作用，其基本结构见图4－13。

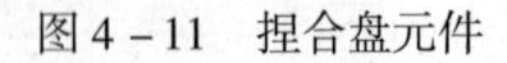

图4－11　捏合盘元件

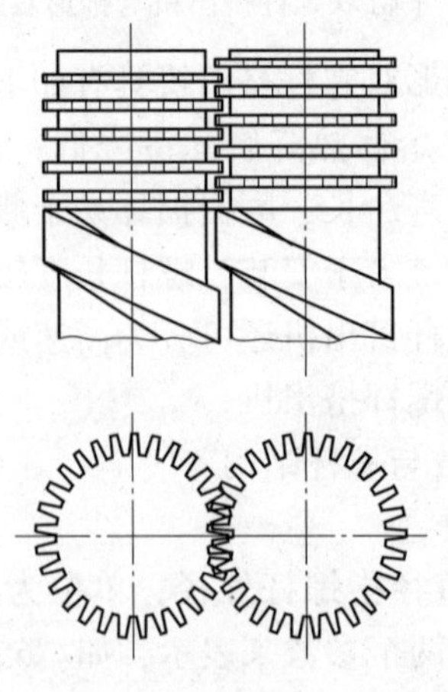

图4－12　齿形混合盘元件

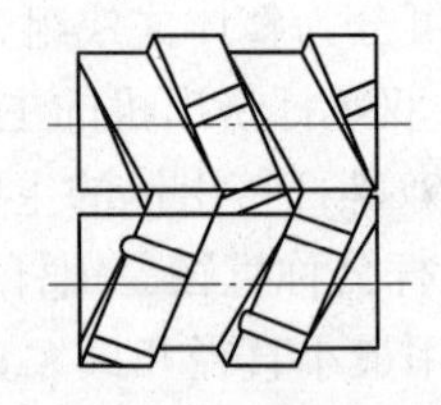

图4－13　混合混炼元件

（3）螺杆元件的组合实例

高分子材料的混合与混炼多采用积木式同向旋转的双螺杆挤出机，下面简单介绍几种螺杆元件组合的实例。

① 对于高分子填充体系，多采用中等螺距和较小压缩比的螺杆元件，并配以较强的破碎混炼元件，以促使无机填料均匀地分散到高分子材料熔体中，经排气、再均化、再塑炼，最终得到均匀的复合填充材料。

② 对于纤维增强的高分子材料体系，在混合过程中，需在混炼过程中剪断玻璃纤维，其相关的混炼元件应带有一定的倾角。

③ 对于热固性塑料及粉末状物料的塑炼，为了防止物料因温度过高而在料筒内固化，应控制螺杆的长径比和压缩比，同时采用螺距较大的螺杆元件，并适当地串联某些混炼元件。

4.2.3.3　双螺杆挤出机的工作原理

双螺杆挤出机的结构尽管与单螺杆挤出机很相似，但工作原理差异却很大。对于双螺杆挤出机，在物料由加料装置经螺杆到达机头口模的过程中，物料的运动情况因螺杆的啮合方式、旋转方向不同而不同，从而导致双螺杆挤出机不同的输送、混合和流动机理，同时也决定了的不同挤出机用途。

（1）啮合型同向旋转双螺杆挤出机的工作原理

在啮合型同向旋转双螺杆挤出机中，物料在螺槽中的流动形式为"∞"字形螺旋流动，见图4－14。同时，由于啮合区间隙很小，啮合处螺纹和螺槽的速度相反，剪切速度高，使得物料在啮合区所受的剪切作用较大，并能将黏附在另一根螺槽上的积料刮下，这些特点使得同向旋转双螺杆挤出机具有优异的分散混合及分布混合能力，较窄的停留时间分布及优良的自清理效果等优点。这种类型的挤出机适合用于混炼物料和造粒，广泛应用于高分子材料的配混，如共混、填充、增强以及排气和反应挤出等领域。但同时，与异向旋转双螺杆挤出机相比，同向旋转双螺杆挤出机的输送效率较低，建压能力差，一般不能直接用于挤出成型。若想获得较高的挤出压力，则需在挤出机下游连接熔体齿轮泵或连接第二阶单螺杆挤出机，并且，由于物料在啮合区间所受的剪切作用较大，所以该类型设备也不适应于热敏性材料如聚氯乙烯制品的生产。

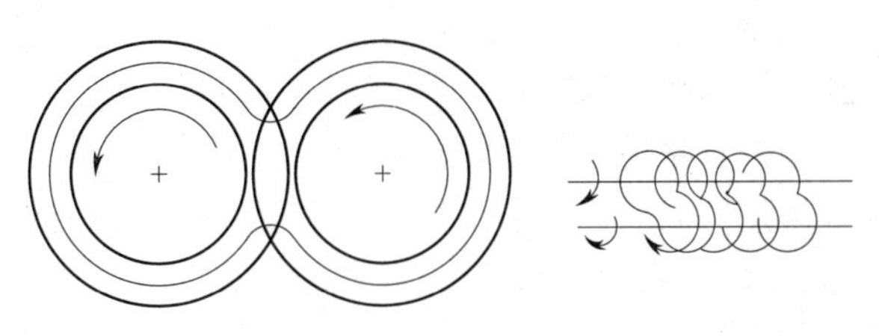

图4－14　同向旋转双螺杆螺槽中物料的流动状况

啮合型同向旋转双螺杆挤出机有低速和高速两种，由于两种挤出机的设计、操作特性和应用领域都不同，前者主要用于型材挤出，而后者主要用于特种高分子材料加工。

（2）啮合型异向旋转双螺杆挤出机的工作原理

在啮合型异向旋转双螺杆挤出机中，两根螺杆是对称的，其中物料的运动情况见图4－15。由于两根螺杆的回转方向不同，一根螺杆上物料螺旋前进的道路被另一根螺杆的螺棱堵住，故物料不能形成"∞"字型运动，而是被封闭在环绕每根螺杆的"C型"

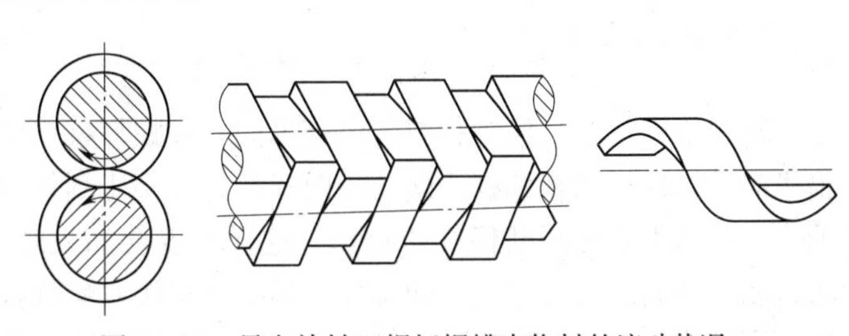

图4－15　异向旋转双螺杆螺槽中物料的流动状况

小室中，作类似于齿轮泵中的正位移输送。为了使物料得到一定的混合，一般一根螺杆的外径与另一根螺杆的根径之间留有一定的间隙量，以使物料能够通过。由于两螺杆的径向间隙比较小，啮合型异向旋转双螺杆挤出机也具有一定的自洁性能。物料通过两螺杆之间的径向间隙时，受到较大的剪切、搅拌和压延作用。啮合型异向旋转双螺杆挤出机多用于挤出成型加工制品。

异向旋转双螺杆挤出机有平行和锥形两大类型，由于螺杆直径大到一定程度时，锥形双螺杆挤出机需要较大尺寸的止推轴承和扭矩分配齿轮，导致整个设备结构过于庞大，因此大型设备多采用平行异向双螺杆挤出机。目前螺杆直径在 55 ~ 80mm 范围内的异向双螺杆挤出机多采用锥形双螺杆；直径 80mm 以上的异向双螺杆挤出机多采用平行双螺杆；而直径 30mm 左右的平行双螺杆挤出机多用于实验室。

与同向双螺杆挤出机相比，异向双螺杆挤出机输送效率高，排气效果及熔融效果好，建压能力强，因而可用来直接挤出制品，但异向旋转双螺杆挤出机对物料的分散混合效果较差。当异向双螺杆挤出机的螺杆转速在 20 ~ 40r/min 的较低范围时，挤出机具有正向输送的特性，物料剪切发热量小，特别适用于直接加工 PVC 粉料，如 PVC 管材、型材、板材等塑料型材的挤出加工，这样可以省去造粒工序，使制造成本下降 20% 左右；当螺杆转速较高，约 100 ~ 200r/min 时，则挤出机的正向输送特性较小，大多用于配混、连续化学反应及其他特种高分子材料的加工。

锥形双螺杆挤出机与平行双螺杆挤出机的工作机理基本相同。目前国内 PVC 制品挤出成型加工中大多采用锥形双螺杆挤出机。

4.2.3.4　双螺杆挤出机与单螺杆挤出机的生产工艺控制比较

单螺杆挤出机、异向双螺杆挤出机和混炼用同向双螺杆挤出机的正向位移输送、稳定挤出情况和分布混合能力等方面的定性比较见表 4 – 4。

表 4 – 4　单螺杆挤出机和双螺杆挤出机的比较

| | 单螺杆挤出机 | 异向双螺杆挤出机 | 同向双螺杆挤出机 |
|---|---|---|---|
| 正向位移输送 | 较弱 | 强（如齿轮泵） | 中等 |
| 稳定挤出情况 | 中等 | 强 | 较弱 |
| 分布混合能力 | 中等 | 较弱 | 强 |

（1）温度条件控制

为了达到固体输送能力，物料在单螺杆挤出机的加料段仍处于未熔化的固体状态。因此，单螺杆挤出机一般采用温度逐步升高的设置方法。物料如果过早熔化，就会出现物料黏附螺杆，并与螺杆同步转动而停止向前移动的“架桥”现象。这样会导致挤出机不能形成有效的固体输送能力。表 4 – 5 是采用单螺杆挤出机生产 PVC 型材的温度设置情况。

表 4 – 5　单螺杆挤出机的温度分布情况　单位：℃

| 加料段 | 熔化段 | 均化段 | 机头体 | 口模 |
|---|---|---|---|---|
| 140 ~ 150 | 160 ~ 170 | 170 ~ 180 | 180 ~ 185 | 180 ~ 185 |

与单螺杆挤出机输送物料的机理不同，双螺杆挤出机是采用强制进料的方法。物料进入挤出机时，在通过两根螺杆之间的径向间隙过程中受到较强的剪切、搅拌和压延作用。温度设置不当，物料就不能得到很好的塑化，这样不仅会加大螺杆的挤压负荷，同时后序进入排气段时，粉状物料还会随空气一同排除。因此，采用双螺杆挤出机生产时其温度设置与单螺杆挤出机不同，表 4 – 6 是采用双螺杆挤出机生产 PVC 型材的温度设置情况。

表4-6 双螺杆挤出机的温度分布情况 单位:℃

| 1区 | 2区 | 3区 | 4区 | 法兰盘 | 机头体 | 口模 | 螺杆内油温 |
|---|---|---|---|---|---|---|---|
| 170~180 | 160~160 | 165~175 | 165~175 | 165~175 | 170~180 | 175~185 | 70~90 |

(2) 螺杆转速控制

对于单螺杆挤出机，物料直接通过料斗进入到螺杆和料筒之间，螺杆的转速不仅与进料速度有直接关系，同时还与物料颗粒的形状、密度及表面物理性质有关。一般，粉状物料、密度小的物料、不光滑的物料、活动阻力大的物料都会使进料速度减缓，有时还容易产生“架桥”现象。单螺杆挤出机螺杆的转速还直接影响挤出压力、物料塑化程度和转动螺杆电机负荷。例如，采用单螺杆挤出机生产PVC型材时，螺杆转速一般控制在10~40r/min。

对于双螺杆挤出机，其进料方式是依靠两根螺杆间隙产生挤压作用的强制进料方式，特别是锥形双螺杆挤出机，它与单螺杆挤出机靠摩擦拖曳的固体输送有很大区别。在双螺杆挤出机中往往采用限制或定量加料的方式。在进料口上方设有加料器，由加料器中的加料螺杆转速来控制物料进入挤出机的料量，实际上也控制了挤出速度。而螺杆的转速更多的体现在塑化能力的变化。螺杆的转速加快，其塑化能力加大。加料速度应与螺杆转速相匹配，以达到最佳的塑化质量和形成适当的机头压力。

(3) 配方要求的差异

采用单螺杆挤出机和双螺杆挤出机成型同类制品时，由于物料的运动状态、所受到的剪切力、所经历的塑化时间以及塑化历程的不同，对物料体系配方的要求也有所不同。

如表4-7所示，PVC物料在双螺杆挤出机中所受的剪切力远远大于单螺杆挤出机，所以对配方的内润滑体系要求较高；但物料在双螺杆挤出机中的塑化时间短，塑化历程短，因此，对体系的热稳定性要求比单螺杆挤出机的要求低。此外双螺杆挤出机的塑化能力、塑化均匀程度都远高于单螺杆挤出机，采用双螺杆挤出机生产PVC型材配方中所使用的热稳定剂、加工助剂和改性剂用量均少于采用单螺杆挤出机的配方。

表4-7 单螺杆挤出机和双螺杆挤出机挤出成型同类制品的配方对比

| 配方 | 单螺杆挤出机 | 双螺杆挤出机 |
|---|---|---|
| PVC树脂（$K$值=65~68） | 100.0 | 100.0 |
| 有机锡稳定剂 | 0.8 | 0.4 |
| 丙烯酸类加工助剂 | 1.5 | 0.0 |
| 硬脂酸钙 | 1.5 | 0.6 |
| 石蜡 | 0.9 | 1.2 |
| 聚乙烯蜡 | 0.1 | 0.15 |

(4) 挤出机中物料停留时间的分布情况

图4-16是物料分别在双螺杆挤出机和单螺杆挤出机中停留时间的分布情况图，可以看出，物料在双螺杆挤出机中的平均停留时间约为单螺杆挤出机中的一半，而且停留时间的分布范围仅约为单螺杆挤出机的五分之一，可见物料在双螺杆挤出机中停留时间分布窄，这样高分子材料在料筒内所经历的物理和化学过程大体相同，因此，混合物各部分的性能会更均匀。

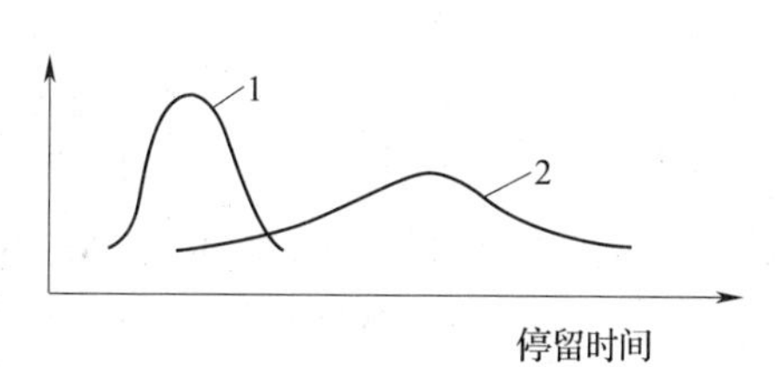


图4-16 物料在挤出机中停留时间情况
1—双螺杆挤出机 2—单螺杆挤出机

# 4.3 挤出塑化理论

## 4.3.1 挤出理论基础知识

在挤出过程中，高分子材料在挤出机中的状态变化及运动规律直接影响挤出产量和制品质量，因此，研究物料在螺槽内速度、压力和温度的分布规律；考察螺杆对物料的输送能力，塑炼效果和功率消耗的影响，并通过理论分析，探索影响挤出机固体输送流率，熔融塑化速度以及熔体输送流率的各种因素，对寻求提高挤出机产量、改善高分子材料塑化质量、降低能量消耗具有重要意义。

### 4.3.1.1 挤出过程分析

挤出过程包括输送、熔融和混合均化等复杂过程。对于具体的挤出过程来说，大多数热塑性塑料是以固体颗粒或粉状物料进入挤出机，经由塑化后，以熔体状态被挤出；也有些是以黏流态加入挤出机，这主要应用于不需要在挤出机中熔融塑化物料的加工形式，如制备后期中的挤压脱水和橡胶材料的挤出过程；还有些高分子物料在挤出全过程中物料自始至终没有形成黏性流体的流动状态，如超高分子质量聚乙烯的挤出成型。而作为挤出塑化理论则是对挤出过程中的共性问题进行研究。

### 4.3.1.2 3 个职能区

根据高分子材料物理状态和流动行为的变化，将挤出过程中划分为如图 4 – 17 所示的 3 个职能区：固体输送区、熔融区和熔体输送区。挤出过程中物料状态的变化见图 4 – 18 所示，可以看出，螺杆的 3 个结构段与 3 个区域实际上并不完全一致。这是由于螺杆的加料段、压缩段和均化段（也称为计量段）是人为设计的，而螺杆的固体输送区、熔融区和熔体输送区是根据挤出过程中实际情况划分的。

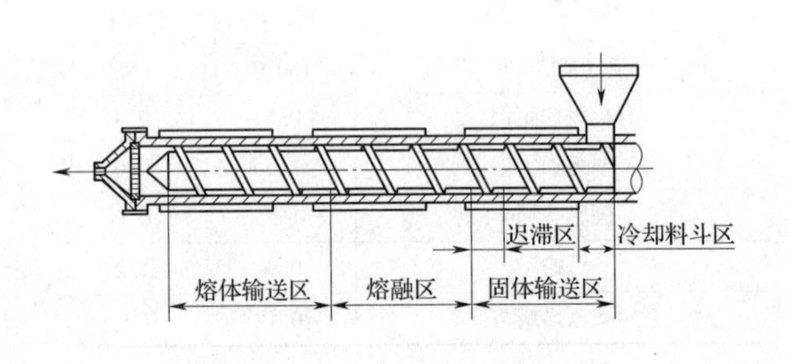


图 4 – 17 挤出过程的 3 个职能区

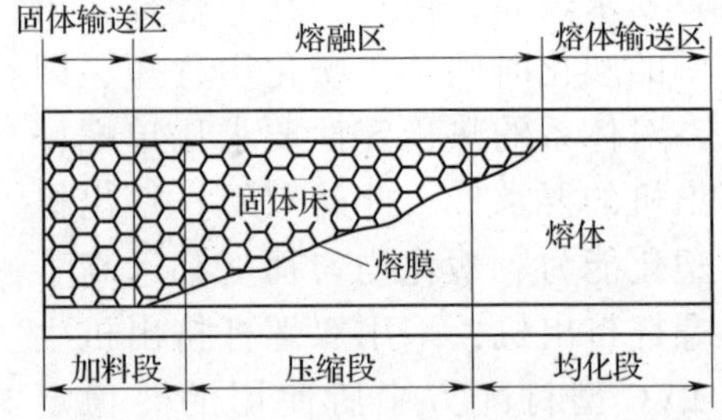


图 4 – 18 单螺杆挤出机螺杆展开示意图

（1）固体输送区

在固体输送区，在旋转着螺杆的作用下，从料斗加入的固体高分子材料通过料筒内壁和螺杆表面的摩擦作用向前输送和压实。在固体输送区，由于温度较低，物料仍然保持固体状态并逐渐被压实，同时，排除夹杂在松散物料中的气体。

（2）熔融区

熔融区是物料发生相转变的区域。在熔融区，随着物料的继续向前输送，热量通过料筒外加热装置传导给物料，同时，物料在前进过程中产生摩擦热，使物料沿料筒向前的温度逐渐升高，当料温达到熔融温度并逐渐熔融塑化时，物料从固态转变成熔融状态。

(3) 熔体输送区

在熔体输送区，熔融的物料沿螺杆不断被输送到螺杆前方并被搅拌和混合，同时定量、定压、定温地通过多孔板、过滤网而进入机头成型。

3 个功能区段的存在与否以及在挤出机中的位置与具体的挤出过程有关。当物料的性能或操作条件变化时，相邻各段即有可能互相交叠，也会出现各段边界的改变。

挤出塑化理论是在单螺杆挤出机的3 个功能区基础之上建立的，包括固体输送理论、熔融理论和熔体输送理论。

## 4.3.2 固体输送理论

固体输送理论是全部挤出塑化理论的基础，这里介绍由达涅耳（Darnel）和莫耳（Mol）提出的固体输送理论，即 Darnel – Mol 固体输送理论。Darnel – Mol 理论是建立在以固体对固体的摩擦静力平衡为基础的理论，通过对固体塞作点的运动分析和受力分析，建立固体输送流率方程。

### 4.3.2.1 Darnel – Mol 理论基本方程

Darnel – Mol 理论的基本假设是：螺杆静止料筒旋转；螺槽深度是恒定的，压力只是螺槽长度的函数；忽略螺棱与料筒的间隙、物料重力以及密度变化等因素的影响；摩擦因数与压力无关；当固体物料进入挤出机的螺槽时，物料与螺槽和料筒内壁所有面紧密接触，形成具有弹性的固体塞（Solid Bed or Plug），并以一恒定的速率移动。

(1) 固体塞的运动分析

由于假设螺杆静止料筒旋转，则固体塞运动的驱动力是料筒表面与固体塞之间的摩擦力；而螺杆与固体塞之间的摩擦力则是阻止固体塞运动的作用力，因此，固体塞的移动是受周围螺杆、料筒表面之间各摩擦力所控制。

由理论力学可知，绝对速度等于相对速度与牵引速度的矢量和，由图 4 – 19 分析可知，固体塞微单元的绝对速度 $v_3$ 等于固体塞受到料筒的牵引速度 $v_1$ 与固体塞沿螺槽方向相对速度 $v_2$ 的矢量和，$v_1$ 与 $v_3$ 的夹角 $\theta$ 被称为牵引角或移动角，即固体塞绝对速度与螺杆外圆切线速度的夹角，其值为 0° ~90°。从物理意义上说，$\theta$ 角的方向是“位于”固体塞上的观察者所看到的料筒运动方向。$v_3$ 的轴向速度分量为 $v_{pl}$。

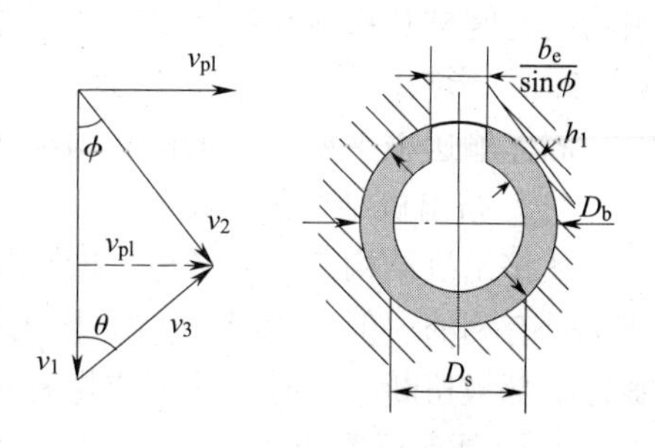


图 4 – 19 固体塞微单元的运动分析图及螺槽流道横截面图

固体输送流率等于固体塞轴向运动速度 $v_{pl}$ 与垂直于 $v_{pl}$ 的螺槽流道截面积 $F$ 之积。

即：

$$Q_S = v_{pl} \cdot F \tag{4-2}$$

$$v_{pl} = v_1 \cdot \left(\frac{tg\theta \cdot tg\varphi}{tg\theta + tg\varphi}\right) = \pi \cdot D_b \cdot n \cdot \left(\frac{tg\theta \cdot tg\varphi}{tg\theta + tg\varphi}\right) \tag{4-3}$$

垂直于 $v_{pl}$ 的螺槽流道截面积：$F = \frac{\pi}{4} \cdot (D_b^2 - D_s^2) - \frac{i \cdot b_e \cdot h_1}{sin\overline{\varphi}}$ （4 – 4）

将式（4 – 3）和式（4 – 4）代入式（4 – 2），得出：

$$Q_s = \pi^2 \cdot n \cdot D_b \cdot h_1 \cdot (D_b - h_1) \cdot \frac{tg\theta \cdot tg\varphi}{tg\theta + tg\varphi} \cdot \left(\frac{b_w}{b_w + b_e}\right) \tag{4-5}$$

式中 $Q_s$ 为固体输送速率；$n$ 为螺杆转速；$D_b$ 为螺杆最大外径；$h_1$ 为螺杆加料段螺槽深度；$\varphi$ 为螺杆的螺旋升角；$b_w$ 为平均螺槽宽度；$b_e$ 为法向螺棱宽；$i$ 为螺纹头数，令 $i=1$；$\theta$ 为牵引角。

由式（4－5）可知，固体输送速率不仅与螺杆参数 $D_b$、$h_1$、$(D_b-h_1)$ 以及螺杆运转情况 $n$ 有关，而且还与正切函数的集合项$\frac{\mathrm{tg}\theta \cdot \mathrm{tg}\varphi}{\mathrm{tg}\theta + \mathrm{tg}\varphi}$有一定关联。

（2）固体塞的受力分析，计算 $\theta$

当固体塞在螺槽中运动时，有 8 个力作用在固体塞微单元上，由于螺槽等深，运动稳定，加速度为零，则合力为零；同时，固体塞沿螺槽匀速转动，所以，切向力矩平衡，切向力矩之和为零。根据固体塞上力和力矩平衡，计算出 $\theta$。

$$\cos\theta = K\sin\theta + M \tag{4-6}$$

$$\theta = \arcsin\left(\frac{\sqrt{1+K^2+M^2}-KM}{1+K^2}\right) \tag{4-7}$$

其中：

$$K = \frac{\bar{D}}{D_b} \cdot \left(\frac{\sin\bar{\varphi} + f_s\cos\bar{\varphi}}{\cos\bar{\varphi} + f_s\sin\bar{\varphi}}\right) \tag{4-8}$$

$$M = 2 \cdot \frac{h_1}{b_{w,b}} \cdot \frac{f_s}{f_b}\left(K + \frac{\bar{D}}{D_b} \cdot \mathrm{ctg}\bar{\varphi}\right) + \frac{b_{w,s}}{b_{w,b}} \cdot \frac{f_s}{f_b} \cdot \sin\varphi\left(K + \frac{D_s}{D_b} \cdot \mathrm{ctg}\varphi\right) + \frac{b_w}{b_{w,b}} \cdot \frac{h_1}{Z_b} \cdot \frac{1}{f_b} \cdot \sin\bar{\varphi}\left(K + \frac{D}{D_b} \cdot \mathrm{ctg}\bar{\varphi}\right)\ln\frac{p_1}{p_2} \tag{4-9}$$

$b_{w,s}$为螺杆根部的螺槽宽；$b_{w,b}$为料筒表面垂直螺棱的螺槽宽；$f_s$ 为固体塞与螺杆间的摩擦系数；$f_b$ 为固体塞与料筒间的摩擦系数；$D_s$ 为螺杆根部直径；$D_b$ 为料筒的内径或螺杆的最大外径。

$K$ 值反映了料筒表面系数对 $Q_s$ 的影响；$M$ 值中的 3 项分别反映了螺纹侧面摩擦、螺槽底面摩擦和压力降对 $Q_s$ 的影响。由式（4－8）和式（4－9）可以得知：固体塞的移动情况主要取决于螺杆表面和料筒表面与物料之间的摩擦力大小。只有固体塞与螺杆之间的摩擦力小于物料与料筒之间的摩擦力时，物料才能沿轴向前进；否则物料将与螺杆一起转动，因此，正确控制物料与螺杆及物料与料筒之间的静摩擦因数，对提高固体输送能力有利。

#### 4.3.2.2 影响固体输送率的因素

固体输送率主要与挤出机结构和挤出工艺等因素有关。

（1）挤出机结构的影响

从挤出机结构角度来考虑，增加螺杆直径 $D_b$、螺槽深度 $h_1$ 和螺旋角 $\phi$，对增大固体输送速率是有利的。但 $D_b$ 增大必然使挤出设备过于庞大，$h_1$ 增大会导致螺杆根径尺寸过小，易使螺杆根部被扭断。同时，为了使螺杆更易于加工，通常 $\phi$ 为定值。因此，通过改变螺杆参数来增大 $Q_s$ 是不可取的。

（2）运转条件 $n$ 的影响

螺杆转速 $n$ 同样与 $Q_s$ 成正比，即提高螺杆转速，能够提高固体输送流率，但是增大 $n$，有可能引起螺杆熔融能力的下降，导致产品质量变差。

（3）牵引角 $\theta$ 的影响

牵引角 $\theta$ 是影响挤出生产率的重要因素，它取决于螺杆几何参数、摩擦因数和压力增长情况等因素。$\theta$ 越大，$Q_s$ 越大。为了提高固体输送速率，应降低物料与螺杆的静摩擦因数，提高物料与料筒的径向静摩擦因数。降低物料与螺杆的静摩擦因数可通过提高螺杆的表面光洁度实现；此外，由于固体物料对金属的静摩擦因数是随温度的降低而减小的，因此可在螺杆中心通入冷却水，以适当降低螺杆的表面温度，从而达到降低物料与螺杆的静摩擦因数的目的；为了提高物料与料筒的径向静摩擦因数，可在加料段的料筒内表面开设一些纵向沟槽，如图 4－20 所示，以增大物料与料筒间的径向摩擦力。

Darnel - Mol 固体输送理论是在等温条件下建立的，它忽略了螺杆固体输送区螺纹深度的变化，压力分布的各向异性，固体塞的密度变化等因素，有的学者对该理论进行了修正，建立了等温修正模型和非等温修正模型。

目前在挤出机加料段内腔开设带锥度的纵向沟槽并对此段进行强力冷却，就是固体输送理论研究成果的具体应用。

## 4.3.3 熔融理论

挤出熔融理论是建立在热力学和流变学基础上的，到目前为止仍处于发展阶段，其中比较经典的是 Todmor 所建立的熔融理论，它是基于马多克（Maddock）和斯特里（Street）在挤出机上进行的冷却实验基础上提出的。Tadmor 等人从守恒方程出发，推导出固体床在单位螺槽距离上的熔化速率（$\omega$），固体床分布函数（$X/W$）和熔化区长度（$Z_T$）等描述物料熔融过程的重要参数。这里将简单介绍熔融理论的基本内容。

### 4.3.3.1 熔融实验模型

熔融理论的基本假设是：在稳态挤出过程中，高分子材料具有恒定的性质，如熔体黏度；固体床是均匀的，可变形的和连续的，并以恒定的速度沿螺槽移动；熔化是在固体 - 熔体界面上进行的。

Todmor 建立的熔融模型如图4 - 21 所示。可以看出，在挤出过程中，随着螺杆的转动，首先在接近加料段的末端并与料筒表面相接触的物料开始熔融并形成了一层熔膜。当熔膜厚度超过料筒与螺棱间隙时，螺棱把熔膜从料筒内壁径向刮下，并汇聚于螺纹推进面而形成环流区，也被称为熔池。随着螺槽逐渐变浅以及螺杆剪切塑化功能的不断强化，物料在料筒内受到强烈的挤压作用和剪切作用，来自料筒的外加热和熔膜的剪切热不断传至固体床，使与熔膜接触的固体粒子熔融。这样，螺槽内熔池不断扩大，而固体床则相应地缩小直至消失，即完成熔化过程。

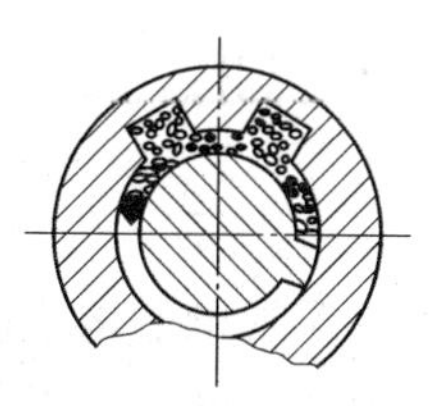

图4 - 20 内表面具有纵向沟槽结构的料筒及其横截面局部放大

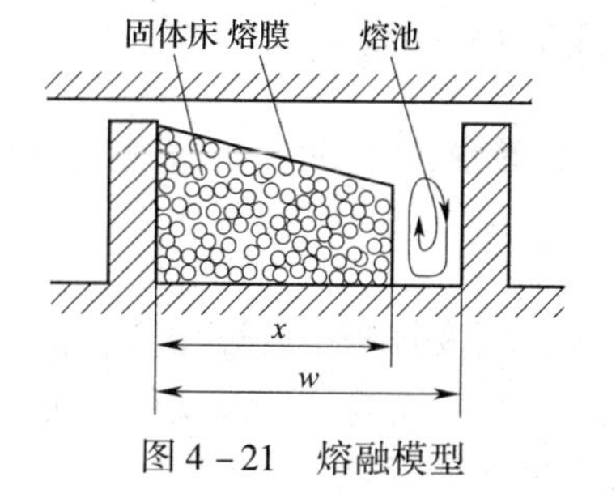


图4 - 21 熔融模型

(1) 固体床熔化速率

固体床熔化速率是指固体 - 熔体界面向固体床方向移动的速率，它反映了物料熔融的快慢，可用式（4 - 10）表示。熔融速率的大小主要取决于物料初始内能的高低和单位时间内固体床获得的热量多少，凡是能增加物料初始内能和供热速率的措施，均可提高熔融速率。在流量不变的情况下，提高螺杆转速不仅使热量传递变得容易，而且使剪切热增加，从而使熔融速率增加。提高料筒温度可使熔融速率增加，但料筒温度过高会降低熔体膜黏度，导致剪切热减少。因此，对每一种物料都有一个对应于最大熔融速率的最佳料筒温度。此外，提高物料进入温度也可提高熔融速率。

$$\omega = \left\{ \frac{v_{bx} \cdot \rho_m \left[ k_m (T_b - T_m) + \frac{\mu}{2} v_j^2 \right] X}{2[C_s (T_m - T_s) + \lambda]} \right\}^{0.5} = \Phi X^{0.5} \tag{4 - 10}$$

$$\Phi = \left\{ \frac{v_{bx} \cdot \rho_m \left[ k_m (T_b - T_m) + \frac{\mu}{2} v_j^2 \right] X}{2 [C_s (T_m - T_s) + \lambda]} \right\}^{0.5} \tag{4-11}$$

式中$\rho_m$和$k_m$分别是熔体的密度和导热系数；$T_b$，$T_s$和$T_m$分别是料筒温度，固体物料的温度和熔融物料的温度；$c_s$是固体床的比热容；$v_{bx}$是料筒速度$v_b$在螺槽横向的分量，其中$v_b = \pi D n$；$v_{sz}$是固体床沿螺槽方向的移动速率，$v_j$是$v_{bx}$与$v_{sz}$的矢量和，$\lambda$是熔化热，$X$为固体床宽度。

$\Phi$值表示的变量群是熔化速率的量度，$\Phi$值越大，则熔化速率越高。式（4－11）中的分子部分正比于熔化时的供热速率，其中$k_m$（$T_b - T_m$）是来自料筒的热传导率，（$\mu/2$）$v_j^2$表示剪切所产生的热量，分母部分则正比于物料从固体温度（$T_s$）变为熔融温度（$T_m$）时所需的热量。

（2）固体床宽度$X$分布与熔化区长度（$L_T$）

固体床宽度$X$是沿螺槽距离$L$的函数；$\psi$为无量纲数组。对于等深螺槽（$h_2 \leqslant h_1$），固体床宽度分布可用下式表示：

$$\frac{X}{b} = \left[1 - \frac{\psi L}{2h_2}\right]^2 \tag{4-12}$$

其中

$$\psi = \frac{\Phi b^{0.5}}{\left(\frac{X_1}{b}\right)\frac{q_m}{h_1}}$$

当$L = 0$表示熔体池开始形成，此时$X = b$；当$X = 0$时，可获得熔化区长度$L_T$：

$$L_T = \frac{2h_2}{\psi} = \frac{2q_v}{\psi \cdot b^{0.5}} \tag{4-13}$$

其中

$$q_v = V_{SZ} b h_1 \rho_s$$

从式（4－13）可以看出，熔化区长度$L_T$与$\psi$成反比，也就是说，它与质量流量$q_m$成正比，与熔化速率成反比。很明显，通过$\Phi$变量群可以估算不同操作条件对熔化区长度的影响。

对于渐变度为$A$的渐变螺槽，其$h_2 = h_1 - AL$，固体床分布公式和熔化区长度分别见式（4－14）和式（4－15）。

$$\frac{X}{b} = \left\{ \frac{\psi}{A} - \left[\frac{\psi}{A} - 1\right]\left[\frac{h_1}{h_1 - AL}\right]^{0.5} \right\}^2 \tag{4-14}$$

$$L_T = \frac{h_1}{\psi}\left(L - \frac{A}{\psi}\right) \tag{4-15}$$

一般地，渐变螺槽中的熔化区长度总比等深螺槽的熔化区长度短些。渐变度越大，熔化区长度越短，但有一个允许的渐变度极值。因为渐变度过大可能导致固体床宽度趋向于增加，这样易出现螺槽堵塞现象。

4.3.3.2　影响熔融区长度的因素

研究熔融理论是为了合理设计挤出机的螺杆熔融段，使螺杆结构达到提高生产能力，降低熔融区长度的目的，同时，能够指导正确控制挤出工艺。

（1）挤出工艺条件的影响

① 挤出产量$G$　由式（4－13）可知：挤出产量$G$的提高会导致$\psi$减小，同时$Z_T$增大。即挤出量的增加将延迟熔融的发生和终了。实践证明，在其他条件不变的情况下，$G$的增加将使产品质量下降。

② 螺杆转速$n$　提高转速$n$将会使$G$和$\Phi$都增加。在无背压调解的情况下，增大$G$更趋于使$Z_T$变长。因此，提高$n$时应增加背压调解，以使$Z_T$的长度得到控制，保证挤出质量。

③ 料筒温度$T_b$　$T_b$增加，会使$Z_T$减少，有利于物料熔融。但$T_b$过高将使摩擦因数降低，减少了物料的剪切和摩擦作用，而不利于降低$Z_T$，因此，$T_b$存在一个最佳值。

④ 物料温度 $T_s$ $T_s$增加，会导致 $Z_T$降低，同时还可消除物料中的水分。

(2) 螺杆几何参数的影响

① 螺槽深度 $h$ 通常认为，在适用范围内 $h$ 较大时对物料熔融塑化有利。

② 螺旋角 $\phi$ 螺旋角 $\phi$ 与 $h$ 对 $Z_T$的影响相似。螺旋角 $\phi$ 过大过小都不利于 $Z_T$减少。

③ 螺纹头数 $i$ 螺纹头数 $i$ 的增加对 $Z_T$的影响不大，仅使 $Z_T$略微减小。

④ 螺棱与料筒间隙 $\delta$ 螺棱与料筒间隙 $\delta$ 增加，熔膜增厚，剪切作用降低，不利于热传导，导致 $Z_T$ 变长。即 $\delta$ 增加，不利于物料的熔融塑化。

## 4.3.4 熔体输送理论

螺杆熔体输送区的主要功能是将熔融物料进一步混合、均化，并使物料克服流动阻力而流向机头。常规全螺纹单螺杆挤出机的熔体输送理论是发展比较完善的理论。它是建立在熔体为等温牛顿流体的无限平行板模型基础上的。

### 4.3.4.1 熔体流动形式

假设熔体在挤出机熔体输送区的流动为牛顿型流体的等温流动，则熔体的复杂流动状态可以分解为正流、逆流、横流和漏流等4种基本流动形式，见图4－22。

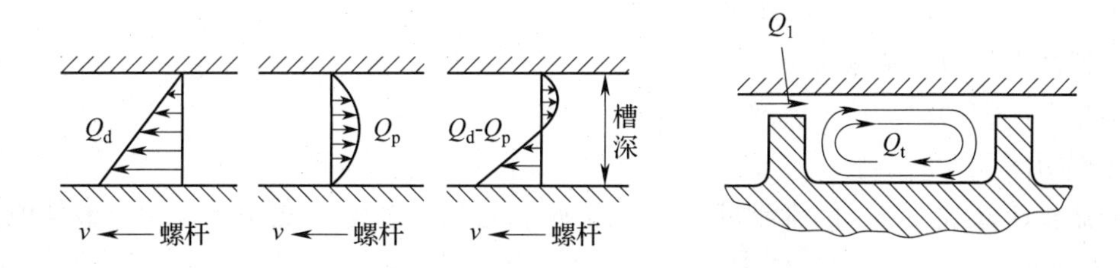


图4－22 熔体在挤出机熔体输送区的4种流动形式

正流 $Q_d$（Drage flow，拖曳流动）—也称为拖曳流动，是指熔体沿着螺槽向机头方向的流动。

逆流 $Q_p$（Pressure－back flow）——由机头、多孔板和滤网等阻力装置引起的压力梯度造成的，该熔体流动方向与正流相反，这种流动的结果使挤出量降低。

横流 $Q_t$（Transverse flow）——由螺杆与料筒相对运动时引起的熔体流动分量，由于受螺纹侧壁的限制，该流动方向垂直于螺棱方向，一般为环形流动（也被称为环流），其对熔体的混合和均化有很大影响，但对总流率影响不大。

漏流 $Q_l$（Leakage flow）——由压力梯度引起的，它是熔体从螺杆与料筒的间隙沿着螺杆轴向向料斗方向的流动，这种流动发生在料筒与螺杆的间隙处，而不是发生在螺槽内。这种流动的结果也使挤出量减少，但由于螺杆与料筒的间隙很小，漏流与正流相比要小得多，对总流率的影响可以忽略不计。

### 4.3.4.2 熔体输送速率

(1) 熔体输送速率公式

由熔体的流动理论，可以推导出熔体输送速率（$Q$）的计算式：

$$\begin{aligned} Q &= Q_d - Q_p - Q_L \\ &= \frac{\pi^2 D^2 nh\cos\varphi\sin\varphi}{2} - \frac{\pi D h^3 \sin^2\varphi\ (p_2 - p_1)}{12\mu_1 L_3} - \frac{\pi^2 D^2 \delta^3 \mathrm{tg}\varphi\ (p_2 - p_1)}{10\mu_2 b_e L_3} \end{aligned} \tag{4-16}$$

式中，$Q$ 为熔体输送速率（体积）；$D$ 为螺杆直径；$h$ 为均化段螺槽深度；$n$ 为螺杆转速；$\phi$ 为螺旋升角；$p_1$为均化段开始处的熔融体压力；$p_2$为均化段结束处的熔体压力；$\mu_1$为螺槽中的熔体黏度；$L_3$为均化段螺杆长度；$\delta$ 为螺杆与料筒的间隙；$\mu_2$为螺杆与料筒间隙处的熔体黏度；$b_e$ 为螺杆的螺棱宽度。

简化与整理式（4－16），得到如下方程：

$$Q = \alpha n - \left(\frac{\beta}{\mu_1} + \frac{\gamma}{\mu_2}\right)\cdot(p_2 - p_1) \tag{4－17}$$

式中，$\alpha$ 为正流流率常数；$\beta$ 为倒流流率常数；$\gamma$ 为漏流流率常数。

由于漏流量很小，在实际计算时往往略去，故式（4－16）就变成：

$$Q = Q_d - Q_p = \frac{\pi^2 D^2 nh\cos\varphi\sin\varphi}{2} - \frac{\pi D h^3 \sin^2\varphi(p_2 - p_1)}{12\mu_1 L_3} \tag{4－18}$$

（2）挤出机驱动功率

$$P = \frac{\pi^2 D^3 n^2 \mu_1 L_3}{h} + \frac{Qd(p_2 - p_1)}{\cos^2\varphi} + \frac{\pi^2 D^2 n^2 b_e{}' \mu_2 L_3}{\delta \mathrm{tg}\varphi} \tag{4－19}$$

4.3.4.3　影响挤出机生产能力的主要因素

（1）螺杆转速 $n$ 的影响

螺杆转速 $n$ 与挤出流率 $Q$ 成正比关系。在挤出机各方面条件都允许的情况下，提高转速 $n$ 是提高挤出机生产能力的最有效途径。

（2）螺杆直径 $D$ 的影响

螺杆直径 $D$ 的增加，挤出流率 $Q$ 增大。

（3）螺槽深度 $h$ 的影响

正流流量 $Q_d$正比于 $h$，倒流流量 $Q_p$正比于 $h^3$，可见，螺槽深度 $h$ 存在一个最佳值，见图 4－23。

（4）螺杆均化段长度 $L$ 的影响

倒流流率 $Q_p$和漏流流率 $Q_L$均与螺杆均化段长度 $L$ 成反比。$L$ 增大有助于提高挤出流率 $Q$，如图 4－24 所示。这也正是现代挤出机 $L/D$ 不断增大的原因。

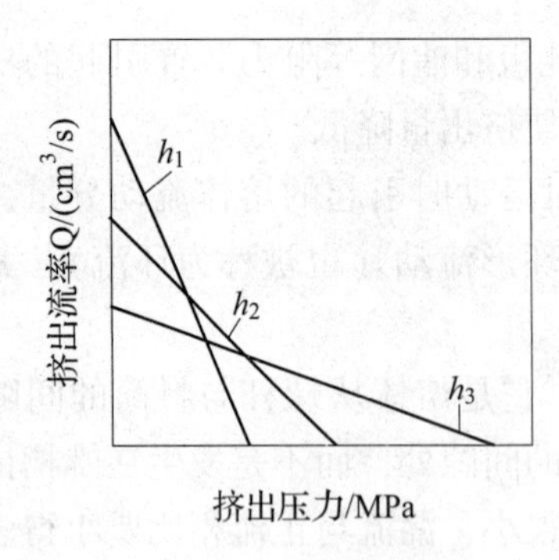


图 4－23　均化段螺槽深度 $h$ 与挤出流率 $Q$ 的关系

$h_1 > h_2 > h_3$

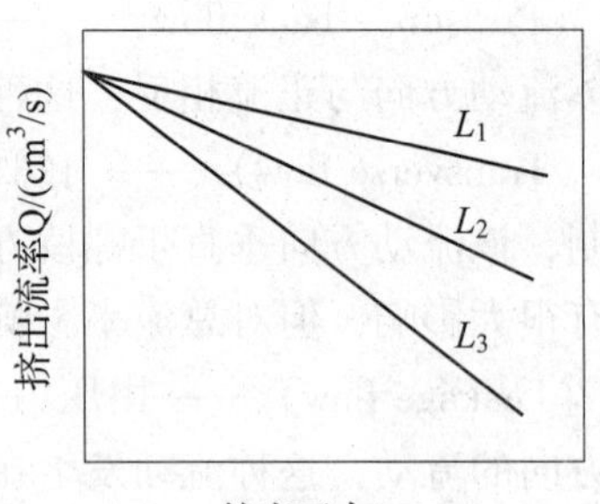


图 4－24　均化段长度 $L$ 与挤出流率 $Q$ 的关系

$L_1 > L_2 > L_3$

（5）螺杆与料筒间隙 $\delta$ 的影响

漏流 $Q_L$正比于螺杆与料筒间隙 $\delta$，即 $\delta$ 增加，$Q$ 明显降低。一般螺杆经长时间使用会发生磨损，这会导致 $\delta$ 增大，此时应尽快将螺杆修复或更换，否则会影响挤出能力。

(6) 机头压力的影响

由熔体输送过程分析知，正流 $Q_d$ 与机头压力降 $\Delta p$ 无关，倒流 $Q_p$ 和漏流 $Q_L$ 与 $\Delta p$ 成正比。因此，增大 $\Delta p$ 会降低生产能力。但是，$\Delta p$ 的适当增加有助于物料的塑化，会提高制品的质量。因此在实际生产中，在机头处应装设多孔板、过滤网等装置，以增大机头压力。一般典型挤出产品的机头压力见表 4-8。

**表 4-8　常见挤出产品的机头压力**

| 机头口模压力降 | 单丝 | 片材 | 电线涂层 | 管材 | 挤膜 | 吹膜 |
|---|---|---|---|---|---|---|
| MPa | 7.0~21.0 | 3.5~10.5 | 10.5~56.2 | 3.5~10.5 | 3.5~10.5 | 14.1~42.2 |

## 4.3.5 挤出机的综合工作点

### 4.3.5.1 螺杆特性线

螺杆的特性线是挤出机的重要特性之一，它表示出螺杆均化段熔体的流率与压力的关系。随着机头压力的升高时，挤出量降低，而降低的快慢取决于螺杆特性线的斜率。

根据挤出机均化段的流率方程式 (4-20) 可知：$\alpha$，$\beta$，$\gamma$ 是与螺杆几何参数相关的常数；当挤出稳定后，$n$，$\mu_1$，$\mu_2$ 也是常数，因此该方程实际上是 $Q$ 与 $\Delta p$ 的线性方程。若螺杆不变，改变螺杆转速，并将其绘在 $Q-P$ 坐标图上，则得到一组斜率为负值的相互平行的螺杆特性线，常被称之为“螺杆的特性线”，如图 4-25 所示。

$$Q = \alpha n - \left(\frac{\beta}{\mu_1} + \frac{\gamma}{\mu_2}\right) \cdot (p_2 - p_1) = \alpha n - \left(\frac{\beta}{\mu_1} + \frac{\gamma}{\mu_2}\right) \cdot \Delta p \tag{4-20}$$

### 4.3.5.2 口模特性线

挤出机的机头，也被称为口模，是物料流经并获得一定几何形状、必要尺寸精度和表面光洁度的重要部件。

假定熔体为牛顿流体，当其通过机头时，其流动方程为：

$$Q = K\Delta p/\eta \tag{4-21}$$

式中 $K$ 为口模常数，仅与口模的尺寸和形状有关；$\Delta p$ 为物料通过口模时的压力降；$\eta$ 为物料在机头内流动时的黏度。

当挤出稳定后，$K$、$\eta$ 皆为常数。因此式 (4-21) 实际上是 $Q$ 与 $\Delta p$ 的线性方程式。以 $Q$ 和 $\Delta p$ 分别为纵坐标和横坐标作图，可以得到斜率为 $K/\eta$ 的直线簇，常被称为“口模特性线”，但当物料为假塑性流体时，$Q$ 与 $\Delta p$ 的关系变为抛物线，如图 4-26 所示。对于给定的口模，机头压力越高，流过口模的流量越大。

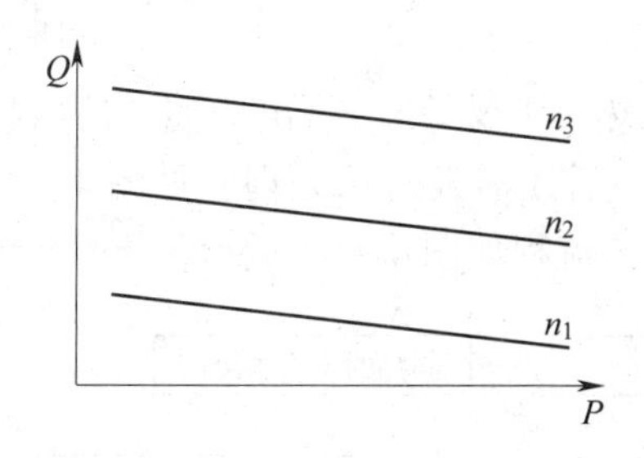


图 4-25　螺杆特性线

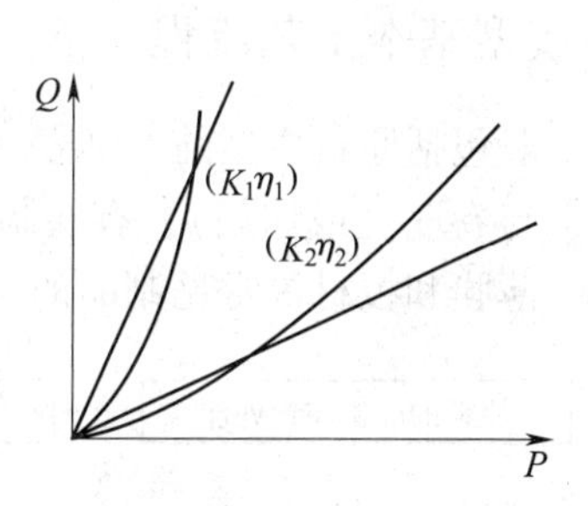


图 4-26　口模特性线

4.3.5.3　挤出机的综合工作点

图4－25和图4－26分别是挤出机的螺杆特性线簇和口模特性线簇，两簇线的交点即为挤出机的综合工作点，见图4－27。在交点处，挤出机螺杆的熔体输送流率与机头处的熔体流率相等，即 $Q_{螺杆}=Q_{机头}$，这意味着在给定的螺杆和口模下，当转速一定时，挤出机的流率与机头内物料流量相等；同时需要注意的是，工作点会因螺杆转速和机头口模形状的改变而改变。

综合考虑挤出流率、压力、制品质量和温度等条件可以得到挤出机的实际工作图，见图4－28。它是由3条线组成的，质量线 $Q_u$ 将塑化不充分的区域和塑化质量高的区域分开；物料温度在上限线 $T_{max}$ 以上时会因过热而分解或发生交联，或因黏度太低而难以控制；$W$ 线为经济线，低于 $W$ 线，选用的较小规格的挤出设备比较合适，否则不经济。

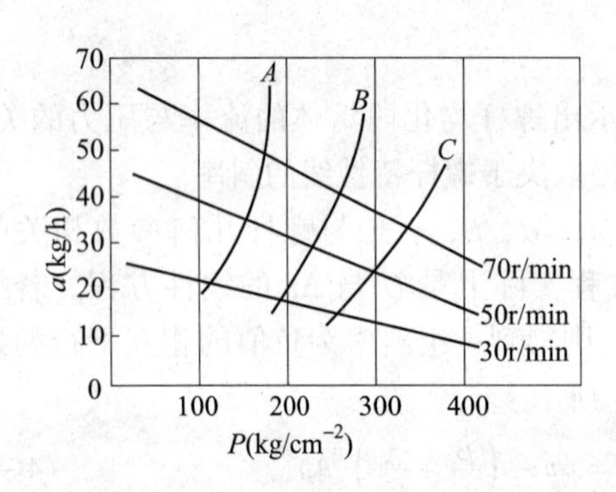


图4－27　螺杆和口模的实际工作曲线

A、B、C分别为3种不同结构形式的口模

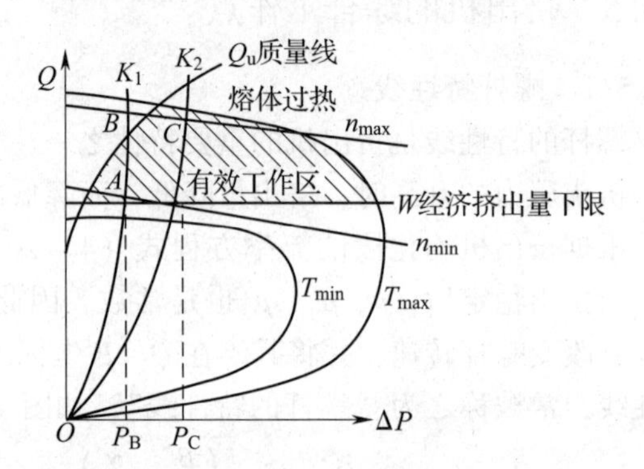


图4－28　挤出机实际工作图

挤出机的最佳工作点位于 $Q_u$、$T_{min}\sim T_{max}$ 和 $n_{max}\sim n_{min}$ 之间，该图的核心部分（阴影部分）为有效工作区。

## 4.4　挤出工艺流程与工艺控制参数

挤出成型可生产多种多样的制品，其工艺流程随制品的不同而不同。各种挤出制品的成型过程均是以挤出机为主机，使用不同形状的机头与口模，并配合不同的辅机来完成的。这里重点介绍挤出管材、挤出吹塑薄膜、挤出板材和挤出异型材等制品的生产工艺。

### 4.4.1　挤出成型基本工艺流程

挤出流程一般包括原料成型前的准备（如预热、干燥等）、挤出成型、挤出物的定型与冷却、制品的牵引与卷取（或切割），有些制品成型后还需经过后处理，见图4－29。采用挤出成型生产管材、薄膜和板材等常见制品的生产工艺流程如图4－30所示。

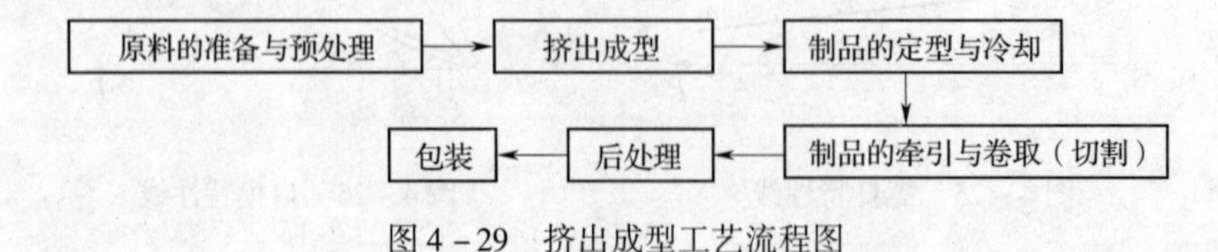


图4－29　挤出成型工艺流程图

4.4.1.1　原料的准备和预处理

用于挤出成型的原料状态大多数是粒状或粉状。由于原料中的微量水分不仅会影响挤出成型的正常进行，还会对制品质量影响较大，如制品容易出现气泡，表面晦暗无光、流纹、力学性能降低等问题。因此，挤出成型前一般需要对原料进行预热和干燥。不同种类的塑料允许含水量不同，通常原料的含水量应控制在0.5%以下。原料的预热和干燥一般是在烘箱或烘房内进行。此外，原料中的机械杂质也应通过筛分尽可能除去。

4.4.1.2　挤出成型

挤出机工作初始阶段，挤出物的质量和外观都比较差，一般应根据加工物料的性质，挤出工艺性能和挤出机机头口模结构特点的不同，调整挤出机料筒各加热段温度、机头口模温度以及螺杆转速等工艺参数，以控制料筒内物料的温度分布和压力分布；根据制品的形状和尺寸要求，调整口模尺寸、同心度及牵引速度，从而控制挤出物离模膨胀和形状的稳定性，最终达到控制挤出制品产量和质量的目的。

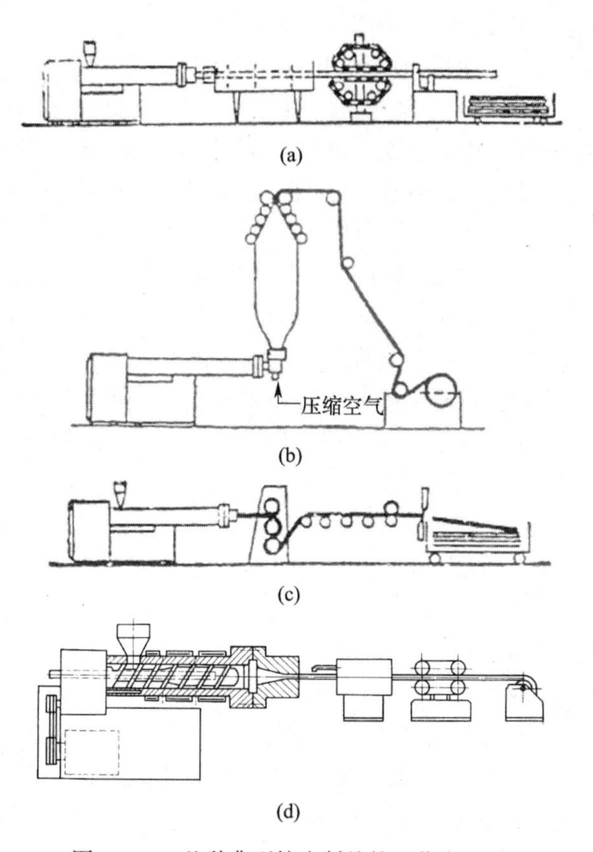


图4-30　几种典型挤出制品的工艺流程图
（a）挤出管材　（b）挤出吹膜
（c）挤出板材　（d）挤出实心型材

4.4.1.3　定型与冷却

大多数情况下，挤出过程的定型阶段和冷却阶段是同时进行的。定型过程即是在限制挤出物变形条件下进行的冷却。熔体物料挤离机头口模后仍处在高温熔融状态，具有很大的塑性变形能力，应立即进行定型和冷却。定型与冷却的目的是使挤出物通过降温将形状和尺寸及时固定下来。如果定型和冷却不及时，制品在自身的重力作用下会产生变形，导致制品截面形状和尺寸发生改变，或出现凹陷、扭曲等现象。

通常在挤出成型管材、棒材和异型材时需要设置专门的定型装置，而挤出薄膜、单丝和线缆包覆物制品时一般不需要设置专门的定型装置。挤出成型板材和片材时，挤出物离开口模后应立即引入一对压平辊，以达到定型与冷却的目的。

冷却过程是一切挤出制品生产过程中必有的工序。冷却速度的大小对制品性能有较大影响，硬质塑料制品冷却速度不能过快，否则容易造成内应力，并影响外观；而对软质塑料制品则要求及时冷却，以免制品发生变形。冷却不均或降温过快，会在制品中产生较大的内应力而发生变形，特别是对于成型大尺寸截面的管材、棒材和异型材等制品时更应注意。

冷却有风冷和水冷两种方式，但以水冷方式应用较多。根据水温的不同，水冷可分为急冷和缓冷。急冷就是采用温度较低的冷水直接冷却，急冷对塑料挤出物的定型有利，但对结晶高分子材料而言，因急冷易在挤出物组织内部残留内应力，导致制品使用过程中发生龟裂，一般PVC材料的制品可采用急冷。缓冷则是为了减少制品的内应力，可通过在冷却水槽中分段放置不同温度的水介质来实现，对PE、PP等结晶性材料来说，挤出过程应采用缓冷进行，即经过热水、温水、冷水3个阶段进行冷却。

#### 4.4.1.4 制品的牵引和卷取（切割）

挤出物离开口模后，由于存在热收缩和离模膨胀的双重效应，挤出物的横截面与口模的断面形状尺寸并不一致。随着挤出过程的不断进行，挤出制品的质量越来越大，如不采用牵引装置，会造成口模处堵塞，使挤出过程不能顺利进行或导致制品变形。因此在挤出成型时，要连续而均匀地将挤出物牵引出口模。其作用有两个：一是使挤出物及时离开口模，保持挤出过程的连续性，二是能够调整挤出物的横截面形状、尺寸和性能。牵引的速度一般要与挤出速度相匹配，并略大于挤出速度。这样一方面可以消除由出模膨胀引起的制品尺寸变化，另一方面对制品有一定的拉伸作用。牵引的拉伸作用可使大分子得到适度取向，以改善制品在牵引方向的强度。

定型冷却后的制品需要根据制品的要求进行卷绕或切割。软质型材在卷绕到给定长度或给定质量后切断；硬质型材从牵引装置送出达到一定长度后切断。

#### 4.4.1.5 后处理

为了提高制品的性能，有些制品挤出成型后还需进行后处理。后处理主要包括热处理和调湿处理两种方法。

所谓热处理是指将成型后的制品在高于其使用温度10～20℃或低于其热变形温度10～20℃的条件下放置一段时间，以消除内应力。在挤出成型截面尺寸较大的制品时，常因挤出物内外冷却速率相差较大而使制品内部产生较大的内应力，这种制品在成型后一般需要进行热处理；而有些吸湿性较强的挤出制品，如聚酰胺，在空气中使用或存放过程中会因吸湿而膨胀，而且这种吸湿膨胀过程需很长时间才能达到平衡，为了加速这类挤出制品的吸湿平衡，需要在成型后将其浸入加热的水介质中进行调湿处理，在此过程中还可以部分消除制品内应力，改善易吸湿材料制品的性能。

### 4.4.2 挤出成型过程的主要工艺参数

在挤出成型过程中，为了保证挤出制品的质量和生产效率，需要根据原料的挤出成型工艺性和挤出成型设备的结构特点，合理地调整挤出成型加工工艺参数。加工工艺参数不仅与加工的高分子原料性质有关，还与加工制品的形状有关。

挤出成型过程的工艺参数主要有加工温度，机头压力，螺杆转速以及牵引速度等。加工温度是影响挤出过程中塑化效果及产品质量的主要因素。螺杆转速的高低一般是由螺杆结构，挤出制品的尺寸和形状，原材料的种类等因素决定的，螺杆转速也直接影响着挤出机的产量和制品的质量；机头压力，即指熔融物料通过挤出机头时产生的压力降。增大机头压力常会导致挤出产量降低，但能使挤出制品质地更密实，有利于提高制品的质量；挤出过程中牵引速度要均匀稳定，并应与挤出速度相匹配。

#### 4.4.2.1 加工温度的设定

挤出过程物料温度的高低和制品的塑化情况直接影响制品的外观质量和内在物理机械性能。挤出过程中物料温度主要来自料筒的外加热，螺杆对物料的剪切作用及物料之间的摩擦热。当进入正常操作后，剪切和摩擦作用产生的热量甚至会超过外加热。挤出过程的温度控制主要包括料筒温度、机头温度和口模温度等。

（1）料筒温度

料筒各段温度的设置是根据挤出机的结构、所用物料的配方体系及固体物料的状态（粒状或粉状）等因素而确定的。对于单螺杆挤出机，原料主要为颗粒状物料，料筒温度的设定，包括加料段、压缩段和均化段3个部分，一般以加料段为最低，以后逐段上升。而双螺杆挤出机由于在机身中段处设有排气孔，并配有用于吸出物料中挥发物的抽真空装置，为了防止粉状料被真空吸出，一般要求在排气口前物料必须处于半塑化状态并包覆于螺槽表面，因此，设定双螺杆挤出机的料筒温度时，一般应采用两端高，中间低的方式，有时加料段的温度会高于均化段。

（2）机头温度

机头是料筒与口模之间的过渡部分，其温度控制的合理与否也会影响到挤出产品的质量和产量。机头温度偏高时，可使物料顺利地进入模具，但挤出物的形状稳定性差，制品收缩率增加，无法保证产品的外形尺寸；温度过高还会引起溢料、制品出现气泡、发黄和物料分解等问题，最终导致无法正常挤出生产。机头温度偏低时，物料塑化不良，熔体黏度增大，机头压力上升，虽然制品较密实，后收缩率小，制品形状稳定性好，但是加工较困难，出模膨胀现象严重，产品表面比较粗糙；另外还会导致挤出机背压增加、设备负荷加大，如果温度过低，物料不能塑化，不但产品无法成型，还会损坏设备。

（3）口模温度

口模是制品横截面的成型部件，口模温度过高或过低所产生的后果与机头相似，所不同的是口模温度直接影响制品质量。通常，口模处的温度比机头温度稍低一些。口模与芯模温度差不应过大，否则挤出制品会出现向内或向外翻转以及扭曲变形等不良现象。因此，口模温度的设定除需考虑所用的物料配方体系外，还应考虑制品截面的几何形状。一般制品断面复杂、横截面面积大，以及壁厚和拐角的部位，温度可以设置得高一些；制品断面简单、横截面面积小，或壁薄的部位温度应较低；制品断面对称、厚薄均匀部位口模与芯模温差应尽量小。

4.4.2.2 螺杆转速与挤出速率

螺杆转速是控制挤出速率和制品质量的重要工艺参数，挤出速率指单位时间内从挤出机口模中挤出制品的质量或长度。转速增加，料筒内物料的压力增加，挤出速率增加，产量提高，并可强化对物料的剪切作用，从而使物料温度提高，熔体黏度降低，有利于物料的充分混合与均匀塑化；但螺杆转速过高，挤出速率过快，会造成出模膨胀现象加剧，口模内流动不稳定，制品表面质量下降，并且可能会出现因冷却时间过短而造成的制品变形和弯曲；螺杆转速过低，挤出速率过慢，物料在料筒内受热时间变长，易造成物料降解，制品物理力学性能下降。

4.4.2.3 牵引速度

牵引速度直接影响产品壁厚、尺寸公差、性能及外观质量。牵引速度越快，制品壁厚越薄，大分子沿牵引方向取向度越大，易导致冷却后制品在长度方向的收缩率增加；牵引速度越慢，制品壁厚越厚，同时容易导致口模与定型装置之间积料。

牵引速度必须保持稳定，并且应与制品挤出速率相匹配，一般牵引速度应略大于挤出线速度，正常挤出生产时，牵引速度应比挤出线速率快1%～10%，以克服型坯的出模膨胀。不同类型的制品，其牵引速度也不相同。通常挤出薄膜和单丝时需要较快的牵引速度，牵伸取向程度也较大，制品的厚度和直径变小，纵向断裂强度提高。而挤出硬制品时的牵引速度则要小得多，通常是根据制品离口模不远处的尺寸来确定牵引速度。

## 4.5 几种挤出制品生产工艺

### 4.5.1 挤出管材

塑料管材是挤出制品中的主要品种，挤出法可以生产硬管和软管两种类型的管材。用来挤出成型管材的塑料材料品种很多，如PVC、PE、PP、PS等通用塑料以及尼龙、ABS和PC等工程塑料。

4.5.1.1 挤管工艺流程

硬质塑料管材的挤出工艺流程如下：物料在挤出机中塑化均匀，经料筒前端的机头环隙口模挤出，离开口模的塑性管状物进入定型装置冷却，以使管材表层首先凝固定型，再进入冷却装置进一步冷却定型，充分冷却定型的管材由牵引装置匀速拉出，最后由切割装置按规定长度切断。软管的挤出工艺流程与硬管稍有不同，一般不用定型装置，而是靠往挤出的管状物中通入压缩空气来维持截面形状，管状物经自然冷却或喷淋水冷却后，可通过输送带或管材的自重实现牵引，最后由收卷盘卷绕至一定量时切断。

图4－31是塑料软管挤出成型工艺流程示意图，由挤出机、机头口模、定型装置、冷却装置、牵引装置及卷曲装置等组成，其中挤出机的机头口模和定型装置是管材挤出成型的关键部件。

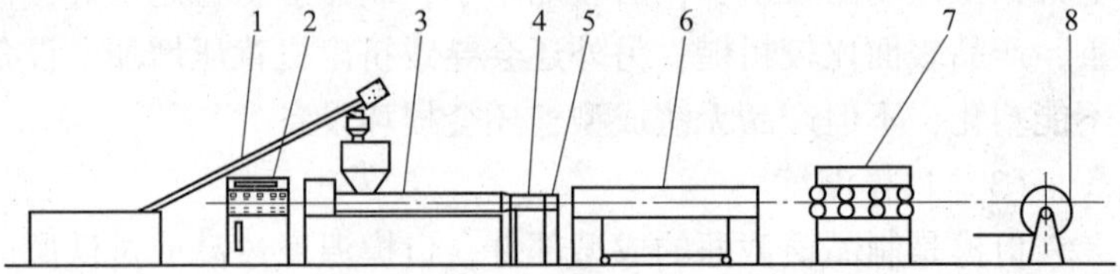

图4－31 塑料软管挤出工艺流程示意
1—弹簧上料器 2—控制柜 3—挤出机 4—机头
5—定型装置 6—冷却装置 7—牵引装置 8—卷取装置

（1）挤管原料的选择

挤出塑料管材常用树脂的选择见表4－9，当原料为粒料时，如PE、PP、PVC粒料，挤出机可选用单螺杆挤出机或双螺杆挤出机；双螺杆挤出机一般直接用于配制的PVC粉料生产，也可用于一次同时挤出两根管材的工艺技术。

表4－9 挤出管材常用树脂的选择

| 树脂 | PP | LDPE | LLDPE | HDPE | RPVC | SPVC |
|---|---|---|---|---|---|---|
| 熔体流动速率/（g/10min） | 0.15～0.85 | 0.1～5.0 | 0.2～2.0 | 0.1～0.5 | SG－5 | SG－2/3/4 |

（2）挤出机的选择

选择挤出机时应注意与挤出管材的尺寸相匹配，挤出机螺杆直径的大小需根据管材直径大小来选择；螺杆的结构应根据原料的性质来选择。如果选用螺杆直径较小的挤出机来生产直径较大的管材时，则物料在挤出机机头内停留时间长，可能导致物料在机头内降解。反之，如果用螺杆直径较大的挤出机生产管径较小的管材时，若要维持挤出机的基本产量，则可能会导致挤出机过高的背压。管材横截面积与螺杆的截面积之比一般应为0.25～0.40，流动性好的取大值，相反取小值。

（3）管坯的成型

管坯的尺寸和形状是由机头和口模成型的。机头和口模常连为一体，通称为机头。机头在形成管坯的形状和尺寸的同时，还能够起到以下两个作用：一是改变熔融物料的流动方向，使料流由螺旋运动变为直线运动；二是产生必要的压力使物料进一步塑化均匀，制品更加密实。

管材挤出成型中常用的机头型式有直通式机头、直角式机头和螺旋式芯模机头3种，其中应用得最广泛的型式是直通式机头。

直通式机头如图4－32所示，结构简单，制造容易，熔体在机头中流动方向与螺杆轴向一致，料流阻力小，适于硬质PVC、软质PVC、PE、尼龙等塑料的挤出成型。当用于挤出成型硬质PVC等热敏性材料时，为了避免挂料，管材的机头应保持高度流线型，并要进行严格的抛光。这种类型机头的缺点是芯棒由支架支撑，支架的存在造成熔体分开又融合而形成“熔接痕”，并且管材定径型式只能采用外定径方法，芯模加热困难，定型段较长。

直角式机头是熔体在机头中流动方向发生改变，见图4－33。它的结构有利于采用内径定型方法。塑料熔体从挤出机料筒流出时需要绕过芯模再向前流动，会产生一条分流痕，流动阻力小，料流稳定，出料均匀，但其结构复杂。直角式机头适用于PP、PE及尺寸要求严格的管材成型；螺旋式芯模机头要求物料在机头内停留时间长，该类型机头多用于成型聚烯烃等不易分解的材料。

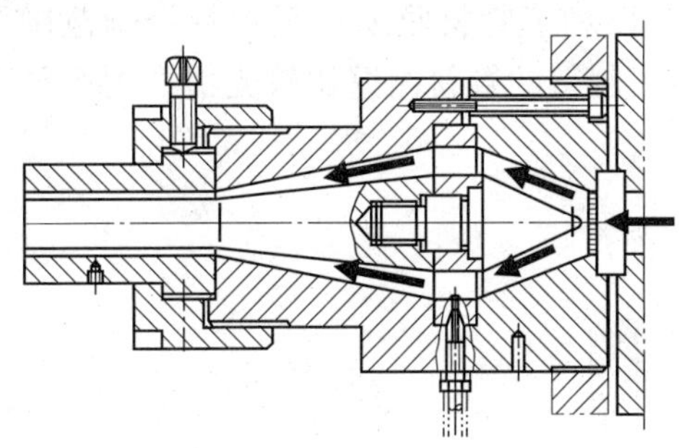
图4－32　挤管用直通式机头示意图

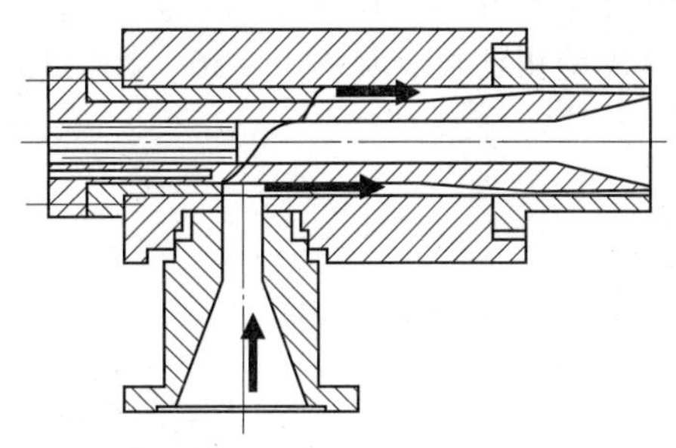
图4－33　挤管用直角机头示意图

（4）管材的定型

为了使挤出的管坯形状稳定、截面形状、尺寸和表面粗糙度更为精确，从机头挤出的管坯应首先通过定型装置，使靠近定型装置的部分冷却固定，形成准确的形状和尺寸。挤出硬管的定径方法有外径定型和内径定型两种方法。

① 外径定型法　外径定型法是指管状物外壁和定径套内壁紧密接触情况下进行的冷却定型。径定型装置结构简单，操作方便，为我国普遍采用。外定径方法制得的管材外壁光滑，外径尺寸精确。目前主要有内压充气法、抽真空法和直接顶出法等方法。采用外径定型时，定径套的长度一般是定径套内径的3倍，定径套的内径比管径尺寸稍大，约2mm左右。一般硬管成型以外径定型为主。

内压充气法指通过向管内通入压缩空气而使管材内部压力增大，使管材外壁与定径套内壁紧密接触，同时对管材外壁进行冷却定型的方法，见图4－34。

抽真空法是指在管材外部抽真空形成负压而达到将管材外壁吸附在冷却定型套内壁上的定型方法，如图4－35所示。

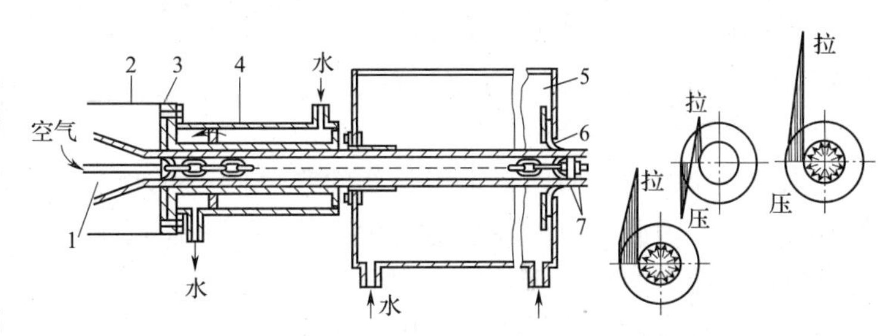

图4－34　外径定型方法——内压充气法

1—芯棒　2—口模　3—绝热垫　4—定径套　5—冷却水槽　6—密封套　7—气堵塞

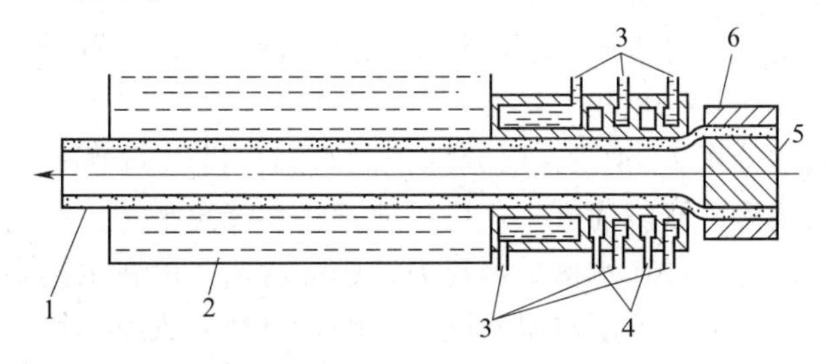

图4－35　外径定型方法——抽真空定径法

1—管材　2—水槽　3—冷却水入口与出口　4—真空口　5—芯棒　6—口模

顶出法是采用芯棒平直部分比口模长 10 ~ 50mm 而达到定径的目的。这种方法适合小口径、强度要求不高的厚壁管的定型，如硬聚氯乙烯小口径管可用这种方法。

② 内径定型法　内径定型法是在具有很小锥度的芯棒延长轴内通入冷却水，使从口模中挤出的管坯与芯棒延长轴的外壁紧密接触，靠芯模延长轴的外径确定管材内径的方法。这种方法需要采用直角式机头或侧向式机头，芯棒延长轴一般有 0.6% ~1% 的锥度，长约 80 ~ 300mm，其外径应比管材内径大 2% ~4%，以利于管材收缩后尺寸在控制范围内，并保证管材内壁粗糙度，见图 4 - 36。用内径定型法制得的管材内壁比较光滑，内径尺寸比较精确。

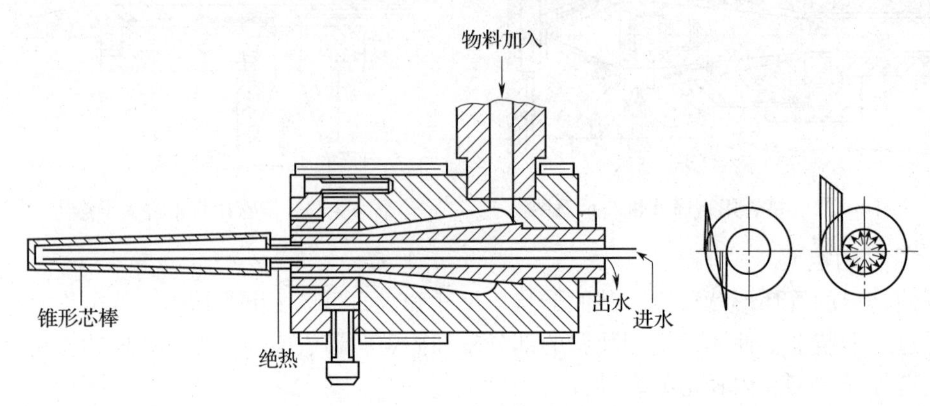


图 4 - 36　内径定型方法

不管是外径定型法还是内径定型法，其定径套内均需通水冷却。不同定径方法管材产生的应力及使用时所受应力情况也不相同，如图 4 - 37 所示。一般，由外径定型生产的管材由于外壁先降温硬化，内壁在冷却收缩时必然受到外壁层的阻碍，其结果是在外壁层内产生压应力，而在内壁层内产生拉应力；而内径定型生产的管材刚好相反，因此，由内径定型法生产的管材抗内压能力明显高于外径定型，一般挤出成型大直径耐压管材时多采用直角式机头和内径定型法。

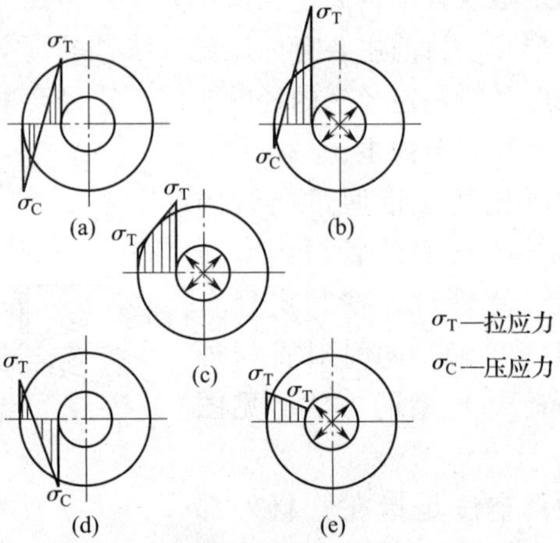

$\sigma_T$—拉应力
$\sigma_C$—压应力

图 4 - 37　定径方式与管材圆周应力的关系

（a）外定径法管材　（b）外定径法承压管材　（c）承压管材
（d）内定径法管材　（e）内定径法承压管材

（5）管材的冷却

为了去除管材残余的大量热量，保证制品不变形，管材还需要进行更进一步的冷却。挤出管材的冷却装置通常有浸浴式冷却水槽和喷淋式冷却水箱两种，见图 4 - 38 和图4 - 39。

浸浴式冷却水槽通常分作 2 ~4 段，以分别控制水温，借以调节冷却强度。冷却水一般是从最后一段进入水槽，然后再逐段前进，这样可使管状物降温平缓，避免因降温过快在管壁内产生较大的内应力，为防止管材在水槽中因浮力造成的弯曲，可在水槽中设置定位环。对直径较大的管材，为避免因水槽上、下层水温不同造成的管材径向收缩不均，同时，由于直径较大的管材通过水槽时会受到较大浮力作用而导致产生弯曲变形，可采取在管材周向均匀布置喷水头的喷淋式冷却方法。

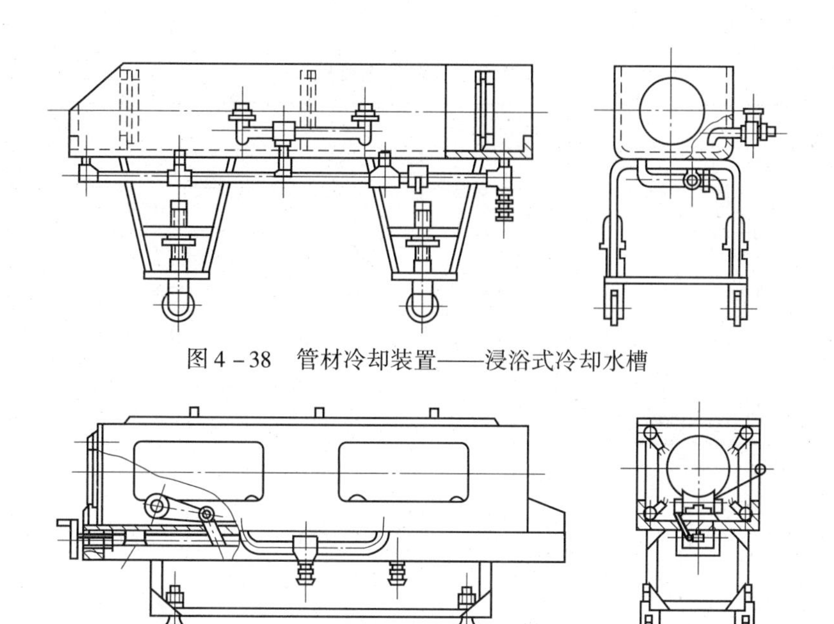

图4-38 管材冷却装置——浸浴式冷却水槽

图4-39 管材冷却装置——喷淋式冷却水箱

（6）管材的牵引

牵引装置的作用是将管材牵出机头，夹住并顺利通过定型装置和冷却装置，同时应保证管材不变形。牵引装置一般是在常压下操作的。常用的牵引装置有滚轮式和履带式两种形式，见图4-40。

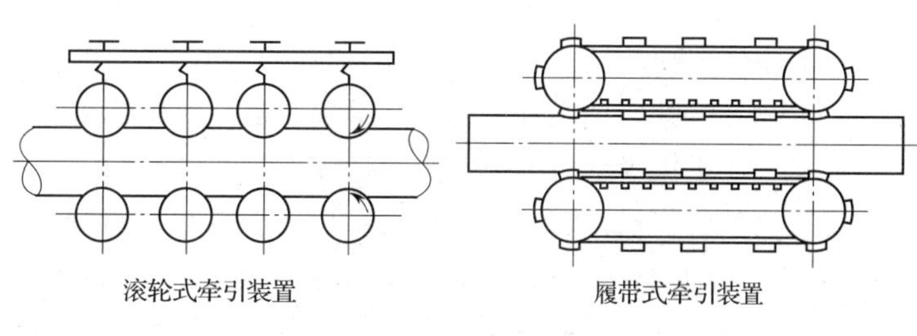


图4-40 挤出管材常用的牵引装置

履带式牵引装置是由两条或多条单独可调的履带组成，履带均匀分布在管材四周。这种装置与管材的接触面积大，管材不易变形，牵引力大，不易打滑，速度调节范围广。但缺点是结构复杂，维修困难，主要用于大口径管材和薄壁管材的生产。

滚轮式牵引装置是由几对上下滑轮组成。上、下滑轮夹持管材并向前牵引。由于滑轮与管材间是点或线接触，与履带式牵引装置相比，牵引力明显不足。一般用于管径小于100mm的管材生产。

不论采用哪一种牵引装置，牵引速度都必须与挤出速度相适应，一般情况是牵引速度比挤出速度大1%～10%，牵引速度与挤出速度之比过大，会在管壁中产生不适当的大分子取向，降低硬管的爆破强度；同时，牵引速度必须保持稳定，否则将导致管壁厚度不均。

（7）管材的切割

为了保证挤出管材的断面与管材垂直，挤管的切割装置要在与挤出速度同步前进的前提下进行切割。切割后的管材为了使用时连接方便，还可以对管材一端进行扩口操作。

4.5.1.2 主要工艺控制参数

（1）挤出温度控制

挤出温度是影响塑化质量和产品质量的重要因素。温度过低，塑化不良，熔接痕明显或熔接处强度低，管材外观和力学性能较差。具体温度应根据原料配方，挤出机及机头结构，螺杆转速的操作等综合条件加以确定。常用塑料管材的具体挤出加工温度见表4-10。

表4-10　几种常用管材的温度控制

| 管材原料 | 机身温度/℃ | | | 机头温度/℃ | |
|---|---|---|---|---|---|
| | 1段 | 2段 | 3段 | 机颈 | 口模 |
| PVC（粉） | 90~110 | 120~140 | 150~170 | 160~170 | 170~180 |
| UPVC（粒） | 100~120 | 130~150 | 160~180 | 170~180 | 180~190 |
| SPVC（粉） | 80~100 | 110~130 | 140~160 | 150~160 | 160~170 |
| SPVC（粒） | 90~110 | 120~140 | 140~160 | 160~170 | 170~180 |
| LDPE | 90~100 | 100~140 | 140~160 | 140~160 | 140~160 |
| HDPE | 100~120 | 120~140 | 160~180 | 160~180 | 160~180 |

（2）螺杆冷却

为了防止螺杆因摩擦热过大而升温，从而引起挤出机料筒内物料分解或管材内壁毛糙，一般可以采用降低螺杆温度的方法。适当的螺杆温度可使物料塑化状态良好，管内表面光亮，管材内外质量提高。对于硬质PVC管材生产，螺杆温度一般控制在80~100℃之间，若温度过低，物料黏度增大，反而会导致机头压力增加，产量下降，甚至发生物料无法挤出，螺杆轴承损坏等情况出现。因此，螺杆冷却中应控制出水温度不低于70~80℃。冷却方法是向内部嵌有铜管的螺杆内通水。

（3）螺杆转速

螺杆转速的快慢关系到管材的质量和产量，螺杆转速的调节应根据挤出机规格和管材规格决定。原则上，采用大型挤出机生产直径较小的管材时，转速一般较低；反之，采用小型挤出机生产直径较大的管材时，转速则较高。一般，Φ45单螺杆挤出机的螺杆转速为20~40r/min，Φ90单螺杆挤出机的螺杆转速为10~20r/min；采用双螺杆挤出机时，螺杆转速为15~30r/min。提高螺杆转速虽然可一定程度上提高产量，但在不改变物料配方和螺杆结构的情况下，螺杆转速过高会引起物料塑化不良，管壁粗糙，管材强度下降等问题。

（4）定径的压力和真空度

采用内压外定径的方法时，管内压缩空气压力范围一般在0.02~0.05MPa，并要求压力稳定。压力过小，管材不圆；压力过大，气塞易损坏造成漏气，同时易冷却芯模，影响管材质量；压力不稳定时，管材易形成竹节状。若采用抽真空法定径，其真空度约为0.035~0.070MPa。

（5）牵引速率

牵引速度应与管材的挤出速率密切配合。正常生产时，牵引速率应比挤出线速度稍快。牵引速率越慢，管壁越厚；牵引速率加快，管壁变薄，同时还会使管材纵向收缩率增加，内应力增大，从而影响管材尺寸和使用效果。

4.5.1.3　特殊结构塑料管材的成型

随着塑料管材应用的日益广泛，塑料管材的种类迅速增加。除了常规的挤出成型管材外，特殊性能与结构的挤出管材还包括热收缩管、铝塑复合管、波纹管及发泡复合管等。这里仅以塑料波纹管为例，简单介绍其成型过程。

波纹管是指管壁沿长度方向为波纹状的塑料管材。可用来成型塑料波纹管的塑料材料很多，但以PE、PP和PVC应用量最大，这3种原料生产的塑料波纹管制品占塑料波纹管总产量的五分之四以上。

波纹管的成型过程是连续挤吹成型过程。其成型设备除挤出机和机头外，还有波纹成型装置。波纹成型装置主要由链式传动装置和定型模块组成。波纹管的成型过程为熔融塑化的物料经机头成型为管坯，同时从机头中心通入压缩空气，使管坯受内压向外膨胀，并紧贴在具有波纹状表面的成型模具上，从而形成波纹状管壁；然后经风冷定型得到制品。

生产塑料波纹管的主要生产设备有挤出机、机头模具、波纹成型机（也被称成波机）及其他辅助设备等。

(1) 挤出机的选择

尽管单螺杆挤出机生产成本较低，但在混合效果及输送效果方面均不及双螺杆挤出机，因此，一般只有在生产 PP、PE、PVC 等材料的单壁波纹管，以及生产 PE、PP 双壁波纹管时选用单螺杆挤出机。使用单螺杆挤出机生产塑料波纹管时，螺杆转数一般控制在 30～60r/min，机头压力控制约为 36～54MPa。

适于生产塑料波纹管的双螺杆挤出机主要有异向平行双螺杆挤出机和异向锥形双螺杆挤出机两种类型。由于生产波纹管的机头模具流道狭长，螺杆扭矩和机头熔体压力较大，锥形双螺杆挤出机更为适用。

(2) 机头模具的结构特点

波纹管挤出机头模具结构与管材机头结构相似，只是波纹管机头口模间隙小，口模长厚比大，其显著特点是有一段加长但不加热的口模。

(3) 波纹成型原理

波纹成型机是波纹管的成型专用设备，用于成型外波纹及熔接双壁波纹管的内外两层。波纹成型机同时具有成型波纹和牵引管材的作用，它通常由成型模具、传动系统和控制系统 3 部分组成，其中成型模具是由数十对上下或水平对开的连续吹塑模块或真空模块组成，见图 4－41和图 4－42。

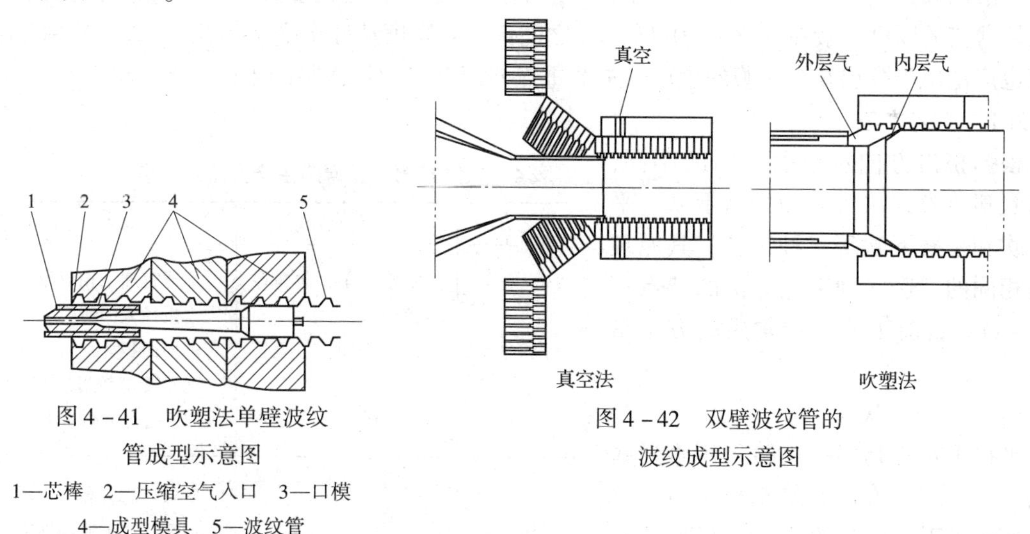


图 4－41 吹塑法单壁波纹管成型示意图

1—芯棒 2—压缩空气入口 3—口模 4—成型模具 5—波纹管

图 4－42 双壁波纹管的波纹成型示意图

波纹成型原理有真空成型和吹塑成型两种方法。其特点如下：

① 真空成型在真空成型机的回转模块上开有许多真空孔，并设有冷却水通道。当机头挤出熔融双层坯料的外层管坯和模块接触时，由于真空的作用，管坯吸附在模块的型腔上，形成外层波纹；而从机头挤出熔融坯料的内层管坯吸附在定径套上，从而形成内壁光滑而外壁具有波纹的双壁波纹管。

② 吹塑成型在机头挤出的熔融坯料管之间设有内层气和外层气，在机头前端设有冷却定径套，有的还在定径套前端加橡胶塞，外层气产生的正压使外层坯料吹胀，贴附在模块型腔

上，形成外波纹；内层气与外层气保持平衡，并使内层坯料包裹在冷却定径套上，使管材的内壁平滑。

## 4.5.2 挤出吹塑薄膜

塑料薄膜是一类重要的高分子材料制品。由于它具有质轻、强度高、平整、光洁、透明，并且加工容易、价格低廉等优点而得到广泛的应用。塑料薄膜可以用压延法、流延法、拉幅法和挤出吹塑法等方法成型。压延法主要用于非晶型高分子材料的加工，所需设备复杂，投资大，但生产效率高，产量大，薄膜的均匀性好。流延法的主要原料也大多是非结晶性高分子材料，流延法工艺简单，薄膜透明度好，各向同性，性能均一，但强度较低，且需耗费大量溶剂，成本增加，对环保也不利。拉幅法主要适用于结晶性高分子材料，其生产工艺简单，薄膜质量均匀，物理机械性能好，但设备投资较大。

挤出吹塑成型是基于塑料材料的分子质量高、分子间力大而且具有可塑性及成膜性能而出现的。塑料材料经挤出机熔融塑化后，通过机头环形间隙口模而挤出形成管坯，并在压缩空气的作用下膨胀为膜管，同时，膜管在向前牵伸过程中厚度逐渐减薄。膜管的大分子在纵、横两向的拉伸取向作用下物理机械性能得到增强。

挤出吹塑成型适用于结晶和非晶高分子材料，工艺设备简单，且最为经济，既能生产幅宽较窄的薄膜，又能生产幅宽达几十米的薄膜，吹塑过程薄膜纵横向都得到拉伸取向，制品质量较高，因此是目前应用最广泛的方法。但挤出吹塑法也存在薄膜厚度均匀性差；冷却速度低，薄膜透明度低；卷取线速度较慢（一般不超过10m/min），产量不高等缺点。

目前用于吹塑薄膜的原料主要有PE、PVC、聚偏二氯乙烯（PDVC）、PP、PS、尼龙、乙烯-乙酸乙烯共聚物（EVA）、PVA等品种；薄膜厚度一般控制在0.01～0.3mm范围内，如聚乙烯薄膜的厚度一般在0.008～0.150mm之间；展开宽度从几十毫米到几十米。另外挤出吹塑法也广泛用于多层复合薄膜的生产，本节重点介绍挤出吹塑薄膜的生产工艺。

### 4.5.2.1 工艺方法

根据挤出方向和牵引方向的不同，挤出吹塑薄膜方法可分为平挤上吹、平挤平吹和平挤下吹等三种工艺，其原理都是相同的。这三种工艺方法的特点见表4-11。目前工业上最常用的方法是平挤上吹法。

**表4-11 挤出吹塑薄膜生产方法及特点**

| 工艺方法 | 优点 | 缺点 |
|---|---|---|
| 平挤平吹 | 结构简单，薄膜厚度较均匀<br>操作方便，引膜容易<br>吹胀比可以较大 | 不适宜加工相对密度大，折径大的薄膜<br>占地面积大<br>泡管冷却较慢，不适宜加工流动性大的塑料 |
| 平挤上吹 | 泡管形状稳定，牵引稳定<br>占地面积小，操作方便<br>易生产折径大，厚度大的薄膜 | 要求厂房较高<br>不适宜加工流动性大的塑料<br>不利于薄膜冷却，生产效率低 |
| 平挤下吹 | 有利于薄膜冷却，生产效率高<br>能加工流动性较大的塑料 | 挤出机在操作台上，操作不便<br>不适宜生产较薄的薄膜 |

（1）平挤平吹法

平挤平吹法是指挤出时采用直通式机头，机头出料方向和挤出机平行，挤出管坯水平引出，经吹胀压紧后导入牵引辊的方法，工艺流程见图4-43。该工艺一般只适用于吹制小口径薄膜的产品，如LDPE、PVC、PS膜，也适用于吹制热收缩薄膜。

（2）平挤上吹法

平挤上吹法是指使用直角式机头，挤出机出料方向和挤出机垂直，挤出管坯垂直向上引出，经吹胀压紧并导入牵引辊的方法，见图4－44。平挤上吹法适用于PVC、PE、PS、HDPE等塑料品种。

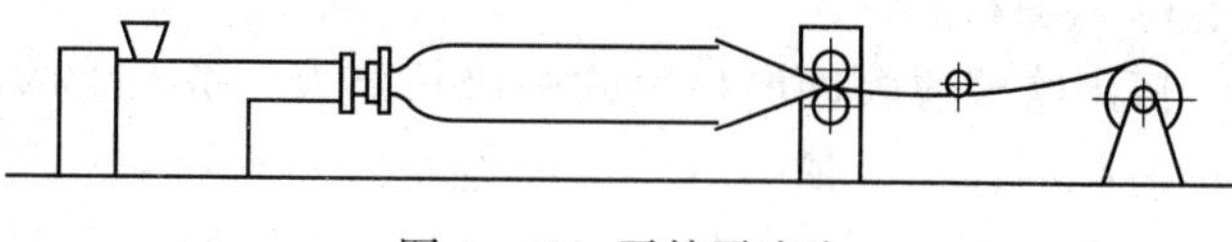

图4－43 平挤平吹法

（3）平挤下吹法

平挤下吹法和平挤上吹法一样，也是采用直角式机头，但其管坯的牵引方向是垂直向下的，具体工艺流程见图4－45。该工艺特别适宜于黏度小的原料及透明度要求高的塑料薄膜。如PP、PA、PVDC等。

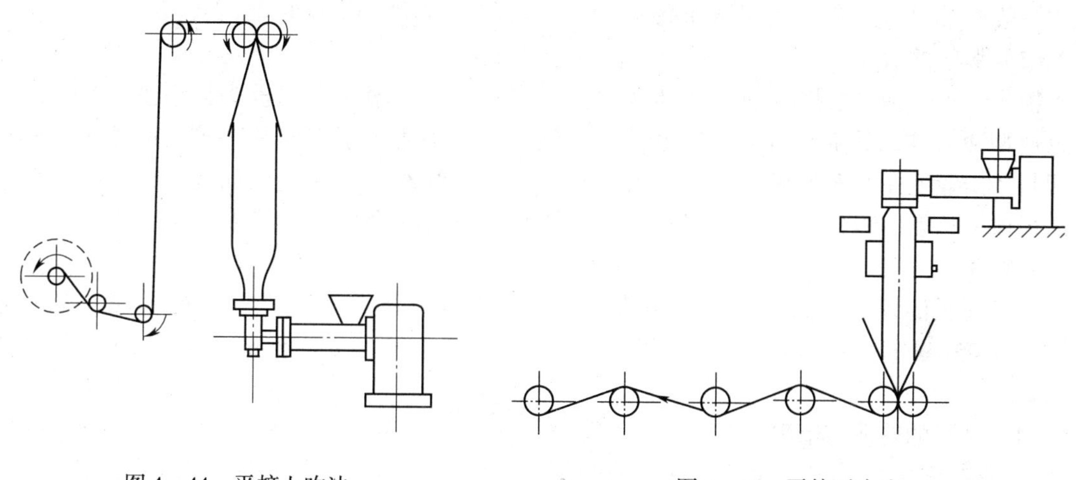

图4－44 平挤上吹法

图4－45 平挤下吹法

4.5.2.2 工艺流程

挤出吹塑薄膜成型过程包括挤出、吹胀、定型、冷却牵伸、收卷和切割等工艺过程。图4－46是上吹法挤出吹塑薄膜的典型工艺流程图。

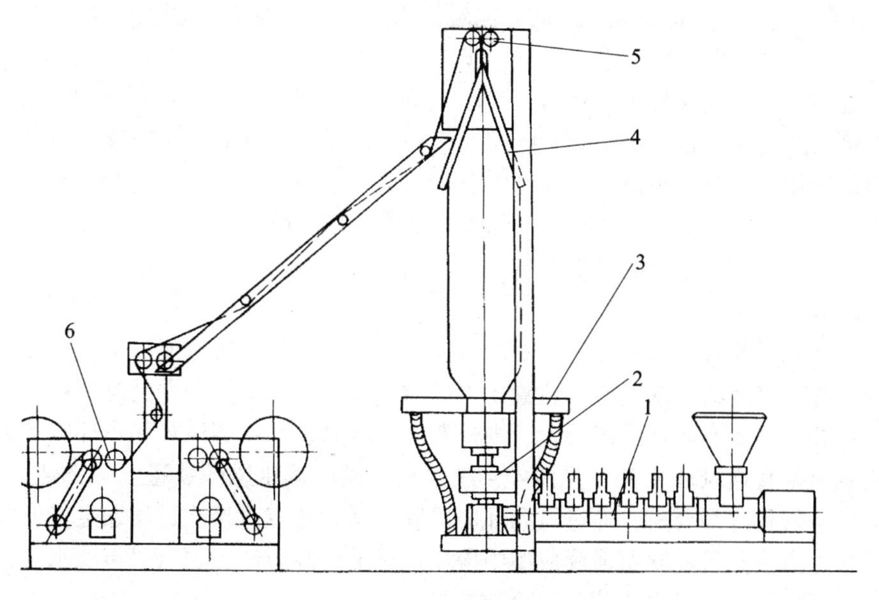


图4－46 平挤上吹工艺吹塑薄膜工艺流程图

1—挤出机 2—机头 3—冷却风环

4—人字板 5—牵引辊 6—卷取辊

(1) 原料的确定

挤出吹塑薄膜的原料为吹膜级树脂及一定量的爽滑剂，以保证薄膜的力学性能及开口性；树脂的选择应依据熔体流动速率进行选择；一般选择熔体流动速率较小的树脂。熔体流动速率过大，熔融树脂黏度太小，会导致加工范围变窄，加工条件难以控制，成膜性差；同时，熔体流动速率太大，薄膜强度差。对于聚乙烯，通常选择熔融指数为2~6g/10min的树脂牌号。

(2) 挤出机的选择

吹塑薄膜的主要设备为单螺杆挤出机，挤出机的挤出量应与薄膜的厚度和折径相适应。长径比一般在25以上。有时为了增加混炼效果，螺杆头部需增加混炼装置。

(3) 膜管的成型

物料经机头和口模挤出的管状坯料常被称为膜管。吹塑薄膜的机头类型主要有直角型和直通型两大类，其主要结构与挤出管材相似。直通型适用于熔体黏度较大的塑料和热敏性塑料。工业上用直角型机头居多，由于直角型机头存在料流转向的问题，模具设计时须考虑料流的速度，以使薄膜厚度波动减少。同时，为了减少薄膜的厚度波动，常采用直角型旋转机头。

吹塑薄膜的口模缝隙的宽度和平直部分的长度与薄膜的厚度有一定的关系，如吹塑0.03~0.05mm厚度的薄膜，所用的口模间隙宽度为0.4~0.8mm，平直部分长度为7~14mm。

(4) 薄膜的吹胀与牵引

薄膜挤出吹胀、冷却及牵引过程是同时进行。压缩空气从机头的通入气道进入，将管坯吹胀成膜泡后，经人字板进入牵引装置。调节压缩空气的通入量可以控制膜管的膨胀程度。

① 人字板　人字板作用是稳定膜泡形状，使膜泡逐渐压扁并导入牵引装置。人字板是由两块呈人字形的板状结构物组成。人字板的夹角可以通过调节螺钉进行调整，一般为30°，也可以大到50°。夹角过大，薄膜易出现褶皱；夹角过小，辅机高度将增加。当薄膜直径超过2m时，人字板是由一系列排成人字形的导向辊筒组成。导向辊筒是直径为50mm的金属辊筒，表面镀铬，辊筒内还可以通冷却水，以进一步冷却薄膜。

② 牵引装置　牵引装置的作用是牵引和拉伸薄膜。它通常由一个橡胶辊和一个钢辊组成，以使膜管与牵引辊完全贴紧，避免膜管内的空气漏失，保证膜管的直径一致。同时，牵引还起到调节膜厚的作用，牵引辊与挤出口模的中心位置必须对准，防止薄膜卷绕时出现折皱现象。另外，牵引辊到口模的距离对成型过程和管膜性能有一定影响，它决定了膜管在压叠成双折前的冷却时间，这一时间与塑料的热性能有关。

(5) 薄膜的冷却

管坯挤出吹胀成膜管后还需经过不断冷却固化定型。冷却装置应能满足生产能力高、制品质量好、生产过程稳定的要求，冷却装置还可以对薄膜的厚度不均匀性进行调整。

常用冷却装置主要有风环冷却装置、内外双面风冷系统、喷雾风环和水环冷却装置。

风环装置包括普通风环装置（见图4-47）和双风口减压风环装置（见图4-48）两种。风环装置均以空气作冷却介质，通过风向环向薄膜泡状物各点直接吹送压缩空气，实现薄膜制品的冷却。这种方法是目前吹塑薄膜成型中应用最广的冷却方法；也有以雾状水气为冷却介质的喷雾风环，喷雾风环可以强化薄膜的冷却效果。

平挤下吹法和热收缩膜生产时常用水环冷却装置（见图4-49）。而带有膜内冷却装置的挤出吹膜生产线还常带有定径装置，薄膜的宽度能够保持在1~2mm公差范围内。

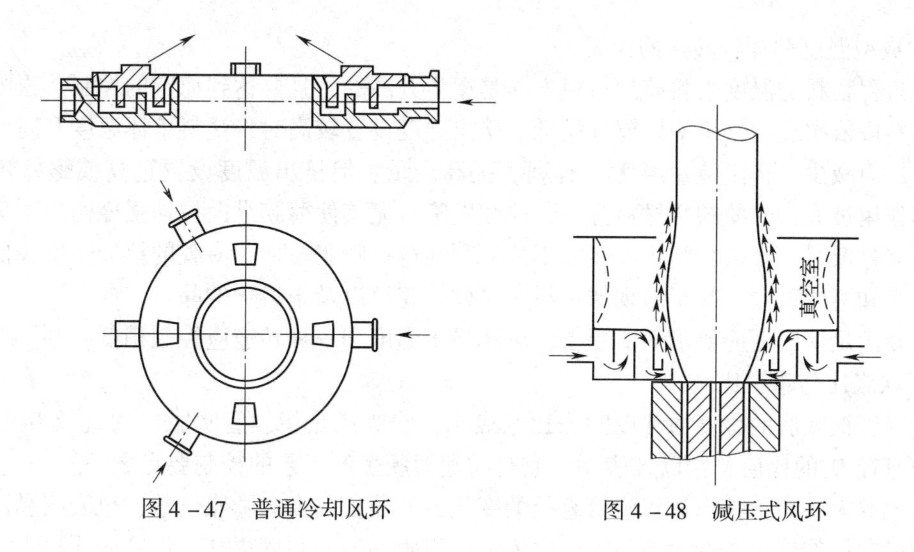


图4－47 普通冷却风环　　图4－48 减压式风环

（6）薄膜的卷取

膜管经冷却，人字板导向夹平，再通过牵引夹辊、展平辊，最后由卷绕辊卷绕成薄膜制品。薄膜卷取时要求卷取平整、两端边整齐。

卷取装置有表面卷取和中心卷取两种形式，见图4－50。

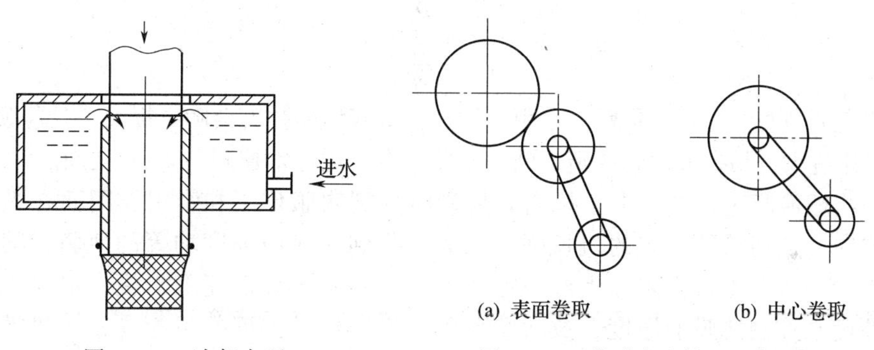


图4－49 冷却水环　　图4－50 薄膜卷取装置示意图

表面卷取的工作原理如图4－51所示。在主动辊转动时，由于卷辊直接压在主动辊上，卷辊因摩擦作用而随主动辊作反向旋转，从而实现薄膜的卷取过程。表面卷取装置的卷取速度与卷绕膜卷的直径大小无关，因而能与牵引速度保持同步；同时，表面卷取装置的结构简单，卷取轴不易弯曲，它的缺点是易损伤薄膜。

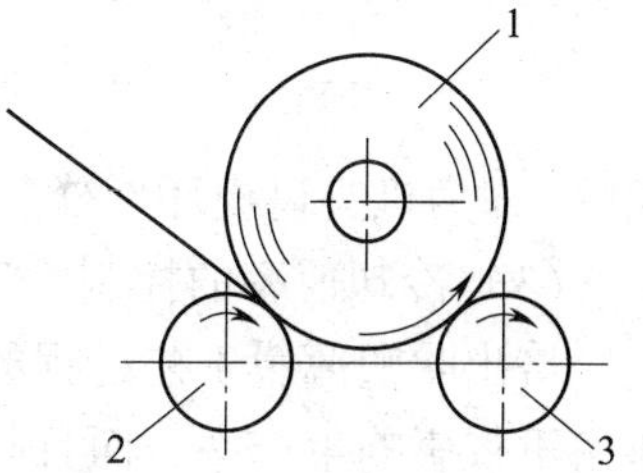

中心卷取是把薄膜直接卷绕在转动卷辊的卷心上。为了薄膜收卷时有恒定的线速度，以保证薄膜在收卷时受到恒定的张力，常用的方法是采用力矩电机。

图4－51 表面卷取装置工作原理示意图

1—薄膜 2—主动辊 3—从动辊

（7）薄膜的切断与后处理

挤出吹塑薄膜的切割和后处理装置可以实现薄膜的横向切断，纵向切断和电晕放电处理等。

#### 4.5.2.3 工艺参数控制

在挤出吹塑过程中，塑料材料经历着黏度和相变等一系列的变化，与这些变化密切相关的工艺参数有螺杆各段温度，螺杆转速，机头压力，风环吹入空气压力，膜管牵引速度等。

(1) 成型温度和螺杆转速的设置

挤出过程物料的温度沿料筒到口模方向是逐步升高的，且要达到稳定的控制。原则上料筒温度沿加料段依次递增，机头口模处稍低。挤出温度设置较高时，塑料熔体温度升高，黏度降低，机头压力减少，挤出流量增大，有利于提高产量。但挤出温度设置过高或螺杆转速过快时，剪切作用过大，易使塑料材料分解，薄膜发脆，尤其使薄膜纵向拉伸强度明显下降；而挤出温度设置过低时，则树脂塑化不良，不能顺利地进行膨胀拉伸，薄膜的拉伸强度较低，且表面的光泽性和透明度差，甚至出现像木材年轮样的花纹以及未熔化的晶核。

通常在满足薄膜性能要求的前提下，熔体挤出温度和螺杆转速应控制稍低一些。

(2) 吹胀比与牵引比

衡量膜管被吹胀的程度通常以吹胀比来表示，吹胀比是指膜管吹胀后的直径 $D_2$ 与挤出机环形口模直径 $D_1$ 的比值。常以 $\alpha$ 表示。它是吹塑薄膜生产工艺的控制要点之一。

吹胀比的大小表示挤出过程膜管直径的变化，即薄膜的横向膨胀倍数，也表明黏流态下大分子受到横向拉伸作用力的大小。吹胀比增大，薄膜的横向强度提高。但吹胀比过大，容易造成膜泡不稳定，且薄膜容易出现皱折。常用吹胀比在 2 ~6 之间。

牵引比是指膜管通过夹辊时的速度 $v_2$ 与口模挤出管坯的速度 $v_1$ 之比，用 $\beta$ 表示。它可以表征在牵引过程中膜管所受到的拉伸作用程度。

$$\alpha = \frac{D_2}{D_1} \tag{4-22}$$

$$\beta = \frac{v_2}{v_1} \tag{4-23}$$

牵引比表征薄膜纵向拉伸倍数。牵引比增加，薄膜纵向强度会随之提高，且薄膜的厚度变薄，但牵引比过大，易拉断膜管，造成断膜现象。牵引比通常控制在 4 ~6 之间。

在挤出吹塑薄膜过程中，由于挤出管坯同时受到吹胀作用和牵引作用而在纵横两向实现大分子取向，从而获得一定的机械强度。为了得到纵横向强度均等的薄膜，其吹胀比和牵引比应保持一致。不过在实际生产中往往都是采用同一环形间隙口模，主要依靠调节不同的牵引速度来控制薄膜的厚度，故吹塑薄膜纵横向机械强度并不相同，一般纵向强度稍大于横向强度。

吹塑薄膜的厚度 $\delta$ 与吹胀比和牵伸比的关系可用式 (4 -24) 表示。

$$\delta = \frac{b}{\alpha \cdot \beta} \tag{4-24}$$

式中，$b$ 为机头口模环形缝隙的宽度，mm；$\delta$ 为薄膜厚度，mm。

(3) 冷却速率的控制

挤出吹塑薄膜工艺过程的显著特点是吹胀、牵引、冷却等过程同时进行。膜管的冷却降温速率不仅影响生产率，而且与所制得的薄膜的外观质量、尺寸以及性能有密切关系。膜管冷却不良易导致膜管直径难以稳定，易形成不稳定细颈，膜管直径和壁厚不均等问题。实际生产过程中，常用冷冻线高度来判定所选择的冷却条件是否合适。

冷冻线又称霜线，是高分子熔体从无定型状态转变到结晶状态的分界线，即相转变线。冷冻线位置的高低对于膜管的稳定以及控制薄膜的质量有很大关系。

在挤出吹膜过程中，当冷冻线较低，即离口模较近时，熔体因快速冷冻而定型，吹胀过程是在高弹态下进行的，吹胀就如同横向拉伸一样，使分子发生取向作用，薄膜的性能接近于定向膜，但所得薄膜表面易出现粗糙面。随着冷冻线远离口模，薄膜的粗糙程度下降，对膜的均匀性是有利的。但若冷冻线离口模过远时，即冷冻线位于吹胀后的膜泡的上方，则薄膜的吹胀是在液态下进行的，吹胀仅使薄膜变薄，而分子没有受到拉伸取向，此时的膜性能接近于流延膜，横向的撕裂强度较低。

一般可以用3种典型的膜管形状来形容冷冻线的高低，如图4－52所示，L、M、H型。其中M型膜管既有利于冷却定型又不降低薄膜的取向程度，是生产中常采用的泡型。

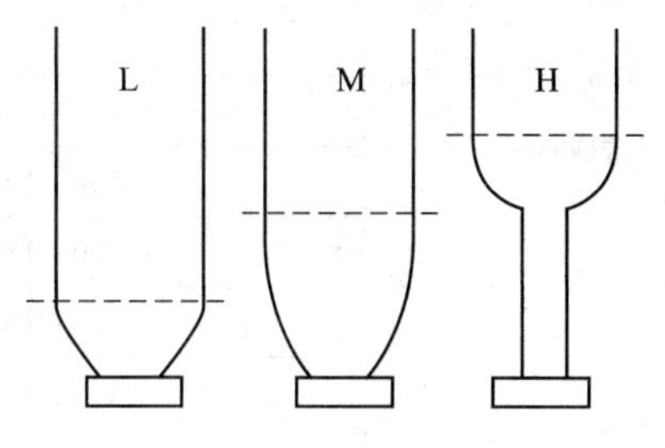

图4－52　常见膜管形状

牵引辊到口模的距离决定了薄膜的冷却时间，不同种类的塑料其冷却时间也不相同。黏度越小，需要的冷却时间越长，如PE就比PVC需用的距离长。如果冷却不充分，两层薄膜会出现“自黏”现象，严重时会对以后的加工和应用带来不便，甚至报废。一般可以通过降低冷冻线高度；加大口模到牵引辊的距离；添加开口剂等办法解决。在生产过程中，一般通过调节风环风量的大小控制膜管的冷却速度，调节移动风环的位置控制膜管“冷冻线”的位置。冷却风环与口模距离一般控制在30～100mm。

对于结晶性物料，为了得到透明度高，强度好的薄膜，应适当降低冷冻线高度。这是由于大分子熔体快速降温到熔点以下，结晶过程时间短，薄膜的晶粒细小，结晶度也比较低；而且膜泡上升超过冷冻线以上后，仍可在$T_g$以上保持一段时间；同时膜泡处在张紧状态，有利于大分子通过链段运动消除应力。

在实际生产过程中，由于降低冷冻线高度必须采用高效冷却，这会导致成型过程能耗明显增大。为了保持薄膜的纵、横两向的取向程度接近而又无法任意调节牵引速度时，冷冻线高度的降低比较困难，一般不做要求。

### 4.5.3　挤出幅状材料

塑料板材、片材以及薄膜之间是没有严格界限的，通常把厚度在0.25mm以下的平面材料称为薄膜；厚度在0.25～2.0mm之间的软质平面材料及0.5mm以下的硬质平面材料称为片材；而厚度在2.0mm以上的软质平面材料和厚度在0.5mm以上的硬质平面材料则称为板材。通常将板材和片材归类为高分子幅状材料。用挤出法生产的塑料板材主要有PVC软质板材、PVC硬质板材和PE板材等。

用挤出法生产板材的方法有两种，一种是利用挤管的方法先挤出管状物，然后将管状物剖开，展平、牵引而制得板材，此法可用于软板生产。但这种方法除了因为管径限制了板材的宽度外，还由于板材有内应力，在较高温度下趋向于恢复原来的圆筒形，而使板材容易产生翘曲变形，故这种方法已经很少应用。目前，常用狭缝式机头直接挤出板材。挤出板材工艺也适用于挤出片材和薄膜。本节以塑料板材的挤出成型工艺为例做主要介绍。

#### 4.5.3.1　挤板工艺流程

典型的塑料板材挤出工艺流程如图4－53所示。塑料原料经挤出机塑化均匀后，由机头挤出成为板坯，然后立即进入三辊压光机降温定型，再经冷却导辊进一步冷却定型，切边机切去废边，由牵引辊送入切断装置，最后裁切成一定长度的板材。典型塑料板材的挤出工艺条件见表4－12。

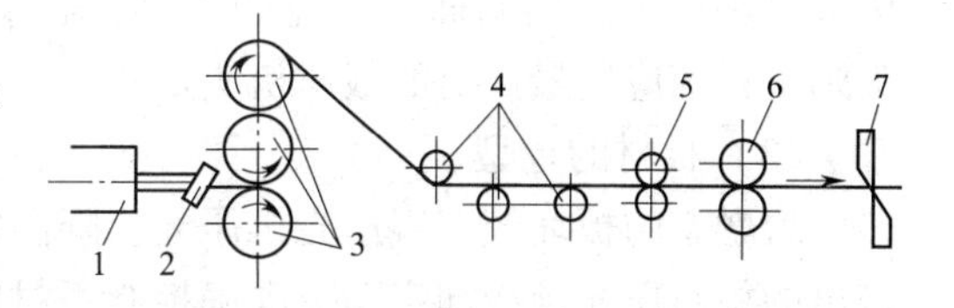

图4－53　挤出板材工艺流程图
1—挤出机　2—机头　3—三辊压光机
4—冷却辊　5—切边机
6—牵引辊　7—切刀

**表 4-12　　几种热塑性塑料板材挤出加工温度条件**

| 温度 | | 硬聚氯乙烯 | 软聚氯乙烯 | 低密度聚乙烯 | 聚丙烯 | ABS |
|---|---|---|---|---|---|---|
| 料筒温度/℃ | 1 | 120~130 | 100~120 | 150~160 | 150~170 | 40~60 |
| | 2 | 130~140 | 135~145 | 160~170 | 180~190 | 100~120 |
| | 3 | 150~160 | 145~155 | 170~180 | 190~200 | 130~140 |
| | 4 | 160~180 | 150~160 | 180~190 | 200~205 | 140~150 |
| 机头温度/℃ | 1 | 175~180 | 165~170 | 190~200 | 200~210 | 160~170 |
| | 2 | 170~175 | 160~165 | 180~190 | 200~210 | 150~160 |
| | 3 | 155~165 | 145~155 | 170~180 | 190~200 | 150~155 |
| | 4 | 170~175 | 160~165 | 180~190 | 200~210 | 150~160 |
| | 5 | 175~180 | 165~170 | 190~200 | 200~210 | 160~170 |
| 三辊压光机温度/℃ | 上辊 | 70~80 | 中辊 | 80~90 | 下辊 | 60~70 |

（1）挤出机的选择

挤出板材过程中，较低的熔体黏度有利于加快挤出速度，提高生产效率，并能避免机头内出现滞留区域。单螺杆挤出机和双螺杆挤出机都可用于板材挤出。采用单螺杆挤出机时，如果原料是粉料，则需要在高剪切速率和高温下进行，但物料容易发生降解；如果原料是已塑化过的颗粒料，则可以在较低的挤出温度下进行，并能够保证物料的热稳定性。双螺杆挤出机能够很好地兼顾挤出温度和热稳定性，适合于粉料生产。

（2）板材的成型

挤出板材常用的机头型式是狭缝式机头，其出料口既宽又薄，熔融物料由挤出机挤入机头，要求熔体沿口模宽度方向有均匀的速度分布，以保证挤出的板材厚度均匀，且表面平整。挤出板材的出口膨胀量主要取决于机头模唇间距离的大小，在模唇间距较小时，挤出胀大率可达 50%；模唇间距较大时，出口膨胀率一般只有 15%~20%。最终板材的厚度尺寸可通过牵引速度进行适当调节。

挤出板材的狭缝式机头主要有 T 型机头、鱼尾式机头和衣架式机头等几种类型，见图 4-54。T 型机头常用于成型聚烯烃等热稳定性塑料；鱼尾式机头适于挤出幅面不太宽的板材；衣架式机头则是目前应用最广泛的板材机头形式。

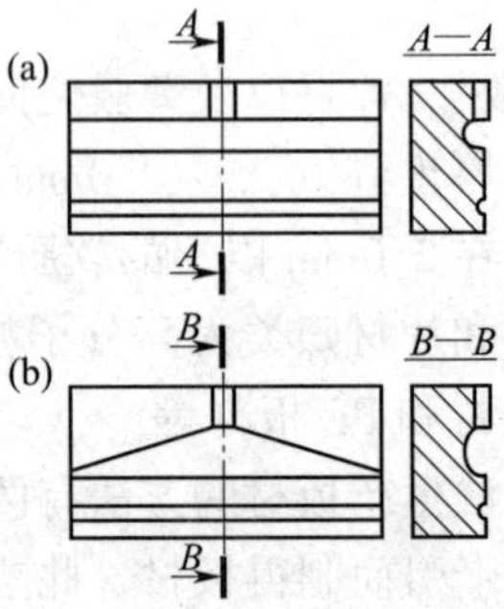

图 4-54　狭缝式机头示意图

（a）T 型机头　（b）衣架式机头　（c）鱼尾式机头

（3）板材的定型

熔融态的板坯经三辊压光机压光，降温定型为一定厚度的固体板状物。压光机的作用是将挤出的板材压光，冷却定型及准确控制板材厚度尺寸。在板坯进入压光机辊隙的过程中，应将板坯宽度方向上各点速度调整到大致相同，这是保证板材平直的重要条件之一。机头应尽可能靠近压光机，若二者之间的距离过大，不但从口模出来的板坯会因下垂而发皱，而且还会因为进入辊隙前散热降温过多而对压光不利。

同时，由于从机头出来的板坯温度较高，为了使板材缓慢冷却，降低板材内应力，减少翘曲变形。应适当控制压光机各辊筒的温度，一般上辊温度最高，下辊温度逐渐降低；板坯上下表面的降温速度也应尽量一致，以使板坯上下面层之间以及内外层之间的冷却收缩与结晶速率相近。

压光机对辊筒的尺寸精度和光洁度要求较高，应能与板材挤出相适应，并在一定范围内可以调整速度；辊筒间距也应可以调整，以适应挤出板材厚度的控制。

(4) 板材的冷却与切边

从压光机出来的板材温度仍比较高，必须经过导辊继续冷却定型才能保持板材的平直度。导辊在挤板流程中起冷却作用，其冷却输送部分的总长度主要由板坯厚度和塑料比热容大小决定。板坯越薄、塑料比热容越小，冷却降温就越快，所需导辊的冷却输送部分的长度也越短。

冷却定型后的板材往往两侧边缘厚薄不均，板材的宽窄也不一致，冷却定型后需进入切边装置，以切去不规则的板边，并将板材切成规定的宽度。常用切边装置为圆盘切刀。切边装置通常安装在牵引装置之前。

(5) 板材的牵引

板材的牵引装置是由一对或两对牵引辊组成，每对牵引辊通常又是由一个表面光滑的钢辊和另一个具有橡胶包覆表面的钢辊组成，它的作用是将已定型的板材引进切割装置，以防止在压光辊处积料，并将板材压平。牵引装置的牵引速度应与压光辊的出料速度同步或稍小于压光辊送出板状物的线速度，通过微调控制张力，以有利于导辊冷却时板材在长度方向上的收缩回复，也不会由于强制牵伸导致大分子的进一步取向。

#### 4.5.3.2 平膜的挤出成型

采用平挤方法生产塑料薄膜具有优异的反光表面和透明性，广泛用于包装、热成型原料片材及板条的表面覆层。它的挤出机头形状与挤出板材和片材相同，但对模唇厚度精确度要求很高，模唇不仅应该非常光滑，而且要达到极高的平直度。由于平膜挤出机头的狭缝厚度尺寸极小，薄膜的出口膨胀率可高达100%，一般可通过牵引作用拉薄挤出物，以使其达到原厚度的1/2～1/10，从而实现控制薄膜厚度的目的。同时，应注意的是由于机头窄缝产生的高背压，常常导致熔体温度可以达到很高的温度。

薄膜被牵出机头后，与挤出板材一样，进入三辊压光机。因为制品厚度极薄，对辊筒表面质量要求很高，否则薄膜极易出现缺陷。同样，牵引装置应恒速，因为任何脉冲或瞬时速度波动都会给薄膜质量带来影响。

流延薄膜也是用这种方法生产的，即也采用平膜机头，但塑料熔体从机头挤出后是向下流到流延辊而成型的，具体工艺流程见图4－55。

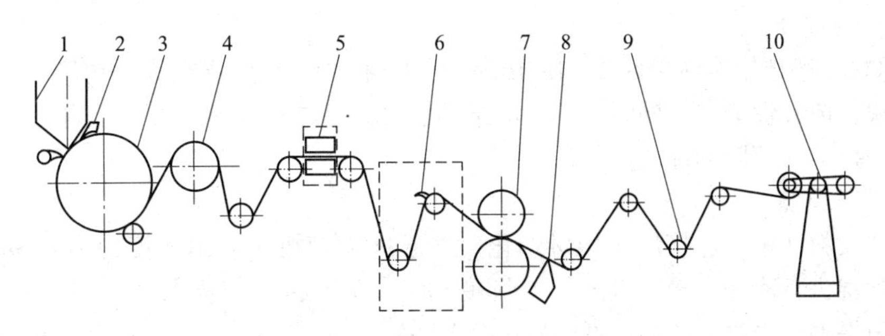


图4－55 挤出流延薄膜工艺流程图

1—挤出机机头 2—气刀 3—急冷辊 4—冷却辊 5—测厚仪
6—电晕处理 7—牵引辊 8—切边装置
9—导向辊 10—卷取装置

### 4.5.4 双向拉伸薄膜

双向拉伸塑料薄膜简称 BOPF（Biaxially Oriented Plastics Film），包括挤出管膜法工艺和平面挤出双向拉伸工艺两种。由于平面挤出双向拉伸薄膜的性能好，产品应用范围广，目前这种方法的发展速度远远超过管膜拉伸法。

平面挤出双向拉伸工艺的基本方法是将塑料原料通过挤出机熔融挤出厚片，在玻璃化温度和熔点之间的适当温度范围内，在外力作用下，先后沿纵向和横向对厚片进行一定倍数的拉伸，从而使大分子的分子链在平行于薄膜平面的方向上取向；然后在张紧状态下进行热定型，以使取向的大分子结构固定下来；最后对双向拉伸薄膜进行冷却及后续处理。目前已经实现工业化生产的双向拉伸薄膜有聚丙烯（BOPP）、聚对苯二甲酸乙二醇酯（BOPET）、聚酰胺（BOPA）和聚苯乙烯（BOPS）等。

双向拉伸薄膜生产工艺流程如图 4-56 所示。常用的设备有挤出机、机头、急冷设备、纵向拉伸机、横向拉幅机、牵引收卷机等。这里以常见的 BOPP 和 BOPET 双向拉伸薄膜为例，简要说明其工艺流程。

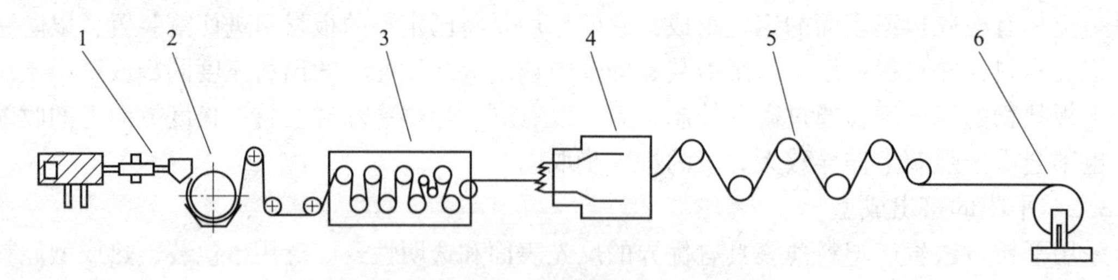


图 4-56 双向拉伸薄膜生产流程示意图

1—挤出机 2—急冷辊 3—纵向拉伸机 4—横向拉幅机
5—热定型辊筒 6—卷曲装置

#### 4.5.4.1 BOPP 工艺流程

PP 是结晶性高聚物，BOPP 薄膜具有较高的拉伸强度、冲击强度、透明性和电绝缘性，同时，透气性和吸潮性也较低，广泛应用于食品、医药、服装、香烟等各种物品的包装和复合膜的基材。

BOPP 薄膜的典型物性为：浊度 <1.5%；光泽度 >85%；拉伸强度（纵向/横向）>120/200MPa；断裂伸长率（纵向/横向）<180%/65%；弹性模量为 1700～2500MPa；脆化温度为 -50℃。

（1）原料的选择。

BOPP 原料一般选用熔体指数 2～4g/10min 的 PP 树脂。熔体指数大的树脂其流动性虽好，但结晶速度快，成片性能差。同时，厚片的结晶度过大易导致发脆，直接影响到双向拉伸时的连续成膜性和拉伸后薄膜的性能。

（2）厚片的制备

将原料加入料斗中，经挤出机熔融塑化，并通过 T 型机头挤出厚度约为 0.6mm 的厚片，然后进入冷却辊进行冷却。挤出机温度控制在 190～260℃，冷却辊水温为 15～20℃，制备的厚片要求表面平整，光洁，结晶度低，厚度公差小。

（3）纵向拉伸

纵向拉伸一般有单点拉伸和多点拉伸两种方法。所谓单点拉伸，是靠快速辊和慢速辊之间的速差来控制拉伸比，在两辊之间装有若干加热的自由辊筒，这些辊筒不起拉伸作用，只起加热和导向作用。而多点拉伸是在预热辊和冷却辊之间装有不同转速的辊筒，借每对辊筒的速差使厚片逐渐拉伸，辊筒之间的间隙很小，一般不允许有滑动现象，以保证薄膜的均匀和平整。

（4）横向拉幅与热定型

横向拉幅过程一般在拉幅机中进行，拉幅机分为预热区、拉伸区和热定型区3个区域，温度控制在165～170℃，160～165℃及160～165℃。膜片由夹具夹住两边，沿张开一定角度的拉幅机轨道被强行横向拉伸，一般拉伸倍数为5～6倍。

4.5.4.2　BOPET　工艺流程

（1）原料的选择

普通BOPET薄膜所使用的原料主要有母料切片和有光切片。母料切片是指含有二氧化硅、碳酸钙、硫酸钡、高岭土等添加剂的PET切片。根据薄膜的不同用途选用相应的母料切片。聚酯薄膜一般采用一定量的含硅母料切片与有光切片配用，其作用是通过二氧化硅微粒在薄膜中的分布，增加薄膜表面微观上的粗糙度，使收卷时薄膜之间容纳有极少量的空气，从而防止薄膜黏连。

（2）原料的前处理

对于有吸湿倾向的高聚物，例如PET、PA、PC等，须在双向拉伸前进行预结晶和干燥等前处理。其目的是提高高聚物的软化点，避免其在干燥和熔融挤出过程中树脂粒子互相粘连或结块；去除树脂中的水分，防止其在熔融挤出过程中发生水解或产生气泡。

PET的预结晶和干燥设备一般采用带有结晶床的填充塔，同时配有干空气制备装置。预结晶和干燥温度一般为150～170℃，干燥时间约3.5～4.0h，干燥后的PET切片湿含量要求控制在30～50ppm。

（3）厚片的制备

经过预结晶和干燥处理后的PET材料进入挤出机熔融塑化。为了保证PET良好的塑化质量和稳定的挤出熔体压力。除对螺杆长径比、压缩比和各功能段有一定的要求外，螺杆的结构也非常重要，一般采用Barrier型螺杆，这种螺杆有利于保证挤出物料良好塑化，挤出机稳定出料和良好排气，挤出机出口物料温度均匀一致，以及提高挤出能力。

当挤出量不大时，也可选用排气式双螺杆挤出机。它具有良好的抽排气功能和除湿功能，可将物料中所含的水分和低聚物抽走，因而可以省去一套复杂的预结晶/干燥系统。挤出机温度设定为210～280℃。

为了保证进入机头的熔体具有足够而稳定的压力，以克服熔体通过过滤器时的阻力，保持薄膜厚度的均匀性，通常采用高精度的齿轮泵来实现熔体计量。熔体计量泵的加热温度控制在270～280℃。

为了去除熔体中存在的杂质、凝胶粒子和鱼眼等异物，常在计量泵的前后各安装一个过滤器。BOPET薄膜生产线通常采用碟状过滤器，过滤网孔径一般在20～30μm，过滤器加热温度控制在275～285℃。

挤出机、计量泵、过滤器等装置一般是利用熔体管与机头连接起来。熔体管内壁要求光洁且无死角，熔体管串连起来的长度应尽量短，以免熔体在其中滞流或停留时间过长而产生降解。熔体管加热温度控制在275～285℃。

挤出机头决定着挤出厚片的外形和厚度的均匀性。BOPET常采用衣架式机头，机头温度控制在275～280℃。

（4）厚片的冷却

从机头流出的PET熔体在匀速转动的急冷辊上被快速冷却至玻璃化温度以下，并形成厚度均匀的厚片。急冷的目的是使厚片形成无定形结构，尽量减少结晶，以免对后续的拉伸阶段产生不良影响。急冷辊表面温度应均匀，同时转速要均匀而稳定。一般急冷辊内通入30℃左右的冷却水，以保证将厚片快速冷却到50℃以下。

(5) 纵向拉伸

纵向拉伸机由预热辊、拉伸辊、冷却辊、张力辊和橡胶压辊、红外加热管、加热机组以及驱动装置等组成。其作用是将冷却的厚片在纵向拉伸机组中加热到高弹态，然后进行一定倍数的纵向拉伸。纵向拉伸通常为单点拉伸，也有多点拉伸，如两点或三点拉伸。纵拉比是通过慢拉辊与快拉辊之间的速度差而产生的，纵拉比为3~4倍。

(6) 横向拉幅

横向拉幅机由烘箱、链夹和导轨、静压箱、链条张紧器、导轨宽度调节装置、开闭夹器、热风循环系统等组成。其作用是将经过纵向拉伸的薄膜在横向拉幅机内分别通过预热、拉幅、热定型和冷却等过程而完成薄膜的横向拉伸。横拉比为3.5~4.0倍。

(7) 牵引收卷与分切

牵引收卷与分切装置由若干个牵引导向辊、冷却辊、展平辊、张力辊、跟踪辊、切边装置、测厚仪及电晕处理机等组成。经过双向拉伸的薄膜通过切边、测厚、电晕处理后可进行收卷和分切。

### 4.5.5 挤出异型材

除了圆管、薄膜、板材以及棒材等这些有固定形状的挤出型材外，其他复杂截面形状的挤出制品都被称为异型材。

根据不同的用途，生产异型材常用原料有PE、PP、PVC，以及ABS、PC、PMMA和聚苯醚等。通常异型材原料以PVC原料为主，尤其是用于门窗框的塑料异型材，PVC的占有率高达99%以上。PVC塑料异型材有硬质PVC和软质PVC之分。除了PVC树脂外，其他树脂单独生产型材的应用量不到1%。

#### 4.5.5.1 异型材工艺流程

挤出异型材工艺流程与挤出管材的流程基本相同，包括挤出机、机头、定型装置、冷却装置，牵引装置及其他装置。

(1) 挤出机的选择

挤出异型材所采用的挤出机通常有单螺杆挤出机和双螺杆挤出机，如用粒料原料生产异型材，并且制品截面积较小，一般可选用Φ45、Φ65、Φ90等型号的单螺杆挤出机；如用粉料原料直接挤出，制品截面积又较大时，可选用双螺杆排气式挤出机。在双螺杆挤出机中，可以选用异向旋转的平行双螺杆挤出机或锥形双螺杆挤出机。

(2) 异型材的机头形式

异型材机头可分为3大类型：流线式、孔板式和多级式。流线式机头即是指从螺杆出口的圆形过渡到近似制品外形的过程中流道是缓慢变化的，而孔板式和多级式机头则是指机头从圆形入口过渡到口模定型段的整个流道是变化的流道形式，其中由于多级式机头既有较好的工作特性，又比较容易加工，所以是目前异型材生产最常用的机头型式，见图4-57。这种形式的机头可以划分为3个区：(A) 为第一区域，即入口区，它是供料区，熔融物料从挤出机进入机头的入口通道区；(B) 为第二个区域，这个区域被称为转化区，这是物料流动通道的截面形状逐渐向挤出制品所需截面形状转化的过渡区域；(C) 为最后一个区域，它是制品成型区。值得注意的是各个区域之间没有明显的界限，常采用逐渐连续变化的方式。

(3) 异型材的定型与冷却

在异型材挤出成型生产中，制品的定型速率和产品精度是两个重要的控制因素，它们都与冷却定型装置有关。异型材的定型方式主要根据型材种类、截面形状、精度要求和挤出速度来确定，异型材的定型方法有真空定型法、多板式定型法、滑动定型法、加压定型法、内芯定型法和辊筒定型法等。

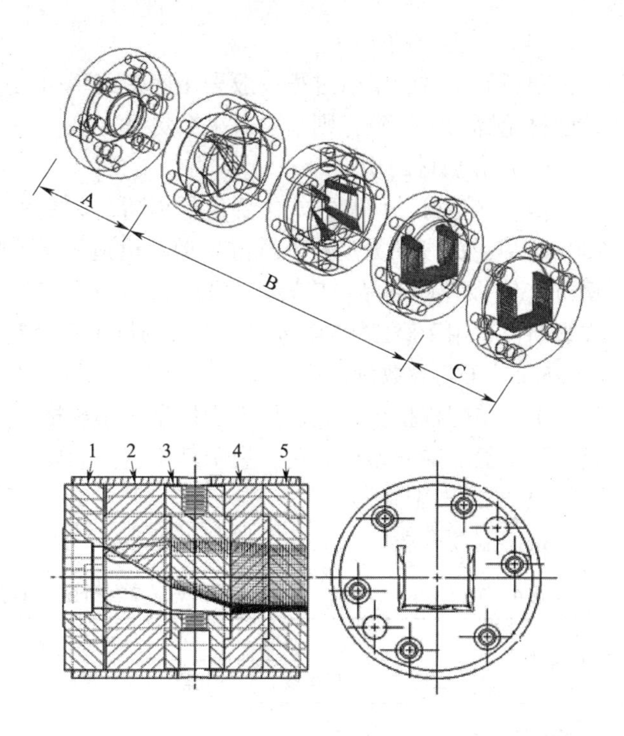


图4-57 挤出成型异型材的典型多级式机头示意图

1—入口板 2—机头连接板 3—机头过渡板 4—口模前板 5—口模板

真空定型法是目前应用最多的定型方法。真空定型方法的特点是冷却较均匀，尺寸精度易保证。真空定型装置与管材的真空定型装置相似，真空开口部分为0.5～0.8mm的狭缝或小孔。冷却定型段的长度应根据挤出物的壁厚和挤出速度等确定。

多板式定型法多用于实心异型材或形状简单的厚壁中空异型材。如图4-58所示，异型材制品从一排顺次缩小的定型板孔道中通过而达到定型的目的。这种定型装置的结构较简单，但要严格控制各种材料收缩与膨胀形变，才能保证最终制品尺寸的精度。

滑动式定型法主要用于开放式异型材。滑动式定型装置一般由上下两块对合的扁平金属模组成，见图4-59。定型面的形状与制品形状一样，这种装置要求既要使制品与定型模接触，又要控制定型模对制品的摩擦力不要过大，制品沿牵引方向保持直线牵出。定型模腔尺寸确定时应注意以下问题，一是异型材在定型过程中，由于牵引速度略大于型坯挤出速度，所以会出现定型后的异型材尺寸略小于定型模腔尺寸；二是物料特性造成的收缩变化。在挤出异型材生产过程中，各种材料的定型收缩率不同，需要在型腔设计时做适当的调整。不同处理异型材的定型收缩率参见表4-13。

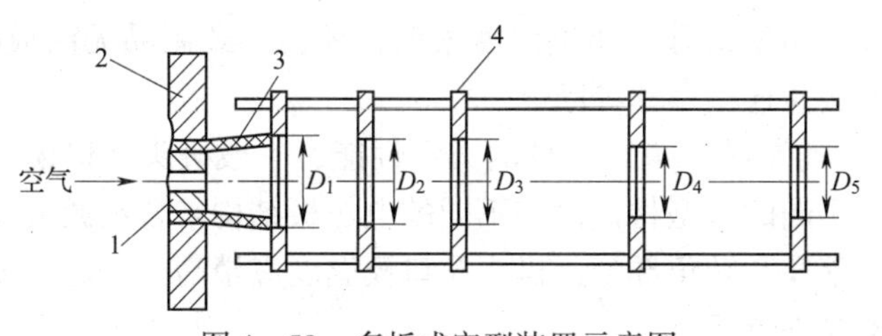


图4-58 多板式定型装置示意图

1—芯模 2—口模 3—异型材制品 4—定型板

$D_1 > D_2 > D_3 > D_4 > D_5$

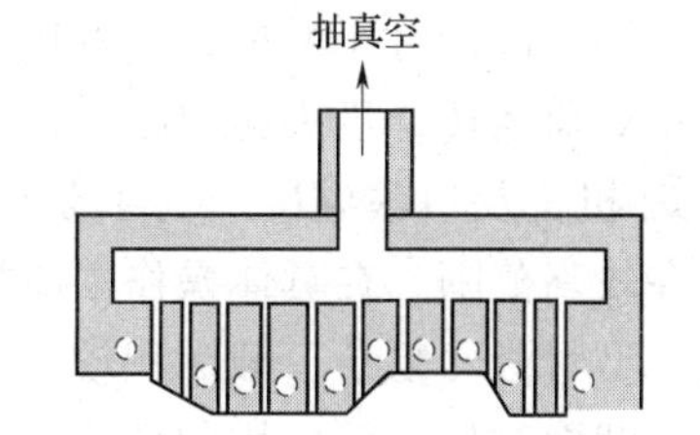


图4-59 真空滑动定型装置示意图

**表4-13 异型材定型收缩率**

| 原料种类 | 定型收缩率 | 原料种类 | 定型收缩率 | 原料种类 | 定型收缩率 |
|---|---|---|---|---|---|
| 软PVC | 0.01～0.05 | 丙烯酸树脂 | 0.002～0.008 | PP | 0.01～0.02 |
| 硬PVC | 0.001～0.004 | HDPE | 0.02～0.05 | | |
| PS | 0.002～0.008 | LDPE | 0.01～0.05 | | |

（4）异型材的牵引

塑料异型材的牵引过程一般采用履带式牵引机。如果能够将履带上的橡胶块外形与牵引的异型材轮廓加工一致，则牵引效果会更好。

（5）异型材的切割

塑料异型材的切割方式主要包括锯断、剪断和磨断。其中圆锯切割机一般用来切断直径达200mm以上的硬质异型材；气缸式剪断机适用于剪断宽100mm、高40mm、厚10mm范围内的软质PVC及橡胶制品；旋转式剪断机适用于剪断直径在2～50mm以内的软质PVC制品；砂轮式磨断机适用于磨断PVC与钢等金属的挤出复合制品及玻璃纤维增强塑料制品。

4.5.5.2　工艺参数设定

由于单螺杆挤出机只适用于小批量、小规格的异型材生产。这里以锥形双螺杆挤出机挤出成型硬聚氯乙烯异型材为例，说明其工艺控制要点。

（1）挤出温度

挤出温度一般分以下几段控制，见表4－14。

**表4－14　硬PVC异型材生产的各段温度控制**　单位:°C

| 原料 | 挤出机温度 | | | 连接部分温度 | 机头温度 | | | | 口模温度 |
|---|---|---|---|---|---|---|---|---|---|
| | 加料段 | 压缩段 | 均化段 | | 1 | 2 | 3 | 4 | |
| SG－5或SG－4 | 170～180 | 170 | 165～170 | 170～175 | 170～175 | 175 | 175 | 180～185 | 185～188 |
| SG－6 | 170～175 | 165 | 160～165 | 165～170 | 165～170 | 170 | 170 | 175～180 | 180～185 |

① 挤出机温度　双螺杆挤出机都设置排气系统。为了避免物料到排气系统处呈粉状而被吸出，造成挤出供料量减少，真空口堵塞，以及真空吸出装置损坏，要求物料被输送到排气孔附近时必须均匀塑化并包覆于螺槽表面。因此，要求挤出机温度中加料段温度较高。

② 机头连接部分温度　机头连接部分温度设置过高，虽然可保证物料顺利进入模具，但易造成制品形状稳定性差，出现跑料、气泡、产品发黄甚至变黑分解等现象。但温度设定较低时，制品较密实、后收缩小、形状稳定性好，但加工困难、口模膨胀严重、制品表面粗糙，还会导致加工设备背压增加，设备负荷大，功率上升。如果温度太低，还会导致制品无法成型，设备超负荷运转，机头压力剧增而拉断法兰连接螺丝等问题。

③ 机头及口模温度　为了获得良好的制品外观和优良的力学性能，一般机头及口模温度设置在较高范围。在具体操作中应根据不同的异型材截面和不同的电热板结构来合理调节设置温度。型材截面复杂、截面积较大以及壁厚和转角部分，机头及口模温度应稍高；反之温度应稍低；截面对称、厚薄均匀部位一般不允许有温差。

（2）真空度

异型材挤出成型大多采用真空定型方法，通常，真空度应控制0.06～0.08MPa。真空度过大，会增加牵引机负荷，同时还将延缓甚至阻碍型材顺利进入真空定型模，导致口模与真空定型之间积料堵塞，此外，还会降低产量，缩短真空泵使用寿命；而真空度过小，则吸力不足，导致型材严重变形或不成型，无法保证产品的外观质量及尺寸精度。

冷却水通常是由定型套后部通入，由前部流出，水流方向与型材前进方面逆向而行，这样可使型材冷却较缓和，内应力小；同时定型套前端温度较高，型材易于吸收。硬PVC异型材冷却水要求控制在15～20℃。由于硬PVC异型材往往是不对称产品，通常可采用若干个真空定型模来冷却定型，这样可以避免异型材发生弯曲变形。

（3）螺杆转速与牵引速度

螺杆转速是影响挤出速率、挤出产量和制品质量的重要工艺参数，一般根据机头的形状和尺寸大小以及冷却装置的能力等因素综合考虑。转速太低，挤出效率不高；但转速过高，会导致剪切速率增加，熔体离模膨胀加大，制品表面质量变差。

提高螺杆转速应相应地提高牵引速度。牵引速度过快或过慢，会导致挤出制品过薄或过厚，尤其刚开车启动时，牵引速度过快会拉断制品，太慢则会引起口模与定型装置之间积料堵塞。经验表明，螺杆转速以15～25r/min为宜，其中异型制品壁厚小于1mm，转速取20～25r/min；壁厚大于2mm，转速取15～20r/min。

（4）加料速度

双螺杆挤出机设有计量加料装置，即通过调节计量加料螺杆转速控制挤出机的喂料量，以保证适当的机头压力。双螺杆挤出操作时，螺杆内并未完全充满物料，可以通过控制物料在螺槽中的充满状态来确定剪切速率、成型温度和压力分布。挤出量是用加料量的多少来控制的，一般其计量加料螺杆转速为挤出机螺杆转速的1.5～2.5倍。

（5）排气

双螺杆挤出机设有排气装置，物料中包含的气体及挥发物，可经与排气口连接的真空泵吸出。为了保证物料的连续稳定挤出，机头压力不能过高，否则会导致物料从排气口溢出。排气口前端温度不能太低。

其他连续制品如棒材等的挤出工艺与硬管类似，只是采用的机头口模的形状略有不同。这里就不赘述了。

## 4.6 橡胶挤出

作为橡胶制品的重要成型加工方法之一，橡胶挤出，也被称为橡胶压出，即利用挤出机对混炼胶加热塑化形成均匀黏流体，通过螺杆的旋转使胶料在螺杆和料筒间受到挤压作用而不断向前输送，并在这一过程中所建立的压力作用下，挤出具有一定断面形状的橡胶半成品。橡胶挤出成型具有工艺简单，半成品质地均匀、致密，容易变换规格，挤出设备占地面积较小，操作连续，生产率高等特点。

在橡胶制品工业中，挤出成型与模压成型大体上各占一半；所用的橡胶也是以通用的二烯类橡胶为主，其次是较普通的特种橡胶。橡胶的挤出成型应用面很广，广泛用于胶料的过滤、塑炼造粒及热喂料，以及汽车用轮胎的胎面、内胎胎筒和密封材料，各种软管、防水薄膜、建材用垫片、电线和各种异形断面的连续制品。

由于橡胶材料的挤出成型与前述的塑料挤出在设备和加工原理方面基本相似，这里只做简单介绍。

橡胶挤出成型可分为热喂料挤出和冷喂料挤出两种工艺方法。橡胶的热喂料挤出工艺是指将从热炼机上预热的胶料切条经传送带输送到挤出机进行挤出成型的方法，目前这种方法应用比较广泛。近年来冷喂料挤出工艺发展也很迅速，它是指在挤出前胶料不必预热，胶料直接在室温条件下以胶条或胶粒形式加入挤出机中。冷喂料挤出工艺无需热炼工序，劳动成本低，设备投资小，料温较好控制，适用范围广泛，有利于自动化生产。

### 4.6.1 挤出工艺流程

本节以热喂料挤出工艺为例对橡胶挤出工艺作以说明。热喂料挤出工艺过程包括胶料的热炼、挤出成型、冷却、截断或卷取等工序。

#### 4.6.1.1 胶料的热炼

胶料的热炼一般是在开炼机或者密炼机中进行的。主要是为了提高胶料的均匀性和可塑性，使胶料更易于挤出。热炼分两步进行：首先进行粗炼，主要目的是提高胶料的均匀性。粗炼工艺是在温度为45℃左右，辊距为1～2mm下进行薄通。第二步为细炼，主要是为了增加胶料的热塑性，胶料热塑性越高，流动性越好，挤出越容易，但热塑性过高，胶料挤出物易变形下塌，形状不稳定。细炼一般是在60～80℃左右的较高温度下，采用5～6mm的辊距来进行的。表4－15是几种典型橡胶胶料的热炼条件。

表4－15　几种典型橡胶胶料的热炼条件

| 生胶类型 | 辊筒温度/℃ | | 时间/min | 胶片厚度/mm | 胶片宽度/mm |
|---|---|---|---|---|---|
| | 前辊 | 后辊 | | | |
| 天然橡胶 | 70 | 60 | 8～10 | 10～12 | 50～70 |
| 天然橡胶:丁苯橡胶（70:30） | 50 | 60 | 8～10 | 10～12 | 50～70 |
| 丁腈橡胶 | 40 | 50 | 4～5 | 4～6 | 50～70 |
| 氯丁橡胶 | <40 | <40 | 3～4 | 4～6 | 50～70 |

#### 4.6.1.2 挤出成型

挤出机的选择主要是根据挤出物的断面大小和厚度来决定的。挤出实心或圆形中空制品时，要求口模尺寸约为螺杆直径的30%～75%。口模尺寸过大时，挤出机推力不足，会造成机头内压不足，挤出速度慢而不均匀，所得制品形状不完整；相反，若口模尺寸过小，挤出机推力过剩，易造成机头内压过大，挤出速度加快，螺杆对胶料剪切作用增大，易引起胶料生热，甚至出现焦烧的现象。对于挤出如胎面那样的扁平状制品时，挤出物宽度可为螺杆直径的2.5～3.5倍。对某些特殊性质的胶料，对挤出机的要求也有所不同，如挤出氯丁橡胶要求挤出机的冷却效果好；挤出丁基橡胶要求螺杆长径比为7～10，螺槽应较浅，螺杆与料筒的间隙要小，从而可以获得较大的挤出速度。

#### 4.6.1.3 冷却与定型

冷却速度主要影响橡胶材料的松弛过程。一般选择中等冷却速度。橡胶挤出成型的冷却装置有水喷淋冷却装置或水槽冷却装置两种方法。由于水槽冷却占地面积小，经济简便，因此更为常用。为了防止制品相互粘结，通常采用滑石粉冷却水槽进行冷却，即在冷却水槽中加入一定量的滑石粉并搅拌形成悬浮隔离液。也可以先通过滑石粉槽，再在空气中进行冷却。如果挤出成型的是中空制品，则空心部分须喷射隔离剂。

#### 4.6.1.4 裁断、称量或卷取

经过冷却后的半成品，如胎面等制品需经定长、裁断和称量等设备。而如胶管、胶条等挤出制品冷却后可卷绕在容器或绕盘上停放。

### 4.6.2 挤出成型性能

橡胶材料的挤出成型性能包括挤出的稳定性、挤出物的形状与挤出物表面质量等。首先，

橡胶材料的挤出成型性能与胶料的分子质量和分子结构有关。表4－16详细列出了胶料EPDM的特性与挤出成型性能的关系。

表4－16　　EPDM的基本特征与挤出成型性能的关系

| 挤出成型性能 | EPDM的基本特征 | | | | | |
|---|---|---|---|---|---|---|
| | 分子质量 | 分子质量分布 | 组成 | 组成分布 | 长链支化作用 | 碘值 |
| 胶条的喂料性能 | 一般 | | 较大 | 较大 | | |
| 挤出稳定性 | 较大 | | 一般 | 较大 | | |
| 挤出速度 | 较大 | 较大 | | | 一般 | |
| 挤出形状（异形性） | 较大 | 较大 | 较大 | | 较大 | |
| 挤出胶表面 | 较大 | 较大 | 较大 | | 较大 | 很小 |
| 挤出膨胀率 | 较大 | 一般 | 较大 | | 一般 | 很小 |
| 挤出形状的保持 | 较大 | 一般 | | | 较大 | |

橡胶材料的挤出成型性能与胶料的加工性质及配方组成有关。胶料的可塑性越大，流动性越好，则挤出时内摩擦小，生热低，不容易焦烧，挤出速度可以较快，挤出物表面光滑，但挤出物较易变形，尺寸稳定性差。胶料中含胶量越大，挤出速度越慢，挤出物的收缩率大，表面越不光滑。在一定的范围内，胶料添加一定数量的填充剂有助于挤出性能的改善，这样可以在提高挤出速度的同时，收缩率减少；但同时易出现胶料硬度增大，挤出时生热明显等缺点。而在胶料中加入适量的软化剂，如松香、沥青或油膏矿物油等助剂，也可以增大挤出速度，改善挤出物的表面性能。另外，含有再生胶的胶料挤出速度较快，而且能够降低挤出物收缩率，减少挤出生热。

一般地，与合成橡胶相比，天然橡胶的挤出速度比较快，挤出物的收缩性也较小。顺丁橡胶的挤出性能接近于天然橡胶，但其弹性较大，挤出膨胀率比天然橡胶和丁苯橡胶都大，挤出物的表面易产生裂纹；丁苯橡胶的挤出速度一般比较低，其挤出后膨胀变形和收缩变形都比天然橡胶大；丁腈橡胶的挤出工艺性能不好，一般通过在胶料配方中增加软化剂的用量来提高加工工艺性能。此外，丁腈橡胶的生热大，从机头挤出后膨胀率和收缩率也较大，为了便于挤出，减少收缩率，胶料配方中的填料要求含量在20份以上；氯丁橡胶的挤出性能与天然橡胶类似，但容易出现焦烧现象。

## 4.6.3　挤出工艺参数的控制

### 4.6.3.1　挤出温度

挤出温度是橡胶材料挤出工艺的重要控制参数。适当的挤出温度，可制得表面光滑，尺寸稳定和收缩率较小的橡胶制品。低温挤出时，挤出物断面较紧密，高温挤出时则易出现气泡或焦烧，但收缩率较小。另外，在挤出过程中温度不宜调整，以免影响挤出的质量；

挤出温度的设置通常是从挤出机到机头逐渐升高，口模处最高。在挤出机中，胶料由于受到螺杆及料筒剧烈的摩擦作用而产生大量的热量，故一般温度较低，通常螺杆中心还要通冷却水，以防料温过高而焦烧。在机头部分，为了使胶料塑性提高，以顺利进入口模成型，此处温度应高些。在口模处通常设置的温度最高，此处短暂的高温一方面使胶料大分子松弛加快，塑性增大，弹性恢复减小，挤出后膨胀及收缩率降低；另一方面也减少了焦烧的危险。

挤出温度是根据胶料的组成和性质加以选定的。对含胶量较多及可塑性较小的胶料，温度可稍高；两种或两种以上的生胶并用时，以含胶量大的组分为主考虑挤出温度；两种胶等量并用时，温度可取各成分单独挤出时温度的平均值。表4－17和表4－18为几种常用橡胶和典型热塑性弹性体挤出成型的温度分布情况。

表4－17　常用橡胶的挤出温度范围　单位：℃

| 部位 | 天然橡胶 | 丁苯橡胶 | 顺丁橡胶 | 氯丁橡胶 | 丁基橡胶 | 丁腈橡胶 | 乙丙橡胶 |
| --- | --- | --- | --- | --- | --- | --- | --- |
| 机筒 | 50～60 | 40～50 | 30～40 | 20～35 | 30～40 | 30～40 | 60～70 |
| 机头 | 75～85 | 70～80 | 40～50 | 50～60 | 60～90 | 65～90 | 80～130 |
| 口型 | 90～95 | 100～105 | 90～100 | <70 | 90～120 | 90～110 | 90～140 |
| 螺杆 | 20～25 | 20～25 | 20～25 | 20～25 | 20～25 | 20～25 | 20～25 |

表4－18　热塑性弹性体的挤出成型条件　单位：℃

| | 机身温度/℃ | | | | 机头 | 口模 |
| --- | --- | --- | --- | --- | --- | --- |
| | 1 | 2 | 3 | 4 | | |
| TOP | 190～200 | 200～210 | 210～220 | 210～230 | 210～220 | 210～230 |
| SBC | 170～190 | 190～210 | 190～210 | 190～210 | 190～200 | 190～210 |
| TPEE | 200～210 | 200～210 | 210～220 | 200～220 | 210～220 | 200～220 |
| TPU | 170～180 | 180～190 | 190～200 | 190～200 | 190～200 | 190～200 |
| PTAE | 220～230 | 230～240 | 240～250 | 240～250 | 240～250 | 245～250 |

#### 4.6.3.2　挤出速度

挤出速度用单位时间挤出胶料的体积或质量来表示，常以挤出质量表示，对于固定的挤出物也可用单位时间内挤出物的长度来表示。挤出机正常操作时应保持一定的挤出速度。如果速度改变而口模排胶面积一定，将导致机头内压的改变，影响挤出物断面尺寸和长度收缩的差异。

挤出速度不仅与前述的橡胶组成和加工性质有关，还与制品形状及挤出温度有关，同一挤出机，挤出厚度不同的制品，挤出速度也不同。同时，挤出温度较高时，挤出速度也可以适当提高。此外，挤出速度还应与接取运输带的速度相适应。

#### 4.6.3.3　冷却温度

与塑料材料挤出成型一样，冷却的目的是及时降低挤出物的温度，防止制品变形和存放时发生自流现象，增加存放期内的安全性，减少其焦烧的危险。挤出物离开口模时温度通常较高，有时可高达100～110℃。

常用冷却水温度一般控制在15～25℃，挤出物要冷却到25～35℃；为了避免挤出物骤冷，冷却水流动的方向应与挤出方向相反，以防引起局部收缩而导致挤出物的畸形或引起交联剂如硫磺的析出。

## 4.7　反应性挤出

反应性挤出（Reactive Extrusion，REX）是高分子材料加工的一种新技术，它是指以螺杆挤出机作为反应器，可聚合性单体或低聚物熔体在挤出机内发生物理变化的同时发生化学反应，实现挤出直接获得高聚物或制品的一种工艺方法。反应性挤出技术是随着双螺杆挤出机的发展而获得巨大应用的，目前主要用于以下两个方面：一是用于单体直接聚合制备高分子材料或现有高分子材料的化学改性；二是用于有填料或其他助剂存在的高聚物体系的反应性共混。由反应性挤出技术开发的高聚物品种有：聚烯烃、PET、尼龙、PMMA、PU、POM、聚酰亚胺等。其中工业化的品种迄今已有POM、尼龙6、PU、PMMA等材料。

### 4.7.1 反应性挤出加工设备

反应性挤出技术的主要设备是螺杆式挤出机，可以是普通的单螺杆挤出机或双螺杆挤出机，也可以是针对某种反应特征而专门设计制造的反应式挤出机。通过对螺杆挤出机的螺杆和料筒模块式组合，使之满足化学反应的要求，实现对反应温度、停留时间及分布的控制；同时，利用螺杆式挤出机可以达到物料的连续混合和捏合，使产物获得预定的物理形态，实现聚合反应过程和成型加工过程一体化，既可生产粒料，也可直接连上后续辅助设备，生产型材、薄膜及纤维等不同形式的制品。

在反应性挤出聚合反应过程中，由于反应体系黏度从10Pa·s急剧上升到$10^4$Pa·s，反应性挤出机应具有以下4个功能：高效率的混合功能，高效率的脱挥功能，高效率的向外排热功能，合理的物料停留时间。目前用于反应性挤出成型的挤出机多为双螺杆或多螺杆挤出机。一般多采用剪切作用较强的同向啮合形式的双螺杆挤出机，螺杆由多节各种形式的螺纹块或捏合块套组合而成。初始物料从料斗加入，在螺杆的作用下输送、混合、剪切、反应、传热、脱挥、造粒或模塑成型。由于双螺杆挤出机的两个料筒相通，物料可以相互混流而具有优异的分布混合特性。例如，图4-60是用于制备聚烯烃接枝丙烯酸酯的挤出机，其中过氧化物和接枝单体的混合物是从注入装置的注入口进入挤出机的，反应温度为152~204℃，螺杆转速为160r/min。

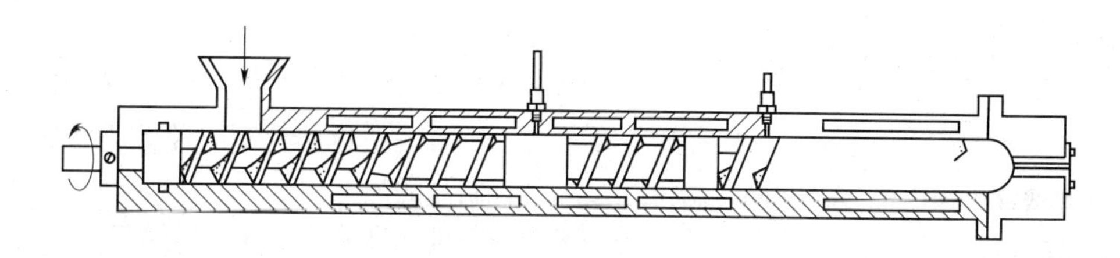

图4-60 用于制备聚烯烃接枝丙烯酸酯的挤出机

### 4.7.2 反应性挤出技术的特点

反应性挤出技术将单体原料的连续合成反应和高分子材料的熔融加工合并为一体，不需经聚合、分离、纯化、再挤出造粒等传统反应过程，在挤出机停留时间内形成所需的材料或制品。反应性挤出有以下特点：

① 反应原料可以是多种形态，如固体、液体、气体、熔体、混合物、熔融低分子化合物或预聚体熔体等。

② 可以适应如本体聚合反应、接枝共聚反应、偶联及交联反应、可控降解反应、官能化或官能基团的改性反应等很多类型的化学反应。

③ 无后处理步骤和溶剂回收问题，环境污染小，产品无溶剂杂质，品质高。

④ 反应时间一般在10~600s之间，停留时间短，分子量分布窄，且受热降解少，生产效率高。

⑤ 反应温度可以从室温~500℃的较宽范围变化，而且可控。

⑥ 反应挤出始终处于传质传热的动态过程，物料不断受到剪切作用，表面更新，受热均匀，且物料不滞留，具有自清理能力。

### 4.7.3 反应性挤出的反应类型

反应性挤出机中进行的化学反应一般可分为 6 种类型，详见表 4－19。

表 4－19 利用反应挤出技术的化学反应类型

| 反应类型 | 应用 |
| --- | --- |
| 本体聚合反应 | 采用加成聚合，制备聚氨酯、聚酰胺、聚丙烯酸酯和相关共聚物、聚苯乙烯和相关共聚物、聚烯烃、聚硅氧烷、聚环氧化合物、聚甲醛等<br>采用缩合聚合，制备聚醚酰亚胺、聚酯等 |
| 接枝反应 | 聚烯烃接枝马来酸酐，接枝丙烯酸等 |
| 链间反应 | 共聚反应，制备嵌段、接枝或无规共聚物 |
| 偶联/交联反应 | 实现聚合物与多官能团的偶联剂、接枝剂、缩合剂、交联剂的反应 |
| 可控降解 | 用于聚合物降解反应，可实现聚合物的分子质量和分子质量分布的控制 |
| 功能化作用或功能团的改性 | 在聚合物的主链、端基或侧链等位置上引入功能基团，或对已有的功能基改性 |

## 4.8 共挤出技术

共挤出技术（Co－extrusion）是指利用数台挤出机熔融塑化几种不同种类的高分子材料，并进入一个复合机头内汇合，共同挤出得到多层复合制品的加工技术。共挤技术是制取多组分复合材料制品最简单易行的方法，目前已成为当代最先进的高分子材料成型加工方法之一。

按照共挤物料的特性，可将共挤出技术分为软硬共挤、芯部发泡共挤、废料共挤、双色共挤等方法。

共挤出技术具有以下特点：① 能够使多层具有不同特性的物料在挤出过程中彼此复合，使制品兼有几种不同材料的优良特性；② 制得具有特殊功能和外观的制品；③ 具有强度、刚度和硬度等性能均优的材料；④ 能够降低制品成本，简化流程，减少设备投资；⑤ 复合过程不用溶剂，不产生三废物质。

因此，共挤出技术广泛用于复合薄膜、板材、管材、异型材和电线电缆的生产。本节以多层复合薄膜的生产为例介绍共挤出技术。

### 4.8.1 共挤复合膜的结构设计与材料的选择

共挤复合膜是指把一种或多种热塑性树脂用 1 台或多台挤出机熔融塑化，并在热黏状态下压合成复合薄膜的过程。共挤出复合薄膜工艺包括共挤出流延法和共挤出吹塑泡管法。

由于极性高分子化合物与非极性高分子化合物之间性能相差很大，多层共挤技术可以实现性能互补，通过各层材料性能之间的配合，制得高性能、多功能的复合薄膜，因此多层共挤技术常用于高性能复合薄膜的生产。

共挤复合膜各层的结构可以是对称的或不对称，根据不同用途，采用不同的材质可以制成不同结构的共挤复合膜。对于树脂相容性较差的材料，相邻层之间差需加黏接层。

目前典型的复合膜结构为主要受力层/阻隔层/热封层/可剥离层。一般 PP、PE 等常作为主要受力层材料；而极性高分子材料如 EVOH、尼龙则作为阻隔层的首选材料；用作热封层的材料有 HDPE、LDPE、LLDPE、CPP 等。

对于 PE/PE、PE/PP 等分子结构相同或相似的高分子材料能够很好的黏合；但采用分子结构完全不同的高分子材料复合时，必须引入另一种与两者均能亲和的树脂作增黏层。增黏层树脂可以是单一的离子聚合物或共混物。常用树脂层间黏附强度比较见表 4－20。

表 4－20　常用树脂层间的黏附强度

| 树脂品种 | LDPE | HDPE | EVA | 离子聚合物 | PP | 尼龙 | PET | PVDC |
|---|---|---|---|---|---|---|---|---|
| LDPE | 优 | 优 | 优 | 良 | 良 | 差 | 差 | 良 |
| HDPE | | 优 | 优 | 良 | 差 | 差 | 差 | 差 |
| EVA | | | 优 | 良 | 良 | 差 | 差 | 良 |
| 离子聚合物 | | | | | 良 | 优 | 差 | 差 |
| PP | | | | | 优 | 差 | 差 | 差 |
| 尼龙 | | | | | | 优 | 差 | 差 |
| PET | | | | | | | 优 | 差 |
| PVDC | | | | | | | | |

## 4.8.2　共挤复合膜的主要生产方法

多层复合薄膜的生产方法主要有共挤吹塑泡管法和共挤流延法。

### 4.8.2.1　共挤吹塑泡管法

共挤吹塑泡管法是指利用多台挤出机熔融塑化物料，并通过多模孔管状机头挤出多层管状膜坯，在多层管坯内通入压缩空气使之吹胀，经冷却定型后即成为制品，见图 4－61。

共挤吹塑泡管法可采用模内复合和模外复合。其中模外复合时，模头往往带有引入氧化性气体的通道，可在层与层汇合前在层间引入活性气体如氧气、臭氧等进行活化处理，以增加各膜层间的黏合。共挤吹塑泡管法主要用于生产高阻隔性包装膜、收缩膜、中空保鲜膜和土工膜等，在食品、药品、日化产品包装、农用大棚、水利工程、环境工程等领域有着广泛的应用。

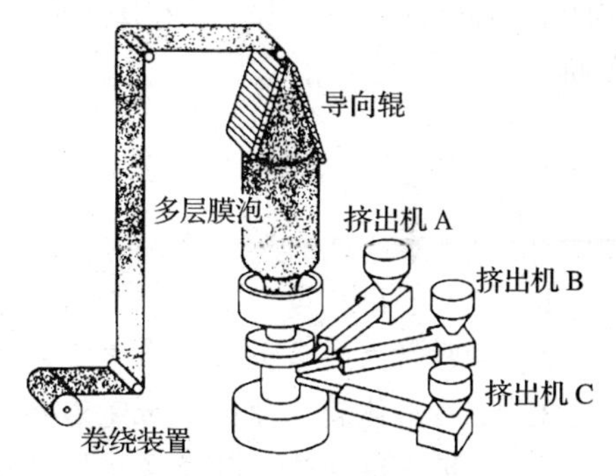

图 4－61　共挤吹膜法制备多层复合薄膜工艺流程示意图

共挤吹塑复合膜工艺的优点是通过厚度调整能量化控制薄膜的功能；各层结构组合方便灵活；基材选用范围广泛；复合薄膜的成本低，综合性能优异等。

共挤吹塑复合膜工艺的缺点是层数不允许有较多的变化；各层膜的比率不允许有大幅的波动；随着层数和机头外径的增加，外层膜的熔体在机头内停留时间增加，材料有降解的危险；当相邻层树脂熔点和黏度相差较大时，若各层温度控制不当，对某些热稳定性较差的树脂，有可能形成分解层。

共挤吹塑复合成型过程中，挤出温度、复合压力等工艺条件，模头的结构形式，以及不同树脂间的相容性和配合性等因素对复合薄膜的质量都有很大的影响。

共挤吹塑复合薄膜共挤技术的难点在于复合机头的流道设计。机头流道的设计应保证各层熔料的流速均匀，要控制机头中流动阻力的比例，以保证各层薄膜的线速度相等；温度控制关系到各层薄膜间的黏合，各层机头的料温应能独立控制；各层的膜厚对温度和挤出速度较敏感，在设计机头的温度控制系统时，应按要求温度要求较高的塑料进行设计，并应使其易于调节。

4.8.2.2 共挤流延法

共挤流延法是指将两种或两种以上的塑料原料分别在挤出机中熔融塑化，并通过一个多流道的复合模头汇合，形成具有多层结构的复合薄膜，最后经急冷辊冷却定型得到制品，其具体工艺过程如图4－62所示。

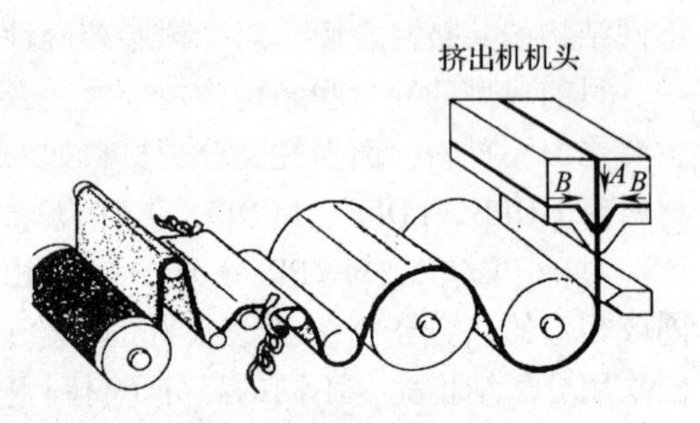


图4－62 共挤流延法制备多层复合薄膜工艺流程示意图

共挤流延法可生产各种不同材料的薄膜，且具有很高的加工精度，尤其适于加工半结晶性热塑性塑料，它能够充分地发挥被加工材料的性能，同时又能保持很高的尺寸精度；流延膜具有优良的光学性能和厚薄均匀度；由于采用急冷辊可以提高生产效率，并可改善薄膜的微观形态结构。与其他薄膜生产方法相比，共挤流延法具有生产速度快，产量高，有利于大批量生产；同时，具有厚薄控制精度较高，厚度均匀性较好，透明性和光泽性高，各向平衡性能优异等特点。

共挤流延法能够使多种具有不同特性的物料在挤出过程中复合，因而制品兼有不同材料的优良特性，可以满足特殊要求的性能和外观，如防氧和防湿的阻隔性、阻渗性、透明性、保香性、保温性、防紫外线、抗污染性、高温蒸煮性、低温热封性以及强度、刚度、硬度等机械性能。

多层共挤流延膜主要用于高档包装薄膜，如低温热封膜、镀铝基材膜、高阻隔膜、蒸煮膜、消光膜、抗静电膜、抗菌膜、PVB防爆膜等。可广泛应用于食品、饮料、茶叶、肉制品、农产品、海产品、纺织品、化工产品、卫生保健品、医药用品、文教用品、化妆用品的包装等方面。

## 思 考 题

1. 说明挤出成型基本过程及辅机的作用。
2. 说明热固性塑料不能采用常规螺杆挤出成型的原因。
3. 说明固体输送理论的研究思路，分析影响固体输送流率的因素有哪些？
4. 运用熔融理论，分析影响熔融区长度的因素。
5. 什么是固体床解体，说明产生的原因及对熔融过程有何影响？
6. 熔体在熔体输送区螺槽中的流动形式有几种？具体说明其对挤出机产量的影响。
7. 应用挤出理论，分析影响挤出机产量和质量的因素。
8. 影响挤出机工作状态的因素有哪些？
9. 何谓螺杆特性线、口模特性线和挤出机的工作点？
10. 写出挤出塑料管材主要辅机，并说明其主要作用。
11. 分析影响挤出成型制品截面尺寸的因素有哪些？
12. 分析挤出管材的工艺控制因素。
13. 挤出成型大口径耐压管材应采用哪种定径方式，为什么？
14. 挤出吹塑薄膜有哪些主要生产方法？各自的特点是什么？
15. 什么是冷冻线，详细分析其位置高低与挤出吹塑薄膜性能的关系？
16. 说明BOPP的主要生产工艺流程，分析各个主要环节的主要作用。

17. 说明挤出板材的主要工艺过程，并分析影响板材质量的主要因素？
18. 写出橡胶热喂料挤出的基本工艺。
19. 与热喂料挤出过程相比，冷喂料挤出具备哪些优点？
20. 分析说明挤出成型常见问题及解决措施。

## 参考文献

[1] 黄 锐，曾邦禄. 塑料成型工艺学（第二版）[M]. 北京：中国轻工业出版社，2011.
[2] 杨鸣波. 聚合物成型加工基础 [M]. 北京：化学工业出版社，2009.
[3] 王贵恒. 高分子材料成型加工原理 [M]. 北京：化学工业出版社，1982.
[4] 王加龙. 塑料挤出制品生产工艺手册 [M]. 北京：中国轻工业出版社，2002.
[5] 周达飞. 唐颂超. 高分子材料成型加工 [M]. 北京：中国轻工业出版社，2010.
[6] 赵素合. 聚合物加工工程 [M]. 北京：中国轻工业出版社，2008.
[7] 吴智华，杨 其. 高分子材料成型工艺学 [M]. 成都：四川大学出版社，2010.
[8] 周祥兴. 塑料制品配方集锦 [M]. 北京：印刷工业出版社，2008.
[9] 谢德伦. 橡胶挤出成型 [M]. 北京：化学工业出版社，2005.
[10] 蔡 玲. 橡胶加工技术之进展 [J]. 世界橡胶工业，2007，34（8）31－36.
[11] 王福坤. 挤出用橡胶的配合 [J]. 世界橡胶工业，2000，27（2）：6－13.
[12] 王保金. 聚合物反应加工技术进展 [J]. 辽宁化工，2008，37（5）310－312.

# 第5章　注射成型

## 5.1　概述

注射成型又称注射模塑或注塑，是塑料制品加工中重要的成型方法之一。与其他塑料成型方法相比，注射成型不仅成型周期短、生产效率高，能一次成型外形复杂、尺寸精确、带金属嵌件的制品，而且成型适应性强，制品种类繁多，容易实现生产自动化。迄今为止，几乎所有的热塑性塑料、部分热固性塑料及橡胶都可采用此法成型。注塑制品的产量已占塑料制品总量的30%以上，在国民经济的各个领域有着广泛的应用。

注射成型是一种间歇式的操作过程，是将粒状或粉状原料从注塑机的料斗送进加热的料筒中，在热和机械剪切力的作用下，原料塑化成具有良好流动性的熔体，然后借助注射机柱塞或螺杆的推动作用将熔体通过料筒端部的喷嘴注入闭合夹紧的模具内。充满模腔的熔体在受压的情况下，经冷却（热塑性塑料）或加热固化后（热固性塑料），开模得到与模具型腔相应的制品。此过程即称为一个模塑周期，周期长短视制件大小、注射机类型、原料品种、工艺条件等的不同而不同，可短至几秒，长至几分钟。制品重量视需要可从一克到几十千克不等。

作为塑料制品加工的一种重要成型方法，注射成型即可用于树脂的直接注射，也可用于复合材料、增强塑料、泡沫塑料的成型，其成型技术经过一百多年的发展已运用得相当成熟。本章就注射成型设备、热塑性塑料的注射成型工艺原理做以详细介绍；就热固性塑料、橡胶的注射工艺做以介绍。此外，随着工业化技术的不断发展，塑料制品应用领域的日益拓宽，人们对塑料制品的精度、形状、功能、成本等要求也相继提高。为了适应这些要求，近年来，在传统热塑性塑料注射成型技术的基础上开发了多种新型注射成型技术，如反应注射成型（RIM）、增强反应注射成型（RRIM）、排气式注射成型、结构发泡注射成型、流动注射成型、气体辅助注射成型（GAIM）、水辅助注射成型（WAIM）、低压注射成型、电磁动态注射成型和精密注射成型等。其中，反应注射成型、排气式注射成型、结构发泡注射成型、流动注射成型、气体辅助注射成型、水辅助注射成型发展较快，本章将就这几种成型技术做以简单介绍。

## 5.2　注射成型设备

注射成型的主体设备是注射机。无论是柱塞式注射机，还是移动螺杆式注射机，各种类型的注射机均由注射系统、锁模系统和塑模3大部分组成。现分别介绍如下。

### 5.2.1　注射机

#### 5.2.1.1　注射机的分类

注射机的类型很多，分类方法多样，目前使用较多的分类方法有如下几种。

（1）按注射机塑化方式和注射方式分类

① 柱塞式注射机　柱塞式注射机发展最早，首台柱塞式注射机出现于1932年。这类注射

机通过料筒和柱塞完成塑化与注射作用。当柱塞后退时，物料自料斗定量地落入料筒内，然后柱塞前进，将受热熔化的原料通过分流梭、喷嘴注入模具，完成注射。

尽管柱塞式注射机制造及工艺操作都比较简单，但由于自身结构特点，使其存在着许多不足之处：混炼性差、塑化不均、注射压力损耗大、注射速度不均匀、最大注射量受限、易产生层流、料筒难于清洗，等等。目前应用较少，主要用于小型制品的注射成型，注射量通常为30~60g。

② 双阶柱塞式注射机 针对柱塞式注射机塑化效果差的问题，出现了柱塞－柱塞式注射机，相当于两个柱塞式注射装置串联而成，如图5－1所示。

第一个柱塞装置完成预塑，第二个柱塞装置完成注射。即原料先在第一个柱塞装置的预塑料筒内熔融塑化，继而被第一个柱塞注入第二个柱塞装置，由第二个柱塞将熔料注入模具型腔。与柱塞式注射机相比，双阶柱塞式注射机的塑化效率及生产能力都有所提高。

③ 螺杆－柱塞式注射机 为了进一步改善柱塞式注射机的塑化效率，1948年开始启用螺杆作为注射机的塑化装置，类似于将双阶柱塞式注射机的第一个柱塞装置改为单螺杆挤出供料装置，以供预塑化之用，见图5－2。

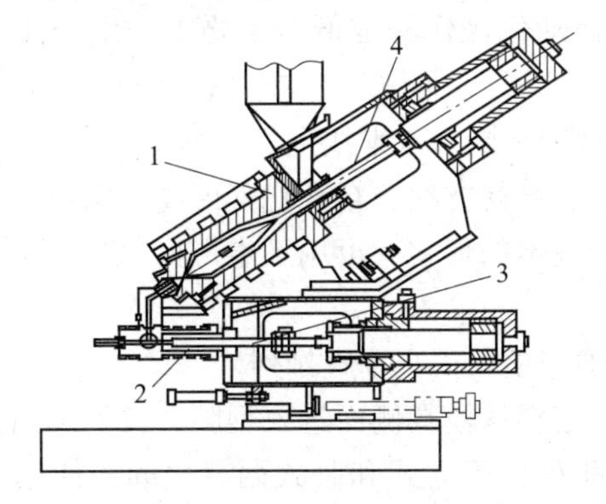


图5－1 柱塞－柱塞式注塑机结构示意图

1—预塑料筒 2—注射料筒

3—注射柱塞 4—预塑柱塞

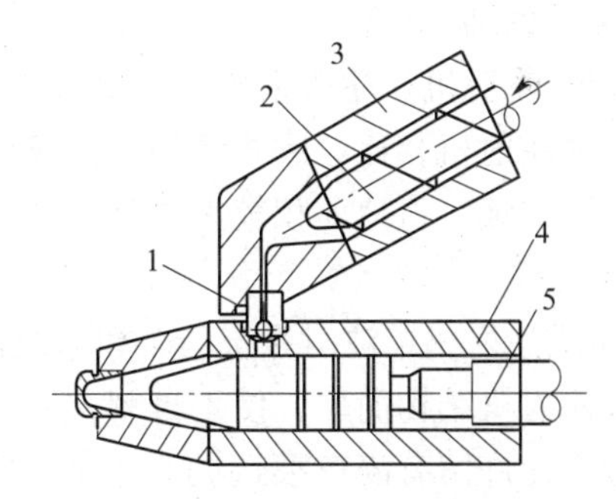


图5－2 螺杆－柱塞式注射机结构示意图

1—单向阀 2—螺杆

3—单螺杆定位预塑料筒 4—注射斜筒 5—柱塞

原料经单螺杆挤出装置预塑化后，通过单向阀进入注射料筒，再由柱塞完成注射。单螺杆挤出装置的引入可使注射量的大小不受塑化能力的限制，注射速度、注射压力可根据机器的用途进行选择。因而螺杆－柱塞式注射机在高速、精密、大型及低发泡注射制品方面都有应用。

④ 往复螺杆式注射机 往复螺杆式注射机又称移动螺杆式注射机，简称螺杆式注射机。第一台螺杆式注射机于1957年问世，标志着注射成型技术的重大突破。

这类注射机由一根螺杆和一个料筒组成，螺杆既能旋转又能作水平往复移动，从而实现送料、塑化、压实、传压的作用。当螺杆旋转时，首先将料斗中的原料卷入，然后逐渐将原料压实、排气、塑化，并不断地将塑化后的熔体推向料筒前端。与此同时，推向料筒前端的熔体对螺杆产生反作用力，使螺杆边旋转边后退，直到料筒前端积存的熔体达到预定注射量时，螺杆停止转动。当注射时，螺杆在注射油缸的高压下，以一定的注射压力和注射速度将熔体压实、推进模具型腔。

相对于上述几种注射机，螺杆式注射机具有如下优点。

a. 结构紧凑。因螺杆具有塑化、注射的双重功能，可减少预塑装置，简化设备结构，减小机器体积，节约占地面积。

b. 塑化效率高、塑化能力大。除料筒对原料加热塑化外，螺杆旋转时的剪切作用可很好地提高原料的熔融速率，增大塑化能力。

c. 塑化均匀。螺杆旋转的剪切力提高了原料的混炼性，使原料组分混合充分，受热均匀，径向温差减少。

d. 注射压力损失小。料筒中的原料在螺杆的剪切作用下由柱状分为薄层，流动性增加，流动阻力降低，压力损失减少。

e. 料筒内滞留料少，易于清洗。原料塑化均匀，流动性好，流动阻力低，注射后料筒内残留滞料少，滞料分解得到控制，料筒易于清洗，加工适应范围大，几乎所有的热塑性塑料（包括热敏性塑料、填充塑料等）及部分热固性塑料都可采用这种注射机进行加工，是目前塑料注射成型最为常见的机器类型。

（2）按注射机外形特征分类

依据注射机的注射系统与锁模系统之间的角度关系可将注射机分为：

① 立式注射机　注射系统与合模系统的运动轴线在同一垂直线上。

此种注射机为小型注塑机，占地面积小，模具拆装容易，嵌件安放方便，但由于机身较高使得加料、维修较难，且制品顶出后不易脱落，自动化操作程度低。主要用于生产注射量在60g以下的小型制品。

② 卧式注射机　注射系统与合模系统的运动轴线在同一水平线上。

与立式注射机相比，卧式注塑机机身低，操作、维修方便，自动化程度高，但模具装拆与嵌件安放较麻烦，占地面积较大。是目前注射机最基本的形式，可用于生产大、中、小型的注射制品。

③ 角式注射机　注射系统与合模系统的运动轴线相互正交垂直排列。

角式注射机结构简单，便于自制，注射成型时熔料从模具侧面进入型腔，特别适用于加工中心部分不允许留有浇口痕迹的平面制品，占地面积介于立式和卧式两者之间，使用比较普遍，有大、中、小类型的注射机。不足之处是无法准确可靠地注射和保持压力及锁模力，模具受冲击和振动较大。

④ 多模注射机　是一种多工位操作的特殊注射机，带有多个合模装置和多副模具，合模装置采用转盘式结构，模具围绕转轴转动。

这种型式的注射机工作时，一副模具与注射装置的喷嘴接触，注射保压后随转台转动离开，在另一工位上冷却定型。然后再转过一个工位，开模取出制品。同时，另外的第二、第三副模具分别注射保压。根据注射量和机器的用途，多模注射机也可将注射装置与合模装置进行多种形式的排列。

由于该类注射机充分发挥了注射装置的塑化能力，可以缩短生产周期，提高机器的生产能力，因而特别适合于冷却定型时间长或需要较多辅助时间的大批量制品的生产。不过，该类注射机合模系统庞大、复杂，合模装置的合模力往往较小，现于塑胶鞋底等制品生产中应用较多。

（3）按注射机加工能力分类

注射量和锁模力是反映注射机加工能力的主要参数，依据两者的大小，可将注射机分为超小型注射机、小型注射机、中型注射机、大型注射机和超大型注射机。表5－1给出了不同加工能力的注射机所对应的注射量和锁模力数值。

**表5－1　不同加工能力的注射机**

| 类别 | 注射量/$cm^3$ | 锁模力/kN |
|---|---|---|
| 超小型注射机 | <30 | <200～400 |
| 小型注射机 | 60～500 | 400～2000 |
| 中型注射机 | 500～2000 | 3000～6000 |
| 大型注射机 | >2000 | 8000～20000 |
| 超大型注射机 | | >20000 |

(4) 按注射机用途分类

随着塑料注射制品种类、性能、结构、用途等的不断变化，出现了与制品生产相适应的通用型注射机和专用型注射机两大类别。前者主要用于热塑性塑料的成型加工；后者包括热固性塑料注射机、发泡注射机、高速注射机、精密塑料注射机、多色注射机、反应注射机、排气型注射机等多种类型。

此外，按注射机的传动方式可将注射机分为液压式注射机、机械式注射机和液压机械式注射机；按成型塑件的精度则分为一般注射机和精密注射机；按注射机的操作又可分为手动注射机、半自动注射机、全自动注射机。

5.2.1.2　注射机的主要技术参数

公称注射量、注射压力、注射速度、注射速率、塑化能力、锁模力、合模装置的基本尺寸、开合模速度以及空循环时间等是反映注射机性能的主要参数。依据这些参数可进行注射机的设计、制造、购置与使用。

(1) 公称注射量

① 定义　公称注射量是指在对空注射的条件下，注射机螺杆或柱塞作一次最大注射行程时，注射装置所能达到的最大注射量。

根据定义，理论最大注射量（$Q_{理}$）应为：

$$Q_{理} = \pi D^2 S/4 \ (cm^3) \qquad (5-1)$$

式中，$Q_{理}$为理论最大注射量，$cm^3$；$D$ 为螺杆或柱塞的直径，cm；$S$ 为螺杆或柱塞的最大行程，cm。

但在实际生产中，由于温度、压力、熔料逆流以及为了保证塑化质量和在注射完毕后保压时补缩的需要，导致实际最大注射量（即公称注射量，以 $Q_{实}$表示）小于理论最大注射量。两者之间存在如下关系：

$$Q_{实} = \alpha Q_{理} \qquad (5-2)$$

式中，$\alpha$ 为注射系数。

注射系数 $\alpha$ 一般在 0.75～0.85 之间取值。螺杆结构、注射压力、注射速度、背压大小、模具结构、制品形状以及塑料的特性等都会影响注射系数。如对采用止回环的螺杆头，对那些热扩散系数小的塑料，$\alpha$ 取小值，反之取大值。通常 $\alpha$ 多取 0.8。

② 表示方法　公称注射量在一定程度上反映了注射机的加工能力，即注射机所能生产制品的最大重量或体积。因而，公称注射量可以采用重量或体积两种方法表示。

重量表示法是以加工聚苯乙烯原料（简称 PS）为标准，以注射出的 PS 熔料的重量表示，单位为克（g）。加工其他品种的塑料原料时，可通过密度换算求得相应的注射量。重量范围一般从 1g 至几十千克不等。

体积表示法是以一次注射出的熔料体积（$cm^3$）表示。容积系列规格有 16、25、30、40、60、100、125、160、250、350、400、500、630、1000、1600、2000、2500、3000、4000、6000、8000、16000、24000、32000、48000、64000$cm^3$。

由于体积法与物料密度无关，用起来比较方便，故采用此法表示注射机公称注射量的较多。

(2) 注射压力

① 定义　注射机螺杆或柱塞为克服塑料熔料流经喷嘴、流道和型腔时的流动阻力而对塑料熔体施加的压力。

注射压力的理论计算公式为：

$$p_{注} = (D_0/D)^2 p_0 \tag{5-3}$$

式中，$p_{注}$为注射压力，MPa；$p_0$为注射缸中的油压，MPa；$D_0$为注射油缸内径，cm；$D$为螺杆（柱塞）外径，cm。

由式（5-3）可知，通过调整注射缸的进口压力$p_0$，可获得实际生产所要求的注射压力$p_{注}$。

由于注射缸的压力$p_0$有限，提供的注射压力$p_{注}$范围较窄，为了满足不同物料对注射压力的要求，一般在注射机上配备3种不同直径的螺杆或一根螺杆带不同的螺杆头。根据式（5-3）可推出螺杆直径与注射压力间的关系为：

$$D_n/D_1 = p_1^2/p_n^2 \tag{5-4}$$

式中，$D_1$为第一根螺杆的直径（一般指中间螺杆即加工聚苯乙烯的螺杆的直径），mm；$p_1$为第一根螺杆的注射压力，MPa；$p_n$为所换用螺杆取用的注射压力，MPa；$D_n$为所换用螺杆的直径，mm。

对于目前国产的注射机而言，采用中间直径的螺杆时，注射压力可达100~130MPa；采用大直径螺杆时，注射压力可达65~90MPa；采用小直径螺杆时，注射压力可达120~180MPa。

② 注射压力的选取　注射压力的作用是克服熔料流经喷嘴、流道和模腔的阻力，同时对注入模腔的熔体施压，以完成物料补充，保证制品密实。因而，注射压力的选取直接决定着注射制品性能的好坏。注射压力过高，不仅使制品光洁度差、有毛边、内应力较大、脱模困难、甚至出现废品，而且还会影响注射装置及传动系统的设计。注射压力过低，则容易产生熔料充不满模腔，甚至根本不能成型等现象。

选取注射压力时，应考虑熔料流动阻力、制品形状、塑料性能、塑化方式、塑化温度、模具温度及制品精度要求等因素。如加工黏度低、流动性好的聚乙烯、聚酰胺塑料时，注射压力较低，一般为35~55MPa；加工中等黏度的改性聚苯乙烯、聚碳酸酯塑料时，若制品形状一般，但有一定精度的要求，注射压力可选100~140MPa；加工聚砜、聚苯醚等高黏度工程塑料时，注射压力较高，通常为140~170MPa；加工优质精密微型制品时，注射压力则要高达230~250MPa。加工同样的制品，柱塞式注射机比螺杆式注射机的注射压力要高1.5倍左右。

（3）注射速度、注射速率

注射成型时，为了使熔料及时充满型腔，除了必须有足够的注射压力外，熔料还必须有一定的流动速度。用以反映熔料流动快慢的参数有注射速度、注射速率。

① 注射速度　表示注射机螺杆或柱塞的移动速度，即

$$v_{注} = S/t_{注} \tag{5-5}$$

式中，$v_{注}$为注射速度，mm/s；$S$为注射行程，即螺杆或柱塞移动的距离，mm；$t_{注}$为注射时间（s），螺杆或柱塞射出一次公称注射量所需时间。

注射速度的快慢要依照成型条件、模具结构、塑料性能、制品形状、壁厚等而定。目前注射机所采用的注射速度一般为0.8~1.2m/s，注射时间为4~10s。近年来，为了不断提高注射制件的质量，尤其针对形状复杂制品的成型，发展了变速注射，即注射速度是变化的。其变化规律根据制件的结构形状和塑料的性能决定，以满足不同树脂和制品的加工要求。

② 注射速率　表示将公称注射量的熔料在注射时间内注射出去，单位时间内所达到的体积流率，即

$$q_{注} = Q_{实}/t_{注} \tag{5-6}$$

式中，$q_{注}$为注射速率，$cm^3/s$；$Q_{实}$为公称注射量，$cm^3$；$t_{注}$为注射时间，s。

为了将熔料及时充满模腔，在较低的模温下得到密度均匀、精度高的制品，须在短时间内

把熔料快速充满模腔，例如成型薄壁、长流程及低发泡制品时均需采用高的注射速率。但注射速率不宜过高，因为过高的注射速率会使熔料高速流经喷嘴时产生大量的摩擦热，促使熔料发生热解和变色。同时，过高的注射速率使得注射时间过短，模腔中的空气由于被急剧压缩而排气不良产生热量，集聚在排气口处的热量易引起制品烧伤。当然，注射速率也不宜过低。注射速率过低，注射时间过长时，易形成冷接缝，不易充满复杂的模腔，且制品密度不均、内应力大。

由此可见，注射速率适宜与否事关制品性能的优劣及生产效率的高低。只有合理地提高注射速率，才能在保证制品性能优良的同时，缩短生产周期，提高生产效率。

(4) 塑化能力

塑化能力是指单位时间内所能塑化的物料量，是表征注射机生产能力的参数之一。由挤出理论中的熔体输送理论可得塑化能力的经验公式：

$$Q = 3.6m/t \tag{5-7}$$

式中，$Q$ 为塑化能力，kg/h；$m$ 为实际注射量，g；$t$ 为一个生产周期内的塑化时间，s。

由式（5-7）可知，提高螺杆转数，增大驱动功率，改进螺杆结构形式（如长径比、直径）等用于增大注射量的措施均有利于塑化能力的提高。此外，式（5-7）表明，塑化能力应与注射机的注射量、成型周期相协调。若塑化能力高而注射机的空循环时间太长，则不能发挥塑化装置的能力，反之，则会延长成型周期。

(5) 锁模力

锁模力又称合模力，是指注射机合模装置对模具所能施加的最大夹紧力。其作用是保证注射、保压操作时模具不被熔料撑开，故锁模力的选取非常重要。锁模力不够，会使制品产生飞边，不能成型薄壁制品；锁模力过大，又易损坏模具。通常按照下式校核锁模力：

$$F \geqslant KpA \tag{5-8}$$

式中，$F$ 为锁模力，kN；$p$ 为注射压力或熔料在模腔内的平均压力，MPa；$A$ 为制品在模具分型面上的投影面积，$m^2$；$K$ 为压力损失系数。

由式（5-8）可以看出，锁模力同公称注射量一样，也能够反映注射机所能成型制品的大小。选择注射机时，除了依据模腔压力及制品的最大成型面积核算锁模力外，还要考虑压力损失系数 $K$ 的取值。不同情况下，$K$ 的取值不同。加工塑料原料时，$K$ 一般在 0.4～0.7 之间选取。当塑料原料黏度小、成型所需模具温度高时，$K$ 取大值；反之，$K$ 取小值。而加工橡胶原料时，$K$ 一般在 1.10～1.25 之间选取。

(6) 合模装置的基本尺寸

根据合模装置的构成，其基本尺寸包括模板尺寸、拉杆间距、模板间最大开距、动模板行程、模具最大厚度与最小厚度等参数。这些参数不仅给出了模具的安装尺寸，规定了可使用模具的尺寸范围，而且也决定了所能加工制品的平面尺寸。

① 模板尺寸与拉杆间距　以装模方向的拉杆中心距（$d \times b$）代表模板尺寸；以水平方向两拉杆之间的距离与垂直方向两拉杆之间的距离的乘积（$d_0 \times b_0$）代表拉杆间距。模板面积（$d \times b$）大约是拉杆有效面积（$d_0 \times b_0$）的 2.5 倍。据图 5-3 所示，模板尺寸与拉杆间距限定了所用模具的大小，模具平面尺寸必须控制在这两个参数所规定的范围内。

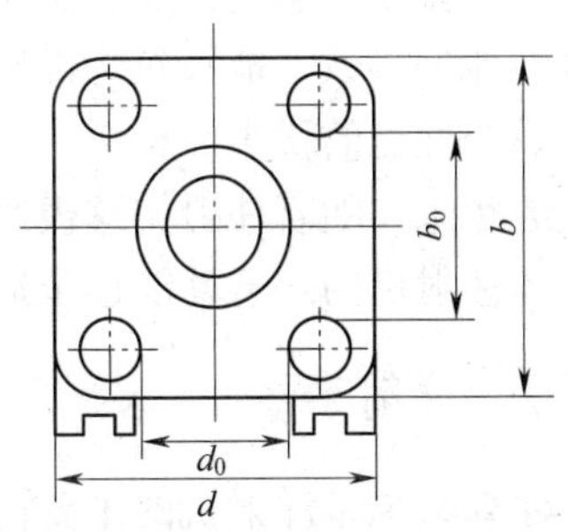

图 5-3　模板尺寸及拉杆间距示意图

② 模板间最大开距　模板间最大开距是指定模板与动模板之间所能达到的最大距离，包括调模行程在内。

图 5－4 中的字母 $L$ 表示模板间最大开距。$L$ 是否满足生产要求，要依据成型后制件能否顺利取出、安放嵌件等辅助操作是否便利来判断。一般 $L$ 为成型制品最大高度 $h$ 的 3～4 倍。此外，$L$ 与公称注射量 $Q_{实}$ 常有如下关系：

$$L = 125 Q_{实}^{1/3} \tag{5-9}$$

式中，$L$ 为模板最大开距，cm；$Q_{实}$ 为公称注射量，$cm^3$。

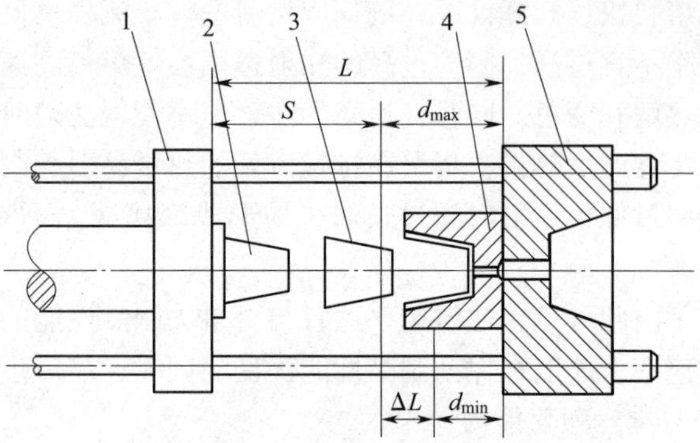

图 5－4　合模装置示意图

1—动模板　2—阳模　3—制件　4—阴模　5—定模板

③ 动模板行程　动模板行程是指动模板能移动的最大距离。

图 5－4 中的字母 $S$ 表示动模板行程。$S$ 随合模装置结构类型不同而不同。对于液压式合模装置，$S$ 随模具高度不同可调；对于液压－机械式合模装置，$S$ 则是固定值。一般 $S$ 应大于制品高度的 2 倍。不过，为了减少机械磨损和动力消耗，在保证制件方便取出的前提下，应尽量使用最短的模板行程。

④ 模具最大厚度与最小厚度　模具最大厚度是指合模机构闭合后，达到规定锁模力时动模板和定模板间的最大距离。模具最小厚度则表示上述情况下，动、定模板间的最小距离。图 5－4 中分别以字母 $d_{max}$ 和 $d_{min}$ 表示。$d_{max}$ 和 $d_{min}$ 两参数限定了制件在高度方向上的尺寸范围，因而设计和使用模具时，模具的实际厚度应介于 $d_{min}$ 和 $d_{max}$ 之间。如果模具的实际厚度小于 $d_{min}$，安装模具时应加垫板，否则不能实现最大锁模力，甚至损坏机件；如果模具的实际厚度大于 $d_{max}$，表明该模具无法使用。$d_{max}$ 和 $d_{min}$ 的差值称为调模行程。

（7）开合模速度

开合模速度是指动模板在开模、合模时的移动速度，反映了注射机工作效率的高低、成型周期的长短。为了使模具启、闭时平稳，减小惯性力的不良影响，保护制件，要求模板慢行；为了提高生产率，缩短成型周期，空行程时则要求模板尽可能快速移动。因而模板在每个成型周期中的移动速度是变化的：即合模时模板移动速度从快到慢，开模时则由慢到快再转慢。

目前注射机的动模板移动速度一般为 30～35m/min，高速机约为 45～50m/min，慢速移模速度一般在 0.24～3m/min 之间。

（8）空循环时间

在没有塑化、注射保压、冷却、取出制品等动作的情况下，完成一次循环所需要的时间称为空循环时间，具体由合模、注射座前进与后退、开模以及各动作间的切换时间组成。

由于排除了塑料性能、制品结构等可变因素的影响，因而空循环时间可以作为表征注射机综合性能的参数，能够较为准确地反映设备机械结构的好坏、设备动作灵敏度的高低、液压及电气系统性能的优劣。

近年来，随着注射、移模速度的不断提高、液压电器系统的不断更新，空循环时间已大为缩短，注射机的综合性能逐步提高。

## 5.2.2　注射系统

注射系统是注射机的主要构成部分，其作用是在规定的时间内将规定数量的原料均匀地熔融塑化到成型温度，然后以一定的压力和速度将熔料注射到模具型腔中，并在注射完毕时对模具型腔中的熔料施行保压与补缩。该系统主要由加料装置、料筒、螺杆（或柱塞及分流梭）、喷嘴等部件组成。

（1）加料装置

加料装置实为一个与料筒相连，上部呈锥形、底部呈圆形或方形的金属料斗，其容量一般要求能容纳1～2h的用料。小型注射机一般采用人工上料，大中型注射机可采用自动上料。由于注射工艺属于间歇操作，故要求每次的加料量必须与每次从料筒注入模具的注射量相等。为此，加料装置上配有容积定量或重量定量的计量装置。容积定量易受粒料容积重量的变化而会影响定量的精确程度。重量定量虽可消除这种影响，但装置相对复杂，应用较少。此外，有的料斗还设有加热和干燥装置。

（2）料筒

料筒是一个外部受热，内部受压的高压容器。因原料在料筒中要完成熔融塑化与注射，因而要求料筒具有耐热、耐压、耐腐蚀、耐磨损、传热性良好等特点。目前通常采用含铬、钼、铝的特殊合金钢制造。料筒容积的大小依注射机塑化部件的不同而不同。柱塞式注射机因传热、塑化效果差，要求料筒容积通常为公称注射量的6～8倍，以保证原料有足够的停留时间和接触传热面，利于塑化。而螺杆式注射机因混合、传热、塑化效率高，料筒容积一般只需最大注射量的2～3倍即可。料筒外部的加热采用分段加热装置，料筒温度从加料口至喷嘴逐渐升高。

（3）螺杆

螺杆是移动螺杆式注射机中最关键的零部件，具有输送、压实、塑化及传递注射压力的多重作用。与挤出机螺杆相比，注射螺杆在结构、作用上有如下特点。

① 注射螺杆旋转时有轴向位移，螺杆的有效长度是变化的。

② 因注射螺杆有轴向位移，其加料段较长，压缩段和计量段相应较短。

③ 因注射螺杆旋转时只需对原料进行塑化，而不需提供稳定的压力和准确的计量，其长径比、压缩比较小。一般长径比（$L/D$）为15～18，压缩比为2～5。

④ 注射螺杆的螺槽较深，借以提高塑化能力，减小功率消耗。

⑤ 注射螺杆头部多采用锥形尖头，与喷嘴吻合好，可避免螺杆对熔料施压时出现积料或沿螺槽回流，防止残存料降解。

⑥ 注射螺杆通常需加止逆环，以防止注射机内熔体塑化或注射时从喷嘴流出。

为了适应不同塑料的加工要求，可将注射螺杆设计为不同的结构形式。目前应用较多的有渐变型、突变型、通用型3种。3种螺杆各段的长度范围见表5－2。

① 渐变型螺杆：压缩段较长，螺槽由深逐渐变浅，塑化时能量转换缓和，适合加工熔融温度范围较宽的塑料，如PVC、PS等非晶型塑料。

② 突变型螺杆：压缩段较短，螺槽由深急剧变浅，塑化时能量转换较为剧烈，适合加工熔融温度范围较窄的塑料，如聚酰胺、聚烯烃类的结晶型塑料。

③ 通用型螺杆：压缩段长度介于渐变型螺杆和突变型螺杆之间，适应加工非晶型塑料和结晶型塑料，拓宽了注射成型机的用途，但塑化能力和功率消耗等方面不及专用螺杆优越。

**表5－2　3种不同螺杆各段长度的范围**

| 螺杆各段占螺杆长度的百分比/% | 加料段 | 压缩段 | 计量段 |
|---|---|---|---|
| 渐变型 | 30～25 | 50 | 15～20 |
| 突变型 | 65～70 | 螺杆直径的1～1.5倍 | 20～25 |
| 通用型 | 45～50 | 20～30 | 20～30 |

(4) 柱塞和分流梭

柱塞和分流梭是柱塞式注射机料筒内的重要部件。

柱塞是一个表面光洁、硬度较高、头部呈内圆弧或大锥度凹面的金属圆柱体。与料筒的配合要求既不漏料，又能自由往复运动。其作用是把注射油缸的压力传递到塑料熔体上，并以较快的速度将一定量的熔料注入模腔。

分流梭是为了解决柱塞式注射机塑化效果差而在料筒前端内腔中引入的一种金属部件，因形似鱼雷，又称鱼雷体。其作用表现在3个方面：一是分流梭可将料筒内流经该处的柱状物料分散为薄层，并使薄层物料均匀地处于或流过料筒和分流梭组成的通道，从而缩短传热导程，加快传热。二是分散为薄层的熔料将受到来自料筒和分流梭两方面的加热，增大了受热面积，缩短了塑化时间，提高了塑化能力。三是分流梭减小了通道内熔料的截面积，增强了剪切、摩擦作用，从而大大提高了熔化速率，改善了塑化质量。

分流梭上附有紧贴料筒壁起定位、加热作用的凸出筋条，表面还常有4~8条呈流线型的凹槽，槽深随注射机容量的大小而变化，一般约为2~10mm，称为有翼分流梭。除此之外，还有无翼分流梭、转动式分流梭、内部带加热器的分流梭等。

(5) 喷嘴

喷嘴是连接料筒与注射模具的部件。其头部一般为半球形，可与模具主流道衬套的凹球面保持良好的接触。喷嘴直径比主流道直径小0.5~1.0mm，且两者在同一中心线上，以防止漏料，避免出现死角。

喷嘴具有注射、补缩的功能。注射时，在螺杆或柱塞的推动下，熔体以很高的流动速度通过喷嘴而进入模具型腔。为了使喷嘴与模具紧密接触，并使熔体在通过喷嘴时形成较高的压力，具有一定的射程，一般将喷嘴内径设计成收敛流道，即自进口逐渐向出口收拢。由于喷嘴内径较小，当熔体高速通过时，会受到很大的剪切作用。此时，部分压力能在克服阻力时转变成热量，使熔体温度升高，得到进一步的塑化、均化；另一部分压力能则转变成速能，使熔体流速加快。在保压阶段，少量熔体可通过喷嘴进入模具型腔，补充制品因冷却收缩所需要的熔体，完成补缩。因此，喷嘴结构设计的合理与否对熔体注射时压力的损失、熔料温度的变化、射程的远近、保压补缩作用的大小以及是否会产生“流涎”现象至关重要。在力求结构简单、阻力小、不出现“流涎”现象这一总的设计要求下，出现了多种类型的喷嘴。本节就目前使用最普遍的3种喷嘴做以简单介绍。

① 直通式喷嘴　又称开式喷嘴，呈短管状，见图5-5所示。

这种喷嘴的特点是流道短，结构简单，制造方便，流动阻力小，补缩作用大，熔料通过喷嘴时压力损失和热量损失小，且不易产生滞料分解现象。因而使用普遍，特别适于加工黏度高、热稳定性差的塑料，如PVC、PC、PSU、PMMA、PPO及一些增强塑料。不足之处是容易形成冷料，加工低黏度塑料时易产生“流涎”现象。

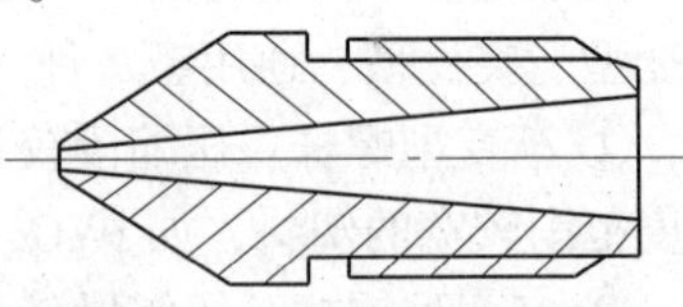
图5-5　直通式喷嘴示意图

依照喷嘴体长度和直径的不同，又可将直通式喷嘴分为短式直通喷嘴、延长型直通喷嘴和小孔型喷嘴。

a. 短式直通喷嘴：喷嘴体长度短，结构简单，压力损失小，补缩效果好，但易形成冷料和“流涎”。主要用于厚壁制品和热稳定性差的高黏度塑料，如PVC。故有的教材上将短式直通喷嘴称为PVC型喷嘴。

b. 延长型直通喷嘴：短式直通喷嘴的改良型喷嘴，可加热。喷嘴体长度增加，增大了射程和补缩作用，不易形成冷料，但仍有“流涎”现象。主要用于厚壁制品和高黏度塑料的加工，如PMMA、POM、PSF、PC。

c. 小孔型喷嘴：喷嘴体直径小，可略克服上述两种喷嘴的“流涎”现象，亦可加热，储料多，不易形成冷料，射程远。可用于薄壁、形状复杂制品及低黏度塑料的生产。

② 自锁式喷嘴　又称锁闭式喷嘴、关式喷嘴。在注射过程中，为了防止熔料的“流涎”或回缩，保证计量的准确，出现了自锁式喷嘴，以对喷嘴通道实行暂时封锁。目前有弹簧式、针阀式、转阀式、双锁闭式等自锁式喷嘴，其中以弹簧针阀式用得最为广泛。其自锁功能是通过弹簧的弹力压合喷嘴体内的阀芯实现的。未注射充模时，喷嘴孔道呈关闭状态。注射时，阀芯受熔料的高压作用而被顶开，熔料遂通过喷嘴射入模具型腔。注射结束时，阀芯在弹簧力作用下复位自锁，再次回到关闭状态。弹簧针阀式喷嘴的自锁效果显著，可有效地杜绝注射低黏度塑料时的“流涎”现象，使用方便，适用于PA、PET等熔体黏度较低的塑料注射。但这种喷嘴的结构比较复杂，制造困难。此外，注射时熔体压力通常需达到2MPa以上，才能顶开阀芯，故注射压力损失大，喷嘴射程较短，补缩作用小，对弹簧质量要求高。

③ 杠杆针阀式喷嘴　也称液控式喷嘴，是靠外在液压系统通过杠杆联动机构启闭阀芯实现自锁。这种喷嘴因增设了液压回路，使用时可根据需要而使操纵的液压系统准确及时地开启阀芯，因而使用方便，压力损失小，锁闭可靠，计量准确。同时，因结构中不使用弹簧，可免去更换弹簧之虑。但增设液压回路使得喷嘴结构变得复杂。

除上述喷嘴外，还有混色喷嘴、热流道喷嘴等特殊用途的喷嘴。混色喷嘴，是为了提高柱塞式注射机使用颜料和粉料混合均匀性时使用。该喷嘴内装有筛板，借以增加剪切混合作用而达到混匀的目的。热流道喷嘴直接与成型模腔接触，流道短，注射压力损失小，可用来加工PE、PP等热稳定性好，熔融温度范围宽的塑料。

综上可知，实际生产中应根据所加工塑料的性能和成型制品的特点进行选择。一般对熔融黏度高，且热稳定性差的塑料（如聚氯乙烯），应选择流道短、流动阻力小、剪切作用较小、口径较大的直通式喷嘴；对于熔融黏度低、结晶性的塑料（如聚酰胺），应选择具有防止“流涎”现象发生的自锁式喷嘴；对于形状复杂的薄壁制品应选择小孔径，射程远的喷嘴；对于厚壁制品应选择直径较大、补缩性能好的喷嘴。

### 5.2.3 锁模系统

锁模系统又叫合模装置，是保证成型模具可靠闭锁、开启并取出制品的重要部件。具体功能表现在：实现模具可靠启闭动作及必要的行程；注射、保压时提供足够的锁模力；提供开模顶出制件的顶出力及相应的行程。也就是说，一个完善的锁模系统应满足在规定的注射量范围内，对力、速度及空间位置3方面的基本要求：

① 足够的锁模力。锁模力必须符合 $F \geqslant KpA$，以保证模具在注射成型过程中无开缝溢料现象。

② 足够的模板面积、模板行程和模板间开距，以适应成型不同外形尺寸的制品或不同模具的安装。

③ 合理的模板运动速度。模板运动速度应遵循闭模时先快后慢，开模时先慢、后快、再慢的规律，以保证模具启闭灵活准确，并防止模具碰撞，安全平稳地顶出制品，提高生产效率。

目前，能够符合上述基本要求的锁模系统有多种，基本组成有固定模板、动模板、合模机构、调模机构、顶出机构、拉杆、安全保护机构等。本节主要介绍合模机构和顶出机构两个重要组成。

5.2.3.1　合模机构

按照锁模力的实现方式，合模机构可分为机械式、液压式、液压－机械式3种。

（1）机械式合模机构

机械式合模机构有早期的全机械式和20世纪80年代初的伺服电动机驱动式两种。

全机械式的工作原理是以电动机通过齿轮（或蜗轮）、蜗杆减速传动曲臂或以杠杆传动曲臂的机构来实现模具的启闭与锁紧，其结构见图5－6。

这种机构的优点是结构简单，制造容易，使用维修方便。主要缺点是电动机启动频繁，惯性冲击大，零部件易磨损，噪音大，模板行程短，调整复杂。所以目前只适用于小型或实验室用的注射机。

伺服电动机驱动式合模机构包括前后固定模板、动模板、齿轮、滚珠丝杆、伺服控制器等。其中，伺服控制器由伺服电动机、速度传感器和伺服放大器组成。合模时，电动机驱动，旋转力传至齿轮以旋转滚珠丝杆螺母而使滚珠丝杆前移，从而推动动模板闭模。当注射、保压、冷却完成后，伺服电动机换向而开模。这种机构在连续操作中的稳定性比全机械式合模机构高，目前主要用于小型精密注射机。

（2）液压式合模机构

这种合模机构是采用油缸和柱塞，并依靠液压力推动柱塞作往复运动以实现对模具的启闭和锁紧。见图5－7。现有单缸直压式、增压式、充液式、充液增压式、二次动作液压式等多种结构的合模机构。

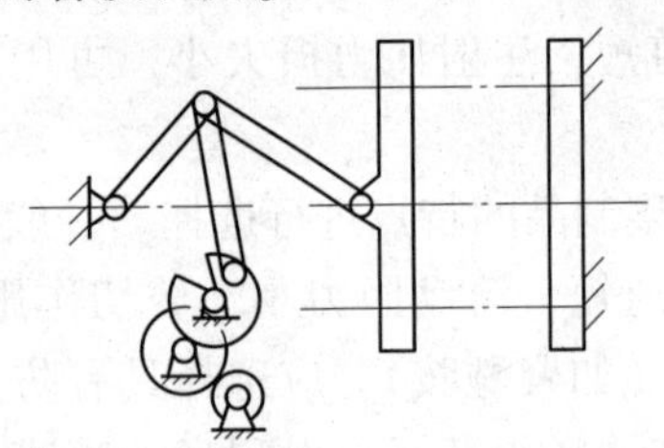

图5－6　机械式合模机构示意图

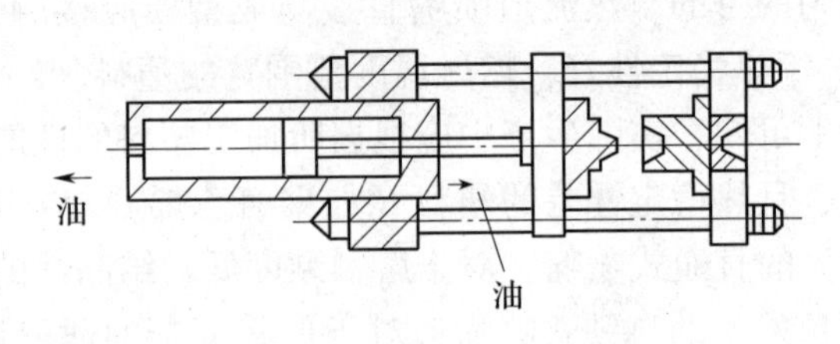


图5－7　液压式合模机构示意图

① 单缸直压式合模机构　最简单的液压合模机构。模具的启闭、锁紧均在同一个油缸作用下完成。移模速度和锁模力的大小由柱塞的移动速度和柱塞产生的轴向力确定，因而难以满足合模机构力与速度的要求：速度高时力量小，速度为零时力量大。目前这种合模机构应用较少。

② 增压式合模机构　是对单缸直压式合模机构的一种改进。其油缸直径小于单缸直压式油缸直径，同时油缸中活塞两端的直径不同（差动活塞），并由此形成了合模油缸和增压油缸。合模时，压力油首先进入合模油缸，因合模油缸直径较小，柱塞在受到较小液压力的同时可获得较高的移模速度。当模具闭合后，压力油换向进入增压油缸。由于增压活塞两端直径不一样（即差动活塞），利用增压活塞面积差的作用，提高了合模油缸的液压，实现了速度为零时锁模力大的要求。受液压系统密封性能的限制，这种合模机构一般仅用于中小型注射机。

③ 充液式合模机构　又称自吸式或增速式合模机构，特点是采用了直径不同的两个油缸。其中，大直径油缸（锁模油缸）用于锁模，以增大锁模力；小直径油缸（移模油缸）用于移模，以提高移模速度。合模时，压力油首先进入小直径移模油缸以获得高的移模速度而进行快速合模。在此过程中，锁模油缸的活塞随着移动模板前进，使油缸内形成负压，促使充液阀打开，大量的工作油进入锁模油缸，进行自动充液。当模板行至终点时（模具闭合），锁模油缸

从进油口通入压力油，充液阀关闭，使锁模力迅速上升至锁模吨位。这种合模机构利用差动油缸提高了移模速度，缩短了生产周期，同时也保护了模具，降低了能耗。

将充液式与增压式组合，又出现了充液增压式合模机构。此机构同时兼备增压、增速的功能。除此之外，还有二次动作液压式合模机构，是一类液压与机械定位装置联合的特殊液压式合模机构。典型代表有闸板式、摆块稳压式、转盘稳压式、抱杆稳压式和程序复合式合模机构。共同特点是以小直径长行程油缸实现快速移模，用定位机构使闸杆或支柱定位，由大直径短行程的锁模油缸获得所需锁模力。具有能耗低、速度快、升压时间短、锁模系统刚性大等优势，但结构和油路相对复杂。

综上可以看出，液压式合模机构具有如下的优点：a. 动模板和固定模板间的开距大。b. 动模板可任意停留，模板移动行程可方便地调节。c. 模板移动速度、锁模力、注射压力等可方便地调节。d. 易实现低压合模，避免模具损坏。e. 设备零部件磨损小，可自润滑。

上述这些优点使得液压式合模机构得到了广泛的应用。当然，液压式合模机构因液压系统也存在着管路多、易渗漏、密封要求高、维修工作量大、锁模力稳定性差等不足。

（3）液压－机械式合模机构

此类合模机构由液压系统和肘杆机构两部分组成。以液压为动力源，操纵连杆或曲肘撑杆机构来实现启闭和锁紧模具。优点是：曲肘自身有增力和自锁作用，锁模力稳定；所需负荷小，节省投资；能满足合模机构的运动特性要求；兼有液压式的速度快、机械式的自锁稳定等特性。典型结构有液压－单曲肘合模机构，液压－双曲肘合模机构。

①液压－单曲肘合模机构 由模板、单曲肘机构、油缸、顶出机构等组成，结构见图5－8所示。模具的启闭、锁紧是通过压力油推动油缸活塞，使曲肘机构伸直或回曲完成。这种合模机构模板距离的调整较易，且油缸小，应用于注射机时，机身较短，节约占地。但由于采用的是单臂锁模，易使模板受力不均，因而只适用于模板面较小的小型注射机。

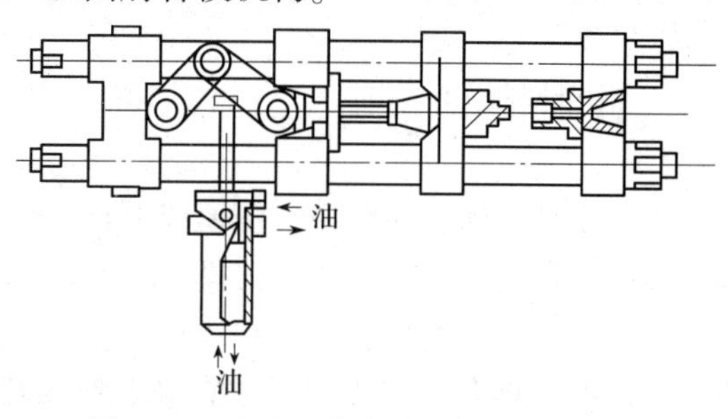

图5－8 液压－单曲肘合模机构示意图

②液压－双曲肘合模机构 采用了对称排列的双臂双曲肘锁模机构，动作原理与液压－单曲肘合模机构相似。优点是双臂驱动，模板受力均匀，机构的承载力和增力倍数较大，可适应较大的模板面积，在中、小型注射机上有广泛应用。需要注意的是，调整锁模力时，曲肘双臂必须一致，否则即使有微小的长度差别，也会造成模板受力不均，导致模具偏斜，甚至出现卡死，无法开模。

对于较大型号的注射机，目前可使用液压撑板式合模机构。该机构除了曲肘外，还带有撑板和撑座，可提供较大的锁模力。

由此可见，液压－机械合模机构的锁模力大小与液压油缸无直接关系，锁模力来自于肘杆、模板等产生弹性变形的预应力，且锁模可靠。因而合模机构可以采用较小的液压油缸，减小设备体积。

#### 5.2.3.2 顶出机构

顶出机构是锁模系统中另一重要组成，其作用是保证准确、平稳地将模具内的制品顶出。为此，设计合理的顶出机构应具备：

①足够且均匀的顶出力及可控的顶出次数、顶出速度。

②足够且可调的顶出行程。

③ 操作方便、安全、可靠。

按顶出动力的来源，顶出机构可分为机械式顶出、液压式顶出和气动式顶出 3 种。

(1) 机械式顶出机构

利用固定在后模板或其他非移动件上的顶出杆在开模过程中与后移的动模形成的相对运动将制品顶出。机构简单，顶出力大，工作可靠，顶出力和顶出速度取决于开模力和开模速度。由于顶出杆固定，本身不移动，因而顶出是在开模临终时进行，且顶出机构的复位需在闭模后才能实现，由此影响了机器的循环周期，主要在小型注射机上应用。

(2) 液压式顶出机构

依靠专门设置在动模板上的顶出油缸实现制品顶出。顶出力、顶出速度、顶出行程、顶出时间和顶出次数均可调节。同时，顶出机构可自行复位，从而缩短了机器的循环周期，使用方便，利于自动化生产，有着广泛的应用。缺憾的是此顶出机构的结构相对于机械式复杂，顶出力较小，顶出点受限，不适合盆、板等大面积制品的顶出。目前，在大型注射机上通常是这两种顶出装置并用，在动模板中间放置液压顶出油缸，在模板两侧设置机械式顶出装置，取长补短，发挥各自优势。

(3) 气动顶出机构

以压缩空气为顶出动力，通过模具上设置的气道和微小的气孔，把制品从模具型腔内直接吹出。结构简单，顶出方便，对制品不留痕迹，特别适合薄壁、盆状或杯状制品的快速脱模。相对于上述两种顶出机构，应用较少，且机构中需增设气源和气路系统。

## 5.3 注射模具

注射模具，简称注射模、塑模或模具，是在注射成型中赋予制品以形状时所用部件的组合体。其结构合理与否，不仅事关模具的寿命及生产成本，而且直接影响制品的成型质量、生产效率及劳动强度。因而，了解和认识注射模具的结构组成、常见类型及应用特点，对正确设计和选用注射模具有着重要的指导意义。作为热塑性塑料注射成型的重要工艺装置，注射模具近年来在热固性塑料的成型中也得到了日趋广泛的应用。本节将以热塑性塑料注射模具为例，就其组成、类型等分别予以介绍。

### 5.3.1 模具结构组成

塑料品种、制品形状、注射机类型不同时，相配套的模具结构形式也不同。但无论哪种形式的模具，基本构成却是相同的，即都包含浇注系统、成型零件和结构零件 3 大部分。现结合图 5－9 对这 3 部分组成进行逐一介绍。

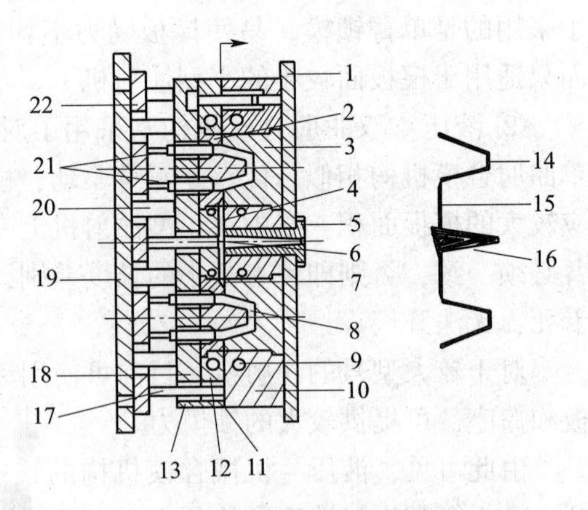


图 5－9　典型注射模具的结构示意图

1—前夹模板　2—阳模　3—阴模　4—分流道　5—主流道衬套　6—冷料穴　7—浇口　8—型腔　9—冷却剂通道　10—前扣模板　11—塑模分界面　12—后扣模板　13—承压板　14—制品　15—分流道赘物　16—主流道赘物　17—复位杆　18—后扣模板　19—后夹模板　20—承压柱　21—顶杆　22—顶板

#### 5.3.1.1 浇注系统

浇注系统是指熔融塑料在压力作用下从喷嘴进入型腔前的流动通道。其作用是保证熔融塑料稳定、顺利地充满全部型腔，并将注射压力传递到型腔的各个部分，因而浇注系统对熔体在模腔内的流动方向、流动状态、排气溢流、压力传递等有着重要影响。该系统由主流道、冷料穴、分流道和浇口构成。

(1) 主流道

连接注射机喷嘴至分流道或型腔的一段通道。为了防止与喷嘴衔接不准而产生溢料或堵截，主流道应与喷嘴处于同一轴线上，且进口直径略大于喷嘴直径，顶部呈凹型。同时为了在脱模时带出流道赘物，主流道自进口处沿熔料行进方向逐渐扩大，呈3°~5°的角度。

(2) 冷料穴

又称冷料井，是设置在主流道末端直径6~10mm，深度约6mm的一个空穴。作用是捕集喷嘴端部两次注射之间产生的冷料，防止分流道或浇口堵塞，避免冷料混入模具型腔而使制品产生内应力。此外，为了便于脱模，顺利拉出主流道赘物，冷料穴底部的脱模杆应设计成曲折钩形。

(3) 分流道

多腔模中连接主流道和各个型腔的通道，是主流道和浇口之间的过渡部分。为使熔料以等速充满各型腔，分流道在模具上的排列应对称分布或等距离分布。另外，综合考虑流道形状和尺寸对熔体流动快慢、制品脱模及模具制造难易的影响，分流道截面经常采用梯形或半圆形，截面宽度一般不超过8mm，且将流道开设在带有脱模杆的一半模具上。

(4) 浇口

接通主流道（或分流道）与型腔的通道，熔体经此口进入模腔成型。通道的截面积通常比主流道或分流道小，是整个流道系统中截面积最小的部分，但其作用却非常重要。一是利用狭小的通道控制料流的速度；二是利用浇口处熔料的早凝防止倒流；三是利用熔料通过浇口时受到较强的剪切使熔体流动性提高；四是便于制品与流道系统分离。基于上述作用，浇口的截面积宜小，长度宜短，截面形状一般为矩形或圆形。浇口位置一般开设在制品最厚而又不影响外观的部位。

5.3.1.2 成型零件

模具中用作构成型腔的组件统称为成型零件，主要包括凹模、凸模、型芯、型腔及排气口等。

凹模，又称为阴模，定模，是成型制品外形的部件，多装在注射机的固定模板上。

凸模，又称为阳模，动模，是成型制品内表面的部件，多装在注射机的移动模板上。

型芯是成型制品内部孔、槽等形状的部件。

型腔是动模与定模合拢时所形成的空间，用以确定制品形状和尺寸的部分。

排气口是模具中开设的槽形出气口。用以排出模具中原有的气体及熔料卷入模具中的气体，防止制品出现气孔、表面凹痕、局部烧焦、颜色发暗等现象。排气口一般设在型腔内熔料流动的尽头，或模具分型面上，也可利用顶出杆与顶出孔的配合间隙、顶块和脱模板与型芯的配合间隙进行排气。需注意的是，排气口开设的位置切勿对着操作人员。

5.3.1.3 结构零件

结构零件是指构成模具结构的各种零件，包括前后夹模板、前后扣模板、承压板、承压柱、导向柱、顶板、顶杆及复位杆等。

按照各种零件在模具中所起的作用，可将它们归属于以下几个功能机构：

(1) 导向机构

保证动模、定模合模时能够准确定位和导向的机构。作用有三：保证动定模合模位置正确、型腔形状和尺寸精确；避免型芯先行进入型腔造成成型零件的损坏；承受熔体充模过程中可能产生的侧向压力，保证模具的正常工作。图 5－10 中的导向机构由导柱 1 和导套 3 组成，称为导柱导向机构。当成型精度要求高、深腔、薄壁塑件时，型腔内侧向压力可能引起型腔和型芯的偏移，此时单靠导柱已难以承担很大的侧向压力，就需增设锥面形定位导向机构，即在动、定模上分别设置互相吻合的内外锥面以形成定位导向机构。

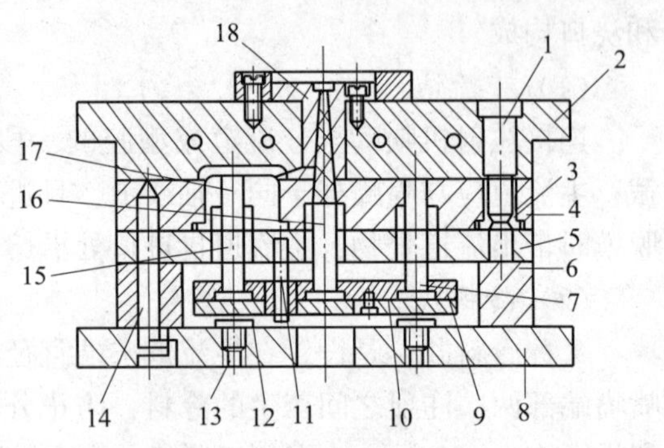

图 5－10　顶杆脱模式注塑模

1—导柱　2—定模型板　3—导套　4—动模型板　5—垫板　6—支承块　7—复位杆　8—动模固定板　9—顶杆固定板　10—顶杆垫板　11—顶板导柱　12—顶板导套　13—支承钉　14—定位销　15—顶杆　16—浇口拉料杆　17—型芯　18—浇口套

（2）顶出机构

前已述及，是用于开模时将塑件从成型零件上脱出的装置。除按顶出动力来源分为机械式顶出、液压式顶出和气动式顶出外，按照顶出时所用零件的不同，又可分为顶杆、顶板、顶管、多元综合顶出机构等多种形式。图 5－10 中顶出机构由顶杆 15，顶杆固定板 9、顶杆垫板 10、顶板导柱 11、顶板导套 12、复位杆 7 等组成。其中，顶板导柱、顶板导套起导向作用，用以保证顶出过程能够平稳、灵活的进行；复位杆是用以保证顶出机构完成脱模后能回到原来的位置。

（3）侧向分型与抽芯机构

带动侧向型芯或侧向成型块移动的机构。当塑件的侧向有凹凸形状的孔或凸台时，需要在模具内设置侧向分型与抽芯机构，并将成型侧凸、侧凹或侧孔的零件设计成可移动的侧向型芯或侧向成型块等成型零件。开模时，在塑件被推出之前，必须依靠侧向分型与抽芯机构先移走侧向成型零件，而后再进行塑件的分离脱模。其中，侧向分型是针对成型带有凸台的塑件，侧向抽芯是针对成型带有侧凹或侧孔的塑件。最为常用的有斜导柱侧向分型与抽芯机构、斜滑块侧向分型与抽芯机构。

（4）支承零部件

用来安装和固定注射模具中各种功能零部件的支承零部件。这些支承零部件组装在一起即构成注射模具的基本骨架。如图 5－10 中所示的定模型板 2、动模型板 4、垫板 5、支承块 6 均属于支承零部件。

此外，为了满足注射成型工艺对模具温度的要求，注射模具还设有冷却或加热系统。冷却系统一般在型腔或型芯周围开设冷却水道；加热装置则在模具内部或周围安装加热元件。

综合比较 3 大系统可知，浇注系统和成型零件是注射模具中最复杂、变化最大的部分，也是直接与成型塑料制件接触的部分，因而光洁度和精度的要求也最高。

## 5.3.2　注射模典型结构及常见类型

随着塑料品种的不断增多，制品形状的变化多样，以及制品尺寸精度、生产批量、工艺条件、机器类型等的不同要求，出现了种类繁多的注射模具。出于研究、设计、应用的考虑，也随之出现了以下诸多的分类方法：

按照塑料原料的性质，可分为热塑性塑料注射模、热固性塑料注射模。

按照成型工艺的特点，可分为低发泡注射模、精密注射模、气体辅助注射成型注射模、双色注射模、多色注射模等。

按照成型制品模腔的数量，可分为单腔注射模（一套模具中只有一个模腔，一次注射成型只能生产一个塑件)、多腔注射模（一套模具中有2个或2个以上模腔，一次注射成型可以生产多个塑件）。

按照注射机的类型，可分为卧式注射模（熔体入模方向与开合模运动方向均为水平方向)、立式注射模（熔体入模方向与开模运动方向均为竖直方向）和角式注射模（熔体入模方向与开合模运动方向相互垂直)。

按照模具安装的方式，可分为固定式注射模（动、定模分别固定在注射机上)、移动式注射模（注射成型后，将模具移出机外脱模取出塑件)。

按照浇注系统的结构形式，可分为普通流道注射模具、无流道注射模具（采用对流道进行绝热或加热的方法，保持从注射机喷嘴到型腔之间的塑料呈熔融状态，使开模取出塑料制件时无浇注系统凝料。有绝热流道、热流道注射模两种)。

按照注射模具的典型结构特征，可分为单分型面注射模、双分型面注射模、侧向分型与抽芯注射模、带有活动镶件的注射模、自动卸螺纹注射模和定模带有顶出装置的注射模等。

本节将以最为常用的最后一种分类方法为例，阐述注射模的典型结构及常见类型。

5.3.2.1　单分型面注射模

单分型面注射模，即注射模只在动模板与定模板间有一个分型面，故又称二板式注射模，是注射模中最简单、最常见、应用十分广泛的一种结构形式，用量约占注射模的70%。根据生产需要，单分型面注射模可以设计成单型腔注射模，也可以设计成多型腔注射模。其典型结构如图5－9所示。

结合图5－10可以很好地了解该类模具的工作原理。注射合模时，在导柱1和导套3的导向、定位作用下，锁模系统带动动模朝着定模方向移动，在分型面处与定模对合，由阴模与阳模构成与制品形状和尺寸一致的闭合模腔，并依靠锁模力锁紧模具。此时，从喷嘴射出的塑料熔体流经主流道、分流道、浇口进入模腔，待熔体充满模腔后，进行保压、补缩、冷却与定型。随后进行开模，动模在锁模系统的带动下后移，与定模在分型面处分开。动模后移时，包在型芯17上的塑件会随之一起向后移动。同时，主流道凝料被浇口拉料杆16从浇口套中拉出，开模结束。继而顶杆15和拉料杆16分别将塑件及浇注系统凝料从型芯17和冷料穴中顶出，脱模结束。至此，复位杆7使顶出机构复位，完成一次注射成型。

单分型面注射模虽然结构简单，但设计、制造时需注意以下几点：

（1）主流道、分流道位置的选择

主流道需设在定模一侧。分流道一般开设在分型面上，既可单独开设在动模一侧或定模一侧，亦可开设在动、定模分型面的两侧。

（2）塑件留模方式的选择

塑件留模方式实质上是基于对塑件在模具分型后保留位置的一种考虑。鉴于顶出机构一般设置在动模一侧，为了方便、顺利地脱模，塑件在分型后最好留在动模一侧。也正是由于这个原因，通常将包紧力大的凸模或型芯设置在动模一侧，包紧力小的凸模或型芯设置在定模一侧。

（3）导柱位置的选择

导柱是导向机构的关键零件，常见于结构简单的单分型面注射模。当用于小批量生产时，导柱可直接与模板中的导向孔配合；生产批量大时，可设置导套与其配合，防止导向孔磨损。

对于单分型面注射模，导柱既可设置在动模一侧，也可设置在定模一侧。但通常情况下，是将导柱设置在型芯高出分型面最长的那一侧。同时，为了确保模具只按一个方向合模，应采用等直径导柱的不对称布置或不等直径导柱的对称布置，且导柱中心至模具边缘应留有足够的距离，以保证模具强度。

（4）拉料杆位置的选择

须将拉料杆设置在动模一侧，以便于脱模时将主流道浇注系统凝料从模具浇口套中拉出，避免下一次成型时堵塞流道。有“Z”形和球形两种拉料杆，使用前者时，将其安装在拉杆固定板上；使用后者时，将其安装在动模板上。

（5）顶杆复位方式的选择

顶杆有多种复位方法，常用的有复位杆复位和弹簧复位两种，可依据它们的作用特点及生产需要进行针对性的选择。

复位杆复位的特点是合模和复位同时完成。一般每副模具设置4根复位杆，安装在顶杆固定板四周，端面与所在动模分型面平齐。

弹簧复位是利用弹簧的弹力使顶出机构复位，特点是顶出机构的复位先于合模动作完成。适宜于安放活动镶件的模具。

单分型面注射模是一种最基本、最典型的注射模，在此基础上，增添嵌件、螺纹型芯、活动型芯等其他部件演变出了多种复杂结构的注射模。

5.3.2.2　双分型面注射模

顾名思义，双分型面注射模有两个分型面，如图5－11所示。图5－11中$A-A$面为第一分型面，用于浇注系统凝料在分型时的脱出；$B-B$面为第二分型面，即主分型面，用于塑件在分型时的脱出。显而易见，该类模具可满足塑件与浇注系统凝料分别脱模的需要。与单分型面注射模相比，双分型面注射模结构比较复杂，在定模部分增设了一块可以局部移动的中间板，与动模板、定模板共同组成了三板式结构，故又叫三板式注射模，常用于点浇口浇注系统的单型腔或多型腔注射模。

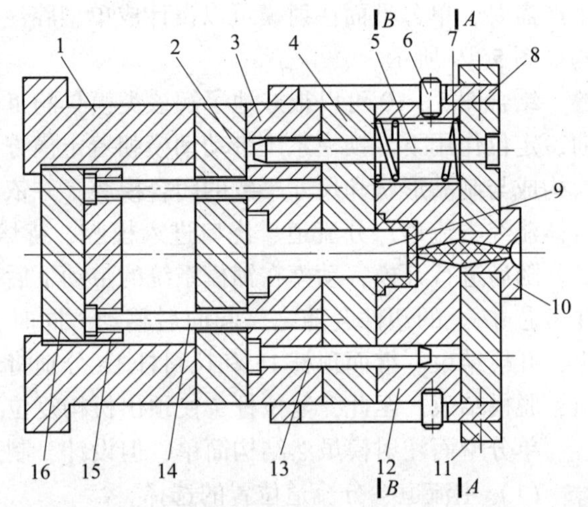


图5－11　弹簧分型拉板定距双分型面注射模

1—支架　2—支承板　3—型芯固定板　4—推件板　5—导柱　6—限位销　7—弹簧　8—定距拉板　9—型芯　10—浇口套　11—定模板　12—中间板　13—导柱　14—顶杆　15—顶杆固定板　16—顶板

双分型面注射模两次分型的具体过程如下：

开模时，随着动模部分的向后移动，弹簧7对中间板施压，使得中间板12与定模板11首先沿$A-A$分型面分型。当中间板12随动模一起后退时，主流道凝料从浇口套10中随之拉出。动模继续后移，当定距拉板8的末端与固定于中间板12上的限位销6接触时，中间板停止移动，第一次分型结束。

中间板12停止移动后，随着动模的继续移动迫使模具沿$B-B$分型面分开，当注射机顶杆接触顶板16时，顶出机构开始工作，推件板4在顶杆14的推动下将塑件从型芯9上顶出，塑件在B分型面自行落下，第二次分型结束。

为了确保双分型面注射模能够按照要求依次进行两次分型，设计模具时必须采取顺序定距分型机构，即让中间板与定模板先分开一定距离，完成第一次分型后，再进行第二次主分型面的分型。一般第一次$A-A$分型面的分型距离为：

$$d = L' + (3\sim5) \qquad (5-10)$$

式中，$d$ 为 $A$ 分型面分型距离，mm；$L'$ 为浇注系统凝料在合模方向上的长度，mm。

分型距离 $d$ 的大小应能保证浇注系统凝料顺利取出。

目前可采取弹簧分型拉板定距、弹簧分型拉杆定距、导柱定距、摆钩分型螺钉定距等分型措施来保证双分型面注射模的顺次分型。

图5－11中所采取的分型措施即为弹簧分型拉板定距机构，其核心部件是弹簧和定距拉板。其中，弹簧应不少于4根，要求两端磨平，高度一致，对称分布，以使中间板分型时所受弹力均匀，移动自如。定距拉板一般采用2块，对称布置于模具两侧。此种分型措施适用于中小型模具。

弹簧分型拉杆定距机构的核心部件是弹簧和限位拉杆，定距原理是采用拉杆端部的螺母来限定中间板的移动距离。除了定距作用，限位拉杆还常兼作定模导柱，起导向作用。

导柱定距机构是通过在导柱上开设限距槽，利用定距钉与限距槽的接触达到限制中间板移动距离的目的。这种定距机构中的导柱，既可对中间板起支承和导向作用，又可对动、定模起导向作用。不仅如此，导柱定距机构可使模板上的杆孔大为减少，使模具结构紧凑，经济合理，适于小型模具。

摆钩分型螺钉定距机构的核心部件是挡块、摆钩、压块、弹簧和限位螺钉。开模时，固定在中间板上的摆钩拉住支承板上的挡块，模具进行第一次分型（$A-A$ 分型）。分型到一定距离后，摆钩在压块的作用下产生摆动而脱钩，中间板在限位螺钉的限制下停止移动，进行第二次分型（$B-B$ 分型）。摆钩、压块等零件应对称布置在模具的两侧。

此外，双分型面注射模多采用的是点浇口，由于点浇口截面积较小（直径仅约0.5～1.5mm），导致熔体流动阻力太大，因而不适合生产大型塑件或流动性较差的塑料。

#### 5.3.2.3　侧向分型与抽芯注射模

5.3.1中述及，当塑料制件侧壁上有凹凸形状的孔或凸台时，需要在模具内设置侧向分型与抽芯机构，将可移动的侧向成型零件在开模时先行移开，以便塑件顺利脱模。按照侧向分型与抽芯机构动力来源的不同，一般可分为机动、液动（液压）或气动、手动等类型。

机动侧向分型与抽芯机构是利用注射机开模力为动力，借助斜导柱、斜滑块等传动零件将开模力作用于侧向成型零件，以使模具侧向分型或将侧向型芯从塑件中抽出。合模时，依靠传动零件使侧向成型零件复位。依照传动零件的不同，目前有斜导柱、斜滑块、斜导槽、弯销、齿轮齿条等形式的机动侧向分型与抽芯机构。

液动或气动侧向分型与抽芯机构是利用液压力或压缩空气为动力，完成侧向分型与抽芯，及侧向成型零件的复位。

手动侧向分型与抽芯机构是利用人力完成侧向分型与抽芯。

在这3种侧向分型与抽芯机构中，第一种机构的结构相对复杂，但机械化程度高，生产率高，应用最为广泛；第二种机构的成本相对较高，但抽芯动作平稳，适于抽拔力大、抽芯距大的场合；第三种机构的劳动强度大，操作不便，生产率低，但结构简单，制造成本低，适宜于小批量生产、产品试制或无法采用其他侧向分型与抽芯机构的场合。侧向分型与抽芯机构不同时，与其相应的注射模具结构亦不同。鉴于此，本书重点介绍由斜导柱、斜滑块作为传动零件的斜导柱侧向分型与抽芯、斜滑块侧向分型与抽芯两种注射模。

（1）斜导柱侧向分型与抽芯注射模

此类注射模的侧向分型与抽芯机构主要由斜导柱、侧型腔或型芯滑块、导滑槽、楔紧块和定距限位机构组成。工作原理是利用斜导柱等零件把开模力传递到侧向型芯或侧向成型块，并使它们产生侧向运动而完成分型与抽芯动作。一般用于抽芯力不大、抽芯距小于60～80mm的场合。

图5－12是一种比较常用的斜导柱侧向分型与抽芯的注射模。侧向抽芯机构由斜导柱1、侧型芯滑块2、楔紧块19、挡块15、滑块拉杆18、弹簧17、螺母16等零件组成。其中，零件15、18、17、16构成定距限位机构，用于侧型芯滑块抽芯结束时的定位。

开模时，斜导柱1在开模力的作用下使侧型芯滑块2于动模板14的导滑槽内向外滑动。当侧型芯滑块与塑件完全脱离时，侧向抽芯动作结束。接着，包在型芯3上的塑件随动模后移，直至注射机顶杆与模具顶板10接触，顶出机构开始工作，塑件被顶杆7从型芯上推出。合模时，顶出机构复位，斜导柱通过零件15、18、17、16的定距限位插入滑块的斜导孔，使滑块向内移动复位，最后由楔紧块19锁紧定位。

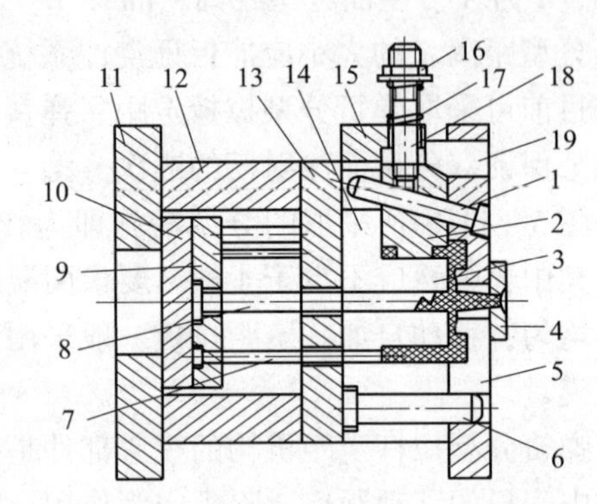


图5－12 斜导柱侧向分型与抽芯注射模
1—斜导柱 2—侧型芯滑块 3—型芯
4—浇口套 5—定模座板 6—导柱 7—顶杆
8—拉料杆 9—顶杆固定板 10—顶板 11—动模座板
12—垫块 13—支承板 14—动模板 15—挡块
16—螺母 17—弹簧 18—滑块拉杆 19—楔紧块

设计此类模具时，斜导柱与楔紧块对侧型芯滑块的定位是必须要考虑的问题。当侧向抽芯结束后，为了保证滑块不侧向移动，使其处于正确的成型位置，合模时斜导柱必须能够顺利地插入滑块的斜导孔中使滑块准确复位。因而模具中需设置定位机构配合斜导柱，以确保其对侧型芯滑块的准确定位。楔紧块则是防止注射时熔体压力使侧型芯滑块产生位移，为此，要求楔紧块的斜面与侧型芯滑块斜面的斜度一致。

另外，还需考虑斜导柱与侧型芯滑块的安装位置。当两者均安装在定模时，需在定模部分增加一个分型面，并采用定距分型机构促使两者产生相对运动；当两者均安装在动模时，应采用顶出机构促成两者的相对运动；当斜导柱安在定模，侧型芯滑块安在动模时，应尽量避免在侧型芯投影面下设置拉杆，以防拉杆干涉侧向分型与抽芯的进行。如必须在此设置拉杆，则要采取让拉杆先复位的保障措施；当斜导柱安在动模，侧型芯滑块安在定模时，脱模与抽芯不能同时进行，否则塑件会留在定模难以取出，或被侧型芯撕破，甚至造成细小侧型芯的折断，损坏模具。

（2）斜滑块侧向分型与抽芯注射模

利用可斜向移动的斜滑块完成侧向分型与抽芯动作。与斜导柱侧向分型与抽芯注射模相比，该注射模的侧抽芯和塑件脱模是同步进行的。即在塑件被顶出脱模的同时，顶出机构的推力驱动斜滑块运动实施侧向分型与抽芯。一般用于塑件侧凹较浅（所需抽芯距短），侧向分型面积较大（所需抽芯力大）的场合。

设计、制造这种注射模时，斜滑块能否移动可靠、灵活，能否避免停顿及卡死现象，是保证侧向分型与抽芯能否顺利进行的关键所在。为此，需着重注意以下几点：

① 主型芯设于动模，可避免脱模过程中塑件黏附于斜滑块上。

② 斜滑块设在动模，且要求塑件对动模部分的抱紧力大于对定模部分的抱紧力。

③ 斜滑块的倾斜角可比斜导柱的倾斜角大一些，一般在30°以内选取。

④ 斜滑块推出模套的行程与注射机类型相关，立式模具不大于斜滑块高度的1/2，卧式模具不大于斜滑块高度的1/3。

⑤ 斜滑块通常由2～6块组成瓣合凹模。必须保证合模时其拼合面密合，以避免产生

飞边。

⑥ 斜滑块拼合后必须使其底面离模套有 0.2 ~ 0.5mm 的间隙，上面高出模套 0.4 ~ 0.6mm。

5.3.2.4 带有活动镶件的注射模

将型腔局部的成型零件设置成活动镶件（如活动凸模、活动凹模、活动镶块、活动螺纹型芯或型环等），并使这些活动镶件在塑件脱模时与塑件一起移出模外，然后再经手工或专门工具将活动镶件与塑件分离。分离下来的活动镶件，在下一次合模注射之前再重新按照原位放入模内。具有这种结构特点的模具被称为带有活动镶件的注射模。主要用于生产有螺纹孔、外螺纹表面等特殊结构要求的塑件以及采用侧向抽芯机构也无法实现侧向抽芯的场合。

由于省去了斜导柱、斜滑块等复杂机构，使得这类模具结构简单，外形缩小，制造成本降低，脱模形式更为灵活。不过，与这些优点相伴而生的却是生产效率较低，操作安全性差，无法实现自动化生产等缺陷。

图 5 - 13 所示是带有活动凸模镶件的点浇口双分型面注射模，成型的是一内侧有局部圆环的塑件。开模时，中间板 5 在弹簧 12 的作用下与定模板 1 沿 $A-A$ 分型面分型，点浇口凝料从浇口套中脱出，在定距导柱 7 左端限位挡圈接触中间板 5 时，$A-A$ 分型结束。随着动模部分的继续后移，$B-B$ 分型面分型。此时，包在型芯 3 和活动镶件 2 上的塑件随动模后移，当 $B-B$ 分型结束时，顶出机构中的顶杆 16 将塑件连同活动镶件 2 一起推出模外，最后通过人工将活动镶件 2 与塑件分离。再次注射合模时，顶杆在弹簧的作用下复位，动模板停止运动，人工将活动镶件重新插入安放孔中。

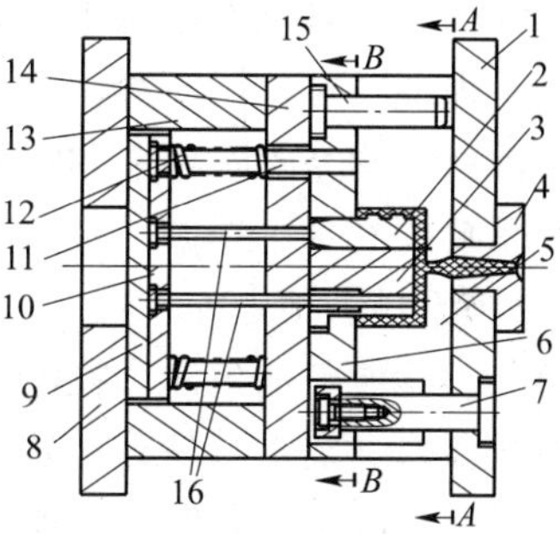

图 5 - 13 带有活动镶件的注射模
1—定模座板 2—活动镶件 3—型芯
4—浇口套 5—中间板 6—动模板
7—定距导柱 8—动模座板 9—顶板
10—顶杆固定板 11—复位杆 12—弹簧
13—垫块 14—承压板 15—导柱 16—顶杆

当活动镶件采用螺纹型芯或螺纹型环时，便可依照上述原理成型带螺纹的塑件。

设计、制造带有活动镶件的注射模时，首先要确保活动镶件在模具中有可靠的定位和正确的配合。故活动镶件和安放孔有一段 5 ~ 10mm H8/f8 的配合，其余长度成 3° ~ 5°的斜面；其次，可在活动镶件的后面设置顶杆，一为开模时将活动镶件推出模外之用，二为活动镶件重新插入安放孔之用。再有，可设置弹性连接装置以提高活动镶件插入安放孔时的稳定性与准确性，防止合模过程中镶件落下或移位造成塑件的报废或模具的损坏。

5.3.2.5 自动卸螺纹及定模带有顶出装置的注射模

自动卸螺纹注射模是一类能够依靠自动脱模成型带有螺纹塑件的典型模具。在上述采用带有活动镶件注射模成型带螺纹的塑件时，模具中的螺纹型芯或螺纹型环是能够移动的活动镶件。而采用自动卸螺纹注射模时，则要求螺纹型芯或螺纹型环能够转动。成型塑件时，凭借开模动作或注射机的旋转机构（或设置专门的传动装置），带动螺纹型芯或螺纹型环转动，从而脱出塑件，并赋予塑件所需的螺纹结构。

在上述几种典型结构的模具中，顶出机构均设在动模一侧。开模时，塑件可滞留在动模一侧，以便于顶出机构顺利脱模。但在实际生产中，因受某些塑件特殊要求、特殊形状的限制，开模时这些塑件容易滞留在定模一侧或需特意将它们滞留在定模一侧。针对这种情况，就必须在定模一侧设置顶出机构，即采用拉板、拉杆或链条等传动机构与动模相连。脱模时，当动模退到一定位置时，安在动模一侧的拉板通过定距螺栓带动顶板运动，从而将塑件从定模一侧的凸模上拉出。这种在定模一侧设有顶出脱模机构的模具被称为定模带有顶出装置的注射模。

设计、制造这类模具时，一是拉板要对称布置，从而保证拉板作用于脱模板的拉力平衡，防止脱模板因受力不均而卡死；二是拉板长度应保证动、定模间的分离距离能够顺利取出塑件；三是导柱长度应能满足对动模、脱模板的导向要求。

## 5.4 注射成型工艺过程及控制因素

完整的注射成型工艺过程包括成型前的准备、注射过程和塑件后处理3大部分。现就各部分内容介绍如下。

### 5.4.1 成型前的准备

成型前的准备工作做得如何，关系到注射成型过程能否顺利的进行，塑料制件质量能否得到充分的保证。在这一阶段，需通过考察原料的外观特征、原料的加工特性、设备的成型要求、制品的结构特点等各个方面，做好原料的预处理、料筒的清洗、嵌件的预热、脱模剂的选择4项重要的准备工作。

#### 5.4.1.1 原料的预处理

首先检验原料的色泽、粒径、有无杂质等外观特征。如粒子大小不一，均匀性较差，甚至有结块现象时，需进行粉碎；如原料为粉料，则需考虑是否要预先造粒。其次测定原料的熔体流动速率、热性能、收缩率等加工特性。此外，检测原料中水分及挥发物含量，考虑是否需要干燥。若原料中水分含量超标，轻则会使制品表面出现银丝、斑纹、气泡等缺陷，重则导致原料在注射成型过程中发生降解，严重影响制品外观和内在质量，使各项性能显著下降。因而，对于大分子上含有亲水基团，吸湿性强，易导致水分含量超标的聚碳酸酯、聚酰胺、聚砜、聚甲基丙烯酸甲酯等塑料必须在成型前进行充分的预热和干燥。

干燥时，干燥设备、干燥温度、干燥时间等干燥条件需根据不同原料的性能和具体情况而选择确定。对于小批量生产用的原料，采用热风循环烘箱、红外线加热烘箱均可进行干燥；对于大批量生产用的原料，宜采用可连续化干燥、干燥效率高的沸腾干燥或气流干燥；而对于高温下受热时间长时容易氧化变色的塑料，如聚酰胺，则宜采用真空烘箱干燥。干燥温度一般控制在塑料玻璃化温度以下。干燥时间视干燥温度的高低、料层的厚薄而定。适当延长干燥时间有利于干燥效果，但不可过多延长，因为每种原料在其干燥温度下都有一最佳干燥时间，过多延长干燥时间对提高干燥效果已意义不大。另需注意的是，干燥后的原料仍会吸湿、受潮，因此需密封贮存干燥后的原料，以备加工之用。

聚乙烯、聚丙烯、聚苯乙烯、聚甲醛等塑料不易吸湿，若包装、储存较好，成型加工前一般可不用干燥。

#### 5.4.1.2 料筒的清洗

在初用某种塑料或某一注射机之前，或生产中需要更换原料、调换颜色，或生产中发现原料有分解现象时都必须对料筒进行清洗或拆换。注射机类型不同时，清洗料筒的方法及难易程度也不相同。

柱塞式注射机因料筒内存料量较大，物料不易移动，流动性差，料筒的清洗相对较难，须将料筒拆卸下来清洗或更换专用料筒。

螺杆式注射机则可不必拆换料筒，通常采取直接换料清洗或过渡换料清洗即可。

直接换料清洗时，要根据预换料与料筒内存留料的热稳定性、成型加工温度等来确定操作步骤。当预换料的成型温度远高于料筒内存留料的成型温度时，应先将料筒和喷嘴的温度升高到预换料的最低加工温度，此时料筒内的存留料已熔融塑化，加入预换料（为了节省原料，降低成本，也可用预换料的回收料）连续对空注射，待料筒内存留料全部清洗完毕时，便可调整温度进行预换料的正常生产。当预换料的成型温度低于料筒内存留料的成型温度时，首先将料筒和喷嘴温度升高到料筒内存留料的最佳流动温度（此时料筒内存留料已熔融流动），然后切断电源，加入预换料，通过连续对空注射，使预换料在降温的情况下（这样可防止预换料分解），将料筒内存留料全部清除。

如果预换料的成型温度高，熔融黏度大，而料筒内存留料又是热敏性塑料时（如聚氯乙烯、聚甲醛、聚三氟氯乙烯），为防止存留料分解，应采用过渡换料进行清洗。即先选用流动性好、热稳定性高的聚苯乙烯或低密度聚乙烯作为过渡料，将料筒内存留的热敏性塑料清除，然后再采用直接换料法，用预换料清洗料筒内的过渡料。

不论是直接换料清洗，还是过渡换料清洗，都需投入很多的原料。为了清洗方便，节省原料，减少浪费，实际生产中如果使用同一台注射机加工几种不同物料时，建议先加工成型温度低、色浅的物料。

5.4.1.3 嵌件的预热

注射工艺的特点之一是可成型带有金属嵌件的制品。但由于金属与塑料的热性能和收缩率差别较大，往往导致这类产品在嵌件周围出现裂纹而使制品强度下降。为此，除在设计制品时加大金属嵌件周围的壁厚外，可对金属嵌件进行预热。通过对金属嵌件的预热，一可以减少塑料熔料与嵌件之间的温差；二可以降低嵌件周围熔料的冷却速率；三可以使熔料与嵌件的收缩比较均匀；四可以发生一定的补缩作用，防止嵌件周围产生过大的内应力。

对金属嵌件进行预热时，预热温度的设定以不损伤金属嵌件表面镀层为准则。钢铁嵌件的预热温度一般为110～130℃；铝、铜嵌件的预热温度可达150℃。

需要强调的是，并非所有带金属嵌件的塑料制品都需在成型前对嵌件进行预热。预热与否，要看所加工塑料的性质和嵌件的大小。当加工具有刚性分子链的塑料时（如聚碳酸酯、聚砜、聚苯醚等），由于这些塑料在成型中易产生应力开裂，金属嵌件需进行预热；当加工柔性链的塑料，且金属嵌件较小，容易在模具内被塑料熔体加热时，可不必对嵌件进行预热。

5.4.1.4 脱模剂的选择

注射成型过程中，制品的脱模一般依赖于合理的工艺条件与正确的模具设计。但有时为了能够顺利脱模，提高生产效率，采用脱模剂协助脱模的也不少。

脱模剂是使塑料制件容易从模具中脱出而涂在模具表面上的一种助剂。目前较为常用的脱模剂主要有硬脂酸锌、液体石蜡（俗称白油）和硅油。3种脱模剂在应用上各有特点。硬脂酸锌应用较广，一般塑料制品生产时都可选用它作为脱模剂，但聚酰胺制品例外；液体石蜡使用普遍，价格低廉，可用作聚酰胺制品的脱模剂，而且还能防止聚酰胺制品内部产生空隙；硅油在3种脱模剂中的润滑、脱模效果最好，但价格昂贵，且使用时需先配制成甲苯溶液，然后涂抹在模腔表面，经加热干燥后方才显示优良效果，因此在应用上受到了一定的限制。

实际生产中，除了选择适宜的脱模剂外，还须注意脱模剂的用量。脱模剂用量过少，将起不到应有的脱模效果；脱模剂用量过多、或涂抹不均，将会影响制品外观及强度。如若生产的是透明制品，则产生的影响更大，用量过多时制品将会出现毛斑或浑浊现象。

由于注射原料种类、原料形态、塑件结构、有无嵌件以及使用要求的不同，各种塑件成型前的准备工作也不完全一样。应根据具体情况，具体对待，做好必须的准备工作，省去不必要的准备环节，提高生产效率。

## 5.4.2 注射成型过程

注射过程是一个间歇过程。从机器运行来看，在每个成型周期内要完成加料、塑化、注射、保压、冷却、脱模等多个步骤。但从物料在整个成型周期内的变化来看，实质上只是塑化、流动与冷却两个过程。

### 5.4.2.1 塑化

塑化是使料筒内塑料受热达到流动状态，并具有良好可塑性的过程。在这一过程中，一是要求熔料进入模腔之前必须达到规定的成型温度；二是要求熔料各点温度均匀一致；三是要求熔料不发生或极少发生热分解；四是要求在规定时间内，能够提供足够数量的熔料。当塑化过程达到以上四点要求时，便可进入注射过程的下一个过程。由此可见，塑化不仅是注射成型的准备过程，而且还是保证制品质量的关键过程。

塑化效果的好坏除与原料品种、工艺条件有关外，与注射机采用何种塑化部件有着重要的联系。当塑化部件不同时，塑料在塑化过程中的受热、受剪切情况大不相同。下面通过热均匀性和塑化量分析说明柱塞式注射机塑化效果的同时，进一步阐明螺杆式注射机在提高塑化效率方面所处的优势。

（1）热均匀性

一定的温度是使塑料得以形变、熔融和塑化的必要条件。在塑化过程中，塑料所需的热量来自料筒壁的传热和所受的剪切摩擦热。在柱塞式注射机中，物料的移动是靠柱塞推动实现的，因而在移动过程中混合性很差，产生的剪切摩擦热很小，导致物料塑化所需的热量主要来自料筒的外加热。由于塑料的导热系数小，热传递速度慢，结果使得靠近料筒壁的料温高，靠近料筒中心的料温低。不仅如此，物料在圆管内流动时，料筒中心处的料流速度要快于筒壁处的料流速度，产生径向速度梯度，使得中心处物料的停留时间小于筒壁处物料的停留时间，从而进一步增大了中心处物料与筒壁处物料的温差，产生了明显的温度梯度。当物料流经分流梭附近时，因受热面积增加，传热效率提高，内层料温快速上升，中心处与筒壁处温差逐渐缩小，热均匀性得到了改善，但最终料温未能达到料筒筒壁温度。如图 5－14 所示。

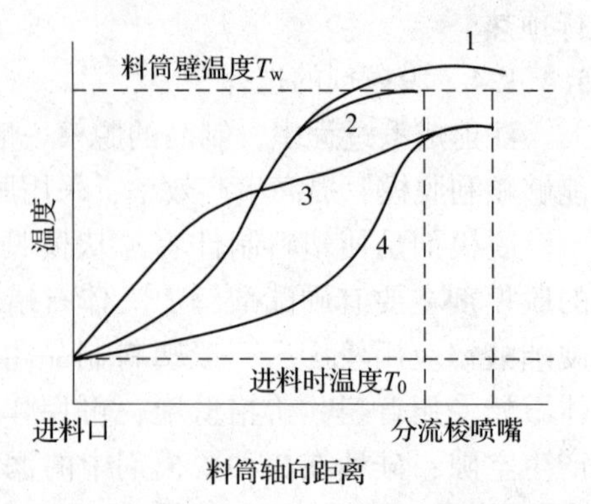


图 5－14　注射机料筒内塑料温升曲线

1—移动螺杆式注射机（剪切作用强时）

2—移动螺杆式注射机（剪切作用较平缓）

3—柱塞式注射机（靠近料筒内壁的物料）

4—柱塞式注射机（中心部分物料）

另从图 5－14 可知，当注射机塑化部件采用螺杆时，螺杆的混合与剪切作用，不但加速了料筒的热传导，而且提供了大量的摩擦热，从而使物料混合和塑化扩展到分子水平，料温迅速升至筒壁温度，且温度分布趋于一致。当螺杆转速高、剪切作用强时，物料温度甚至能超过筒壁温度。因而螺杆式注射机的塑化效率高，塑化质量优，塑化后的熔料具有良好的热均匀性。

对于柱塞式注射机，实际应用中可通过加热效率（$E$）来定量反映熔料热均匀性好坏的程度。

结合图 5－14 可以看出，当料筒温度设为 $T_w$，物料进入料筒的初始温度设为 $T_0$时，理论上原料自进料口至喷嘴的最大上升温程应为 $T_w - T_0$。但由前述分析可知，最终由喷嘴射出的熔料平均温度（$T_a$）很难达到 $T_w$，实际上升温程为 $T_a - T_0$。实际温程与理论最大温程之比即为加热效率 $E$。

$$E = (T_a - T_0) / (T_w - T_0) \tag{5-11}$$

由式（5－11）可知，当 $T_w$ 确定时，射出料温度 $T_a$ 越高，$E$ 就越大，表明熔料温度分布的范围就越小，熔料的热均匀性程度就越高。为此，可采取延长物料在料筒中的受热时间、增大传热速率、减小料层厚度等措施提高 $T_a$。倘若物料在料筒内停留足够长的时间，且获得了摩擦热，$T_a$ 就有可能大于或等于 $T_w$，此时 $E$ 大于或等于1。但对于柱塞式注射机来说，这种可能几乎不存在，其 $E$ 值通常小于1。实践经验证明，$E$ 值在0.8以上时，塑化质量达到可以接受的水平。

加热效率的物理意义不仅在于能够反映射出料温的高低、熔料热均匀性的好坏，而且在于通过它能够设定料筒温度的范围。

根据塑料加工的特性，射出料的温度 $T_a$ 应介于塑料的软化温度与分解温度之间，即 $T_a$ 最低不能低于软化温度，最高不能高于分解温度。由于塑料的软化温度与分解温度已知，当生产制品的塑料种类确定时，$T_2$ 的温度范围也就随之确定了。此时在式（5－11）中 $T_a$、$T_o$ 已知，$E$ 须大于0.8，由此便可计算出料筒温度的范围。这对于实际生产中确定加工工艺条件有非常重要的理论指导意义。

（2）塑化量

在5.2.1中述及，塑化量是指单位时间内所能塑化的物料量。在柱塞式注射机中，若设塑料的受热面积为 $A$，受热体积为 $V$，根据公式（5－7），则塑化量：

$$Q = 3.6m/t = 3.6A^2E\rho/4K_t(5-n^2)V \tag{5-12}$$

式中，$Q$ 为塑化量，kg/h；$m$ 为实际注射量，g；$t$ 为一个生产周期内的塑化时间，s；$A$ 为受热面积，$mm^2$；$V$ 为受热体积，$mm^3$；$E$ 为加热效率；$\rho$ 为塑料密度，$g/cm^3$；$K_t$ 为与所选E值相关；$n$ 为与加热系统有关的系数。当热源只来自料筒外加热时，$n=1$；当热源来自料筒外加热和分流梭时，$n=2$。

在注射机类型、塑料品种及加热效率等确定的情况下，式（5－12）可简化为

$$Q = KA^2/V \tag{5-13}$$

式（5－13）表明，增大注射机的传热面积或减小物料的受热体积均有利于提高塑化量。然而，受柱塞式注射机料筒结构所限，在增加料筒直径和长度以增大传热面积的同时，物料受热体积也必然会因直径、长度的增加而增大。正是为了解决这一矛盾现象，分流梭被引入柱塞式注射机料筒。分流梭特有的结构使物料从单面受热变成双面受热，受热面积大大增加。同时，分流梭占据了料筒一定的空间，迫使物料通过其与料筒之间形成的狭小空隙，使得物料的受热体积减小。由此可见，分流梭具有同时增大受热面积、减小受热体积的双重作用，从而使得柱塞式注射机的塑化量大大提高。

螺杆式注射机因螺杆强烈的混合、剪切作用，塑化量和塑化质量均好于柱塞式注射机，而且在实际操作中，可通过调整背压和螺杆转速，方便地调控实际所需塑化量的大小。

#### 5.4.2.2 流动与冷却

流动与冷却是注射成型最重要、最复杂的过程。这一过程是指在柱塞或螺杆的推动下，将具有良好流动性和温度均匀性的塑料熔体通过喷嘴、浇注系统注入模具型腔。而后经过型腔注满、保压，熔体冷却成型。最后将制品从模腔中脱出。整个过程历时虽短，但熔体却要在此期间克服一系列的流动阻力：熔料与料筒、喷嘴、浇注系统、型腔之间的外摩擦以及熔体内部之间的摩擦。

在柱塞式注射机中，物料首先在受压的情况下由粒状物压成柱状固体，而后在受热中逐渐由柱状固体变成半固体、直至熔体。物料在这 3 种状态下的流动阻力不同，导致料筒各段的压力损失也不同。其中，柱状固体段的压力损失最大，可高达料筒内压力总损失的 80% 。尽管增大料筒直径可减小压力损失，但料筒直径的增大又会造成塑化量降低。由此看出，柱塞式注射机中塑料的流动与加热过程之间存在着矛盾。

在螺杆式注射机中，物料受到的阻力有两种。一种是螺杆顶部与喷嘴之间的流体流动阻力。由于熔料温度此时已达成型温度，黏度低，流动性好，故阻力低。另外，熔料达到成型温度时，料筒外加热器可处于保温状态，由此避免了塑料流动与受热之间的矛盾，可通过适当加大料筒直径来减少阻力。因而这段的阻力比柱塞式注射机熔体段的阻力要小。另一种是螺杆区塑料与料筒内壁之间的阻力。由于物料熔融塑化较快，因而固体区短，流动阻力较小。在半固体、熔体区，接近筒壁的物料已熔化，故流动阻力也较小。可见，柱塞式注射机注射时的阻力比螺杆式注射机要大得多。

当熔料进入模腔后，在充模、压实与保压、倒流、冻结后冷却的4 个阶段中，温度不断下降，但压力、熔体的流动行为却发生了诸多变化，且这些变化对制品质量有着决定性的影响。

(1) 充模阶段

充模阶段是从柱塞或螺杆开始向前移动开始，到模具型腔被塑化好的熔体充满为止的过程。时间从零到 $t_1$，如图 5 - 15 所示。

在充模阶段刚开始时，模腔内没有压力，熔体高速流动，流动阻力不大。随着熔体被快速注入模腔，模具内压力迅速上升而达到最大值 $p_0$。

这一阶段所持续时间的长短对制品性能影响很大。

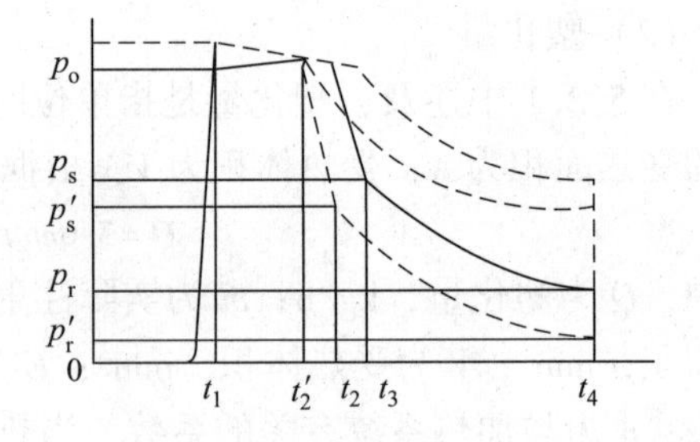


图 5 - 15　塑料熔体在模腔中的压力变化情况

$p_o$—模塑最大压力　$p_s$—浇口冻结时的压力

$p_r$—脱模时的残余应力　$t_1$ ~ $t_4$—分别代表一定时间

若充模时间过长，先进入模腔内的熔料就会因受到较多的冷却而黏度增大，流动性降低，致使充模不全、出现分层和熔接痕现象。熔接痕是熔体在型腔中遇到嵌件、孔洞、流速不连贯区域、料流中断区域而以多股形式汇合时，因熔料不能完全融合而在制品表面产生的线状接痕。熔接痕的存在会极大地削弱制品的机械强度，影响制品表面质量和光学性能。此外，先进入模腔内的熔料一旦黏度增大，流动性降低，后面的熔料就需要在较高的压力下才能注入模腔。由于注射压力的提高，熔料受到的剪切作用就会增强，分子取向程度也随之增大。在充模过程中大分子的取向可以是单轴取向，也可以是双轴取向，主要取决于型腔的形状、结构、尺寸、浇口位置及熔体在其中的流动特点。若型腔断面沿充模流动方向没有变化，熔体仅沿一个方向前进时，主要产生的是单轴取向；若型腔断面沿充模流动方向有变化（或用小浇口成型大面积制品时），熔体需同时向几个方向推进时，则会产生双轴取向或更为复杂的取向。无论哪种取向，如果取向被保留到料温降低至软化点以下时，造成的后果就是制品中存有冻结的定向分子，使得制品在平行于取向方向上的强度增大，而垂直于取向方向上的强度下降，表现出明显的各向异性。当这种制品在温度变化较大的情况下使用时，受到破坏的可能性就大，往往会产生与定向方向一致的裂纹。另外，定向程度对制品的热稳定性也有影响。随定向程度的增高，软化点降低，热稳定性变差。同时，因取向度不同而引起的收缩不均还会使制品在储运和使用中发生翘曲变形。

缩短充模时间，提高充模速度，可减少分子定向程度，提高制品的性能。这是因为当熔体以较高的速度充模时，熔体通过喷嘴、主流道、分流道、浇口时将会产生较多的摩擦热而使料温升高，从而使熔体在压力达到最大值时，仍能在低温模腔中保持较高的温度，拥有良好的流动性。但充模速度也不宜过快，否则熔体从狭窄的浇口进入较宽、较厚的模腔时，宜发生喷射流动，即熔体不再是从浇口向模腔终端逐渐扩展，而是不与上、下模壁接触，首先射向对壁，然后从撞击表面开始并连续转向浇口，进行逆向充模。熔体的这种流动状态会在叠合处形成微观的熔接痕。此外，喷射流动容易带入空气，并因模底先被熔体充满而无法排出。这种高温、高压气体会引起熔体的局部烧伤及分解，影响最终制品性能。因而，在适宜的时间内将足够量的熔体充满模腔是充模过程的基本要求。

（2）压实与保压阶段

此阶段是自熔体充满模腔时起，至柱塞或螺杆撤回时为止的一段过程。时间从 $t_2$ 到 $t_3$，如图5-15所示。

充模阶段结束后，熔体进入模腔的快速流动虽已停止，但在喷嘴压力的作用下，浇道内的熔体仍能以缓慢的速度继续流入模腔，并使模腔内的压力升高至能平衡浇口两边的压力为止，改善其间不同熔体界面之间的融合程度，压实熔体使其致密。因此，从某种意义上说，压实流动是一个压力传递过程。注射压力决定了模腔在压实阶段所能达到的最大压力，而熔体的流动性决定了压力向模腔末端传递的难易程度。

随着模具的冷却作用，模腔内的熔体温度开始下降，熔料因冷却而产生体积收缩。由于柱塞或螺杆尚未撤回，在浇口冻结之前，料筒内的熔料必然会向模腔内继续流入以补足因收缩而留出的空隙，产生补缩的保压流动。如果柱塞或螺杆保持压力不变，也就是随着熔体入模的同时向前做少许移动，则此阶段的压力维持不变，压力曲线与时间轴平行；如果柱塞或螺杆停在原位不动，压力将有所衰减，由 $p_0$ 降至 $p_S'$。

可见，压实与保压阶段对于提高制品的密度、降低收缩、克服制品表面缺陷影响极大。保压压力高时，不仅补缩效果好，制品密实，而且还能促进物料各部分之间的充分熔合，利于制品力学性能的提高。不过，这个阶段的熔料还在流动，在料温不断下降的情况下，取向分子容易被冻结。可以说，这一阶段是大分子定向形成的主要阶段。该阶段拖延的时间越长，分子定向的程度就越大。如若再升高压力，势必会加大分子取向的程度，致使制品内应力增加，力学性能下降。

（3）倒流阶段

该阶段是从柱塞或螺杆后退时开始，至浇口处熔体冻结为止。时间从 $t_2$ 到 $t_3$，如图5-15所示。

保压结束后，随着柱塞或螺杆的后退，柱塞或螺杆对型腔中熔体所施加的压力也随之消失。这样模腔内的压力就会高于浇道内的压力，尚未冻结的熔体就会从模腔倒流进入浇道，致使模腔内压力迅速下降。随着模腔内压力和温度的下降，倒流速度减慢，当浇口内熔体冻结时，倒流停止。压力由 $p_0$ 降至 $p_S$。

倒流对注射制品生产不利，会使制品产生收缩、变形及质地疏松等缺陷。另外，倒流阶段既有熔体的流动，就会增多分子的定向。只是这种定向比较少，波及的区域也不大。并由于此段模内料温还比较高，一些已定向的分子会发生解取向，使定向程度有所控制。

需要注意的是，并不是在所有的注射成型过程中都会发生倒流现象。如果柱塞或螺杆后撤时，浇口处的熔料已冻结或喷嘴中设有止逆阀，则此阶段不存在，图5-15中也无 $t_2 \sim t_3$ 时间段所对应的压力下降曲线。由此看来，倒流的多少或有无由保压阶段的时间所决定。而保压阶段时间的长短又决定着熔体冻结时的压力和温度，即两个决定制品平均收缩率的重要因素。因而，倒流的多少或有无最终要看制品性能的要求而定。

（4）冻结后的冷却阶段

这一阶段是从浇口处熔料完全冻结时起，至制品从模腔中顶出为止的过程。时间从 $t_3$ 到 $t_4$，压力由 $p_S$ 或 $p_0$ 降至 $p_r$。如图 5－15 所示。

浇口冻结后，模腔内熔体尚未完全定型，仍需通过模具的降温作用继续冷却，以便使制品在脱模时具有足够的刚度而不发生扭曲变形。在此阶段中，虽然浇口冻结，不再有熔料流进或流出浇口，但模内仍可能有少量的流动，产生少量的分子定向。

由于模内熔料的温度、压力和体积在这一阶段中均有变化，因而到制品脱模时，模内压力不一定等于外界压力。模内压力与外界压力的差值称为残余压力。残余压力大于 0 时，脱模比较困难，制品易被刮伤或破裂；残余压力小于 0 时，制品表面易有陷痕或内部产生真空泡；当残余压力接近 0 时，脱模方较顺利，并能得到满意的制品。残余压力的大小与压实阶段时间的长短有密切关系。

### 5.4.3 制件的后处理

通过对注射成型过程的分析可知，注塑制品在成型中流动行为复杂，压力、温度变化较大，存在着不同程度的取向，而且很难通过松弛作用完全消失。当制品冷却定型后，这些被冻结的取向结构就会导致制品产生内应力。此外，由于注塑制品大多形状复杂或壁厚不均，在冷却过程中各部分降温速率不等或体积收缩不均时也会产生内应力，尤其在生产厚壁或带有金属嵌件制品时更为突出。

存在内应力的注塑制品不仅在储运、使用中容易产生翘曲变形与开裂，而且制品的光学性能变差、力学性能和表观质量下降，严重影响制品的使用寿命和使用性能。

为了消除或降低注塑制品的内应力、改善制品的性能、提高制品尺寸的稳定性，注塑制品经脱模或机械加工之后，常需要进行适当的后处理。目前的后处理方法有退火处理和调湿处理两种。

#### 5.4.3.1 退火处理

凡注射制品所用塑料的分子链刚性较大，壁厚较大，带有金属嵌件，使用温度范围较宽，尺寸精度要求较高，内应力较大又不易自行消除时必须进行退火处理。具体方法：将制品在定温的加热液体介质（如热水、矿物油、甘油、乙二醇和液体石蜡等）或热空气循环烘箱中静置一段时间。制品在退火处理期间，强迫冻结的分子链得到松弛，凝固的大分子链段转向无规位置，从而使成型中造成的内应力得以消除或降低。同时，对于结晶性塑料，退火处理可提高结晶度、稳定结晶结构，从而提高结晶塑料的弹性模量和硬度，降低断裂伸长率。

退火温度的设定以保证制品在退火处理中不发生翘曲或变形，并能促使强迫冻结的分子链得到尽可能的松弛为原则。故退火温度一般控制在制品使用温度以上 10～20℃或低于塑料的热变形温度 10～20℃。退火处理的时间则取决于塑料品种、加热介质温度、塑件的形状和成型条件。退火处理结束后，制品应缓慢冷却至室温，否则会因冷却速度太快，产生新的内应力。

#### 5.4.3.2 调湿处理

调湿处理是将刚脱模的塑料制品放在热水中，以隔绝空气，防止氧化，并加快吸湿平衡的一种后处理方法。其目的是使塑料制品颜色、性能以及尺寸得到稳定。这种处理方法通常针对的是聚酰胺类塑料制品。

由于聚酰胺类塑料制品在高温下与空气接触时常会氧化变色，故将刚脱模的制品立即放入热水中，便可隔绝空气，防止氧化。此外，聚酰胺类塑料吸湿性强，在空气中使用或存放时极易吸收水分而发生膨胀，影响制品的尺寸稳定性。将脱模后的制品放入热水中，便可加快吸湿平衡，从而使制品在相对较短的时间内获得稳定的尺寸。更为有利的是，通过调湿处理，聚酰胺类塑料制品的柔曲性、韧性能够得到改善，冲击强度、拉伸强度均能有所提高。具体的调湿处理时间则要随聚酰胺类塑料的品种、制品的形状、厚度以及结晶度等而定。

## 5.5 注射成型工艺条件的分析讨论

在生产注射制品时，当制品所用原材料、性能要求、注射机类型及模具结构等条件确定后，工艺条件的选择和控制便成为决定整个生产成败的核心问题。从注射成型工艺过程来看，温度、压力和相应各个阶段的时间是影响塑料能否塑化充分、充模顺利、冷却定型良好以及最终能否获得合格优质注射制品的重要工艺参数。下面就温度、压力、时间3个工艺条件做以分析讨论。

### 5.5.1 温度

在注射成型过程中影响塑料塑化、流动、冷却的温度主要是料筒温度、喷嘴温度和模具温度。现分述如下。

#### 5.5.1.1 料筒温度

料筒的作用是要完成对塑料原料的熔融塑化与注射，因而料筒温度的设定应能保证塑料原料在料筒中塑化良好，注射顺利而又不致引起塑料的局部降解。本着这一原则，料筒温度应控制在塑料的加工温度范围之内，即塑料的熔融流动温度以上，分解温度以下。同时，为了使料筒中塑料的温度平稳地上升，达到均匀塑化的目的，要求料筒温度从料斗一侧（后端）起至喷嘴（前端），由低到高，逐步升高。

在这总的温度设定原则下，需要根据塑料特性、制品形状及注射机类型等不同情况进行具体分析，具体设定。

（1）塑料品种不同的情况

塑料有无定型塑料和结晶型塑料之分。对于无定型塑料，料筒末端的最高温度应高于其流动温度（$T_f$），低于分解温度（$T_d$），即料筒的温度控制在 $T_f \sim T_d$ 之间。对于结晶型塑料，料筒末端的最高温度应高于其熔点（$T_m$），料筒的温度控制在 $T_m \sim T_d$ 之间。

不同的塑料品种，其 $T_f \sim T_d$ 或 $T_m \sim T_d$ 区间的宽窄不同。料筒温度在此区间如何取值，直接影响注射成型工艺过程及制品的物理机械性能。料筒温度高时，熔体黏度低，流动性好，塑化时间和充模时间短，熔体流经料筒、喷嘴、浇注系统的压力损失小，注射速度大，成型工艺性能好，生产率高，制品表面光洁度高。但若料筒温度太高，则易产生溢料、溢边等缺陷，甚至引起塑料分解，导致制品物理机械性能严重降低。但料筒温度也不宜过低，否则一会因为料筒温度太低而导致熔体黏度大，流动性差，产生充填不足、熔接痕、波纹等缺陷；二会因为料筒温度太低而使熔料冷却时产生应力，使制品出现变形或开裂等现象；三会因为料筒温度太低而使生产周期延长，劳动生产率降低。为此，当 $T_f$ 或 $T_m \sim T_d$ 区间窄时，料筒温度的下限比 $T_f$ 或 $T_m$ 稍高即可，避免料筒温度过高所带来的各种不良后果。当 $T_f \sim T_d$ 或 $T_m \sim T_d$ 区间较宽时，料筒温度可比 $T_f$ 或 $T_m$ 高得多些，以减少料筒温度太低所带来的不利影响。

此外，对于聚氯乙烯、聚甲醛、聚三氟氯乙烯等热敏性塑料，除需严格控制料筒最高温度外，还需尽可能缩短物料在料筒内的停留时间，以免过热分解。

(2) 同种塑料的情况

同种塑料往往因来源或牌号的不同而使其平均相对分子质量、相对分子质量分布有所不同，从而使得熔融流动温度、分解温度也有所差别。为此，在确定料筒温度时，应根据每种塑料的平均相对分子质量及相对分子质量分布进行适当调整。对于平均相对分子质量低、相对分子质量分布较宽的塑料，因其熔融黏度低，流动性好，料筒温度可选较低值，比 $T_f$ 或 $T_m$ 稍高就可以。而对于平均相对分子质量高、相对分子质量分布较窄的塑料则需选择较高的料筒温度，以克服熔融黏度偏高的不足。另外，当塑料采用玻璃纤维增强时，塑料的熔融黏度随玻璃纤维含量的增加而增大，流动性降低。因而，加工玻璃纤维增强的塑料制品时，料筒温度应相应地予以提高。

(3) 注射机类型不同的情况

采用螺杆式或柱塞式注射机生产某种塑料制品时，因两种类型注射机的塑化过程不同，使得料筒温度的选择也不相同。对于螺杆式注射机，鉴于其具有剪切与混合作用强烈、传热速度快、产生的摩擦热较多、塑化效率高等特点，料筒温度可设定的低些；对于柱塞式注射机，由于剪切作用小，料层较厚，料筒壁处与中心区塑化不均，温差较大，因此，生产同种塑料时，柱塞式注射机的料筒温度应比螺杆式注射机高 10～20℃。

不过在实际生产中，为了提高生产效率，可利用塑料在螺杆式注射机中停留时间短的特点，设置较高的料筒温度；而针对柱塞式注射机因塑料停留时间较长，容易出现局部过热分解的现象，建议采用较低的料筒温度。

(4) 不同制品的情况

制品形状、结构不同时，熔体进入模具型腔时的流动阻力大不相同。薄壁制品的模腔比较狭窄，熔体流动阻力大，易受模具冷却而流动性下降，充模困难。为此，在生产薄壁制品时，应适当提高料筒温度，改善充模条件。同样，对于外形复杂或带有嵌件的制品，因模腔行程长而曲折，流动阻力大，冷却快，料筒温度也需相应提高。而生产厚壁制品的情况正好与上述情况不同，因模腔料流阻力小，设定较低的料筒温度即可。

5.5.1.2 喷嘴温度

喷嘴温度通常略低于料筒的最高温度，目的是为了防止熔料高速通过喷嘴时，因摩擦生热在喷嘴处可能发生的“流涎现象”或热分解现象。其低温的影响可从熔体注射时所产生的摩擦热得到一定的补偿。但喷嘴温度也不能太低，否则易使熔体早凝，产生冷块或僵块，堵塞喷嘴，增大料流阻力。充模时喷嘴处的冷料一旦被带入模腔，将严重影响制品的质量。另外需要注意的是，喷嘴温度的选择不能孤立进行，需和其他工艺条件建立一定的对应关系。如注射压力较低时，为了使熔体有良好的流动性，需设定较高的料筒温度，此时，喷嘴温度也相应较高。实际生产中，可通过成型前的对空注射或对制品的直观分析来确定最佳的料筒温度及喷嘴温度。

5.5.1.3 模具温度

模具是使模腔中的熔料冷却硬化而获得所需形状的成型装置。通常采用定温的冷却介质或制冷装置赋予模具所需的温度。在特殊情况下，也可用电加热装置使模具保持定温。由于塑料熔体进入模腔后需要得到继续的冷却，因而无论采用哪种方式，为了使塑料冷却成型和顺利脱模，模具保持的定温都必须低于塑料的玻璃化温度或工业上常用的热变形温度。在这个大前提下，模具温度设定得高还是低，不但影响熔料充模时的流动能力，而且影响制品的冷却速度及成型后制品的内在性能和表观质量。

由图5－16可知，随着模具温度的提高，熔体在模具型腔内的流动性增加，所需充模压力减小，制品内应力降低，密度或结晶度（对结晶型塑料）增大，表面光洁度提高。但随着模具温度的提高，制品的冷却时间就会延长，冷却速度变慢，收缩率和脱模后制品的翘曲变形会增加，且易产生黏模现象，生产效率大大降低。降低模具温度，虽能缩短冷却时间，提高生产效率，但模具温度过低时，熔体的流动性就会变差，必然导致制品产生较大的应力和明显的熔接痕等缺陷。为此，模具温度必须依据塑料性质、制品使用性能、制品形状与尺寸要求以及成型过程中熔体温度、注射速度、注射压力和模塑周期等工艺条件综合考虑，合理确定。

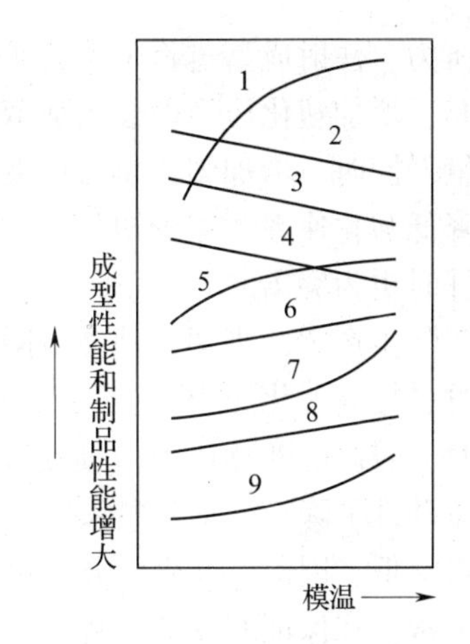


图5－16 模温对塑料成型性能及制品性能的影响
1—充模流动性 2—充模压力
3—注射机生产率 4—制品内应力
5—制品光洁度 6—制品冷却时间
7—制品密度或结晶度 8—模塑收缩率
9—制品挠曲度

对于无定型塑料而言，熔体进入模腔后，随着温度的降低而冷却定型，无相转变发生。因而，模具温度的高低主要影响的是熔体黏度和充模速率。在熔体能够顺利充模的情况下，采用尽可能低的模具温度，有利于加快冷却速度，缩短冷却时间，提高成型效率。符合这种情况的有熔融黏度较低或中等的塑料，如聚苯乙烯、醋酸纤维素等。而当加工熔融黏度高的塑料制品时（如聚碳酸酯、聚苯醚、聚砜等），则需提高模具温度。此举一方面可以保证熔体具有一定的充模速率，一方面可以调整制品的冷却速率，以防止因温差过大而产生凹痕、内应力和裂纹等缺陷。

对于结晶型塑料而言，熔体进入模腔后，当温度降到熔点以下时，开始结晶，发生相转变。结晶速率的快慢取决于冷却速率，而冷却速率又取决于模具温度，模具温度又受控于冷却介质的温度。通常，当冷却介质的温度高于塑料玻璃化温度时为缓冷；当冷却介质的温度接近塑料玻璃化温度时为中速冷却；当冷却介质的温度低于塑料玻璃化温度时为骤冷。进行缓冷时，模具温度较高，冷却速率慢，结晶速率大，有利于结晶，故制品的密度、结晶度高，刚度大。同时，模具温度高时，还有利于分子的松弛过程，减小分子取向程度。但实际生产中很少采用缓冷，因为模具温度较高时会使制品发脆，延长成型周期。为此，这种情况仅适合结晶速率很小的塑料（如聚对苯二甲酸乙二酯）。而进行骤冷时，虽可大大缩短成型周期，使结晶塑料制品的韧性有所提高，但由于骤冷时模具温度较低，冷却速率大，熔体在结晶温度区间停留的时间短，不利于晶体或球晶的生长，结晶速率小，结晶度低。如所用塑料为玻璃化温度较低的聚烯烃时，就会出现后期结晶，导致制品的后收缩和性能变化。此外，骤冷不利于大分子的松弛过程，分子取向作用和内应力较大。当采用中速冷却，即模具温度中等时，冷却速率适宜，分子的结晶和定向程度适中，成型性能和制品性能良好，是实际生产中用得最多的情况。

## 5.5.2 压力

注射成型过程中需要调控的另一工艺条件是压力，包括塑化压力、注射压力和保压压力。这3种压力的大小直接影响塑料的塑化和制品质量。

### 5.5.2.1 塑化压力（背压）

塑化压力又称螺杆背压，是指采用螺杆式注射机时，螺杆顶部熔料在螺杆转动后退时所受到的压力。注射成型过程中，背压影响预塑化效果。当螺杆结构、塑料种类、螺杆转速等条件不变时，增加塑化压力即会增强剪切作用，提高熔体的温度，并使熔体温度趋于均匀，提高塑化质量。同时，增加塑化压力可促进色料混合均匀，利于熔体中气体的排除。但增加塑化压力也会降低塑化速率，减少塑化量，延长成型周期，甚至可能导致塑料的降解，特别是使用浅槽型螺杆时更为突出。

实际生产中，当塑料种类不同时，塑化压力产生的影响也不同。注射热稳定性高的聚乙烯塑料时，提高塑化压力不会引起降解，且有利于混料和混色，但塑化速率会随之降低。注射聚甲醛时，较高的塑化压力可使制品表面质量提高，但可能会造成塑料分解变色、塑化速率降低、流动性下降。注射聚酰胺时，若采用较大的背压，螺杆的逆流和漏流就会增加，塑化量也就随之降低，因此，在聚酰胺注射成型中必须采用较低的背压。

通常，在保证制品质量优良的前提下，背压越低越好，一般为注射压力的5% ~20%。具体数值大小可以通过注射机液压系统中的溢流阀进行调整。

5.5.2.2　注射压力

前已述及，注射压力是指注射机螺杆或柱塞为克服塑料熔料流经喷嘴、流道和型腔时的流动阻力而对塑料熔体施加的压力。

注射压力的大小受注射机类型、制品结构、塑料品种、模具类型以及注射工艺条件等多种因素的影响，关系十分复杂，难以做出它们之间具有定量关系的结论。现就几个主要因素的影响介绍一下。

（1）注射机类型

通过前述分析可知，柱塞式注射机在注射成型过程中的压力损耗大，故在其他成型条件相同的情况下，柱塞式注射机所需注射压力应高于螺杆式注射机。

（2）制品结构

制品结构决定了模具型腔的结构。薄壁、复杂的制品，因型腔流程长而曲折，增大了料流阻力，因而需要较高的注射压力。

注射压力对制品性能影响很大。注射压力较低时，往往会充模不足，产生熔接痕，且不利于气体从熔料中溢出，使制品产生气泡、凹痕、波纹等缺陷。随着注射压力的提高，料流速度增加，充模速度加快，制品的定向程度、密度、熔接强度均得到提高，且料流方向的收缩率有所下降。不过，注射压力不能太高，否则会因熔体流动性的提高，出现溢料、溢边，增加内应力，造成制品脱模困难，产生变形。所以，为了缩短生产周期，提高生产效率和制品的大多数物理机械性能，主要采用中等或较高的注射压力。至于制品在注射压力较高时产生的内应力，则通常采取退火处理予以消除或改善。

（3）塑料品种

对于黏度大，玻璃化温度高的塑料，宜采用较高的注射压力。反之，则可选择较低的注射压力。由于熔料的黏度与温度关系较大，因而注射压力随塑料温度的变化需做出相应的变化：料温高时，减小注射压力；料温低时，加大注射压力。

注射机上常采用压力表指示注射压力的大小，刻度范围一般在40 ~130MPa之间，可通过注射机的控制系统进行调整。

5.5.2.3　保压压力

保压压力是型腔充满后，螺杆继续对模内熔料所施加的压力。其作用是压紧、密实熔料，并在熔料冷却收缩时及时补缩，最终获得形状、性能良好的制品。

当然，保压压力的大小对成型过程也会产生影响。保压压力太高，易产生溢料、溢边，增加制品的应力；保压压力太低，又会造成成型不足。当保压压力等于注射压力时，则往往可使制品的收缩率减小，尺寸稳定性增加。不足之处是制品脱模时的残余压力较大，成型周期较长。不过，结晶性塑料在保压压力与注射压力相等的情况下，成型周期不一定延长。原因在于保压压力较大时，结晶性塑料的熔点可以提高，从而使脱模可以提前进行。

### 5.5.3 时间（成型周期）

完成一次注射成型过程所需的全部时间，也称模塑周期或成型周期。它包括合模时间、注射座前进时间、注射（充模与保压）时间、冷却时间（注射座后退、加料、预塑）、开模时间、制件顶出时间以及下一成型周期的准备时间（安放嵌件、涂脱模剂等）。

在整个成型周期中，注射时间和冷却时间对制品性能有着决定性的影响。前已述及，在保证制品性能的前提下，应尽可能快地完成充模。为此，注射时间中的充模时间一般很短，约2～5s。大型和厚壁制品的充模时间可适当延长至10s以上。保压时间在整个注射时间内所占的比例较大，一般约20～100s。大型和厚制品的保压时间可达2～5min，甚至更多。保压时间之所以相对较长，是因为保压阶段模腔内的熔料需要被进一步压实。此外，若保压时间不足，浇口处熔料未来得及冻结，熔料就会从模腔倒流，使模内压力下降，导致制品出现凹陷、缩孔等现象。实际生产中，当主流道和浇口尺寸及料温、模温等工艺条件都正常的情况下，保压时间可以制品收缩率波动范围最小的压力值为准。

冷却时间取决于制品的厚度、塑料的热性能、结晶性能以及模具温度等。冷却时间不足，制品脱模时易产生变形；冷却时间过长，生产效率降低，生产周期延长，而且造成复杂制品脱模困难。对于结晶型塑料，还存在结晶度高的缺陷。通常，冷却时间的终止是以保证制品脱模时不引起变形为原则，一般在30～120s之间，大型和厚制品可适当延长。

总之，在保证注射制品优良性能的前提下，应尽量缩短成型周期中的各个相关时间，以提高劳动生产率和设备利用率。几种典型通用塑料和工程塑料的注射工艺参数分别列于表5－3和表5－4。

**表5－3　　几种典型通用塑料的注射工艺**

| 塑料种类 | | LDPE | HDPE | PP | 软PVC | 硬PVC | PS |
|---|---|---|---|---|---|---|---|
| 注射机类型 | | 柱塞式 | 螺杆式 | 螺杆式 | 柱塞式 | 螺杆式 | 柱塞式 |
| 喷嘴温度/℃ | | 150～170 | 150～180 | 170～190 | 140～150 | 150～170 | 160～170 |
| 料筒温度/℃ | 前段 | 170～200 | 180～190 | 180～200 | 160～190 | 170～190 | 170～190 |
| | 中段 | — | 180～200 | 200～220 | — | 165～180 | — |
| | 后段 | 140～160 | 140～160 | 160～170 | 140～150 | 160～170 | 140～160 |
| 模具温度/℃ | | 30～45 | 30～60 | 40～80 | 30～40 | 30～60 | 20～60 |
| 注射压力/MPa | | 60～100 | 70～100 | 70～120 | 40～80 | 80～130 | 60～100 |
| 保压压力/MPa | | 40～50 | 40～50 | 50～60 | 20～30 | 40～60 | 30～40 |
| 注射时间/s | | 0～5 | 0～5 | 0～5 | 0～8 | 2～5 | 0～3 |
| 保压时间/s | | 15～60 | 15～60 | 20～60 | 15～40 | 15～40 | 15～40 |
| 冷却时间/s | | 15～60 | 15～60 | 15～50 | 15～30 | 15～40 | 15～60 |
| 成型周期/s | | 40～140 | 40～140 | 40～120 | 40～80 | 40～90 | 40～90 |

表5-4　几种典型工程塑料的注射工艺

| 塑料种类 | | ABS | PET | PBT | PA6 | PA66 | PC |
|---|---|---|---|---|---|---|---|
| 注射机类型 | | 螺杆式 | 螺杆式 | 螺杆式 | 螺杆式 | 螺杆式 | 螺杆式 |
| 喷嘴温度/℃ | | 180~190 | 250~260 | 200~220 | 200~210 | 250~260 | 230~250 |
| 料筒温度/℃ | 前段 | 200~210 | 260~270 | 230~240 | 220~230 | 255~265 | 240~280 |
| | 中段 | 210~230 | 260~280 | 230~250 | 230~240 | 260~280 | 260~290 |
| | 后段 | 180~200 | 240~260 | 200~220 | 200~210 | 240~250 | 240~270 |
| 模具温度/℃ | | 50~70 | 100~140 | 60~70 | 60~100 | 60~120 | 90~110 |
| 注射压力/MPa | | 70~90 | 80~120 | 60~90 | 80~110 | 80~130 | 80~130 |
| 保压压力/MPa | | 50~70 | 30~50 | 30~40 | 30~50 | 40~50 | 40~50 |
| 注射时间/s | | 3~5 | 0~5 | 0~3 | 0~4 | 0~5 | 0~5 |
| 保压时间/s | | 15~30 | 20~50 | 10~30 | 15~50 | 20~50 | 20~80 |
| 冷却时间/s | | 15~30 | 20~30 | 15~30 | 20~40 | 20~40 | 20~50 |
| 成型周期/s | | 40~70 | 50~90 | 30~70 | 40~100 | 50~70 | 50~130 |

## 5.6 其他材料的注射成型

### 5.6.1 热固性塑料注射成型

热固性塑料具有优良的耐热性能、电性能及物理性能。长期以来，热固性塑料制品主要依靠压缩的方法进行加工。但此加工方法操作复杂，生产效率低，模具易损坏，劳动强度大，不能成型结构复杂、薄壁或壁厚差异大的制品以及带有精细嵌件的制品，而且制品尺寸精度较低、成型周期过长。这些缺陷和不足使得热固性塑料制品在种类及应用上存在很大的局限性。1930年美国针对压缩工艺存在的缺陷和不足，首创了热固性塑料的注射成型工艺，并于1963年投入实用化生产。与压缩模塑工艺相比，热固性塑料的注射成型工艺以其诸多的优点，在短短几十年的发展中已成长为热固性塑料制品的主打成型方法。

由于热固性塑料与热塑性塑料受热时的行为大不相同，因而两者在注射成型工艺、原料、设备等方面也存在很大的差别。现分别介绍如下。

#### 5.6.1.1 热固性塑料注射成型的工艺特点

从注射成型过程来看，首先将颗粒或粉状的热固性树脂随同固化剂、填料等助剂加入注射机料筒，在料筒外加热及螺杆旋转剪切的作用下，物料开始预热塑化。此阶段中，由于热固性树脂是线型或稍带支链的低相对分子质量的聚合物，且分子链上存在可反应的活性基团，因而受热融化时，若温度过高或停留时间过长，可能会发生化学变化而使黏度增高，甚至硬化成为固体。为此，为了注射成功，应使物料在温度相对较低的料筒内预塑化到半熔融状态，在随后的注射充模过程中再进一步塑化，以保证物料注射时具有最好的流动性。然后在螺杆的高压推动下，将熔体迅速通过喷嘴注入模具型腔进行固化成型。在这一阶段，进入模具型腔中的熔料将在高温下继续受热，以便物料通过自身反应基团或反应活性点与加入的固化剂发生交联反应，使线形树脂逐渐变成体形结构，由低分子变成大分子。同时，反应过程中时常会放出一些如水、氨等低分子物质，必须及时排出，以利于交联反应的顺利进行。最后，当交联反应进行到模具内物料的物理机械性能达到最佳的境界时，便可开模取出制品。

由此可见，热固性塑料注射成型过程中不仅发生了物理状态的变化，而且还发生了不可逆的化学变化。这种变化特性要求热固性塑料在注射成型时必须注意以下几点：

（1）严格控制成型温度

对于热固性树脂来说，成型温度低，物料将塑化不足，流动性变差；而成型温度高，又容易发生固化反应，流动性显著降低，甚至发生硬化现象。为了严格控制成型温度，料筒加热多采用恒温控制的水加热循环系统，控温精度要求在 ±1℃ 范围。模具温度较高时，加热可采用恒温控制的油加热循环系统，控温精度在 ±2℃ 范围。

（2）能够进行放气操作

热固性塑料在模腔内发生交联反应时产生的低分子物如不及时排出，将会导致制品起泡或交联反应不完全。除在型腔顶部或分型面设置足够的排气孔（槽）外，注射机的锁模机构应能满足排气操作的要求。

（3）严格控制物料停留时间

热固性塑料在料筒中不能停留太长的时间，以免提前发生硬化，中断生产。通常采用多模更替。

（4）需要较高的注射压力和锁模力

热固性塑料黏度较大，且黏度在粘流温度下随时间延长而急剧增大，只有在较高的注射压力下才能保证快速充模。同时，热固性塑料交联反应亦需较高的压力。故注射压力和锁模力比热塑性塑料的注射机大。

5.6.1.2 热固性塑料注射成型的原料要求

根据热固性塑料注射成型工艺的特点，用于注射的热固性塑料必须能在低温料筒内保持一定时间的良好流动性，而在高温模腔内能够快速交联、固化成型。具体要求如下：

（1）流动性良好

用于注射的热固性塑料应具有良好的流动性。若所用热固性塑料的流动性差，注射时就很难充满模腔，即便在增加注射压力的情况下，也仍有可能出现充填不满的现象。但热固性塑料的流动性也不能太大，否则成型制品时又容易出现“飞边”或“黏膜”等现象，不仅造成原料浪费，而且给脱模带来困难。

（2）塑化温度范围大

为了防止物料在料筒内提前固化，所用热固性塑料须在较低温度下具有良好的塑化能力，且塑化温度范围越宽越好，以使原料黏度可以基本不变，具有良好的流动性，提高加工安全性。

（3）热稳定性良好

注射热固性塑料时，熔融物料在料筒内的停留时间通常要达 15 ~ 30min，且保持黏度无太大的变化。这就要求热固性塑料必须具有良好的热稳定性，以防止熔融物料在此期间发生交联固化反应。必要时可在物料中加入低温下能够抑制交联反应的发生、高温下可失去稳定效果的稳定剂。

（4）高温固化速率高

为了提高生产效率，缩短成型周期，热固性塑料熔体进入模腔后，应能在高温下快速固化。

综上可知，用于注射成型的热固性塑料应具备低温时熔体稳定、高温时交联反应迅速的特点。在各种热固性塑料中，酚醛塑料是最早采用注射成型的。注射时，要求酚醛塑料采用拉西格法测定的流动性大于 200mm；在 80 ~ 95℃ 的料筒温度下保持流动状态的时间应大于 10min，或在 75～85℃的料筒温度下应保持 1h 以上；熔体在料筒内停留 15～20min 时不发生交联固化反应。随着热固性塑料注射工艺及技术的发展、成熟，可用于热固性塑料注射成型的塑料品种也不断增加，如邻苯二甲酸二烯丙酯塑料、不饱和聚酯塑料、三聚氰胺塑料等。截至目前，几乎所有的热固性塑料都可采用注射成型，不过用量最大的仍然是酚醛塑料。

5.6.1.3　用于热固性塑料的注射机特点

用于热固性塑料的注射机是在热塑性塑料注射机的基础上发展起来的，其结构组成与热塑性塑料注射机有很多相同之处，但由于热固性塑料在成型过程中有许多不同于热塑性塑料的要求，因而所用注射机在螺杆、喷嘴、模具等方面拥有自身特点。目前，热固性塑料注射机也有柱塞式和螺杆式之分，前者仅用于不饱和聚酯树脂增强塑料的注射，后者应用较多。下面就以酚醛塑料的注射成型为例，介绍螺杆式注射机的特点。

（1）螺杆特点

① 螺杆等距、等深、无压缩比，且无加料段、压缩段和计量段之分。这种螺杆对塑化物料只起输送作用，不起压缩作用，从而可以避免物料因受螺杆剪切、摩擦热太大而在料筒内提前交联固化。

② 螺杆长径比较小，一般为 12～16。有利于物料快速更替，从而减少物料在料筒内的停留时间，防止过热固化。

③ 螺杆表面光洁度高，且头部呈锥角形，以避免物料滞留。

④ 螺杆与料筒间隙要小，防止漏流。螺槽要深，以减少对物料的剪切作用。

⑤ 螺杆可通水冷却，以控制料温。

⑥ 注射成型硬质无机填料填充的塑料时，螺杆受到的作用力较大，要求螺杆应具有较高的硬度和耐磨性。

（2）喷嘴特点

采用敞开式喷嘴，孔径约 2.0～2.5mm，便于拆卸，以便发现硬化物时能及时打开进行清理。同时要求喷嘴内表面精加工，以防滞料而引起硬化。

（3）料筒加热特点

鉴于热固性塑料成型时料筒温度相对较低，温控精度要求很高的特性，将料筒设计成夹套型，采用水加热或油加热循环系统对料筒进行自动控温，确保温度均匀稳定。

（4）传动系统特点

为了防止物料在料筒中固化而扭断螺杆，注射机传动系统宜采用液压马达，以实现无级变速。

（5）锁模机构特点

为了及时排除热固性塑料交联固化时产生的低分子物质，注射机的锁模机构应能迅速降低锁模力，满足放气操作的要求。一般采用增压油缸，利用油缸的瞬间卸油、充油，快速开模、合模，以达到开小缝排气的目的。

（6）模具的特点

模具须设置加热装置和温度控制系统，以利于物料在模腔内固化反应的顺利进行。同时，模具型腔应设置出气口。为防止腐蚀，模具型腔最好进行镀铬。

5.6.1.4　热固性塑料注射成型工艺条件的分析

热固性塑料的注射过程包括塑化过程、注射充模过程和固化过程 3 大阶段。每个阶段需要控制的工艺条件不同。分述如下。

（1）塑化阶段的工艺条件

在塑化阶段需要控制的工艺条件主要有料筒温度、喷嘴温度、螺杆转速和螺杆背压。

① 料筒温度与喷嘴温度　料筒温度对热固性塑料的流动性和固化速率有很大影响。料筒温度过低时，热固性塑料熔化慢，流动性差，且在螺杆与料筒壁之间会产生较大的剪切力，从而造成靠近螺槽表面的一层塑料因剧烈摩擦生热而提前固化，而内部塑料却仍处于喂料前的“生料”状态，无法实施注射。这种现象称为“冷固化”现象。反之，料筒温度过高，线型分子又会过早发生交联，提前固化，使物料失去流动性，阻碍螺杆旋转，同样难以进行注射。由此可见，精确控制料筒温度是热固性塑料注射成型的关键所在。

在精确控制料筒温度的同时，为了避免因温度波动引起熔料黏度变化太大而发生充填不良的现象，还需保证物料自料斗进入料筒后逐步受热塑化。通常，进料端温度为30～70℃，料筒温度75～95℃，喷嘴温度85～100℃，通过喷嘴的温度为100～130℃，如图5－17所示。另从图5－17中可以看出，随着料筒温度的逐步升高，熔料的黏度逐渐下降，在喷嘴处黏度最低，达到了最好的流动性，利于注射。但随即因熔料在狭小喷嘴处的摩擦生热而使温度迅速上升，黏度也显著增大。喷嘴处这种接近于硬化的“临界塑性”状态，要求必须控制好喷嘴温度，避免熔料在此处发生固化。

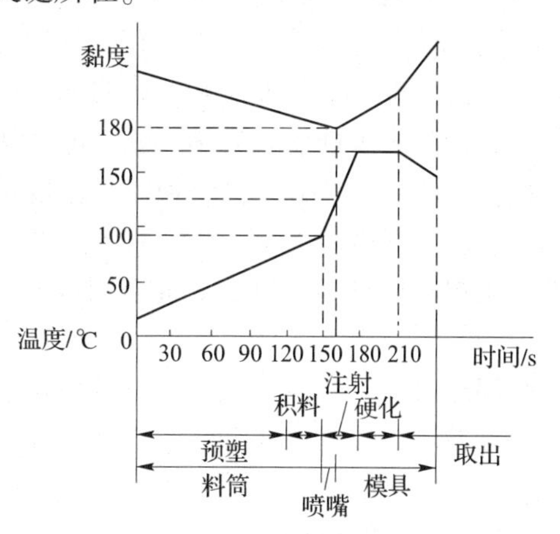


图5－17　热固性塑料注塑过程中温度和黏度的变化

② 螺杆转速和螺杆背压　螺杆转速应随熔料黏度的变化而及时调整。当熔料黏度小时，摩擦力也小，此时螺杆后退需要的时间长，螺杆转速可以调高一些。当熔料黏度大时，其在预塑过程中的摩擦力也较大，使得熔料还未充分塑化就很快被输送到料筒前端。因而在这种情况下，应降低螺杆转速，适当延长熔料的停留时间，以使熔料充分塑化。另外，料筒内螺杆旋转预塑熔料与模具内熔料的固化反应是同步进行的，而且热压固化时间总是大于预塑时间。若螺杆转速过高，部分熔料因剪切过热可能会发生提早固化的现象，影响后续工序。为此，螺杆转速不必过高，控制在40～60r/min为宜。

螺杆背压在注射顺利时对制品物理性能影响较小。但基于热固性塑料的成型特点，一般选用较低的背压，或放松背压阀，利用螺杆后退时的摩擦阻力作背压即可。因为螺杆背压高时，预塑料在料筒内停留的时间就长，发生交联固化的可能性就大。较低的背压，可减少摩擦热，避免早期固化。

（2）注射充模阶段的工艺条件

注射充模阶段需要控制的工艺条件主要有注射压力、注射速度、保压压力和保压时间。

① 注射压力和注射速度　注射速度与注射压力紧密关联。注射压力越大，注射速度越快。由于热固性塑料制品中填料的含量一般在50%以上，因而加工时熔料的黏度、摩擦阻力很大，需要的注射压力往往也比热塑性塑料高许多。在高的注射压力下，熔料的黏度降低，流动性、注射速度提高，经过喷嘴、浇口和流道时获得的摩擦热较多，熔料温度升的快，固化所需时间短，且制品密度、力学强度、电性能可得到改善。但高的注射压力必然会增加制品的内应力，使制品飞边增多，甚至脱模困难。同时，高的注射速度会产生过大的摩擦热，易使制品局部过早固化，且模具内的低分子气体来不及排出，导致制品在深凹槽、凸筋、四角等部位出现缺料、气痕、接痕等现象，影响制品质量。为此，热固性塑料的注射压力通常控制在100～170MPa之间，注射速度通常为3～5cm/s。

② 保压压力、保压时间　保压压力和保压时间对补缩效果的好坏、制品密度的高低有直

接影响。注射结束即应进行保压，以补充热固性塑料逐渐固化收缩而缺少的熔料。保压压力一般比注射压力低一些。尽管保压时间长有利于浇口处熔料在加压状态下的固化封冻，使制品密度增大，成型收缩率降低，但也不能为了单纯地追求制品的高密度而无限制地延长保压时间，必须综合考虑成型中的其他工艺条件、制品其他性能以及生产周期等各个方面来优化保压时间。

(3) 固化阶段的工艺条件

固化阶段的工艺条件主要有模具温度和固化时间。

模具温度对制品性能和生产周期的影响非常显著。模具温度低时，固化时间长，生产效率低，且制品表观性能、力学性能和电性能较差，甚至脱模时制品易开裂变形；模具温度高时，固化反应快，生产效率高。但模具温度过高时，固化产生的低分子物质不易排出，制品粗糙、起泡、色暗、内应力大、尺寸稳定性差。综合考虑，在保证制品使用性能和外观质量的前提下，可提高模具温度以缩短成型周期。一般将模温控制在150～200℃，控温精度保持在±3℃以内。

固化时间对制品性能、生产效率也有较大影响。随着固化时间的延长，制品冲击强度、弯曲强度都有所增加，成型收缩率下降，但生产周期延长。为此，固化时间需依据模具温度和制品结构进行适时调整。模温高时，应减少固化时间；制品壁厚、形状复杂时，应适当延长固化时间。一般制品的固化时间为3～6s。

#### 5.6.1.5 热固性塑料注射成型发展前景

热固性塑料的注射成型与传统的压缩模塑相比，大大缩短了成型周期，简化了生产过程，提高了自动化生产程度和生产效率，减少了制品的后加工量，适合大批量生产。

然而，热固性塑料的注射成型也存在着流道赘物浪费大、无法再生利用的突出问题。为减少、甚至杜绝流道废料，近些年发展了热固性塑料的无流道注射成型。无流道注射成型并非是真正的没有流道，而是开模取制品时，不再取出模具流道系统的残留冷料，并令残留料处于流动状态，以备用于下一次充模注射。故称其为无流道冷料注射成型可能更为准确。这种成型方法不仅节约原料，而且还能解决全自动注射成型中的流道脱模问题，制品无流道赘物，无切割浇口的后处理，生产效率高。

此外，为了消除纤维填充热固性塑料制品的取向和内应力，出现了将注射模塑和压缩模塑工艺相结合的注射压缩模塑工艺。其原理是将物料先注入半开启的模腔内，然后夹紧模具再进行压缩成型。由于注射时，模具处于半开状态，因而注射压力较低。低的注射压力首先可使排气容易；其次，所需锁模力低，可成型投影面积较大的制品；再有，因浇口处注射压力低，残余应力小，故制品不易开裂。另外，通过降低注射压力可减小、甚至消除注射成型中纤维填料的定向作用，减小制品的翘曲变形，提高制品的精度和性能。

目前热固性塑料的注射成型正朝着高质量、多品种、少废料和自动化、高速化、合理化的方向发展。

### 5.6.2 橡胶注射成型

橡胶材料因黏度大，流动性差，高温易焦烧等加工特殊性，多年来主要采用模压成型法生产制品。模压成型是使用平板硫化机，在开模状态下，将定量的胶坯放入模腔，然后合模、加压、排气、硫化而得到橡胶制品。该法更换产品方便，可生产密封圈、防震垫等产品。但生产形状复杂、胶层较厚的金属骨架制品时，困难较大。同时，模压成型的劳动强度大、自动化程度低、废品率高。针对这些不足，在20世纪50年代发展了移模成型工艺，即将准备好的胶料先装入模型上部的塞筒内，在强大的压力下铸入模腔，然后移入硫化罐硫化。虽然此法可生产某些形状较复杂的制品，且产品质量优于模压成型，但仍未解决劳动强度大、生产效率低的问题。尤其是随着汽车、电子、航空航天、液压等行业的快速发展，对橡胶制品的要求也越来越高。传统的模压成型、移模成型已很难满足市场需求。在这种情况下，橡胶注射成型应运而生。

橡胶注射成型是在模压成型、移模成型基础上发展起来的，与塑料注射成型相类似，是将胶料通过注射机预塑化系统塑化、定量后，在注射系统高压、高速的推动下，将高温胶料注入密闭的模型中，经热压硫化而成为橡胶制品的生产方法。在橡胶行业也称作注压，是一种很有发展前途的先进的橡胶制品生产方法，目前在许多工业先进国家的橡胶制品生产中得到了推广应用。主要用于生产鞋类和模型制品，如：密封圈、带金属骨架模型品、减震垫、空气弹簧等。本节就橡胶注射成型的工艺特点、设备特点、工艺控制、发展趋势等方面做以简单介绍。

5.6.2.1 橡胶注射成型的工艺特点

与传统的橡胶成型方法相比，橡胶注射成型在成型原理、产品质量、生产效率、能耗等方面有很大的不同。

① 注射成型是在闭模状态下注入胶料，因而可以实现高压注射。

② 注射成型是直接将胶料喂入塑化与注射系统，因而可使胶料塑化充分，自动定量，从而保证橡胶制品批量与批量之间的质量稳定性，避免了模压成型在胶坯预成型、加料方法和加压方法等方面对制品质量造成的不稳定影响。

③ 胶料在闭模中的恒定注射压力下可实现高温快速硫化，硫化均匀，不会产生表面过硫、内部欠硫的现象，从而可以获得致密性好、物理机械性能均匀、稳定的橡胶制品。

④ 胶料在模具内精密成型，可以显著减少胶边，节省原材料，制品几何尺寸精确，正品率高，生产成本低。

⑤ 注射预塑化的热能可直接进入模腔，从而可缩短硫化周期，降低能耗。与模压成型相比，节能幅度约10%左右。

⑥ 注射成型操作简单，劳动强度低，机械化、自动化程度高，成型周期短，生产效率高。

⑦ 注射成型可降低噪声、改善生产操作环境。

5.6.2.2 橡胶注射成型的设备特点

注射机是橡胶注射成型工艺中的主体设备，其组成结构及工作原理与塑料注射机基本相同，有柱塞式注射机、螺杆柱塞式注射机、螺杆往复式注射机、螺杆旋转式注射机等类型。但由于橡胶自身的一些加工特性，使得用于橡胶加工的注射机在如下几个方面不同于塑料注射机。

（1）加热冷却装置

橡胶注射成型中，要求胶料在料筒中能快速塑化，并达到良好的流动性。同时要求胶料在模腔中能达到硫化温度，快速硫化，以提高生产率。由于胶料塑化温度较低，为防止胶料在料筒中停留时间过长而焦烧，通常料筒（夹套式）采用水和油作为加热介质，而注射模则采用电或蒸汽加热。

（2）模型系统

模型系统是橡胶注射成型设备的重要组成部分，包括模台、模具和合模装置。其中，模台是供模具进行合模、注射、硫化、开模等操作之用的设备。有单模台注射机和多模台注射机之分。单模台注射机的模台固定不动，硫化和脱模阶段模台停止运转，因而效率不高，较适合小部件产品和硫化速度非常快的产品生产。多模台注射机的模台安装形式多样。一种是模台安装在转台（或转盘）上，模台旋转，注射装置固定；一种是注射装置定向旋转，模台固定，且扇形地排列在注射装置的前方。如果制品硫化时间较长，亦可将模台平行分列于注射装置的两侧，注射装置沿轨道前进逐排注射。柱塞式注射机一般设 2 ~ 4 个模台，移动螺杆式注射机因塑化效果好，可有 10 个以上的模台。由于多模台注射机可“连续”注射、硫化和脱模，因而生产效率比单模台注射机高，适于生产用胶量大、硫化时间长、脱模时间长、有金属骨架的制品。

（3）模具

橡胶注射用的模具需要开设流胶道，结构相对复杂，一般要 3 片以上组件组成一个硫化模具。由于胶料的硫化是在模具中进行，因而要求模具能耐高温（有时 240℃以上）、高压（至少 100MPa），需用特殊钢材制造。另外，为了控制废胶边量，提高制品尺寸精度，要求模具加工精度要高。可见，橡胶注射用的模具造价较高。

5.6.2.3 橡胶注射成型的工艺控制

橡胶注射成型包括预热、塑化、注射、保压、硫化、出模等几个阶段。其中在塑化、注射阶段，要求胶料在较低的温度下具有良好的流动性；在热压硫化阶段则要求胶料获得最佳的硫化性能。通常胶料硫化时，一般会经历 4 个阶段：胶料的预热阶段，即胶料硫化前的整个升温阶段；交联度增加阶段，即胶料开始交联时的欠硫阶段；交联度最高阶段，即正硫化阶段；网状结构降解阶段，即过硫阶段。当胶料处在正硫化阶段时，可获得最佳的硫化性能。为此，在橡胶注射成型过程中，要求胶料具有较好的流动性，可高温快速硫化，同时不易焦烧，不易过硫，并在尽可能短的时间内获得质量合格的产品。为了满足这一成型要求，必须控制好成型过程中的温度、压力、时间三个关键工艺条件。

（1）温度

在橡胶注射成型过程中，从胶料进料到模腔硫化成型，需要控制的温度有料筒温度、注射温度和模型温度，且各部位温度需逐渐升高，平稳过渡。

① 料筒温度　料筒温度不仅对胶料的黏度或流动性有着决定性影响，而且对其他工艺条件及硫化胶某些性能也有直接影响。当提高料筒温度时，不仅可降低胶料黏度，而且可以提高注射温度、缩短注射时间和硫化时间、增加硫化胶的硬度（或定伸强度）。因而，在不发生焦烧现象的前提下，可尽量提高料筒温度。

对于柱塞式注射机，料筒温度一般控制在 70 ~ 80℃；对于移动螺杆式注射机，因胶料温度比较均匀，料筒温度可设定的高一些。当该种注射机采取“延迟塑化”的操作方式时（螺杆在保压之后暂不后退进料塑化，而是在一个给定的位置固定一段很短的时间），料筒温度可高至 90 ~ 125℃。当注射机采取不延迟塑化时，料筒温度在 105℃时就会使胶料焦烧，故一般控制在 80 ~ 100℃之间。

当然，加工不同的胶料时，料筒温度应适当调整。如天然橡胶的胶料在通过喷嘴时比其他橡胶慢，且生热少，这时就可将料筒温度提高到 100 ~ 120℃之间。如若胶料中因填充了补强剂、活性填料（如超耐磨炭黑）生热量增大时，料筒温度就应适当降低一些。

② 注射温度　注射温度是指胶料通过喷嘴之后的温度。注射温度的高低主要影响胶料的充模及后续的硫化。注射温度低，充模速度慢，硫化时间长，不能满足高温快速硫化的工艺要求。但注射温度过高，又容易产生焦烧。因此，注射温度应在焦烧安全许可的前提下，尽可能地与模腔温度接近。生产中，可通过提高料筒温度、螺杆转速、背压、注射压力以及减小喷嘴

孔径来提高注射温度。由于不同胶料通过喷嘴后的平均温升幅度不同（见表5－5），因而设定注射温度时还需考虑所加工胶料的温升情况，以确定出合理的温度范围。

表5－5 常见橡胶胶料通过喷嘴后的平均温升情况

| 胶料品种 | 异戊橡胶 | 硅橡胶 | 氯丁橡胶 | 丁苯橡胶 | 天然橡胶 | 丁腈橡胶 |
|---|---|---|---|---|---|---|
| 温升/℃ | 10 | 18 | 23 | 26 | 35 | 60 |

③ 模型温度　胶料进入模型后开始进行硫化反应，故模型温度即为胶料产生硫化的温度。模型温度低，硫化时间长，生产效率低。模型温度高，又容易导致胶料充模时发生焦烧，反而降低胶料的流动性，影响充模。因此，模型温度的设定既要考虑生产效率，又要避免充模时发生焦烧现象。通常安全的最高模型温度比出现焦烧时的温度低3～5℃。

（2）压力

橡胶属于非牛顿流体，其表观黏度随压力和剪切速率的增加而降低，因而增大注射压力，有利于橡胶注射成型的顺利进行。当注射压力增大时，注射速度提高，胶料黏度下降，流动性增加，注射时间缩短。同时，当胶料以高压、高速通过喷嘴时，生热量增加，温度上升，硫化周期由此大大缩短。另外，提高注射压力可缩短胶料在注射机中的停留时间，减少焦烧的发生。

尽管提高注射压力有助于橡胶的注射成型，但压力过大，不仅增加设备的负荷，造成溢边，脱模困难，使制品产生内应力和各向异性，而且对胶料的剪切作用增强，一旦胶料摩擦生热过大，就会发生焦烧。

（3）时间

在整个注射周期中，充模时间和硫化时间对橡胶注射过程和产品质量的影响最为显著。

在注射充模阶段，若充模时间长，注射速度低，胶料流动的时间就相对较长，在喷嘴或模型流道处发生硫化、产生焦烧的可能性就大。这种情况一旦发生，轻则使制品表面出现皱纹或缺胶，重则将中断注射过程的进行。因而，充模时间必须小于焦烧时间。

硫化时间在整个成型周期中所占的比例很大，其时间的长短与喷嘴大小、注射压力、流胶道结构、胶料配方、制品厚度等因素有关，其中胶料配方和制品厚度是影响硫化时间的两个主要因素。若胶料配方中的硫化体系能够使胶料在高温下快速进入正硫化阶段，那么硫化时间就可大大缩短，生产效率就可明显提高。当生产厚制品时，为了使制品内外层温差尽可能一致，硫化均匀，则需适当延长硫化时间。无论哪种情况，在硫化阶段必须避免欠硫或过硫现象的发生，保证制品质量，因而硫化时间必须等于正硫时间。

5.6.2.4　橡胶注射成型技术的发展

橡胶制品的生产经历了由模压法到移模法，进而再到注射成型的发展过程。尽管注射成型工艺所用的注射机和模具结构复杂，设备投资大，机械加工精度和维修保养要求高，但由于注射成型适宜于大批量生产，且生产效率和产品质量能够大幅度提高，同时材料耗费和热能消耗能够相应降低，最终使得产品总成本下降，因而在橡胶制品生产领域赢得了市场。随着科学技术的发展和自动化水平的迅速提高，特别是热塑性弹性体的出现，为橡胶注射成型开辟了更为广阔的发展前景，涌现出了许多新的成型工艺和技术：如橡胶的抽真空注射成型技术、冷流道注射成型技术、气体辅助注射成型技术、水辅助注射成型技术、反应注射成型技术、动态注射成型技术、一步法注射成型技术，等等。其中，尤以采用螺杆旋转式注射机的一步法注射成型技术最为突出。

所谓的一步法注射成型技术是相对普通的注射成型技术而言的。普通的注射成型技术是胶料先在预塑化系统进行塑化，并在料筒头部进行定量。当定量结束时，塑化系统停止工作，注射系统推动螺杆向前移动，将定量的胶料注入模具。也就是说，普通的注射方法是经过塑化定量，然后再注射两个步骤完成的。而一步法注射成型技术则是胶料塑化后直接通过信息定量，并同时注入模腔。当模腔胶料达到预定密度后，注射机停止注射。即塑化、定量、注射同步完成。

这种注射成型技术首先突破了普通注射成型技术容量的限制，可生产轮胎、翻新轮胎、工业胶辊、实心轮胎、护舷以及轮胎胶囊等大型橡胶制品。其次突破了传统技术的机械体积定量，取消了定量装置和独立的注射装置，大大地简化了结构和设备。再是突破了普通注射成型技术的液压传动方式，采用全电动方式，提高了设备的可靠性，节省能源，降低了设备运行成本。

## 5.6.3 反应注射成型

反应注射成型（Reaction Injection Moulding，简称 RIM）是将两种或两种以上具有高化学活性的低黏度、低分子质量的液体单体或预聚体，在高压下撞击、混合后立即注入密闭的模具，并使液状混合物在模内通过聚合、交联、固化等化学反应形成固体塑料制品的加工方法。RIM 成型方法完全不同于热塑性塑料的注射成型，是一种将聚合反应与注射模塑相结合的新工艺，其在成型工艺、成型设备、工艺控制等方面有很多独特之处，现分述如下。

### 5.6.3.1 反应注射成型的工艺特点

RIM 成型工艺是在制备聚氨酯硬质泡沫塑料工艺的基础上发展起来的。1969 年首次报道了世界上采用高压碰撞混合法生产聚氨酯泡沫塑料的技术，并出现了第一台自清洁和循环混合头的 RIM 设备。1972 年美国开始采用 RIM 工艺生产汽车部件，其制品现已扩展到了电工和电子技术、家具和建筑业等领域。我国于 20 世纪 80 年代初引进 RIM 设备和原料，主要生产汽车方向盘、聚氨酯泡沫塑料制品，并于 1991 年组建了 RIM 工程技术中心，进一步推动了我国 RIM 高新材料的开发和应用。

RIM 生产原理是将两种参与反应的液态物料分别加入各自的储料罐中，在规定的料液温度下经高压泵计量后进入混合头，在混合头中的高压条件下，两种料液经高速撞击混合均匀后，被迅速注射到密闭模具中进行化学反应，待料液固化成具有脱模要求的强度时脱模，或经后固化或直接送修饰工序。

对比热塑性塑料的注射工艺，RIM 成型工艺具有如下不同之处：

① 能耗低　由于反应料液黏度低、流动性好，易于输送和混合，故所需模温低、模腔压力和锁模力小，加工能耗低于热塑性塑料的注射成型，是目前能耗最低的工艺成型技术之一。

② 生产体系多样　目前用于 RIM 成型的原料已从最初的聚氨酯体系扩展到了不饱和聚酯、环氧树脂、聚酰胺、甲基丙烯酸系共聚物、有机硅、聚脲、双环戊二烯等多种体系。而且，即使是同一体系（如聚氨酯体系），由于原料的品种多，选择的自由度大，亦可生产性能不同、需求不同的产品。现今，RIM 产品种类已涉及汽车工业、电器制品、民用建筑以及其他工业承载零件等多个领域。

③ 制品结构形式多样　由于反应液黏度低、流动性好、涂饰性好，且无需昂贵的热浇口成型系统，故易于生产大型、薄壁、形状复杂、无成型应力、功能性高的制品。如能生产符合汽车表面要求的 A 级表面，没有漩纹；能生产与复杂型腔面接触好、表面图案与花纹清晰、重现性好的发泡制品；能生产有加强筋的制品，且表面凹陷少；能生产带嵌件的制品和增强材料制品，且嵌件、增强填料与母料结合紧密，制品装配费用低。

④ 经济效益高　RIM 成型是直接采用液态单体和各种添加剂作为原料，而且不需加热塑

化即可注射入模，故省去了树脂聚合、造粒、配料和塑化等操作工序，简化了制品的加工工艺过程；此外，由于模腔压力小，成型设备及模具造价降低。生产能耗的降低、工艺过程的简化以及设备投入的减少，降低了最终制品的生产成本，提高了生产经济效益。

⑤ RIM 技术如今仅限于聚氨酯等热固性塑料的生产，且产品次品率高，制品难以回收再利用，这些方面不及热塑性塑料的注射成型，需要进一步开拓、提升。

RIM 与热塑性塑料注射成型主要工艺参数的区别见表 5－6。

**表 5－6 两种注射成型技术主要工艺参数的比较**

| 比较项目 | RIM 注射成型 | 热塑性塑料注射成型 |
| --- | --- | --- |
| 反应物成型温度/℃ | 30～60 | 200～300 |
| 模具温度/℃ | 70～140 | 室温～65，视品种而异 |
| 注射压力/MPa | 小于 14 | 70～150 |
| 锁模力/MPa | 0.003 | 0.6～1.3 |
| 模塑周期 | 较慢 | 快 |

#### 5.6.3.2 反应注射成型的加工设备

反应注射成型的加工设备主要由蓄料系统、计量与输送系统、混合系统、模具与载模系统 4 大部分组成。

（1）蓄料系统

蓄料系统主要用于分别独立地贮存两种原料，防止原料在贮存阶段发生化学反应。同时，通过惰性气体保护，防止空气中水分进入蓄料槽与原料发生反应。主要由蓄料槽（或储料罐）和接通惰性气体的管路系统构成。其中，蓄料槽设有自动进料装置、低速搅拌器以及加热与冷却装置。管路系统连接高压计量泵和混合系统，并辅有过滤器及热交换器等。

（2）计量和输送系统

由计量泵、阀、管件及控制分配缸工作的油路系统和管路组成，作用是将两组分物料按准确的比例分别输送至混合系统。为了保证计量的准确性，经过计量泵液态组分的黏度、温度、密度需稳定在一定的范围内。计量泵有活塞式和螺杆式两种。

（3）混合系统

即混合头，是 RIM 装置的主要部件，其作用是使两组分物料在混合头内瞬间高速地均匀混合，并加速混合液，使混合液经喷嘴注入模具型腔。根据反应注射成型的工艺特点，混合系统一要保证两组分物料同时进入混合头，不允许某一组分超前或滞后。二要保证原料以层流形式注入模内。三要具备混合质量好、效率高、清洗方便、工作可靠稳定、维修拆装方便等特点。一般混合头的混合腔体积越小，混合效果越好。

（4）模具和载模系统

模具要具有良好的排气结构，以排除反应时生成的低分子物质。设置模具分型面时，要注意利用其间隙排气，避免熔体中夹带气体，减少废件的数量。浇注系统要能保证液态组分处于层流的状态。型腔要有适合的表面粗糙度，既要满足制品的表观质量，又要保证制品脱模顺利。同时，模具应设有温度控制系统，在组分反应过程中可对模具加热，在反应结束后可对模具冷却。另外，由于 RIM 注模压力不高，因而对模具的材质、强度要求亦不太严格。现用于 RIM 工艺的模具有铝模、铝锌模、塑料模及钢模等，可根据制品所用原材料的腐蚀性、制品尺寸大小及其表面质量要求等进行选择。

载模架用于固定模具。载模架的锁模力、锁模精度、平行性和刚性都非常重要，通常采用垂直式锁模系统。

5.6.3.3　反应注射成型的工艺控制

反应注射成型的工艺过程包括组分计量、混合、注射充模、聚合或交联或固化、脱模、后处理等工序。在此工艺过程中，如何做到计量精确、混合高效、成型快速是 RIM 工艺的控制要点。

（1）两组分物料的贮存加热和计量

两组分原料应分别贮存在独立的蓄料槽中，并通氮气保护，以防止贮存中原料之间、或原料与空气中水之间发生化学反应。采用换热器和低压泵，使原料在恒温（一般维持在 20～40℃）、低压下（0.2～0.3MPa）不断循环，以保证原料中各组分均匀分布。原料喷出时需经置换装置由低压转换为设定的高压。同时，严格控制注入混合头各反应组分的正确配比，要求计量精度达到 ±1.5%。通常选用轴向柱塞高压泵来精确计量和高压输送，流量控制在 2.3～91kg/min 之间。

（2）撞击混合

两组分原料在混合头内混合是否充分、均匀，直接影响原料在模具内的化学反应及最终制品的质量。由于 RIM 采用的是低黏度的液体原料，因此有条件发生撞击混合，即高速高压混合，这也是反应注射成型的最大特点。当两组分原料在高压下注入混合头时，原料液的压力能将转换为动能，各组分由此获得很高的速度并发生相互撞击，实现强烈的混合。为了保证混合头内物料撞击混合的效果，高压计量泵的出口压力需达到 12～24MPa。除此之外，原料液黏度、体积流量、两物料比例等对混合质量亦有影响。有研究表明，雷诺准数（*Re*）大于 200、体系黏度小于 1Pa · s 时，可使高活性反应体系达到较好的混合效果。

（3）充模

用于 RIM 成型的原料黏度低，流动性好，注射时可实现快速充模和高速撞击，从而使原液达到混合均匀。但原料黏度也不可太低，否则会在充模时产生一些不利影响，主要表现在：黏度太低的原料容易沿模具分型面泄漏和进入排气槽，造成模腔排气困难；黏度太低的原料容易将空气卷入模腔，造成充模不稳定；黏度太低的原料不易和增强物（如玻璃纤维）均匀混合，甚至会使增强物在流动中沉析，导致增强反应注射制品性能不均。因而，一般要求反应物的黏度不小于 0.10Pa · s。

根据 RIM 成型原理，混合液黏度在充模初期应保持在低黏度的范围内，以保证高速充模和高速撞击。由于原料单体的化学活性高，反应速度快，因而要求在化学反应迅速开始之前有足够的充模时间。实际生产中，可加一些抑制剂来延迟单体间的反应发生。

（4）固化脱模

混合液充满模腔之后的固化可通过化学交联或相分离两种机理完成。

以化学交联机理进行固化的原料单体必须具有两个以上的官能团，而且反应温度必须超过达到完全转换成聚合物网络结构的玻璃化温度。因而，以这种机理固化时，原料在反应末期的温度仍很高，制品仍处于弹性状态，尚未达到脱模的模量和强度，需要延长生产周期，等待制品冷却到玻璃化温度以下时，方可进行脱模。

以相分离固化的体系，在聚合反应中，硬化段联结成一些能够结晶的区域，使反应体系的黏度迅速上升直至凝胶化。当制品达到脱模强度后进行脱模。一般在模具内涂覆脱模剂，便于制品的顺利脱出。另外，有些反应注射制品脱模后还要进行热处理，以补充固化。

#### 5.6.3.4 反应注射成型工艺的发展

RIM技术主要用于生产软质、半硬质和硬质自结皮聚氨酯泡沫塑料制品以及固体聚氨酯材料，聚氨酯RIM产品约占全部RIM材料的90%。随着塑料成型技术的不断发展，相继开发了环氧树脂、聚酰胺、甲基丙烯酸系共聚物、有机硅等适宜于RIM成型的多种体系，并在反应注射成型的基础上发展了增强反应注射成型（RRIM）和结构反应注射成型技术。

增强反应注射成型技术是把纤维增强与RIM工艺结合起来的新技术。成型时把增强材料（碳纤维、玻璃纤维、尼龙、木质纤维、云母、硅石、碳酸钙、滑石粉等）作为原料组分加入到A或B原料中，通过混合头混合均匀后注入模内成型，脱模后即得到RRIM制品。RRIM技术提高了制品的强度、模量、热变形温度和尺寸稳定性等，但也增加了成型难度和设备磨损。

结构反应注射成型技术通常是将长玻璃纤维织成毡片，预置于模具内，混合后的液体组分在型腔内浸渍毡片并反应形成制品。结构反应注射成型技术是对RRIM的改进，不会磨损设备，而且增强效果更优，制品强度和模量更高，特别适宜于制作结构制件。

## 5.7 注射成型的发展

随着塑料制品在工业生产和人民日常生活中越来越多的应用，对塑料制品的要求也越来越高。为了满足制品性能的要求，排气式注射成型、结构发泡注射成型、流动注射成型、气体辅助注射成型、水辅助注射成型等一些新的注射成型工艺应运而生。本节将对这些新工艺的加工原理、成型设备、工艺特点等予以简单介绍。

### 5.7.1 排气式注射成型

加工塑料制品时，如果原料中的水分和气体（包括夹带的空气、颗粒上吸附的水分、原料内部包含的气体或液体等）不排出或排不到一定含量而带入制品，不仅会降低制品的物理机械性能、化学性能和电性能，而且会导致制品表面或内部出现孔隙、气泡、银丝、黑斑等缺陷，严重影响制品的外观（尤其是制品的透明度和表面质量）和性能。因而，在采用传统的注射成型方法加工尼龙、ABS、聚碳酸酯、聚甲基丙烯酸甲酯、纤维素等易吸湿塑料品种时，成型前需对它们进行预干燥处理。

然而，预干燥处理仅能去除原料中的水分，对于卷入物料内部的挥发性物质却无法去除。而且此法需要增加干燥设备，耗费相当多的电能和人工。为了解决上述问题，降低生产成本，更好地提高产品质量，研发了排气式注射成型工艺。

最早的排气注射研究是1959年针对有机玻璃排气实验展开的，1972年之后，排气式注射机的应用范围逐渐扩大。到目前为止，排气式注射机可对含有单体、溶剂及挥发物的热塑性塑料或具有亲水性的热塑性塑料直接进行注射成型，而无需预干燥处理。

排气式注射机的关键设备是排气螺杆，其结构为两阶六段式，如图5-18所示。

注射成型时，物料自加料口进入料筒，经过第一阶段螺杆的加料段输送、第一压缩段的混合熔融及第一计量段的均化后，基本处于熔融状态。当熔料进入排气段时，因排气段螺槽突然变深，容积增大，压力骤降，从而促使熔料内所含水分（及其他挥发性物质）迅速汽化，汽化后的水分被熔体膜包围呈泡沫状。在螺杆的旋转挤压下，熔体膜破碎，水分分离，经常压排气（从排气口直接排出机外）或负压排气（由真空系统辅助排出机外）排出水汽。除去水分的熔料流经第二压缩段和第二计量段，塑化均匀后注射入模。

相比传统的注射成型方法，排气式注射成型具有如下特点：

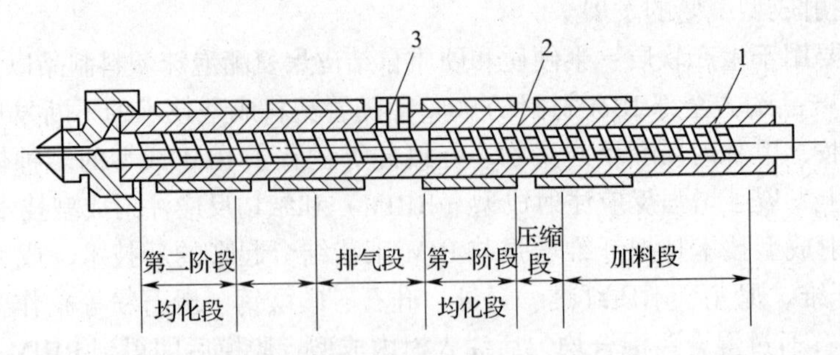


图 5-18　排气螺杆结构示意图

1—加料口　2—螺杆　3—排气口

① 省去了附设的干燥设备，降低了设备的成本。能量消耗也相对较低。

② 排气式注射成型所用注射机料筒中部开设有排气口。熔体塑化时，料筒中的空气、熔体排出的水汽、单体和挥发性物质等均可由真空泵从排气口抽出，增大了塑化效率，减少了制品的外观缺陷，提高了产品的质量和生产效率。

③ 螺杆排气段的螺槽较深，且排气段长度在螺杆作轴向移动时始终对准排气口，可防止熔料从排气口逸出。

④ 熔料塑化质量均匀，注射压力和保压压力较低。

⑤ 生产中模具上很少黏结熔料，清理模具的次数减少，生产率提高。

⑥ 制品外观质量和尺寸稳定性较好，废品率低。

⑦ 有利于均匀分散和混炼各种填料。

## 5.7.2　结构发泡注射成型

结构发泡成型技术源于20世纪60年代，并于70年代初得到了工业化发展。采用该技术注射成型的材料，密度通常在10~60kg/m$^3$之间，是一种表皮坚韧致密，内部呈均匀微细孔洞芯层的连体发泡材料。与传统注射工艺相比，结构发泡注射成型是注射成型工艺中的一项改进技术，适于成型壁厚大于5mm，具有较大质量和尺寸的塑料制品。因气泡的存在，制品不仅密度低、比强度高、机械加工性能好、隔热、吸音，而且抗弯曲性能好、内应力小、使用过程中不易产生大的变形，可广泛应用于建筑、家具、家用电器等领域。

结构发泡注射成型按照原料组分的不同可分为单组分结构发泡注射成型和双组分结构发泡注射成型。

### 5.7.2.1　单组分结构发泡注射成型

单组分结构发泡注射制品由一种塑料构成，表面为致密的皮层，芯层为泡沫。依据成型时压力的高低，单组分结构发泡注射成型又可分为低压单组分结构发泡注射成型和高压单组分结构发泡注射成型。

（1）低压单组分结构发泡注射成型

这种成型方法的特点是模腔压力低（约2~7MPa，普通注塑的模腔压力一般为30~60MPa），所需锁模力较小。常用树脂有PS、PE、PP、PPO、PC、PA和PU。发泡剂多为化学发泡剂，如偶氮二甲酰胺（AC）。成型时，将含有发泡剂的热塑性树脂加入到注射机料筒中融熔塑化，待发泡剂充满熔体时，发泡剂在高温下分解，放出的气体渗入塑料熔体中。熔体和气体的混合物在较高的注射速度下被注入模具型腔，借助气体膨胀将熔体迅速推向模腔壁，充满整个模腔。由于喷嘴的自锁作用和背压作用，料筒内熔体压力高于发泡剂气体的发泡压力，从而阻止了塑料熔体在注入模腔前提前发泡。

低压发泡注射一般采用欠料注射，熔体注入量一般为模腔体积的60% ~70%，即将小于模腔体积的定量熔料注入模腔后，利用发泡剂分解产生的气体使塑料膨胀而充满模腔。成型所需的注射机可采用普通注射机，但需配备自锁喷嘴，以阻止塑料熔体在料筒中提前发泡。

该法的不足是只能生产较小的制品，且制品表面较粗糙。若要生产较大的制品，需选用大型低发泡注射机，也可采用多模具回转注射机或多喷嘴注射机。

（2）高压单组分结构发泡注射成型

高压单组分结构发泡注射成型一般采用满注方式，即模腔的一次充料量等于模腔容积。成型时，将混有化学发泡剂或物理发泡剂的塑料熔体在高压下注满型腔，由于模腔压力高（一般为7 ~15MPa），不能发泡。延时一段时间，待制品表面稍微冷却后，将动模板稍许后移，使模具的动、定模板之间些许分离，模具型腔扩大，模内熔料因模腔体积扩大、模腔压力下降而开始发泡膨胀。模具移动时可以是整个分型面，也可以是局部分型面。

该方法最明显的特点是，制品的发泡倍率可通过调整动模板后退距离而改变，且制品致密表层的厚度可通过冷却时间进行调节。所得制品表面平整，泡孔尺寸均匀，发泡倍率高，密度小。

与低压单组分结构发泡注射成型相比，高压结构发泡法不能使用普通注射机，其所用注射机必须设有二次锁模保压装置。同时，为了防止在二次移动模具时，制品留下折痕、条纹等缺陷，模具制造精度要求很高，故模具造价高。

5.7.2.2 双组分结构发泡注射成型

双组分结构发泡注射成型不同于其他的发泡注射方法。该法采用的注射机有两套独立的料筒和塑化装置，一套用来注射皮层，一套用来注射芯层。皮层和芯层可以是同种塑料，也可以是不同种的塑料。当皮层和芯层为两种塑料时，要求它们之间要有良好的黏合性能，且膨胀和收缩相同或接近，热稳定性和流动性相近，以防止发生剥离现象。芯层物料含发泡剂，皮层物料不含发泡剂。

注射时，首先往模腔内注入一部分不含发泡剂的皮层物料，然后再由另一注射装置将含有发泡剂的芯层物料从同一浇口的另一流道注入模腔，此时必须严格控制好塑料熔体和模具的温度、注射速度和注射压力，防止芯层物料将皮层物料冲破。最后再次注入皮层物料，并使浇口封闭。所得制品具有良好的表面质量，不会产生凹痕，制品表面光洁度较高。

皮层和芯层的材料可根据外观和性能要求以及经济性来选择，具有很高的灵活性。双组分结构发泡注射成型常用的原料有PE、PP、PS及其共聚物、PMMA、EVA、PVC、PC等。双组分结构发泡注射成型除可生产内层发泡、皮层不发泡的制品外，也可生产内层不发泡、皮层发泡的制品。同时，还可采用改性后的皮层、内层物料生产特殊要求的制品，例如：

① 内层为非增强塑料，皮层为填充纤维类的增强塑料时，可用以生产承受弯曲应力和负载作用的制品。

② 内层为填充纤维类的增强塑料，皮层为高光洁度材料时，可用以生产外观和强度要求高的制品。

③ 内层为高强度材料，皮层为耐磨材料时，可用以生产表面耐磨、整体强度高的制品。

④ 内层为导电、导磁材料，皮层为绝缘材料时，可用以生产具有电磁屏蔽、绝缘的制品。

双组分发泡注塑除上述发泡注射成型方法外，现有一种反压发泡注塑成型。其特点在于注射之前先用高压气体（空气或惰性气体）将模具的模腔充满，然后熔料采用欠料注射法注入模腔。由于高压气体的存在，此时熔料无法发泡而获得致密皮层。当注射一定的熔料后，将气体排出以使熔料发泡而充满整个模腔。

利用反压注塑法得到的制品表面光洁度、致密度较好，但需要增设气体蓄压装置，气体压力较高，约20MPa。此外，对模具型腔的密封性要求较高，模具密封控制较难，投资较大，这些都是反压注射法的困难所在。

### 5.7.3　流动注射成型

流动注射是挤出成型和注射成型两种技术相结合的一种新的成型方法。该法采用的注射机为普通的螺杆式注射机，成型时，塑料原料在螺杆的快速转动中不断塑化，并在螺杆的旋转推动下挤入模具型腔，待熔料充满型腔后，螺杆停止转动，并在螺杆原有的轴向推力下使模内熔料保压适当时间。经冷却定型后，开模取出制品，至此完成一个成型周期。

从流动注射的成型过程来看，塑化好的熔料被旋转的螺杆不断挤入模具中，而不是贮存在料筒内。这一成型特点无疑解决了传统注射成型制品重量不能超过注射机最大注射量的缺陷。根据前述，在传统注射成型中，为了保证塑化均匀和制品质量，制品和浇注系统的总重量之和通常不可超过注射机最大注射量的80%，由此限制了大型制品的注射生产。而流动注射克服了设备对生产大型制品的限制，可以生产大重量厚壁制品。

不仅如此，由于塑化好的熔料被螺杆不断挤入模具型腔，因而熔料在料筒内的停留时间短，存料量少，比传统的注射成型更适合于加工热敏性塑料，可很好地防止热敏性塑料在加工中的过热分解，保证生产的顺利进行和制品质量。此外，流动注射成型的制品内应力小。

流动注射成型作为一种新的成型工艺，也有其不足之处。由于塑化好的熔料是凭借螺杆的旋转挤入模具型腔，因而熔料充模时的速度相对较低，流动速率较慢，在成型薄壁、长流程制品时容易出现缺料、充不满模的现象。为此，模具必须加热，并控制在适宜的温度，以促进熔体流动，避免出现过早凝固或产生表面缺陷。

### 5.7.4　气体辅助注射成型

气体辅助注射成型（Gas－Assisted Injection Molding，简称GAIM）是利用高压惰性气体在塑件内部产生中空截面，并推动熔体完成充填过程，实现气体均匀保压，或者利用压缩气体直接实现零件局部高压保压，消除制品成型缺陷的一种新型的塑料加工技术。该技术源于20世纪70年代，并于80年代末的几年内得到了不断完善和发展。到90年代时，GAIM作为一项成功的技术开始进入实用阶段，主要用于生产汽车仪表板、内饰件、大型家具、各种把手以及电器设备外壳等制品。除一些极柔软的塑料品种外，几乎所有的热塑性塑料和部分热固性塑料均可用此法成型。目前，GAIM在美、日、欧等发达国家和地区得到了广泛的应用，被誉为注射成型工艺的一次革命。

GAIM技术具有结构泡沫成型的许多优点，同时又避免了结构泡沫通常遇到的表面缺陷、周期长以及薄壁极限等问题，可以生产大型、复杂、薄厚不均等传统注射成型难以生产的塑件，可明显消除塑件缩痕、翘曲等表面缺陷，节省了原材料，缩短了生产周期，有着巨大的技术优势和显著的经济效益。

本节主要就GAIM的成型原理、工艺特点、工艺类型、成型设备等进行简单介绍。

#### 5.7.4.1　GAIM的成型原理

气体辅助成型的原理是在注射过程中，首先把准确计量的塑料熔体注入模具型腔，然后将一定压力的气体（通常是惰性的氮气）通过附加的气道注入型腔内的塑料熔体里。由于靠近型腔表面的熔体温度低、黏度大，而处于熔体中心部位的温度高、黏度低，因而气体易沿阻力小的方向扩散前进，在中心部位或较厚的部位形成气体空腔。同时，气体作为动力推动熔体充满模具型腔的各个部位，并对熔体进行保压。待熔体冷却成型后，通过排气孔排出气体，再开模取出制品。整个成型过程包括以下五个阶段。

（1）熔体充模阶段

此阶段与传统注射成型有所不同，气体辅助注射成型的充模阶段采用的是“欠料注射”，即熔体不充满整个型腔，而只是充满局部型腔，其余部分要靠气体补充。一般熔体填充至模具型腔体积的70% ~96% 时即停止注射充模，具体注射的塑料熔体量由经验或进行模拟充填来确定。注入的熔体量过大，体现不出气辅注射成型充气减重、改善制品质量和节省生产成本的作用；注入的熔体量过小，填充较晚的部分熔体在注入气体后易被吹穿，使成型失败。

（2）切换延迟阶段

此阶段是指塑料熔体注射结束到气体开始注射的一段时间，称为延迟时间。这段时间虽然很短，但对气辅注射制品的质量有重要影响。延迟时间越长，制品的实芯段就越短，中空壁厚就越厚，甚至会出现迟滞线；延迟时间越短，则越容易造成较短的穿透长度即实芯段较长和较薄的气道壁厚，最终导致制品吹穿。通常，延迟时间要根据具体工艺条件及塑料材质等来确定，一般为0 ~4s。

（3）气体注射阶段

此阶段是从气体开始注射到型腔充满为止的一段时间。这一阶段也非常短暂，对制品质量的影响也极为重要，如控制不好，则会产生空穴、吹穿、注射不足以及气体向较薄部分渗透等缺陷。

（4）保压阶段

保压阶段是指在气体压力保持不变或略有升高的情况下，制件逐渐冷却的过程。在此阶段中，气体由内向外施加压力，以保持制品外表面与模具紧贴。同时，气体在塑料熔体内部继续穿透（称为二次穿透）以补偿因熔料冷却而引起的材料收缩。

（5）气体释放与制件顶出阶段

此阶段是指制件冷却到具有一定刚度和强度后，首先通过排气针或开启浇道把腔内的气体排出，使气体入口压力降为零，然后再开模取出制件的过程。在此阶段中，要求在开模取制件之前，整个工艺过程中的所有气体必须排出，否则会使制件胀大，甚至破裂。排出的气体中约70% 的气体可以重复利用。

5.7.4.2　GAIM 的工艺特点

由 GAIM 成型原理可知，GAIM 成型过程中有一个气体注射阶段，即由气体推动塑料熔体充模、并实施保压。气体辅助技术的引入，使得 GAIM 与传统注射成型工艺相比具有以下明显的优势。

（1）制件轻、原料消耗少

由于气辅技术在制件内充填了一定量的气体，因而原料消耗比传统注射方法可减少10% ~50% ，产品重量轻。

（2）成型压力低、锁模力小

由于气辅成型采用了“欠料注射”，且气体能有效传递压力，因而所需注射压力较低，仅为传统注射成型时注射压力的 10% ~75% ，相应的锁模力也仅为传统注射成型时的 10% ~75% 。

（3）模具成本低、能耗少、设计自由度大

由于注射压力、锁模力降低，成型过程中耗能明显减少，模具损耗降低，使用寿命提高，且不易出现毛刺，节省了模具翻修费用。并因锁模力不高，模具可采用铝合金材料制造，从而大大降低了模具制造成本。同时可采用粗根、厚筋、连接板等稳固结构增加模具设计的自由度。

（4）成型周期短、生产效率高

与传统注射成型周期相比，气辅成型缩短了注射熔料的时间，免去了补缩保压时间，因而冷却时间减少，生产周期缩短约30%，生产率大大提高。

（5）制品质量高、废品率低

与传统注射成型相比，气辅成型的注射压力小，塑料熔体内的气体各处等压，因而型腔内压力分布均匀，制品出模后的残余应力较小，翘曲变形小，尺寸稳定。同时，由于气体的二次穿透可补偿熔体收缩产生的缺料，所以制品表面不会出现凹陷。此外，气辅成型可将制品较厚部分掏空以减小、甚至消除缩痕或表面凝斑，故可成型传统注射工艺难以加工的壁厚尺寸差异较大的制品。

（6）加工原料适用面广

绝大多数的热塑性塑料（增强或不增强的）及部分热固性塑料皆适用于气体辅助注射成型。

当然，气体辅助成型也存在着一些不足：如因需要增设供气装置和充气喷嘴而增加了设备的投资；因制品质量对工艺参数更加敏感而增加了工艺控制的精度要求；因制品在注入气体与不注入气体部分的表面光泽不同而需要花纹装饰或遮盖。

5.7.4.3　GAIM 的工艺类型

根据成型过程中气体注射和熔体前进的方式不同，气体辅助注射成型可分为标准成型法、副腔成型法、熔体回流法、活动型芯法4种。

（1）标准成型法

标准成型法，又称欠料注射。即先向模具型腔中注入经准确计量的塑料熔体（占型腔体积的70%～96%），再通过浇口和流道注入压缩气体，借助气体推动将熔体充满型腔，并实施保压。当塑料熔体冷却至一定刚度、强度后，开模顶出制品。

欠料注射是目前国内企业使用最为广泛的气体辅助注射成型方法。在欠料注射成型中，除了必须精确控制熔料的注入量外，还需控制好高压气体注入的起始时间和气体压力。气体注入太早或初始压力过高，都会使气体冲破塑料熔体；而气体注入太晚或初始压力过低，则又会使制品表面产生停滞痕等缺陷。欠料注射适合生产棒状制品或局部厚壁的板状制品。

（2）副腔成型法

副腔成型法是在模具型腔之外设置一个可与型腔相通的副型腔，如图5－19所示。注射成型时，先关闭副型腔，向型腔中注射塑料熔体，待型腔充满时并进行保压（满料注射）。然后开启副型腔，向型腔内注入气体，因气体的推动、穿透而多余出来的熔体流入副型腔，当气体穿透到一定程度时关闭副型腔，升高气体压力对熔体保压补缩。最后排出气体并脱模。

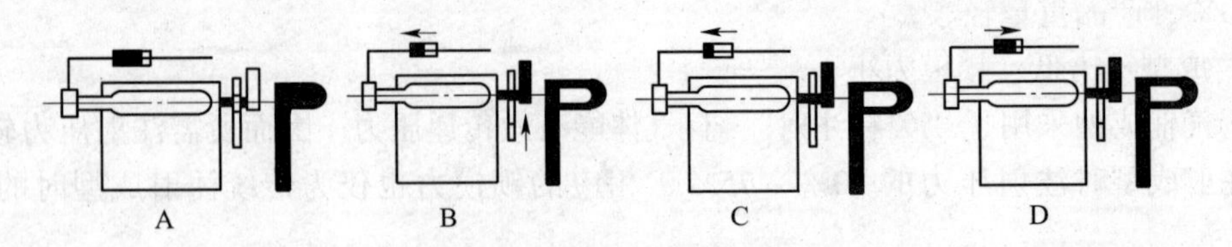


图5－19　副型腔成型法

A—充模并保压　B—打开副型腔注气　C—关闭副型腔保压　D—排气并脱模

该法适用于生产薄壁和多种壁厚的塑件。相比传统的注射方法，可以减少或消除塑件的表面缩痕和翘曲变形，减少注射机的锁模力，也可实现小型号注射机生产大制品。但该种工艺有时需同熔体回流法、活动型芯法结合使用。

(3) 熔体回流法

熔体回流法与副腔成型法的原理类似，即先采用满料注射，然后充入气体。所不同的是模具没有设置副型腔，因气体注入型腔而产生的多余熔体可直接流回到注射机的料筒。

在熔体回流法中，可通过两种方式调节熔料被推出模腔的体积：一种是在保压结束之后，螺杆预先撤到一个预定的位置（液压装置锁定）；另一种是在气体注入过程中，螺杆随之旋转后退。为了保证熔体的回流，浇口和流道的设计尺寸相比传统注射要大一些。由于熔料排出回流较慢，因而该工艺方法主要用于成型壁厚比较大的制品，且可在一定程度上解决注射中回收射出料的问题，减少回收和粉碎浇注凝料等的各种消耗。

(4) 活动型芯法

活动型芯法是在模具型腔中设置活动型芯。注射开始时，使活动型芯先位于最长伸出位置，然后向型腔中注入塑料熔体，待型腔充满并进行保压。接着注入气体，在气体的推动下，活动型芯从型腔中逐渐退出，让出所需的空间。当活动型芯退出至最短伸出位置时，升高气体压力，对熔体进行保压补缩。最后排气并脱出制品。成型过程如图5－20所示。

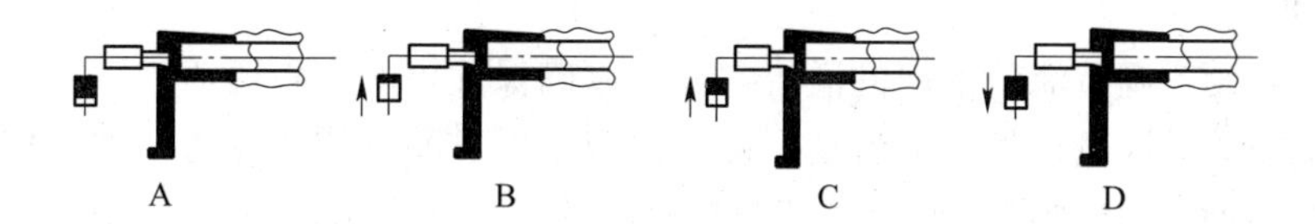


图5－20 活动型芯法

A—充模并保压 B—注入气体型芯退出 C—气体保压 D—排气、制品脱模

该成型方法对气体压力和型芯的后撤速度要求严格，必须确保熔体与型腔壁的良好接触。另外，该法生产的制品表面上容易留有型芯移动时所产生的痕迹。

上述4种方法均属于气体辅助注射成型的内部气压成型。目前，在气体辅助注射成型中又出现了表面气压成型（EGM）和封闭式气体注射成型（SGM）技术。EGM技术主要用以解决塑料收缩率极高或平面上有加强筋时，制品表面容易出现凹坑的问题。成型时，使气体从与制品凹坑相反的表面注入，利用气体膨胀填平凹坑。但该法容易造成充气表面粗糙，一般需借助花纹予以装饰或遮盖。SGM技术是将多个喷气嘴直接镶装在模具上，气体被模内溢出的塑料熔体所封闭，从而达到气体压力控制的目的。SGM技术可由制品的任一表面注入气体，以解决制品的任一局部缺陷，简化了模具设计。主要适用于生产办公设备、家用电器、汽车内外饰件、储存箱、家具等产品。

5.7.4.4 GAIM的成型设备

气体辅助注射成型设备主要由注射机、气体辅助装置、成型模具等组成。

(1) 注射机

气辅成型所用注射机与普通注射机基本相同，只是前者对注射机注射量和注射压力有更高的精度要求，一般注射量精度误差须控制在±0.5%以内，注射压力波动要求相对稳定，而且控制系统要与气体控制单元匹配。气辅成型注射机之所以有这种特殊的要求，主要是由于注入模具型腔的塑料量控制着气体辅助注射成型制品的中空率和气道的形状。

(2) 气辅装置

气辅装置由气泵、高压气体发生器、气体控制装置、进气喷嘴和气体回收装置组成。

气体发生器用于提供注射所需的压缩气体，一般为价廉、易得且不与塑料熔体发生反应的氮气。

气体控制装置包括压力控制阀和电子控制系统，有固定式和移载式两种。固定式的控制装置和注射机连为一体，将压力控制阀直接安装在注射机上，将电子控制系统直接装在注射机的控制箱内。移载式控制装置是将压力阀和电子控制系统单独放在一套控制箱内，使其可在不同的时间和不同的注射机搭配使用。气体控制装置采用特殊的压缩机连续供气，利用控制系统保持气体压力恒定。气体压力一般为5~32MPa，最高可达40MPa，具体大小要依据成型材料的制品形状而定。

进气喷嘴有两类：一类是主流道式喷嘴，即塑料熔体的注射和气体的注入共用一个喷嘴。当塑料熔体注射结束后，喷嘴切换到气体通路上实现气体注入；另一类是气体通路专用喷嘴，又分为嵌入式和平面式两种。

气体回收装置用于回收气体注射通路中残留的氮气。而制品气道中的氮气，因可能混有空气或挥发的添加剂等气体，纯度下降，不在气体回收之列，以免影响制品的质量。

(3) 成型模具

用于气体辅助注射工艺的成型模具有如下特点：

① 模具中一般只有一个浇口，且浇口的位置应保证“欠料注射”时熔料能够均匀地充满模腔。

② 模具中应设置调节流动平衡的溢流空间，以确保理想的空心通道。

③ 模具型腔的设计应尽量保证流动平衡，以减小气体的不均匀穿透。如气体穿透不均匀，将会导致制品各项性质出现严重差异，甚至在制品的某一方向出现吹穿、吹破，产生废品。

④ 如采用多模腔模具时，建议对每一个模腔装配一个可控制的喷嘴。

⑤ 在气辅成型中，模腔数大于4时难于控制，故模腔数应不大于4。

气体辅助注射成型技术作为20世纪90年代初刚刚进入实用阶段的一项革命性技术，在美、日、欧等发达国家和地区正日益得到广泛应用，为塑料制品成型开辟了全新的应用领域。相信在未来的几年里，气辅技术将突破固有的模式，结合计算机辅助模拟和其他形式的注射技术，显示出诱人的应用前景。

### 5.7.5 水辅注射成型

水辅助注射成型（Water - Assisted Injection Molding，简称 WAIM），又称水辅注射成型，是在气体辅助注射成型（GAIM）的基础上发展起来的一种新型的生产中空或者部分中空制品的成型方法。该法形成空腔的原理与GAIM基本相似，只是两者采用的介质不同。WAIM是用水来代替气体辅助熔体流动充模。即在注射成型时，首先向模腔内注入一定量的熔体，然后将高压水注入熔体，由于水蒸发，水与聚合物熔体之间的界面会形成一高度黏性膜，推动黏度较低的熔体向前运动，从而使制品内部形成中空。

与GAIM技术相比，WAIM技术起步较晚，尽管早在20世纪70年代初期就有人提出将流体（水、油等）注入聚合物熔体中成型中空制件的概念，但WAIM技术真正兴起始于1998年，在著名的德国亚琛理工大学塑料加工研究中心召开的技术研讨会上首次提出了这一新兴的成型技术。随着注射设备的改进，控制技术水平的提高，特别是GAIM技术在应用中暴露的一些不足（如生产大直径导管，气辅注射冷却慢、周期长；气体在制品内部停留时间过长易导致发泡现象；不能成型形状复杂的制品等），促进了WAIM技术的发展。目前水辅助注射技术已开始应用于汽车工业、家用电器等生产领域。本节现就这一新兴的注射成型技术的原理、特点、类型及设备做简单的介绍。

5.7.5.1　WAIM 的成型原理

WAIM 的成型原理是利用增压器或空气压缩机产生高压水，经过活塞式喷嘴将高压水注射到预先填充了部分熔体的模腔中，借助水的压力将熔体向前推进而使熔体充满整个模腔。当水在熔体中流动时，它通过置换熔料而掏空厚壁截面，形成空腔，而被置换出来的熔料填充制件的其余部分。成型过程中的保压和冷却也依靠水来完成。冷却成型后，排水并开模取出制品。整个成型过程与 GAIM 相似，也由 5 个阶段组成，不同的是将气体介质换成了水，具体包括熔体充模阶段、切换延迟阶段、水注射阶段、水保压阶段、水排出与制件顶出阶段。

不过，WAIM 的排水要比 GAIM 的排气复杂一些，需要通过特殊的方法排水。目前采用的排水方法主要有 4 种：采用压缩空气将水吹出；在水中加入发泡剂以产生压力排出水分；注入液体发泡剂以产生排水压力；将水蒸发进行排水。对于因形状复杂而导致排水不完全的制品，必须在制品脱模后将空腔中残留的水排净。如若生产外层为透明塑料、芯层为彩色水的制品时，则无需排水，而是将带有颜色的水注入到熔体芯部，并使其保留在制品内部。

5.7.5.2　WAIM 的成型特点

WAIM 成型除了具有耗材少、设备费用低、能耗低、制品机械性能好、翘曲变形小、表面无缩痕等一系列 GAIM 成型的优点外，还具有一些优于 GAIM 成型的特点：

（1）冷却时间短

WAIM 成型中的辅助介质水对制件内表面具有直接的冷却作用，加之水的热导率是气体的 40 倍，比热容为气体的 4 倍，因而制件的冷却时间大大缩短。在相同的原材料和注射条件下，冷却时间可比气辅注射成型减少 30% ~70%，成型周期一般仅仅为气辅注射成型周期的 1/4。

（2）辅助介质便宜

WAIM 辅助介质水的获取比氮气容易，成本也更低，而且可以循环利用，因而生产成本大大降低。

（3）不易产生起泡现象

GAIM 成型中的气体很容易渗入或溶解于聚合物熔体。当生产直径相对较大的介质导管时，由于制品壁厚较大，气体在制品内部停留的时间过长，往往会造成熔体发泡，使制件内表面布满气泡。WAIM 成型技术则可避免这一现象的发生，因为水很难渗入或溶解于聚合物熔体。因而，WAIM 成型能够克服 GAIM 不能生产大直径制品的缺点，且可保证制品内表面光滑。

（4）适宜生产薄壁、带加强筋的制品

气体可压缩，而水的压缩性很小，且水的黏度比气体大。当水作用在熔体内部时，水就相当于一个柱塞推动熔体往前流动，从而可成型残留壁厚更薄、内表面更光滑、直径更大、外型美观、带加强筋等类型的制品。另外，气体在聚合物熔体内流动时容易分叉，会产生“指状效应”等一些不可预料的结果。而 WAIM 成型中水易控制，且冷却均匀，从而可得到壁厚均匀、尺寸稳定性好的制件。

（5）模具锁模力低

在水辅注射成型过程中，对模具并不需要用太大的夹紧力，利用该技术即使在低压成型设备上也可用来生产大型制件。

（6）原料要求严格

WAIM 成型对塑料原料的要求很严格，目前只能适用于部分塑料。主要原料有尼龙 66 和聚丙烯。此外还有聚碳酸酯、丙烯腈 - 丁二烯 - 苯乙烯共聚物、抗冲聚苯乙烯、聚对苯二甲酸丁二酯及热塑性弹性体等。

任何一种成型方法都有其优点与不足，WAIM 成型也不例外。在 WAIM 成型中，如果模具密封性不好，容易飞溅水花。此外，高温注射成型时，需采用加压水，以防产生气泡。另外，注射水道要比气辅成型中的气道要大，而且模具应选择耐腐蚀性能好的材料。

5.7.5.3 WAIM 的工艺类型

WAIM 工艺过程与 GAIM 相似，只是辅助介质的引入与排出方式有所不同。常用的成型方法主要有欠料注射、溢流注射、回流注射、流动注射 4 种。

（1）欠料注射

该法是先在型腔内注入部分塑料熔体，然后关闭熔体的注射喷嘴，打开水的注射阀，由水推动熔体充满整个型腔，并进行保压。在整个充填型腔的过程中，应防止熔体和水倒流，仅在充填型腔末端或附近留有排水阀，以便水能在压缩空气的推动下排出型腔。此法的优点是没有废料，水的进出口可设计在同一点或相近位置，从而使模具的设计相对简单。适合于厚壁制件的一次成型，且无废料、凝料，节省原材料。不适于成型表面质量要求高的制件，且各种工艺条件（如熔体注射、注水压力和注水延迟时间等）要求控制得非常严格。

（2）溢流注射

该法所用成型模具带有溢流腔，并在模腔与溢流腔之间安装溢流阀以控制溢流通道的启闭。成型时，首先使塑料熔体充满型腔，然后开启注水孔注入介质水，同时打开溢流阀，使塑料熔体在水的压力作用下转移至溢流腔，成型中空制件。水则利用重力作用或蒸发排出型腔。此法的优点是可生产表面质量优质的制件，且所需水压比欠料注射低很多。缺点是废料较多，原材料浪费较大，制品需去除凝料。

（3）回流注射

该法是先将塑料熔体完全充满型腔，而后打开设在熔体流动末端的水阀注入水，利用高压水把过多的余料通过喷嘴反推到注塑机机筒。此法的优点是没有废料，制件精度高。缺点是需要特制的喷嘴和止逆环（或挡圈）来调节返回的余料进入机筒。同时要控制各部分的压力保持一致，工艺控制难度较大。

（4）流动注射

该法是欠料注射和溢流注射相结合的工艺方法，在模具型腔末端开设有专门的出水口，并由电子阀控制。成型时，首先进行欠料注射，而后注入水，将熔体推进到型腔末端。当熔体充满型腔时，打开电子阀，水在注射压力的作用下穿透熔体，进入循环系统进行再循环。此法的优点是节省材料，冷却效率高。缺点是在制品的顶部容易产生缺陷。

5.7.5.4 WAIM 成型设备

WAIM 成型设备主要包括注射机及水压辅助注射装置。其中，用于 WAIM 的注射机为精密注射机，其注射量和注射压力控制精度较高；水压辅助注射装置通常由往复式水泵、压力调节阀、换向阀、水箱等部分组成。各部分的工作原理如下：

在熔体注射期间，通过换向阀使压力水输送管道与水箱组成回路。水泵将水箱中的水抽出，压入输水管道，经换向阀流回水箱，整个水压系统处于循环状态。

熔体注射完毕，通过换向阀使压力水输送管道与模具型腔形成通路，以使压力水注入熔体之中。

水注射完毕，由压力调节阀控制保压压力，当压力高于设定值时，少量水从压力调节阀流回水箱，维持压力恒定。

冷却定型后，经换向阀使水箱与模具型腔形成通路，以使制品空腔中的水流回水箱。

该系统的水箱设有加热温控装置，根据成型原料和制品的不同可将水温控制在10~80℃。

WAIM作为一种新兴的注射成型技术，尽管在很多方面相对于其他注射成型工艺有着明显的优势，但由于该工艺的发展时间短，研究成果少，其在成型机理、工艺、模具和设备等各方面都还有待于深入研究。尤其是我国的水辅注射成型技术尚处于起步阶段，目前国内还没有成套的商业化WAIM设备。希望随着塑料、电讯、汽车及制造技术等工业的发展，能够大力推动这一新技术的引进、研究和发展，以使WAIM成型技术在未来拥有更加广阔的应用前景。

## 思考题

1. 注射机有哪些种类？
2. 注射机公称注射量的物理意义是什么？
3. 试分析说明不同塑料黏度、模具温度及不同形状的制品对注射压力的选择有何要求？
4. $F \geqslant KPA$，为何黏度低，模温高时$K$取大值？
5. 可采取哪些方法来提高塑化能力？
6. 注射速度与注射速率有何区别？它们如何影响制品的质量？
7. 为何提高柱塞式注射机的塑化能力存在一定的局限性？
8. 分流梭是如何解决柱塞式注射机塑化量与温度梯度间的矛盾的？
9. 喷嘴有哪些类型和特点？如何选用？
10. 注射模由哪儿部分组成？各部分起何作用？
11. 料筒清洗时，应遵循什么原则？
12. 简述加热效率的物理意义。
13. 注塑包括哪两个过程？其中对塑化过程有什么要求？
14. 简述一个注射成型周期内，模内压力和温度随时间的变化规律。
15. 注塑模塑的工艺条件有哪些？如何控制料筒温度？
16. 分析注射压力对熔体流动及最终制品性能的影响。
17. 热固性塑料采用注射成型加工时对原料有何要求？
18. 用于热固性塑料的注射机螺杆有哪些特点？
19. 与热塑性塑料相比，热固性塑料的注射成型有何特点？
20. 如何控制热固性塑料成型时的料筒温度？
21. 试述橡胶注射成型的工艺特点。
22. 用于橡胶注射成型的设备有哪些特点？
23. 反应注射成型中的工艺控制要点有哪些？
24. 何谓排气式注射成型？简述其成型原理和工艺过程。
25. 按照原料组分的不同，结构发泡注射成型有哪几种成型方法？
26. 何谓流动注射？该成型方法有何特点？
27. 何谓GAIM技术？简述其成型原理和工艺过程。
28. GAIM的工艺类型有哪些？该技术对设备有何要求？
29. 何谓WAIM技术？简述其成型原理和工艺过程。

## 参考文献

1. 吴　刚. 高分子材料成型加工技术的进展［J］. 广东化工，2008（35）9：3-8.

2. 吴健文. 塑料注射成型技术的最新进展 [J]. 国外塑料, 2010 (28) 3: 49-51.
3. 王玉洁, 黄明福, 陈晋南. 注射成型技术研究进展 [J]. 广东化工, 2007 (34) 2: 31-33.
4. 刘泽宇, 张志洪. 注塑成型技术进展 [J]. 塑料制造, 2009, 4: 55-57.
5. 李高达. 浅谈塑料成型加工工艺 [J]. 太原科技, 2008, 1: 13-14.
6. 陈世煌. 塑料成型机械 [M]. 北京: 化学工业出版社, 2005. 9.
7. 屈华昌. 塑料成型工艺与模具设计 [M]. 北京: 机械工业出版社, 2001. 6.
8. 张明善. 塑料成型工艺及设备 [M]. 北京: 中国轻工业出版社, 1998, 12.
9. 杨鸣波. 聚合物成型加工基础 [M]. 北京: 化学工业出版社, 2009, 7.
10. 周达飞, 唐颂超. 高分子材料成型加工 [M]. 2版. 北京: 中国轻工业出版社, 2006.
11. 史玉升, 李远才, 杨劲松. 高分子材料成型工艺 [M]. 北京: 化学工业出版社, 2006, 7.
12. 胡海青. 热固性塑料注射成型 [J]. 热固性树脂, 2001 (16) 1: 48-53.
13. 胡海青. 热固性塑料注塑成型综论 [J]. 塑料科技, 2001 (148) 8: 41-46.
14. 陆 军, 陈中燕. 浅谈橡胶注射模具的设计 [J]. 特种橡胶制品, 2010 (31) 4: 39-41.
15. 张惠敏. 橡胶注射成型技术 [J]. 特种橡胶制品, 2005 (26) 5: 33-36.
16. 李明华, 张志洪. 高分子材料的反应成型技术 [J]. 模具制造, 2010, 4: 65-69.
17. 曹长兴, 李 碛. 反应注射成型设备混合系统的类型与性能 [J]. 塑料科技, 2004 (160) 2: 42-46.
18. 王保金. 聚合物反应加工技术进展 [J]. 辽宁化工, 2008 (37) 5: 310-312.
19. 杨德森, 陈卫红, 吴大鸣, 等. 排气式注射机的设计与开发 [J]. 塑料, 2006 (35) 6: 75-78.
20. 陆久迪, 马继宏, 华健华. 结构发泡和结构腹隔及相关成型技术 [J]. 橡塑技术与装备, 2003 (29) 4: 12-15.
21. 陈勋法. 塑料注塑成型——结构发泡 [J]. 橡塑技术与装备, 2004 (30) 7: 24-27.
22. 谭艳雄. 复合型双物料流动注塑成型机 [J]. 橡塑机械时代, 2007 (228) 12: 14-15.
23. 李红林, 贾志欣. 气体辅助注射成形的分类研究及应用 [J]. 电加工与模具, 2006, 1: 41-44.
24. 蒋 晶, 李 倩, 侯数森. 工艺参数交互作用对气辅成型制品质量的影响研究 [J]. 工程塑料应用, 2008 (36) 7: 26-29.
25. 丁 海. 浅谈气辅成型过程中工艺参数对制品性能的影响 [J]. 橡塑资源利用, 2009, 6: 17-19.
26. 董金虎. 气体辅助注射成型过程中工艺参数对产品质量的影响 [J]. 塑料工业, 2008 (36) 2: 30-33.
27. 杨 斌, 杨 伟, 杨鸣波, 等. 聚合物气体辅助注射成型制品的形态结构 [J]. 高分子通报, 2008, 11: 1-11.
28. 姜少飞, 张佳博, 柴国钟, 等. 外部气体辅助注射成型技术研究进展 [J]. 模具工业, 2010 (36) 8: 46-50.
29. 吕孟春, 马国亭. 气体辅助注射成型设计 [J]. 模具制造, 2010, 4: 48-54.
30. 邱水金, 姜少飞, 柴国钟, 等. 气体辅助注射成型技术进展 [J]. 轻工机械, 2008 (26) 5: 1-3.
31. 金俊丽, 赵 川, 杨 洁. 气体辅助注射成型工艺参数优化研究 [J]. 工程塑料应用, 2009 (37) 7: 39-42.
32. 柳和生, 魏常武, 周国发. 工艺条件对气体辅助注射成型的影响 [J]. 现代塑料加工应用, 2008 (20) 3: 46-49.
33. 雷 军, 刘 峥. 气体辅助注射技术及其他介质辅助成型最新进展 [J]. 塑料科技, 2004 (162) 4: 48-52.
34. 张惠敏, 焦冬梅. 流体辅助注射成型技术 [J]. 上海塑料, 2004 (125) 1: 21-25.
35. 郑建华, 瞿金平, 周南桥. 水辅助注射成型技术研究进展 [J]. 工程塑料应用, 2003 (31) 7: 65-68.
36. 刘旭辉, 曲 杰, 黄汉雄. 水辅助注塑技术研究进展 [J]. 塑料, 2008 (37) 4: 69-72.
37. 曲 杰, 黄汉雄. 水辅助注塑制件壁厚分析 [J]. 高分子材料科学与工程, 2008 (24) 7: 20-23.
38. 贾振华, 郑国强, 郝晓琼. 水辅注射成型技术的特点及研究进展 [J]. 现代塑料加工应用, 2009 (21) 5: 60-63.
39. 孙 玲, 刘东雷. 水辅注射成型技术综论 [J]. 工程塑料应用, 2006 (34) 9: 78-81.
40. 熊爱华, 柳和生, 黄兴元, 等. 新型注射成型技术水辅助注射成型 [J]. 塑料, 2009 (38) 5: 34-37.

# 第6章　中 空 吹 塑

## 6.1　概述

中空吹塑成型是将挤出机挤出或注射机注射出的、处于高弹性状态的空心塑料型坯置于闭合的模腔内，然后向其内部通入压缩空气，使其胀大并贴紧于模具型腔表壁，经冷却定型后成为具有一定形状和尺寸精度的中空塑料容器。该成型方法以生产的产品成本低、工艺简单、附加值高等独特的优点得到了广泛的应用。

中空吹塑成型是热塑性塑料的一种重要的成型方法，也是塑料包装容器和工业制件常采用的成型方法之一。包装容器从容量几毫升的眼药水瓶，到容量大到几千升以上的贮运容器以及各种工业制件，诸如各种塑料瓶子、水壶、提桶、玩具、人体模型、汽车靠背及内侧门、啤酒桶、贮槽、油罐及油箱等中空塑料制品均可采用吹塑成型方法生产。因此，中空吹塑成型制品，在化妆工业、油漆工业、医药行业、饮料及食用植物油等的包装中，占有越来越重要的地位。到目前为止，各种吹塑成型的中空制品，在国内市场的总需求量已逾百亿只。

### 6.1.1　中空吹塑成型对原料的要求

从理论上来讲，凡热塑性塑料都能进行吹塑加工，但若要满足中空塑件的加工和使用要求，还须具备如下条件：

① 良好的耐环境应力开裂性　因为中空容器常会同表面活性剂等接触，在应力作用下应具有防止龟裂的能力，因此应选用相对分子质量大的塑料。

② 良好的气密性　所用材料应具有阻止氧气、二氧化碳及水蒸气等向容器壁内或壁外透散的特性。

③ 良好的耐冲击性　为了保护容器内装物品，塑件应具有从一定高度跌落下来不破裂的性能。

中空制品质量优劣，除了受原料及其成型工艺参数的影响之外，还与模具结构设计、成型收缩率选择和加热与冷却装置设计等因素密切相关。正是由于受诸多因素的制约，在生产实践中能用于吹塑的树脂并不多，其中以聚乙烯、聚氯乙烯、聚丙烯、聚苯乙烯、聚对苯二甲酸乙二酯、聚碳酸酯、聚丙烯酸酯类、聚酰胺类、醋酸纤维及聚缩醛等可作为理想的吹塑材料。目前以聚乙烯和热塑性聚酯使用最为广泛。

### 6.1.2　中空吹塑成型常用的方法

在吹塑成型塑料容器时，其共性是将其处于高弹态下的熔融塑料型坯，在特定温度下利用压缩空气进行纵横拉伸吹塑而成型。随着生产实践的不断深入，中空吹塑成型已发展成为多种方法并存的一大类成型方法。实际生产中，人们往往根据不同的习惯来予以分类，譬如：按型坯的成型工艺不同，中空吹塑成型可分为挤出吹塑和注射吹塑两大类；按照吹塑拉伸情况的不同又可分为普通吹塑和拉伸吹塑两类；按照产品器壁的组成又分为单层吹塑和多层吹塑两大类。通常可按型坯的成型方法、型坯状态及生产步骤等方法进行分类，如表6－1所示。随着生产技术的发展，目前用得最多的是挤－拉－吹塑和注－拉－吹塑一步法。前者以生产大中型产品居多，后者以生产中小型、高精度透明容器为主，但最常用的成型方法有以下3种。现将常用的方法介绍如下：

表6－1　　中空吹塑成型方法分类

| 按型坯成型方法分类 | 按型坯冷热状态分类 | 按工艺过程步骤分类 |
|---|---|---|
| 挤出吹塑成型 | | |
| 注射吹塑成型 | 热型坯法 | 一步法（挤－拉－吹，注－拉－吹） |
| 拉伸吹塑成型 | | 二步法（注吹分开、挤吹分开） |
| 多层吹塑 | 冷型坯法 | 三步法（挤管、封口、吹塑分开） |
| 片材吹塑成型 | | |

6.1.2.1　挤出吹塑成型

挤出吹塑成型是制造塑料容器使用最早、最多的一种工艺方法，据资料介绍，世界上80% ~90% 的中空容器是采用挤出吹塑成型的。挤出吹塑成型主要用来成型单层结构的中空容器，其成型的容器容量，最小的为几毫升，最大的可达几万毫升。挤出吹塑成型是将热塑性塑料熔融塑化，并通过挤出机机头挤出型坯；然后将型坯置于吹塑模具内，通入压缩空气（或其他介质），吹胀型坯，冷却定型后，从模具内取出制品。其主要优点是生产的产品成本低廉、设备与模具结构简单、效益高，突出的缺点是制品壁厚尺寸有差异、均匀性不易控制。

当今工业化的挤出吹塑有多种具体的实施方法，处于主体地位的有直接挤出吹塑和储料缸式挤出吹塑两种。此外，还有诸如有底型坯的挤出吹塑、挤出片状型坯的吹塑和三维吹塑等成型方法，除三维吹塑主要用于制造异型管等工业配件（如汽车用异型管）外，其余几种方法均用于制造包装容器。

挤出吹塑主要用来成型单层结构的容器，其成型的容器包括牛奶瓶、饮料瓶、洗涤剂瓶等容器；化学试剂桶、农用化学品桶、饮料桶、矿泉水桶等桶类容器；以及200L、1000L的大容量包装桶和储槽。成型常用的塑料有低密度聚乙烯（LDPE）、高密度聚乙烯（HDPE）、聚氯乙烯、聚丙烯、乙烯－乙酸乙烯酯共聚物（EVA）、聚碳酸酯等聚合物。

6.1.2.2　注射吹塑成型

注射吹塑成型是采用注射成型工艺，制取有底型坯，然后转移到吹塑模具内，用压缩空气将型坯吹胀，冷却定型后，从模具内取出制品。此法的优点是：制品壁厚均匀，无飞边，无须后加工，且螺纹口规整；由于注塑型坯有底，制品底部无拼接缝，因而强度好，生产效率高。主要缺点是设备与模具价格昂贵，多用于小型中空制品的大批量生产。

与挤出吹塑成型的主要不同之处在于注射吹塑的型坯是采用注射的方法制备的。

根据型坯从注射模具到吹塑模具中的传递方法的不同，注射吹塑机有往复移动式与旋转运动式两类。采用往复式传送型坯的机器一般只有注射、吹塑两个工位，而旋转式传送型坯的机械有3个工位（注射、吹塑与脱模）或4个工位（注射、吹塑、脱模与辅助工位）。辅助工位可用于安装嵌件或进行安全检查，即检查芯棒转入注射工位之前容器是否脱模，或者在该工位进行芯棒调温处理，使芯棒在进入注射工位时，处于最佳温度状态。如果将辅助工位设于吹塑工位与脱模工位之间，还可在该辅助工位对吹塑容器进行装饰及表面处理，如烫印、火焰处理等。

注射吹塑适用于多种热塑性塑料的成型加工，如聚苯乙烯、聚丙烯腈、聚丙烯和聚氯乙烯等。它主要用于吹制小容量器皿，代替玻璃制品用于日化产品（如化妆品、洗涤剂）、食品及药品的包装。产品的形状有多种选择，除圆形之外，亦可制成椭圆形、方形及多角形等。

6.1.2.3　拉伸吹塑成型

拉伸吹塑成型又称为双轴取向拉伸吹塑成型。它是将挤出或注射成型的型坯，经冷却后，再次加热，然后用机械的方法及压缩空气施以外力，使型坯沿纵向及横向进行吹胀拉伸、最终冷却定型的方法。用此种方法吹塑成型的中空制品，可使材料分子在双轴取向作用下，制品透明性得到改善，强度显著提高。根据型坯制造的工艺不同，拉伸吹塑分为注射拉伸吹塑及挤出拉伸吹塑两类。若拉伸吹塑成型在同一机组完成，称为一步法；若拉伸吹塑成型采用型坯的制造及型坯的吹胀分步进行的方法，称为两步法。

拉伸吹塑技术开发初期仅用于生产小容器，目前已能生产容积达20L的容器。原则上多种热塑性塑料均可采用拉伸吹塑的方法生产塑料容器，但目前采用拉伸吹塑成型的塑料基本上尚局限于聚对苯二甲酸乙二酯（PET）、聚丙烯、聚氯乙烯以及聚丙烯腈、聚碳酸酯等塑料。

### 6.1.3 中空吹塑技术的发展

自20世纪中叶德国人发明了用热塑性塑料生产瓶子的加工方法和装置以后，挤出中空成型就开始在欧洲发展。半个世纪过去了，热塑性塑料中空吹塑技术有了长足的进步，中空吹塑不仅用于成型各种瓶子，而且还用于成型大小不同、形状各异的生活用品和工业用品的容器，以及各种形状复杂的中空工业零件（三维中空吹塑）；成型用的材料从单层发展到双层和多层；吹塑工艺有挤出吹塑、注射吹塑、挤出拉伸吹塑、注射拉伸吹塑和片材吹塑成型等多种。

近年来，吹塑工艺继续向着更大的和更多样的中空制品以及更快的生产速度和更高的品质的方向发展，计算机模拟技术在中空吹塑的进一步发展过程中也成为越来越重要的辅助手段。

## 6.2 中空吹塑设备

无论是挤出吹塑还是注射吹塑成型的设备通常都是由型坯成型装置、吹胀装置、辅助装置和中空吹塑模具等部分组成。

### 6.2.1 型坯成型装置

型坯成型装置是指包括挤出机或注塑机在内，以及挤出型坯用的机头或注塑型坯用的机头和模具等设备。

#### 6.2.1.1 挤出机

挤出机是挤出吹塑装置中的最主要的设备。吹塑制品的力学性能和外观质量、各批成品之间的均匀性、成型加工的生产效率和经济性，在很大程度上取决于挤出成型机的结构特点和正常操作。在选择挤出吹塑机组时，应考虑挤出成型机如下性能。

（1）挤出机的基本性能

挤出机的基本参数是选择挤出机的主要依据。其中，应考虑合乎质量要求的产量、名义比功率及比流量。通过各种型号挤出机基本参数的对比，选择能获得最高产量、最低能源消耗、售价适宜的挤出机。

（2）挤出机的成型加工性能

挤出机应具有良好的成型加工性能，操作方便、成型特性参数稳定、容易维修的特点。而且，挤出机的易损件、维修配件能方便购买。挤出机的成型特性参数主要是温度、压力及熔体流动速率。挤出吹塑成型与其他成型工艺相比较，往往要求挤出机在相对低的温度下运转，塑料混炼均匀。因此，在加工一些黏度较高的塑料时，挤出机本身要能承受较高的反压力和剪切力，还要能够准确地控制挤出机的加热温度、熔体压力和流动速率。挤出吹塑机组采用的挤出机，应能以最低的温度、压力与流动速率，挤出混炼均匀的熔体型坯。

(3) 挤出机的稳定性和安全性

挤出机的性能要稳定，成型加工特性参数的重现性要好，波动性要小，而且挤出机要有较好的保护性能（包括机械本身和操作人员的保护）。这些都是选择挤出机时所应考虑的首要因素。

6.2.1.2　注塑机

注射机的作用，是将塑料输送、熔融、混炼成塑化均匀的熔体，并且以一定的注射压力和注射速度将设定质量的熔融物料经喷嘴从流道注入型坯模具，经冷却后制成有底的管状型坯。

注射系统主要由料斗、螺杆、料筒、喷嘴、螺杆转动装置、注射座移动油缸、注射油缸、计量装置等组成。

注射系统可采用垂直往复式注射机或水平往复式注射机。垂直注射机比水平注射机结构简单，在相等的充模速度、较低的注射压力下，当公称注射量相同时，垂直注射机部件少、能耗小、占地面积少、维修简便，适用于要求低剪切、低熔融温度、不适宜高扭力的材料。水平注射机的结构虽然比较复杂，但其操作方便，运行可靠性好，反而被大多数容器制造厂接受。

6.2.1.3　型坯机头

(1) 挤出吹塑型坯机头

经挤出机熔融混炼的熔体，流经机头，并由机头挤出或压出为型坯。机头是形成型坯的主要装置，其作用是：使物料由螺旋运动变为直线运动；产生必要的成型压力，保证制品的密实；使物料通过机头得到进一步的塑化；通过机头成型所需要的端面形状的型坯。机头由滤板及滤网组件、连接头、型芯组件、加热器等部件组成。根据不同的机头结构，型芯组件可包括模套、模芯、分流梭、储料腔、型坯厚度调节及控制装置。机头是挤出吹塑成型的重要装备，可以根据所需型坯直径、壁厚的不同予以更换。

① 型坯机头的形式　型坯机头包括中心进料直角机头、侧向进料直角机头和储料缸机头几种不同形式。所谓直角机头是指型坯挤出方向与螺杆轴线垂直的一种机头形式。

a. 中心直角机头主要特征是机头内设置分流梭（图 6-1）。分流梭一般由分流头（鱼雷头状）、分流筋、芯棒等组成。从挤出机挤出的熔体，经挤出机机头，从分流梭顶端的中心位置进入机头，并按圆周分布经分流筋，分成若干股熔体，在芯棒处重新汇合，挤出成型坯。这种机头的结构特点是流道存料少，型坯厚薄易控制，出料较稳定，比较适合聚氯乙烯塑料等热敏性塑料的加工，特别适用于透明无毒容器的成型。因此主要用于聚氯乙烯等热敏性塑料，也可用于聚烯烃塑料的成型加工。

b. 侧向进料直角机头的特征是熔体由侧面方向进入机头芯棒后，经支管径向分流，并从径向流动逐渐过渡到轴向流动。芯棒在熔体分流转向位置可设计成不同形状，因此出现了不同结构特征的侧向进料机头，并根据其形状予以命名，如环形侧向进料直角机头、心形侧向进料直角机头和螺旋形侧向进料直角机头等。

环形侧向进料直角机头的结构如图 6-2 所示，机头芯棒在熔体入口部位开设环形槽使进入机头的熔体成为环形熔流进入芯棒。环形槽流动截面积较大，熔体的流动阻力小，熔体可以快速地沿环形槽径向流动，并在入料口相对的另一侧汇合，沿轴向挤出成型坯。这种机头的优点是结构简单，制造方便，流道长度较短，型坯只有一条熔合线；缺点是难以保证型坯径向厚度的均匀性。环形侧向进料直角机头主要适用于中、小容量的聚烯烃吹塑容器的成型加工。

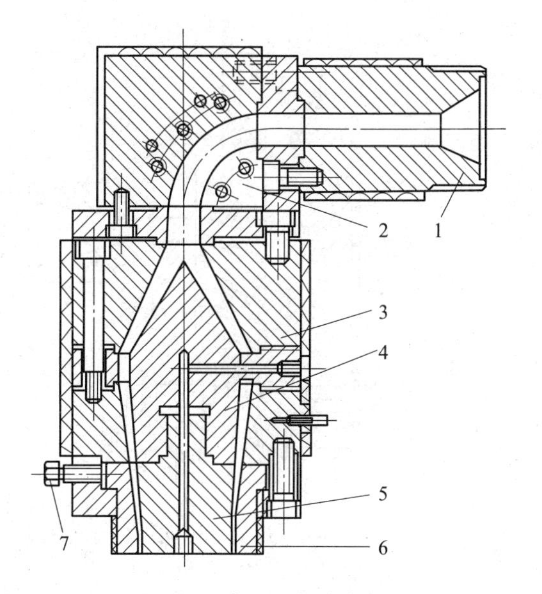


图6－1 中心进料直角机头
1—挤出机机头 2—直角连接体 3—模体 4—分流梭
5—模芯 6—模套 7—调节螺丝

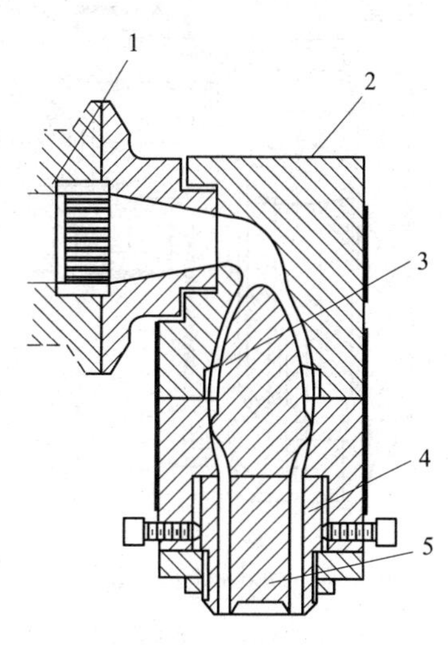


图6－2 环形侧向进料直角机头
1—挤出机 2—模体
3—分流梭 4—模套 5—芯模

心形侧向进料直角机头的结构如图6－3所示，机头芯棒在熔体入口部位设计成心形，进入机头的熔体被分成两段，在径向流动的同时进行轴向流动，最后汇成一条熔合线，挤出成型坯。这种形式的机头，使挤出的型坯壁厚趋于均匀。并且由于流道具有流线型，使熔体的流动通畅，流速高，残存熔体量少，容易拆下清理。这类机头适用于聚烯烃类塑料，也可用于聚氯乙烯等塑料的成型；它可成型纵向带双色条纹型坯，或带透明嵌条的双色型坯；它还适用于需经常更换型坯颜色及材质的吹塑容器的成型加工。

螺旋形侧向进料直角机头的结构如图6－4所示，在机头芯棒的入口处设计成螺旋形，熔体从螺旋形芯棒的中心孔进入机头，再从中心孔径向上的一个或多个孔，侧向流入单头或多头螺旋流道。这时大部分熔体沿螺旋流道流动，少部分熔体沿轴向漏流。最后，流体沿芯棒成轴向流动，挤出成型坯。螺旋形机头的结构紧凑，熔体流动的均匀性好，不形成汇合线，压力消耗较低，制品性能较均匀，但制造费用较高，清理不容易操作。

c. 储料缸机头的结构如图6－5所示，从挤出机挤出的熔体，经机头中心孔进入机头内的储料缸，储料缸内有能上下运动的环形活塞。进入储料缸内的熔体，达到一定控制量（可用活塞上行预设行程位置或预设时间控制）时，活塞向下运行，机头的液压系统开始工作，通过活塞快速地把贮存的熔体压出，形成型坯。型坯的形成是按“先进先出”的原则进行的，在压出型坯的过程中，挤出机仍在连续运转。这样，型坯自重下垂和缩颈现象会明显减少，从而提高了型坯壁厚的均匀性。若在储料缸直角机头上安装可编程序控制器，则在型坯纵向（或横向）截面，可实现多点壁厚控制。

中心和侧向进料直角机头，常用于连续挤出吹塑成型，而带储料缸直角机头适用于大、中容量的聚烯烃容器吹塑成型。

② 机头口模　机头口模是指模芯和模套。模芯一般与芯棒或分流梭相连；模芯和模套必须配套使用，并且是可更换的；模芯与模套的边缘要呈圆角，以减少残存物料，模芯端面一般比模套端面突出0.25～0.50mm。

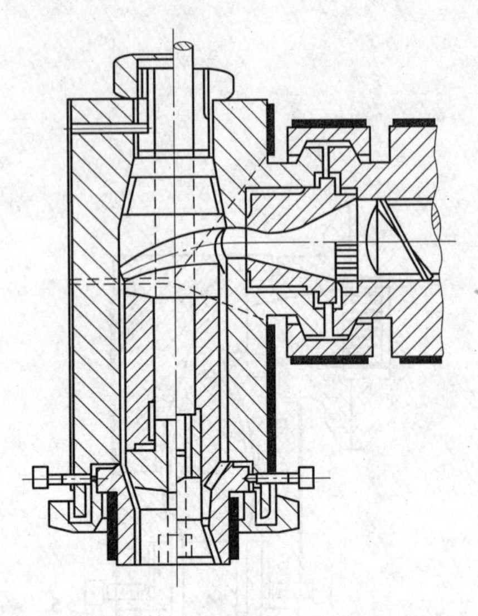

图 6-3　心形侧向进料直角机头

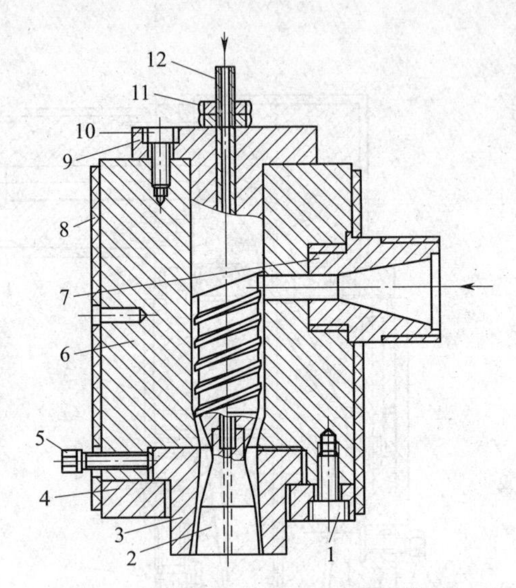


图 6-4　螺旋形侧向进料直角机头

1—内六角螺钉　2—芯模　3—口模　4—压环
5—调节螺钉　6—机头体　7—接颈　8—电热圈
9—芯棒　10—内六角螺钉　11—螺母　12—芯轴

③ 型坯机头的工艺要求　在吹塑成型中，无论采用哪种形式的机头挤出型坯，都必须使型坯达到要求，从工艺角度对机头提出的要求如下：

a. 机头流道需呈流线型，且流道的表面必须高度光洁，不应有死角，以避免树脂滞留，这个要求对热敏性的材料尤其重要。

b. 为保证物料通过口模能获得具有规定的断面形状和足够的定型时间，口模要有必要的成型长度。

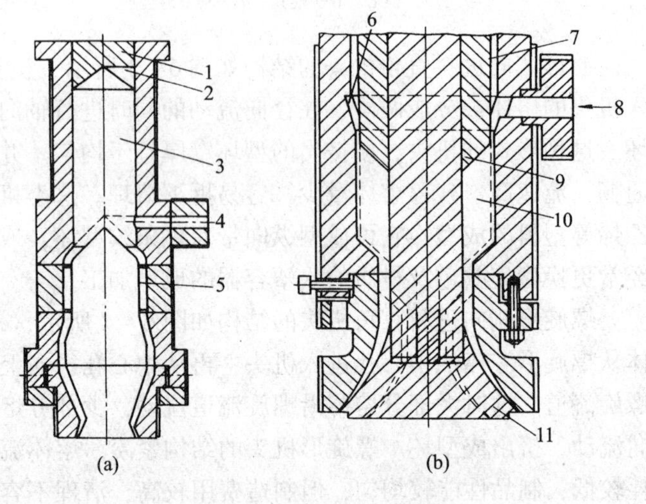


图 6-5　带储料缸直角机头

(a) 柱状活塞式储料缸　(b) 管状活塞式储料缸
1—柱状活塞　2—豁口　3—储料缸
4—熔体入口　5—芯模支架　6—环形尊　7—套筒
8—熔体入口　9—管状活塞　10—储料缸　11—芯模

c. 机头的芯棒、模套、芯模和分流梭等部件表面，必须抛光或镀铬、镀镍。

d. 机头成型截面积的大小要合理，必须保证物料有足够的压力，使得制品密实并消除拼缝线。因此物料在机头中应保持一定的压缩比。

e. 在能够满足强度的条件下，机头结构应设计紧凑，与机筒衔接严密。

f. 机头选材应考虑性价比的合理性。

(2) 注射吹塑型坯机头

注射吹塑型坯机头是保证型坯质量的重要装置，由口模开关油缸与机头两部分组成。机头包括机头体、芯棒、过渡板、口模、调节螺钉、加热控制装置等部件。注射吹塑成型机与挤出吹塑成型机的机头相比，最大的差别在于注射吹塑成型机注射油缸安装在注射塑化装置上，且机头内腔无储料缸；而挤出吹塑成型机挤出油缸安装在机头上，并且机头内腔设置储料缸。

注射吹塑型坯机头形式为环形双支管中心进料式机头。在机头入口处，熔体在高压下被分成两股在水平方向流经环形双支管分流板上半圆形支管，然后在分流板的中心再次汇合，压入圆锥形分流芯棒，流经多孔过渡板进入内腔，口模处熔料在压力推动下射出口模成型坯。同时压缩空气流经芯棒内通道进入型坯进行预吹胀。它的这种结构保证了型坯各点受压和射出口模速度一致。

口模在口模开关油缸作用下完成不同动作。塑化时，向下移动，关闭口模；注射时，向上移动，打开口模。型坯壁厚，通过调节口模打开的间隙进行控制；径向壁厚均匀性，通过调整螺钉、调节口模间隙来控制。

口模开关设置于机头上方，主要起控制型坯壁厚和开关口模两种作用。根据成型制品的不同要求，其密封形式有所不同。如需要对型坯进行伺服点多点控制，其密封圈应选择摩擦力小、反应灵敏性材料。如不需要对型坯进行多点控制，如成型工具箱、箱包，采用普通的密封圈就能满足性能要求。调节活塞行程，就可达到调节口模行程的目的，即控制口模与芯棒的间隙。

6.2.1.4 型坯注射模具

型坯注射模具主要由型坯芯棒、型坯模腔体、型坯颈圈、冷却系统等组成。型坯模具的组成如图6－6所示。

首先，根据塑件的形状、壁厚、大小和塑料的收缩性、吹胀性设计整体型坯的形状。型坯形状确定后，再设计芯棒的形状。设计时芯棒的直径应小于吹塑容器颈部的最小直径，以便成型时芯棒从容器中脱出。当然容器的最小直径尽可能大些，使吹胀比不致过小，以保证产品质量。下面对型坯注射模具的不同组件分别进行介绍。

(1) 型坯芯棒

① 型坯芯棒的结构　型坯芯棒是一中空管件，其结构如图6－7所示。棒的末端有一阀门，当阀门关闭时，能阻止熔体进入芯棒；芯棒有压缩空气的进出口和通气槽；有热交换介质进出口和通道；芯棒固定在芯棒夹架上，而芯棒夹架固定在转位装置上。芯棒的轴径比夹架上的配合孔径小0.1～0.15mm，以便补偿芯棒从温度较高的型坯模转位到温度较低的吹塑模内时，因热膨胀或收缩引起的尺寸差异。芯棒可用合金工具钢制造，肖氏硬度为52～54，有时也用铜铍合金制造芯棒的端部及主体部分。

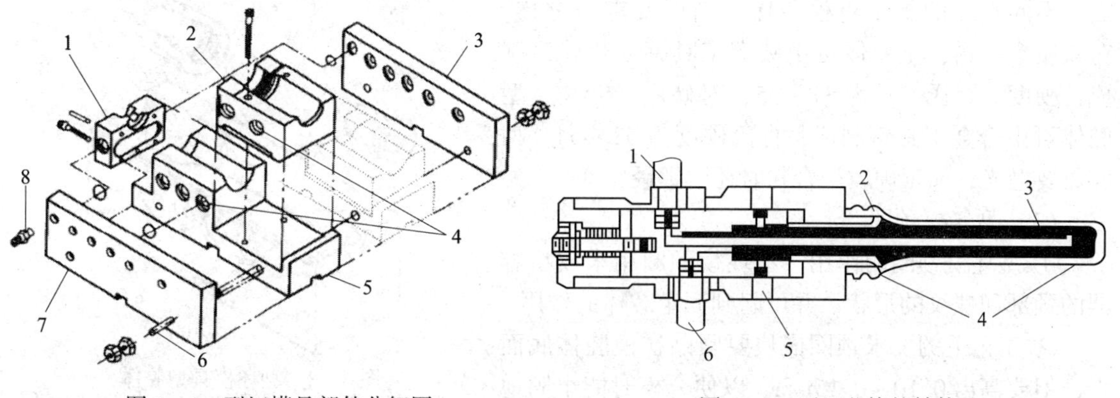


图6－6　型坯模具部件分解图

1—端板　2—颈圈嵌块
3，7—侧板　4—冷却孔道
5—模腔体　6—拉杆　8—软管接头

图6－7　型坯芯棒的结构

1—热交换介质入口　2—型坯
3—芯棒　4—压缩空气出口
5—压缩空气入口　6—热交换介质出口

② 型坯芯棒的作用　型坯芯棒既是型坯注射模具同时又是吹塑模具的主要组件；在型坯成型时芯棒是构成其内表面形状和容器颈部的内径的关键组件；在吹塑时，芯棒相当于挤出吹塑中的型坯中的吹气杆，芯棒内有吹气通道，供压缩空气进入型坯进行吹胀；作为热交换介质（油或空气）的进出口，芯棒内可调节型坯温度；在转位过程中，芯棒可带走型坯或容器，进入下一工位。

③ 型坯芯棒的工艺要求　鉴于芯棒在成型过程中的重要性，对其的工艺要求是较为严格的，具体来讲包括以下几方面：

a．芯棒的直径和长度是芯棒的主要尺寸，按成型工艺要求，其长度和直径之比（$L/D$）一般不超过10∶1。如果芯棒的$L/D$过大，在受高压注射压力作用时，芯棒易产生弯曲变形，造成型坯壁厚分布不均匀。

b．芯棒在主体部位的直径应比容器的口颈部内径略小，便于容器从芯棒上脱模。但是，芯棒直径减小，会使型坯吹胀比增大，不利于容器壁厚的均匀性。因此，设计时应在不影响容器脱模的情况下，使芯棒保持较大的直径。芯棒最好设计成锥形，当型坯吹胀失败时，易从芯棒上拔出型坯。

c．芯棒在成型过程中，既要经受较高的注射压力的作用，又要经受加热—冷却调温等反复多次的温差变化影响，因此，除了要求高质量的材料以外，还要求芯棒有较高的机械加工精度，芯棒的同轴度应在0.05~0.08mm之内。

d．芯棒压缩空气出口位置，可根据塑料的品种、型号及容器形状和芯棒的$L/D$来确定。当$L/D>8:1$时，容器颈部尺寸小，为减小芯棒的变形，可采用底部出气的芯棒；当$L/D$较小时，容器颈部尺寸相对增大，或者型坯肩部较难吹胀时，或者选用的树脂要求有较高的型坯吹胀温度时，可采用顶部出气的芯棒，还可以在出气口处增设小孔，其最大孔径控制在0.4mm。

e．为避免因芯棒偏移造成型坯壁厚不均或造成熔体泄漏，芯棒与型坯模及吹塑模的颈圈应紧密配合（0~0.015mm）。

f．在芯棒靠近容器颈部的位置，为防止型坯转位时口部螺纹移位，或者防止型坯吹胀时压缩空气的泄漏，应开设深度为0.10~0.25mm的凹槽。

（2）型坯模腔体

型坯模腔体由定模与动模两个半模组成，其结构如图6-8所示。

型坯模腔体的主要作用是用来形成型坯的外表面。不同塑料的加工对模腔体材料的要求不一样。对软质聚合物，型腔体可由碳素工具钢或热轧钢制成，硬度（肖氏C）为31~35；对硬质聚合物，型腔体可由合金工具钢制成，肖氏硬度为52~54。型腔需要抛光，加工硬质聚合物时还要镀硬铬。

（3）型坯模颈圈

① 型坯模颈圈的作用　型坯模颈圈用来成型容器的颈部和螺纹的形状，并可起到固定芯棒的作用。

② 工艺上的要求颈圈嵌块要紧贴在模腔体底面上，但要高出0.10~0.15mm，以便合模时能牢固地夹持芯棒。对多数聚合物，型坯模颈圈由合金工具钢制成，肖氏硬度为54~56，需经抛光并镀铬；对腐蚀性聚合物（如聚氯乙烯），型坯模颈圈采用经硬

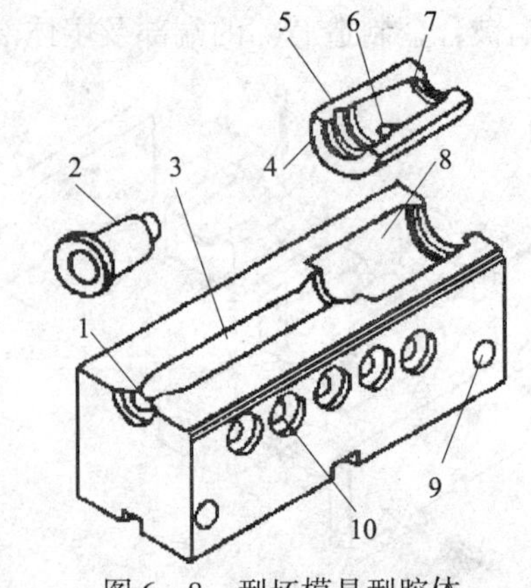


图6-8　型坯模具型腔体

1—喷嘴座　2—充模喷嘴　3—型坯模腔　4—型坯模颈圈　5—颈部螺纹　6—固定螺钉孔　7—尾部配合面　8—型坯模其型腔槽　9—拉杆孔　10—冷却孔道

化（肖氏C 54～56）的不锈钢制成。

为了防止瓶颈部位变形，型坯瓶颈加工面需要冷却到5℃，而其他部分的温度保持在65～135℃。因此，在型腔和颈圈中的冷却水路往往钻成窄长的通道，并垂直于型腔轴线，使水可以从一个型腔流到另一个型腔。

（4）模具的冷却与排气

型坯模具的冷却与排气是设计型坯模具时需要考虑的问题。型坯模具冷却的位置和分段情况直接影响着型坯的温度分布和生产效率。

一般型坯注射模具的冷却分3段进行（见图6－9）：

① 颈圈段　为了保证颈部的形状和螺纹的尺寸精度，一般要加强颈圈的冷却。冷却温度设定为5℃左右。

② 模腔体与芯棒　为了保证型坯在适当温度下的吹胀性能，腔体段的温度较高，一般选定温度区间为65～135℃。

③ 充模喷嘴附近的冷却段循环水的设定温度要比第2段的温度高些。

型坯模具的排气量较小，通过芯棒尾部即可排出，因此，不需要在型坯模具分型面上开设排气槽。

### 6.2.2　吹胀装置

吹胀装置包括吹气机构、锁模装置、压模板、转位装置、脱模板等组成部分。

#### 6.2.2.1　吹气机构

（1）针管吹气

如图6－10所示，吹气针管安装在模具型腔的半高处，当模具闭合后，针管向前穿破型坯壁，压缩空气通过针管吹胀型坯，然后吹针缩回，熔融塑料封闭吹针遗留的针孔。针吹法适于连续吹塑颈尾相连的小型容器，模具内具有切割装置，生产用芯轴吹气不能成型的不带瓶颈的制品，但是在开口制品成型后，需要整饰加工，而且模具复杂，成本高。

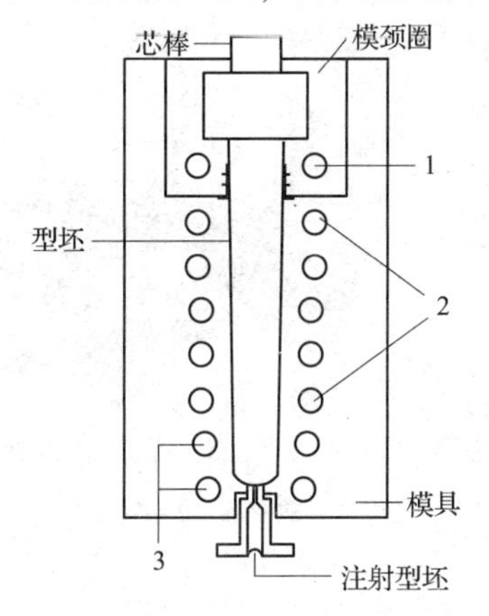


图6－9　型坯模具冷却孔道的设置

1—颈圈段　2—腔体段　3—充模喷嘴段

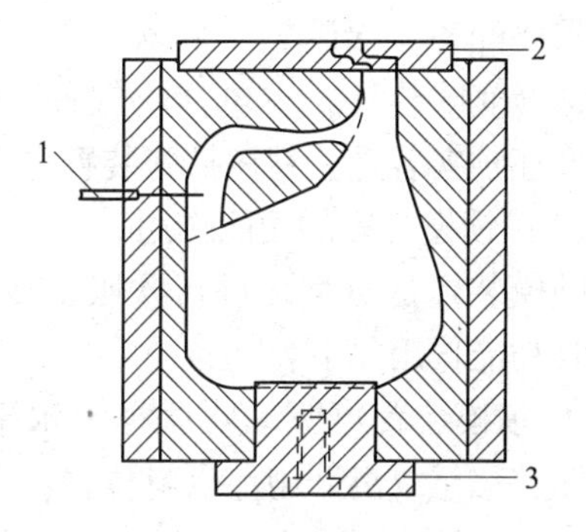


图6－10　吹针结构示意图

1—吹针　2，3—夹口嵌件

（2）型芯顶吹

吹气芯轴由2部分组成：一是能定颈部内径的芯轴，二是可以在吹气芯轴上带滑动的旋转刀。模具的颈部向上，当模具闭合时，型坯底部夹住，顶部开口，压缩空气从型芯通入。这种方法可直接利用机头芯模作为吹气芯轴，压缩空气从十字机头上方进入，经芯轴进入型坯，可以简化吹塑机构；但是该方式较难定径，制品需要整饰，而且由于空气从芯模进入会影响机头的温度。(如图 6 - 11 所示)。

(3) 型芯底吹

图 6 - 12 是底吹结构示意图。挤出的型坯落到模具底部的型芯上，通过型芯对型坯吹胀。吹气芯轴除了可吹胀型坯外，还可以与模具瓶颈处的两半组件配合，夹住型坯以固定其尺寸，但是由于进气口在模具底部型坯温度最低的部位，若制品形状复杂，易发生吹胀不充分的现象。底吹法适用于吹塑颈部开口偏离塑件中心线的大型容器，有异形开口或有多个开口的容器。

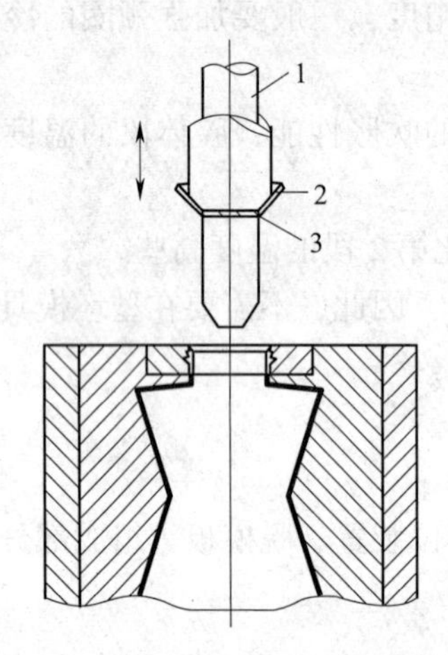


图 6 - 11 具有定径和切径作用的顶吹装置

1—定径吹塑杆 2—带齿的旋转套 3—分割瓶的溢边

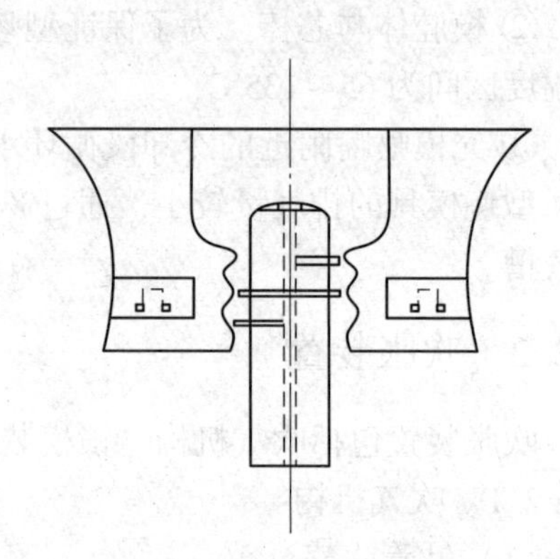

图 6 - 12 底吹结构示意图

6.2.2.2 锁模装置

(1) 锁模装置的组成

锁模装置如图 6 - 13 所示，它一般包括模板、拉杆、传动机构、机架、电器控制等部件。锁模装置还需要配备顶吹装置或底吹装置。大、中型容器一般选择底吹装置，它包括吹气杆、吹气杆移动装置、型坯预夹装置、型坯扩张装置等部件。

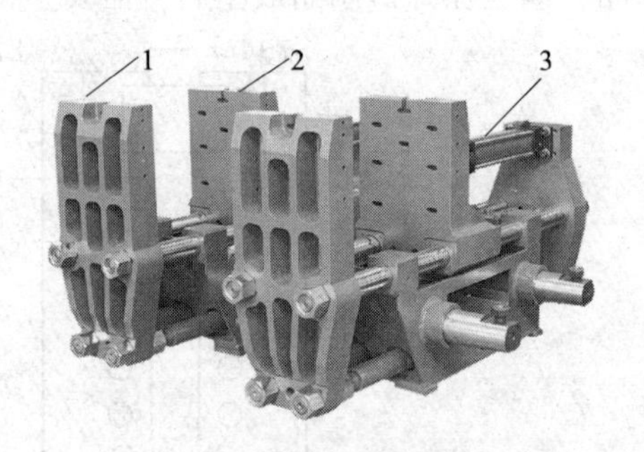


图 6 - 13 锁模装置

1—前模板 2—后模板 3—传动机构

(2) 锁模装置的功能作用

锁模装置是对型坯进行吹胀、冷却、定型的设备。其功能作用如下：

① 锁模装置可驱动吹胀模具水平或垂直移动，使其能够移至或离开型坯供料位置；

② 锁模装置可及时完成吹胀成型模具的开闭动作，保证承受、缩紧压缩空气吹胀型坯为制品形状时的吹胀力；

③ 成型模具合模时锁模装置能及时切断供料管坯；

④ 锁模装置可配合输送有一定压力的空气进入型坯并吹胀型坯，使其紧贴模具内腔壁，成型中空制品的形状；

⑤ 锁模装置可完成吹胀中空塑料制品的冷却、定型、开模、制品脱模等工作。

根据安装模具的数量，锁模装置可以设置两块或多块模板；模板可以是相对移动模板，也可以分别为固定模板及移动模板。

锁模装置根据模具的移动方式，分为单模具水平移动式锁模机、多模具往复移动式锁模机、多模具水平旋转式锁模机、多模具垂直转台式锁模机等。锁模装置是型坯吹胀设备，它与型坯传送方式相结合，形成型坯吹胀的两种方式：一种是把单个或多个型坯送入固定不动的锁模装置中，挤出的型坯固定不动；另一种是锁模装置整体移动到型坯下方。后一种工作方式，正在被普遍采用。

#### 6.2.2.3　其他装置

压模板　吹塑模具安装在压模板上。模具安装要求较高，模具的分型面要准确对齐，模具各型腔轴线之间的平行度应在0.013mm以内。模具的启闭一般采用液压传动。回转及脱模装置，采用液压或气压传动。锁模力的大小可根据模具型腔的最大投影面积、模腔数、注射压力等参数计算，计算结果的安全系数为10%。

脱模板　脱模板根据模腔数，设置多个U形缺口，它刚好能穿过容器的颈部，拉动其肩部，使容器从芯棒上脱落；脱模板还能吹出空气，使型坯芯棒头部冷却，以便芯棒转位后，能顺利地注射型坯。

### 6.2.3　中空吹塑模具

#### 6.2.3.1　挤出吹塑模具

（1）模具的结构

吹塑模具通常由两半阴模构成（即对开式），对于大型吹塑模可以设冷却水通道，模口部分做成较窄的切口，以便切断型坯。推荐尺寸如表6－2及图6－14所示。

表6－2　中空吹塑机头定型尺寸　单位：mm

| 口模间隙（$b_k - b_l$） | 定型段长度 $L$ |
|---|---|
| <0.76 | <25.4 |
| 0.76～2.5 | 25.4 |
| >2.5 | >25.4 |

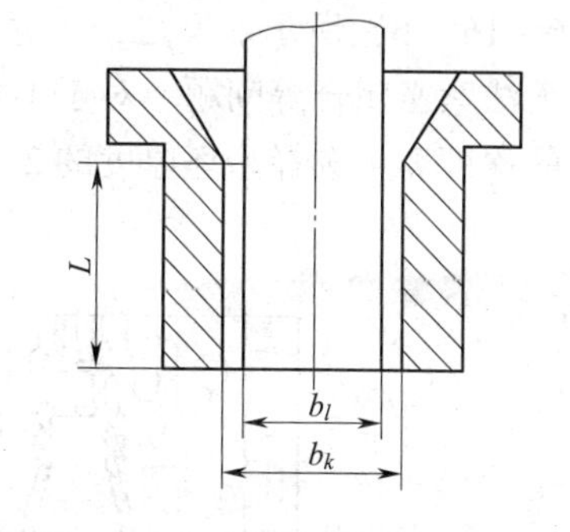

图6－14　中空吹塑用机头口模

图6－15为典型的吹塑模结构。这种结构的模具由相同型腔的动模和定模组成，开、闭模动作由挤出机上的开闭机构来完成。模具设有上刃口和下刃口，在闭合时它们能将型坯上多余的塑料切掉。为了使切去的余料不影响模具闭合，在模具的相应部位（如图6－15中5处）应开设余料槽，以便容纳余料。模具采用冷却管道通水冷却，以保证型腔内塑件各部分都能均匀冷却。各夹坯块、吹气口等部位较易磨损，因此，一般做成单独的嵌块以便于修复或更换，但它们也可以与模体做成一体。

（2）模具的特点

吹塑模具应具有冷却被吹胀的型坯和赋予制品形状及尺寸的作用，因此，它往往有以下特点：

① 模具结构简单，一般只有阴模；

② 吹塑模具型腔受到的压力为型坯吹胀压力，一般为0.2～1.0MPa，因此吹塑模具对材料的要求较低，选择范围较宽，一般不需要硬化处理，除非要求长期生产使用；

③ 由于模具没有阳模，可以吹胀成型带有较深凹陷、外形复杂的塑料容器。

(3) 对模具的要求

对吹塑模具的要求主要有：可成型形状复杂的制品；能有效地夹断型坯（即模口部分的刀口应锋利），以保证合模缝处的强度；能有效地进行排气；能快速冷却制品，并尽量减少模腔表面的温度差别。

(4) 吹塑模具设计

吹塑模具通常由两半阴模合并而成，并设有冷却剂通道和排气系统。下面从模具型腔、夹坯口、余料槽、模具排气孔槽、模具的冷却和模具材料的选择等方面介绍一下吹塑模具设计要点。

① 模具型腔设计　型腔分型面由塑件的形状确定，圆形截面容器分型面通过直径，椭圆形容器通过椭圆形的长轴，复杂形状的塑件可以设置弯曲的或多个分型面。容器把手一般设计在分型面上。吹塑塑件脱模时由于温度较高，有一定弹性，因此对于垂直于开模方向较浅的带斜面的侧凹可以强制脱模，而不用设置侧抽芯机构。型腔表面一定的粗糙度要求（如喷砂处理表面）不仅使制品有较光滑的表面，而且可以形成良好的排气表面。当然对于高透明度、高光泽制品和工程塑料还是需要抛光的模具型腔。

② 夹坯口设计　夹坯口又叫切口。挤吹成型模具才有夹坯口，它的作用是在模具闭合时将型坯封口及多余的物料切除。夹坯口在吹塑过程中，主要起夹持型坯并实现坯型切断、封底、缩口、缩颈等动作。夹坯口的结构如图 6-16（a）所示。夹坯口的角度 $\alpha$ 和宽度 $L$ 对吹塑塑件质量影响很大。如果宽度值太小，角度值太大，不仅会削弱对型坯的夹持能力，而且还很有可能导致型坯在吹胀之前塌落或塑件成型后底部熔接缝厚度减薄、甚至开裂等问题，如图 6-16（b）所示。反之，当宽度值太大、角度太小时，又可能出现无法实现切断动作或模腔无法紧密闭合等问题。对于小型吹塑件切口宽度取 1～2mm，大型吹塑件取 2～4mm。夹料区的深度 $h$ 可选择型坯厚度的 2～3 倍，切口的倾斜角选择 15°～45°。

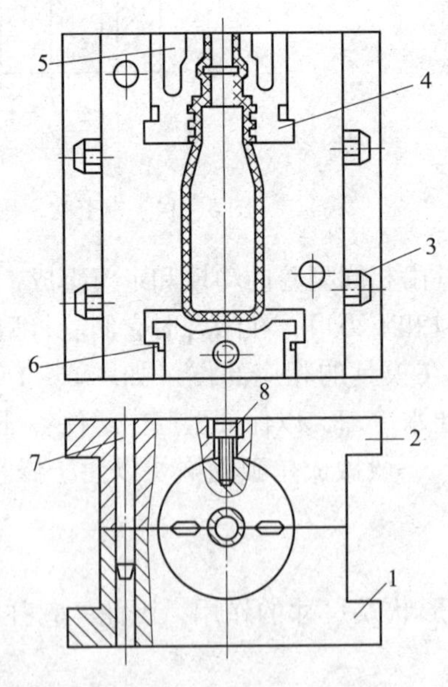


图 6-15　吹塑模具结构

1—动模　2—定模　3—冷却水出入口　4—上刃口
5—余料槽　6—下刃口　7—导柱　8—螺钉

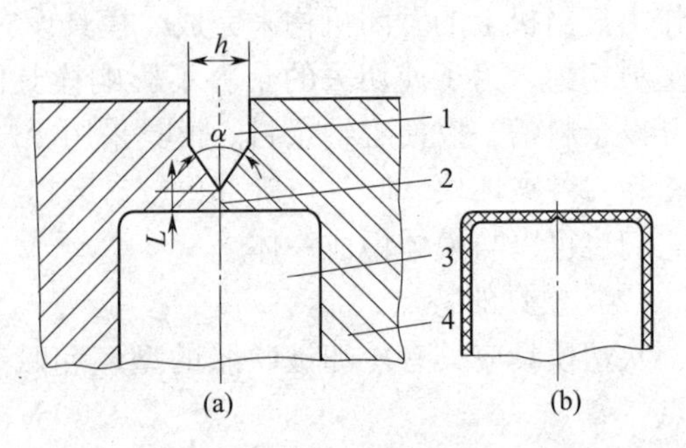


图 6-16　中空吹塑模具夹料区

1—夹料区　2—夹坯口　3—型腔　4—模具

③ 余料槽设计　型坯在夹坯口的切断作用下，会有多余的塑料被切除下来，它们将容纳在余料槽内。容器的底部、肩部及手把等处都有余料槽（如图6－17和图6－18所示）。余料槽开在模具的分型面上，其大小依据型坯夹持后余料的宽度和厚度来确定，以模具能严密闭合为准。

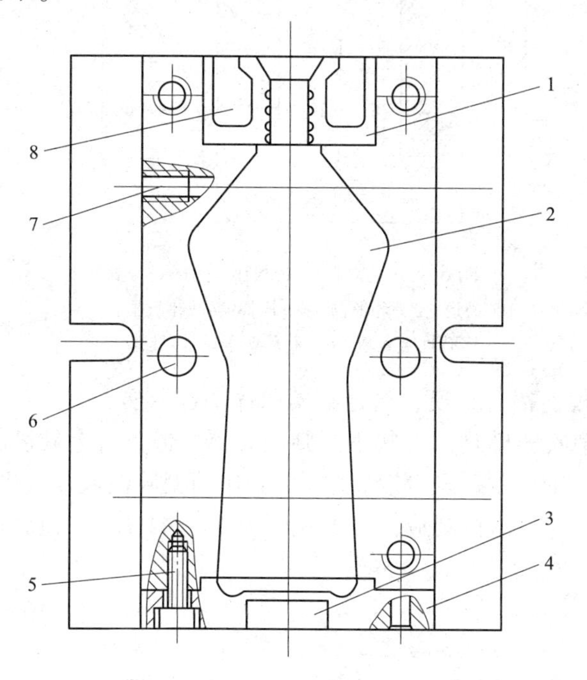


图6－17　顶吹口吹塑模具结构图
1—口部镶块　2—型腔　3，8—余料槽　4—底部镶块
5—螺钉　6—导柱孔　7—冷却水道

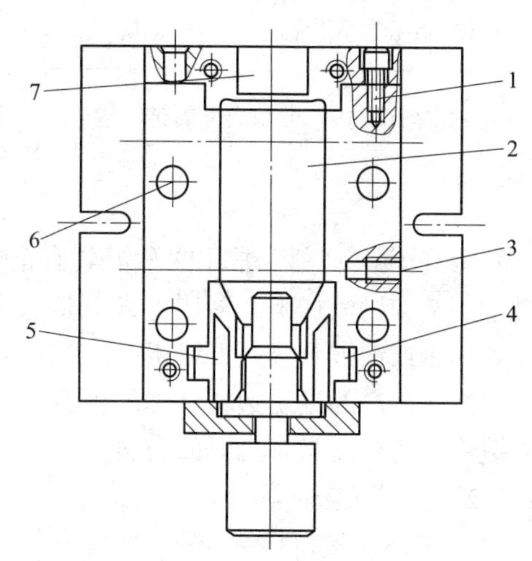


图6－18　底吹口吹塑模具结构
1—螺钉　2—型腔　3—冷却水道
4—底部镶块　5，7—余料槽　6—导柱孔

④ 模具排气孔槽设计　模具闭合后，型腔呈封闭状态，吹塑模具的排气量大，成型压力又小，所以应设置足够的排气通道使塑件顺利成型并得到合格塑件。排气的常用方法是分型面排气和排气孔排气。分型面排气是吹塑模的主要排气通道，如图6－19所示，排气槽深度0.03～0.05mm，宽度10～20mm。排气不良会使塑件表面出现斑纹、麻坑和成型不完整等缺陷。为此，吹塑模还要考虑设置一定数量的排气孔。排气孔一般在模具型腔的凹坑、尖角处，以及型坯最后贴模的地方。排气孔的直径应适当，一般取0.5～1mm。另外可以在模具型腔内嵌入多孔金属块，在其背面加工成多个通气孔进行排气，为避免制品上留下痕迹，将端面轮廓形状做成花纹、图案或文字进行装饰，如图6－20所示。

⑤ 模具的冷却　吹塑模的冷却时间占吹塑成型周期的60%以上，甚至达90%，因此加速冷却对提高生产率十分重要。大型模具可以采用箱式冷却，即在型腔的背后铣一个空槽，再用一块板盖上，中间加上密封件。对于小型模具可以开设冷却水道，通水冷却。设计时冷却水道与型腔的距离各处应保持一致，一般取10～15mm，保证塑件各处冷却收缩均匀，冷却介质的温度保持在5～15℃为宜。此外，吹塑模还可以采用热管冷却，采用液氮或液体二氧化碳作制品内冷却，采用冷冻空气膨胀吸热冷却，以及用冷冻空气/水混合介质作内冷却等方法。为了提高生产率，可以采用在较高温度下脱模取出塑件，然后将塑件置于后工位继续冷却的方式。例如吹制大桶一般在正常冷却时间一半以后开模取出塑件，将塑件放置于特殊的夹紧套内保持不变形，继续进行冷却。

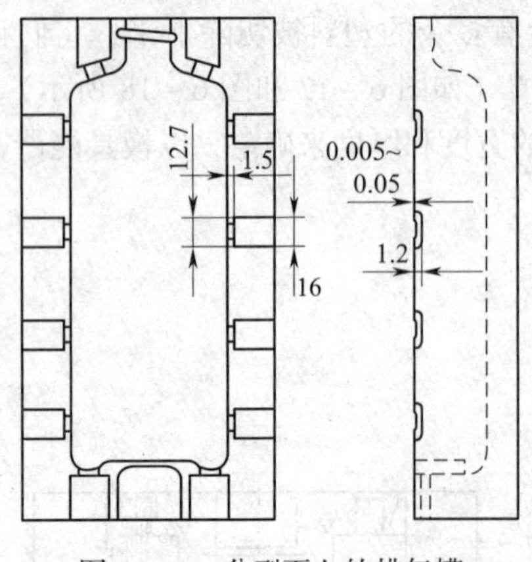


图 6-19　分型面上的排气槽

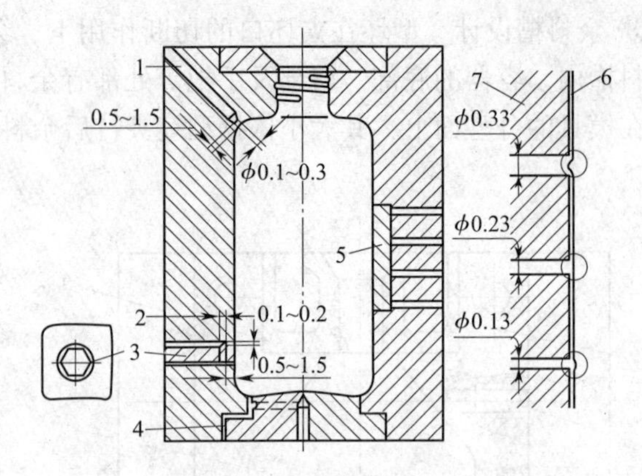


图 6-20　型腔壁上的排气结构

1—通道　2—环形槽　3—嵌棒　4—排气槽

5—多孔性金属块　6—制品壁　7—模具壁

⑥ 吹塑模具材料　常用吹塑模具有钢模、铝合金模、铜合金模和锌基合金模。由于锌合金易于制造和机械加工，多用它来制造大型吹塑模具或形状不规则的容器。但锌合金硬度较低，要用钢或铜铍合金做夹坯切口嵌件，或制作成模框，将锌基合金制作的型腔镶嵌在其中。对于大批量生产的硬质塑料制件的模具，可选用钢材制造，淬火硬度为 40 ~ 44HRC，模腔可抛光镀铬，使容器具有光泽的表面。

6.2.3.2　注射吹塑模具

（1）型坯吹塑模具结构

如图 6-21 所示为一带有实心把手的注射吹塑模具结构。吹塑模具是用来定型制品最终形状的，主要由模腔体、吹塑模颈圈、底模板、冷却与排气等部分组成。

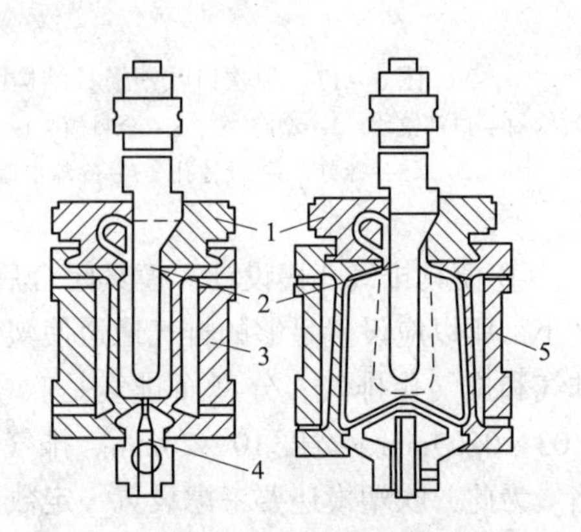


图 6-21　注射吹塑模具结构

1—模颈圈　2—芯棒　3—型坯模腔体

4—喷嘴　5—吹塑模腔体

① 模腔　吹塑模腔体的构成与型坯模具型腔相类似。由于吹塑时所承受的吹塑压力和锁模压力要比注射时的压力小得多，所以对制作模具的材料要求不高。聚乙烯、聚丙烯容器的模腔，可以用铝或锌的合金制作；聚氯乙烯可用铜敏合金或不锈钢制作；硬质塑料可用合金工具钢制作。

② 模颈圈　模颈圈起保护和固定型坯颈部及芯棒的作用，模颈圈的直径应比相应的型坯颈圈大 0.05 ~ 0.25mm，以防止型坯转位时产生变形。

③ 底模板　底模板用来成型容器底部的外形，为了便于脱模，容器底部一般都设计成内凹形状。对于聚烯烃容器，其底部内凹槽深度为 1.5mm，硬质塑料容器为 0.8mm；当内凹槽深度大于 9mm 时，模具应采用能缩进底块滑动式底模块。

④ 冷却与排气　吹塑模具型腔结构很重要的一点是设置有效的冷却孔道，为了达到较高的冷却效果，冷却水管应贴近型腔。在吹塑模具的分型面上开设深 0.025 ~ 0.05mm 的排气槽，颈圈块与模腔体之间的配合面也可排气。

（2）模具材料

选择吹塑模具材料时，可根据材料的导热性能、强度、耐磨性能、耐腐蚀性能、抛光性能、使用寿命以及使用的塑料品种、制品的质量要求、生产的数量、成本等来选择。由于吹塑成型合模压力和吹塑压力比较低，所以吹塑模具不需要用高抗拉强度的材料制作。但生产大批量制品除外，例如，生产几百万或几千万件时，可用钢材来制作模具。常用的模具材料有钢、铝和铝合金、铜铍合金、锌合金、铸铁等。

### 6.2.4 辅助装置

中空吹塑成型除了上述主要设备如挤出机（挤吹）、注射机（注吹）、型坯机头、吹塑装置及模具外，还有不少的辅助设备，这些辅助设备对提高中空吹塑的生产率及制品的性能均有重要的作用。

常用的中空吹塑成型辅助设备有以下几类：原料混合设备、原料干燥装置、压缩空气干燥装置、模具去湿设备、边角料的破碎及造粒设备、制品的修整、输送、后加工、火焰处理、静电消除与检测等装置。其他章节已论述。

#### 6.2.4.1 原料的预热和干燥设备

物料混合之前，对某些成分进行预热可提高混合效率。对直接用于成型的粉料进行预热可缩短成型周期，改善制品质量。

干燥主要是对物料所含水分的处理。

预热与干燥的共同之处是应用加热升温的方法以达到目的。预热一般是将物料盛放在盘类器皿中，在加热空间里进行。而干燥则根据物料吸湿差别分为表面吸湿干燥与吸湿性物料干燥两种方式。对表面吸湿性物料一般采用以热空气吸收物料表面挥发的水分；对吸湿性物料的干燥则采用控制空气露点和加热吸湿物料同时作用，以实现物料除湿处理。

物料进行预热、干燥的方式较多，有热风干燥、远红外加热干燥、真空干燥、沸腾床干燥等。具体采用什么设备可根据塑料的性能和成型条件进行选择。对于小批量生产用塑料，大多数用热风循环或红外线加热干燥，对大批量生产用塑料，一般采用沸腾床或气流干燥；对高温长时间受热易氧化降解的塑料，如 PA 宜采用真空干燥。一般的原则，干燥温度应控制在玻璃化温度以下，较长的干燥时间有利于提高干燥效果。还应注意，干燥后的塑料应防止其再受潮。对另一些塑料，如聚乙烯、聚丙烯、聚苯乙烯等不易吸湿的塑料，如果包装、贮存较好，一般不需要进行干燥。

#### 6.2.4.2 原料混合设备

混合的基本目的就是使两种或多种物质组合起来，达到某种既定要求的均匀度。对于中空吹塑成型而言，常用到的原料掺混设备有桶混机、螺带式混合机、高速混合机、冷却混合机。第 3 章已论述。

#### 6.2.4.3 塑料破碎机

中空制品的边角料较多，为降低物料损耗，应将制品的夹坯余料、边角料及废品回收破碎后循环使用。破碎的边角料，可以按一定的比例掺入到新料中直接用于成型加工，也可以经挤出造粒后使用。

塑料破碎机是指用于破碎塑料废料、次品、边角料等的塑料回收设备，有时也被称为塑料切碎机或塑料粉碎机。边角料的破碎，可选用塑料粉碎机。

#### 6.2.4.4 其他设备

（1）压缩空气的干燥装置

中空吹塑成型要采用压缩空气来吹胀型坯，但通常在压缩空气中会含有一定量的湿气。这些湿气除会导致管道内壁锈蚀外，还会使吹塑制品内表面出现麻点等缺陷，这对成型透明或薄壁中空容器尤其不利。

压缩空气干燥系统是把干燥装置设置在储气罐与空气分配系统之间，可有效地除去已通过后冷却器与湿气分离器后的压缩空气中所含的湿气。该干燥装置为直接膨胀式，特点是以机械制冷法使空气温度降低，从而除去较多的湿气。

(2) 模具去湿装置

在中空吹塑中，若模具温度较低，车间湿度和温度较高时，模腔会发生冷凝现象，导致制品外表面出现粗糙不平等缺陷。如果提高模具温度，则会降低生产效率。通常，设法把模具周围空气的湿度降低是一种避免模腔发生冷凝现象的较为有效的方法。

要降低模具周围空气的湿度可采取的方式有两种。一个是在车间内安装空调装置，但这种方法存在着能耗大，投资大等缺点；并且由于生产场地大而使对模腔这一去湿重点的除湿效果并不突出。另一方式则是针对模具设置干燥去湿装置，就是采用去湿干燥装置使空气干燥后通过软管送入包住半个模具的环形金属壳体内，而由包住另一半模具的壳体相接的软管从模腔内抽出空气，并送入干燥装置内，以形成循环。此法可有效地去除模腔内的湿气，还可在模具周围形成气流屏障，防止车间里的湿气再进入模腔内。显然，后一种方式成本低，效果好一些。

(3) 挤出造粒机

经混合的聚氯乙烯塑料可直接用于成型加工，但有时需制作成颗粒状使用。它的挤出造粒主要有拉条冷切粒和冷风热切粒两种方法。

拉条冷切粒的重要设备有单螺杆挤出机、冷却水槽、切粒机等，若造粒时环境温度不高，也可以不采用冷却水槽，料条经空气冷却后，切成粒料。

冷风热切粒所需要的设备有挤出机、冷风装置等。

冷风热切粒的旋转机头紧贴着机头口模安装在切粒罩内，切粒罩内鼓入冷风。为防止热切粒时粒料黏结在机头处，冷风机应有足够的风力，并及时将热粒料输送到冷却槽，粒料应冷却到室温后方能包装。另外，为防止机头口模处的多孔模板被冷风冷却，应在模头处安装隔热装置。

## 6.3 吹塑工艺过程及控制因素

### 6.3.1 挤出吹塑工艺过程及控制因素

#### 6.3.1.1 挤出吹塑工艺过程

挤出吹塑成型采用挤出机将热塑性塑料熔融塑化，并通过机头挤出管状型坯，然后将型坯置于吹塑模具内，用压缩空气（或其他介质）吹胀，经冷却定型而得到与模具内腔形状相同的制品。

(1) 挤出吹塑成型方式

挤出吹塑成型，按型坯的成型方式，可分为连续挤出吹塑成型和间歇挤出吹塑成型。

① 连续挤出吹塑成型　主要是指塑料的塑化、挤出及型坯的形成是不间断地进行的；与此同时，型坯的吹胀、冷却及制品脱模，仍在周期性地间断进行。因此，从整个成型过程来看，制品的制造是连续进行的。为保证连续挤出吹塑的正常运作，型坯的挤出时间必须等于或略大于型坯吹胀、冷却时间以及非生产时间（机械手进出、升降、模具等候等）之和。该方法成型设备简单，投资少，容易操作，是目前国内中、小型企业普遍采用的成型方法。连续挤出吹塑，可以采用多种设备和运转方式实现，它包括一个或多个型坯的挤出；使用两个以上的模具；使用一个以上的锁模装置；使用往复式、平面转盘式、垂直转盘式的锁模装置等。

连续挤出吹塑成型，适用于生产5～50L的中等容量的容器或中空制品；大批量的小容器；聚氯乙烯等热敏性塑料瓶及中空制品。同时也适用于LDPE、HDPE和聚丙烯等塑料的吹塑成型加工。

② 间歇挤出吹塑成型　主要是指型坯的形成是间歇进行的，而物料的塑化及挤出，可以是间歇进行，也可以是连续进行；而型坯的吹胀成型、冷却及制品脱模，仍是周期性地间断进行。

间歇挤出吹塑成型适用于以下范围：型坯的熔体强度较低，连续挤出时型坯会因自重而下垂过量，使制品壁厚变薄；对于大型吹塑制品，需要挤出较大容量的熔体；连续缓慢挤出时型坯会冷却过量。

间歇挤出吹塑成型的周期时间一般比连续挤出吹塑成型长，它不适宜聚氯乙烯等热敏性塑料的吹塑成型。主要用于聚烯烃、工程塑料等非热敏性的塑料，是工业制件吹塑所优先采用、也是普遍采用的方法。

（2）挤出吹塑成型工艺

如图6－22所示为挤出吹塑成型工艺过程的示意图。首先，挤出机将聚合物熔融塑化，并通过机头挤出管状型坯，型坯达到预定长度时，夹住型坯定位后合模；闭合对开式模具同时夹紧型坯上下两端，对型坯的头部成型或定径；然后用吹管导入压缩空气使型坯吹胀并贴于模具型腔表壁成型；最后塑件在模内经保压和冷却定型，便可排出压缩空气并开模取出塑件。实际生产时还要对塑件进行修边、整饰，回收边角料并对制品进行质量检验。

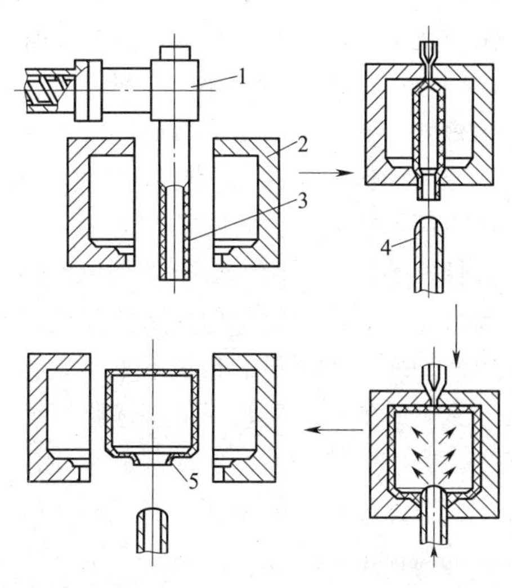

图6－22　挤出吹塑生产工艺流程示意图
1—挤出机头　2—吹塑模具
3—型坯　4—压缩空气吹管　5—制品

挤出吹塑适用于多种塑料的成型加工，而且模具结构简单、设备投资少；型坯从挤出机头流出后，可直接引入吹塑模进行成型，不需要再经二次加热，与注射吹塑成型相比而言生产效率要高；但应指出的是：如果在挤出吹塑过程中，型坯需要依靠自重下垂进入吹塑模，则型坯在下沉过程中将会发生器壁减薄，壁厚不均匀现象，从而使塑件壁厚难以控制。另外，挤出吹塑时还必须对型坯进行封底和切断操作，并因此产生封底余料，这对生产操作和原料利用率均有影响，而且封底处还容易在塑件上转变成拼缝。

6.3.1.2　挤出吹塑控制因素

挤出吹塑工艺流程可简述为：原料干燥—熔融塑化—挤出型坯—吹胀保压—制品冷却—排气脱模—后处理—制品检验。

下面按照成型过程的每一步，分别介绍其工艺控制。

（1）挤出机的选择

在选择挤出吹塑机组时，应考虑挤出机的如下性能指标。

① 挤出机的基本性能　挤出机的基本参数是选择挤出机的主要依据。其中，应考虑合乎质量要求的产量、名义比功率及比流量。通过各种型号挤出机基本参数的对比，选择能获得最高产量、最低能源消耗、售价适宜的挤出机。

② 挤出机的成型加工性能　挤出机应具有良好的成型加工性能，操作方便、成型特性参

数稳定、容易维修。而且，挤出机的易损件、维修配件能方便购买。

挤出机的成型特性参数主要是温度、压力及熔体流动速率。挤出吹塑成型与其他成型工艺相比较，往往要求挤出机在相对低的温度下运转，且塑料混炼均匀。因此，在加工一些黏度较高的塑料时，挤出机本身除了要能承受较高的反压力和剪切力，还要能准确地控制挤出机的加热温度、熔体压力和流动速率。

挤出吹塑机组采用的挤出机，应能以最低的温度、压力与流动速率，挤出混炼均匀的熔体型坯。

③ 挤出机的稳定性和安全性　挤出机的性能要稳定，成型加工特性参数的重现性要好，波动性要小，而且挤出机要有较好的保护性能，包括机械本身的自保护和操作人员的误操作保护。

以上几点都是选择挤出机时应考虑的因素。

（2）型坯的制造

挤出吹塑成型加工的第一步就是制造型坯。经挤出机熔融混炼的熔体，流经机头，并由机头挤出或压出形成型坯。型坯质量的好坏直接影响着制品的性能和外观，型坯的质量主要包括两个方面：一个是型坯塑化的质量；另一个是型坯壁厚的均匀性。影响型坯质量的因素包括温度、螺杆转速、原材料组成等方面。

① 温度控制　在挤出型坯过程中温度的控制对成型过程及型坯的质量有明显的影响。提高挤出机的加热温度，可降低熔体的黏度，改善熔体的流动性，降低挤出机的功率消耗；可适当提高螺杆的转速，而不影响物料的混炼效果；有利于最终改善制品的强度和光亮度；有利于最终改善制品的透明度。但是熔体温度过高，不仅使冷却时间延长，加大制品的收缩率，还会使挤出的型坯产生明显的自重下垂现象，引起型坯纵向壁厚不匀，会使聚氯乙烯等热敏性塑料降解，聚碳酸酯等工程塑料的型坯强度明显降低。若温度太低，物料塑化不好，型坯表面粗糙不光亮，内应力增加，易造成制品在使用时破裂。因此，应遵循以下的原则来设定挤出机的加热温度：在保证挤出的型坯表面光泽性好、塑化均匀，具有较高的熔体强度，且不会使传动系统过载的前提下，应尽可能采用较低的加热温度。挤出机的温度应从低（料斗一端）到高，一般与聚合物的聚集状态相对应，加料段温度高于玻璃化温度或热变形温度，压缩段温度高于加料段但低于熔化温度，而均化段温度应高于熔化温度 5～10℃。进料段的温度相对低一些，主要是为了防止由于温度过高产生的架桥现象，从而影响物料的输送；压缩段的温度较高，有利于物料的混炼塑化，均化段的温度可低于压缩段，而高于进料段，有利于稳定而均匀地向机头供料。

在挤出成型的温度控制中，所能调节的是挤出机料筒、模头及连接器的温度。这些温度决定了挤出机内部热传递的环境，也是物料达到熔融的决定因素。料筒、模头及连接器的温度是利用高温控制器进行控制的，该控制器自动测量挤出机的温度，把它连接到挤出机热输入装置给机器加热，或排出挤出机的热量。热电偶是高温控制器中应用最广泛的品种之一，常用通－断控制和比例控制等方式控制。

a．在温度的通－断控制中，当所测得的温度低于设定点时，电源接通；而当所测得的温度高于设定点时，电源断开。通－断控制广泛应用于工业生产中用以控制温度，其缺点是只有两种状态，即全通和全断，存在典型的热弛豫现象，因此，易造成温度的波动。

b．温度比例控制是指在需要加热时，加热系统将供热量调节为与测量温度和设定温度之差值成一定比例关系的模式，而不是把全部热量打开，这种控制类型称为比例控制。若测定值远偏离于设定值，则加热（或冷却）系统大比例运行；若温度接近设定值，加热（或冷却）

系统开启得很小，随着测量温度逐渐接近于设定温度，输入热的比例逐渐降低，当温度接近时即关闭。

② 螺杆转速　螺杆转速是影响型坯质量的一个重要因素，螺杆转速高，挤出速度快，可以提高挤出机的产量，同时减少型坯的下垂，但是会使型坯表面质量下降。尤其是剪切速率增大会造成某些塑料，如高密度聚乙烯，出现熔体破裂现象，而且当转速提高时，大量的摩擦热的产生使聚氯乙烯等热敏性的塑料有降解的危险。若螺杆转速低，型坯的黏度低，挤出速度慢，由于塑料的自重作用而引起型坯的下垂，将会造成壁厚相差悬殊，甚至无法成型。因此须遵循的原则是：在既能够挤出光滑而均匀的型坯，又不会使挤出系统超出负荷的前提下，尽可能采用较快的螺杆转速。一般吹塑机都选用大一点的挤出装置，使螺杆转速在70r/min左右。

③ 型坯的下垂　型坯下垂是影响型坯壁厚的重要因素。在型坯挤出过程中，由于型坯自重而产生下垂，致使型坯壁厚不均匀。下垂越严重，型坯壁厚的不均匀性就越大。因此，在成型过程中，要严格控制型坯的下垂。造成型坯下垂的因素很多，这些因素也不同程度地影响型坯厚度的均匀性。在实际生产当中，型坯壁厚的均匀性往往受到型坯的质量、挤出时间、熔体黏度等因素的影响。具体而言，随着型坯的质量增加，型坯产生自重下垂显著，使型坯壁厚变薄；随着熔体黏度的下降，型坯的下垂增加，但对于熔体黏度较大的材料，由于受挤出时间的影响不大，型坯的下垂幅度较小；挤出时间增长，下垂增大；型坯的质量、挤出时间相同时，型坯的下垂随熔体流动速率的增加而加大。

在实际生产中，这些因素往往不是单一存在，而是相互影响的。因此，在生产时，应根据每种材料的不同牌号进行试验，确定最佳成型工艺条件，以减少型坯的自重下垂，改善型坯的均匀性。

④ 型坯厚度的调整与控制　随着型坯挤出时间的增加，型坯的质量增加，型坯产生自重下垂，使型坯壁厚变薄，甚至小于口模间隙。此外，由于口模间隙的偏差，吹塑制品在纵向或横向壁厚的要求不同，这些都会造成型坯的壁厚不均匀，因此在挤出吹塑成型过程中，对型坯的壁厚就要加以调整和控制。在生产过程中可通过手动调节、改变局部口模间隙的设计、编程序控制相关装置等手段来实现对型坯壁厚的控制。

⑤ 型坯长度的调整与控制　型坯长度的控制有助于降低吹塑制品的成本。避免由于型坯过长造成原料的浪费，或因型坯过短使其无法吹胀而产生废品。

挤出机螺杆转速的不稳定、熔体温度的波动或回料含量的改变，均会造成型坯长度的变化。成型周期确定以后，型坯长度由其挤出速度确定，而挤出速度主要取决于螺杆的转速、熔体温度与机头口模间隙。因此，控制型坯长度最常用的方法就是调节螺杆的转速。

（3）型坯的吹胀

型坯的吹胀，是在气体压力作用下，制品在模具型腔内定型。影响型坯吹胀定型的工艺因素，有吹胀比，吹胀气压、吹胀时间、吹胀速率等。

① 压缩空气的注入　型坯夹紧闭模后，对型坯通入压缩空气，压缩空气的作用是：使吹胀的型坯紧贴模腔；对已吹胀的型坯施加压力，得到轮廓明显、花纹清晰的制品；有助于制品的冷却。压缩空气一般由空气压缩泵提供，为保证吹塑容器内清洁、无污染，通入型坯内的压缩空气必须清洁、干燥，压力稳定。特别是成型透明容器、薄壁容器、食品及医药用容器时，压缩空气需经除油、除水处理。可采用制冷干燥或安置汽水分离器、油水分离器等。

压缩空气通入型坯的方式如图6－10～图6－12所示，有顶吹法、针管法和底吹法，至于采用哪一种方法可根据设备条件、成型尺寸、壁厚分布及外观的要求加以选择。

② 吹胀比　指塑件最大直径与型坯直径之比，通常取2～4，但多采用下限，过大会使塑

件壁厚不均匀，加工工艺条件不易掌握。

吹胀比表示了塑件径向最大尺寸和挤出机机头口模尺寸之间的关系。当吹胀比确定以后，便可以根据塑件的最大径向尺寸及塑件壁厚确定机头型坯口模的尺寸。机头口模与芯轴的间隙可用下式确定：

$$z = \delta B_R \alpha$$

式中：$z$ 为口模与芯轴的单边间隙；$\delta$ 为塑件壁厚；$B_R$ 为吹胀比，一般取 2 ~ 4；$\alpha$ 为修正系数，一般取 1 ~ 1.5，它与加工塑料黏度有关，黏度大者取其下限。

型坯截面形状一般要求与塑件轮廓大体一致，如吹塑圆形截面的瓶子，型坯截面应是圆形的；若吹塑方桶，则型坯应制成方形截面，或用壁厚不均匀的圆柱料坯，以使吹塑件的壁厚均匀。如图 6 – 23 所示，图 6 – 23（a）吹制矩形截面容器时，则短边壁厚小于长边壁厚，而用图 6 – 23（b）所示截面的型坯可得以改善；图 6 – 23（c）所示料坯吹制方形截面容器可使四角变薄的状况得到改善；图 6 – 23（d）适用于吹制矩形截面容器。

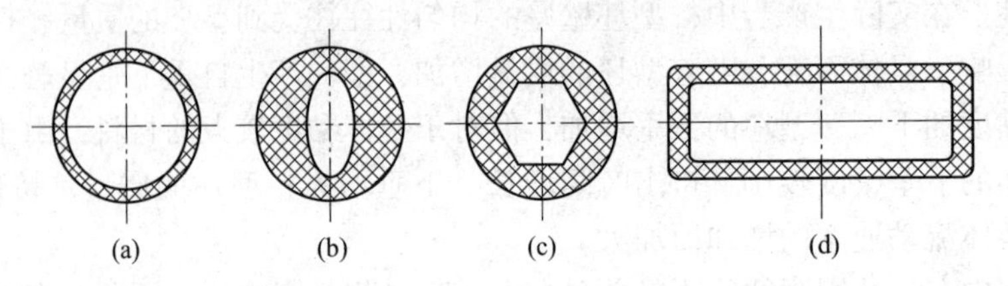


图 6 – 23　型坯截面形状与塑件壁厚的关系

③ 吹胀气压　吹塑压力是指吹塑成型所用的压缩空气压力。注入型坯的压缩空气，其压力是可控的，一般在 0.2 ~ 1MPa 之间。吹胀气压的高低，直接影响着型坯的吹胀成型、制品的外观质量、壁厚、切口熔接强度和料把脱离的难易程度。压力过低不能使制品紧贴模腔，制品表面无法得到清晰的文字、图案，还会降低制品冷却效率，过高则会吹破型坯。

吹胀气压的大小主要取决于选用塑料品种的型号、型坯温度、型坯的壁厚、模具温度、制品大小、型坯吹胀比等因素。

冷却速率慢的塑料材料，吹胀气压较低；型坯温度高，熔体黏度低时，采用较低的吹胀气压；型坯温度低，熔体黏度高，模具温度较低时，采用较高的吹胀气压；容器体积大，壁厚较薄时，采用较高的吹胀气压，因而对于薄壁、大容积中空塑件或表面带有花纹、图案、螺纹的中空塑件，以及黏度和弹性模量较大的塑件，吹塑压力要尽量取大值。

④ 吹胀时间　在模具型腔内吹胀的型坯，在一定的压力条件下，保持一定的时间，才能充分地冷却、定型。吹胀时间一般占成型周期时间的 1/2 ~ 2/3。

型坯吹胀时间的长短，与塑料的品种、型坯温度和型坯壁厚、吹胀气压、吹塑容器的容积等因素有关。

通常，冷却速率慢的塑料材料，需要较长的吹胀时间；熔体温度低、模具温度低、吹胀气压高，吹胀时间可缩短；容器体积大，壁厚较厚时，采用较长的吹胀时间。吹胀时间长，有利于制得外观平整光滑、图文清晰、制品收缩率小的吹塑容器，但会使容器脱模困难，延长成型周期，降低容器生产效率。因此，在生产塑料吹塑容器时，应在保证容器质量的前提下，通过试验，选出最短的时间。

⑤ 吹胀速率　在相同的吹胀压力和吹胀时间下，压缩空气的气流线速度不同，也会影响型坯的吹胀成型。通常气流线速度较低时大量注入型坯，有利于型坯均匀、快速地吹胀。气流线速度较高时，不利于型坯的吹胀，会产生两种不正常现象：一种是在空气进口处产生低压，

使这部分型坯内陷；另一种是空气把型坯在口模处冲断。吹胀的线速度可用进气杆的进气孔直径来加以控制。吹胀成型时，可根据吹胀型坯的要求，选用不同直径进气孔的进气杆；在相同条件下，能在较低气流速度下，向型坯注入较多的压缩空气。

在型坯的整个吹塑过程中，其型坯的膨胀阶段要求以低气流线速度注入大流量的空气，以保证型坯能均匀、快速地膨胀，缩短型坯在与模腔接触之前的冷却时间，并提高制品的性能。低气流线速度还可以避免型坯内出现因局部真空使型坯瘪陷，这可通过采用较大的进气孔直径来保证。由机头芯棒注入压缩空气时，进气杆难以开设较大的气孔，这要通过靠近进气杆出口处的流动控制阀来调节气流速度。

型坯吹胀后，气压要高一些，以保证制品能紧贴模腔而得到有效的冷却，获得清晰的花纹或文字。

（4）制品的冷却

① 模具温度　模具温度控制原则是吹塑模具的温度设定要达到如下要求：制品的性能较高、尺寸稳定性较大；成型周期较短；能耗较低；废品较少。为保证制品的质量，模具的温度应分布均匀，而且在冷却过程中也要使制品受到均匀的冷却，模具温度通常可在20～50℃内选取。模温过低，则塑料在模具夹坯口处温度下降较快，塑料的延伸性降低，阻碍型坯发生吹胀变形，并使制品在此部分加厚，同时使成型困难，制品的轮廓和花纹等也不清楚。模温过高，塑件需要较长时间冷却定型，生产效率下降，另外塑件会产生较大的成型收缩，难以控制其尺寸与形状精度。此时，如果冷却不够，还会引起制品脱模变形，收缩增大，表面无光泽。模温的高低取决于塑料的品种，当塑料的玻璃化温度较高时，可以采用较高的模具温度；反之，则尽可能降低模具温度。

② 冷却时间　在挤出吹塑成型过程中，型坯的吹胀与制品的冷却是同步进行的；除极短的放气时间外，型坯的吹胀时间几乎等于制品的冷却时间。冷却时间控制着塑件的外观质量、性能和生产率。冷却不均匀会使制品各部位的收缩率有差异，引起制品翘曲、瓶颈歪斜等现象。冷却时间较长，可防止塑料因弹性回复而引起形变，塑件外形规整，表面图纹清晰，质量优良，但是却延长了生产周期，降低了生产率。冷却时间太短，塑件会产生应力而出现孔隙。通常在保证塑件充分冷却定型的前提下加快冷却速率，来提高生产率。为了防止塑料因产生弹性回复而引起的制品变形，吹塑成型制品的冷却时间一般较长。通常为成型周期的1/3～2/3，其冷却时间的长短视塑料品种和制品的形状而定。例如热导率较低的聚乙烯，在相同的情况下就比同厚度的聚丙烯需要较长的冷却时间，通常随着制品壁厚的增加，冷却时间延长。

### 6.3.2 注射吹塑成型的工艺过程及控制因素

注射吹塑成型是由注射成型与吹塑成型组成的一种吹塑成型方法，该方法是先利用注射成型制作型坯，然后采用吹塑方法对型坯进行吹塑。注射吹塑成型的优点是制品壁厚均匀无飞边，口部尺寸精确，不需要后续加工。另外由于注塑型坯有底，所以吹塑件底部没有拼合缝，强度高，而且自动化程度及生产率高。缺点是：每件塑件必须使用两副模具（注射型坯模具和吹胀成型模具），注射型坯模具还要能够承受高压，两副模具的定位公差等级较高，因而模具的投资较大，模具和辅机结构复杂，加工精度要求高，模具温度控制要准确，操作技术要求高，多用于小型塑件的大批量生产。另外这种成型方法也存在一些问题，如树脂的选择，注射型坯时要求塑料原料流动性好，而吹塑成型时，要求流动性不能太好，从而产生矛盾。其中，聚乙烯、聚丙烯采用该方法加工有一定的困难，而聚碳酸酯、线型聚酯的加工则较为适用。加工产品的形状受到限制，型芯不能太小，应大于20mm，一般只适合于加工广口瓶和生产批量大的精密制品。这种成型方法曾在20世纪50年代使用过，但由于塑料品种和型号的缺乏、模具制造技术的落后而未能推广应用。直至20世纪80年代，随着塑料成型技术的发展，注射吹塑成型才在塑料容器制造领域得到了扩展。

6.3.2.1 注射吹塑成型的工艺过程

注射吹塑成型的工艺过程是首先由注塑机在高压下将熔融塑料注入注塑模内形成型坯，开模后型坯留在周壁带有微孔的芯棒上，通过机械装置将热型坯移动到吹塑模内，合模后，从芯棒的管道内通入压缩空气，对型坯进行吹胀，使型坯吹胀贴于模具的型腔壁上，并在空气压力下冷却定型，定型后放出压缩空气开模取出塑件，其过程如图6-24所示。

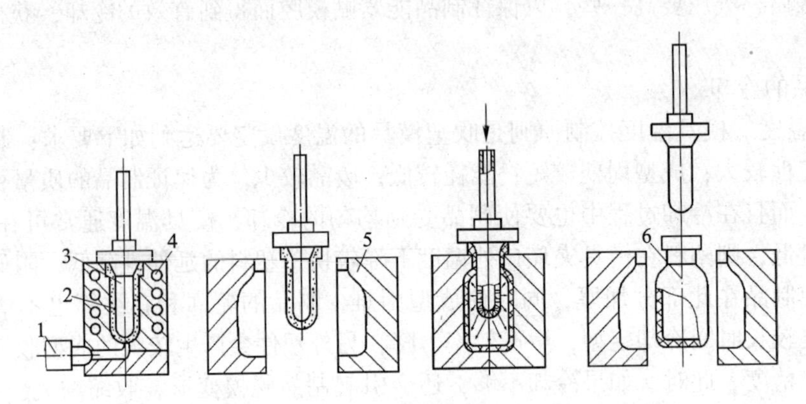


图6-24 注射吹塑生产过程示意图

1—注射机喷嘴 2—注射型坯 3—空心凸模 4—加热器 5—吹塑模具 6—制品

(1) 型坯的制作

① 注射成型原理 用注射的方法在型坯模具内制作型坯，其原理是将粒状或粉状塑料在螺杆的旋转和外部加热的作用下，使之受热熔化至流动状态，然后在螺杆的连续挤压所产生的高压作用下，将熔融的物料压缩并向前推移，通过喷嘴注入到闭合的模具中，冷却即可得到注射型坯。

② 注射成型循环过程 由加料、合模和锁模、注射和保压、制品冷却和预塑化、开模、机构转位等工序组成。

a. 预塑螺杆在螺杆转动装置的驱动下，将来自料斗的塑料向前输送并压实，在机筒外加热器加热和螺杆的剪切、摩擦、混合作用下，塑料逐渐熔融塑化；同时，在螺杆头部积料产生的熔体压力下螺杆后退。后退的速度取决于背压的大小及退回时所附加的各种阻力的大小，后退的距离取决于需要注射的熔料量。

b. 合模机构推动模板及动模板以低压快速进行闭合，缩短合模时间。在动、定模即将闭合时，合模机构的动力系统自动切换成低压低速，以确认模内是否有异物。最后，合模机构的动力系统自动切换成高压低速，锁紧模具，以保证在注射、保压时模具紧密闭合。当合模动作完成后，注射座整体移动油缸工作，推动注射装置前移，使喷嘴与定模板、模具流道口完全紧贴。

c. 注射油缸工作，推动螺杆前移，将积聚在螺杆头部的熔料以足够的速度和压力注入模腔。注入到模腔中的熔体因模内温度降低产生体积收缩。为了保证物料的致密性、尺寸精确、力学性能良好，需对模腔内熔体继续保持一定的压力，补充物料，直到模具浇口处的熔体凝结为止。此时，螺杆作用在熔体上的压力称为保压压力，这一过程称为保压过程。

d. 当模腔浇口处的熔体凝结，即可卸压，此时，型坯在模腔内冷却到一定程度表面结皮。

e. 模腔内的型坯经冷却后，合模机构即可开模，转位装置将型坯芯棒连同芯棒转至吹塑工位，并为下一个型坯的成型过程做好准备。

③ 塑化 型坯的制作是注射吹塑成型的关键，而塑化质量直接决定着型坯质量和产量。塑化是指塑料在机筒内经加热达到流动状态，经螺杆旋转和柱塞的推挤达到组分混合均匀并具有良好的可塑性的过程。因此，塑化是注射成型的准备过程。对塑化的要求是塑料在注入模具之前应达到规定的成型温度，且均匀一致，并能在规定的时间内提供足够数量的熔融物料，而分解物控制在最低限度。

螺杆在塑化时一边旋转一边后退，把物料从加料段输送到螺杆头部的空间，后退动作一直进行到螺杆所控制的计量行程为止。当螺杆后退停止时，螺杆旋转运动也就停止，此时塑化结束。

a. 热均匀性 用于注射吹塑的注射机一般以螺杆式注射机为主，因此在这里只讨论螺杆式注射机料筒内物料的受热情况。

在螺杆式注射机内，由于螺杆的混合和剪切作用，不仅可提供大量的摩擦热，而且还可以加速热量的传递，使物料升温从较慢到较快。如果螺杆转速较低时，剪切作用较小，当物料到达喷嘴时，料温就能升到机筒温度；如果螺杆转速较高时，剪切作用较大，当物料到达喷嘴以前，料温甚至超过机筒温度。

b. 塑化量 塑化量是指单位时间内注射机熔化塑料的质量。螺杆式注射机内塑料受机筒加热和螺杆旋转产生的搅拌、混合和剪切作用，最后完成塑化过程。此外，还可根据不同品种的塑料选用不同背压和螺杆转速来改善塑化质量，从而提高塑化能力。

（2）型坯的吹塑

在型坯仍处于可塑状态时，将型坯及型坯芯棒转到吹塑模具内并立即通入压缩空气至芯棒芯部，于是型坯在空气的作用下从芯棒壁上分离，开始膨胀，一直膨胀到吹塑模具的轮廓为止。型坯在吹塑模具内成型后，带有吹胀制品的芯棒就转至脱模工位。转至脱模工位后的成型制品从芯棒上顶出落下或直接被输送到包装岗位。

#### 6.3.2.2 注射吹塑成型控制因素

影响注射吹塑成型的因素包括温度、压力和时间等。

（1）温度

注射吹塑过程需要控制的温度有料筒温度、喷嘴温度和模具温度等。

① 料筒温度 料筒温度的选择与各种塑料的特性有关。不同的塑料有不同的黏流温度 $T_f$（或熔点 $T_m$），因此，对于无定形塑料，料筒末端最高温度应高于黏流温度 $T_f$，对于结晶塑料应高于熔点 $T_m$，但必须低于塑料的分解温度 $T_d$，因此料筒最合适的温度范围在 $T_f$（或 $T_m$）～$T_d$ 之间。对于 $T_f$（或 $T_m$）～$T_d$ 区间窄的塑料，机筒温度应偏低一些（比 $T_f$ 稍高）；对于 $T_f$（或 $T_m$）～$T_d$ 区间较宽的塑料，机筒温度可适当高一些（比 $T_f$ 高得多一些）。

塑料在高温下易产生热氧化降解而影响制品的性能，有时虽然料筒的温度低于分解温度，但因塑料在高温下停留的时间较长，同样也会发生降解。因此，对于聚氯乙烯等热敏性的塑料，除了严格控制料筒温度以外，还应控制塑料在料筒中的停留时间。

料筒温度分布原则，通常从料斗一侧至喷嘴，温度由低到高，使塑料逐步塑化。为防止塑料熔化、结块堵塞进料，在料筒的料斗部位一般都装有冷却夹套。当原料湿度较高时，应适当提高机尾温度。由于螺杆式注射机的剪切摩擦热有助于塑料的塑化，因此料筒前端的温度也可略低于料筒中间温度，以防止塑料过热分解。

② 喷嘴温度 喷嘴温度通常略低于料筒的最高温度，这是为了防止熔料的“流延”现象。当然，喷嘴的温度也不能太低，否则将会造成熔料的早凝而堵塞喷嘴，或者由于早凝料注入模腔而影响制品的性能。

料筒温度和喷嘴温度的选择还与注射的其他工艺条件有关系。例如选用注射压力较低时，为保证物料的流动，应适当提高料筒和喷嘴的温度；反之，料筒和喷嘴的温度较低就需要较高的注射压力。一般都在成型前通过对空注射和制品的分析来进行调整，以确定最佳的料筒温度和喷嘴温度。

③ 型坯模具温度　型坯模具温度一般是指与型坯接触的型腔表面温度。型坯模具温度可直接影响型坯在型腔内的冷却速率，合适的模具温度不仅可以缩短成型周期，同时也可以减少型坯的废品和容器成型时的废品。模具温度通常由通入定温的冷却介质来控制，其控制区域包括颈部、瓶身和底部等部位。型坯模具温度的控制依据塑料的品种、容器的形状和大小，经试验后确定。提高颈部和瓶身部位的模具温度，型坯成型时不易出现缺口，但应防止型坯黏模（芯棒）现象。底部温度过高，易使型坯吹胀时出现漏底现象。

④ 型坯芯棒的温度　在每一个循环周期，型坯芯棒都要经过加热和冷却循环。并把这个循环维持在极限，以保证高质量容器的生产。

不同品种的塑料，根据制品的性能要求，在成型时对芯棒的温度分布也有特殊的要求（如为提高聚丙烯瓶的透明度，为保证 PET 瓶不结晶），为实现型坯的各部位同步吹胀，还要求同一部位的芯棒和模腔，其温差不能相差太多，若是芯棒温度过高，熔体会很容易在该部位黏模。

芯棒的温度，可采用热交换介质（油或空气），从芯棒内部进行调节。在进入注射工位前，芯棒也可用调温套从外部进行调温。

对于注射吹塑中的黏模现象，也可以通过在模腔或芯棒上喷射脱模剂，或在塑料中加入少量的脱模剂、润滑剂（用量约 0.03% ~0.10%）加以改善。

⑤ 吹塑模具的温度控制　吹塑模具的温度控制主要通过控制冷却水的温度来实现。吹塑模具温度高，冷却时间长，成型周期长；吹塑模具温度低，可以缩短冷却时间和成型周期，有利于提高生产效率。为了能按要求选择模温，常配置模具油温调节器，由精度较高的数字温控仪控制（温度范围 0 ~199℃），正负温差小于 2℃。一般还配有较大制冷量的水冷机，有利于缩短生产周期，节约费用。

（2）压力

压力包括注射过程中的压力（塑化压力和注射压力）及吹塑过程中的吹胀压力。注射过程中的压力关系到塑化和充模质量。吹胀压力关系到制品的成型质量。

① 塑化压力　塑化压力又称背压，它是指螺杆顶部的熔料在螺杆转动后退时所受到的压力。这种压力的大小可以通过液压系统中的溢流阀来调整。

塑化压力的大小直接影响着型坯的塑化质量。塑化压力大，物料塑化充分，熔料密实，有利于排气，成型周期延长；但塑化压力过大，虽然可使型坯表面质量提高，但有可能会使型坯产生变色和性能变差，同时易造成动力过载。一般操作中，塑化压力的大小应在保证型坯质量的前提下越低越好。

② 注射压力　注射压力是指螺杆顶部对塑料所施加的压力。其作用是克服塑料从料筒向型腔流动的阻力，给予熔料充模的速度以及对熔料进行压实。

注射压力不足，型坯表面不平整，易出现凹坑现象，严重时，熔体充模量不足，易造成型坯缺口、漏底，螺纹不足等缺陷；提高注射压力，可改善熔体的流动性，提高充模速度，型坯熔接强度增加，型坯密实。但注射压力不能过高，否则出现型坯芯棒偏斜，型坯出现飞边。

③ 保压压力　熔体被注射充模后，注射机仍需要保持足够的保压压力，才能得到尺寸准确、表面平整有光泽、密实的型坯。

④ 吹胀压力 吹胀压力是指在吹塑模具内将型坯吹胀成容器的压缩空气的压力大小。注入型坯的压缩空气，其压力是可控的。吹胀气压的高低直接影响着型坯的吹胀成型，压力过低不能使制品紧贴模腔，制品表面无法得到清晰的文字、图案，还会降低制品冷却效率，过高则会吹破型坯。吹胀气压一般为0.2～1.0MPa，个别可达2MPa。常用塑料的吹胀气压值见表6－3。

表6－3 常用塑料的吹胀气压

| 塑料品种 | 吹胀气压/MPa | 塑料品种 | 吹胀气压/MPa |
|---|---|---|---|
| 高密度聚乙烯 | 0.4～0.7 | 丙烯腈－丁二烯－苯乙烯三元共聚物 | 0.3～1.0 |
| 低密度聚乙烯 | 0.2～0.4 | | |
| 聚丙烯 | 0.5～0.7 | 聚碳酸酯 | 0.5～1.0 |
| 聚苯乙烯 | 0.3～0.7 | 有机玻璃 | 0.3～0.6 |
| 硬聚氯乙烯 | 0.5～0.7 | 聚甲醛 | 0.7～1.0 |

吹胀气压的大小主要与选用塑料品种的型号、型坯温度、型坯的壁厚、模具温度、制品大小、型坯吹胀比等因素有关。

(3) 生产周期

注射吹塑成型周期是指各段工艺过程所进行的时间的总和。它包括塑料的塑化时间、注射时间、模具等待时间、吹塑时间、冷却时间、模具启闭间隔时间等。

在保证产品质量的前提下，成型周期越短，生产效率越高，越有利于降低产品成本。在实际生产中，质量和效率是一对矛盾，要想达到平衡，可以通过多次试验找出最佳的工艺组合时间。减少物料的塑化时间，可缩短成型周期，延长注射时间、保压时间、吹胀时间，有利于改善制品的质量，但会降低生产效率。

## 6.3.3 拉伸吹塑工艺及控制因素

拉伸吹塑是在普通的挤出吹塑和注射吹塑基础上发展起来的。首先通过挤出法或注射法制成型坯，然后将型坯处理到塑料适宜的拉伸温度，经内部（拉伸芯棒）或外部（拉伸夹具）的机械力作用而进行纵向拉伸，同时或稍后经压缩空气吹胀进行横向拉伸，最后获得塑件。与普通非拉伸吹塑成型的不同之处在于拉伸吹塑除了赋予塑料制件一定的形状外，还能使其微观状态定向排列，达到改善塑料的某些物理性能的目的。实践表明，经过双向拉伸以后，制品的抗冲击性、耐低温性、透明性、表面粗糙度、刚硬性及阻隔性等均有明显的提高。此外，经过拉伸后的制品的壁厚减薄，可以节约原材料，降低其产品成本。

### 6.3.3.1 拉伸吹塑工艺过程

拉伸吹塑成型又称为双轴取向吹塑。这种方法是通过挤出或注射法将树脂制成管状型坯，然后将型坯进行调温处理，使其达到理想的拉伸温度，经内部（拉伸芯棒）或外部（拉伸夹具）机械力的作用，进行纵向拉伸，同时或稍后经压缩空气吹胀进行径向拉伸而制得的具有轴向和径向高强度的中空容器的方法。

(1) 拉伸吹塑成型过程

拉伸吹塑成型过程的步骤大致如下。

首先，按工艺要求使塑料熔融塑化，并通过注射或挤出法加工成型坯。

然后，将型坯进行调温处理，使其达到适合的拉伸温度。其方法有以下两种：

① 直接从高于拉伸温度的状态冷却到拉伸温度；

② 经强制冷却后，再升温至拉伸温度。

其次，采用机械方法进行纵向拉伸。

再次，采用压缩空气进行径向拉伸。

最后，将制成的中空容器冷却至室温。

(2) 拉伸吹塑的分类

拉伸吹塑成型按型坯的成型方法不同可分为挤出拉伸吹塑及注射拉伸吹塑两种，而这两类拉伸吹塑又各有一步法和两步法之分。

目前拉伸吹塑法实际有以下4种：

① 一步挤出拉伸吹塑法，主要用来加工聚氯乙烯；

② 一步注射拉伸吹塑法，主要用来加工热塑性聚酯和硬质聚氯乙烯；

③ 两步挤出拉伸吹塑法，主要用来加工聚氯乙烯和聚丙烯；

④ 两步注射拉伸吹塑法，主要用来加工聚酯。

型坯可以分别采用挤出或共挤出、注射或共注射的方法来成型。

一步法拉伸吹塑成型又称热型坯法。它是将刚成型完的热型坯的温度调整到拉伸温度后，马上进行拉伸吹塑成型，也就是制备型坯、拉伸、吹塑三道主要工序在一台设备中连续依次完成的。

两步拉伸吹塑法又称冷型坯法。其型坯的成型与拉伸吹塑分别在两台设备上进行。首先制备型坯，型坯经冷却后成为一种待加工的半成品，因而型坯的生产不论是在时间上还是在位置上，均可与拉伸和吹塑这两个重要的工序分开来进行。即型坯可专门由一个工厂生产，然后作为半成品提供给另一个工厂对型坯进行加热拉伸及吹塑的后续加工。这一方法可使作为后续加工的工厂回避自己不太熟悉的塑料挤出和注射加工技术。

(3) 一步法与两步法的比较

无论是挤出型坯、注射型坯还是共挤出多层型坯、共注射多层型坯，都可采用一步法或两步法进行拉伸吹塑成型。两种成型方法各有其特点。

① 一步法的优点主要表现在：投资成本较低；生产可连续进行，设备占地少，自动化程度高；瓶子表面缺陷（如条痕等）较少；型坯所经历的热历程较短，有利于热敏性塑料如聚氯乙烯等的生产；能量消耗较低；如果生产形状相同而容量不同的容器，更换模具相对容易，适宜小批量生产。

② 一步法的缺点包括：不能分开和优化注射成型和吹塑成型的加工工艺，因为这两种成型工艺是相互匹配的，但不是最理想的；制品壁相对较厚；对操作工的技术要求较高，需同时懂得注射和吹塑两种技术。

③ 两步法的优点有：瓶子的生产成本低；可分别优化型坯的成型与拉伸吹塑成型工艺；设备的操作、维修较容易；产量高；适宜大批量生产；瓶的质量轻。

④ 两步法的缺点有：设备费用较高；瓶的表面缺陷会比一步法多一些；由于型坯需要进行再加热处理，会限制一些造型的瓶（如椭圆形瓶）的生产。

综上所述，从经济的角度分析，若进行大批量的生产（同一造型的瓶，超过7百万~9百万只），安装两步法生产线会更经济。

(4) 挤出拉伸吹塑成型工艺过程

挤出拉伸吹塑是采用挤出法制作管状型坯，再进行双向拉伸吹塑。挤出拉伸吹塑也分为一步法和两步法两种成型方法。

一步法挤出拉伸吹塑工艺过程如图6-25所示。

① 型坯的挤出　将热塑性的塑料加入挤出机，经熔融塑化从机头挤出型坯，当型坯达到预定长度时，预吹塑模具转至机头下方，截取型坯，如图6-25(a)所示。

② 型坯预吹胀　预吹胀模在型坯周围闭合，型坯经压缩空气吹胀成预吹胀型坯，口径部被压缩成型为螺纹部位，夹坯余料被拉下除去，如图6-25(b)所示。

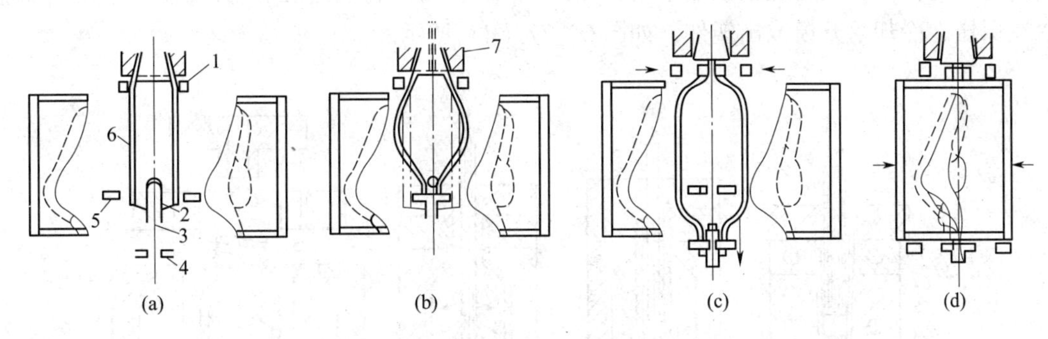


图6-25 一步法挤出拉伸吹塑工艺过程

(a) 型坯挤出 (b) 预吹塑 (c) 纵向拉伸 (d) 径向拉伸吹胀

1—上端口夹紧器 2—吹气杆 3—绷料杆 4—纵向拉伸位置 5—下端口夹紧器 6—初始型坯 7—机头

③ 拉伸吹塑 预吹胀的型坯进入拉伸吹塑模具内，进气杆对型坯进行纵向拉伸，如图6-25 (c)所示。与此同时，压缩空气进入型坯，进行径向拉伸（吹胀），如图6-25 (d) 所示，最后制品经冷却后从模具中取出。

两步法挤出拉伸吹塑又称为冷管拉伸吹塑，如图6-26所示。它有多种成型方式，一般的成型过程为：将热塑性塑料加入挤出机，经熔融塑化后挤出规定直径的管子，将冷却定型的管子按规定长度切断。拉伸吹塑时，夹持管子于加热装置中加热，如图6-26 (a) 所示；经加热调温后的管子在管坯模内，一端压缩成型口颈部螺纹，如图6-26 (b) 所示；另一端被封闭为管坯底部，如图6-26 (c) 所示；之后，管坯及吹气杆被转到吹塑模内；管坯在吹塑模内，先被吹气杆进行纵向拉伸，如图6-26 (d) 所示，同时注入压缩空气，径向吹胀管坯成容器，如图6-26 (e) 所示；最后冷却定型制品，如图6-26 (f)所示。

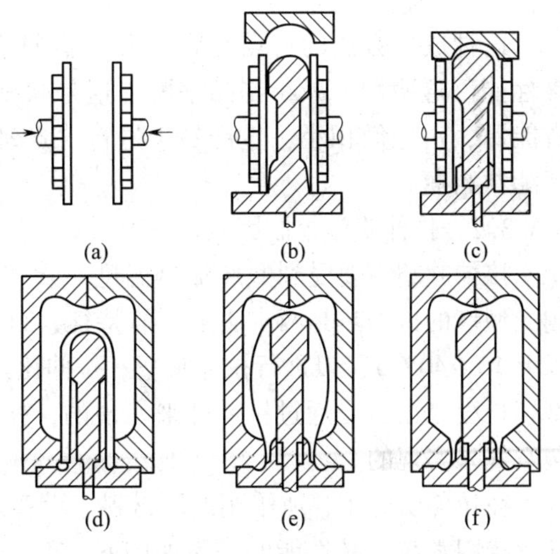


图6-26 冷管拉伸吹塑

(a) 加热 (b) 压缩 (c) 封接

(d) 拉伸 (e) 吹胀 (f) 冷却

冷管拉伸吹塑制品的底部是管子在加热温度下封接，其加热温度低于直接挤出的型坯的熔体温度，故制品底部的焊接强度较低。

(5) 注射拉伸吹塑工艺过程

注射拉伸吹塑成型主要用于生产0.2～2L，形状为圆形或椭圆形的容器，例如，饮料瓶、纯净水瓶、食用油瓶，这种产品用量很大，因此，设备的生产效率较高，可靠性强。

注射拉伸吹塑分为一步法注射拉伸吹塑和两步法注射拉伸吹塑。下面以一步法注射拉伸吹塑成型为例介绍一下注射拉伸成型工艺过程。

注射拉伸吹塑成型是通过注射法将树脂制成有底型坯后，将型坯进行调温处理，使其达到理想的拉伸温度，经内部（拉伸芯棒）或外部（拉伸夹具）机械力的作用，进行纵向拉伸，同时或稍后经压缩空气吹胀进行径向拉伸，最后冷却脱模取出制品。一步法注射拉伸吹塑成型工艺过程如图6-27所示。图6-27 (a) 表明在注射工位注射成一个空心带底的型坯，成型后打开注塑模具将型坯迅速转移至图6-27 (b) 所示的位置进行加热调温，拉伸杆启动并沿轴向进行纵向拉伸，同时通入压缩空气，如图6－27（c）所示，在圆周方向使型坯横向膨胀，最后经保压、冷却后开模取出塑件，如图6－27（d）所示。

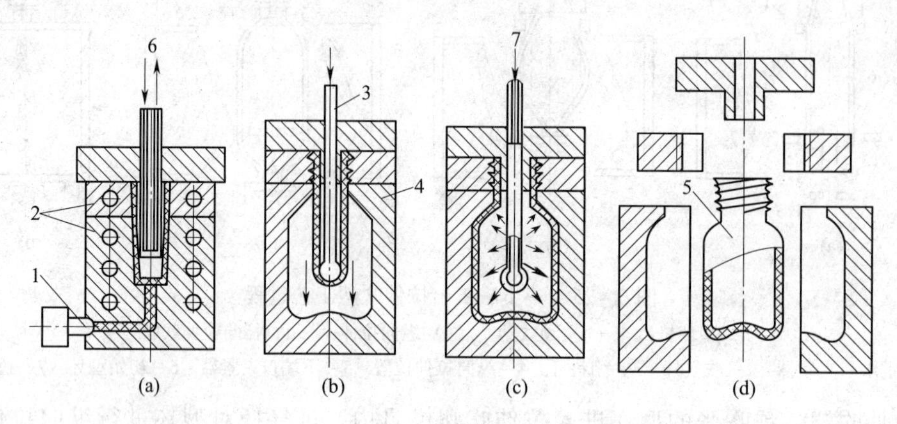


图6－27　注射拉伸吹塑成型

（a）型坯成型　（b）型坯拉伸　（c）吹塑成型　（d）脱模

1—注射机喷嘴　2—注射模　3—拉伸芯棒（吹管）　4—吹塑模　5—塑件　6—冷却水　7—压缩空气

这种成型方法的特点是轴向和径向具有相同的拉伸比，可以提高容器的力学性能、阻渗性能、透明性，减小制品壁厚，这是吹塑成型中壁厚最薄的一种工艺。而且这种方法节省能源，占地面积小，生产易于进行，自动化程度高。注射拉伸吹塑最典型的产品是线性聚酯饮料瓶。

6.3.3.2　拉伸吹塑控制因素

拉伸吹塑主要受到型坯加热温度、吹塑压力、吹塑时间和吹塑模具温度等工艺因素的影响。型坯的再加热是两步法生产的特征，目的是使型坯侧壁温度达到热塑范围（玻璃化温度以上10～40℃），以进行拉伸吹塑。拉伸比是影响塑件质量的关键。纵向拉伸比（塑件长度与型坯长度之比）是通过拉伸杆来实现的，横向拉伸比（塑件直径和型坯直径之比）是通过吹塑空气来实现的。

在拉伸吹塑中，所采用的原材料、设备及成型工艺条件等因素都直接影响着制品的性能，各影响因素与制品性能的关系如图6－28所示。

对于拉伸吹塑成型，对物料的温度及拉伸速度的控制极其重要；对于非结晶的热塑性塑料，拉伸应在其弹性范围内进行；对于结晶的热塑性塑料，拉伸过程应在低于结晶熔点的狭窄温度范围内进行。在拉伸过程中，还需要保持一定的拉伸速度，使吹塑加工前的聚合物分子链的拉伸定向不至于松弛。

从技术角度而言，拉伸吹塑还必须考虑聚合物晶体的晶核生长速率。当晶体尚未形成时，即便达到了拉伸温度，对型坯进行拉伸也将毫无意义。因此，在生产中有时加入成核剂来提高成核速率。因此，

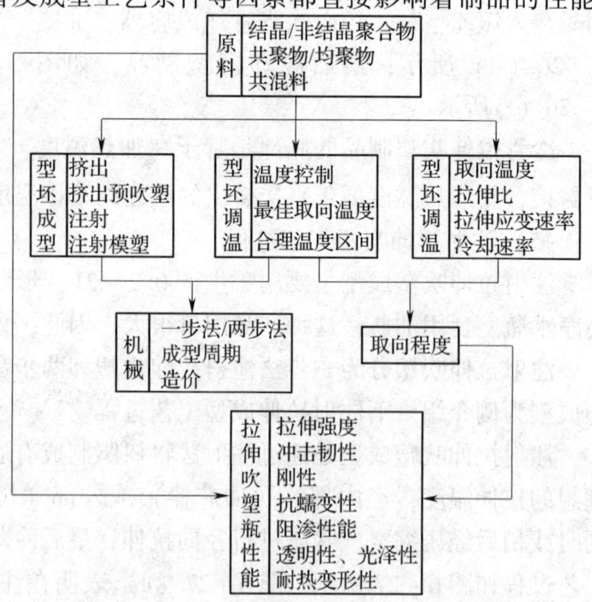


图6－28　拉伸吹塑中各影响因素与制品性能的关系

在生产中对温度进行分段控制是必要的。

（1）型坯的成型

合理选择并控制原料混合工艺和挤出机各段加工温度与螺杆转速，是保证型坯成型的首要条件。在挤出拉伸吹塑时，控制好型坯的温度包括型坯的温度分布要均匀，同时也要控制好预吹塑型坯的冷却条件。一步法中在预吹胀型坯时，型坯外壁与模腔接触，冷却得较快，型坯的内壁与吹胀用的压缩空气接触，所传递的热量较少，这样，型坯内外的温差需经一定时间自调节，才能趋于均匀的温度分布。型坯的温度自调节时间，随型坯壁厚的增加而延长。为了不至于使成型周期过长，也可采用如下方法：在设计时，控制好型坯的壁厚；在型坯拉伸吹塑之前，增设加热及调温工位。型坯的温度还会影响制品的壁厚，在型坯壁厚的部位，由于预吹胀时冷却较慢（温度较高），在拉伸吹塑时，这样的部位较易拉伸，成为制品较薄的部位。相反型坯壁较薄的部位是对应于制品壁较厚的部位。

为了得到优良的制品，无论采用哪种方法获得型坯，对型坯的要求都是透明度高、均质、内部无应变、外观无缺欠。线型聚酯虽为结晶树脂，但结晶速率较慢，在130～200℃的范围内其结晶速率较快，而低于130℃时结晶速率较慢，所以要控制时间才可得到透明的型坯。从增加透明度角度来看，加工温度高有利于增加透明度而减少白化。

高分子质量的聚酯较容易得到透明的型坯。影响制品外观的因素除了透明度以外，还有鱼眼、异物、气泡、银纹等。所以还需要注意树脂的干燥过程、干燥条件、模具温度、周围空气温度及成型过程中的颗粒处理等。

（2）拉伸温度（取向温度）

每种塑料都有其最佳的拉伸温度范围，因此，在成型时要控制好型坯的拉伸温度，以保证制品获得最好的性能。结晶塑料（如聚丙烯）的拉伸温度比其熔点稍高，非结晶塑料（如聚氯乙烯、聚丙烯腈）或因快速冷却而阻止了晶体形成的塑料（如聚酯）拉伸温度比其玻璃化温度（$T_g$）高些。对于结晶塑料（如聚丙烯），拉伸过程中还要考虑晶核的形成与晶核生长的速率。若没有形成晶体，即使在最佳的拉伸温度下，拉伸型坯也没有意义。加入成核剂可提高晶核的生长速率。各种塑料的拉伸温度范围见表6－4。

**表6－4 各种塑料的拉伸温度范围**

| 塑料 | 最佳拉伸温度/℃ | 塑料 | 最佳拉伸温度/℃ |
|---|---|---|---|
| 聚酯 | 85～106 | 聚碳酸酯 | 116～130 |
| 聚氯乙烯 | 90～110 | 聚苯乙烯 | 140～160 |
| 聚丙烯 | 127～150 | 聚丙烯腈 | 120 |

拉伸温度过高，取向不充分；拉伸温度过低，影响制品的透明度。一般来说，拉伸温度低，可取得较好的取向效果，但容器的耐热性也较低，容器受热体积收缩率较大。

由表6－4可以看出，聚酯拉伸温度范围在85～106℃之间，如加热温度高于105℃，就会出现结晶白浊（发白且表面浑浊）及无法拉伸的现象。

（3）拉伸比

在拉伸吹塑成型中，拉伸比是一个重要的参数。总拉伸比（$\lambda$）为轴向拉伸比以（$\lambda_l$）与径向拉伸比以（$\lambda_r$）的乘积。即 $\lambda = \lambda_l \lambda_r$，而轴向拉伸比以（$\lambda_l$）为：

$$\lambda_l = L/l$$

式中，$l$ 为型坯上要开始拉伸处至底部之间的距离；$L$ 为瓶子上开始拉伸处至底部之间的距离。拉伸吹塑制品不同部位的拉伸比不同。一般来说，肩部与底部的拉伸比较小，而制品中部拉伸比较大（如图6－29所示）。

径向拉伸比（$\lambda_r$）为：

$$\lambda_r = D/d$$

式中，$d$ 为型坯体外径；$D$ 为制品体外径。

拉伸比在实际生产中的指导意义如下：

① 根据拉伸比、制品的高度与径向尺寸，可近似地确定相应型坯的尺寸；

② 根据拉伸比确定成型周期，当拉伸比较大时，同时要求型坯有较大的壁厚，因此成型周期较长；

③ 拉伸比大，拉伸强度和冲击强度高，跌落强度也高，能提高阻止气体渗透的能力。

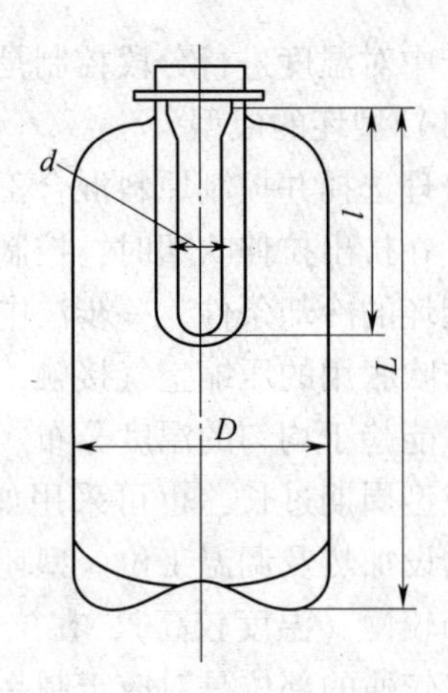

图 6－29　型坯与拉伸吹塑瓶示意图

（4）拉伸速率及冷却速率

① 拉伸速率　拉伸吹塑时应有一定的拉伸速率，以保证有一定的取向度，但拉伸速率不能太大，否则制品会出现微小裂缝等缺陷。

② 冷却速率　应采用较大的冷却速率，将取向的分子保留下来，并有助于缩短成型周期。冷却速率的大小与模具温度、结构、材料及制品的壁厚等因素有关。

（5）取向程度

从拉伸吹塑制品的径向和轴向切片。并测量其拉伸强度，可估计制品的取向程度。一般来说，经取向后的拉伸强度近似等于未取向时的拉伸强度乘以对应的拉伸比。

## 思　考　题

1. 什么是中空吹塑成型？成型的工艺方法有哪些？
2. 中空吹塑成型的设备包括哪些？
3. 影响中空吹塑成型的因素有哪些？
4. 中空吹塑成型可分为几大类型？请用框图表示各种成型方法的工艺过程。

## 参 考 文 献

1. 于丽霞，张海河. 塑料中空吹塑成型. 北京：化学工业出版社，2005.
2. 王文平，池成忠. 塑料成型工艺与模具设计. 北京：北京大学出版社，2005.

# 第 7 章　其他成型方法

## 7.1　压延成型

### 7.1.1　概述

压延成型简称压延，是将熔融塑化的热塑性塑料通过一系列加热的压辊，使熔料连续地被挤压剪切，延展拉伸而成型为规定尺寸的薄膜或片材的一种方法。用作压延成型的塑料大多数是热塑性塑料，其中以非晶型的聚氯乙烯（PVC）及其共聚物最多，其压延制品主要有薄膜、片材和人造革。其次是 ABS、EVA 以及改性聚苯乙烯等。近年来也有压延聚乙烯等结晶性塑料。

压延制品一般可以分为薄膜、片材、人造革和其他涂层制品。薄膜与片材之间大抵以 0.25mm 为厚度分界线，薄者为薄膜，厚者为片材。聚氯乙烯薄膜与片材又有硬质、半硬质与软质之分，由所含增塑剂量而定，当含增塑剂 0 ~5 份为硬制品，6 ~25 份为半硬制品，25 份以上者则为软制品。主要应用于农业薄膜、工业包装薄膜、室内装饰品及生活用品。片材的厚度在 0.3mm 以上，广泛地用作地板、录音唱片基材以及热成型片材等。人造革是以棉织品或合成纤维织物作底层的复层制品，若用纸作为底层的复层品称为纸质复层品，用于包装、文具封面、室内贴墙等。压延成型适用于生产厚度在 0.05 ~0.5mm 的软质聚氯乙烯薄膜和片材以及 0.3 ~0.7mm 的硬质聚氯乙烯片材。制品厚度大于或低于这个范围内的制品一般均不采用压延成型法，而是用挤出成型法来生产。

压延成型在塑料成型中占有相当重要的地位，它的优点是加工能力大、生产线速度大、产品质量好、能连续化生产、自动化程度高。压延成型的主要缺点是设备庞大、投资高、维修复杂、制品宽度受到压延辊筒长度的限制等。另外生产流水线长、工序多，所以在生产连续片材方面不如挤出机成型技术发展快。

### 7.1.2　压延设备

压延制品的生产是多工序作业，其生产过程可分为前后两个阶段：前阶段是压延前的准备阶段，主要包括所用塑料的配制、塑化和向压延机供料等；后阶段包括压延、牵引、轧花、冷却、卷取、切割等，也是压延成型的主要阶段。其中压延机是压延成型生产中的关键设备。图 7 -1 表示压延生产中常用的 4 种工艺过程。图中长方形表示过程，正方形表示原料、中间产物或成品，箭头表示流程前进的方向。

#### 7.1.2.1　压延机的分类

压延机通常以辊筒的数目及排列的方式分类。根据辊筒数目的不同，压延机可以分为双辊、三辊、四辊、五辊甚至六辊压延机。

辊筒的排列方式很多，通常三辊压延机的排列方式有 I 型、三角型等几种。四辊压延机则有 I 型、倒 L 型、正 L 型、T 型、斜 Z 型（S 型）等。如图 7 -2 是几种常见压延辊筒的排列形式。

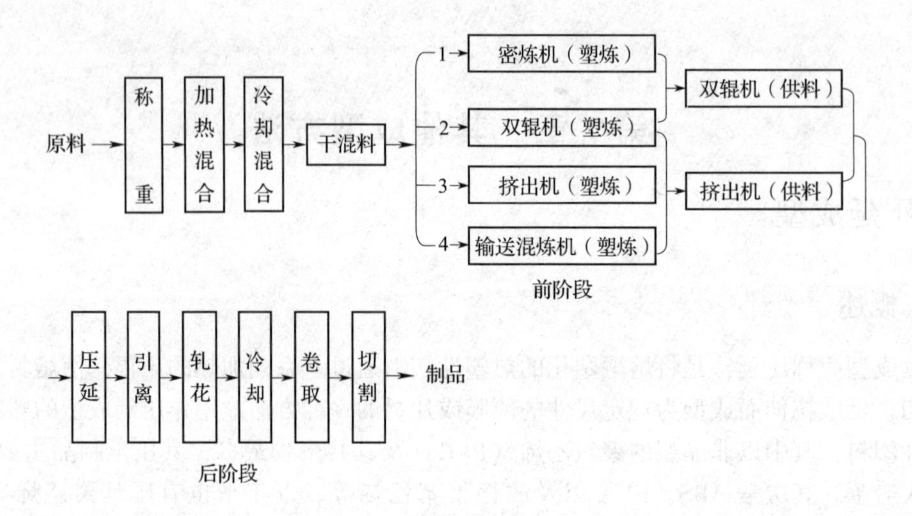


图 7-1　压延成型工艺过程

辊筒排列形式的不同将直接影响压延机制品质量和生产操作及设备维修是否方便。排列辊筒的主要原则是尽量避免各个辊筒在受力时彼此发生干扰，并应充分考虑操作的要求和方便，以及自动供料需要等。然而实际上没有一种排列是完美的，往往是顾此失彼。例如目前应用比较普通的斜 Z 型，它与倒 L 型相比时有如下优点：① 各辊筒互相独立，受力时互相不干扰，这种传动平稳、操作稳定，制品厚度容易调整和控制；② 物料与辊筒的接触时间短、受热少，不易分解；③ 各辊筒拆卸方便，便于检修；④ 上料方便，便于观察存料；⑤ 厂房高度要求低；⑥ 便于双面贴胶。

7.1.2.2　压延机的结构

各压延机虽然辊筒数目与排列方式不同，但其基本结构大致相同。主要由压延辊筒及其加热冷却装置、制品厚度调整机构、传动设备及其他辅助装置等组成。参见图 7-3。

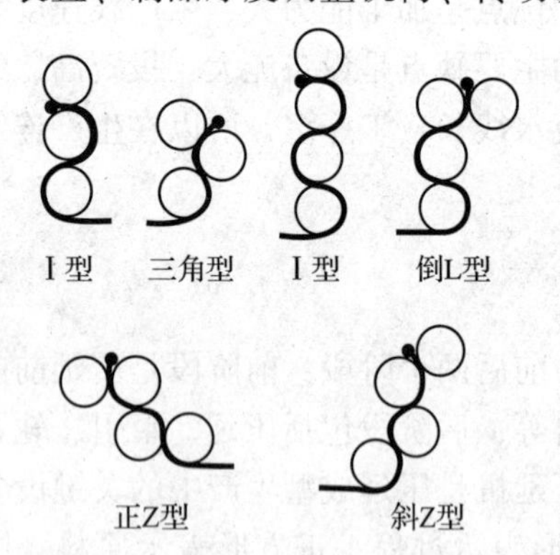


图 7-2　常见的压延机辊筒排列方式

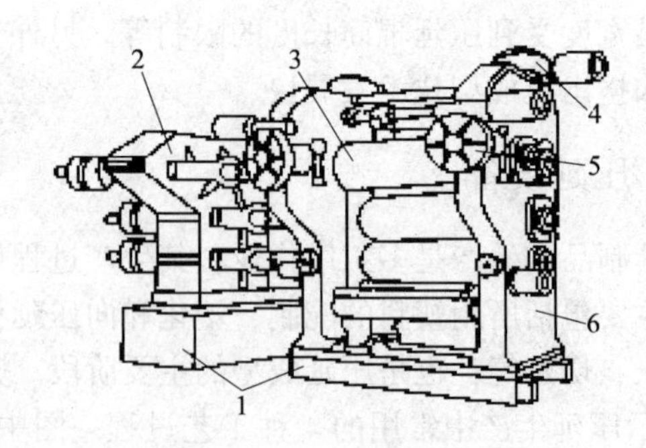


图 7-3　压延机构造图

1—机座　2—传动装置　3—辊筒　4—辊距调节装置
5—轴交叉调节装置　6—机架

(1) 机座

机座固定在混凝土基础上，由铸铁制成，用于固定机架。

(2) 传动与减速装置

为了适应不同压延工艺的要求，辊筒速比应在较大范围内调节。为了使辊筒转动平稳，一般采用直流电动机。

（3）辊筒

辊筒是与塑料直接接触并对它施压和加热的部件，主要控制产品质量。后面详述。

（4）辊距调节装置

制品的厚度由辊距来调节。

（5）轴交叉装置和预应力装置

这两种装置都是为了克服操作中辊筒出现弯曲而设的。辊筒的弯曲变形对制品的精度有直接影响。在本章第 5 节中详细讨论。

（6）机架

由铸钢制成。其主要部分是左右两侧的夹板，用以支承辊筒的轴承、调节装置和其他附件。

（7）其他装置

① 润滑系统　循环润滑系统是由输油泵、油管、加热器、冷却器、油分配器、过滤器、油槽等组成。润滑油由加热器加热到 80 ~ 100℃，再由输油泵输送到各个需要润滑油的部位。润滑后的润滑油通过回油管回到油槽，经过滤冷却后，即可再用。压延机的主要润滑部分是辊筒的轴承，耗油量占整个系统的 90%。

② 加热装置　辊筒的加热方式主要有蒸汽加热、电加热、过热水加热 3 种。前两种方法用于空心式压延辊筒；后一种方式多用于钻孔式压延辊筒，它是空心式压延辊筒加热面积的 2 倍，具有辊筒表面温度均匀、稳定、易于控制等优点。

#### 7.1.2.3　辊筒

压延机的规格通常是以辊筒直径和工作面长度来表示。常见的塑料压延机规格如表 7 - 1 所示。压延机辊筒是压延制品的成型面，而且压延的均是薄制品，因此对压延辊筒有一定的要求：压延机辊筒必须具有足够的强度和刚度，长期在高温环境中不变形，确保在对物料进行挤压作用时，辊筒的弯曲形变不超过许用值；工作面应耐磨、耐腐蚀并有足够的硬度。辊筒越长，其刚度越差，弹性形变也越大。因而压延机辊筒的长径比有一定的限制，通常为 1:2 ~ 3，压延软质制品时取最大值，硬质制品时取最小值。一般来说，同一压延机的各辊筒直径和长度都是相同的，但近年来出现了异径辊筒压延机。

#### 7.1.2.4　厚度调节装置

制品的厚度首先由辊距来调节，三、四辊压延机在塑料运行方向倒数第二辊的轴承位置是固定不变的，其他辊筒则常需要借助调节装置做前后移动，以迎合产品厚度变动的需要。一般压延机辊筒应有粗细两套调节装置，空车时用粗调节器，操作生产时用细调节器。

#### 7.1.2.5　传动装置

压延机辊筒的转动可由一台电动机通过齿轮联结带动，也可分别由多台电动机各自带动，目前广泛采用直流电动机通过变速箱和万向联轴节的传动形式。由于电动机转速很快，一般都要经过齿轮型的减速装置。正齿轮的旋转都是细小断续的动作，会影响制品质量；人字齿轮可以消除这一弊病，同时减少轴向应力。

### 7.1.3　压延原理

#### 7.1.3.1　压延成型的动作原理

压延成型的过程是借助于辊筒间产生的强大剪切力，使黏流态物料多次受到挤压和延展作用，成为具有一定宽度和厚度的薄层制品的过程，这一过程表面上看只是物料造型的过程，实质上是物料受压和流动的过程。这一机械动作如图 7-4 所示。

首先，在这一动作中，辊筒彼此之间的转速是存在一定的速度比关系的，由于各相邻辊筒速比大于1，所以在辊隙处，物体受两辊筒的拖带作用速度不等，料层间的速度分布也并不对称，如图 7-5 所示。

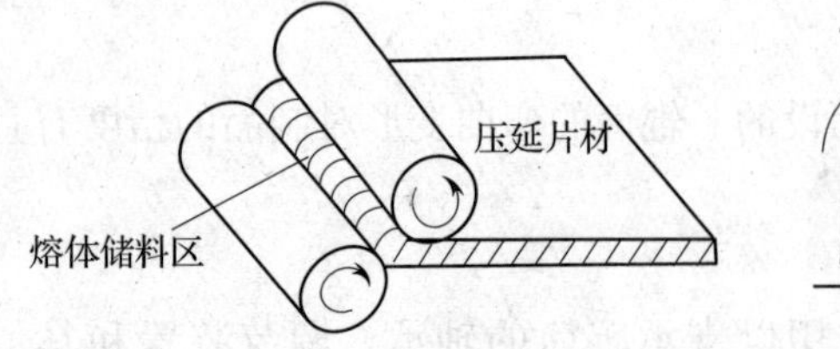


图 7-4　双辊压延动作原理示意图

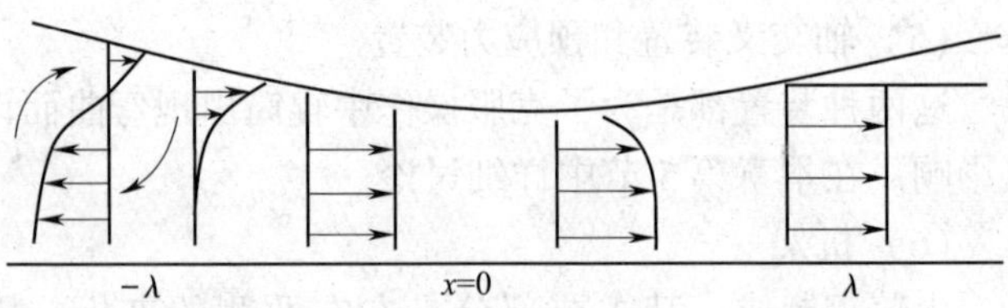

图 7-5　辊隙间物料的速度分布示意图

料层间由于运动速度的差别而形成剪切作用，这种剪切作用在挤压力的协同下，使物料得到更加强烈的摩擦作用进而产生辊筒旋转拉力，它把物料带入辊筒间隙。

其次，物料在辊隙间，由于辊筒转速不同和挤压力的作用，出现料层间的错动流动、滞后流动，甚至是回流的现象，这些流动现象可形成不同组合的混合作用，混合和塑化协同就构成了混炼作用。

最后，两辊窄隙中“拉”出来的片材，在沿制品的宽度方向上由压延机辊筒及其调节机构的作用，保证了物料在辊隙中等距，从而实现了物料在宽度方向上的均厚。在沿制品的输送方向，由于辊筒连续均匀地转动，料片在不断经过辊隙的过程中，形成沿制品长度方向的均厚作用。

7.1.3.2　牛顿流体的压延模型

处于压延辊筒间隙中的物料主要受到辊筒的压力作用而产生流动，辊筒对物料的压力是随辊缝的位置不同而递变的，因而造成物料的流速也随辊缝的位置不同而递变。即在等速旋转的两个辊筒之间的物料，其流动不是等速前进的，而是存在一个与压力分布相应的速度分布。图 7-6 中绘出了牛顿流体在压延过程中的速度分布。

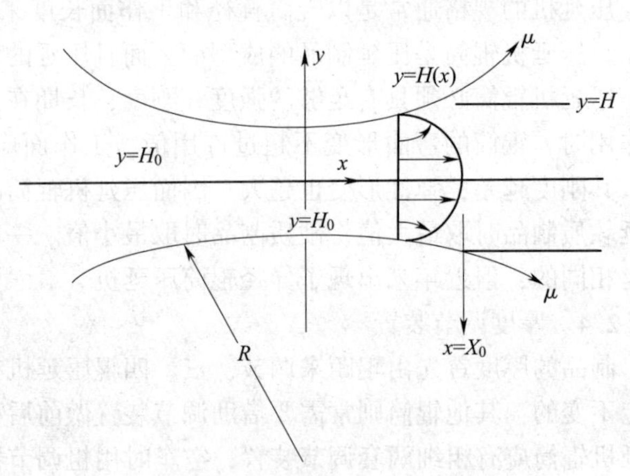


图 7-6　压延流动示意图

首先，假设流动是严格二维的，这时牛顿流体等温稳态动力学方程为：

$$\rho\left(u_x\frac{\partial u_x}{\partial x}+u_y\frac{\partial u_y}{\partial y}\right)=-\frac{\partial p}{\partial x}+\mu\left(\frac{\partial u_x^2}{\partial x^2}+\frac{\partial u_y^2}{\partial y^2}\right) \tag{7-1}$$

$$\rho\left(u_x\frac{\partial u_y}{\partial x}+u_y\frac{\partial u_y}{\partial y}\right)=-\frac{\partial p}{\partial y}+\mu\left(\frac{\partial u_y^2}{\partial x^2}+\frac{\partial u_y^2}{\partial y^2}\right) \tag{7-2}$$

$$\frac{\partial u_x}{\partial x}+\frac{\partial u_y}{\partial y}=0 \tag{7-3}$$

然后，假设黏性力在过程中占支配地位，故忽略惯性项。同时还假设大部分主要的动力学过程发生在两轧辊相距最小的区域，近似地认为两辊表面几乎是平行的，而且还假定距轧辊间隙很远地方的压力为0，因此可以得到横向力（分离力 $F$ 和辊筒长度 $L$ 的比值）的表达式为：

$$\frac{F}{L}=1.22\frac{\mu uR}{H_0} \tag{7-4}$$

式中，$H_0$ 为辊筒间隙的1/2；$u$ 为辊筒线速度；$R$ 为辊筒半径。

片材厚度 $2d$ 和辊筒间隙 $2H_0$ 之间的关系为：

$$\frac{d}{H_0}=1+0.226=1.226 \tag{7-5}$$

对于式（7-4）和式（7-5）关系式的意义并不在于它们的数量关系，而在于它们所揭示的是压延过程的一般规律。仅通过关系式并不能得到关于分离力和片材厚度的准确数值，但可以得到大致的数量级的关系，这对于在设计过程中估计分离力以及分离力所造成的辊筒的弹性挠曲，并在设计辊筒时给出一定的中高度补偿值以及辊筒预弯曲的载荷的补偿值具有一定意义。

压延过程中，借助了辊筒间产生的剪切力，使物料多次受到挤压、剪切，在逐步塑化的基础上延展成薄型制品。在压延过程中受热熔化的物料由于与辊筒的摩擦和物料内部的剪切摩擦会产生大量的热，局部过热会使塑料发生分解，因而要注意辊筒的温度，辊筒的速度比等，以便很好地控制辊温。

### 7.1.4　压延工艺过程

目前的压延成型均以生产聚氯乙烯制品为主。聚氯乙烯压延产品主要有软质薄膜和硬质片材两种。由于它们的配方以及用途不同，生产工艺也有差别，现分别叙述如下。

#### 7.1.4.1　软质聚氯乙烯薄膜

生产软质聚氯乙烯薄膜的工艺流程如图7-7、图7-8所示。首先将树脂和助剂加入高速混合机（或管道式捏合机）中充分混合，混合好的物料送入到密炼机中去预塑化，然后输送到挤出机（或炼塑机）经反复塑炼塑化，塑化好的物料先经过金属检测器检测再经过辊筒连续辊压成一定厚度的薄膜，然后由引离辊承托而撤离压延机，并经进一步拉伸使薄膜厚度再进行减小。接着薄膜经冷却和测厚，即可作为成品卷取。必要时在解脱辊与冷却辊之间进行轧花冷却、测厚、卷取得到制品。

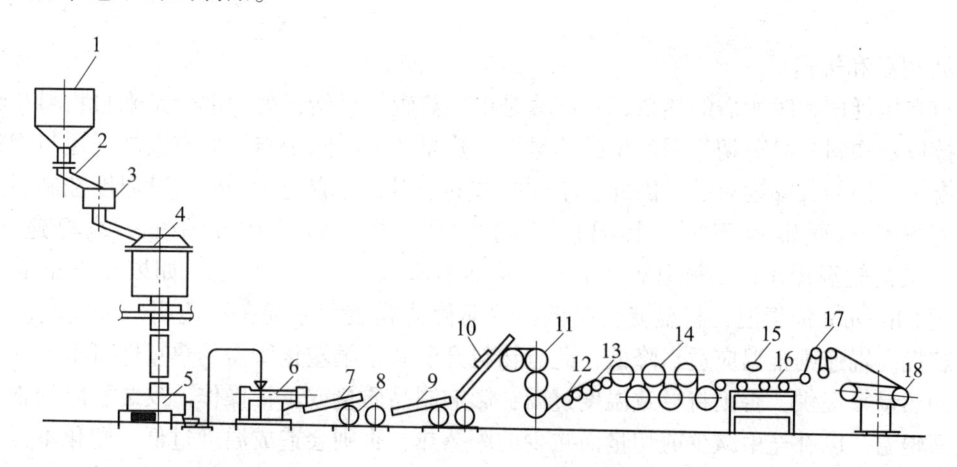


图7-7　软质PVC压延膜生产工艺流程

1—树脂料仓　2—电磁振动加料器　3—称量器　4—高速热混合机　5—高速冷混合机　6—挤出塑化机　7—运输带　8—两辊开炼机　9—运输带　10—金属探测器　11—四辊压延机　12—牵引辊　13—托辊　14—冷却辊　15—测厚仪　16—传送带　17—张力装置　18—中心卷取机

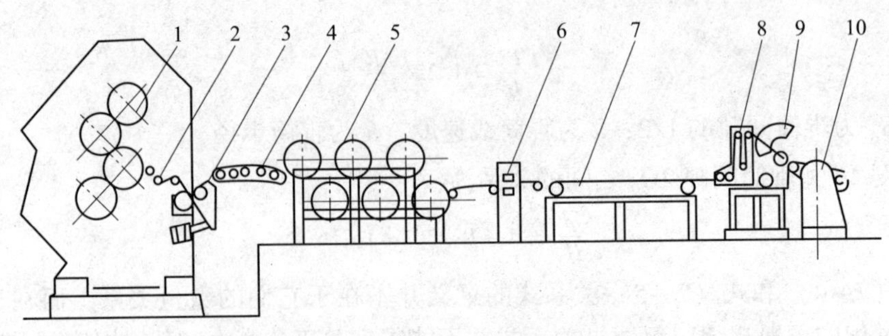


图 7-8　S 型四辊压延薄膜辅机

1—主机　2—引离装置　3—压花装置　4—缓冷装置　5—冷却装置　6—测厚装置
7—输送装置　8—张力调节装置　9—切割装置　10—双工位中心卷取装置

压延成型是连续生产过程，在操作时首先对压延机及各后处理工序装置进行调整，包括辊温、辊速、辊距、供料速度、引离及牵引速度等，直至压延制品符合要求，即可连续压延成型。四辊压延机操作条件见表 7-1。

**表 7-1　　生产薄膜时四辊压延机的操作条件**

| 控制项目 | Ⅰ辊 | Ⅱ辊 | Ⅲ辊 | Ⅳ辊 | 引离辊 | 冷却辊 | 运输辊 |
|---|---|---|---|---|---|---|---|
| 辊速/（m/min） | 42 | 53 | 60 | 50.5 | 78 | 90 | 86 |
| 辊温/℃ | 165 | 170 | 170～175 | 170 | — | — | — |

## 7.1.5　影响压延制品质量的因素

影响压延制品的因素很多，一般来说，可归纳为 4 个方面，即压延机的操作因素、原材料因素、设备因素和辅助过程中的各种因素。所有因素对压延各种塑料的影响都相同，但以压延软质聚氯乙烯最为复杂，下面就以该种塑料为例来说明各种因素的影响。

### 7.1.5.1　压延机的操作因素

压延机的操作因素主要包括辊温和辊速、速比、辊距、存料量等，它们是互相联系和互相制约的。

（1）辊温和辊速

物料在压延成型时所需的热量，一部分是由加热辊筒供给，另一部分是来自物料和辊筒之间的摩擦以及物料自身剪切作用产生的热量。该热量的大小除了与辊速有关外，还与物料的增塑程度有关，即与其黏度有关。因此，不同配方的物料，当辊速相同时，其温度控制不同；同理，当配方相同而辊速不同，其温度控制也不一样。如果在 60m/min 的辊速下仍然用 40m/min 的辊温操作，则料温势必上升，从而引起包辊故障。反之，如果在 40m/min 的线速度下用 60m/min 的辊温，料温就会过低，从而使薄膜表面毛糙，不透明，有气泡甚至出现孔洞。若提高辊速则辊温应适当降低，此时物料升温和熔融塑化所需的热量即可由增加剪切量而增加的热量来提供，否则将导致温度过高，影响制品质量或正常操作。反之，降低辊速度则适度提高辊温，以补充由减少剪切量而减少的摩擦热，否则会造成温度过低，塑化不良，因此控制辊筒温度必须与辊筒的线速度相配合。

辊温与辊速之间的关系还涉及辊温分布、辊距与存料调节等条件的变化。如果其他条件不变而将辊速由 40m/min 升到 60m/min，这样必然会引起物料压延时间的缩短和辊筒分离力的增加，从而使产品偏厚以及存料量和产品横向厚度分布发生变化。反之，辊速由 60m/min 降到30m/min时，产品的厚度先变薄，而后出现表面发毛现象。前者是压延时间延长及分离力减少所致，而后者显然是摩擦热下引起热量不足的反映。

压延温度除了与压延速度有关外，还与配方有关，如配方中使用聚合度较高的聚氯乙烯树脂，则压延温度应适当提高；使用用量较多的与增塑效率较好的增塑剂，压延温度可降低，总之应根据具体的实际情况而定。

压延时，物料常黏附于高温和快速的辊筒上。为了使物料能够依次贴合辊筒，避免夹入空气致使薄膜产生孔泡，各辊筒的温度一般是依次增高的，并维持一定的温差，各辊筒之间的温差在5～10℃范围内，但Ⅲ、Ⅳ两辊的温度应接近于相等，这样可以有利于薄膜的引离。

（2）辊筒的速比

压延机相邻两辊筒线速度之比称辊筒的速比。使压延机具有一定的速比的目的不仅在于使物料依次贴辊，而且还在于使塑料能够更好地塑化，使物料受到更多的剪切作用。此外，还可使制品受到更多的剪切作用，制品取得一定的延伸和定向，从而所制薄膜厚度和质量分别得到减小和提高。为了达到延伸和定向的目的，辅机与压延机辊筒的线速度也应该有速比，这就使引离辊、冷却辊和卷取辊的线速度依次增高，并且都大于压延机主辊筒（四辊压延机中的Ⅲ辊）的线速度。但是速比不能太大，否则薄膜的厚度将会不均匀，有时还会产生过大的内应力。薄膜冷却以后要尽量避免延伸。

调节速比的要求是不能使物料包辊和不吸辊。速比过大，物料易包在速度高的一个辊上，而不贴下一个辊，还有可能出现薄膜厚度不均匀，内应力过大现象；速比过小，物料黏附辊筒能力差，以致空气夹入而使产品出现气泡，如对硬片来说，则会产生“脱壳”现象，塑化不良，造成质量下降。

根据薄膜厚度和辊速的不同，四辊压延机各辊筒速比控制范围参见表7－2。在三辊压延机中，上、中辊的速比一般为1.00∶1.05，中、下辊的速比一般相同，起到熨平的作用。引离辊与压延机主辊的速比要控制适当，速比过低，会影响引离；速比过大，则会产生过多的延伸。生产厚度为0.10～0.23mm的薄膜时，引离辊线速度一般比主辊高10%～34%。

**表7－2　四辊压延机各辊筒速度比**

| 薄膜厚度/mm | | 0.1 | 0.23 | 0.14 | 0.50 |
|---|---|---|---|---|---|
| 主辊辊速/（m/min） | | 45 | 35 | 50 | 18～24 |
| 速比范围 | $v_{Ⅱ}/v_{Ⅰ}$ | 1.19～1.20 | 1.21～1.22 | 1.20～1.26 | 1.06～1.23 |
| | $v_{Ⅲ}/v_{Ⅱ}$ | 1.18～1.19 | 1.16～1.18 | 1.14～1.16 | 1.20～1.23 |
| | $v_{Ⅳ}/v_{Ⅲ}$ | 1.20～1.22 | 1.20～1.22 | 1.16～1.22 | 1.24～1.26 |

（3）辊距及辊隙间的存料量

压延辊筒表面之间的距离称为辊隙或辊距，物料在三辊压延机共有两次通过辊隙，而四辊压延机中则通过三次辊隙，每增加一个压延辊筒，物料就多一次压延。在压延中除最后一道与产品厚度大致相等之外，其他各道都比这个数值要大且按压延机辊筒排列次序自下而上增加，即第一道辊隙大于第二道辊隙，第二道辊隙大于第三道辊隙。目的是使辊筒间隙间有少量存料，辊隙存料在压延成型中起储备、补充和进一步塑化的作用。存料的多少和旋转状况均能直接影响产品质量，存料过多，薄膜表面毛糙和出现云纹，并容易产生气泡；在硬片生产中还会出现冷疤。此外，存料过多时对设备不利，因为增大了辊筒的负荷。若存料太少，则会因压力不足而造成薄膜表面毛糙，在硬片中会连续出现菱形孔洞。存料太少还可能经常引起边料的断裂，以致不易牵至压延机上再用。存料旋转不佳，会使产品横向厚度不均匀，薄膜有气泡，硬片有冷疤。存料的旋转状态应保持表面平滑，全部呈同一方向均匀旋转，尤其是最后一道存料。如果存料温度过低或辊隙调节不当，其旋转状况就会出现不正常，影响膜、片均匀度及质量。所以，在压延操作时，要经常观察存料多少和旋转状况，以便及时调节和控制。合适的存料量见表7-3。

表7-3　存料要求

| 产品 | Ⅱ/Ⅲ | Ⅲ/Ⅳ |
|---|---|---|
| 0.10mm厚薄膜 | 细至一条直线 | 直径约10mm，呈铅笔状 |
| 0.50mm厚薄膜 | 折叠状连续消失，直径约10mm，呈铅笔状 | 直径10~20mm，缓慢旋转状 |

（4）剪切和拉伸

由于在压延机上压延物的纵向上受有很大的剪切应力和一些拉伸应力，因此高聚物分子会顺着薄膜前进的方向（压延方向）发生分子定向，以致薄膜在物理机械性能上出现各向异性。

这种现象在压延成型中通称定向效应或压延效应。就软聚氯乙烯薄膜来讲，由定向效应引起的性能变化主要有：纵向和横向上的断裂伸长率不同，纵向约为140%~150%，横向约为37%~73%；在自由状态加热时，由于解取向作用，薄膜各方向尺寸会发生不同的变化，纵向出现收缩，横向与厚度则出现膨胀。如果压延制品需要这种定向效应，例如要求薄膜具有较高的单向强度，则在生产中应设法促使这种效应，否则就需要避免。定向效应的程度随辊筒线速度、辊筒之间的速比、辊隙间的存料量以及物料表观黏度等因素的增长而上升，但随辊筒温度和辊距以及压延时间的增加而下降。此外，由于引离辊、冷却辊等均具有一定的速比，所以也会引起压延物的分子定向作用。

7.1.5.2　原材料的影响因素

（1）树脂

一般来说，使用相对分子质量较高和相对分子质量分布较窄的树脂，可以得到物理力学性能好、热稳定性高和表面均匀性好的制品。但这会增加压延温度和设备的负荷，对生产较薄的薄膜不利。故在设计配方过程中，应进行多方面考虑，采用适当的树脂。树脂中的灰分、水分和挥发物的含量都不能过高。灰分过高会降低薄膜的透明度，而水分和挥发物过高则会使制品带有气泡。

通常配方设计时，先根据制品的软硬程度确定树脂相对分子质量和增塑剂总份数。树脂相对分子质量不同，制品的力学性能和对加工的温度要求不同。相对分子质量越大，黏度越大，加工温度要求越高，得到的制品力学性能越好。因此，树脂牌号的选择既要考虑制品的性能要求，又要兼顾加工的方便和可能。一般软质薄膜可选Ⅱ型树脂，硬片选Ⅴ型树脂，半软、半硬制品选Ⅲ型、Ⅳ型树脂。因此，对树脂的选用既要考虑到制品的质量，也要考虑到加工的方便与可能，相对分子质量的高低要适当。近年来，为了提高产品的质量，用于压延成型的树脂有了很大的发展，用本体聚合的树脂生产出的制品透明度好，吸收增塑剂效果也好。此外通过树脂与其他材料的掺合改性和单体接枝嵌段共聚，从而得到性能更好的树脂，如在聚氯乙烯中加入丙烯酸类均聚物，可提高加工速度和生产片材厚度至0.8mm的硬片，由于主体有较高的强度，压延时就允许有较大的牵引速度和以后热成型时可以有较大的牵伸度，而且可以在较低的温度下加工。

（2）其他组分

配方中对压延影响较大的其他组分是增塑剂和稳定剂。增塑剂含量越多，物料的黏度就越低，因此在不改变压延机负荷下，可以提高辊筒转速或降低压延温度。

在压延成型加工中，为降低聚氯乙烯树脂的玻璃化温度，增加其流动性，使之易于成型加工，往往在树脂中加入增塑剂。增塑剂不仅可以改善树脂的加工性能，而且具有提高制品伸长率，减小塑料相对密度，提高耐低温性和增大吸水性的作用。但加入的增塑剂同时也会使制品的耐热性、硬度、拉伸强度以及撕裂强度等刚性指标下降。

采用不适当的稳定剂会使压延机辊筒表面蒙上一层蜡状物质，致使薄膜表面不光，生产中发生黏辊的现象或在更换产品时发生困难，而且压延温度越高，这种现象越严重。出现蜡状物质的原因在于所用稳定剂与树脂的相容性较差，而且其分子极性基团的正电性较高，以致压延时被挤出而包围在辊筒表面上，形成蜡状层。颜料、润滑剂及螯合剂等原料也有形成蜡状层的可能。避免形成蜡状层的方法有：

① 选用适当的稳定剂。一般来说，稳定剂分子极性基团的正电性越高，越易形成蜡状层。硬脂酸钡的正电性高，所以在配方中要尽量控制用量，镉皂和锌皂正电性较小。此外最好少用或不用月桂酸盐而用液体稳定剂。

② 掺入吸收金属皂类更强的填料如含水氧化铝等。

③ 加入酸性润滑剂。酸性润滑剂对金属具有更强的亲和力，可以先占领辊筒表面并对稳定剂起润滑作用，能避免润滑剂黏附于辊筒表面。如硬脂酸，但要控制用量，否则易从薄膜中析出。

7.1.5.3 设备的影响因素

物料在辊筒的间隙受压延时，对辊筒有横向压力，这种试图将辊筒分开的分离力，将使两端支撑在轴承上的辊筒产生弹性弯曲，造成制品的厚度不均匀。通常是中间和两端厚而近中区两边薄，俗称“三高两低”现象。如图7-9所示。

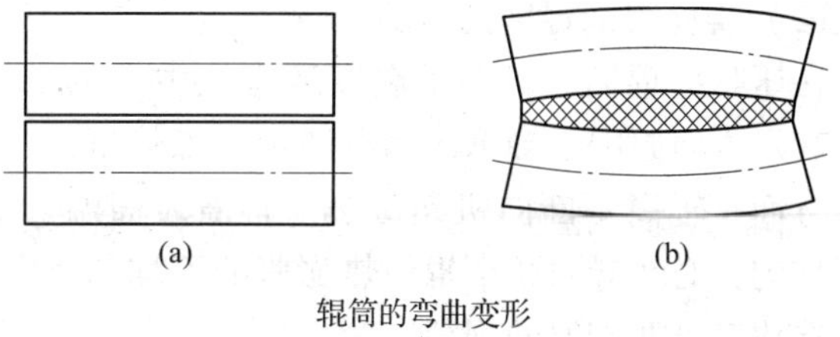

(a) (b)

辊筒的弯曲变形

图7-9 辊筒的弹性弯曲对压延制品的横向断面影响
（a）无横压力时 （b）有横压力时

（1）辊筒的弹性变形

不论从实测或计算，都证明压延时辊筒受有很大的分离力，两端支撑在轴承上的辊筒犹如受载梁一样，会发生弯曲变形。这种变形从变形最大处的辊筒中心，向辊筒两端逐渐展开并减少，导致压延产品的横向断面呈现中厚边薄的现象。这样的薄膜在卷取时，中间张力必然高于两边，以致放卷时就出现不平现象。辊筒长径比越大，弹性变形越大。为了克服这一现象，除了从辊筒材料及增强结构等方面提高其刚度外，生产中还采用中高度、轴交叉和预应力等措施进行纠正。3种措施有时联用，因为任何一种措施都有其限制性，联用的目的就是相互补偿。

① 中高度法 亦称凹凸系数法，就是将辊筒工作表面加工成为中部直径稍大，两端直径较小的腰鼓形，沿辊筒的长度方向有一定的弧度。中高度就是辊筒工作表面最大直径和最小直径的差值。如图7-10所示。

② 轴交叉法 如果将两相邻的两个平行辊筒之一绕其轴线的中点的连线，旋转一个微小的角度，使两辊筒的轴线成空间交叉状态，在两个辊筒之间的中心间隙不变的情况下将增加两端的间隙。见图7-11。

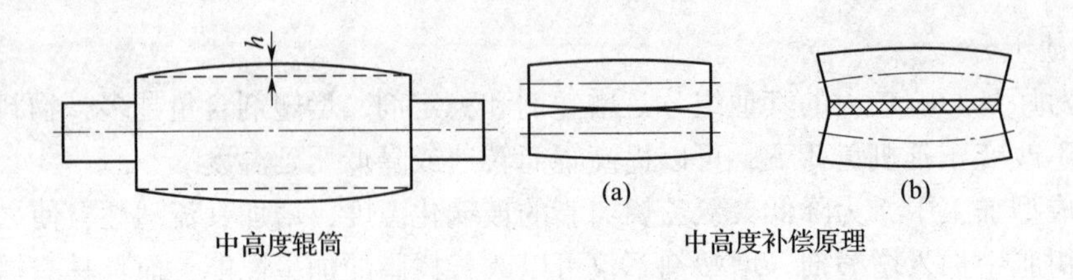


图 7-10　中高度凸缘辊筒

（a）无横压力时　（b）有横压力时

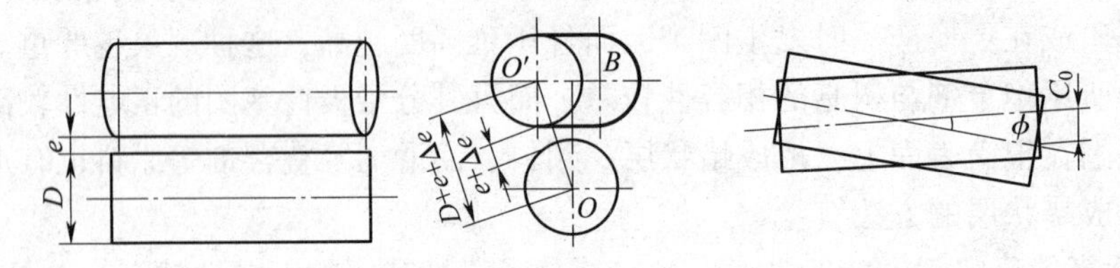


图 7-11　辊筒轴交叉示意图

③ 预应力法　在辊筒工作负荷作用前，在辊筒轴承的两端的轴颈上预先施加额外的负荷，其作用方向正好与工作负荷相反，使辊筒产生的变形与分离力引起的变形方向正好相反，两种变形可以相互抵消，从而达到补偿的目的。见图 7-12。

（2）辊筒表面温度的变动

在压延机辊筒上，两端温度通常比中间的低。其一方面原因是轴承的润滑油带走了热量，另一方面是辊筒不断向机架传热。辊筒表面温度不均匀，必然导致整个辊筒热膨胀的不均匀，这就造成产品两端厚的现象。

为了克服辊筒表面的温差，虽可在温度低的部分采用红外线或其他方法作补偿加热，或者在辊筒两边近中区采用风管冷却，但这样又会造成产品内在质量的不均。所以，保证产品横向厚度均匀的关键仍在于中高度、轴交叉、预应力装置的合理设计、制造和使用。

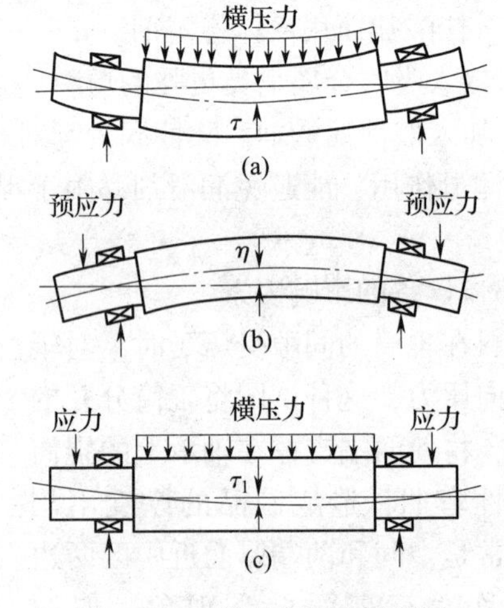


图 7-12　预应力装置原理图

（a）辊筒在工作负荷下的变形

（b）辊筒在预负荷下的变形

（c）辊筒在工作负荷和预负荷共同作用下的变形

7.1.5.4　冷却定型阶段影响因素

① 冷却　冷却必须适当，若冷却过度，辊筒表面必会因温度过低而有冷凝水珠，也会影响产品质量。当冷却不足时，薄膜就容易发黏、发皱，卷取后的收缩率也大。

② 冷却辊流道的结构　冷却辊进水端辊面温度必然是低于出水端的，所以薄膜两端冷却程度不同，收缩率也就不一样。解决的方法是改进冷却辊流道的结构，使冷却辊表面温度均匀一致。

③ 冷却辊速比　若冷却辊速比太大，产品出现冷拉现象，从而导致收缩率增大；冷却辊速比太小，会使薄膜发皱，所以操作时必须严格控制冷却辊速比。

## 7.2　模压

模压是高分子材料压缩成型工艺的俗称，又称压制成型或压塑成型。模压是传统的橡胶硫化和热固性塑料成型方法，也可用于热塑性塑料成型。

模压成型设备为液压机和压缩成型模具。

模压成型的基本流程为：加料→合模→塑化→成型→固化→脱模。

将准备好的物料直接加入高温的模具型腔和加料室，然后以一定的速度将模具闭合，物料在热和压力的作用下熔融、流动，充满整个型腔获得模具型腔所赋予的形状，经交联固化（热固性塑料和橡胶）或冷却定型（热塑性塑料）成为制品，开启模具取出制品。

模压成型原料适应性强。就原料种类而言，可用于各种塑料、橡胶的模塑成型；就原料状态而言，可用于粉状、粒状、片状、块状、糊团及任意形状的预压锭料、坯料等各种形态的固态、半固态模塑料的成型。对于富含难熔粉粒、短切纤维、絮片等填料的高填充、难流动物料的成型更具独特优势。

模压是最传统的高分子材料模塑成型工艺，是高分子材料成型工业早期最重要的成型方法。模压成型技术成熟可靠，具有原料适应性强，工艺设备简单，投资小，制品性能均匀、收缩率小、变形小、易成型大型制品等诸多优点。但由于模压成型自动化程度相对较低，存在成型周期长、生产效率低、劳动强度大、劳动条件较差、制品尺寸精度不高、难于成型精细复杂制品等一系列缺点，使其难以适应现代工业自动、安全、高效、精细、低耗的生产理念。随着热固性塑料注射成型等新型技术装备的完善推广，模压成型的市场份额越来越小。模压成型虽已是夕阳工业，但在超大面积制件成型、高填充难流动物料成型等某些方面尚具有不可替代的优势。而作为奠定行业技术基础的传统工艺，其对行业技术进步和发展的历史贡献也是不可磨灭的。

### 7.2.1　模压成型用设备

模压成型用的主要设备是压机和压模。

#### 7.2.1.1　压机

压机是压力成型机的简称，是对工件或器具施加压力，用于工业制品压力成型的一类通用机械（见图7－13）。压机有机动压机、油压机、水压机等多种，规格（公称压力）从几吨到数千吨不等，结构种类和用途更是多种多样。高分子材料模压成型用压机多为自给式油压机，吨位从几十吨至几百吨不等。有下压式压机和上压式压机，其基本结构如图7－14所示。

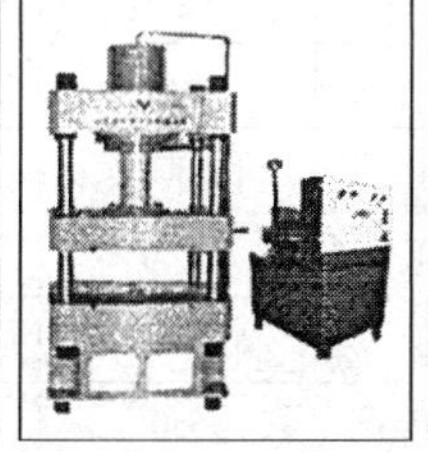

图7－13　几种压机外形图

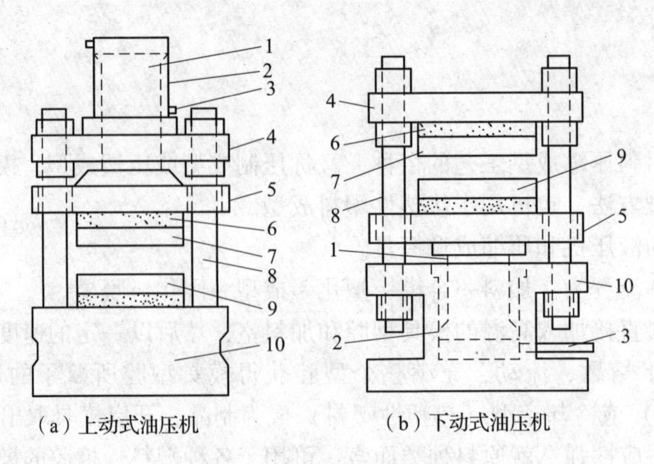


（a）上动式油压机　　（b）下动式油压机

图 7－14　压机结构示意图

1—柱塞　2—油缸　3—液压管线　4—固定垫板　5—活动垫板
6—绝热层　7—上模固定板　8—拉杆　9—下模固定板　10—机座

工作时模具置于压机上、下模具固定板之间，柱塞推动活动垫板上下移动，使模具开合从而实现对模内物料施压和制件脱模。

压机的主要参数包括公称压力（吨位）、工作台有效尺寸、工作行程等。这些指标决定着压机所能成型制品的面积、高度以及能够达到的最大模压压力。表 7－4 所示为某企业生产的 Y71 系列塑料制品液压机的技术参数。

表 7－4　　Y71 系列塑料制品液压机技术参数

| 型号 | | Y71－63 | Y71－100 | Y71－200 | Y71－315 | Y71－400 | Y71－500 |
|---|---|---|---|---|---|---|---|
| 公称力/kN | | 630 | 1000 | 2000 | 3150 | 4000 | 5000 |
| 回程力/kN | | 35 | 320 | 360 | 590 | 630 | 1000 |
| 顶出力/kN | | 100 | 250 | 400 | 630 | 630 | 1000 |
| 退回力/kN | | 50 | 100 | 250 | 250 | 250 | 250 |
| 液体最大工作压力/MPa | | 24.7 | 26.3 | 25 | 25 | 25 | 25.5 |
| 滑块行程/mm | | 500 | 600 | 700 | 800 | 800 | 900 |
| 顶出行程/mm | | 180 | 200 | 250 | 300 | 300 | 300 |
| 滑块距工作台面最大高度/mm | | 700 | 900 | 1100 | 1200 | 1400 | 1400 |
| 滑块下行速度／（mm/s） | 快降 | ≥80 | ≥100 | ≥120 | ≥150 | ≥150 | ≥150 |
| | 慢压 | 10 | 10 | 10 | 10 | 10 | 8 |
| | 微压 | 5－1 可调 | 5－1 可调 | 5－1 可调 | 10－2 可调 | 10－2 可调 | 10－2 可调 |
| 滑块回程速度／（mm/s） | 慢回 | 8 | 8 | 8 | 40－8 可调 | 40－8 可调 | 50－8 可调 |
| | 快回 | 72 | 85 | 80 | 65 | 65 | 100 |
| 顶出缸速度／（mm/s） | 慢顶 | 5－10 可调 | 5 | 10－5 | 35－10 | 35－10 | 35－10 |
| | 快顶 | ≥50 | ≥70 | ≥70 | ≥67 | ≥67 | ≥67 |
| | 退回 | ≥100 | ≥140 | ≥140 | ≥130 | ≥130 | ≥130 |
| 工作台有效尺寸/mm | 左右 | 580 | 720 | 1000 | 1260 | 1300 | 1400 |
| | 前后 | 500 | 800 | 550 | 650 | 650 | 750 |
| 工作台上面距地面高度/mm | | 730 | 800 | 550 | 650 | 650 | 750 |
| 电机总功率/kW | | 5.5 | 5.5 | 11 | 15 | 18.5 | 22 |
| 主机重量/t | | 3.2 | 4 | 10 | 14 | 20 | 29 |

7.2.1.2　压模

用于模压成型的模具称为压制模具，简称压模。

压模与注射模结构组成类似（图7－15），主要区别在于压模没有浇注系统，物料直接投入型腔或加料室。

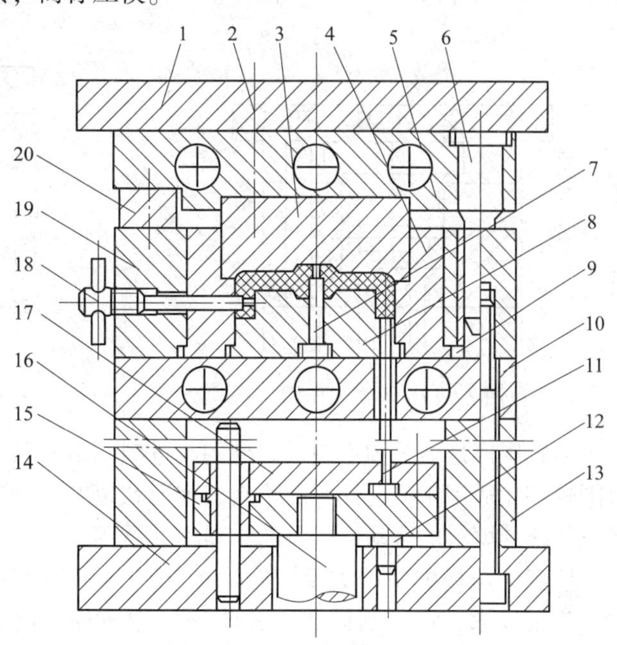


图7－15　压模典型结构

1—上模固定板　2—连接螺钉　3—上模　4—下模　5—上加热板　6—导柱　7—型芯　8—下模底板　9—导套　10—下加热板　11—推杆　12—挡钉　13—垫块　14—下模固定板　15—推板　16—尾轴　17—推杆固定板　18—侧型芯　19—下模模套　20—承压板

压模类型及分类方法很多。其中按照凸凹模结构及配合特征分类最能代表其性能特点，据此压模可分为溢式压模、半溢式压模、不溢式压模等多种。

（1）溢式压模

溢式压模典型结构如图7－16所示。此类压模无加料室；凸凹模无配合部分，完全靠导柱定位；上下模在分型面（环形挤压面*B*处）水平接触。

溢式压模结构简单，造价低，塑件脱模、安放嵌件比较方便，易排气，但上下模配合精度较低。加料量要求不很严格，只要稍有过量即可，但物料压缩率不能太大。溢式压模合模时有多余物料通过挤压面溢出，塑件有水平溢边，去除时易伤制品。合模太快时，塑料溢出快，制品不够密实，浪费原料；合模太慢时，挤压面溢料固化易造成飞边增厚。工作时模腔压力低，制件密度低，不适合成型薄壁或壁厚均匀性要求高的塑件。

（2）不溢式压模

不溢式压模工作部分结构如图7－17所示。不溢式压模的凹模将型腔最大断面向上延续一段距离作为加料腔；凸模与加料腔有小间隙配合；无挤压面，合模力全部作用于物料上；无溢料。

此类压模对物料流动性、压缩率等没有严格要求，可压制各种原料。制件密度大、质量高。适于压制形状复杂、壁薄、流程长或深形制品，制件飞边薄且呈垂直状易于去除。但加料量必须精确，加料不足制件松散、强度低，加料过量会导致制件高度尺寸超差。凸模与加料腔内壁有摩擦，易划伤加料腔内部，进而影响塑件外观质量。凹模较深，制件脱模困难，模具必须设置推出机构。另外，不溢式压模工作时模腔内气体不易排出，成型周期较长。

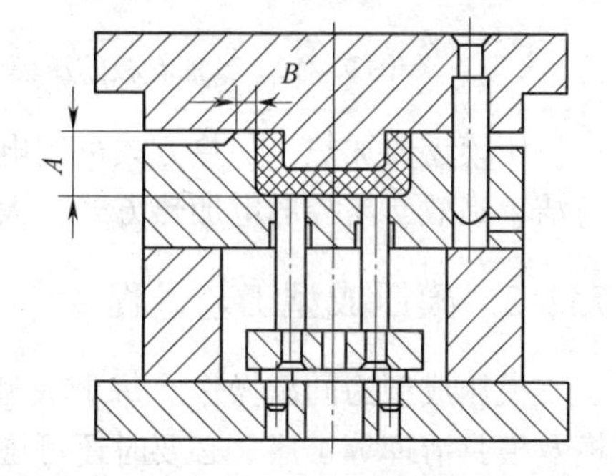


图7－16　溢式压模典型结构

（3）半溢式压模

半溢式压模工作部分结构如图7－18所示。其结构相当于将不溢式压模的加料腔径向尺寸加大，使加料腔与型腔分界处形成一环状挤压面；凸模与加料腔配合面上开有纵向溢料槽，过剩的物料可通过配合间隙或在凸模上专门开设的溢料槽排出。

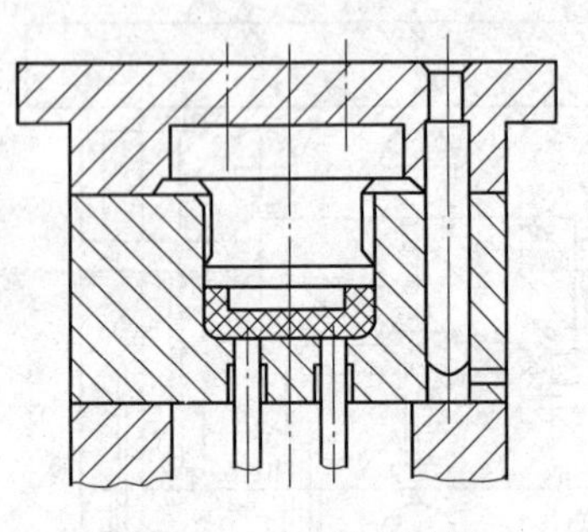

图 7－17　不溢式压模

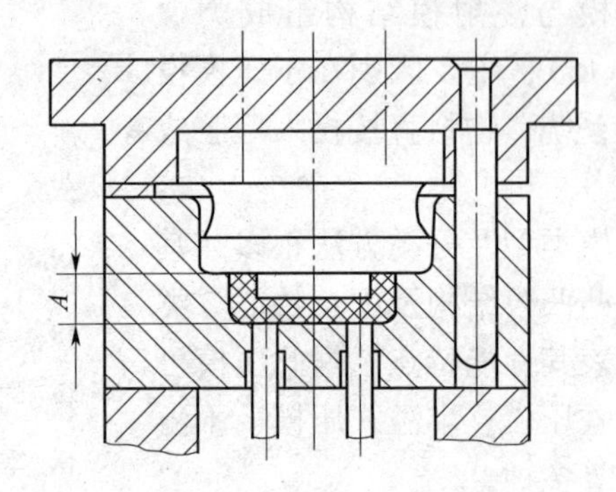


图 7－18　半溢式压模

半溢式压模是溢式和不溢式压模的改进型，结构和性能均介于溢式和不溢式压模之间。应用范围较广，适用于流动性好的物料成型形状复杂、带有小型嵌件的制件，但对于含有片状、带状或长纤维填料的流动性较差的物料不太适用。

上述仅为压模的基本类型。实际使用的压模还有很多是在此基础上的改进型，以适应原料或产品要求，降低制模成本，改进操作条件。例如带加料板的压模就是半溢式压模的改进型（图 7－19）加料腔设在凸、凹模之间的加料板上，加料板可浮动，开模时悬挂在凸模与型腔之间。与溢式压模相比，可采用高压缩率的材料，制品密度较好。与半溢式压模相比，开模后型腔较浅，便于取出制件和安放嵌件，同时开模后，挤压边缘的废料容易清除干净。半不溢式压模则是半溢式与不溢式压模之结合（见图 7－20），凸凹模之间有一较短的配合面，合模过程中具有半溢式压模的特点，接近合模完成时呈现不溢式压模的特点。

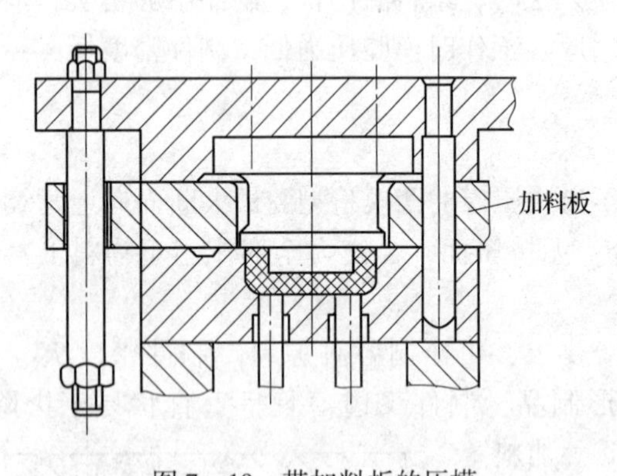


图 7－19　带加料板的压模

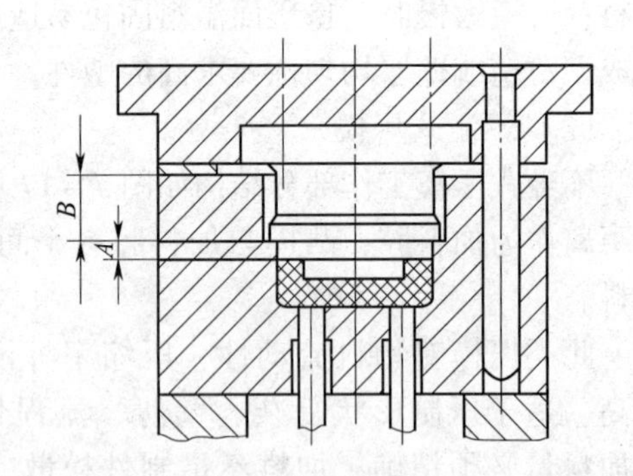


图 7－20　半溢式压模

压模需要加热，加热方式可用电热或过热蒸汽、热油等介质加热。一般中小型压模多采用清洁、高效、易控的电加热方式，大型压模则以操作费用较低的介质加热方式为主。

## 7.2.2　模压成型工艺过程

模压成型为间歇操作。每个成型周期包括加料、闭模（成型）、排气、保压（固化）、脱模及模具清理等工序。必要时还可增加原料准备、嵌件安放、制件清理修饰等工序。模压成型工艺流程示意图如图 7－21 所示。

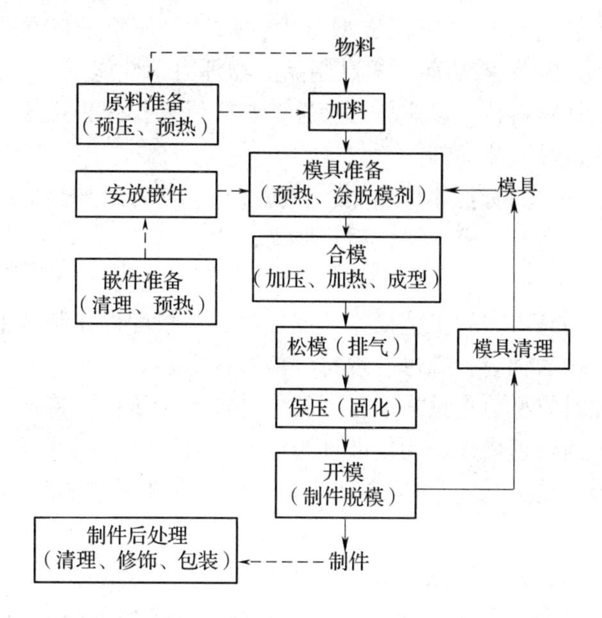


图7－21　塑料模压成型工艺流程示意图

7.2.2.1　预压

预压是指成型前将松散的物料先用预压模冷压（即模具不加热）制成质量一定、形状规整的密实体的原料准备操作，制得的物料称为顶压物，也称压片、锭料或型坯。预压物的形状尺寸并无严格限制，以能用整数紧凑地配入模具为宜，常用的预压物以圆片形居多。

模压时，用预压物比直接用松散物料具有以下优点：① 加料快，准确而简单，可避免加料过量或不足造成残次品。② 降低物料的压缩率，从而可以减小成型模具的加料室，简化模具结构，缩短施压行程。③ 便于运转，可避免松散料的粉尘飞扬，改善劳动条件。④ 预压物中空气含量少，传热快，预热温度可比松散物料高（松散物料在高温下会出现表面局部过热烧焦），成型时排气量小，可缩短预热、排气和固化时间，提高成型效率；制品出现气泡的可能性小，有利于提高制品质量。

虽然采用预压物成型对生产效率和制品质量都有益，但也有它的局限性。首先，增加预压工序，需要增加相应的设备、场地和用工投入，若不能通过预压后生产效率和制品质量提高所获收益取得补偿，将增加制品成本。二是并非所有的松散物料都能获得预期的预压效果，对可预压性差的物料，需用复杂的预压工艺和设备，难免得不偿失。另外，预压物流动性不如粉料，不太适宜成型结构复杂的制品。

7.2.2.2　预热

高分子材料成型中大多需要将待成型的物料预先在设定温度下加热一定时间，根据加热目的不同这一原料准备操作分别称为干燥和预热。干燥是为了去除物料中的水分和其他可挥发物，提高制品质量；预热是为了提高物料温度，以提高物料成型加工性能、缩短成型周期。

热塑性塑料成型前加热的目的主要是干燥，预热温度应在其热变形温度下。同时还应考虑塑料在加热过程中是否会发生热氧老化，对热氧稳定性差的物料，应在校低温度和真空条件下进行干燥。

热固性塑料在模压前的加热操作通常兼具预热和干燥两种目的，但以预热为主。热固性塑料模压前预热有以下好处：① 高温料易于成型和固化，可缩短成型周期。② 预热料流动性提高，从而可减少模具磨损；同时还可降低制品的收缩率和内应力，提高制品的尺寸稳定性和表面光洁度，提高成品率；另外还可降低成型压力，降低对压机的吨位要求，实现节能降耗。③ 预热料成型时温度均匀性好，从而可提高制品的物理力学性能。

预热温度和时间根据物料特性设定，热塑性塑料干燥操作规程主要考虑失重率，热固性塑料预热规程应使物料获得最大流动性。

预热和干燥的方法常用的有：热板加热、烘箱加热、红外线加热、高频电热等，它们各有特点，可根据设备投入、生产规模、操作质量要求选用。

7.2.2.3 安放嵌件

这是成型带嵌件制品时所需的工艺操作。嵌件通常是指埋设在制品中的非塑材质器件，如用于制品与其他物体连接的轴套、螺母、螺钉、接线柱等。

安放嵌件就是在加料成型前将预先准备好的嵌件放置于压模中特定的位置。嵌件安放前应经清理、除油、加热等预处理操作。为使嵌件与制品结合牢靠，嵌件埋入塑料部分通常都设有滚花、钻孔、棱、槽等止动结构。模压成型时，为减小嵌件周围的应力集中，常采用浸胶布缠、垫等措施进行增强。

安放嵌件可采用手工安放或机械手工操作。嵌件安放要求位置正确、稳固，以免造成废品或损伤模具。手工安放嵌件时需注意劳动保护，手不能直接触摸高温模具、嵌件，防止烫伤；注意避免模具意外跌落或误操作可能造成的夹手、压手等工伤事故。必要时需用专门工具安放。

7.2.2.4 加料

加料就是向模具内加入模压制品所需分量的物料。型腔数目较少时可直接分别加料，型腔数较多时，为保证各型腔物料受热历史均匀，可采用加料器（图 7－22）同时加料。

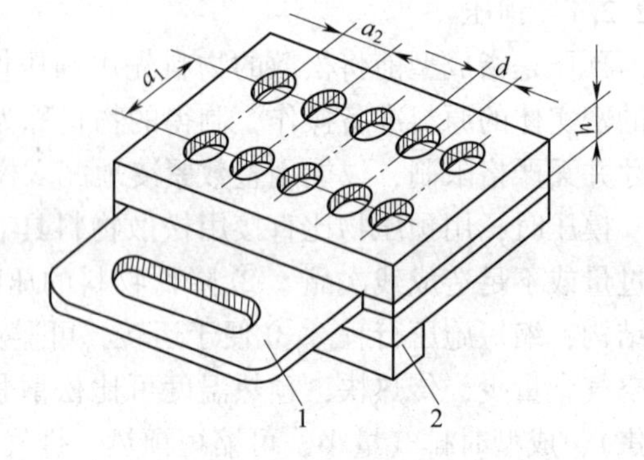


图 7－22　多腔模加料器

1—抽板　2—定位块

$a_1$、$a_2$—型腔中心距

$d$—加料腔直径（小于型腔大于预压料）

$h$—加料深度（由加料量决定）

模压成型要求定量加料。定量的方法有质量法、容量法和计数法 3 种。质量法适于各种物料，计量准确，但操作比较麻烦；容量法适于粉粒料，虽不及重量法计量准确，但操作方便；计数法只适用于顶压物（实质上也称容量法，因为预压物大多是用容量法定量的）。实际生产中多采用容量法计量加料。加料量按下式计算

$$V = m \cdot v = V_p \cdot \rho \cdot v \qquad (7-6)$$

式中，$V$ 为成型所需原料体积，$cm^3$；$m$ 为塑件质量（包括溢料和毛边），g；$v$ 为原料比体积（表观密度的倒数），$cm^3/g$；$V_p$ 为塑件体积（包括溢料和毛边），$cm^3$；$\rho$ 为塑件密度，$g/cm^3$。

加料方法可采用手工（手持加料匙、杯等计量容器）或可实现计量、输送、投放功能的加料机械操作。无论怎样加料，加入模腔的物料都要按型腔各个部位需用量的大致情况和在型腔内的流动情况合理堆放。不然，容易造成制品局部疏松的现象，这在采用流动性差的塑料时尤为突出。采用粉料或粒料时，宜堆成中间销高的形式，以便于空气的排出。

7.2.2.5 合模

合模是指从动模开始运动到模具完全闭合的过程。合模初期（凸模尚未触及物料前）应尽量使速度加快，以缩短成型周期，避免物料因长时间受热过早固化或降解。当凸模触及物料后，则应适当放慢合模速度，避免过早在流动性不好的较冷物料上形成高压，导致模具中的嵌件、成型杆等成型零件遭到破坏。此外，放慢速度也有利于排气。当然，合模速度也不应过

慢，以免尚未成型料已固化。所以合模速度的设定，应在不使模具闭合中形成不正当的高压的总原则下，尽快使模具闭合。一般成型过程闭模所需时间在几秒至数十秒之间。

7.2.2.6　固化

热塑性塑料的固化只需将模具冷却至塑料热变形温度以下，保证制品获得适当强度，不发生脱模变形即可脱模。

热固性塑料的固化须在模塑温度下保持一定时间，以待物料固化，使制品获得不发生脱模变形所需强度。对固化速率不高的塑料，不一定要求制品性能达到最佳，也就是说整个固化过程不必都在模具内完成，只需制品能够完整地脱模即可结束固化过程，因为漫长的固化时间会降低生产效率。提前结束固化过程的制品须用后烘的办法使之进一步完成固化。固化时间的设定取决于塑料类型、制品厚度、物料形式以及预热和模塑温度，一般须由实验方法确定。过长或过短的固化时间，对制品的性能都是不利的。一般成型过程模内固化时间在数十秒至几分钟。

7.2.2.7　排气

热固性塑料固化过程中常伴有低分子物产生，因此在模具闭合后，有时须再将模具松动少许时间，以便排出固化产生的气体，这就是排气工序。排气不但可以缩短固化时间（降低反应产物浓度，加快反应速度），而且可避免制品出现气泡、云纹等缺陷，有利于制品性能和表面质量的提高。排气的次数和时间按需要设定，通常一般成型过程排气次数为一至二次，每次时间几秒至数十秒。

7.2.2.8　脱模

当塑件达到不发生脱模变形所需强度时即可开模取件。打开模具取出塑件（使塑件与模具分离的工艺过程即为脱模）。固定式压模（动、定模分别固定在压机动、定模具垫板上，参见图7－15）成型的制品，脱模过程是在开模过程中由压机顶出油缸驱动模具上的推顶机构实现的，开模过程完成后用手工或机械手移走塑件完成脱模。模压小型制品的移动式压模（压模置于压机压机动、定模具垫板之间，两者之间没有连接），通常是将模具连同塑件一起移离压机，然后再打开模具取出塑件。无论哪种模具，当有妨碍脱模的侧成型零件（侧型芯）或侧向装固的嵌件时，必须先进行侧分型抽芯或取出嵌件固定件之后再行脱模。

热固性塑料制品脱模后尚需冷却，为避免冷却时发生翘曲变形，可放在与压模型腔形状相仿的冷模中加压冷却。必要时可将制品或连同冷却模一起放在烘箱中进行缓慢冷却，以防冷却不均导致制品内部产生过大的内应力。

7.2.2.9　模具清理

制品脱模后要对模具型腔及分型面进行清理方可开始下一循环周期。模具清理主要是清除留在模具内的料渣，通常是用质地较软的铜签（或铜刷）剔刷后，再用压缩空气吹净。如有剔刷不掉的污模或黏模区域，则用抛光剂拭除。

7.2.2.10　制件后处理

模压制品后处理通常是在一定温度的鼓风烘箱中烘烤一定时间，目的在于使塑料固化完全；去除水分及挥发物；缓慢冷却、均匀冷却速度，减缓收缩不均导致的翘曲变形和制品内应力；提高制品尺寸稳定性、耐热性、机械强度等综合性能。

另外，模压制品往往带有飞边、毛刺等，脱模后须给予清除，这也是制件后处理的主要工作。当然，制件后处理工序也包括除尘、表面修饰、贴标、包装等需要的附属操作。

### 7.2.3　模压成型的控制因素

模压成型过程中需要控制的因素主要包括模压压力、模压温度和模压时间。

7.2.3.1 模压压力

模压压力是指模压成型过程中压机对模内物料施加的压力，以 $p_m$表示，单位 MPa。

模压压力在成型中的作用是迫使物料充满型腔，并使其获得必要的固化压力（模腔压力 $p_m$）以压实物料，克服物料塑化、固化过程中因热膨胀及反应产生挥发分造成的反压力，使制品密实并保持模具型腔所赋予的形状尺寸。

模压压力用下式计算：

$$p_m = p_o \cdot \pi R^2 / A \quad (7-7)$$

式中：$p_m$为模压压力，MPa；$p_o$为压机表压，MPa；$R$ 为压机柱塞半径，m；$A$ 为模内物料承压面积，$m^2$。

需要指出的是模压压力 $P_m$为模内物料（包括承压面上的溢出料）所承受的最大压力，并不一定与模腔压力 $p_m$对应相等。模腔压力 $p_m$还与模具类型有关，用不同类型压模成型热固性塑料时模腔压力与体积随时间变化的简明关系如图 7－23 所示。

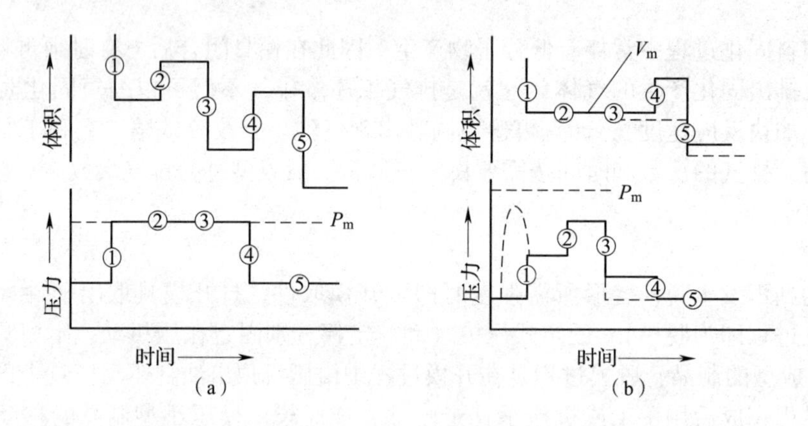


图 7－23 不同类型压模成型热固性塑料时模腔压力与体积随时间变化的简明关系

（a）采用不溢式压模 （b）采用带承压面的半溢式或溢式压模

①—施压物料压缩成型 ②—物料受热膨胀 ③—物料固化收缩

④—解除压力塑件弹性恢复 ⑤—塑件冷却收缩

$P_m$—模压压力计算值 $V_m$—固化时的模腔体积

由图 7－23 可见，随着成型过程的进行模腔压力和体积都是不断变化的。而且，在实际模压过程中，虽然模腔各处的塑料都有 5 个阶段的变化，但由于各部分物料温度及受压、受热历史不同，各阶段的开始和结束时间并不相同。例如，当模腔中部物料开始流动充模时，模腔底部物料可能已经过热膨胀，甚至可能正在进行固化。

模压压力所涉及和影响的因素十分复杂，很难通过理论计算求得。模压压力的设定通常根据物料性能、制品结构以及模具、工艺等具体情况，通过经验类比或采用试差法求得。

物料组成、状态、预处理情况等对所需模压压力大小影响很大。流动性好、压缩率不高的物料，通常比流动性差、压缩率高的物料需要的模压压力小。同种物料，经过恰当预热（预热温度、时间合理，使物料获得最大流动性）比未经预热或预热过度时所需的模压压力小。

制品结构也是设定模压压力时需要考虑的主要因素。当物料流动性等其他条件一定时，结构复杂、深度大的制品，所需的模压压力也相应越大。

影响模压压力设定的主要工艺因素是模具温度。在正常范围内，适当提高模具温度可使模壁附近物料变软，流动性增大，所需模压压力降低。但模具温度过高时，会因靠近模壁的塑料提前固化而使充模阻力增大，不仅使成型所需模压压力大增，还会因局部过热导致制品性能劣化。如果模具温度正常，模压压力的增大自身也有利于提高塑料的流动性，因为高压可使塑料靠紧模壁，提高传热效率，效果类似提高模温。

模压压力对制品性能的影响主要体现在制品的密实程度。通常随着模压压力的增加制品密度加大，力学强度等各项性能随之提高，但若制品已足够密实，再增大模压压力就失去意义了。另外，增大模压压力将使模腔内外压差加大，有利于型腔内低分子物的排出，减小制品带有气孔的机率，但单靠增大模压压力并不能保证制品内部不带气孔，因为排气效果不仅仅取决于模腔内外压差，更主要的是制品及工艺设计合理与否。

热塑性塑料模压成型过程比热固性塑料简单得多。模压压力只要能使物料充满型腔，并保持模具型腔所赋予的形状尺寸即可。因此热塑性塑料模压压力的设定主要考虑模压温度下物料的流动性和由型腔结构决定的充模阻力。

7.2.3.2　模压温度

模压温度是指模压时设定的模具温度。高温模具是模压成型时模内物料塑化和固化所需热量的主要来源，因此模压温度高低与成型效率和制品质量有着密切关系。

热塑性塑料模压成型过程中模具温度的主要作用是使模内物料软化、熔融，获得足够的充模流动性。因此，热塑性塑料模压温度只要介于物料黏流温度（$T_f$）和分解温度（$T_d$）之间即可。提高模压温度，可提高塑化速率，降低所需模压压力，但冷却固化时间也需相应延长。由于模压过程中模具对物料的加热是以传导为主的静态传热，加之塑料是热的不良导体，所以过高的模压温度往往导致模内物料温度不均。因此，成型壁厚较大的制品时不可盲目提高模压温度。

热固性塑料模压成型过程中模具温度的作用除使模内物料软化、获得充模流动性之外，也是物料固化所需的热源。另外，与热塑性塑料在模压中的温度始终低于模压温度不同，由于某些热固性塑料固化会放出反应热，模压过程中模内某些部位的物料温度，可能高于模具温度（参见图7-24）。

热固性塑料模压温度的设定除像热塑性塑料一样考虑物料塑化、流动及热稳定性之外，还应考虑物料组成、形态、预热情况、固化反应特性、制品的厚度以及型腔中各部位物料的温度分布等。模压温度设定以取得制品最佳性能为原则。由于热固性塑料组成多样，模压过程中的物理、化学变化复杂，实际生产中，模压温度的设定多以原材料厂商提供的成型工艺参数为依据，经试产实验后确定。

由于热固性塑料可以高温脱模，所以提高模压温度可以缩短充模和固化时间，提高成型效率。

7.2.3.3　模压时间

模压时间指的是从物料充满型腔（施压结束）到固化定型（开模取件）的一段时间。模压时间在模塑周期中占有较大比例是决定成型效率的关键。

模压时间与由模具温度决定的固化过程密切相关。

就热塑性塑料而言，模具温度高、制品冷却所需时间长，保压固化时间自然也长。

而对于热固性塑料，因可以高温脱模，保压固化时间主要由固化反应速度决定。图7-24所示为成型热固性塑料时物料温度和制品强度与模压时间的关系。

由图7-24不难看出，物料温度和制品强度均随模压时间延长先升后降。前期物料温度上升是模具对物料加热和固化反应放热的结果，当固化反应趋于完全后料温逐渐降至模温。制品强度是随着物料固化反应的进行逐渐增加的，而后期的强度曲线下降是由于物料“过熟”造成的。

热固性塑料模压时间设定的主要依据是制品强度。而制品强度由模压温度和模压时间共同确定，而其中模压温度的作用更大。在不同的模压温度下（模压压力不变）所得强度曲线的形状是相同的，但所得最大强度值不同。过高或过低的模压温度均会使强度最大值降低，且在温度过低时还会徒然增加固化时间。所以要使制品强度取得最大值，模压温度和模压时间必须协调设定。

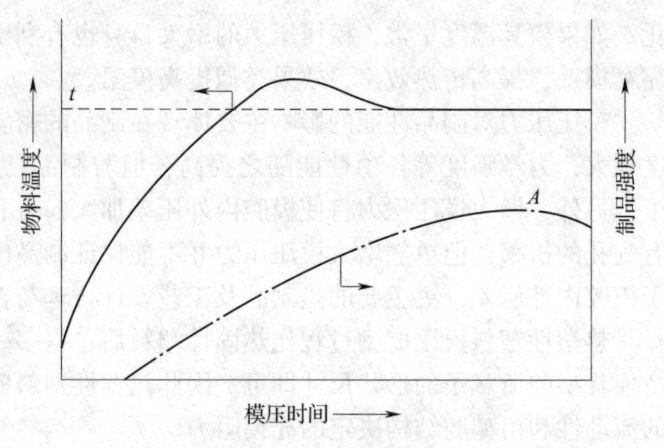


图7-24　物料温度　制品强度与模压时间的关系

t—模压温度　A—制品强度最佳点

模压成型是涉及物料、模具、机械、工艺等多方面的系统工程，各因素互相影响制约。所以，模压压力、温度、时间等工艺参数的设计必须综合考虑整个过程的方方面面，方能获得理想的制品。

## 7.2.4　冷压烧结成型

冷压烧结成型是借鉴粉末冶金烧结成型技术发展起来的一种特殊的模压成型工艺。其基本流程为：粉料制备→冷压成型→烧结塑化→冷却固化→制品后处理。

冷压烧结成型主要用于熔体黏度极高（分子链刚硬或相对分子质量巨大，即使温度超过熔点，也只能形成难流动的凝胶态）且具有可预压性（能够在常温下压制成具有一定强度、形状完整、密度均匀的型坯）的热塑性塑料的模压成型。目前可采用冷压烧结成型的塑料主要有聚四氟乙烯（PTFE）等氟塑料、超高分子量聚乙烯（UMWPE）、聚酰亚胺（PI）等。

### 7.2.4.1　粉料制备

冷压烧结成型要求物料具有良好的可预压性，因此通常将物料制成粒度均匀的粉末。粉料的制备过程包括配料、混合、粉碎、过筛等步骤。

冷压烧结成型采用的都是粉状树脂，这些微细的粉末在贮存、运输过程中，难免因受压、震动而结成团块。另外，有时为改善原料性能还需加入某些加工助剂。粒度或组成分散不均的物料，会导致冷压时加料困难，型坯密度、质地不均匀，进而影响制品质量。所以，冷压烧结成型所有物料使用前一般都须通过粉碎、过筛等工序，将其制成粒度均匀的细粉。粉料粒度一般控制在过20目筛。

### 7.2.4.2　冷压成型

冷压成型的目的是制造型坯。冷压烧结成型的型坯制造过程与热固性塑料模压成型前的预压过程类似，但要求比后者高得多。

冷压成型的具体过程是：将准备好的粉料按制品所需要的重量均匀地加入到模具型腔内，然后将模具放人压机，缓慢升压。当施加的压力达到规定值后，保压一段时间，然后缓慢卸压、取出制品（预压型坯）。

操作时主要注意以下几点：

① 加料量一定要准确。制品结构及尺寸精度由型坯决定，型坯成型模具的型腔结构尺寸是以粉料压缩比和烧结后的收缩率为依据精心设计确定的，加料量波动会影响型坯精度进而对制品精度造成影响。

② 所需粉料必须一次加入。加压后再补料将会使型坯内形成界面，烧结时制品易在两次

加料分界处开裂。

③ 模压压力和加压、卸压速率要适当。模压压力大小根据粉料冷流性和压缩率确定。压力过小，得不到完整密实的型坯；压力过大，树脂易产生层滑移动，造成烧结后的制品产生裂纹。加压速度要慢，具体速率视制品大小而定，大且厚的制件用慢速（5～10mm/min），小型制件加压快速可稍快（10～20mm/min）。压力达到规定值后，保压一定时间以使型坯各部位压实程度一致。卸压也不能过快，避免型坯快速回弹而出现裂纹。

④ 如果型坯尺寸较大，加料时裹入的空气过多，在冷压制坯过程中应注意排气，以免型坯产生夹层和气泡。

⑤ 冷压型坯只靠粉末颗粒间的界面挤压物理力结合在一起，强度较低，这在型坯成型模具设计和实施脱模操作时都必须加以注意。

7.2.4.3　烧结塑化

烧结就是将预压好的型坯放人烧结炉中，使其从室温缓慢加热到树脂熔点以上，并在该温度下保持一段时间。烧结的目的是使构成型坯的树脂颗粒熔融，并焊接、融合成为密实的整体。烧结方法和设备根据型坯组成、结构、大小等选择。通常小型薄壁型坯，烧结时间较短，可采用在隧道窑式烧结炉连续烧结；一般模压型坯多采用普通烧结炉间歇烧结。烧结炉类型及热载体主要根据物料特点选择，热氧稳定性好的氟塑料类型坯，用一般马弗炉或热风循环回转式烧结炉即可；对组成中含易氧化组分的型坯，则需在充有保护气氛的高温炉或真空炉中进行烧结。

烧结的过程为相变过程，当烧结温度超过熔点时，聚合物由固态晶体逐渐转变为无定形结构，型坯外观由白色（PTFE）不透明体转变为凝胶状透明体，待这一转变过程充分完成后，方可进行冷却。

烧结温度、升温速度、保温时间是影响烧结质量和效率的主要因素。

① 烧结温度　烧结温度应高于树脂熔点而低于树脂的分解温度。对于热稳定性好的树脂，烧结温度可接近上限，以提高烧结效率；对热稳定性较差的树脂，烧结温度应低些，烧结温度过高，制品收缩率、气孔率会因分解速率增加而增大。

② 升温速度　烧结时的升温速度视型坯大小、厚薄而定。烧结过程是以传导为主的静态加热过程，由于塑料是热的不良导体，所以升温速度太快往往导致型坯内外温度不均，造成制件内生外熟。制件各部分升温历程不同（内部滞后于外部），易产生内应力，严重时可引起制件开裂。所以，大型厚壁制件升温速度切不可过快，小型薄壁制件升温速度可稍快。

③ 保温时间　保温是使型坯在烧结温度下保持一段时间，以使型坯完全烧透（相变过程充分完成）。保温时间取决于烧结温度、制件厚度及材料热稳定性。在不引起树脂降解、保证制件烧透的前提下，保温时间应尽量缩短，以提高成型效率。

7.2.4.4　冷却固化

冷却固化就是将已烧结好的高温型坯从烧结温度冷却到室温。冷却是烧结的逆过程，也是聚合物从凝胶态到固态（从非晶态转变为晶态的）的相变过程。根据制品结晶度要求，冷却有“淬火”和“不淬火”两种方法。“不淬火”指缓慢冷却，是将处于烧结温度下的成型物缓慢冷却至室温，由于降温缓慢，有利聚合物结晶，故制品的结晶度大。“淬火”指快速冷却，是将处于烧结温度下的高温型坯以最快的冷却速度越过最大结晶速度的温度范围，所得制品结晶度较小。由于冷却介质不同，淬火又有“空气淬火”和“液体淬火”之分。显然，液体比空气冷却快些，所以液体淬火所得制品的结晶度比空气淬火更小。

制品的物理机械性能在很大程度上取决结晶结构及结晶度，因此冷却速度的选择必须根据制品性能要求合理确定，冷却速度的控制应以保证制品不开裂变形为前提。

7.2.4.5 制品后处理

一般情况下，烧结好的制件可直接使用。但对于某些有特殊要求的制品需要进行后处理。例如，自由烧结的制品尺寸精度一般较低，为得到使用要求的精度可对其进行精加工。

## 7.3 涂层

### 7.3.1 概述

涂层是指将高分子材料涂覆于基材或器物上形成的固态连续薄层。通常将涂布、喷涂等制取涂层的各种成型工艺统称为涂层法，简称涂层。

显然，涂层是包括油漆涂刷在内的，以防护、绝缘、装饰等为目的，在任何形状的物体上形成高分子材料覆盖层的所有方法的总称。涂料可以是可形成高分子膜的各种气态、液态、固态的单体、预聚体或聚合物。

涂层涉及的工艺方法很多，限于篇幅这里不一一论及，仅就以人造革为代表的幅状基材涂层和以金属防腐为代表的器件表面涂层等主要工艺方法进行讨论。

### 7.3.2 基材涂层

基材涂层泛指在织物、纸张、塑料、金属箔片等幅状基材上施涂高分子材料制备涂层材料的各种工艺方法，其中PVC革、PU革等各种人造革的生产工艺是其典型代表。

下面以几种人造革及覆膜纸生产为例对基材涂层工艺方法进行讨论。

7.3.2.1 压延法PVC革生产工艺

压延法PVC革生产工艺是在压延软质聚氯乙烯薄膜的过程中引入基材，并使压延膜和基材牢固地贴合在一起。

根据基材引入及贴合方式不同，压延法革生产工艺可分为擦胶法和贴胶法两种。

(1) 擦胶法

擦胶法是将基材（布基）引入压延机的最后两辊之间（图7-25），由于两辊存在速比，贴合时剪切力使部分塑料熔体擦进布缝中，其余则贴附在布基表面。

擦胶法操作时需注意以下几点，保证物料能嵌入布缝。① 通过压延机的布基要有足够张力，使布基缝隙尽可能大；② 辊间距调整必须适当，以获得合适的剪切力（辊隙过小会把布基擦破，过大则会降低擦进作用）；③ 辊筒温度应尽可能提高，以降低物料黏度，使其易于擦进布缝。

擦胶法只能用于高强度布基，制得的制品涂层与基材粘结比较牢固，但产品僵硬、手感差，生产过程较难控制（布基容易撕裂）。

(2) 贴胶法

用三辊压延机生产时，是将基材引入压延机的最后两辊之间，两辊转速相同，靠辊压力使膜层与基材直接贴合。

三辊压延机贴胶法操作时必需注意辊间距调整，以获得合适的贴合压力和厚度均匀的涂层。为提高贴合强度，引入压延机的基材应进行预热（预热温度为60℃左右），以免薄膜冷却失去黏合力。

用四辊压延机生产时，膜层与基材不在压延机主机辊筒间贴合，基材引入方式有内贴和外贴两种（图7-26）。内贴是在压延机下辊处装一个胶辊，将基材压在压延机下辊上（图

7-26a)，使基材与压延膜贴合；外贴是在压延机后增设一对可调节压紧力的对混，将基材和压延膜同时引入对辊之间并压紧，使基材与压延膜贴合。

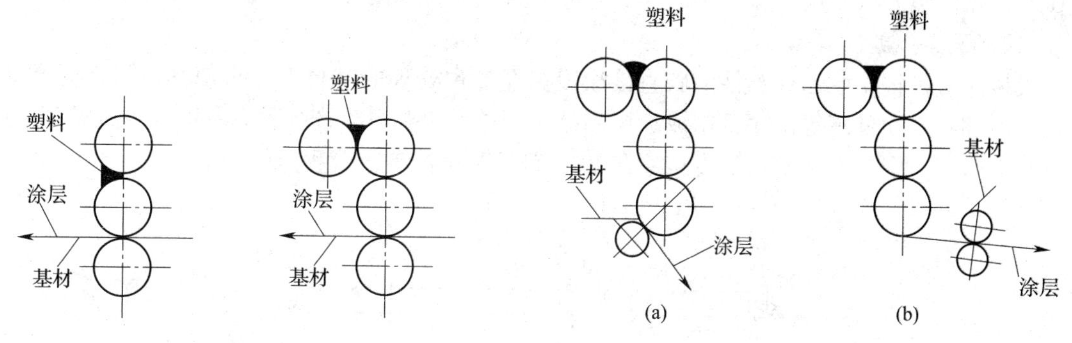


图7-25　擦胶法基材引入方式

图7-26　贴胶法基材引入方式
(a) 内贴法　(b) 外贴法

贴胶法的优点是基材受力小，因此可用于纸张、薄布等强度较低的基材。但因贴合时塑料温度已有所下降，故而贴合强度较低，为提高贴合强度，基材须涂底（先在上基材涂一层黏合剂）。

压延法生产聚氯乙烯人造革可以使用价格相对较低的悬浮法树脂，生产效率高，特别适用于制造箱包革、家具革、地板革等。

压延法可以生产一般人造革，也可以生产泡沫人造革。生产泡沫人造革时，膜层发泡是用后烘方法进行的，在膜层与基材贴合前的所有工序，操作温度都必须控制在发泡剂的分解温度以下。贴合工序完成后，再送入控温烘道进行发泡。烘道温度根据配方要求设定，一般由高到低分段控制。

#### 7.3.2.2　涂覆法PVC革生产工艺

涂覆法PVC革的生产是典型的用聚氯乙烯塑性溶胶成型涂层制品的加工工艺，聚氯乙烯塑性溶胶的凝胶化和熔融过程如图7-27所示。

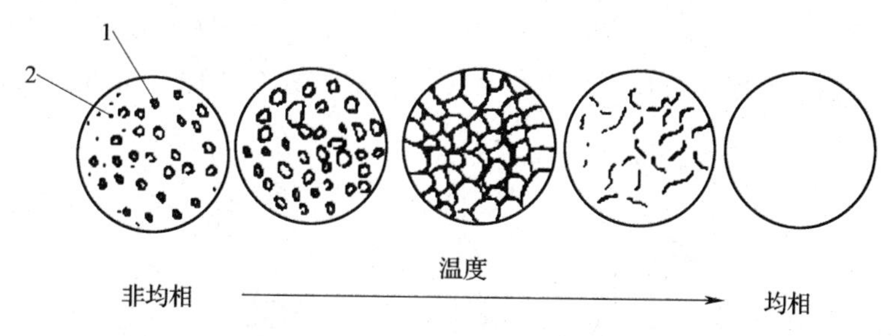


图7-27　聚氯乙烯塑性溶胶凝胶化和熔融作用示意图
1—分散相（树脂颗粒）　2—连续相（增塑剂、稀释剂等）

聚氯乙烯塑性溶胶是一种多组分可流动黏稠液体，俗称PVC糊，亦称糊塑料。常温下塑性溶胶是一种以树脂和增塑剂为主要成分的多组分分散体。当受热时，随着温度升高或时间延长，溶胶中增塑剂通过溶剂化作用向树脂颗粒中渗透。当全部增塑剂被树脂吸收时，体系变成凝聚强度很低的多组分凝胶态而失去流动性，这一过程称为凝胶化。温度继续升高，凝胶体中的增塑剂分子继续向聚合物分子链间渗透，直至大分子均匀地溶解在增塑剂中，形成相态均匀的高黏度熔体，这一过程称为熔融作用。在塑性溶胶凝胶化和熔融作用之前或凝胶化和熔融过程中，使其成型，再将成型物冷却定性，即可得到具有一定强度的软聚氯乙烯塑料制品。

涂覆法PVC革的生产方法是：将预先配制好的塑性溶胶均匀地涂覆在基材上，然后进行热处理，使其完成凝胶化和熔融过程，再经冷却定型成为涂层制品。涂覆和烘熔是其技术关键所在。根据涂覆方式不同，涂覆法制革工艺分为直接涂覆和间接涂覆两种。

（1）直接涂覆

直接涂覆是把聚氯乙烯塑性溶胶直接涂覆在经过预处理的基材上，再使其通过熔融塑化、轧花、冷却、表面处理等工序，制成涂层制品。用这种工艺可生产各种布基的普通人造革、贴膜革和发泡革。图7-28所示为直接涂覆PVC普通革生产工艺流程。

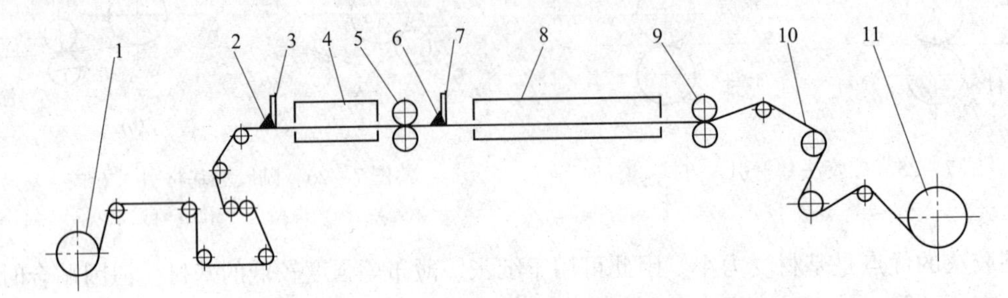


图7-28　直接涂覆法工艺流程图

1—基材　2—底胶　3—刮刀　4—烘箱　5—压平辊　6—面胶

7—刮刀　8—烘箱　9—压花（牵引）辊　10—冷却　11—成品

由图7-28可见，直接涂覆工艺是将塑性溶胶直接涂覆在张紧的基材上，对基材的强度、平整性、托胶性等有较高的要求。所以，直接涂覆法只能用于布、帆布、再生布、无纺布等编织细密的高强度基材，而且在涂胶前还需对基材进行预处理。

布基首先要经过拼接。然后进行刷毛处理，把布基两面的布毛、线头等杂物清理干净。最后还需进行轧光处理，用轧光辊把布基上的疙瘩、折皱等轧平。处理后的布基经卷取或用晃码机均匀折迭后备用。

涂覆是涂覆法生产涂层制品的关键工序。在众多的涂覆方法中应用最多的主要有刮涂和辊涂两种。

① 刮涂法　刮涂法是将刮刀刀刃轻压在张紧的基材上，塑性溶胶置于刀刃前，当基材被牵引移动时，溶胶被均匀地涂覆在基材上。常用的刮涂方式有3种，如图7-29所示。

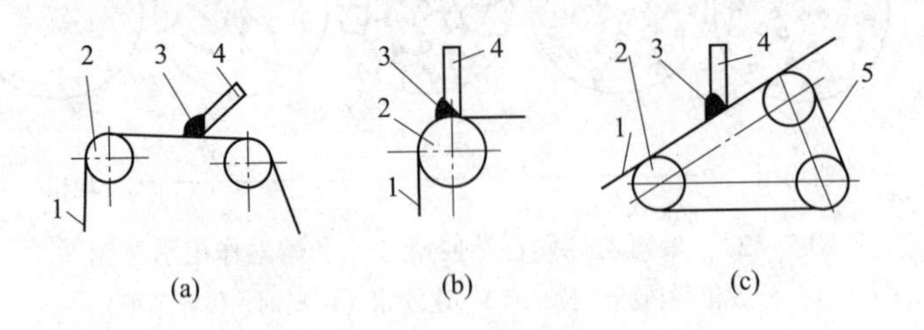


图7-29　刮涂方式示意图

（a）无承托　（b）刚性承托　（c）柔性承托

1—基材　2—张紧辊　3—溶胶　4—刮刀　5—输送带

图7-29（a）无承托刮涂，刮刀作用点下没有支承物承托运行的布基。这是最简单的刮涂方式，由于刮刀与基材的接触压力由基材张紧力提供，因而不宜刮涂强度不大的基材。

图7-29（b）刚性承托刮涂，刮刀刀刃与基材的接触压力由托持基材的承托辊（钢辊或硬胶辊）提供。此法对基材的张紧力要求不高，所以可用于涂刮强度较小的基材；

刮涂时接触压力大而且便于调节，可控制涂层厚薄，所以涂层质量较好；而且由于溶胶透入布缝较深，涂层与基材的结合强度也较高。但当承托辊表面不光时（如，辊面加工精度不高、有溶胶透过布缝沾在辊面上等），容易造成涂层厚度不均匀。另外，由于刚性承托时刮刀刀刃与基材的接触压力较大，当溶胶有刚硬杂质或凝结块存在时基材可能被撕破。

图 7 – 29（c），柔性承托刮涂，刮刀刀刃与基材的接触压力由托持基材的承托输送带的张紧力提供。显然，承托皮带的存在降低了对基材张紧力的要求，所以也可以用于涂刮强度较低的基材。皮带张紧力提供的接触压力大小，介于基材张紧力和承托辊托持力提供的接触压力之间，所以其刮涂性能也介于上述两种方式之间。

涂层厚度和平整度是幅状涂层制品最重要的性能指标。

刮涂法涂胶中影响涂层厚度的因素很多，很难同时进行控制。一般情况下，刮刀与基材的接触压力越低、溶胶黏度越大，涂层厚度越大；刀位越低、刮刀与基材前进方向的角度越大，涂层的厚度越大；如果其他情况不变，增加牵引速度会使刮刀与基材之间的分离力以及溶胶受到的剪切速率增大，当所用溶胶属于膨胀性液体时，涂层厚度将显著增加；此外，刮刀的刃形对涂层厚度也有很大影响，刮刀越锋利（刃口弧度小），涂层厚度也越小，刮刀常用形式如图 7 – 30 所示。

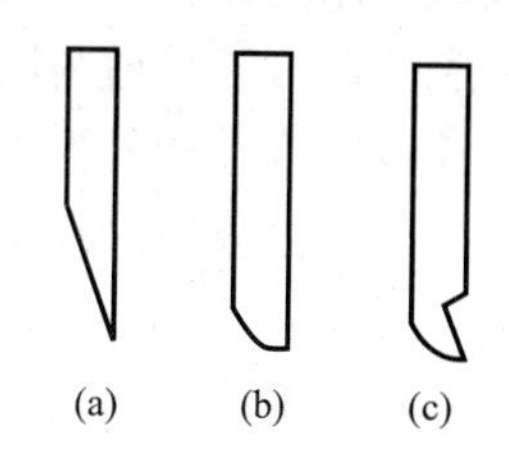


图 7 – 30　刮刀形式
（a）刮薄层用　（b）刮厚层用
（c）钩形刮刀

涂层的平整度主要与溶胶、基材质量和刮刀有关，溶胶流变行为对剪切速率过于敏感、粒度均匀性差（存在刚硬杂质或料块），基材表面毛糙、不平，刮刀刃口不够平直和刀刃上沾有颗粒物是导致涂层厚薄不均的主要原因。另外，当用图 7 – 30（a）、（b）所示的刮刀刮涂时，如果有物料堆积在刮刀背面，当堆积物料落到基材上（俗称喷溅）时，也将造成涂层厚薄不均，改用图 7 – 30（c）所示的背面带有直角缺口的钩形刮刀可减少避免“喷溅”现象。用两把刮刀串联（刮两次）可改善涂层厚薄不均的情况，还可以减少涂层上的气孔。

② 辊涂法　辊涂法是用辊筒将溶胶涂覆在基材上的方法，其原理类似于转移印刷。辊涂法根据辊涂装置，特别是其辊筒排列方式不同，分为很多种，其中用的最多的是逆辊涂胶法。

逆辊涂胶又有顶部供料和底部供料两种形式，图 7 – 31 所示为逆辊涂胶示意图。

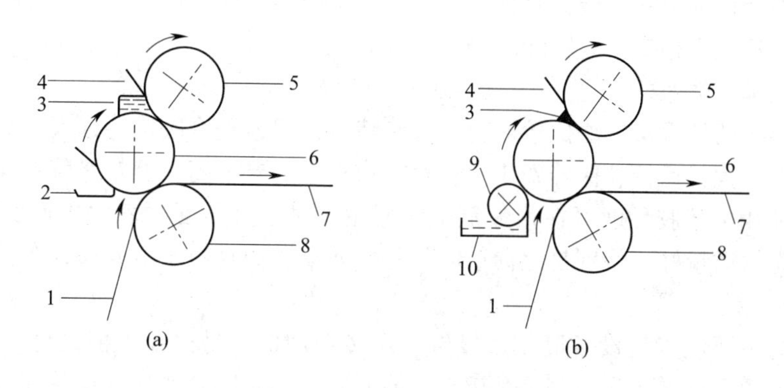


图 7 – 31　逆辊涂胶示意图
（a）顶部供料　（b）底部供料
1—基材　2—接料盒　3—溶胶　4—刮料板　5—计量辊
6—涂胶辊　7—涂覆材料　8—托辊　9—浸胶辊　10—胶槽

顶部供料是将溶胶直接置于涂胶辊上，主要用于高黏度溶胶；底部供料是在涂胶辊下增设一个部分辊面浸于胶槽内的浸胶辊，通过浸胶辊将胶料带到涂胶辊上，主要用于低黏度溶胶。

逆辊涂胶装置主要由涂胶辊、计量辊和支承辊3个辊筒及刮板、胶槽等部件组成。涂胶辊和计量辊一般为钢辊，支承辊为包胶辊（防滑，以保证基材线速度）。三辊排列关系如图7-31所示，涂胶辊位置相对固定，计量辊和支承辊与涂胶辊之间的辊间距可无极微调，以精确控制涂胶量和涂胶接触压力。3个辊筒的转速均可单独调节，以获得合适的速比。在计量辊与涂胶辊两端装有一对可调节间距（涂层宽度）的挡板，它们与计量辊、涂胶辊构成一盛料区。计量辊转速比涂胶辊慢，且其上设有一紧贴辊面的刮刀，以保持此辊面清洁，防止溶胶被包卷或黏附到该辊而滴落到基材。

工作时溶胶自盛料区通过计量辊与涂胶辊之间的辊隙形成厚度一定的胶膜，包在涂胶辊上，涂胶辊将计量的溶胶带至它与支承辊形成的辊隙中，在此依靠支承辊与涂胶辊之间的压力和速比，使溶胶擦涂在基材上。溶胶在这时受到很高的剪切作用，因而其流变性能对涂覆效果影响很大，必须小心控制。

逆辊涂覆能控制较宽的厚度范围，并对基材的依赖性较小。涂层厚度主要通过3个变量来控制。第一是计量辊与涂胶辊之间的间隙，其调节范围一般为几十到几百微米，间隙越大，涂层越厚；其次，涂胶辊上的胶膜厚度还和它与计量辊的线速度之比以及溶胶的流变性有关，一般说来，溶胶的黏度越大，触变性越小，或者这两个辊筒的速比越大，胶膜就越厚，得到的涂层厚度也就越大。正常情况下，涂胶辊与计量辊之间的线速度比为3/1～18/1；第三是涂胶辊与基材之间的线速度比，称为“擦拭比”或“抹留比”，此比值在绝大多数情况下都大于1，最高可达到4，但根据经验最好小于2。擦拭比越大，涂胶量也越多。擦拭比是基材与涂胶辊间接触压力的函数，因此调节支承辊对涂胶辊的压力也可改变涂层厚度。当然，控制涂层厚度的3个变量之间也互相影响。经验表明，为要保持一定胶膜厚度，较好的控制方案是控制计量辊与涂胶辊之间有较小的间隙，配以较高的涂胶辊转速，而不是选择较大的间隙，配以较低的转速，这样可以增大剪切作用，不仅能把溶胶中的气泡挤出，而且可以破坏溶胶的触变性。

涂胶辊与计量辊的速度差不仅影响涂层厚度，对涂层均匀性及其表面质量也有影响。相对速度适当时，可以得到非常平滑的涂覆层。计量辊速度过快，容易使计量后的胶膜出现粗糙的轴向波纹，如果计量辊速度太慢，容易使计量后的胶膜出现许多切向波纹，这些波纹也会出现在制品上。与压延过程相似，逆辊涂胶也存在辊筒间的分离力，因而辊筒中部涂层往往偏厚，补偿办法也与压延机类似。

就刮涂和辊涂两种涂覆方法比较而言，各有特点，但逆辊涂胶优势远大于刮涂。

辊涂装置投资大，运行、保养费用高；对操作技术的要求高；但是对胶料及基材的适应性强（逆辊涂胶使用的溶胶黏度可在很大范围内变化，对基材强度及表面质量要求相对较低）；涂胶速度高；涂层质量好，特别是涂薄层时优势更明显；而且由于溶胶渗入布基少，因而制品手感好。

而刮涂法的主要优点是设备简单，投资、运转费用低；易操作；但对低黏度溶胶很难刮涂，刮涂法溶胶渗入布基较多，制品手感差，同时基材的缺陷会明显地反映在制品表面，因此对胶料及基材的适应性强。

烘熔是涂覆法生产涂层制品的另一关键工序。基材涂覆胶层后的中间产品必须经过烘熔过程，也就是将它加热到足够温度而使胶层熔融塑化。这样，在冷却后涂层方能均匀地紧贴在基材上，并获得所需强度等物理机械性能。

烘熔过程需要控制的主要工艺条件是温度和时间，设置的主要依据是胶料配方和制品性能要求，设置原则是保证胶料塑化但不分解，以使涂层的物理机械性能达到最佳。在适当范围内，提高烘熔温度和延长加热时间对熔融塑化过程是等效的。提高烘熔温度，可缩短加热时间，提高生产效率，但不易保证涂层均匀熔融，涂层较厚时影响更明显。

如果胶层是分次涂覆（如底胶、发泡胶、面胶）的，则在每次涂胶后都需进行预塑化，使涂覆层获得一定的凝胶强度后，再涂下一层，最后再彻底烘熔。

烘熔过程通常在隧道式烘箱（烘道）内进行，烘道设计应使热气流直接与溶胶表面接触，并均匀地把热量传递给涂层。烘道结构多为长方形箱体，宽度根据产品幅宽设计，长度设计应满足涂胶速度和烘熔时间要求，烘箱内每隔2m左右设置一个托持导辊。导辊轴承装在箱外，避免烘箱内的高温使其损坏。有的烘箱内还装有拉幅装置，以防制品幅面缩窄。烘箱的加热方式可采用红外热辐射或热风循环，前者加热速度快，后者加热温度均匀，必要时也可二者结合使用。烘箱温度由与加热方式相应的温控系统控制，最好采用分段控制。

烘熔工序应注意避免烘熔过程中产生的挥发性物质可能造成的空气污染和燃、爆危险，以及挥发分凝结、滴落在涂层或基材上造成的制品污损。

烘熔后的中间产物趁热进行轧花（或轧光）后，冷却即得成品。

直接涂覆法也可生产贴膜革、发泡革。贴膜革生产方法是在烘熔后的中间产物表面立即压贴上预先制得的聚氯乙烯薄膜（面膜），再经轧花、冷却。泡沫革的生产方法是进行3次涂胶（底层、发泡层、面层），或者两次涂胶（底层和发泡层）后再贴一层面膜。具体过程与普通革生产大同小异，不再赘述。

直接涂覆具有流程简单、设备投资小，生产效率高等优点，但对基材强度和表面质量要求高，不宜用于强度低、易变形基材的涂覆。另外，涂层厚度、表观质量不易控制，布基需要预处理，增塑剂容易渗入布基等，也使其应用受到一定影响。

（2）间接涂覆

间接涂覆，又称转移涂覆，是一种将塑性溶胶涂覆在循环运转的载体上，通过烘箱预热后再转移到基材上（在半凝胶状态下使其与基材贴合），然后经烘熔、轧花、冷却、表面处理等工序制备涂层制品的工艺方法。间接涂覆生产工艺流程如图7－32所示。

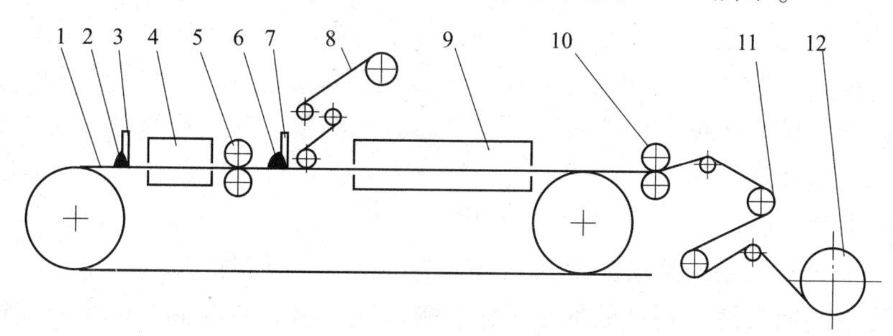


图7－32　间接涂覆法工艺流程图

1—载体　2—面胶　3—刮刀　4—烘箱　5—压平辊　6—底胶
7—刮刀　8—基材　9—烘箱　10—压花（牵引）辊　11—冷却　12—成品

就涂覆、预塑化、烘熔、轧花、冷却、表面处理等工序的单元操作而言，无论工艺原理还是操作方法，间接涂覆与直接涂覆均无本质区别，两者区别主要在于涂层载体的使用。

涂层载体的使用使得间接涂覆过程对原材料的要求大大降低。首先，由于间接涂覆生产过程对基材的张紧力和剪切力都很小，因此能使用强度很低、易变形的针织布、纸张、无纺布等基材；其次，间接涂覆涂层外观由载体赋予，产品表面状态不受基材影响，因此即使使用表面质量很差的粗布等基材也能制得表观较好的涂层制品；另外，由于载体强度、硬度较高，可承受较大的张力、压力及剪切力，因此对溶胶黏度及涂层厚度的限制较少，可生产增塑剂含量多的超薄超柔软的涂层制品。当然，任何事物有利就有弊，载体的使用及贴合方式的改变，使得间接涂覆对设备费投入和工艺操作的要求也相应提高。

间接涂覆法生产涂层制品时主要注意以下两点：

① 载体的选择　间接涂覆常用的循环运转载体主要有钢带和离型纸两种。钢带经久耐用（可用2～3年），无需经常维护，运转费用低，但初期设备投资较大。离型纸作为载体，设备相对简单，投入小，而且可在离型纸上轧花就可在涂覆制品表面形成相应花纹，可省去轧花工序。但离型纸强度相对较低，常会断裂导致临时停车，使用寿命短（一般3～4次），每次使用后还要修剪维护，运转费用高，大批量生产时总成本甚至超过钢带。除此之外，金属网、硅橡胶织物带（防黏皮带）等也可用作间接涂覆法生产涂层制品的载体。

② 贴合工艺控制　间接涂覆法生产过程中，涂层与基材贴合时的工艺条件（压力、温度、时间等），必须根据基材及溶胶特性合理控制。为使载体上半凝胶状态的溶胶与基材紧密结合，贴合时，需对基材施加一定压力（通常用毛刷辊将基材压在溶胶上）。毛刷辊的压力要适当，压力过小贴合不牢，压力过大容易将溶胶从基材边缘挤出或使溶胶大量渗透过基材。贴合时溶胶的凝胶化程度对产品质量也十分重要。凝胶过度，涂层表面干燥、黏合力弱，肯定贴合不牢，制品易出现脱层现象；凝胶化程度不足，溶胶渗入基材过多，制品手感僵硬。所以，必须根据溶胶和基材特性，通过合理控制贴合前的凝胶温度和时间，控制涂层的凝胶化程度，保证涂层与布基有足够的黏合力，又不会渗入基材太多。具体参数根据溶胶的组成、黏度及基材性质，通过试验决定，一般溶胶黏度较大或布基较粗糙时烘熔温度可以高一些，反之则要低一些。

由于溶胶的凝胶化程度很难控制，实际生产中也常采用黏合法进行贴合，方法是先使涂层达到完全凝胶状态，待其冷却至70℃左右时，涂上一层黏合剂再与基材贴合或先用黏合剂对基材进行处理，再与完全凝胶的涂层贴合。此法工艺容易控制，但增加了黏合剂及其施涂工序，因此与直接贴合相比生产效率有所下降，生产成本有所增加。

间接涂覆法也可生产贴膜革、发泡革。贴膜革生产方法是在烘熔后的中间产物与载体剥离后，再将其加热至70～110℃，然后在其表面立即压贴上预先制得的聚氯乙烯薄膜（面膜），再经轧花、冷却。发泡沫革的生产方法有两种，一是在同一载体上用两台涂覆机进行两次涂胶（先涂面层、再涂发泡层），然后再与基材贴合。二是只涂发泡层（具体过程与普通革相同），经贴合、烘熔后，再像贴膜革那样加热贴面膜。后者用贴膜代替面层涂覆，工艺简单，产品性价比较高，所以应用较广。

7.3.2.3　PU 革生产工艺

涂层材料为聚氨酯树脂的涂层制品称为聚氨酯人造革，简称 PU 革。PU 革的生产工艺是典型的用聚合物溶液成型涂层制品的加工工艺，方法是：将预先配制好的聚氨酯树脂溶液均匀地涂覆在基材上，再设法去除溶剂，得到基材表面牢固结合了聚氨酯膜的涂层制品。具体工艺过程与前述涂覆法生产 PVC 革相似，区别仅在于涂层（半成品）固化处理方法不同，聚氨酯涂层的固化过程不是烘熔冷却而是脱除溶剂使树脂成膜。根据去除溶剂的方法不同，PU 革生产工艺分为干法和湿法两种。干法是使涂覆后的半成品通过烘箱烘干，使溶剂挥发。湿法则是采用水中成膜法，通过水洗置换出聚氨酯涂层中的溶剂。湿法得到聚氨酯涂层具有连续微孔结构，透气性、透湿性较好，制品性能接近天然皮革，俗称合成革。

(1) 干法PU革生产工艺

干法PU革多采用离型纸为载体的多次刮涂间接涂覆工艺。方法是先用第一涂料台将涂饰层涂料涂覆在离型纸上，经过干燥、冷却后，再经第二涂料台将面层涂料涂覆在涂饰层上面，干燥、冷却后，再用第三涂料台在其上面涂上底层（黏合层）涂料，然后通过贴合装置使其与基材贴合，贴合后的半成品再经干燥、冷却后，利用剥离装置将其与离型纸剥离、卷取即得多层结构的干法聚氨酯革成品。

3次涂覆所用涂料虽然都是聚氨酯溶液但因各层功能作用及要求不同涂料性能也有所不同。涂饰层和面层是决定产品性能的主体涂层，所用涂料是将Ⅰ液型聚氨酯树脂溶解在二甲基甲酰胺（DMF）和丁酮的混合溶剂中制得的聚合物溶液。Ⅰ液型聚氨酯是线型结构的热塑性树脂，是由聚酯和聚醚链节构成的柔性基团与由氨酯和脲衍生物链节构成的刚性基团交替连接而成的线型大分子，大分子之间存在很强的氢键。树脂性能与柔性基团和刚性基团的相对含量有关，刚性基团的比例越大，所得涂层就越硬，拉伸强度和软化点越高，但其柔性和弹性则相对降低。面层涂料配制方法是，将根据配方计量的聚氨酯树脂、溶剂、着色剂及其他助剂混合，经充分搅拌使其溶解均匀，然后滤去杂质，静止或抽真空除去气泡备用。涂料黏度一般控制在2.0～3.5Pa·s。

底层主要作用是黏合面层与基材，所用涂料中除Ⅰ液型聚氨酯外还加有一定量的Ⅱ液型聚氨酯树脂。Ⅱ液型聚氨酯树脂为二异氰酸酯与聚酯或聚醚的预聚体，其分子末端带有可反应的羟基，在交联剂和交联促进剂的作用下，可使体系内大分子发生交联反应，形成网状结构。所用的交联剂多为多官能团异氰酸酯，交联促进剂则有三乙烯二胺、金属有机化合物等。Ⅰ液型聚氨酯具有调节底层柔韧性的功能，Ⅱ液型聚氨酯可增加涂层与基材的黏结强度。涂层性能与树脂组成，相对分子质量大小，交联剂及交联促进剂的品种、用量，固化条件、熟化条件等有关。由于底层涂料中含有活性成分，所以应随配随用（通常夏季贮存时间不超过4～6h），避免交联反应过早发生。底层涂料黏度一般控制在5～80Pa·s

干法PU革因采用间接涂覆，对基材的要求不高，常用基材为针织布、平织布及单面起绒布等，具体品种、规格根据制品使用要求决定。

干法PU革生产工艺控制与其他间接涂覆工艺类似，主要控制点有涂覆厚度及均匀性、烘干温度及时间、贴合牢度等。具体工艺参数根据原材料性质及产品要求决定。

(2) 湿法PU革生产工艺

与干法PU革一样，湿法PU革所用胶料也是聚氨酯的二甲基甲酰胺溶液，但所得产品与多层无孔薄膜与基材贴合构成的多层结构干法PU革不同。由于湿法PU革生产采用水洗抽提工艺脱除溶剂，并选用透气性较好的无纺布作为基材，所得产品为连续多孔薄膜的与基材结合构成的多层结构体，因而具有良好的透气、透湿性。湿法PU革结构上近似天然皮革，具有良好的透气、透湿性，滑爽丰满的手感，而且与天然皮革相比具有质轻、色彩丰富、表面强度高、不易损伤等优点，是天然皮革的最佳替代品。湿法PU革除了可作一般人造革使用外，主要用于制造鞋类、球类、箱包、服装等，但由于工艺相对繁琐，溶剂回收利用困难，产品价格要比聚氯乙烯人造革高很多。

湿法PU革生产多采用浸渍－涂覆工艺。具体方法是先用二甲基甲酰胺（DMF）把聚氨酯溶解，加入着色剂及其他助剂混合均匀，再用二甲基甲酰胺稀释成所需浓度和黏度的胶料。用此胶料浸渍基材，然后用水洗去二甲基甲酰胺，使聚氨酯在基材中形成细微多孔的凝固聚合物层，并与基材纤维牢固地黏结，增加基材的弹性和强度。将水洗后的浸渍基材经热风干燥后，再用上述胶料对其进行涂覆，再经水洗、凝固，形成细微多孔的聚氨酯涂覆层，然后干燥、涂饰、印刷，即得成品。

为了增加制品的透气和透湿性，生产湿法 PU 革通常选用多孔无纺布作为基材。所谓多孔无纺布是由具有海岛结构的共混合成纤维，用溶剂抽提去除纤维中的岛相成分后，所得多孔纤维制成的。

以尼龙多孔纤维无纺布为基材的湿法 PU 革生产工艺流程如图 7－33 所示。

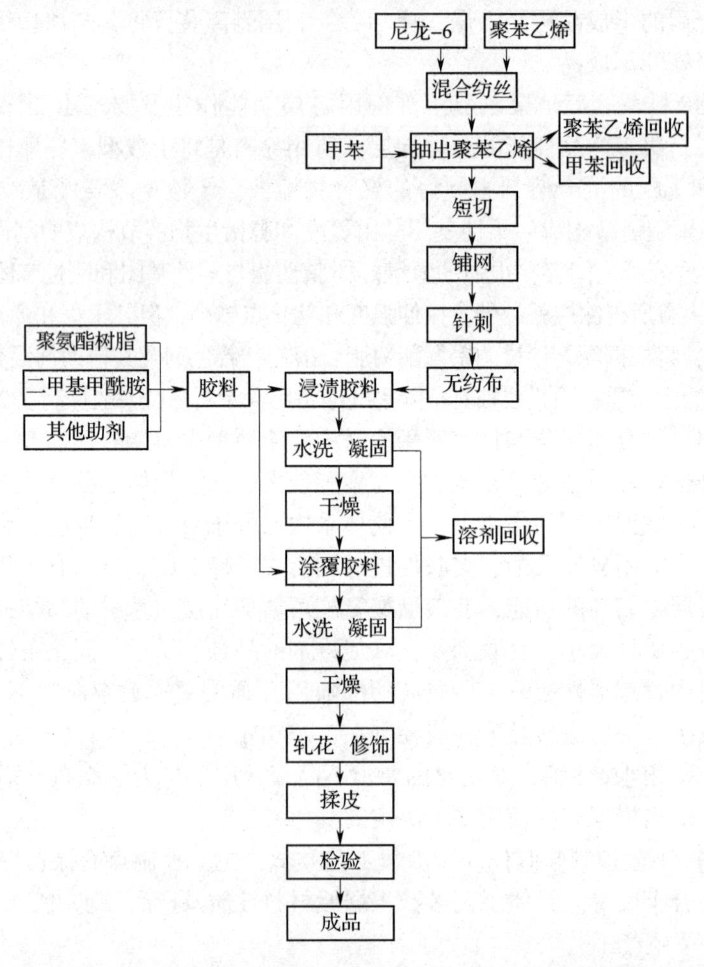


图 7－33　尼龙无纺布基湿法 PU 革生产工艺流程示意图

在上述过程中，也可以把浸渍的无纺织布经辊压后即涂覆聚氨酯胶料，然后只进行一次湿法凝固，这样有利于提高制品的整体性和剥离强度。基材纤维中聚苯乙烯的抽出，也可以在把纤维制成无纺织布以后进行。

7.3.2.4　覆膜纸生产工艺

纸张、纸板等纸制品是传统的印刷装帧和包装材料，应用非常广泛。但传统纸品最大的缺陷是湿强度很低，易吸水变形。为克服这一缺陷，书籍封面装帧以及用于生产一次性纸杯、快餐盒等纸制品的材料常需进行防水处理。覆膜即为纸品防水处理方法之一，以达到纸品防水、保护印刷图案的目的。

在纸品表面涂覆一层极薄的塑料膜制成的纸塑复合材料称为覆膜纸。纸品覆膜工艺主要有层合法和流延法两种。

层合法，俗称过塑，是在层合机上将预先制得的塑料薄膜与基材贴合。具体的层合方法又分为两种：一种是先把黏合剂涂在纸品（或薄膜）上，然后将两者压贴在一起；另一种是把热塑性塑料薄膜加热后与经过预热的纸品接触贴合。层合法可连续或间歇成型，主要用于印刷成品过塑防水处理，如书籍装帧材料、照片、证书等的过塑。

流延法是将熔融的塑料直接涂覆在纸张纸板等基材上，趁热通过滚压使薄膜与基材贴合。流延法多为连续成型，主要用于纸质连续卷材的覆膜。流延法覆膜纸生产多采用热塑性塑料（LDPE 等）挤出流延，其方法与挤出平膜生产类似，不同之处在于挤出物不是涂覆在三辊压光机辊筒上成型后再剥离成膜，而是涂覆在预先置于三辊压光机辊筒之间的纸质基材上与基材贴合并随之运动，不再剥离。挤出流延法覆膜纸生产工艺设备与挤出平膜生产几乎相同，只需增设一套基材放卷装置即可。工艺控制也与挤出平膜类似，覆膜厚度及其均匀性取决于挤出机头模口间隙、温度分布、挤出速度以及基材运行速度等。

### 7.3.3　喷涂

火焰喷涂、流化喷涂、静电喷涂、热熔喷涂、液体涂敷等在非塑料制成品（器件或称工件）表面涂覆高分子涂层的工艺方法统称为器件涂层，其中金属器件表面喷涂是其典型代表，故俗称喷涂。其基本工艺流程为：工件预处理（脱脂、喷砂、除尘、预热等）→涂覆（喷、浸、浇、刷等）→固化（烧结、干燥、交联等）→涂层制品。

在非塑料制成品（器件）表面涂覆塑料层后，在某种程度上既可保持结构强度等器件的原有性能特点，又可使其表面获得塑料的某些特性，如耐腐蚀、耐磨、电绝缘、自润滑、有机物手感等。这对扩大制品的应用范围和提升产品经济价值都有着重要意义。因此，器件涂层应用已非常普遍。可以用作器件涂层涂覆材料的塑料种类也很多，金属器件表面涂覆最常用的塑料有聚氯乙烯、聚乙烯、超高分子质量聚乙烯、尼龙等。器件涂层方法及涂覆塑料种类的选择取决于器件材质及其对涂层性能的要求。

无论采用何种方法涂覆何种塑料，涂层与器件表面均为界面物理黏附，结合牢度除与器件表面及所涂塑料材质特性有关外，界面状态对涂层结合牢度的影响也不可忽视。对金属表面喷涂而言，为了提高涂层与金属基体之间的黏结力，涂覆前工件表面应干燥、洁净，没有锈迹、油渍和尘埃。为此，涂覆前工件通常需要进行表面处理，处理的方法有喷砂、化学处理以及其他机械方法处理。其中喷砂处理效果较好，因为喷砂不仅能清除金属表面锈迹、油渍和氧化层，还可使工件表面粗糙，从而增加工件表面积并形成钩角，使其与涂层黏结力提高。喷砂用砂粒的品种及外形对处理效果及涂层质量也有影响，例如对黄铜、紫铜、铸铝等硬度较低的工件，宜用黄砂，砂粒直径应在 1.0 ~ 1.5mm；对钢件来说，则宜选用硬度高并有尖角的石英砂，砂料直径 1.5 ~ 2.5mm。喷砂用的压缩空气必须经过油水分离器，除去油和水。空气压力约为 0.5MPa。喷砂后的工件表面要用清洁的压缩空气吹去灰尘，并尽快（不超过 6h）喷涂，以免表面再氧化，影响涂层的附着力。如果工件表面经过清洗、喷砂处理后，与所选塑料涂层的结合牢度仍不理想，可在喷涂前先喷涂一层与金属和拟用涂层塑料结合力都比较好的过渡树脂层。

由于塑料与金属在冷却时的收缩率差异较大，脆弱的涂层容易在工件边缘处开裂，因此待涂覆工件边缘最好做成较大的圆角（$R > 5$mm），以分散收缩应力。对于尼龙等结晶性塑料涂覆的工件，涂覆后最好趁热置于水中急冷。水中急冷可以降低塑料涂层的结晶度，提高含水量，使涂层韧性好、表面光亮、黏结力增加，减免因内应力作用导致的涂层开裂脱落等弊端。

器件涂层工艺可分为粉末喷涂和液体（悬浮液或溶液）涂敷两大类。

粉末喷涂用的塑料必须是粉状的，其粒度在 80 ~ 120 目之间。粉末喷涂具有以下优点：

① 可使用超高分子质量聚乙烯等只能以粉状形式供应的树脂；② 一次涂覆即可得到很厚

的涂层；③ 形状复杂或带有锐利边缘的制品都能很好涂覆；④ 多数粉状塑料具有极好的贮存稳定性；⑤ 不需溶剂，物料配制过程简单。不过粉末喷涂也存在一些缺点或局限，例如制件材质必须具有较高的热惯量；工件尺寸因受预热装置限制而不能太大，即使预热装置足够大，但因为喷涂操作需要一定时间，对大尺寸制件来说，喷涂尚未结束，某些部位已冷却到塑料熔融温度以下了。另外，在粉末喷涂过程中，粉料散落可高达60%必须收集再用，否则会导致生产成本大幅度上升；树脂粉尘的毒性及其与空气混合后的易燃易爆性也应充分重视，所以粉末喷涂施工操作的安全防护也很重要。

液体涂敷是通过喷、浸、浇、刷等手段将液态涂料（高分子漆）涂布于工件表面，然后干燥去除溶剂，再通过热熔、冷却或交联固化，在工件表面形成高分子涂层。液体涂敷可用于热惯量较低或不宜预热的非金属器件，所用涂料可以是高分子或其预聚体的悬浮液或溶液。但液态涂料的制备、保存相对困难，涂敷后溶剂的脱除及回收处理难度相对较大，固化过程中挥发物对环境的污染比粉尘污染的毒害性更大。

下面对几种主要的器件涂层工艺原理及其特点做一简介。

#### 7.3.3.1 火焰喷涂

利用可燃气体与助燃气体混合燃烧产生的火焰为热源，将塑料粉末加热到熔融或半熔融状态，微小的熔融颗粒在高速气流的推动下形成雾流喷射到工件上，撞击工件表面产生塑性变形，成为片状叠加附着在工件表面，预热工件本身的热量使接触到的塑料熔融，并与之黏结在一起，再通过冷却固化，在工件表面形成高分子涂层。这种涂覆工艺称为火焰喷涂。

火焰喷涂技术作为一种表面防护和强化工艺，在设备防腐等器件表面装饰、改性方面应用非常广泛，是金属表面工程领域十分活跃的分支之一。

火焰喷涂技术具有以下特点：① 设备简单；② 适用范围广，几乎可用于各种热塑性塑料喷涂各种材质的工件；③ 除微小的孔内目前尚不能喷涂外，对工件形状、尺寸几乎没有限制；④ 对工件影响小，喷涂过程中工件表面受热温度不高，受力不大，故工件不会变形，材料组织不发生变化。但火焰喷涂所得涂层与基体结合强度较低，不能承受交变载荷和冲击载荷；对工件表面预处理及喷涂操作技术要求较高；涂层质量受操作技术及多种工艺因素的影响，重稳定性、重复性差，检测技术尚待完善。

火焰喷涂工艺原理如图7－34所示。

为避免熔融颗粒迅速冷却，提高塑料与工件表面的附着力，在进行火焰喷涂时，工件应预热。预热可用烘箱，如果操作熟练，也可直接用喷枪预热。预热温度通常控制在塑料熔融温度以上，预热温度还应根据环境温度和工件热惯量作适当调整，环境温度较高、工件壁厚较大时，预热温度可低一些。

喷涂时的火焰温度控制也很关键，既不能太高，也不能太低，太高易烧毁过多的塑料或因降解而损伤塑料性能；太低会影响黏附效果。

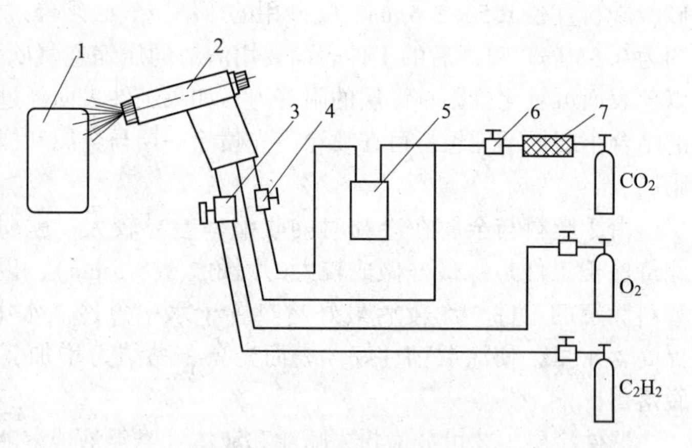


图7－34 火焰喷涂示意图

1—工件 2—喷枪 3—氧、乙炔混合器 4—粉末流量调节器 5—粉末罐 6—气压调节器 7—加热器一般喷涂最初一层塑料时，温度是许用范围中最高的，这样可以增进塑料与工件的黏附效果。在喷涂以后各层时，温度可略为降低。当第一层塑料粉末塑化后，即可增大出粉量加厚涂层，直至需要的厚度。喷枪口与被喷工件距离一般控制在100～200cm。涂层厚度均匀性靠熟练的操作技术来保证，同时应尽量避免工件表面塑料熔体的流动。如喷涂平面工件时，应将平面水平放置，手持喷枪来回移动进行喷涂；喷涂工件回转面时，最好装在车床等设备上，使之边旋转边喷涂，喷涂完成后工件应继续旋转，直至涂层不能流动为止，然后再进行急冷。

虽然火焰喷涂的生产效率不高，劳动条件较差（喷涂过程中常因塑料分解而产生刺激气体），并且还需要相当熟练的技术。但其设备投资不大，对罐、槽内部和大型工件的涂层比用其他方法有效。因此，工业上仍不失为一种重要的涂覆加工方法，化工设备内部防腐等常用此法。

#### 7.3.3.2 流化喷涂

流化指的是固体颗粒悬浮于流体中进行不规则的运动物理现象。当流体通过由固体颗粒堆积而成的固体床时，随着流体流速的逐渐提高，将会出现固体床松动，颗粒间空隙增大，床层体积膨胀，固体颗粒悬浮于流体中进行不规则运动等一系列现象。如果再进一步提高流体速度到某临界值，固体床层将失去固定状态，固体颗粒全部悬浮于流体中，显示出相当不规则的剧烈运动，床层体积也随之增大，但是固体颗粒仍逗留在床层内而不被流体带出。此时，固体床层的物理状态和液体相似，称为流化床。

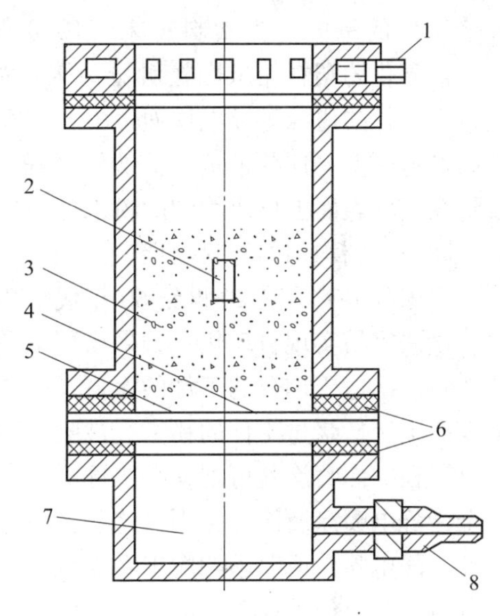

图7－35 流化喷涂示意图
1—出气口 2—工件 3—流化的粉末 4—过滤网 5—透气板 6—密封垫 7—空气室 8—进气口

流化喷涂的工作原理如图7－35所示：将塑料粉末放置于流化装置（一个内部装有一块只能通空气而粉末不能通过的多孔隔板的筒形容器）内的多孔隔板上，当压缩空气以特定流速由容器下部进入时，就能将粉末吹起，并使之悬浮于容器中进行不规则剧烈运动（形成流化床）。此时，将经过预热的工件置于流化床中，与高温工件接触的塑料粉末就会因熔化而黏附在工件上成为涂层。

流化喷涂中工件所得涂层厚度取决于工件进入流化床的温度、比热容、表面系数、喷涂时间和所用塑料粉末的种类，但实际生产中可以控制的只有工件温度和喷涂时间两种工艺因素，在生产中均须由实验来决定。

流化喷涂时，要求塑料粉末流化平稳而均匀，没有结块和涡流现象以及散逸的塑料微粒较少等。为达到这种要求，技术上应采取相应措施。添加搅拌装置时可以减少结块和涡流，在塑料粉末中加入少量滑爽剂也有利于流化，不过滑爽剂可能会影响涂层质量。防止塑料粉末散逸的方法是严格控制空气的流速和塑料粉末的颗粒均匀度。但是散逸总是难免的，所以流化床上部应设隔网及回收装置。

流化喷涂的优点是能涂覆形状复杂的工件，涂层质量高，一次涂覆就可得到较厚的涂层，树脂损失少，工作环境清洁等，缺点是工件大小受流化装置限制，加工大型工件困难。

#### 7.3.3.3 静电喷涂

静电喷涂是利用高压静电电场使带负电的塑料粉末沿着电场相反的方向定向运动，并将其吸附在工件表面的一种喷涂方法。

静电喷涂设备由喷枪、静电喷涂高压电源等组成。工作时在供粉用静电喷涂喷枪（或喷盘、喷杯）部分接负极，工件接正极并接地，在高压电源的高电压作用下，喷枪（或喷盘、喷杯）的端部与工件之间就形成一个静电场（图7－36）。塑料粉末所受到的电场力与静电场的电压和粉末的带电量成正比，与喷枪和工件间的距离成反比。当电压足够高时，喷枪端部附近区域产生强烈的电晕放电，形成空气电离区，空气激烈地离子化和发热，使喷枪端部锐边或极针周围形成一个暗红色的晕圈。当塑料粉末经喷枪雾化喷出时，被雾化的塑料粉末因接触枪口附近的极针或喷盘、喷杯的边缘等导电体而带电，当经过电晕放电所产生的空气电离区时，将再一次增加其表面电荷密度。这些带负电荷的塑料粉末在静电场作用下，向正极（工件表面）运动，并被吸附在工件表面上形成均匀的粉末层。在电荷消失前，粉末层附着很牢固，经加热塑化和冷却后，即可得到均匀的塑料涂层。

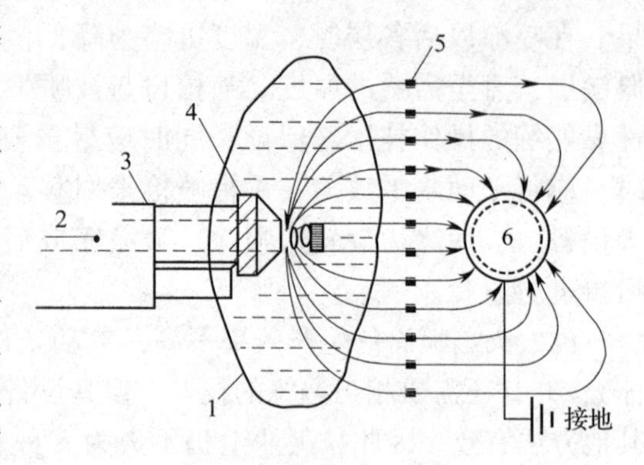

图7－36　静电喷涂示意图

1—高电位负电场　2—塑料粉末流　3—喷枪
4—导电体　5—带负电荷的粉末　6—工件

粉末静电喷涂是20世纪60年代中期发展起来，并很快在工业生产中被广泛应用的涂覆方法。该法容易实现自动化。如果涂层不需要很厚，静电喷涂不要求工件预热，因而可用于热敏性塑料或不适于加热的工件的涂覆。此法不像流化喷涂那样需要大型贮器，因而对工件尺寸几乎没有限制。绕过工件的粉末会被吸引到工件反面，所以溅失的粉料要比其他喷涂少得多，而且只需在一面喷涂就可把整个工件涂覆（大型工件除外）。但带有整齐内角和深孔的工件不易完全为静电喷涂所涂覆，因为这些区域存在静电屏蔽而妨碍粉料进入，除非喷枪可插入其中。此外，静电喷涂所要求的粉末颗粒较细（粒度比150目更细的颗粒喷涂效果较好），因为较大的颗粒易从工件上脱落。因为塑料多为不良导体，当要求涂层较厚时，工件仍需预热。此时，必须注意工件热惯量的均匀性对涂层质量的影响，若工件不同部位温度差别过大，可能低温部位的涂层尚未达到熔融温度，而高温部位的涂层已熔融甚至降解。在这种情况下，塑料的热稳定性就显得很重要了。

#### 7.3.3.4　热熔喷涂

热熔喷涂的工作原理与火焰喷涂类似，也是在已经预热好的工件上用喷枪喷上塑料粉末，借助工件的热量使塑料熔融，冷却后在工件表面形成塑料涂层。与火焰喷涂不同的是喷出的塑料粉末未经火焰加热，对工件预热温度的要求更高。

热熔喷涂工艺控制的关键是工件的预热温度。预热温度过高时，常会导致金属工件表面严重氧化，与塑料涂层的黏着性降低，甚至可能会引起树脂分解和涂层起泡变色等现象。预热温度过低，塑料塑化不好、流动性差，不易得到均匀的涂层。

热熔喷涂的优点是所得涂层质量高、美观、黏结力大、粉料损失少、容易控制、气味少，所用喷枪无需燃烧系统，结构简单，可利用普通喷漆用喷枪。但热熔喷涂一次喷涂往往不能获得所需厚度，要反复喷涂多次，每次喷涂后均需加热处理，使涂层完全熔化后再喷涂下一层。这样才能获得均匀、光滑、力学强度较高的涂层。

#### 7.3.3.5　液体涂敷

液体涂敷工艺过程与前述各种粉末喷涂工艺基本相同，主要差异在于涂覆用原料不是固体粉末，而是预先制备的液态涂料。

因涂料为液态，所以可通过喷、浸、浇、刷等手段涂布。

(1) 喷涂　与粉末喷涂类似，通过向密闭的料槽内通入压缩气体，使涂料在高速气流的推动下通过喷枪形成雾流，均匀地喷射到工件表面上形成涂层。由于液态涂料流动阻力小，喷射用压缩气体的压力可相对较小，为减少涂料损失，喷嘴与工件应尽量接近，被喷工件表面应尽量与料流方向保持垂直。

(2) 浸涂　与蘸浸成型方法类似，将工件浸入装有涂料的容器中，然后将其缓慢提出，多余的涂料自行流下，附着在工件表面的涂料即形成涂层。此法多用于体积较小工件的外表面涂覆。

(3) 刷涂　用漆刷或毛笔等将涂料涂布在工件表面使其形成涂层。刷涂适用于一般局部涂覆或面积比较狭小的工件单面涂覆。由于涂刷所得涂层平整度差，需反复涂刷且每次涂刷的料层又不能过厚，所以涂刷效率较低。

(4) 浇涂　浇涂主要用于小型反应釜、管道、弯头、阀门、泵壳等中空工件的内表面涂覆。方法与搪塑成型方法类似，将涂料倾倒在中空工件内并转动工件使其内表面完全被涂料浸润，然后把多余的涂料倒出，黏附于工件表面的涂料即形成涂层。

由于液体涂敷所用涂料为液态，涂覆后仍具有流动性，所以每次涂覆料层不可过厚，固化前应注意是否流平。另外，由于涂料中含有溶剂等液体组分，所以固体前必须干燥脱溶，再通过热熔、冷却或交联固化。

液体涂敷的工件预处理、固化等其他操作过程及要求与前述各种方法基本相同，不再赘述。

## 7.4　泡沫塑料的成型

### 7.4.1　概述

#### 7.4.1.1　泡沫塑料的分类和特性

泡沫塑料是以树脂为基础而内部具有无数微孔性气体的塑料制品，是一种以塑料为连续相并以气体作为分散相的两相体系，又称多孔性塑料。采用不同的树脂和发泡方法，可制得性能各异的泡沫塑料。泡沫塑料由于气相的存在，因而具有密度低、隔热保温、吸音、防震等优点。至今，几乎所有的热固性塑料和热塑性塑料都能制成泡沫塑料，而且在泡沫制品中占有重要的地位。目前工业广泛应用的是聚乙烯、聚苯乙烯、聚氯乙烯、聚氨酯等做基材的热塑性树脂泡沫塑料，热固性树脂泡沫塑料亦有一定产量，但柔软性差，主要用作要求强度较高和阻燃性好的泡沫塑料制品。

(1) 泡沫塑料的分类

泡沫塑料根据软硬程度不同，可分为软质泡沫塑料、硬质泡沫塑料和半硬质泡沫塑料 3 类。按美国试验和材料学会标准，在 18 ~ 29℃温度下，在时间为 5s 内，绕直径 2.5cm 的圆棒一周，如不断裂，测试样属于软质泡沫塑料；反之则属硬质泡沫塑料。在 23℃和 50% 的相对湿度下，各类泡沫塑料的弹性模量如下：① 软质泡沫塑料，弹性模量小于 70MPa；② 硬质泡沫塑料，弹性模量小于 700MPa；③ 半硬质泡沫塑料，弹性模量为 70 ~ 700MPa。

泡沫塑料按其密度可分为低发泡泡沫塑料、中发泡泡沫塑料和高发泡泡沫塑料。通常将发泡倍率（发泡后比发泡前体积增大的倍数）小于 5 的称为低发泡，大于 5 的称为高发泡。各类泡沫塑料的密度如下：① 低发泡，密度为0.4g/cm³以上，气体/固体<1.5；② 中发泡，密度0.1～0.4g/cm³，气体/固体=1.5～9.0；③ 高发泡，密度0.1g/cm³以下，气体/固体>9。

泡沫塑料按气孔的结构不同，又可分为开孔泡沫塑料和闭孔泡沫塑料。如果泡沫塑料内的气孔绝大多数是相互连通的，则称为开孔泡沫结构；如果泡孔是相互分隔的，则称为闭孔泡沫结构。开孔或闭孔的泡沫结构由制造方法所决定，已形成闭孔的泡沫结构，可借机械施压或化学方法使其成为开孔结构。

（2）泡沫塑料的特性

泡沫塑料作为塑料的一个种类，由塑料和均匀分散的气体组成，因此具有以下的特性：

① 密度低泡沫塑料中有大量气泡存在，质轻，为非发泡塑料制品的几分之一至几十分之一。

② 隔热性优良由于泡沫塑料中有大量泡孔，泡孔内气体的热导率比塑料低很多，所以泡沫塑料的导热率很低。

③ 隔音效果好泡沫塑料隔音效果是通过吸收声波能量，使声波不能反射传递而达到的。

④ 比强度高由于泡沫塑料密度低，比强度自然要比非发泡制品高。泡沫塑料的机械强度随发泡倍数的增加而下降，一般以微孔或小孔泡沫塑料强度高。

7.4.1.2　泡孔结构及表征

（1）开孔结构和闭孔结构

发泡材料由泡孔即气体结构单元（Gas Structural Element，简称GSE）构成，GSE是一种由气穴、壁及棱组成的空间结构的统计平均模型，含有气体和固相，它组成了发泡材料的宏观结构。在发泡材料中，改变聚合物相的化学组成和发泡条件，GSE可以是孤立或连通的，即可得到闭孔占优势或开孔占优势的泡沫。从形态学的观点，开孔结构的获得应当满足下列条件：① 每个球形或多边形泡孔必须有至少两个孔或两个破坏面；② 大多数泡孔棱必须为至少3个结构单元所共有。与闭孔泡沫比较，开孔泡沫对水和湿气有更高的吸收能力，对气体和蒸汽有更高的渗透性，对热或电有更低的绝缘性，还有更好的吸收和阻尼声音的能力。

在开孔泡沫结构中，气相为空气。但在有孤立泡孔的闭孔泡沫中，根据所使用的发泡剂的不同，气体由氢气、二氧化碳和挥发性液体组成。

（2）泡孔结构的表征

① 泡孔密度　泡孔密度是指泡沫每单位体积的泡孔数量。泡孔密度Nc是塑料泡沫的泡孔尺寸和泡体密度的函数，由下式给出：

$$N_c = \frac{1-\rho/\rho_p}{10^{-4}\text{-}d} \tag{7-8}$$

式中 $N_c$ 为泡孔密度，个/cm³（每cm³的泡孔数量）；$\rho$ 为泡沫密度，g/cm³；$\rho_p$ 为聚合物基体密度，g/cm³；$d$ 为平均泡孔尺寸，mm。

② 泡孔尺寸　表征泡孔尺寸有两种方法：其一是采用水力学半径，其值等于泡孔的横截面面积与横截面的周长之比；其二是取所有的泡孔直径的平均值，其测量是从显微镜片中取许多泡孔直径的平均值，假设显微照片中显示的是泡孔的最大截面。

数均泡孔直径计算公式为：

$$d_n = \frac{\sum d_i n_i}{\sum n_i} \tag{7-9}$$

式中，$d_n$ 为数均泡孔直径，$n_i$ 为当量直径为 $d_i$ 的泡孔数。

③ 泡孔壁厚　在泡沫结构中，密度相同，泡孔尺寸不一定一样。对于塑料泡沫的单分散

性球形泡孔，平均壁厚$\delta$和平均泡孔直径$d$之间的关系满足下式：

$$\delta = d\left(\frac{1}{\sqrt{1-\rho/\rho_p}}-1\right) \tag{7-10}$$

式中，$\rho_p$为未发泡聚合物的密度，$\rho$为泡沫塑料的密度。

在气相含量不同的情况下，不同的$d$值可能获得同样的壁厚$\delta$，或在不同的$\delta$值下可获得相同的泡孔尺寸$d$。这样，可通过改变泡孔尺寸或改变泡孔壁厚来控制泡沫的密度。显然，同样密度的泡沫可能有不同尺寸的泡孔。

## 7.4.2 发泡方法

### 7.4.2.1 物理发泡法

物理发泡法是借助发泡剂在树脂中物理状态的改变，形成大量的气泡，使聚合物发泡。在整个发泡过程中，发泡剂本身没有发生任何化学变化。物理发泡剂按照发泡成型的特性，一般可以分为3类：惰性气体、低沸点液体和固态空心球等。对于这些发泡剂，选择时都应考虑以下几方面的要求：

① 无臭气、无毒性、无腐蚀性；② 不可燃；③ 不影响聚合物本身的物理和化学性能；④ 具有对热和化学药品的稳定性；⑤ 低比热容和低潜能，以利用快速汽化；⑥ 在室温下，蒸汽压力低，呈液态，以便贮存、输送和操作；⑦ 相对分子质量低，相对密度高；⑧ 通过聚合物膜壁的扩散速度应比空气小；⑨ 来源广，价廉。

下面逐一介绍这3类物理发泡剂及其发泡特点。

（1）惰性气体

这类发泡剂的化学活性弱。常用的有$N_2$、$CO_2$、$CH_4$、$H_2$等。它们的优点是无色、无味，发泡后在聚合物中不会留下残渣，也不会对泡沫塑料性能产生不良影响，缺点是需要高的压力和比较复杂的高压设备。

惰性气体发泡是在加压下把惰性气体压入熔融聚合物或糊状复合物中，然后降低压力，升高温度，使溶解的气体释放膨胀而发泡。挤出发泡和注射发泡都可以采用惰性气体为发泡剂，但需设置专用的高压输送和注入惰性气体的设备，以便将惰性气体在高压下注入机筒中塑化好的塑料熔体中，然后通过螺杆的进一步混炼，使惰性气体均匀分布在熔体中。当熔体离开机筒时，由于外压突然下降，熔体内的气体呈过饱和状态，离析出来的气体聚集而成气泡。在以上发泡过程中，决定泡孔是否均匀细密的关键在于将发泡剂均布于熔体中，并给予一定的压力。目前聚氯乙烯和聚乙烯泡沫塑料等有用这种方法生产的。

选择惰性气体要考虑其在聚合物中的渗透速率，一般较低的渗透率会获得较高的发泡倍率。几种惰性气体对塑料薄壁的渗透率如表7－5所示。

表7－5 惰性气体对塑料膜壁的渗透率 单位%

| 名称 | LDPE | HDPE | PP | SPVC | HPVC | PVDC |
|---|---|---|---|---|---|---|
| 透湿度 | 16～22 | 5～10 | 8～12 | 25～90 | 25～40 | 1～2 |
| $CO_2$渗透率 | 70～80 | 20～30 | 25～35 | 10～40 | 1～2 | 1.0 |
| $O_2$渗透率 | 13～16 | 4～6 | 3～5 | 4～16 | 0.5 | 0.03 |
| $N_2$渗透率 | 3～4 | 1～1.5 | — | 0.2～8 | — | $<0.01$ |

（2）低沸点液体

低沸点液体是目前使用较广的物理发泡剂，它的性能范围也很广，最好能使用在常温下呈气态的低沸点气体，常压下沸点应低于110℃。此种发泡法是把低沸点液体压入聚合物中或在一定的压力、温度下，使液体溶入聚合物颗粒中，然后将聚合物加热软化，液体也随之蒸发气化而发泡，此法又称为可发性珠粒法。

目前采用该法生产的有聚苯乙烯泡沫塑料和交联聚乙烯泡沫塑料。作发泡剂用的低沸点液体有：脂肪族烃类（丁烷、戊烷等）、含氯脂肪族烃类（如二氯甲烷）和含氟脂肪族烃类（如F11，F12，F114等）。此外，脂环烃类、芳香烃类、醇类、醚类、酮类和醛类等也可使用。

常用的低沸点液体发泡剂物理性能参数见表7－6所示。在表7－6中，从发泡性能来衡量，最后4种低沸点发泡剂（俗称氟利昂）比较理想，他们都具有阻燃、遇热稳定、不会爆炸、化学惰性以及无毒等，在以往的发泡成型中较普遍采用。但是，氟类低沸点发泡剂存在致命的缺点，即对大气臭氧层的破坏，造成严重的环境污染；另外，二氯甲烷有毒性，对人体健康有害。因此，这类发泡剂已不宜使用，逐渐被工业生产所淘汰。目前，主要开发的低沸点发泡剂有如表7－6中的前6种烃类发泡剂，其价格不贵，毒性低，特别是戊烷具有很高的发泡效率，但主要缺点是易燃。目前国内外泡沫塑料生产厂家都在不断研究氟类发泡剂的替代技术，并已取得了工业化生产的成果。

**表7－6　常用的低沸点发泡剂的物理性能参数**

| 发泡剂 | 相对分子质量 | 密度/（$g/cm^3$）（25℃） | 沸点/℃ | 蒸发热/（J/g）（cal/g） |
|---|---|---|---|---|
| 戊烷 | 72.15 | 0.616 | 30～38 | 360（86） |
| 异戊烷 | 72.15 | 0.613 | 9.5 | |
| 己烷 | 86.17 | 0.658 | 65～70 | |
| 异己烷 | 86.17 | 0.655 | 55～62 | |
| 丙烷 | 44.00 | 0.531 | 约42.5 | |
| 丁烷 | 58.00 | 0.599 | 约0.5 | |
| 二氯甲烷 | 84.94 | 1.325 | 40 | |
| 三氯四氟乙烷（F114） | 170.90 | 1.440 | 3.6 | 137（32.6） |
| 三氯氟甲烷（F11） | 137.38 | 1.476 | 23.8 | 182（43.5） |
| 三氯三氟乙烷（F112） | 187.39 | 1.565 | 47.6 | 147（35.1） |
| 三氯二氯甲烷（F12） | 120.90 | 1.311 | 约29.8 | 167（39.8） |

（3）固态空心球

先将微型（直径20～250μm，壁厚2～3μm）的空心玻璃球、空心陶瓷微球或空心塑料（例如酚醛树脂）微球埋入熔融的聚合物或液态的热固性树脂中，而后使其通过冷却或交联作用而成为泡沫体。用固态中空微球与塑料复合而成的泡沫塑料成型过程，与一般用发泡剂的发泡成型过程完全不同。因此，这种发泡方法并不是所有塑料都适用的。

7.4.2.2　化学发泡法

混合原料的某些组分在制造过程中通过化学作用产生气体而使聚合物发泡，这种制造泡沫聚合物材料的方法称为化学发泡法。按照发泡的原理不同，工业上常用的化学发泡法可分为两类，即化学发泡剂加热分解放出气体而发泡、发泡组分间相互反应放出气体而发泡。

（1）化学发泡剂发泡

这种方法的工艺和设备都比较简单，而且对聚合物无多大限制，是最重要的一种泡沫材料的成型方法。发泡气体是由加入的热分解型发泡剂受热分解而产生的，这种发泡剂称为化学发泡剂。常见的有碳酸氢钠、碳酸铵、偶氮二甲酰胺（俗称AC发泡剂）、偶氮二异丁腈和*N*，

$N'$－二甲基－$N$，$N'$－二亚硝基对苯二甲酰胺等，在受热时能释放出$CO_2$、$O_2$、$N_2$等气体。化学发泡剂的分解温度和发气量，决定其在某一塑料中的应用。

理想的分解型发泡剂应具有分解温度范围比较狭窄稳定；释放气体的速率必须能控制并且应合理地快速；放出的气体应无毒、无腐蚀性和具有难燃性；发泡剂分解时不应大量放热；发泡剂在树脂中具有良好的分散性；价廉，在运输和贮藏中稳定；发泡剂及其分解残余物应无色、对发泡聚合物的物理和化学性能无影响；发泡剂分解时的发气量应较大。

化学发泡剂与物理发泡剂相比，生产的泡沫材料成本相对较高，工艺较复杂，但制得的泡沫制品性能好。目前工业生产中主要采用的化学发泡剂有无机发泡剂和有机发泡剂两种。无机发泡剂是最早使用的化学发泡剂，主要是碱金属的碳酸盐和碳酸氢盐，如碳酸氢钠、碳酸铵、亚硝酸胺等。其中碳酸氢盐类发泡剂具有安全、吸热分解、成核效果好等特点，发生气体为$CO_2$。无机发泡剂多用于天然橡胶、合成橡胶及乳胶海绵制品，可使用的塑料有PVC、PE、环氧树脂、聚酰胺、酚醛树脂等，还可将无机发泡剂当作助发泡剂来使用，如PVC用二亚硝基五亚甲基四胺作为发泡剂时，可用碳酸氢盐作为助发泡剂。

无机发泡剂在聚合物中分散性差，因而其应用受到一定的局限。但随着粉体细微化和表面处理等技术的进步，无机发泡剂的应用领域正逐步拓宽。无机发泡剂在PVC、PS等低发泡异型材、片材的挤出成型工艺中具有一定的应用市场，这在欧美市场表现得尤为明显。

有机发泡剂的优点是放出的气体无毒、无臭，对多数聚合物渗透性比氧气、二氧化碳和氨都要小，更突出的是在塑料中具有较大的分散性。常用的有机化学发泡剂有十几种，主要是偶氮类、亚硝基类和磺酰肼类的化合物，其中以AC、发泡剂H、4，4'－氧代双苯磺酰肼（OBSH）的应用最为普遍。表7－7中是几种常用的优良发泡剂。

表7－7 几种优良发泡剂的性能

| 名称 | 缩写 | 化学结构式 | 在空气中的分解温度/℃ | 在塑料中的分解温度/℃ | 发气量/（mL/g） | 适用树脂 |
|---|---|---|---|---|---|---|
| 偶氮二甲酰胺 | AC或ADCA | $H_2N—CO—N{=}N—OC—NH_2$ | 195～210 | 155～210 | 220 | PVC、ABS、PE、PS |
| 偶氮二异丁腈 | AIBN | 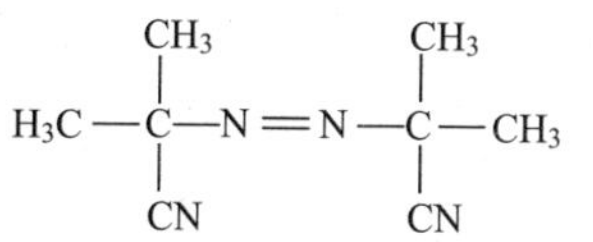 $H_3C—C(CH_3)(CN)—N{=}N—C(CH_3)(CN)—CH_3$ | 115 | 90～115 | 130 | PVC、PS、环氧树脂、酚醛树脂 |
| 4，4'－氧代双苯磺酰肼 | OBSH | $O(C_6H_4—SO_2—NHNH_2)_2$ | 157 | 127～150 | 125 | PVC、PE、PP、ABS、橡胶 |
| 苯基磺酰肼 | BSH | 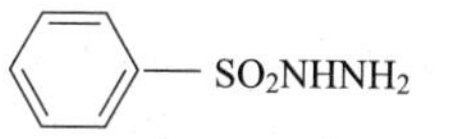 $C_6H_5—SO_2NHNH_2$ | 105 | 95～105 | 130 | PVC |
| $N$，$N'$－二甲基－$N$，$N'$－二亚硝基对苯二甲酰胺 | DNTA | 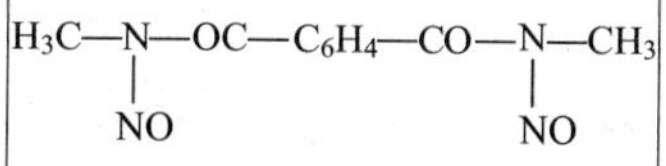 $H_3C—N(NO)—OC—C_6H_4—CO—N(NO)—CH_3$ | 105 | 88～105 | 126 | PVC、天然橡胶、合成橡胶 |
| 二亚硝基五次甲基四胺 | DPT或H或DNPT | 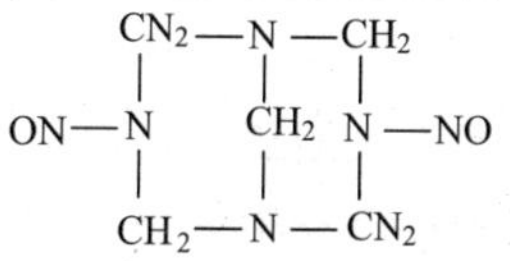 环状结构：$CN_2—N—CH_2$；$ON—N$，$CH_2$，$N—NO$；$CH_2—N—CN_2$ | 195～200 | 130～190 | 265 | PVC、EVA、交联高发泡PE、橡胶 |

（2）发泡组分间相互作用析出气体发泡

此法是利用发泡体系中的两个或多个组分之间发生化学反应，生成惰性气体（如二氧化碳或氮气）而使聚合物膨胀发泡。发泡过程中为控制聚合反应和发泡反应平衡进行，保证制品有较好的质量，尚需加入少量催化剂和泡沫稳定剂（或称表面活性剂）。工业上用这种方法生产的主要有聚氨基甲酸酯泡沫塑料，因为发泡的气体是由异氰酸酯与聚酯的羟基或水反应所析出的二氧化碳。其他如利用苯酚与甲醛缩聚所放出的水泡来制造酚醛泡沫塑料等也属于这一种。

这种发泡方法用的最多的是 PU 泡沫材料的生产。PU 泡沫材料是由含有羟基的聚醚或聚酯树脂、异氰酸酯、水以及其他助剂共同反应生产的，按生产时反应控制的步骤不同又分为一步法和二步法。一步法是把所有原料混在一起，树脂的生成、交联及发泡同时进行，泡沫材料的形成一步完成，是目前普遍采用的发泡工艺。二步法是先用聚醚树脂与多元异氰酸酯混合反应生成含有一定游离异氰酸酯的预聚体，然后再加入其他组分，进一步混合，让预聚体与水反应使其聚合成 PU，同时放出二氧化碳气体。

化学发泡剂和物理发泡剂的比较：化学发泡剂的分解产物和发气量已知，通过调节其加入量，基本可以控制泡沫塑料制品的密度。使用化学发泡剂，对加工机械无特殊要求，操作简单，发泡过程易控制，但化学发泡剂多是粉料，在应用中需解决密闭混合及输送的问题，以防止粉尘污染环境。此外，化学发泡剂副反应引起的腐蚀、制品变色、有害气体污染环境等问题较难解决。物理发泡剂分为压缩氮气和液化气体两类。压缩氮气直接通入聚合物熔体，由于设备不密封，气体在熔体中不完全溶入，致使发泡剂用量较难控制，会影响制品密度。液化气体发泡剂对制品材质无影响，发泡过程易控制。但是，加工机械需要有发泡剂贮存和加入量控制等辅助设备，以防止有毒气体溢出泄漏而污染环境。

热塑性塑料发泡制品最早使用的是化学发泡剂，但目前物理发泡剂亦有较大影响。毫无疑问，两种不同类型发泡剂均可获得满意的结果，其选择在很大程度上决定于制造工艺、设备以及环境保护等因素。

## 7.4.3 发泡成型原理

气泡的成型过程是首先将气体溶解在液态的聚合物中或聚合物加热到熔融态，同时产生气体并形成饱和溶液，然后通过成核作用形成无数的微小的泡核。所以泡沫塑料的成型与定型一般分为 3 个阶段：气泡核的形成、气泡核的增长、气泡核的稳定。然后再膨胀成为具有所要求的泡沫体结构的泡沫体，最后，通过固化定型将泡沫体的结构固定下来，得到泡沫塑料制品。这 3 个阶段的成型因素各不相同，下面将这 3 个阶段的成型机理及影响因素进行介绍。

### 7.4.3.1 气核的形成

（1）气泡核形成的过程

塑料发泡过程的初始阶段是在塑料熔体或液体中形成大量的气泡核，然后使气泡核膨胀成泡沫体。所谓气泡核就是指原始微气泡，也就是气相分子最初聚集的地方。在聚合物液相中增添了气体相，气体分布在溶液中产生泡沫。如同时加入很细的固体粒子或微小的气泡核，就出现了作为气体的第二分散相，有利于泡沫的形成。所加入的有利于泡沫形成的物质称为成核剂。若不加入成核剂就容易生成大孔泡沫。

气泡核的形成阶段对成型泡沫体的质量起着关键性的作用。若熔体中能同时出现大量均匀分布的气泡核，则将有利于得到泡孔细密而均匀的气泡体；若在熔体只加入少量的气泡核，则最终形成的泡沫体少而不均匀，泡沫体密度较大且质量也较差。所以在发泡过程中控制好气泡核的形成阶段是非常重要的。

（2）气泡核形成的条件

把化学发泡剂（或气体）加入到熔融塑料或液体混合物中，经过化学反应产生气体（或加入的气体）就会生成气-液溶液。随着生成气体的增加，溶液成为饱和状态，这时气体就会从溶液中逸出形成气泡核，这时溶液中形成气液两相。气液溶液中形成气泡核的过程称为成核作用。成核有均相成核和异相成核之分。在实际生产中常加入成核剂以有利于成核作用能在较低的气体浓度下发生。成核剂通常是微细的固体粒子或微小气孔。如果不加入成核剂就有可能形成粗孔。

7.4.3.2　气泡的增长

（1）气泡的增长过程

增加溶解气体量，升高温度，使气体膨胀和气泡合并有利于促进泡沫增长。气体从小气泡中形成气泡后，气泡内气体压力与其半径成反比，气泡越小，内部压力就越高。当两个尺寸大小不同的气泡靠近时气体从小气泡中扩散到大气泡中使气泡合并。同时，通过成核剂的作用大大增加了气泡的数量，加上气泡膨胀使气泡的孔径扩大，这样使泡沫不断胀大。所以，气泡形成后，气体受热膨胀后气泡之间的合并，促进气泡不断地增长。

（2）气泡增长的影响因素

影响液体中气体膨胀的因素很多，归纳起来可以分为两大类：一类是原材料，包括原材料的品种及用量，如发泡剂的类型、溶解度和扩散系数等；另一类是成型加工条件，包括成型工艺过程、工艺条件和设备结构参数等，如成型的温度、压力、剪切速度和模头的几何参数等这类参数对气泡的膨胀有较大的影响。在气泡膨胀过程中，聚合物表面张力和溶液的黏度是阻碍气泡增长的主要因素，这两种因素的作用程度要适当。但在整个发泡过程中，由于温度的升高，使塑料的熔融黏度降低，此时，因局部区域过热（一般称为热点），或由于消泡剂的作用，使得熔体局部区域的表面张力降低，会促使泡孔壁膜减薄，甚至造成泡沫塑料的崩塌。

要控制气泡的膨胀过程，必须了解气泡膨胀的动力和阻力及各影响因素相互之间的关系。影响气泡膨胀的因素很多，如聚合物的流变性能、发泡剂和成核剂的类型和用量、成型工艺及设备结构参数等。在气泡增长过程中，溶液的表面张力和黏度是阻碍气泡增长的重要因素。

为了得到泡孔均匀、细密、质轻的优质泡沫塑料，在发泡成型时，首先应在熔体中同时形成大量分布均匀的气泡核和过饱和气体。熔体中过饱和气体的总量与气泡核数之比决定了气泡的大小。气泡表面积之和与熔体外表面积之比值越大，过饱和溶液从熔体中扩散到气泡表面进入气泡的量就越多。这样可以减少气体从熔体外表面散失的量，提高了气体的利用率。假如气泡核的数量太少，就会使较多的气体从熔体的外表面散失到大气中，结果每个气泡核得到的气泡量可能会多一些，但是气体利用率是低的。由此得到的泡沫体泡孔大、数量大、质量大，经济效益差。因此，要制得优质泡沫体，必须使大量气泡核和过饱和气体同时存在于熔体之中。

7.4.3.3　气泡的稳定

气液相共存的体系多数是不稳定的。在泡沫形成过程中，由于气泡的不断生成和膨胀，形成了无数的气泡，使得泡沫体系的体积和表面积增大，气泡壁厚度变薄，致使泡沫体系不稳定。已经形成的气泡可以继续膨胀，或者气泡之间合并，或者出现气泡塌陷、破裂，这些现象的发生主要取决于气泡所处的条件。在发泡成型过程中，要控制气孔的增大，使气孔稳定，可以采取下列措施：

（1）用适当的聚合物、发泡剂和其他配合剂。

（2）通过控制工艺过程的温度和各温度范围的时间来控制物料的表面张力、黏度和弹性模量。当气孔增大到一定程度，及时冷却使发泡物料的黏度和弹性模数高一些，流动性差一些，气孔就难以运动，难以合并而被稳定下来。

(3) 对于橡胶和热固性塑料可以控制交联速度。当物料中气孔增大到一定程度，及时使交联度达到足够高，从而大大提高黏度，降低流动性，使气孔稳定下来。

(4) 对于有些热塑性塑料，适当加入一些表面活性剂（如：硅油），降低树脂与气孔界面张力，也有利于稳定气孔。

## 7.4.4 聚氨酯泡沫塑料

### 7.4.4.1 概述

聚氨酯泡沫塑料是将含有羟基（醇基）的聚酯或聚醚树脂与异氰酸酯反应为主要反应生成聚氨酯主体，水与异氰酸酯反应生成二氧化碳发泡，或加入低沸点氯氟烃、戊烷等为发泡剂制成泡沫塑料。

聚氨酯泡沫塑料按其生产原料不同可分为聚醚型和聚酯型；按制品的性能不同又可分为软质、半硬质和硬质泡沫塑料；按生产方法还可分为一步法和二步法（包括预聚法和半预聚法）。二步法是早期使用的生产方法，其中预聚法目前使用较少，广泛使用的是一步法和半预聚法。

### 7.4.4.2 原料

生产聚氨酯泡沫塑料所用原料品种较多，主要有以下几类：

(1) 二异氰酸酯类

二异氰酸酯类化合物是生产聚氨酯泡沫塑料主要原料之一，其用量约占聚氨酯泡沫塑料总质量的28% ~50%，生产过程中与聚酯或聚醚的羟基反应生成氨基甲酸酯链段，起到链增长与交联作用；与水反应放出二氧化碳，起到发泡作用。

一般多选用甲苯二异氰酸酯。由于化学结构不同，甲苯二异氰酸酯分为两种同分异构体。通常使用的甲苯二异氰酸酯为2，4 - 及2，6 - 两种异构体的混合物。两种异构体的比例叫做异构比，在表示中常将2，4 - 异构体的比例写在前面（或上面），2，6 - 异构体的比例写在后面（或下面），如80:20或80/20，由于两种异构体所具有的化学活性不同，因此异构比是选择发泡原料的一个重要因素。常用的甲苯二异氰酸酯，其异构比为80/20或65/35两种规格。异构比越高，则发气与凝固反应进行越快，泡沫体趋向于闭孔结构。异构比越低，泡沫体趋向于开孔结构。由于甲苯二异氰酸酯在室温下为液体，蒸汽压较大，味重，对操作者生理有不良影响，对皮肤有刺激作用，应加以注意。

(2) 聚酯或聚醚树脂

聚酯通常都是分子末端具有醇基的树脂。它由二元羟酸（己二酸、癸二酸、苯二甲酸等）和多元醇（乙二醇、丙二醇、丁二醇、丙三醇、己三醇、季戊四醇等）缩聚而成。二元酸与二元醇缩聚为线型聚酯，二元酸与三元以上的醇缩聚为支化聚酯。制造软质泡沫塑料选用线性或略带支化结构的聚酯。相对分子质量约为2000 ~4000，羟值（表示每克多元醇样品中所含羟基量）为50 ~60mgKOH/g。制造硬质泡沫塑料选用支化结构的聚酯，相对分子质量约为1000 ~3000，羟值为300 ~600mgKOH/g。

聚醚是分子端基或侧基含羟基的树脂，它主要由氧化烯烃（环氧乙烷、环氧丙烷等）和多元醇（乙二醇、丙二醇、丙三醇、己三醇、季戊四醇、山梨糖醇）聚合而成。氧化烯烃与二元醇反应生成线型聚醚，氧化烯烃与三元以上的醇反应生成支化聚醚。制造软质泡沫塑料选用线型支链少的聚醚，羟基数2 ~3，相对分子质量为2000 ~4000，羟值为40 ~60mgKOH/g。

制造硬质泡沫塑料选用支化聚醚，羟基数在3~8之间，相对分子质量为1000~3000，羟值为300~600mgKOH/g。

软质泡沫塑料大多以聚醚为原料，其制品弹性大，成本低。用作过滤介质和绝缘材料用聚酯为宜。制作硬质泡沫塑料选用聚醚树脂仍可收到成本低的效果。制造耐热性较高和高温下稳定性较好的硬质泡沫塑料制品，则以选用聚酯为好。

（3）催化剂

添加催化剂的目的是为加速聚氨酯的形成和原料混合物的发泡，在短时间内生成低密度泡沫塑料。重要的催化剂是叔胺类化合物和有机锡化合物两类。常用的叔胺类化合物有三乙胺、三乙撑二胺、*N*-甲基吗啉、*N*，*N'*-二甲基苯胺、三乙醇胺、二乙基乙醇胺等。常用的有机锡化合物有二月桂酸二丁基锡、辛酸亚锡等。这两类化合物都有加速异氰酸酯与水反应生成二氧化碳并加速异氰酸酯与醇基反应使链增长速度加快的催化作用。叔胺类化合物主要是使异氰酸酯与水反应生成二氧化碳的反应加快，而有机锡化合物主要是使异氰酸酯与醇基反应加快链增长速度。因此，一般在发泡中都是两种催化剂混合使用。

（4）发泡剂

作为聚氨酯泡沫塑料的发泡剂，是由水与异氰酸酯作用所生成的二氧化碳。在聚酯型聚氨酯泡沫塑料中，还有少部分二氧化碳是由水与聚酯的羟基反应生成的。用二氧化碳作发泡剂有一定的缺点，如水与异氰酸酯作用能使聚合物带有聚脲结构，使泡沫塑料变脆，另外，产生二氧化碳的反应会放出大量反应热，同时还有聚氨酯的生成热放出，结果会使许多气泡因温度升高增加内压而发生破裂，甚至出现中心层烧伤的现象。再有用二氧化碳发泡剂会过多地消耗成本较高的异氰酸酯，生产低密度泡沫制品时，此缺点尤为突出。因此，工业生产常改用或部分改用低沸点的氯氟烃为发泡剂，如三氯氟甲烷（即氟利昂）、二氯二氟甲烷等。在聚合物形成过程中吸收热量变为气体，而使聚合物发泡。由于氯氟烃发泡剂对大气臭氧层有破坏作用，可用二氰甲烷作为辅助发泡剂部分取代。全部改用新的发泡剂如戊烷，则需对现有装置进行改造。

（5）表面活性剂

表面活性剂又称泡沫稳定剂，其作用是降低发泡液体的表面张力。表面活性剂分子中含亲水基团和疏水基团，使水能够与聚酯或聚醚及异氰酸酯均匀混合，反应物充分接触，各种反应也能较平衡地进行。因体系的表面张力小，气体分散所需要的自由能也小，体系的自由能小，泡沫的稳定性高。所以表面活性剂的加入可使成泡容易，又能使泡孔细密均匀。其用量一般为0.5%~5%。常用的表面活性剂有由聚氧烯烃与聚硅氧烷共聚而成的水溶性硅油、磺化脂肪醇、磺化脂肪酸以及其他非离子型表面活性剂等。

（6）其他助剂

为了提高聚氨酯泡沫塑料的产品质量，常需要加入一些辅助原料。如为了提高阻燃性而加入含卤含磷的有机衍生物［如三（氧乙基）磷酸酯］；为了提高制品的耐温性及抗氧性而加入抗氧剂264酚（2，6-二特丁基对甲酚）；为了提高柔软性而加入增塑剂；为了降低收缩率而加入粉状无机填料；为了增加美观色泽而加入各种颜料等。

7.4.4.3　聚氨酯泡沫塑料形成的化学机理

形成聚氨酯泡沫塑料自始至终都伴有比较复杂的化学反应，通过异氰酸酯与聚酯或聚醚反应生成聚氨酯，异氰酸酯与水反应放出二氧化碳，并生成脲素衍生物，脲基上的活泼氢与异氰酸酯反应使分子交联，形成网状结构，链增长反应及交联反应使物料逐渐由液体凝固为固体，放气反应使物料形成泡沫塑料。其基本的化学反应可归为6种，这6种反应经常是同时发生的，现分述如下：

（1）醇基（聚酯或聚醚带有醇基）与异氰酸酯之间的链增长反应。

（2）异氰酸酯与水作用放出二氧化碳的反应。

（3）胺基与异氰酸酯作用形成脲的衍生物反应。

（4）氨基甲酸酯基中氮原子上的氢与异氰酸酯支化、交联形成脲基甲酸酯的反应。

（5）缩二脲的形成反应。

（6）羟基与异氰酸酯的反应。

上述6种反应，在制造泡沫塑料时，同时起到聚合与发泡两种作用，这两种作用应平衡进行，如果聚合作用快，发泡时聚合物的黏度太大，不易获得泡孔均匀和密度低的泡沫塑料，如果聚合作用慢，发泡快，则气泡会大量消失，亦难获得低密度的泡沫体。生产上控制的方法主要有两种，一种是选用适当品种和浓度的催化剂，主要选用叔胺类化合物控制发泡反应，选用有机锡控制聚合反应；另一种是错开反应次序，采用二步法生产。

7.4.4.4　生产方法

软质聚氨酯泡沫塑料是指具有一定弹性的一类柔软性聚氨酯泡沫塑料，它是用量最大的一种聚氨酯产品。聚氨酯软泡的泡孔结构多为开孔的。一般具有密度低、弹性回复好、吸音、透气、保温等性能，主要用作家具垫材、交通工具座椅垫材、各种软性衬垫层压复合材料，工业和民用上也把软泡用作过滤材料、隔音材料、防震材料、装饰材料、包装材料及隔热保温材料等。软质聚氨酯泡沫塑料的生产方法可分为一步法和二步法两种，二步法又分为预聚法和半预聚法两种。

（1）发泡工艺

① 一步法工艺　一步法发泡工艺是目前普遍采用的制造工艺。按配方将聚醚或聚酯、二异氰酸酯、水、催化剂、表面活性剂等经计量泵送至附有高速搅拌器的发泡机混合器内，经过高速搅拌的混合物从混合器底部不断流出，混合器不断往复移动，使其流到衬有纸张的连续运转的传送带上，混合物在传送带上开始发泡，经过由红外灯照射的烘道发泡完全后，剥去纸张，在室温或在70～100℃下进行熟化，最后经裁切即得成品，如果要求生产开孔型的泡沫塑料，泡沫体还需进行辊压，目的是选用适当的压力将泡沫的气孔压破，再进行熟化。一步法的优点是原料组分黏度小，输送与处理方便，反应放热集中，生产周期较短，生产设备较少，工艺简单。缺点是生产不易控制，生产过程中有毒的异氰酸酯气体逸出。一步法生产软质聚氨酯泡沫塑料的工艺流程如图7－37所示。

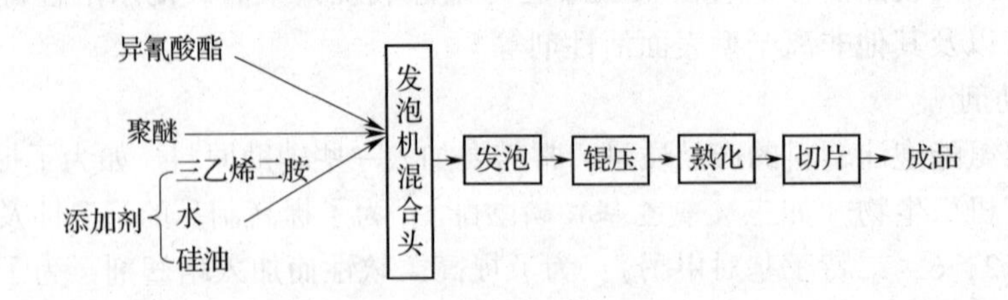


图7－37　一步法（间歇操作）的发泡工艺流程

② 预聚法工艺　预聚法是将泡沫塑料的制造分两步进行，首先将聚酯或聚醚与异氰酸酯送入具有搅拌器的反应釜中加热搅拌，二者反应制成含有游离异氰酸酯基的低分子预聚体，把预聚体送至贮槽，再经计量泵送至发泡机混合器中，同时其他组分经计量泵也送至混合器中，经高速搅拌的混合物由混合器底部排出，使其发泡成为制品的过程与一步法

相同。

③ 半预聚法工艺　半预聚法也是将泡沫塑料的制造分两步进行。先是将部分聚酯或聚醚与配方中全部的异氰酸酯反应，生成一定黏度的低分子预聚体，之后用计量泵送入混合器中，同时将配方中余下的聚酯或聚醚、水、催化剂、表面活性剂等经计量泵送入混合器中，经高速搅拌的混合物由混合器底部排出，其后的发泡过程与一步法、预聚法相同。半预聚法发泡工艺多用于半硬质发泡制品的生产，软质泡沫塑料采用较少，此法能较好地调节物料黏度和泡沫凝胶强度，兼取一步法和预聚法两者之长。

（2）配方及原材料规格举例（见表7－8）

**表7－8　聚醚型软质聚氨酯泡沫塑料配方**

| 组分 | 规格 | 配比/% | 泡沫性能 |
|---|---|---|---|
| 聚醚树脂 | 羟值54～57<br>酸值0.06 | 100 | 密度≤0.03～0.039g/cm³<br>拉伸强度≥0.1MPa<br>伸长率≥200%<br>压缩强度25%≥0.003MPa<br>回弹率≥35%<br>热导率≤0.041W/（m·K）<br>压缩变形≤10%<br>成穴强度60%≥300N |
| 甲苯二异氰酸酯 | 水分≤0.1%<br>纯度98%<br>异构比65/35或80/20 | 35～40 | |
| 三乙烯二胺 | 纯度98% | 0.15～0.20 | |
| 水溶性硅油 | 密度（20℃，g/cm³）1.03 | 1 | |
| 二月桂酸二丁基锡 | 含锡量17%～19% | 0.05～0.1 | |
| 蒸馏水 | | 2.5～3.0 | |

（3）生产工艺

① 发泡前的准备　二步法按预聚体配方，制成含游离异氰酸基9.6%左右的预聚体；开动空气压缩机，给聚酯或聚醚树脂或预聚体0.1～0.2MPa的压力。

② 发泡　按配方要求，测定各组分流量，待流量测准后，准备记录各计量泵在操作台上所指示的数值，各组分按其流量回流约10min；在传送带上铺纸；装好混合器并调整往复次数为每分钟14～18次；开动搅拌器，转数调为4000～6000r/min，同时混合器开始往复动作；开启各组分阀门，使各组分同时流入混合器；开动传送带，在发泡过程中，应根据发泡情况随时调整传送带速度；泡沫塑料出烘道后，按规定长度切断。

③ 辊压　调整前、中、后三台辊压机的两辊间距，维持前辊大于中辊，中辊大于后辊，后辊的辊间距不大于泡沫塑料厚度的25%，经辊压后的泡沫塑料立即送入烘房。

④ 熟化　泡沫塑料在90～110℃烘房中熟化数小时。

⑤ 切片　经切片机按需要切成一定厚度的片材。

（4）生产控制因素

影响软质聚氨酯泡沫塑料制品质量的主要工艺因素如下：

① 原料用量比　生产聚氨酯泡沫塑料的主要原料是聚酯或聚醚树脂、异氰酸酯和水，三者之间应满足以下关系：

水的当量数＋聚酯或聚醚的当量数＝异氰酸酯的当量数。但在实际操作中由于副反应的存在，要消耗一部分异氰酸酯，故异氰酸酯的用量最好在理论值的1.0～1.05倍之间，过多会使泡沫成粗孔结构并使泡沫硬脆，过少时，在链增长及交联反应中，没有反应的活性点多，使泡沫制品易发生老化。因此，应严格控制各种原料的用量及比例。

② 外发泡剂　添加外发泡剂不仅可以降低泡沫制品的密度、提高制品的柔软度，还可在气化时移去反应热，在生产大型块状泡沫制品发泡中防止中心焦化。通常选用毒性低、不易燃烧、低沸点液体，如一氟三氯甲烷、二氯甲烷等，一般用量为5% ~15% 。随着外发泡剂用量增多，发泡时泡沫稳定性有所降低。

③ 催化剂　一步法工艺较预聚法需要活性更高的催化剂，通常均采用有机锡和叔胺类的复合催化体系。有机锡类催化剂过去一般采用二月桂酸二丁基锡，但该化合物易引起热氧老化，使醚键在加热情况下加速裂解而使高聚物分子降解，故目前大都采用亚锡化合物，如辛酸亚锡等，所得制品的压缩负荷值较大。有机锡催化剂有利于醇基与异氰酸酯的反应，而叔胺类催化剂有利于异氰酸酯与水的反应，因而控制不同锡、胺催化剂配比可以控制链增长和发泡反应。在制品密度一定的情况下，合理地选择催化剂配比，可控制泡沫的开孔率和孔径大小。

④ 搅拌速度和时间　物料在混合器中的搅拌速度和时间对泡沫制品的泡孔结构及制品质量有较大影响。搅拌速度和时间反映混合时加入能量的大小，当搅拌速度慢和时间短，加入能量低时，会形成粗孔。当搅拌速度过快和时间过长，加入能量过高时，泡孔又会开裂。故泡沫制品的气孔大小有一定要求时，搅拌速度和时间应具有一固定的范围。这一范围应通过实验来确定。

⑤ 温度　聚氨酯泡沫塑料的生成反应，对温度十分敏感，物料及发泡温度的变化，都会影响发泡工艺操作及制品的性能，因此严格控制温度是发泡工艺稳定的重要条件之一，物料的温度一般控制在20 ~25℃。

⑥ 熟化　聚氨酯泡沫塑料的最后熟化是指随着聚合物相对分子质量的增加和剩余异氰酸酯的消失而达到最终力学性能的过程。高温熟化有良好的效果，可提高胺类化合物与异氰酸酯的反应速度，从而加速异氰酸酯的消失及多余催化剂的挥发。熟化温度一般控制在45 ~60℃，在烘房中熟化数小时。

硬质聚氨酯泡沫塑料的生产方法与软质泡沫塑料相同，按聚合物生成过程可分为一步法和两步法。生产工艺通常有注入发泡、喷涂发泡、沫状发泡和复合板材连续成型法等。

### 7.4.5　聚苯乙烯泡沫塑料生产工艺

#### 7.4.5.1　概述

聚苯乙烯泡沫塑料是泡沫塑料的主要产品之一，使用范围广，用量大。可发性聚苯乙烯泡沫塑料是用悬浮聚合的聚苯乙烯珠粒为起始原料，将其在加温、加压条件下使低沸点的液体渗透到珠粒中制成可发性珠粒，然后再经过一系列加工，并利用模具制成各种形状的泡沫塑料制品。这种泡沫塑料具有闭孔结构，吸水性小、吸音、保温、介电性优良。不同密度的此类泡沫制品可有不同用途。例如密度0.015 ~0.02g/cm$^3$的用作包装材料，0.02 ~0.05g/cm$^3$的用作防水、隔热材料；0.03 ~0.1g/cm$^3$的主要用作漂浮材料，如救生衣及鱼漂。

#### 7.4.5.2　原料及典型配方

典型配方如表7 -9 所示。

表7 -9　聚苯乙烯泡沫塑料典型配方

| 原材料名称 | 配比（质量份） | 原材料名称 | 配比（质量份） |
|---|---|---|---|
| 聚苯乙烯珠粒（相对分子质量55000） | 100 | 过氧化二异丙苯 | 0.8 |
| 丁烷 | 10 | 2，6 -丁基对甲酚 | 0.3 |
| 水 | 160 | 二苯甲酮 | 0.2 |
| 肥皂粉 | 5 | 四溴乙烷 | 1.5 |

7.4.5.3　生产方法（见图7－38）

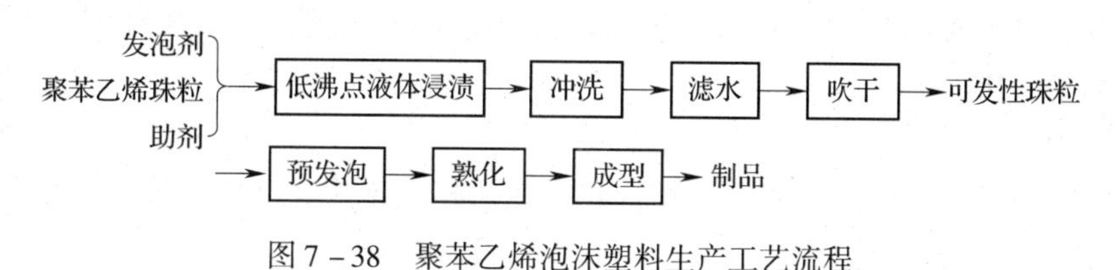


图7－38　聚苯乙烯泡沫塑料生产工艺流程

制取聚苯乙烯泡沫塑料的第一步是可发性聚苯乙烯珠粒的制造。它是在加温加压条件下，使低沸点液体发泡剂渗透到珠粒中去，使珠粒溶胀而制成。具体操作过程如下：按配比把水、液体发泡剂（丁烷、石油醚、戊烷）、分散剂分别放入热压釜，在不断搅拌下把筛选好的聚苯乙烯珠粒通过旋风加料器定量加入热压釜，热压釜夹套通入蒸汽，使釜内温度维持在80～90℃，釜内压力约为0.88MPa，经5h浸渍后降温到40℃以下，放料至活动洗料车，冲洗后送入冷却房滤水贮存一天，再送入吹干机干燥、装袋，并存放半月左右。

浸渍过程严格控制温度，并要不停地搅拌以防止结块。

第二步操作是预发泡。使可发性聚苯乙烯珠粒连续而均匀地通过螺旋进料器进入料筒内。珠粒软化并膨胀，在搅拌器作用下，轻的上浮，重的下沉。珠粒膨胀除因发泡剂的汽化外，还由于蒸汽不断渗透到膨胀的珠粒中，也使膨胀的粒子中总压力不断增加，而体积更加增大。预发泡过程必须严格控制加热温度与加热时间，要使可发泡珠粒软化呈橡胶态但不要熔化，使珠粒有足够的强度以与内部总压平衡，借以避免预发泡粒子的破裂。预发泡过程是在预发泡机内完成，该机采用蒸汽加热，温度控制在80～100℃之间，如图7－39所示，可发性珠粒自加料口5送入，经螺旋进料器进入预发泡机桶1，珠粒受来自鼓风机7和进风口8的热蒸汽烘吹，同时受到搅拌器3的搅动而逐渐发泡上浮，达到预定发泡倍数后，自出料口2送出机桶，物料在机桶内一般停留2～4min，发泡约20倍。

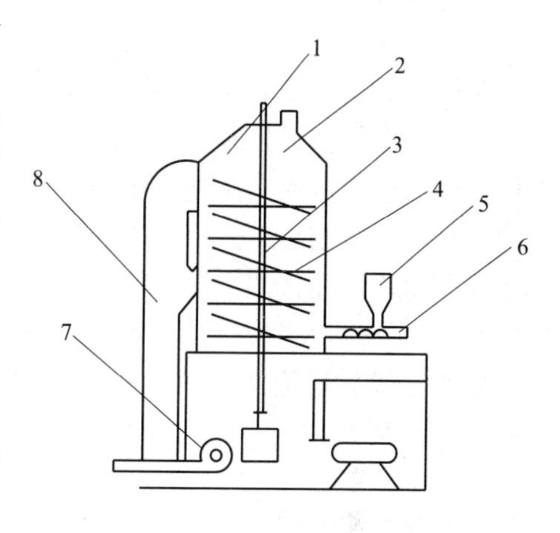


图7－39　预发泡机结构示意图

1—机桶　2—出料口　3—旋转搅拌器
4—固定搅拌器　5—加料口　6—螺旋进口
7—鼓风机　8—进风口

一般工艺条件：

| | | | |
|---|---|---|---|
| 螺旋进料量 | 50～70kg/h | 筒体温度 | 90℃ |
| 压缩空气压力 | 0.0196MPa | 出料口高度 | 400～800mm |
| 加热蒸汽 | 0.039MPa | 搅拌速度 | 96r/min |

预发泡后要进行熟化，熟化的目的是使空气逐步渗入泡孔，令泡孔内外压力达到平衡，也有使冷凝的发泡剂再渗透到粒子中去的作用，进而为热压成型创造条件。熟化一般是在22～26℃室温下存放8～10h左右，时间根据容重要求、珠粒形状、空气条件等而定。

常用的成型方法是蒸汽加热模压法。将熟化的预发泡珠粒装进具有特定型腔的模具中，模具底部、顶部、侧面都设有蒸汽通道，以便通入蒸汽加热、预发泡珠粒受热软化。由于泡内气体膨胀，物理发泡剂挥发，蒸汽再次充满泡孔，珠粒进一步发泡膨大，并相互黏结成整块，形成与模具状态相同的泡沫塑料制品。模具通常先通入压力约为0.05～0.1MPa蒸汽，预热半分钟，加料后用压力约为0.1～0.2MPa的蒸汽加热10～50min，然后冷却后脱模。脱模后的制品应在50℃下干燥24h。

7.4.5.4　主要生产设备

普通热压成型机，规格根据制品大小形状选用。预发泡机为非定型产品。模具系用铝合金制造，设有加热冷却通道，适用于加热冷却的周期性变化。

直接通蒸汽的模压发泡法的优点是塑化时间短，冷却定型快，制件内珠粒熔接良好，质量稳定，生产效率提高，能实现机械化及自动化生产。

## 7.4.6　聚氯乙烯泡沫塑料

7.4.6.1　概述

聚氯乙烯泡沫塑料按其配方和成型方法不同可制成为软质和硬质两种。软质泡沫塑料在配制时加入较多的增塑剂，成型后具有一定的柔软性。在聚氯乙烯树脂中加入发泡剂、增塑剂、稳定剂以及其他助剂后，先塑炼成片或挤出成粒，而后再定量地加入模具中，并在加压下进行加热。由于PVC本身不能溶解惰性气体，因而发泡剂是溶解在增塑剂或溶剂中的。当树脂受热呈黏流态时，发泡剂即分解而产生气体，并能均匀微细地分散在熔融树脂中。最后，经冷却定型，开模即可获得具有微细泡孔的泡沫塑料。由于增塑剂的存在，泡沫体具有一定程度的柔软性；硬质聚氯乙烯泡沫塑料在配制时加入溶剂将树脂溶解，成型过程中溶剂受热挥发而成为质地坚硬的泡沫制品。无论软质或硬质泡沫体，事后均需经过适当的热处理，以使泡孔进一步膨胀而获得均匀孔径的泡沫塑料。

7.4.6.2　原材料及配方

聚氯乙烯软质泡沫塑料是采用化学发泡法，使树脂在熔融状态下充以一定量气体后迅速冷却，然后在常压下进行二次发泡制得的。聚氯乙烯软质泡沫塑料是一种发泡倍数高的闭孔型泡沫体，具有良好的隔音、防震、回弹性能，而且原料来源丰富，价格低廉。聚氯乙烯软质泡沫塑料块材主要用模压法成型，此种泡沫塑料广泛应用于工业、建筑业、人民生活各个领域。

因生产要求的不同，采用的原料和配方可以是不同的。表7－10列出了软质和硬质PVC泡沫塑料的配方，说明如下。

表7－10　**软质、硬质聚氯乙烯泡沫塑料配方**　单位：质量份

| 软质PVC泡沫配方 | | | 硬质PVC泡沫配方 | |
|---|---|---|---|---|
| 原料 | 面层 | 里层 | 原料 | 配比 |
| 聚氯乙烯树脂 | 100 | 100 | 聚氯乙烯树脂 | 100 |
| 邻苯二甲酸二辛酯 | 25 | 20 | 碳酸氢钠（发泡剂） | 1.2～1.3 |
| 邻苯二甲酸二丁酯 | 30 | 35 | 碳酸氢铵（发泡剂） | 12～13 |
| 石油酯 | | 20 | 亚硝酸丁酯（发泡剂） | 11～13 |
| 偶氮二甲酰胺 | 5.5 | 5.8 | 硬脂酸钡（稳定剂） | 2～3 |
| 三碱式硫酸铅 | 3 | 3 | 磷酸三苯酯（增塑剂） | 6～7 |
| 硬脂酸 | 0.8 | 0.8 | 尿素 | 0.9～0.92 |
| 颜料 | 适量 | 适量 | 三氧化二锑（阻燃剂） | 0.8～0.82 |
| | | | 二氯乙烷（溶剂） | 50～60 |

（1）树脂

制取泡沫塑料宜选用呈糊性的乳液树脂，因其粒度细容易成糊，而且带有表面活性剂，对成泡有利。为了改变流变性能或节省成本等原因，也有在采用乳液树脂的同时配入少量悬浮树脂的。聚氯乙烯软质泡沫配方中聚氯乙烯最好选用SG－2、SG－3型树脂，其黏度大，所得泡沫制品弹性好、泡沫结构细腻。

（2）增塑剂

为制取具有挠曲性和伸缩性的软质聚氯乙烯泡沫，需要添加大量的增塑剂。但使用成糊树脂又要求所成的糊具有较高的黏度以利于发泡剂的发泡效果，故一般以相容性较好的邻苯二甲酸二丁酯和相容性较小的邻苯二甲酸二辛酯或邻苯二甲酸二异辛酯混合使用，可使物料具有良好的加工性能。增塑剂对树脂的溶剂化能力太强，升温时糊塑料黏度急剧增加，能使糊的胶凝温度（即糊失去流动性的温度）降低，对成泡不利。胶凝温度虽然是树脂的剪切黏度和相对分子质量的函数，但与所用增塑剂也有关系。一般用的糊塑料的胶凝温度最好在120℃以上，而且应有一个较大范围，以便发泡在较大的温度范围内完成。制造硬质聚氯乙烯泡沫塑料，不加增塑剂，而是加入溶剂（丙酮、烃类或氯化烃类）以改进操作，并利用其热挥发而有助于发泡。

（3）发泡剂

发泡剂的分解温度一般不能高于糊塑料的凝胶温度，否则就不能生产密度较小的泡沫塑料。对分解温度较高的发泡剂，常可用添加铅盐等稳定剂或增塑剂的办法来降低其分解温度，借以防止树脂降解而有利于制取微孔泡沫。发泡剂偶氮二甲酰胺（AC），它有发气量大，无毒无臭，不留残渣等优点。

（4）稳定剂

这是为了防止聚氯乙烯的热分解而加入的一种助剂，但需要说明的是，加入的稳定剂往往同时对发泡剂的分解能起催化作用，而且还能适当调整树脂的溶剂化速率和糊塑料的表面张力。三碱式硫酸铅为稳定剂，同时为发泡剂的活化剂，可降低发泡剂的分解温度，使其与聚氯乙烯树脂的熔融温度接近，便于泡孔的形成。

（5）其他组分

根据制品性能的需要还可加入润滑剂、填料、颜料等其他组分。硬脂酸、硬脂酸钡为润滑剂。

#### 7.4.6.3　生产方法

硬质聚氯乙烯泡沫塑料主要采用压制成型。首先按配方称取树脂、发泡剂、稳定剂、阻燃剂等固体组分在球磨机内研磨3～12h，再加入增塑剂、稀释剂搅拌均匀。然后装入模具内，将模具置于液压机上进行加压加热塑化成型。由模内取出泡沫物应在沸水或60～80℃的烘房内继续发泡。最后，泡沫物还需经热处理（65±5）℃烘房内48h，才能定型成为制品。

软质聚氯乙烯泡沫塑料可采用模压法、挤出法、注射法等进行成型。下面主要介绍模压法成型软质聚氯乙烯泡沫塑料的工艺。

（1）生产工艺流程

聚氯乙烯软质泡沫塑料生产工艺流程如图7－40所示。

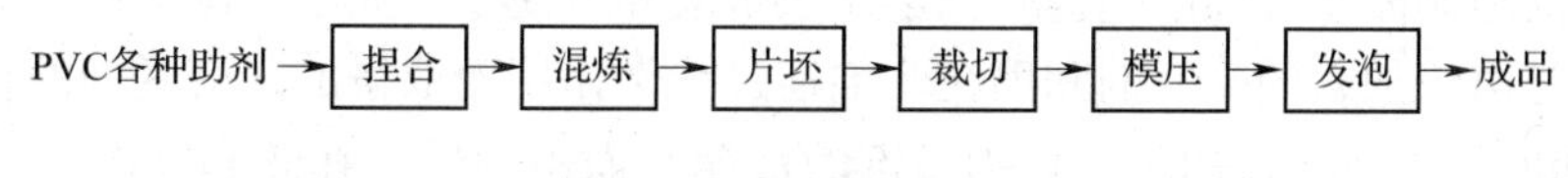


图7－40　聚氯乙烯软质泡沫塑料生产工艺流程图

（2）生产工艺

① 捏合　首先按配比称量各种原料、辅料，然后把聚氯乙烯树脂及粉状辅料加入高速捏合机内，开车后立即把增塑剂喷淋于捏合机之内。在90℃左右捏合10min后出料，捏合的混合料应当是松软有弹性，不结块，不存在离析的增塑料。

② 混炼　把合格的捏合料称重后加入开放式炼塑机内进行混炼，保持前辊温度120℃及后辊温度110℃下混炼5min，混炼的目的是使各组分充分均化，以利于制成质量均匀的片坯。混炼时不允许发泡剂分解，因此在混炼过程中应始终保持最低成片温度。

③ 拉片和裁切　混炼后拉片并辊成厚度为1.5或2.5mm的片坯，迅速冷却以防止黏连，随后按模具尺寸裁切成大小适当的小片坯，准确称重后层叠放入模腔内。

④ 模压　用约0.7～0.8MPa蒸汽加热模具8～12min后，迅速通入冷水冷却至50℃以下开模出片。

⑤ 发泡　把所得片材，立刻放入蒸汽加热的烘箱进行热处理发泡，加热蒸汽约为0.2～0.3MPa，热处理15min后开箱冷却再出片，即可得到发泡倍率2.5～3.0的软质泡沫块。对所得的泡沫块在常压下放置7天，待尺寸稳定后可进行再加工，如在压力机下冲裁成拖鞋底片，也可切割成不同厚度的聚氯乙烯薄片，并可进一步与其他材料复合。

（3）主要生产设备

捏合机：一般用200L的高速捏合机。

混炼机：常选用KS－550型及KS－400型两种。

## 7.4.7　聚乙烯泡沫塑料

### 7.4.7.1　概述

聚乙烯泡沫塑料具有密度低、耐低温及抗化学性能优良等优点，并具有一定的力学强度，可用作日用品、精密仪器的包装材料，保温材料和水上漂浮材料等。高发泡聚乙烯钙塑材料广泛用于建筑装饰，近年来聚乙烯泡沫塑料的用途日渐扩大，发展速度较快。

### 7.4.7.2　聚乙烯发泡的特点

与前述的PS、PVC等无定形塑料相比，聚乙烯泡沫塑料发泡工艺控制比较困难，其原因是聚乙烯树脂结晶度高，这一结构特性决定了其适宜的发泡温度范围很窄，发泡只能在结晶熔点附近进行。在结晶熔融温度以下聚乙烯几乎不流动；而在熔融温度以上其熔融黏度急剧下降，发泡过程中产生的气体很难包住。此外，聚乙烯树脂从熔融状态转至晶态时要释放出大量的结晶热，而熔融聚乙烯的比热比较大，因此从熔融态冷却到固态时间较长，加上聚乙烯树脂的透气率较高，这些都使聚乙烯树脂中形成泡孔的气体易于逃逸，适于发泡的温度范围较窄。为了克服这些缺点，改进的途径是提高树脂熔体强度，调节聚乙烯熔体的粘弹性，使之达到发泡所需的条件。可采用的方法有：使聚乙烯分子交联产生部分网络结构，或通过接枝、共混以及填充等使其改性，从而提高树脂的熔体黏度和使黏度随温度的升高而缓慢降低，适应发泡过程的要求。

### 7.4.7.3　聚乙烯的交联

聚乙烯交联有辐射交联和化学交联两种方法。辐射交联由于设备投资大，主要用于制造收缩薄膜、薄的发泡制品和细颈电缆等。化学交联价廉和方便，工业上广泛采用。聚乙烯分子的化学交联通常是由于加入的交联剂和助交联剂通过化学作用而取得的。交联剂的化学结构式为ROOH或ROOR′。由于分子中的—O—O—键的键能小而不稳定，在热和光的作用下容易分解生成自由基，从而引发交联反应。

**表7-11　　常用化学交联剂**

| 名称 | 结构式 | 分解温度/℃ | |
|---|---|---|---|
| | | 半衰期1min | 半衰期10h |
| 过氧化二异丙苯（DCP） | $C_6H_5-C(CH_3)_2-O-O-C(CH_3)_2-C_6H_5$ | 171 | 117 |
| 过氧化二特丁烷 | $(CH_3)_3C-O-O-C(CH_3)_3$ | 193 | 126 |
| 2，5-二甲基-2，5-二特丁基过氧化己烷（DMDBH） | $CH_3-C(CH_3)(CH_3-O-C(CH_3)_3)-CH_2-CH_2-C(CH_3)(CH_3-O-C(CH_3)_3)-CH_3$ | 179 | 118 |
| 过氧化苯甲酰 | $C_6H_5-C(=O)-O-O-C(=O)-C_6H_5$ | 133 | |
| 特丁基过氧化氢 | $(CH_3)_3COOH$ | >200 | |
| 异丙基过氧化氢 | $(CH_3)_2C(C_6H_5)O-OH$ | >200 | |
| 1，3-二特丁基过氧化异丙基苯 | $CH_3-C(CH_3)_2-O-O-C(CH_3)_2-C_6H_4-C(CH_3)_2-O-O-C(CH_3)_2-CH_3$ | 182 | |

常用的交联剂见表7-11所示。其中半衰期的定义是：当交联剂在一定温度下加热分解时，其浓度降至原来的一半所需的时间称为半衰期，由此可知所在温度下的分解速率。通常都以半衰期的12倍的加热时间作为分解近于完全的时间。

助交联剂是为防止聚合物自由基的断裂、提高交联效果、改善交联聚合物的物理性能和操作性能而加入的一类物质。助交联剂是多官能团的物质，常用的助交联剂见表7-12所示。

表 7-12　　各种助交联剂

| 名称 | 分类 | 结构式 | 熔点或沸点 |
| --- | --- | --- | --- |
| 对醌二肟 | 醌类 | $HO-N=C_6H_4=N-OH$ | 熔点 215℃以上 |
| 对，对′-二苯甲酰苯醌二肟 | 醌类 | $C_6H_5-C(=O)-O-N=C_6H_4=N-O-C(=O)-C_6H_5$ | 熔点 200℃以上 |
| 甲基丙烯酸甲酯 | 甲基丙烯酸酯类 | $CH_2=C(CH_3)-C(=O)-OCH_3$ | 熔点 -48℃ |
| 甲基丙烯酸乙二醇酯 | 甲基丙烯酸酯类 | $CH_2=C(CH_3)-C^*(=O)\!\left[OCH_2-CH_2-O\right]\!C(=O)-C(CH_3)=CH_2$ | 沸点 97℃ 533Pa |
| 二甲基丙烯酸三乙二醇酯 | 甲基丙烯酸酯类 | $CH_2=C(CH_3)-C^*(=O)\!\left[OCH_2CH_2\right]_3\!O-C(=O)-C(CH_3)=CH_2$ | 沸点 162℃ 167Pa |
| 邻苯二甲酸二丙烯酯 | 丙烯基类 | $C_6H_4(-C(=O)-O-CH_2CH=CH_2)_2$ | 沸点 305℃ |
| 二烯丙基氰脲酸酯 | 丙烯基类 | $CH_2=CHCH_2O-C_3N_3(-OCH_2CH=CH_2)-OCH_2CH=CH_2$ | 熔点 23℃ |
| 马来酰亚胺 | 马来酰亚胺类 | $CH=CH$ 与 $C(=O)-NH-C(=O)$ 成环 | 熔点 93℃ |
| N，N′-间苯基双马来亚酰亚胺 | 马来酰亚胺类 | $(CH=CH-C(=O))_2N-C_6H_4-N(C(=O)-CH=CH)_2$（两端为环状马来酰亚胺） | 熔点 20~205℃ |
| 顺丁烯二酸酐 | 其他类 | $CH=CH$ 与 $C(=O)-O-C(=O)$ 成环 | |
| 二乙烯基苯 | 其他类 | $CH_2=CH-C_6H_4-CH=CH_2$ | 沸点 195℃ |
| 1，2-聚丁二烯 | 其他类 | $\left[CH_2-CH(-CH=CH_2)\right]_n$ | |
| 乙烯基三（β-甲氧乙氧基）硅烷 | 其他类 | $CH_2=CHSi\left[OCH_2CH_2OCH_3\right]_3$ | |

### 7.4.7.4　聚乙烯交联泡沫塑料成型工艺

以聚乙烯软质泡沫塑料卷材为例进行介绍。聚乙烯软质泡沫塑料卷材是以低密度聚乙烯（LDPE）为主要原料与助剂配合后经挤出、压光、交联、发泡而成。这种制品具有隔音、隔热、耐折、化学稳定性好等优点，且具有闭孔泡沫结构、使其尤为适宜用作民用住房、工业厂房、仓库、车辆、农业温室、温床的保温材料，其使用温度为 -35～80℃。

（1）原料及典型配方（见表7-13）

表7-13　聚乙烯泡沫塑料卷材原料及典型配方

| 原料名称 | 质量份 | 原料名称 | 质量份 |
|---|---|---|---|
| 低密度聚乙烯（LDPE） | 100 | 氧化锌（ZnO） | 3 |
| 偶氮二甲酰胺（AC） | 15 | 硬脂酸锌 | 1 |
| 过氧化二异丙苯（DCP） | 0.6 | | |

本配方中低密度聚乙烯可采用熔体指数为2.0的树脂；偶氮二甲酰胺为发泡剂；过氧化二异丙苯为交联剂，氧化锌为引发剂；硬脂酸锌为稳定剂；滑石粉为成核剂。配方中各种助剂的使用可根据实际情况用等效产品代换，并经过试验改变原料配比。采用低密度聚乙烯，产品的柔韧性较好。

（2）生产工艺流程

生产工艺流程如图7-41所示。

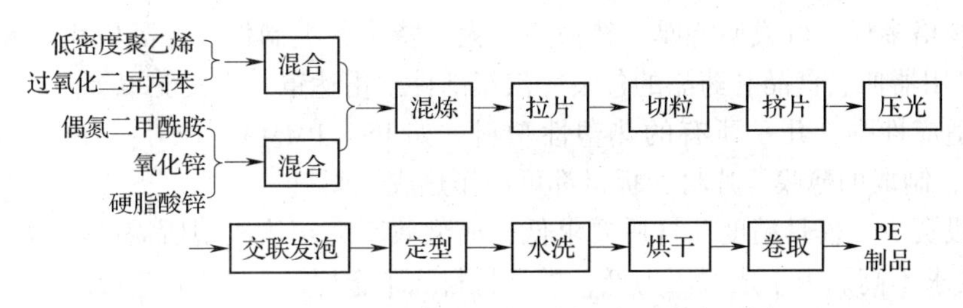


图7-41　聚乙烯泡沫塑料卷材生产工艺流程图

（3）生产工艺

为了缩短混炼时间，避免低分子物挥发和高聚物受热分解，在进行混炼前，原料分两个组分别在两个混合器中充分混合。分组混合一是避免混合过程中产生的局部化学反应，二是为了使主、辅料得到充分而均匀的混合，为交联发泡奠定良好的基础。其主要工艺条件为：

① 物料混合温度　室温。

② 两辊混炼温度和混炼时间　102～110℃，混炼时间以不使树脂分解变黄，达到混炼的时间越短越好。应严格控制辊筒温度，混炼温度过低，即使增加混炼时间也达不到预期的混炼效果；温度过高则物料易受热分解。

③ 挤出温度　机筒第一至第三段的温度分别为110～120℃、90～110℃、80～90℃。

由于是采用低温挤出工艺，螺杆承受扭矩较大，所以挤出机启动时，必须在最低转速启动。

④ 交联发泡温度　177～180℃。

⑤ 发泡时间　2.5～5.0min为宜。

（4）产品规格

本产品尚无国际和行标。主要性能要求如下：密度0.034～0.04kg/$m^3$，纵向拉伸强度为

0.25MPa。制品供应规格主要有宽度为1200mm、厚度为5～10mm。

## 7.5 热成型

### 7.5.1 概述

广义地讲，凡是将热塑性塑料型材或坯料加热至热变形温度以上，通过外力作用使其变形（成型）并通过冷却定型获得所需形状的制品的塑料材料二次成型工艺方法均为热成型。如板材的弯曲、法兰的弯制、管材的弯制、板材卷制、容器的口部或底部的卷边、管材的扩口等都属于热成型范畴。

本节所述的热成型指的是其中一类，是以热塑性塑料片材为原料生产薄壳类制品的成型工艺，即业内通称的热成型。此类热成型的基本方法是：采用适当的方法将塑料片材夹持固定；加热片材到软化温度（高弹态）；将软化的片材与模具边缘贴合；给软化的片材单向施压，使其紧贴在模具型面上而成型；充分冷却后脱模取件；经修饰即得成品。具体工艺过程如下：

片材→夹持→加热→施压成型→冷却定型→脱模→修饰→成品

热成型可以使用各种工艺制成的塑料片材。成型力可以是真空吸力、空气压力、机械压力、弹性材料变形恢复力等。

与其他成型方法相比，热成型具有以下特点：

① 制品规格多样，可成型特厚、特薄、特大、特小各类制件，产品应用遍及各行各业范围极广。如日用器皿、食品和药品的包装、汽车部件、雷达罩、飞机舱罩等。

② 原料适应性强，几乎所有的热塑性塑料，如PS、PMMA、PVC、ABS、PE、PP、PA、PC及PET等，制成的薄膜、片材、板材都可用作热成型原料。

③ 设备投资少，模具精度及材质要求低，成型效率高。热成型所需的压力不高，对设备的压力控制要求不高。由于成型压力低，模具材料除了金属外、木材、塑料、石膏等都可作为模具材料，模具制造方便。

热成型多为单面模塑成型，制品与模具贴合面结构形状鲜明，光洁度较高。但制品厚度均匀性差，与模具贴合晚的部位厚度较小。受片材变形能力及成型压力限制，不能成型结构太复杂的塑件。制品使用需要的孔洞需后加工。需要回收使用的边角废料较多。

### 7.5.2 热成型工艺方法

热成型工艺过程主要由片材加热、施压成型、冷却定型等工艺操作组成。根据具体工艺操作方法不同可有很多变化，各种成型方法在力源形式、施力方式、模具结构等方面各有特点，产品种类、规格、性能等也有所不同。下面是几种常用的热成型工艺方法。

（1）真空成型

真空成型指的是以真空吸力（抽真空使片材两侧气体产生的压力差）为成型力的各种热成型工艺。

此类工艺方法简便易行，使用广泛，但由于成型力较小（真空吸力通常在0.1MPa以下），用于成型的片材不能太厚，因而只能成型薄壁制品。根据所用模具不同，真空成型可分为凹模真空成型和凸模真空成型两种。

① 凹模真空成型　简称真空成型，所用模具为单凹模，成型过程如图7－42所示。

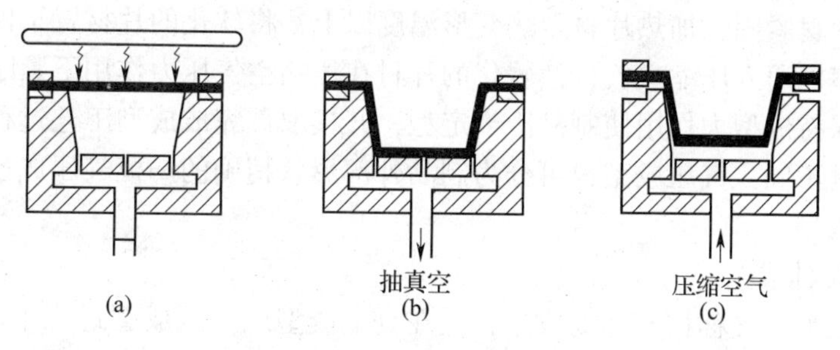


图7－42　凹模真空成型

（a）预热　（b）成型　（c）脱模

用夹持框将片材紧固，加热片材至热变形温度以上，将软化的片材覆盖在模具上并使之与模具边缘紧密贴合，抽真空使片材与模具型面之间形成负压，软化的片材在大气压力作用下紧贴模具型面形成所需形状的制品，保持成型力作用使制品冷却定型，撤除真空吸力使空气或压缩空气进入制品与模具型面之间完成脱模。此法简便易行，是使用最广泛的热成型方法。塑件外表面形状尺寸由模具限定，结构鲜明、精细，光洁度较高。但由于片材与模具型面贴合的时间先后将导致制品壁厚差异（与模具型面贴合得越晚的部位，其厚度越小），所以只能成型深度不大的塑件，深形塑件壁厚偏差较大。

② 凸模真空成型　又称覆盖成型，所用模具为单凸模，成型过程如图7－43所示。

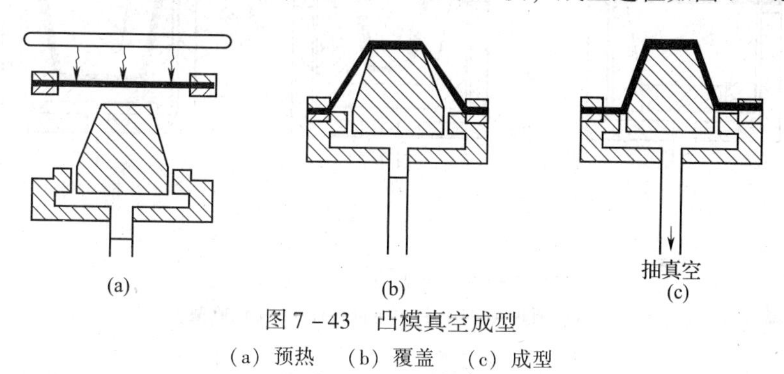


图7－43　凸模真空成型

（a）预热　（b）覆盖　（c）成型

凸模真空成型工艺过程及特点与凹模真空成型相似。两者区别主要在于凸模真空成型模具限定的是塑件内表面形状尺寸，可获得结构鲜明、精细，光洁的内部形状。由于覆盖过程有预拉伸作用，塑件壁厚偏差较小，收缩率较低。

（2）气压成型

气压成型指的是以压缩空气压力（在片材一侧通入压缩空气，使片材两侧气体产生压力差）为成型力的各种热成型工艺，又称加压成型。气压成型制品特点与真空成型类似，由于成型压力较真空成型高，施压速度快，可成型厚片或较复杂制品。气压成型工艺过程如图7－44所示。

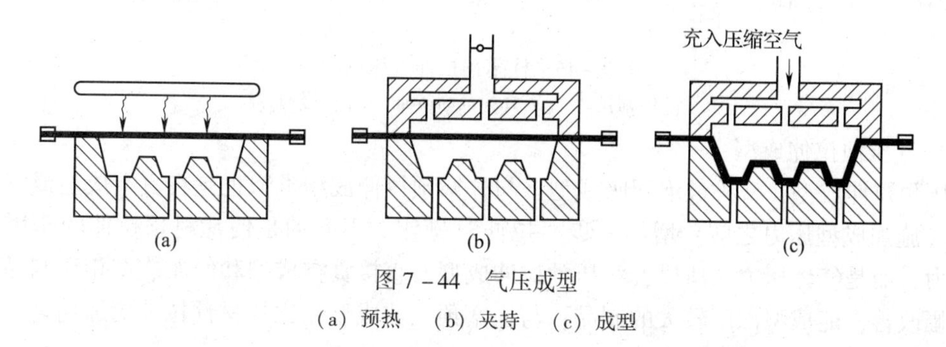


图7－44　气压成型

（a）预热　（b）夹持　（c）成型

用夹持框将片材紧固，加热片材至热变形温度以上，将软化的片材置于模具与加压室之间并压紧，向加压室内通入压缩空气，使软化的片材在压缩空气压力作用下紧贴模具型面形成所需形状的制品，保持成型力作用使制品冷却定型，开模取件完成成型工艺过程。

根据所用模具不同，气压成型也可分为制品外部形状精确的凹模气压成型和制品内部形状精确的凸模气压成型。

(3) 柱塞预拉伸成型

柱塞预拉伸成型，又称柱塞辅助成型，是在真空成型或气压成型过程中增加一步“拉伸”操作，在施加成型压力之前用柱塞对软化的片材施加一定的作用力，使其接近模具型面。此法在一定程度上克服了因片材与模具型面贴合时间差异过大导致制品壁厚均匀性差的缺陷，所以能成型深度较大的制品。制品厚度均匀性较好，但由于存在拉伸取向，导致制品存在一定程度的各向异性，而且制品上可能残留柱塞压痕。

柱塞预拉伸成型工艺过程如图 7－45、图 7－46 所示。

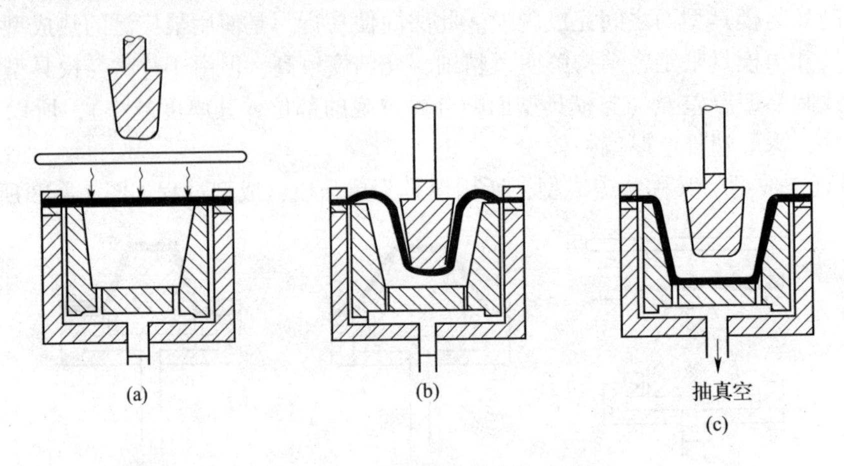


图 7－45　柱塞预拉伸真空成型

(a) 预热　(b) 柱塞辅助拉伸　(c) 成型

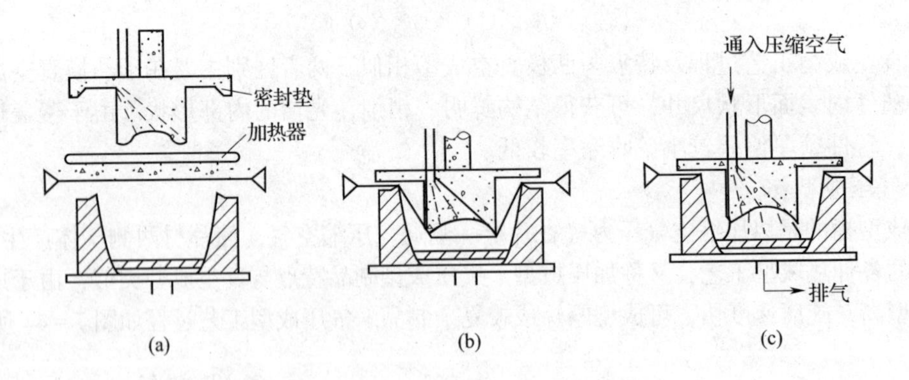


图 7－46　柱塞预拉伸气压成型

(a) 预热　(b) 柱塞辅助拉伸　(c) 成型

(4) 气压预拉伸成型

气压预拉伸成型，又称鼓泡回吸成型，与柱塞预拉伸成型类似也是在真空成型或气压成型过程中（施加成型压力之前）增加一步“拉伸”操作。不同的是使片材预拉伸的作用力不是柱塞压力，而是气体压力。所以，气压预拉伸成型与直接真空成型和气压成型相比制品厚度均匀性大幅改善，能成型深度较大的制品；与柱塞预拉伸成型相比片材预拉伸更加均匀，且制品上没有柱塞压痕。

气压预拉伸真空成型工艺过程如图7－47、图7－48所示。

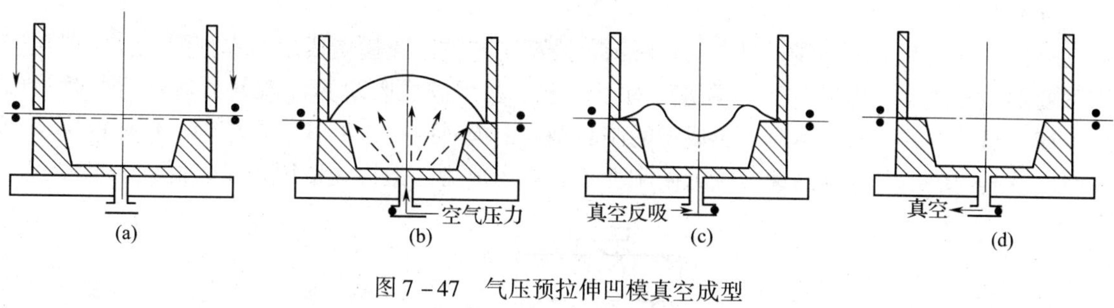


图7－47 气压预拉伸凹模真空成型

（a）预热 （b）鼓泡拉伸 （c）回吸 （d）真空成型

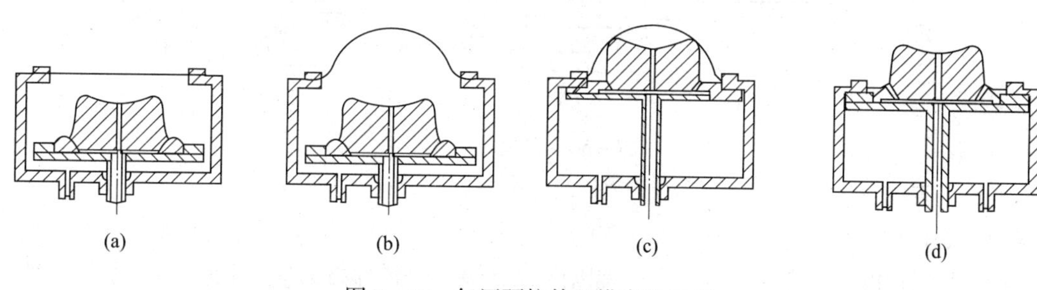


图7－48 气压预拉伸凸模真空成型

（a）预热 （b）鼓泡拉伸 （c）模具上升 （d）真空成型

（5）对模热成型

对模热成型，又称对模模压成型，其工艺过程如图7－49所示。成型时先用夹持框将片材紧固，置于两模之间，并用可移动的加热器加热，当片材被加热到设定温度时，移去加热器并将两模合拢。合模力迫使片材与模具型面贴合形成所需形状的制品，经冷却定型、开模取件完成成型过程。

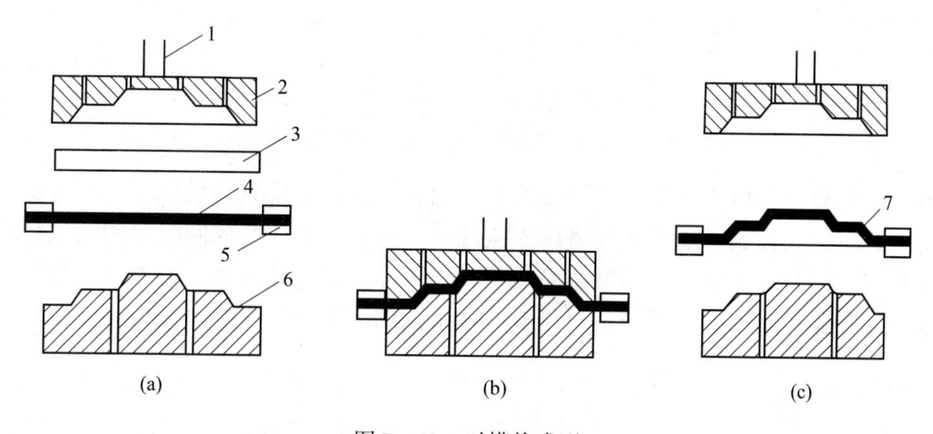


图7－49 对模热成型

（a）预热 （b）成型 （c）脱模

1—压机柱塞 2—凹模 3—加热器 4—片材 5—夹持框 6—凸模 7—制品

由图7－49可见，这类方法与前述各种热成型方法不同，它是采用彼此扣合的一对模具，也就是两个配对的单模来成型的；成型压力不是气体压差，而是模具施加的合模力。

模压成型采用机械力施压，成型压力远大于真空和气压成型，塑件内外表面均由模具限定，制品形状清晰、尺寸精确，成型结构比较复杂的制品甚至可以得到刻花或刻字的表面，制品壁厚在很大程度上依赖于模具型样及合模力控制，厚薄偏差较小。

（6）单模对压成型

单模对压成型工艺过程如图7－50所示。成型工艺方法与模压成型基本相同，区别仅在于用可变形的硅橡胶块代替一个单模进行对压成型，利用硅橡胶块弹性恢复力对软化的片材施压，使其贴紧模具型面。单模对压成型的制品型样由模具限定，形状清晰精确，壁厚取决于片材厚度及其变形情况。制品性能接近两刚性单模对压成型，但模具费用相对较低。

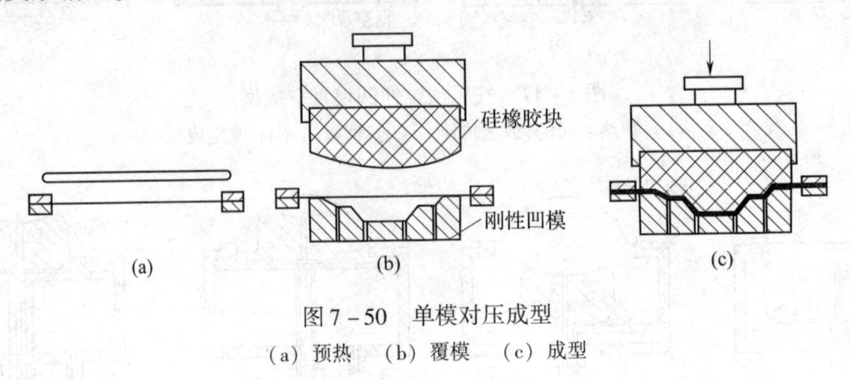


图7－50　单模对压成型

（a）预热　（b）覆模　（c）成型

（7）双片热成型

与前述各种单片热成型不同，是一类以两片热塑性塑料片材为原料生产中空薄壳类制品的热成型工艺，成型工艺过程如图7－51所示。

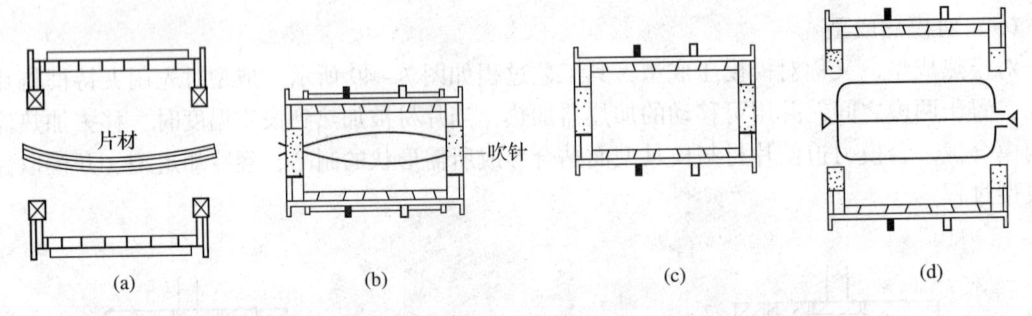


图7－51　双片热成型

（a）双片预热叠合　（b）合模吹气成型　（c）冷却定型　（d）脱模

成型方法是将两块已加热至足够温度的片材叠合放在两瓣模具的模框中间，将吹针插入两片材之间，然后将其夹紧，通过吹针将压缩空气吹入两片之间，与此同时在两瓣模具型面与片材之间抽真空，使片材与模具型面贴合而成型，经冷却、脱模和修整后得中空制品。该法所成型的中空制品壁厚较均匀，还可制成双色或厚度不同的制品。

## 7.5.3　热成型工艺设备

由上述热成型工艺方法可知，热成型主要工序共有5个：① 片材的夹持；② 片材的加热；③ 成型；④ 冷却；⑤ 脱模。所谓热成型设备就是能完成上列五个工序的工艺装备及器具，通常可分为热成型机和模具两大部分。

### 7.5.3.1　热成型机

热成型机种类很多，根据使用要求不同，无论设备外形还是结构组成均有很大差异。热成型机的规格通常以片材夹持装置的最大尺寸和最大成型深度表示。现在常用的热成型机有：单工位成型机、固定式双工位成型机、旋转式多工位成型机、专用机组与生产线等，图7－52为两种热成型机组外形图片。

图7－52 热成型机组外形图

根据操作自动化程度热成型机有手动、半自动和全自动之分。

手动设备的一切操作，如夹持、加热、抽空、冷却、脱模等都由人工调整或完成。半自动设备的各项操作，除夹持和脱模须由人工完成外，其他都是按预先调定的条件和程序由设备自动完成。全自动设备中的一切操作完全由设备自动进行。

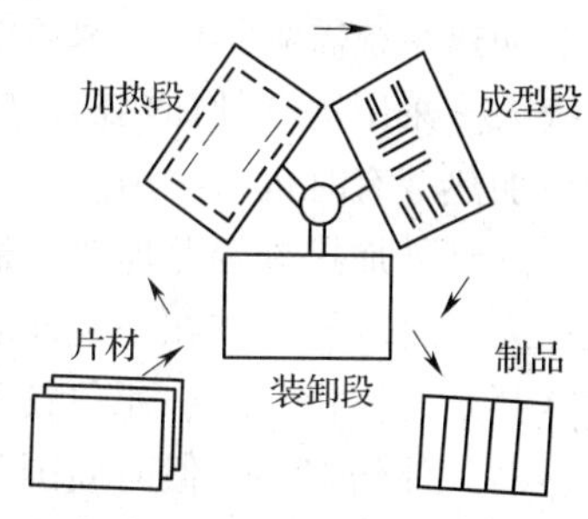


图7－53 三段轮转机示意图

热成型机按供料方式又分为分批进料与连续进料两种类型。

分批进料热成型机多用于生产大型制件，所用原料一般是不易成卷的厚型片材，但并非仅限于此，分批进料设备同样也可以用薄型片材生产小型制件。图7－53所示为工业上常用的一种分批进料热成型设备——三段轮转机。这种设备按装卸、加热和成型的工序分作3段。加热器和成型模具分别固定在加热段和成型段，间隔120°的3个片材夹持框可绕轴间歇旋转，实现被加工物的工位转换，分别完成装夹、加热、成型、卸载等单元操作。

连续进料式设备多用于薄壁小型制件，如杯、盘等的大批量生产，所用原料一般是成卷的薄片。连续进料热成型机虽是连续供料，但也是多工位间歇操作，每个工位完成一个工序，如图7－54所示。

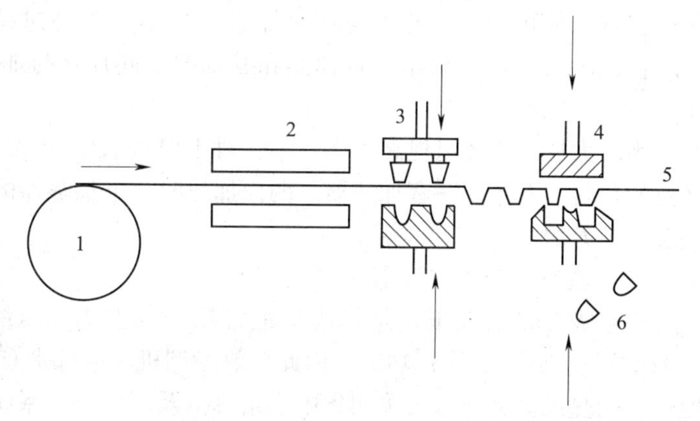


图7－54 连续供料热成型示意图

1—片材放卷 2—加热 3—成型

4—裁切 5—废边料 6—制品

虽然热成型机多种多样、性能各异，但因其应完成的基本工序相同，故其基本功能构成也大致相同。热成型机的基本功能构成主要包括片材夹持系统、加热器系统、真空及压缩空气系统、模具安装固定系统、制品冷却系统，以及连接、驱动、控制这些功能单元的机架、传动装置、仪表、管道、阀门、电气控制系统等。现将其主要功能部分的常用形式、性能特点及功能要求分述如下：

（1）片材夹持系统

热成型过程中，原料片材或板坯必须被片材夹持系统夹紧固定，以实现被加工物的工位转换。所以，各种热成型机上都有用于固定各尺寸板材的夹紧装置。

夹紧装置可分为框架式和分瓣式两种。成型用片材厚度大于1mm时，常采用框架式夹紧装置。成型薄膜或薄板时可用弦索式夹紧装置。夹紧装置的结构形式将影响夹紧力大小及分布均匀性。根据成型工艺要求夹紧装置应能迅速灵活地将片材从一个工位转移到另一个工位，夹持可靠、均衡，要有可靠的气密性，最好能实现动作自动化。夹紧框的工作温度应始终低于片材的玻璃化温度，必要时，框架应配置冷却系统。

（2）加热系统

加热系统是热成型机上最关键的功能组件之一，其作用是在规定的时间内将片材加热至热成型所需的温度。加热效率及效果对成型周期和制品质量有着至关重要的影响。

成型工艺对加热方法并无严格限制，加热方法可以是热辐射加热、气体传导加热、固体传导加热、组合加热、高频电加热等，热源可以是电以及由其转化成的射线（红外线、微波等），也可以是热油、过热水、蒸汽等加热介质。

加热系统需满足的基本要求是能快速、均匀地将片材加热到设定温度。现代热成型机加热系统大多采用远红外加热器热辐射加热，电加热器热辐射加热、热板接触加热、高频电加热、对流加热等有时也有应用。

远红外加热器辐照加热的最大特点是加热速度快。远红外线具有光的性质，具有一定的穿透能力，可以使物体在一定深度的内部和表面同时加热，可以通过发射元件的选择和组合，对形状复杂、体积庞大、死角较多的物体进行立体加热。与高频加热和微波加热相比，设备费用低，对人体伤害小，但向周围环境散射的能量较多。

远红外辐照加热的效率取决于加热器的功率、辐照的密度、片材与加热器间的距离以及片材吸收相应波长射线的能力。因此，远红外辐照加热系统的设计最好能使远红外线的波长与塑料材料的吸收峰相配合，并能通过准确有效的调控手段，提高加热器的表面输出功率、调整加热器与片材之间的距离，加热器中要设置反射板或反射罩以集中能量。加热器的加热面积要略大于夹持框的夹持面积，一般加热器各边长度约超出夹持框10~50mm。辐照加热方式为间接加热，使用时片材并不与加热器直接接触，可通过调节加热器和片材间的距离和加热时间控制片材温度，根据片材种类和厚度的不同片材与加热器间的距离通常在10~30cm之间变化。

为增大加热速率以提高生产效率，对于厚度大于3mm的片材一般要双面加热，也就是在夹持的片材上下各用一套加热器。两面加热时，下加热器的温度应比上加热器略低，因为热空气总是上升的。

（3）真空及压缩空气系统

真空吸力和空气压力是热成型最常用的成型力，压缩空气还常兼有脱模、冷却及气动（驱动模具、夹持框等）功能。因此，热成型机一般都带有自给真空和压缩空气产生系统。规模较大的热成型企业也可采用集中供给真空及压缩空气系统，通过管路与成型机相连。

自给真空系统由真空泵、真空储罐、管路、阀门以及真空表等组成。自给真空系统常采用叶轮式真空泵，功率一般在2~4kW，所能达到的真空度一般在$1.3\times10^{-5}\sim4\times10^{-3}$MPa。真空储罐的容量至少应是成型室最大容量的1.5~2.0倍。

自给压缩空气系统由压缩机、储气罐、管路、阀门、压力表以及气动元件等组成。热成型机所需压缩空气压力一般为0.4~0.5MPa

（4）模具安装固定系统

模具安装固定系统就是成型机上安装固定模具的机构。通常由安装固定模具的平台或框架及夹具等构成。要求模具安装固定可靠，尺寸与片材夹持框及模具相适应。

（5）冷却系统

冷却系统的作用是使制品冷却定型。成型机上的冷却系统一般由给模具提供冷却介质的管路及其温度、流量控制仪表组成，工作时与模具内的冷却回路连接以控制模具温度。为使制品内表面和外表面同时冷却，有时还配有吹风、喷雾等冷却装置。

（6）传动装置及控制系统

传动装置的作用是提供成型机运转的动力，包括电动、气动、液压传动等。控制系统的作用是控制成型机的运转过程，包括控制温度、压力、速度、时间等工艺参数的各种电器仪表、传感器、计算机等。

7.5.3.2　热成型模具

模具简单，制模周期短，造价低是热成型工艺的显著优点之一。

热成型模具一般为单瓣模，除成型零件外几乎没有其他构件（图7－55），是最简单的塑料成型模具。热成型制品形状简单，成型压力不高，对模具的刚度、强度要求较低。因此，热成型模具的选材、设计和制造都大大简化。

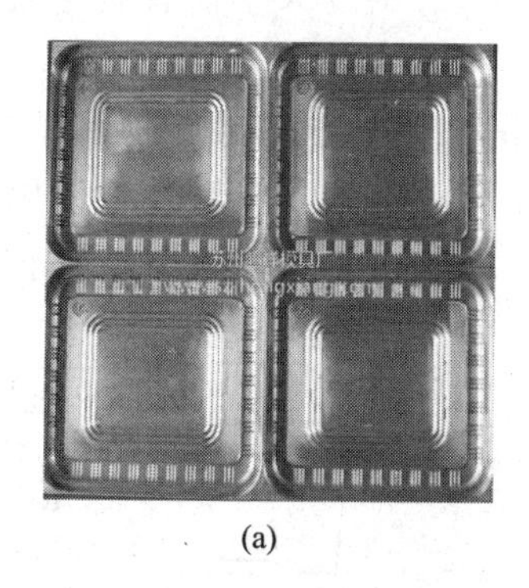

(a)

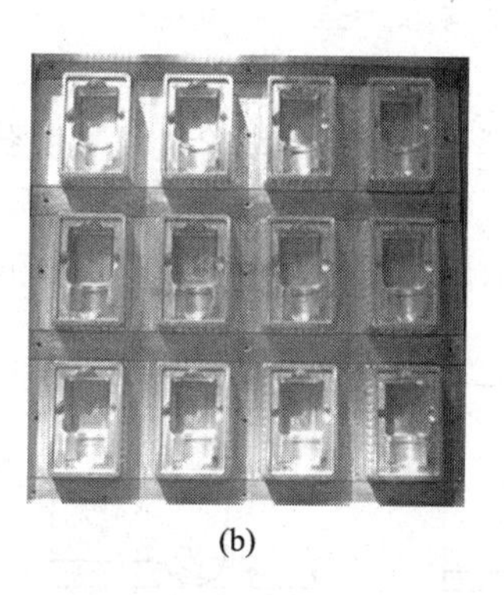

(b)

图7－55　热成型模具外形图

（a）单凹模　（b）单凸模

热成型模具制模材料的选择主要依据制品生产的数量和质量来决定。生产批量大、表面质量要求较高的制品生产，常采用导热性好、耐磨损、易精加工制得高精度型面的铝、铜锌或钢材等金属材料制模，为节约材料费也可采用金属与木材等其他材料的组合模。对于小订单产品及新品试产，可采用价格便宜、易加工的硬木、石膏、热固性塑料等材料制模。

模具类型的选择主要考虑制品要求。如前所述，采用单模成型时，制品与模具型面接触的一面结构比较鲜明精细，表面质量较高；片材与模具型面贴合晚的部位，制品厚度较小。因此，当制品要求外形精确，边缘较厚、中间部分较薄时，宜选择凹模；反之，当制品要求内形精确，边缘较薄、中央部分较厚时，宜选择凸模。采用多槽模成型（一模成型多件制品）时，考虑到模型间距，最好用凹模。因为模腔之间的间隔既可以紧凑些，同时还能防止片材与模具型面接触过早而起皱。此外，凹模成型脱模也比较容易。

热成型工艺对模具设计、加工的基本要求如下：

（1）型面结构工艺性

制品结构是模具型面结构特征的再现，所以模具型面结构设计必须符合热成型工艺对制品结构工艺性的要求。

热成型工艺要求制品开口宽阔、深度浅、流线型过渡、形状简单，避免侧向凹凸。热成型工艺对制品结构工艺性的要求主要有以下几点。

① 避免大平面　热成型制品壁厚一般很小，刚性差，很容易翘曲变形，所以通常将大平

面设计成类似加强筋的凹凸棱形结构，以提高制品刚性，如图 7－56 所示。避免大平面还可使片材拉伸变形比较均匀，减小壁厚差异。

图 7－56　热成型制品的几何形状设计
（a）不良设计　（b）改良设计

② 脱模斜度　热成型制品壁厚很小，刚性差，为便于制品的脱模，模具的四壁应考虑有足够的斜度，如图 7－57 所示。选取范围一般为 0.5°～4°。凹模的斜度可小一些（b/h = 1/120～1/60），阳模则要大一些（b/h = 1/30～1/20）。斜度大不仅有利于脱模，制品壁厚均匀性也会好些。

③ 角隅　热成型制品的形状靠片材变形获得，为了防止制品角隅部分过度拉伸导致壁厚过薄和应力集中而影响强度，制品的角隅部分不允许有锐角，转角处应以较大弧度的圆角过渡，如图 7－58 所示。圆角半径 $R$ 最好不小于壁厚的 3～5 倍，无论如何不能小于片材的厚度。

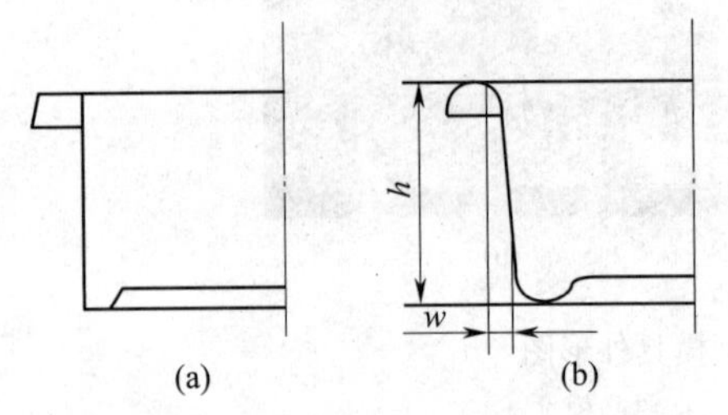


图 7－57　热成型制品的脱模斜度设计
（a）制品要求　（b）适应热成型的改良设计

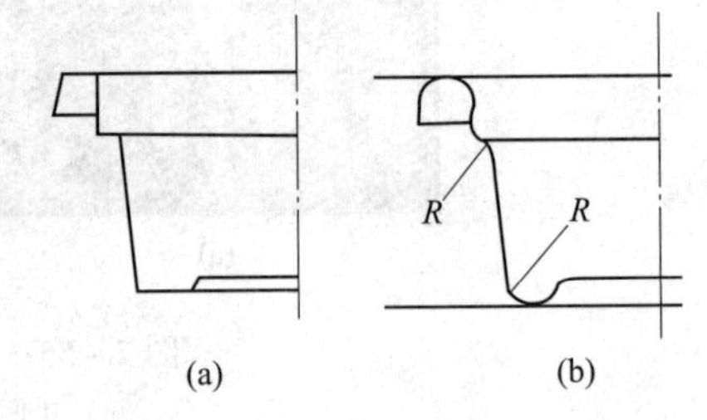


图 7－58　热成型制品的角隅设计
（a）不良设计　（b）改良设计

（2）引伸比和展开倍率

引伸比和展开倍率是表征热成型时片材变形程度的参数，也是热成型模具型面结构尺寸设计的重要依据。

引伸比是指热成型制品深度和宽度（或直径）之比，以 $\lambda$ 表示；展开倍率是指制品表面积与夹持框内片材面积之比，以 $x$ 表示（图 7－59）。

引伸比和展开倍率在很大程度上反映了塑件成型的难易程度。引伸比或展开倍率大，成型时片材变形程度大，成型困难，制品壁厚小、均匀性差。所以，热成型要求制品开口宽阔、深度浅。

热成型允许的引伸比和展开倍率与片材变形能力（可延展性）及成型方法有关。一般情况下，引伸比不大于 1.5，常用 0.5～1，韧性好、易成型的材料可大些。展开倍率通常在 3～10 之间，也与片材种类及性能有关，

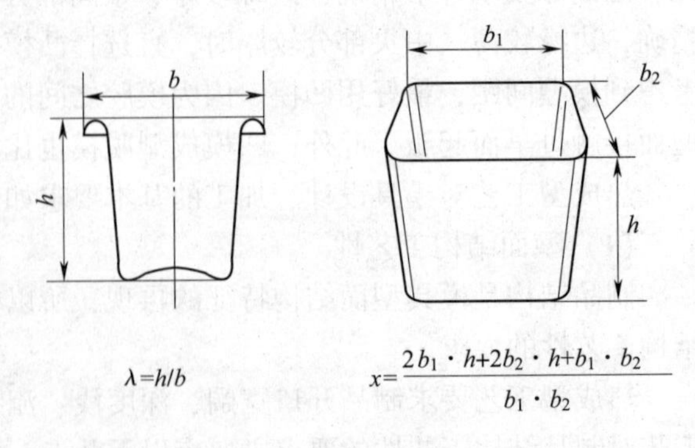


图 7－59　热成型制品的引伸比和展开倍率

如硬 PVC：$x=3$，ABS：$x=5\sim7$，PC：$x=3\sim5$。同种片材，成型压力较大时可获得较大的展开倍率。凸模覆盖成型、柱塞辅助成型、鼓泡回吸成型等预拉伸热成型方法比一般凹模真空成型允许的引伸比和展开倍率大些。

热成型模具型面结构尺寸设计时必须考虑片材性能、成型方法及工艺条件，保证引伸比和展开倍率在允许范围内。

(3) 透气孔直径与位置

透气孔的作用是排出片材与模具型面间的空气，形成成型压力。要求即能在短时间内排除空气，又不能在制品上留下痕迹。

透气孔位置排布要合理。要均匀分布在模具型面的各部分，在型面最低处、角隅处、复杂点等片材与模具型面最后接触的地方，透气孔要适当多些。透气孔的大小要适中，如果太小，将影响排气速率，如果太大，则制品表面会残留抽气孔的痕迹。抽气孔的大小取决于塑料品种和片材厚度。通常，取 $\Phi0.3\sim1.5$mm，易变形的薄片，透气孔要小些；不易吸入孔内的厚片，透气孔可大些，一般不超过片材厚度的 1 倍。

(4) 型面尺寸精度

与其他型腔模一样，热成型模具成型零件尺寸计算需考虑成型收缩率和制造公差。热成型制品成型收缩率大，与工艺条件关系密切，设计时需重点考虑。一般制品可根据材料特性选取（表 7－14），制品精度要求较高时，要先用简易模实测材料的成型收缩率。

**表 7－14　　真空成型制品成型收缩率**

| 片材种类 | 制件成型收缩率/% | | | | | |
|---|---|---|---|---|---|---|
| | 聚氯乙烯 | ABS | 聚碳酸酯 | 聚烯烃 | 高抗冲 PS | 双轴拉伸 PS |
| 凸模成型 | 0.1～0.5 | 0.4～0.8 | 0.4～0.7 | 1.0～5.0 | 0.5～0.8 | 0.5～0.6 |
| 凹模成型 | 0.5～0.9 | 0.5～0.9 | 0.5～0.8 | 3.0～6.0 | 0.8～1.0 | 0.6～0.8 |

(5) 型面粗糙度

热成型制品的表面质量虽与模具型面粗糙度有关，但更主要的是取决于片材表面质量。

因为热成型温度低于塑料黏流温度，且成型压力不大，材料不易进入型面粗糙度波谷，即使型面较粗糙也不会影响制品表面光洁度。型面有一定的粗糙度还有利于排气和脱模。一般热成型模具无顶出机构，靠压缩空气或手动脱模，型面过于平整光洁，制品吸附在上面反而不易脱模。热成型模具型面一般无需精确抛光，粗糙度低于 0.16μm 即可。

(6) 边缘密封

为达到良好的成型效果，片材和模具边缘要有一定的接触压力，以保证良好密封，形成足够的成型压力差。所以，模具边缘应力求平整。

## 7.5.4　热成型工艺控制

热成型工艺操作虽然比较简单，但是成型过程中影响制品质量的工艺控制因素却不少。这里仅就热成型中片材的加热、成型和制品的冷却脱模所涉及的主要工艺因素做一简介。

### 7.5.4.1　加热

热成型是在热塑性塑料高弹态进行的。成型前必须将片材加热到塑料热变形温度以上黏流温度以下的某一设定温度。加热片材时间一般占整个热成型周期的 50%～80%，因此加热时间对生产效率影响很大。而加热温度的准确性和片材各处温度分布的均匀性，将直接影响成型操作的难易和制品的质量。所以，片材加热过程的工艺控制对热成型过程非常关键。

成型温度（成型时片材的温度）的设定应使塑料在此温度下既有很大的伸长率又有适当的拉伸强度，保证成型时片材能经受高速拉伸而不破裂。虽然较低的成型温度可节省热能并缩短片材加热和制品的冷却时间，但温度过低时片材变形困难、伸长率低、收缩应力大，所得制品的轮廓清晰度和因次稳定性都不高；而过高的温度会造成片材拉伸强度低，易拉断甚至导致聚合物降解，从而导致制品破裂、变色和闷光等缺陷，影响成品率。所以，成型温度必须设定在塑料热变形温度和粘流温度之间的某一区段。在该区段范围内，成型温度的设定主要考虑片材成型前后的厚度变化，即制品引伸比或展开倍率。在材料允许的成型温度范围内，随着温度提高，片材的伸长率增大，可获得较大的引伸比和展开倍率。在片材厚度一定的情况下，可成型深度较大的制品，制品壁厚较小。图 7－60 所示为几种塑料片材成型温度与片材厚度变化情况的关系。

在热成型过程中，片材从加热结束到开始拉伸变形有一定的工位转换时间间隔，此间高温片材会因散热而降温，特别是较薄的、比热容较小的片材，散热降温现象就更加显著，所以片材实际加热温度一般比设定的成型温度稍高一些。

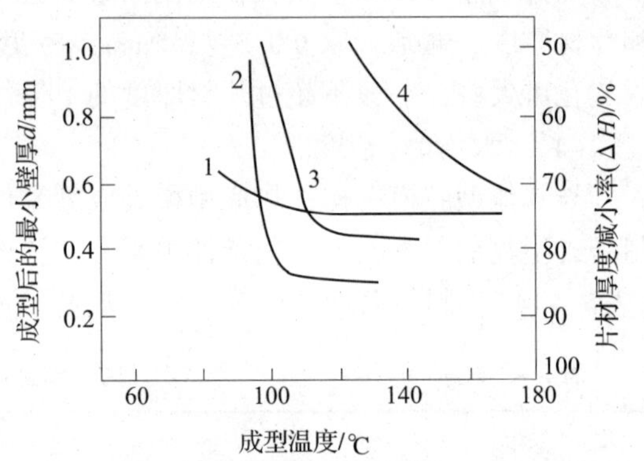


图 7－60　成型温度与材料厚度的关系

（测试条件：片材厚度 2mm，引伸比 =0.5）

1—ABS　2—PE　3—PVC　4—PMMA

片材加热遵循时温等效原理，加热片材的实际温度取决于加热效率和加热时间。加热效率由加热方式、热源温度（加热器功率或辐照密度）、加热器与片材间的距离、被加热片材的材质特性及厚度等决定。实际生产中设备条件相对固定，片材温度主要通过调节热源温度及其与片材的间距（改变加热效率），改变加热时间的方法进行控制。具体方法是先根据设定的片材加热温度调定热源温度及其与片材的间距，再在生产过程中通过调整加热时间调节片材温度。加热时间主要根据塑料品种、片材厚度和成型温度确定，通常加热时间随塑料导热性的增大而缩短，随塑料比热和片材厚度的增大而延长，但这种缩短和延长都不是简单的线性关系。所以，实际生产中加热时间的设定通常根据实验测试数据或参考经验数据决定。加热时间的长短以片材在成型时拉伸变形最大区域不发白、不出现明显的缺陷，成型前片材不发生降解、不在夹持框上出现过分下垂为限。为了缩短成型周期，通常加热时间都偏向低限值。表 7－15 所示为聚乙烯片材厚度与加热时间关系的测试值。

**表 7－15　　聚乙烯片材加热时间与厚度的关系**

| 测试项目 | 数值 | | |
|---|---|---|---|
| 片材厚度/mm | 0.5 | 1.5 | 2.5 |
| 加热到 121℃所用时间/s | 18 | 36 | 48 |

注：测试条件：热源温度 510℃，加热功率 4.3W/cm$^2$，加热器与片材间距 125mm。

片材温度的均匀性是控制加热条件时必须关注的问题，加热条件应尽可能使整个片材各处均匀地升温。由于塑料的导热性差，在加热厚片时，片材厚度方向的温度差异很大，如果为了快速升温而采用大功率的加热器或将片材紧靠加热器，就会出现片材的两面温度相差较大的现象，甚至出现一面已被烧伤，另一面尚未达到成型温度的情况。为改变这种情况，当成型用片材较厚时，最好根据片材特性选择使用片材两面同时受热的双面加热器，内外同时升温的高频加热或远红外线加热方法，或通过预热等方法缩短加热时间。为保证片材平面方向加热均匀，所选用的片材各处的厚度应尽可能相等，因为成型机加热器的设计通常力求对片材各处加热或辐照均匀。

#### 7.5.4.2　成型

成型过程需要控制的主要工艺因素是成型压力和施力速度。

成型是片材的形变过程。成型压力的作用就是迫使片材产生形变，但材料有抵抗形变的能力，其弹性模量随温度升高而降低。在成型温度下，只有当压力在材料中引起的应力大于材料在该温度时的弹性模量时，才能使材料产生形变。由于各种材料的弹性模量不一样，且对温度有不同的依赖性，所以成型压力随聚合物类型、品种（包括相对分子质量）、片材厚度和成型温度而变化，一般分子的刚性大、相对分子质量高、存在极性基团的聚合物等需要较高的成型压力。

片材的形变不仅需要有力的驱动，还有一定的响应时间要求。所以施力速度，也就是抽气、充气的气体流率或模具、夹持框和预拉伸柱塞等的移动速度，对成型过程和制品质量也有着重要影响。热成型通常要求所得制品的壁厚尽可能均匀。成型时片材各处拉伸程度不同是造成制品壁厚不均的主要原因，而拉伸程度除与材料温度、受力大小有关外，对拉伸速度也有一定的依赖性。一般来说，高速拉伸对成型本身和缩短周期都比较有利，但快速拉伸常会因为变形响应不及而使材料局部（制品的凹、凸部位）过度变形，导致制品壁厚不均；而拉伸过慢又会因片材过度降温引起的变形能力下降，导致成型困难，制品内应力大等缺陷。拉伸速度的大小主要根据片材变形响应能力设定，成型温度低，片材变形能力小、响应慢，应慢速拉伸，若要提高拉伸速度，就必须提高成型温度。由于成型时片材仍在散热降温，所以薄型片材的拉伸速度一般应大于厚片。

#### 7.5.4.3　冷却

成型后的制品必须冷却到热变形温度以下才能脱模，冷却不足会导致脱模后变形，甚至无法脱模。在热成型中，为了缩短成型周期，一般都采用人工冷却的方法。冷却降温速率与塑料的导热性和制品壁厚有关。合适的降温速率，以不会在制品内产生过大的内应力为限。因为，热成型是在材料高弹态完成的，成型应力很大，过快冷却成型应力来不及松弛，将会导致制品应力开裂。

## 7.6　层压塑料和增强塑料的成型

### 7.6.1　概述

增强塑料（FRTP）是指用加有增强物的塑料所制得的制品。增强物的硬度、强度和模量较基体大，增强物与基体树脂间存在着明显界面。它通常是纤维状材料。常用的增强物有玻璃、石棉、金属、剑麻、棉花或合成纤维所制成的纤维、粗纱和织物等。其中玻璃纤维（GF）和织物用得最多。在对性能要求很高的尖端技术领域，常用碳纤维（CF）、硼纤维（BF）、晶须和高性能有机聚合物纤维及其织物等作为增强物。

层压塑料系指用成叠的、浸有或涂有树脂的片状底材，在加热和加压下，制成的坚实而又近于均匀的板状、管状、棒状或其他简单形状的制品。浸有或涂有树脂的底材亦称附胶片材。常用的底材有纸张、棉布、木材薄片、玻璃布或玻璃毡、石棉毡或石棉纸以及合成纤维的织物等。另外，广义的层压塑料包括挤出或涂层方法所制造的塑料薄膜与纸张、棉布、金属箔等相互贴合的复合材料，习惯上不将这类材料归类为增强塑料，这里不作讨论。

增强塑料中增强物的作用是增强制品的力学强度，而所用的树脂则是使这种复合材料能够成型，对增强物进行黏结与固定，并借以传递应力，充分发挥增强物的增强作用，此外．还赋予制品抵抗外遇介质的侵蚀。常用的树脂种类很多，过去大多数是用热固性树脂，如酚醛、环氧、氨基、不饱和聚酯、有机硅等树脂；自20世纪60年代以来，热塑性树脂已成功地用于增强塑料有十几种；如聚烯烃、聚氯乙烯、聚苯乙烯等通用树脂和聚碳酸酯、聚酰胺、聚苯醚、氯化聚醚等高性能树脂。由于热塑性增强塑料的出现，大大扩展了热塑性塑料作为结构材料应用于工程领域的深度和广度。

除树脂与增强物外，为了降低成本或改善制品某些性能，增强塑料中通常加有颗粒状填料，如碳酸钙、滑石粉、石英粉、硅藻土、氧化铝、氧化锌等。一般，加有颗粒状填料的制品，其强度有所下降。

随着应用领域的不断扩大，增强塑料的数量和品种日益增多，其成型方法也在不断发展和扩充。工业上习惯根据成型时所用压力的大小不同，将热固性增强塑料的成型方法分为高压法（压力高于7MPa）和低压法（压力低于7MPa）。高压法又可细分为层压法和模压法，而低压法则又可细分为袋压法、真空法、喷射法、接触法等。有时也可根据成型时附在纤维或织物上的树脂状态分为干法（所用的纤维或织物是先用树脂浸渍并干燥的方法）和湿法（纤维或织物在成型时就地浸渍）。热塑性增强塑料的成型与普通热塑性塑料一样，可采用注射成型、挤压成型、压制成型、层压成型等加工方法，不需要增加特殊的成型设备。

## 7.6.2 增强作用和界面作用

### 7.6.2.1 增强作用

如何从树脂和增强物的固有性能来推算两者复合后的性能，也就是增强物所起的增强作用，是一项既重要又复杂的工作。迄今为止，在这方面已提出了许多理论，但由于种种原因，从不同的理论推算的结果往往不一致，与实测的数据也有出入。现主要以短纤维（或晶须）增强以及连续长纤维单向增强等两种有代表性的增强塑料为例，作简单说明。

1．短纤维（包括晶须）增强机制

在短纤维（包括晶须）增强塑料体系中，基体树脂不是主承力相，纤维是主承力相，它承受由基体树脂传递来的有效载荷。假定：纤维、基体树脂理想结合，且松泊比相同，在外力作用下，由于组分模量的不同产生了不同形变（位移），使基体树脂产生了剪切应变，并通过界面将外力传递到纤维上。

短纤维增强复合材料的拉伸强度可由下面公式表示：

$$\sigma_F^* = \sigma_{fF}\left(l - \frac{l_c}{21}\right)\phi_f + \sigma_m^*(l - \phi_r) \tag{7—11}$$

式中，$\sigma_m *$ 为与纤维的屈服应变同时发生的基体应力；$\sigma_{fF}$ 为纤维的平均拉伸应力；$\phi_f$ 为纤维的体积分数；$l$ 为纤维的长度；$l_c$ 为最大拉应力等于纤维断裂强度时，纤维的临界长度。

分析上式可得：

(1) $l/l_c$ 越大，复合材料的拉伸强度越大。

当 $l/l_c = 10$ 时，增强效果可达到连续纤维的95%。

（2）引入纤维直径 $d$，

$(l/d)\ c$ 为纤维临界长径比，当 $(l/d)\ c \geqslant 10$ 时，复合材料可获得理想的增强效果。

2. 连续长纤维单向增强机制

对于连续长纤维增强塑料体系，在平行于纤维长度方向的强度计算，主要考虑基体树脂的强度和纤维与基体树脂的结合强度。假定① 增强材料宏观上是均质的，不存在内应力；② 各组分材料是均质的各向同性及线弹性材料；③ 各组分之间黏结牢靠，无空隙，不产生相对滑移。

则增强复合材料的力学性能同组分之间存在如下关系：

$$X_c = X_m V_m + X_f \phi_f \quad \text{或} \quad X_c = X_f \phi_f + X_m (1 - \phi_f) \tag{7-12}$$

式中，$X$ 代表材料的性能，如强度、弹性模量、密度等；$\phi$ 代表材料的体积百分数；下脚标 c、m、f 分别代表增强材料、基体树脂和纤维。

从上面两种增强机制可以看出，要使增强物对复合材料起到增强作用，不仅增强物自身的强度和模量必须很高，而且增强物和树脂之间必须有良好的胶接作用。设想如果两者之间完全没有胶接，则复合材料受力时，增强物将不承载任何负荷，这样复合材料的强度反而不如单纯的树脂。上面的公式虽然是在极为简化的情况下推出的，与实际差别很大，但对于了解增强作用无疑是有帮助的。

7.6.2.2 界面作用

增强塑料的界面是指基体与增强相之间化学成分有显著变化的、构成彼此结合的、能起载荷传递作用的微小区域，通常是一个多层结构的过渡区域，厚度约几个纳米到几个微米，见图7-61中2~6，图中1是指界面。

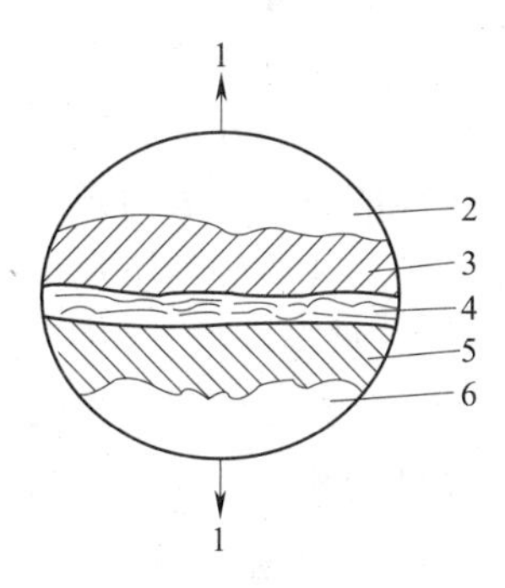

图7-61 增强塑料的界面结构示意图

界面的结合状态和强度对复合材料的性能有重要影响。对于每一种复合材料都要求有合适的界面结合强度。界面结合较差的复合材料大多呈剪切破坏，且在材料的断面可观察到脱黏、纤维拔出、纤维应力松弛等现象。界面结合过强的复合材料则呈脆性断裂，也降低了复合材料的整体性能。界面最佳态的衡量是当受力发生开裂时，裂纹能转化为区域化而不进一步界面脱黏；即这时的复合材料具有最大断裂能和一定的韧性。

要获得良好的界面结合状态和强度，最有效的方法是使树脂与增强物在界面处产生化学键结合的胶接作用。在工艺上是用一种既能与增强物又能与树脂发生化学反应的偶联剂来完成的。偶联剂可以涂在增强物的表面或加在树脂中，但也可以是两者并用。为了增进胶接作用，树脂对增强物的润湿能力是重要指标。即两者接触时所发生的紧密程度。显然，良好的胶接是建立在良好接触润湿基础上的。

此外，复合材料组分的相容性对材料性能影响也很大。首先基体树脂应具有足够的韧性和强度，能够将外部载荷均匀地传递到增强物上，而不能发生明显的不连续现象。其次，由于裂纹或缺陷移动，在基体树脂上产生的局部应力不应在增强物上形成高的局部应力。最后，基体树脂与增强物的热膨胀系数的差异对复合材料的界面结合及各类性能也将产生重要的影响。对于韧性树脂材料，最好具有较高的热膨胀系数，这是因为具有高热膨胀系数的物质，从较高的加工温度冷却时将会受到张应力；对于脆性树脂材料的增强物，一般都是抗压强度大于抗拉强度，处于压缩状态比较有利。

### 7.6.3 增强物及其表面处理

增强塑料的性能除与所用的树脂有联系外，还直接受到所用增强物的类别与性能的影响，因此，有必要对它们进行讨论。

#### 7.6.3.1 玻璃纤维

玻璃纤维是由玻璃制成的，在许多物理和化学性能方面都和玻璃相同，但玻璃纤维的强度却比玻璃大得多。玻璃纤维的主要成分是铝硼硅酸盐和钙钠硅酸盐两种。含前者多的常称无碱或低碱玻璃纤维（E－玻璃纤维），含后者多的常称为有碱或中碱玻璃纤维（A－玻璃纤维）。区分的标准是它所含的碱金属氧化物（以 $R_2O$ 来表示）的百分率。中碱玻璃纤维的 $R_2O$ 含量是6%～12%，低碱玻璃纤维的2%～6%，无碱玻璃纤维是在2%以下。此外，还有特种玻璃纤维，例如由纯镁硅铝三元组成的高强度玻璃纤维（S－玻璃纤维）和由镁铝硅系组成的高弹玻璃纤维（M－玻璃纤维）等。

任何种类的玻璃纤维的拉伸强度均与其直径和长度有关，其中以细而短的强度高。这是因为随着玻璃纤维的长度和直径的增加，纤维中的微细裂纹也增加，因而强度下降。使用温度对强度也有影响。超过300℃时，强度自行下降。

玻璃纤维属于弹性材料，但断裂伸长率小，弹性模量不高，制成增强塑料后的刚性不如金属。此外，玻璃纤维性脆易碎，不耐磨，对人的皮肤有刺激性，使用时不很方便。

玻璃纤维的外形是光滑的圆柱体，它的横断面几乎是完整的圆形，不像有机纤维的表面呈现出较深的皱纹。表面光滑，虽然与树脂粘结不利。但这种表面光滑和圆形却可使纤维面间的空隙缩小，使所制的增强塑料比较密实。

#### 7.6.3.2 玻璃纤维及织物的表面处理

为求得纤维增强塑料强度的提高，增加玻璃纤维和树脂间的胶接力，有必要了解玻璃纤维的表面结构和增强胶接力的理论。

1. 玻璃纤维表面结构及其与树脂胶接机理

玻璃纤维在拉丝的过程中，为了纺织的方便和保护纤维，其表面一般都涂有浆料。有些浆料的存在，对树脂的浸渍或对树脂与纤维之间的胶接力不利，所以必须除去。除去浆料的玻璃纤维或织物，其表面的化学结构常为硅醇键（—Si—OH）和硅醇键之间键合的氢键。这种结构具有较大的极性，能吸附难以去除的水分。如果在浸渍时采用的树脂是带有极性的基团，则它与玻璃纤维表面的胶接可能很强，因为它们之间形成了氢键的键合作用。显然，氢键的密度，即玻璃纤维表面上硅醇键的密度和树脂中极性基团的密度将直接影响界面间的胶接强度。如果在浸渍时采用的树脂没有极性或极性很小，则难使两者在界面处有很好的胶接。此时就需要用一种能够“键合”极性物质（诸如：玻璃、矿物性填料、金属、金属氧化合物等）和有机物质（例如不带或只带少量极性基团的树脂）的偶联剂来帮助它们之间的胶接。偶联剂能使两者发生胶接的机理在于：它的分子结构中兼有与极性基团和非极性基团发生化学作用的两种活性基团。偶联剂具有在玻璃纤维表面与树脂基体之间形成化学键的功能，用偶联剂处理玻纤表面能够改善树脂与纤维间的润湿性，并能提高界面之间的粘结力，显著提高复合材料的综合性能，并可能延长复合材料的使用寿命。

2. 表面处理方法

玻璃纤维在复合材料中主要起承载作用。为了充分发挥玻璃纤维的承载作用，减少玻璃纤维和树脂基体差异对复合材料界面的影响，以及减少玻璃纤维表面缺陷所导致的与树脂基体粘合不良，有必要对玻璃纤维的表面进行处理，使之能够很好地与树脂粘合，形成性能优异的界面层，从而提高复合材料的综合性能。

对玻璃纤维的处理方法有：洗涤法、热处理法、化学处理法和其他处理方法。

（1）洗涤法

用各种有机溶剂洗除玻璃纤维或织品表面的浆料。常用的溶剂有：三氯乙烯、汽油、丙酮、甲苯、二氯乙烷等。洗涤后，残留的浆料约 0.4%，采用此法时溶剂回收麻烦，又不安全，国内少用。

（2）热处理法

利用高温除去玻璃纤维或织物表面的浆料。处理后的玻璃纤维或其织物呈金黄色或深棕色，浆料的残留量约 0.1%，强度损失约 20% ~40%。随加热时间的延长和温度升高，强度将越来越小，残留的浆料也越少。

热处理在工业上有连续和间歇处理两种，连续处理时使用连续热处理炉，工艺条件可取 300 ~450℃和 3 ~6min。间歇处理时，温度应偏低或时间应偏长，可采取 280℃和 15 ~25min。虽然玻璃纤维的强度在热处理中有所损失，但增强塑料制品的强度却有所提高。因为未处理的玻璃纤维强度虽高，但在制品中由于与树脂胶接不好，纤维的强度不能充分发挥作用。

（3）化学处理法

化学处理法分 3 种，即后处理法、前处理法和迁移法。

① 后处理法　先将玻璃纤维或其织物经过热处理，使其浆料残留量小于 1%，再经过偶联剂溶液处理、水洗和烘干，使玻璃纤维表面覆上一层偶联剂。此法效果好，质量较稳定，也比较成熟。但需热处理、浸渍、水洗、烘焙等多种设备，成本较高。

② 前处理法　将偶联剂加在浆料中，偶联剂在拉丝的过程中就附在玻璃纤维的表面上。与后处理法比较，它可以省去复杂的工艺和设备，使用方便，不需要热处理，强度损失小，是一种较理想的方法。但是很难找到一种偶联剂能同时满足纺织和制造增强塑料两方面工艺的要求。

③ 迁移法　将偶联剂按一定的比例直接加到树脂中，再经过浸胶涂覆使其与玻璃纤维或其织物发生作用。这种方法工艺简单，不需要庞大的设备，但是效果较前两种差。适于缠绕成型和模压成型。

（4）其他的处理方法

近年来，随着技术水平不断发展，表面处理技术有了长足的进步，表面接枝法、等离子体表面处理法和稀土表面处理法等成为玻璃纤维表面处理常用的方法。

① 表面接枝法　在玻纤表面接枝聚合物或小分子的方法即表面接枝法。选择与基体相容性好的接枝物包覆在玻璃纤维的表面，使经接枝处理的玻璃纤维与基体具有很好界面黏结，提高复合材料的综合力学性能。

② 等离子体表面处理法

等离子体表面处理有工艺简单、节省时间、对环境无污染等优点，对增强物表面的改性只对几个纳米的薄层起物理或化学变化，能在不影响增强体力学性能的前提下使表面产生超解析作用并得到粗化，改善增强物表面的物理性质，但不改变其化学性质。用适当的处理方式也能获得好的玻璃纤维表面。

③ 稀土表面处理法

稀土元素有其他常规元素所没有的特性，可以用其特点来对玻璃纤维表面进行处理。根据化学键理论和扩散理论，经稀土元素处理的玻璃纤维，通过化学键键合和物理吸附，使稀土元素被吸附在玻璃纤维的表面并在靠近纤维表面产生畸变区。被吸附的稀土元素改善了玻璃纤维与树脂的界面黏合力，使复合材料的性能提高。

除此之外，还可采用几种方法联用来处理玻璃纤维表面。

## 7.6.4　高压成型

高压成型可分为层压成型、卷绕辊压成型和模压成型。

### 7.6.4.1　层压成型

层压成型是指将多层附胶片材叠合并送入热压机内，在一定温度和压力下，压制成层压塑料的成型方法，它包括浸渍和层压两大过程。这种方法发展较早也比较成熟，所制制品的质量高，也比较稳定，缺点是只能生产板材，而且板材的规格受到设备大小的限制。层压成型所用的设备为多层压机，其常用吨位约为2000～4000t。其工作原理与下推式液压机类似，区别在于多层压机的上、下压板之间设有许多工作垫板，层数从十几层到几十层，以达到提高产率的目的。压机对板坯的加热一般是将蒸汽通入加热板内来完成的，冷却时间则是在同一通道内通冷却水。

（1）浸渍过程

层压成型的树脂多用酚醛树脂和环氧树脂，对于要求特殊电性能的制品，可用聚邻苯二甲酸二烯丙酯树脂（DAP）。增强材料则以玻璃布、棉布、纸张、石棉等片材为多。

图7－62为浸渍过程的示意图。由卷绕辊1放出的片状基材经导向辊2和涂胶辊3在装有树脂溶胶的浸槽4内浸渍，再经过挤液辊5挤掉多余的胶料，进入烘炉6内干燥而成为附胶片材，再由卷取辊7收取。浸渍时要求基材必须为树脂所浸透，并达到所规定数量的树脂，规定数量视树脂种类而定，其变化范围为25%～46%，涂拭要均匀，无杂质，避免卷入空气。除用浸渍法外，还可采用喷射法或涂拭法。

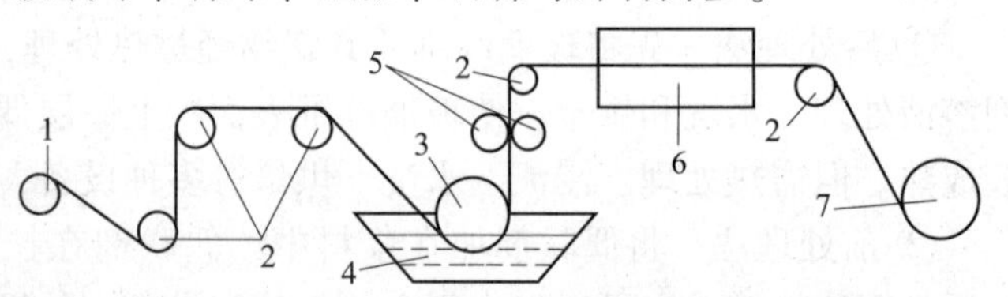

图7－62　浸胶机示意图

1—卷绕辊　2—导向辊　3—涂胶辊

4—浸槽　5—挤液辊　6—烘炉　7—卷取辊

（2）层压板材的成型工艺过程

层压板材成型工艺过程分为由叠料、进模、热压、脱模、加工和热处理等过程组成。

① 叠料　首先是对所用附胶材料的选择。选用的附胶材料要浸胶均匀、无杂质、树脂含量符合规定要求，用酚醛树脂时其含量在32%±3%；用邻苯二甲酸二烯丙酯树脂时为40%±3%，而且树脂的硬化程度也应达到规定的范围。接着是剪裁和层叠，即将附胶材料按制品预定尺寸（长宽均比制品要求的尺寸大70～80mm）裁切成片并按预定的排列方向叠成成扎的板坯。制品的厚度一般是采用附胶材料的张数和质量相结合的方法来确定制品的厚度。

为了改善制品的表观质量，也有在板坯两面加用表面专用附胶材料的，每面约放2～4张。表面专用附胶材料不同于一般的附胶材料，它含有脱模剂，如硬脂酸锌，含胶量也比较大。这样制成的板材不仅美观，而且防潮性好。

将附胶材料叠放成扎时，其排列方向可以按同一方向排列，也可以相互垂直排列，用前者制品的强度是各向异性的，而后者则是各向同性的。

叠好的板坯应按下列顺序集合成压制单元，如图7－63所示。

金属板→称纸→单面钢板→板坯→双面钢板→板坯→单面钢板→称纸→金属板

② 进模　将多层压机的下压板放在最低位置，然后将装好的压制单元分层推入多层压机

的热板中，再检查板料在热板中的位置是否合适，然后闭合压机，开始升温升压。

③ 热压　开始热压时，温度和压力都不宜太高，否则树脂易流失。压制时，聚集在板坯边缘的树脂如不能被拉成丝，即可按照工艺参数要求提高温度和压力。温度和压力是根据树脂的特性用实验方法确定的。热压时温度控制一般分为5个阶段（见图7-64）。

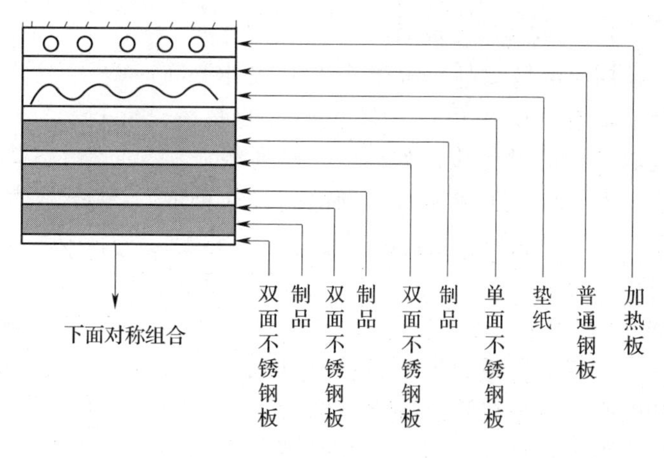


图7-63　压制单元组成示意图

第一阶段是预热阶段。是指从室温到硬化反应开始的温度。预热阶段中，树脂发生熔化，并进一步浸透玻璃布，同时还排除一些挥发组分。施加的压力约为全压的1/3～1/2。

第二阶段为保温阶段。树脂在较低的反应速度下进行硬化反应，直至板坯边缘流出的树脂不能拉成丝时为止。

第三阶段为升温阶段。这一阶段是自硬化开始的温度升至压制时规定的最高温度。升温不宜太快，否则会使硬化反应速度加快而引起成品分层或产生裂纹。

第四阶段是当温度达到规定的最高值后保持恒温的阶段。它的作用是保证树脂充分硬化，使成品的性能达到最佳值。保温时间取决于树脂的类型、品种和制品的厚度。

第五阶段是冷却阶段。当板坯中树脂已充分硬化后进行降温，准备脱模的阶段。降温一般是热板中通冷却水，少数是自然冷却。同时，应保持规定的压力直到冷却结束。

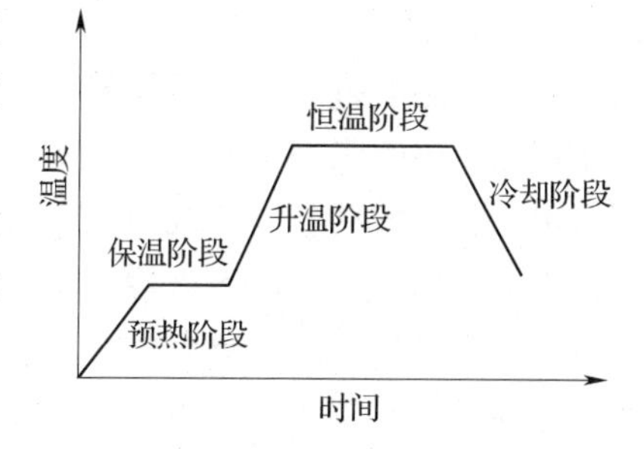


图7-64　层压成型热压阶段升温曲线示意图

5个阶段中所施的压力与树脂的类型相关。例如酚醛层压板压力为（12±1）MPa，邻苯二甲酸二烯丙酯层压板压力为7MPa左右。压力的作用是除去挥发组分，增加树脂的流动性，使玻璃布进一步压缩，防止增强塑料在冷却过程中的变形等。

④ 脱模　将压制好的板材温度降至60℃，即可进行脱模。

⑤ 加工　加工是指去除压制板材的毛边。3mm以下厚度的薄板，可用切板机加工，3mm以上的一般采用砂轮锯片加工。

⑥ 热处理　热处理的目的是使制品的力学强度、耐热性和电性能都达到最佳值。热处理的温度应根据所用树脂而定。

（3）层压工艺条件控制

层压成型工艺虽然简单方便，但制品质量的控制却很复杂，必须严格遵守工艺条件。图7-65是两种典型热固性塑料层压板热压工艺。层压板常见的质量问题是出现裂缝、厚度不均、板材变形等。裂缝的出现通常是由于树脂流动性大和硬化反应太快，使反应热的放出比较集中，以致挥发分猛烈向外逸出所造成的。因此，附胶材料中所用的树脂，其硬化程度应受到严格控制；要控制板材厚度均匀性就应严格控制胶布的厚度，使胶布的含胶量均匀；层压板的变形问题，主要是热压时各部温度不均造成的，这与加热的速度和加热板的结构有关。

7.6.4.2　卷绕辊压成型

层压塑料制品只限于扁平形或外形简单的制品。增强塑料管材和棒材的制造，是以干燥的附胶片材为原料，用卷绕方法成型的。与层压成型所不同的是，这种成型方法是将附胶片材一层层卷绕在管芯上，再以支承辊和大压辊压实。其成型过程见图7－66所示。

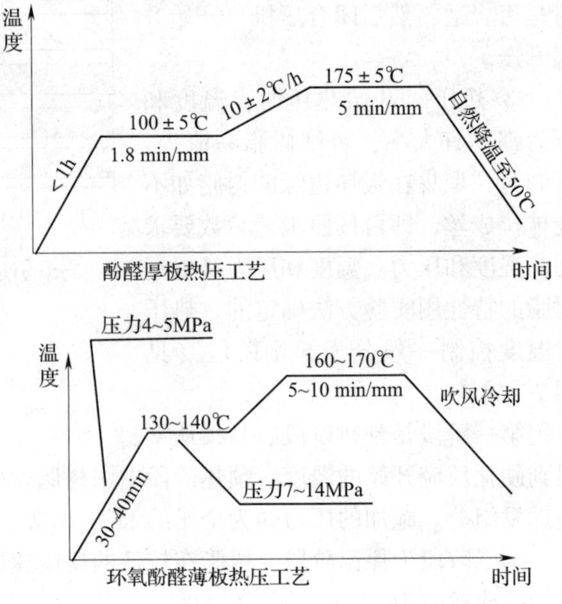

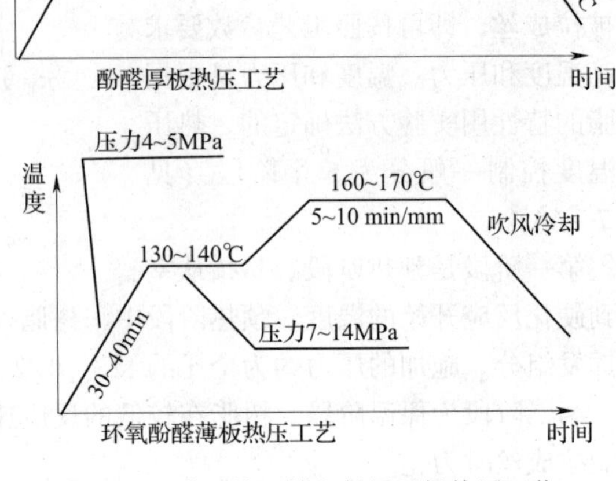


图7－65　典型热固性塑料层压板热压工艺

卷绕辊压成型时，按棒、管长度、裁切附胶宽度，在涂有脱模剂的管芯上包上一段附胶片材作为底片，将其置于前、后支承辊与大压辊之间压紧。然后，将绕在卷绕机上的附胶片材拉直并与底片端搭接，开始慢速卷绕，正常后逐渐加快速度。此时，附胶片材经张力辊和导向辊而进入已经预热的前支承辊上，受热变黏后再卷绕到包好底片的管芯上。前支承辊的温度应严格控制，温度过高，树脂易流失；温度过低时，不能保持良好的黏接。张力辊的作用是给附胶片施加一定的张力，使卷绕密实，同时可借助摩擦作用使管芯转动。当卷绕到规定尺寸时，割断胶布，取下管坯，送入炉内进行固化。最后，在室温下自然冷却．从管芯上取下管材。当采用的管芯较细时，在卷绕开始不久就可将芯棒抽出，即成为棒材制品。

这种管材和棒材，多用于加工各种机械零件，也可直接用作各种绝缘套管和工业制品。

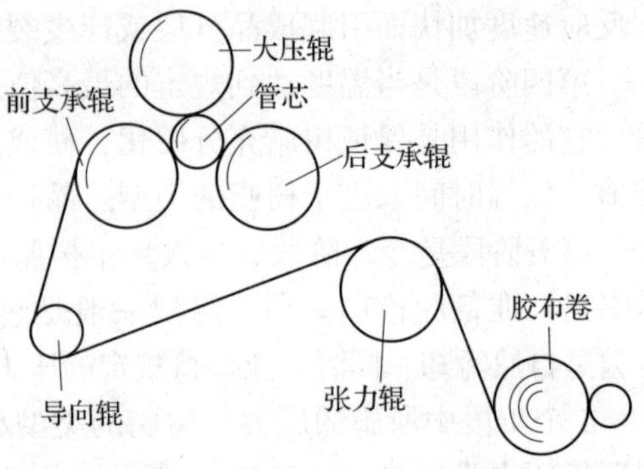

图7－66　卷管工艺示意图

## 7.6.5　低压成型

低压成型是用橡皮袋等弹性施压物与刚性模配合作用的成型方法，因其加工压力较低，故称为低压成型。这种成型制品在外观和强度上稍差，但对设备要求不高，可制造大型制品，对增强材料的损伤小。低压成型法种类很多，但应用较多的有接触法和袋压法，其他各种方法大多只用于特殊场合，这里重点讨论接触法和袋压法低压成型。

7.6.5.1　接触法

接触成型是指成型方法仅借助于增强材料、树脂与模具之间的接触而成型，又称为涂敷法、裱糊法或手糊法。其工艺过程是，在预先涂好脱模剂的模具上，将附胶片材（如制造的是玻璃织物增强塑料，也可直接用玻璃布或玻璃毡）用树脂连铺带涂并一层层地贴上。每贴一层，均应将其中空气排出。铺到所需厚度时，即进行硬化处理。硬化完毕后，经适当修整，即可得到制品。

现以玻璃布作为增强材料的具体工艺为例。说明如下：

① 玻璃布的准备　根据要求选择经化学处理或热处理的玻璃布。已处理的玻璃布要放在

干燥处，不得沾染油污。按模型裁剪玻璃布。形状复杂的应用纸板做成的样板，进行剪裁。用斜纹布和缎纹布时要注意方向性，对于各向同性制品，要把玻璃布纵横交替铺放。同时搭接处每层要错开。

② 模具准备　模具所用的材料应根据制品和成型工艺的要求选择。模具表面要平整光滑，擦洗清洁并涂好脱模剂。使用木模和石膏模时，由于它们是微孔材料，所以要进行封孔处理，以防脱模剂向内部渗透，造成脱模困难。常用的封孔材料有硝基清漆和聚氨酯清漆等。石膏模、水泥模和木模都含有水分，水分的存在会影响树脂的硬化，使用前必须对其进行干燥。

③ 浸渍液的配制　为便于施工，浸渍用的树脂溶液黏度以在0.40～1.00Pa·s为宜。施工时，浸渍液要随配随用，用量较大时，最好按施工进度分批配料，否则常会由于硬化反应的进行使浸渍液的黏度过大，造成施工困难。

④ 糊制　手工糊制时要求操作者准确迅速，含胶量要严格控制，并将气泡及时排除。

操作时，先均匀地刷一层树脂，然后贴上一层玻璃布，玻璃布要紧贴在表面上，无折皱无气泡。然后再刷一层树脂，贴第二层玻璃布，可用手动橡胶辊或毛刷将布推平并赶出多余的树脂和气泡。

糊制较厚的大型制件时，一定要分几次糊制，一次糊制的厚度不应超过10mm，否则厚度太大放热量大，制品内部内应力就会过分集中，从而使制品变形分层。糊制时环境温度和湿度对硬化的影响较大。一般要求环境温度不低于15℃，而湿度不高于80%。

⑤ 硬化及热处理　裱糊好的坯件，如果使用的是不饱和聚酯树脂，一般放置24h后硬化反应就能大体完成，并可以进行脱模。热处理可以提高硬化速度、缩短周期、比常温的硬化更充分，制品质量好。热处理的条件取决于树脂和硬化剂的种类、玻璃布的层数和操作条件等。热处理时必须逐步升温和降温，升温速度约为10℃/h，切忌突然升降温，不然会使制品内应力集中，产生气泡和分层。

⑥ 脱模及后加工　脱模工具最好是木制的或铜制的，以免将模具和制品划伤。大型制品的脱模有时可借助一些机械，如千斤顶、吊车等。

制品从模具取出后可按照一般金属加工的办法进行后加工。

#### 7.6.5.2　袋压法

袋压法与接触法相似，不同的只是在硬化过程中须对已铺好的铺叠物施加压力。施加的压力是靠橡皮袋抽真空或加压来实现的，所以称为袋压法。由于施有压力，使树脂能够充分浸渍，从而取得密实和强度高的制品。采用的模具是由刚性部分（硬质模）和弹性部分（橡皮袋）组成的。刚性部分是使制品获得固定形状的部分；弹性部分，即橡皮袋，则是在成型过程中将弹性介质的压力传递给铺叠物的部分。制品与刚性模接触部分的表面光滑，外形准确，而与橡皮袋接触的部分则较差。

根据弹性部分传递压力方式的不同又可分为3种方法：真空法（压力在0.05～0.08MPa），气压法（压力在0.4～0.5MPa），热压器法（压力在2.5MPa左右）。

(1) 真空法

如图7-67所示，成型时将橡皮袋覆盖在阴模中已铺好的铺叠物上，再在袋的四周用夹具将它夹紧在模具底板的边缘上，使铺叠物完全处于密封的空间。通过抽气口用真空泵将橡皮袋内部的空气抽出，这时铺叠物就会受到大气压的作用而被压紧。为了防止橡皮袋和制品粘在一起，可在制品和橡皮袋之

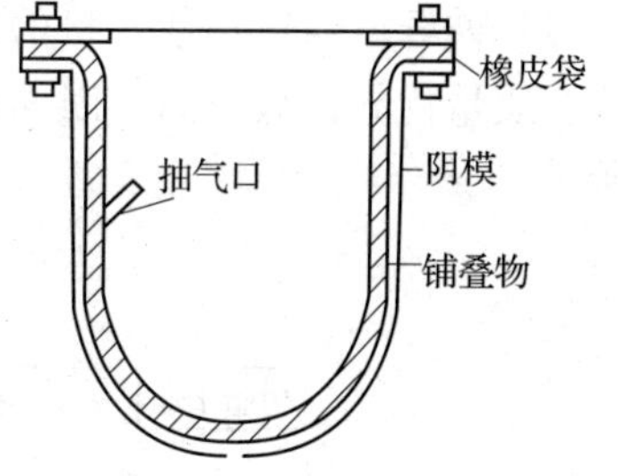

图7-67　真空袋压装置

间放一层玻璃纸。硬化是在加热室中进行的，亦可以使模具本身加热。待树脂固化后，即可进行冷却和脱模，并得到制品。

这种成型方法由于压力小，所以只适用于不饱和聚酯树脂和玻璃纤维（或玻璃布）。

(2) 气压法

气压法也是将橡皮袋铺放在铺叠物上的方法，如图 7－68 所示。铺叠物和橡皮袋都放在一个容器内。当压缩空气进入橡皮袋后，橡皮袋就膨胀而对铺叠物施加压力。整个装置应能够加热而使树脂硬化。施压时，气压能够均匀地分布在铺叠物的表面上，由于压力较高（0.4～0.5MPa），因此模具通常都须用金属制造，同时所得制品的物理力学性能较高。

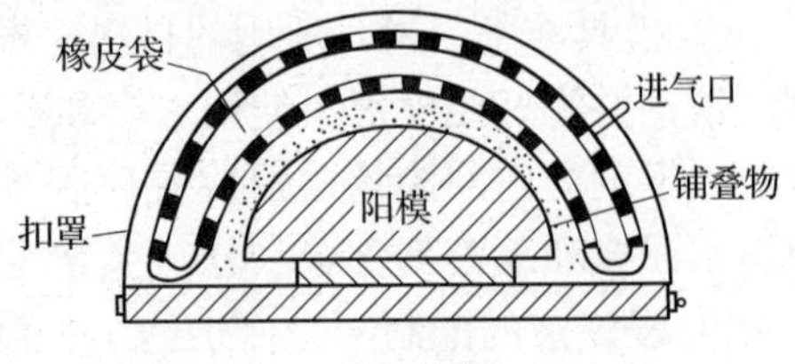


图 7－68　气压橡皮袋装置

## 7.6.6　热塑性增强塑料

热塑性增强塑料是在热塑性塑料中加入增强材料以改进力学性质的一类材料。增强材料通常是纤维类材料，如玻璃纤维（GF）、碳纤维（CF）、硼纤维（BF）、晶须、有机聚合物纤维及其织物。将热塑性树脂与增强材料进行复合得到热塑性增强塑料，常用基体树脂有聚酰胺、聚苯醚、聚甲醛、聚氯乙烯、聚丙烯、聚碳酸酯、氯化聚醚、聚乙烯、聚对苯二甲酸乙二酯和聚对苯二甲酸丁二酯等。

热塑性增强塑料性能特点为比强度高，具有良好的热性能，电性能，耐化学腐蚀性，耐老化性，优良的可加工性能，成型收缩率低，但材料的密度增加，制品表面平滑性降低，材料的力学性能、成型收缩率及热膨胀系数易出现各向异性；制品透明性降低，材料的焊接强度降低，高强度的玻璃纤维对设备磨损较大。尽管如此，热塑性增强塑料制品由于具有优良的物理力学性能，成型加工方便，生产周期短，可重复使用，成本低，可以制成形状复杂而尺寸精确的制品，容易修补、耐腐蚀性好，冲击韧件和断裂韧性高等特点，广泛用于建筑、交通、船舶、汽车、化工、机械制造、仪器仪表等工程领域。

### 7.6.6.1　热塑性增强塑料的制备

制造纤维增强热塑性增强塑料粒料的工艺方法有许多种，这是根据树脂、玻璃纤维等原材料的形态和性能，以及工厂本身所具有的设备条件而定。但最终目的是要将体积庞大、结构疏松的玻璃纤维加入到基体树脂中去，形成均匀分散的粒料半成品，供注塑模塑成型。对于制造增强粒料有以下要求：① 玻璃纤维能均匀地分散于树脂之中；② 玻璃纤维与树脂应尽可能包覆或黏结牢固，以避免包装运输、供料、成型过程中玻璃纤维飞扬，影响环境及操作条件；③制造过程中应尽可能减少对玻璃纤维的机械损伤，尽可能避免高分子材料的降解。根据采用的玻璃纤维的长短的不同，热塑性增强塑料的粒料可以采用长纤维或短纤维的方式进行增强改性。

(1) 长玻纤增强改性热塑性塑料

长玻纤增强热塑性塑料的方法一般采用电线包覆式生产工艺，该方法设备简单、操作连续、质量优异，效率高，因而国内外普遍采用此法。其生产工艺流程如图 7－69、图 7－70 所示。

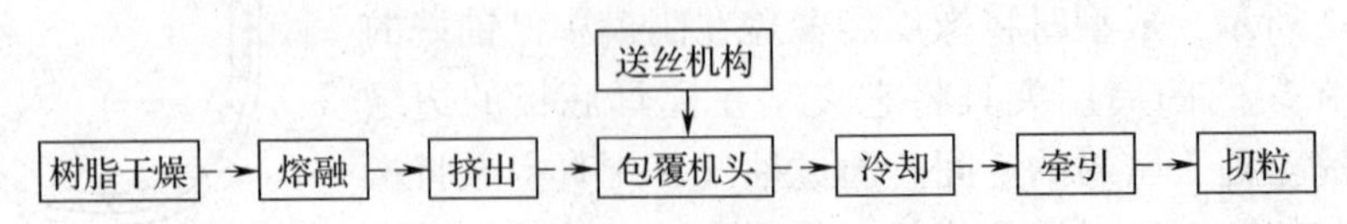


图 7－69　长玻纤增强改性热塑性塑料的造粒工艺流程图

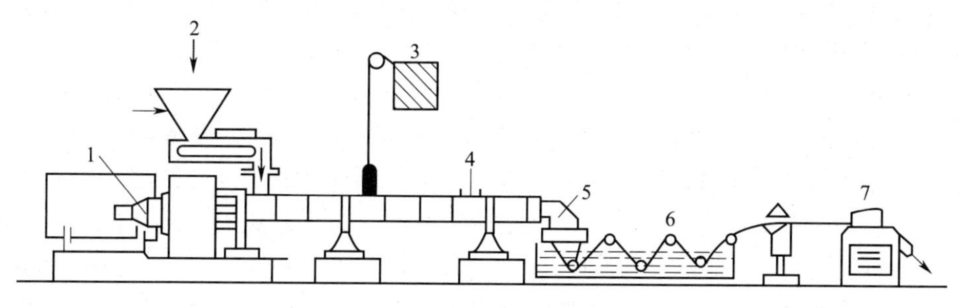


图 7－70　双螺杆配料挤出机生产长玻纤增强改性热塑性塑料工艺流程图

1—传动装置　2—热塑性塑料　3—玻璃纤维细纱

4—排气　5—机头　6—水浴　7—切粒装置

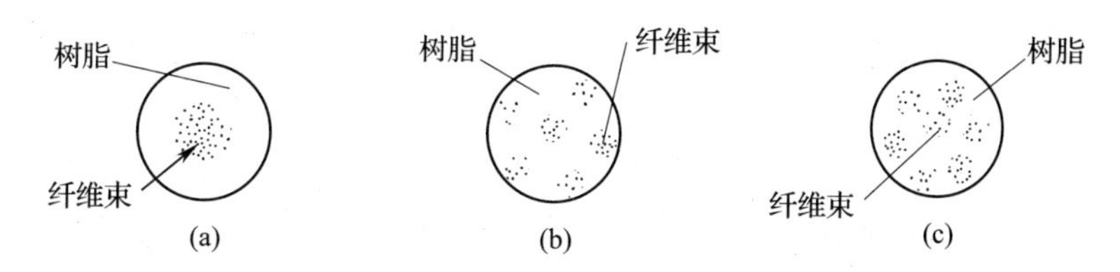


图 7－71　长玻纤增强热塑性塑料粒料断面结构形式

熔融树脂对纤维的包覆是玻纤增强改性热塑性塑料生产过程中的关键，根据包覆情况可以分为 3 种形式，如图 7－71 所示。图 7－71（a）中的纤维呈大束状分布于树脂中，中间的纤维相互接触，中间是树脂，纤维分散不均匀，与树脂的结合不牢固，切粒时容易起毛，纤维也容易飞扬。图 7－71（b）中的纤维呈小束分散于树脂的周边，虽然玻璃纤维分散了，但是由于纤维过于靠近粒子表面，树脂的包覆力不够，因而在切粒时也容易起毛，纤维也容易飞扬。图 7－71（c）中的纤维呈小束状于树脂中，分散均匀，且又不在树脂颗粒的表面，树脂包覆力大，结合牢固，所以造粒时纤维不飞扬，是较好的分散形式。

（2）短玻纤增强热塑性塑料

短纤维增强改性热塑性塑料粒料的生产可采用单螺杆挤出机或双螺杆挤出机，配上特制的挤出机头，加工时，纤维由料斗或料筒近中段导入挤出机，与已熔融好的树脂混合，同时纤维在强大剪切作用力下破碎成一定的长度，并良好的分散在树脂中，从而制成短纤维增强热塑性塑料。短玻纤增强改性热塑性塑料粒料的工艺流程示意图如图 7－72 所示。

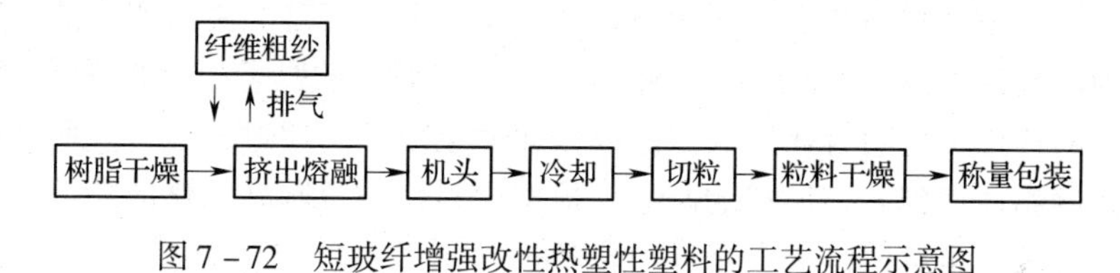


图 7－72　短玻纤增强改性热塑性塑料的工艺流程示意图

7. 6. 6. 2　影响热塑性增强塑料性能的因素

热塑性增强塑料可以采用挤出、注射和压制等方法生产制品。不过与一般（未增强）热塑性塑料相比有其自己的工艺特性，在成型时应考虑热塑性增强塑料的加工流动性差、纤维长度的折断破碎、制品性能的各向异性、制品的表面光洁度低以及纤维对设备的磨损等问题。

以注射成型为例说明影响热塑性增强塑料成型性能的因素。

（1）流动性

一般，热塑性增强材料的加工流动性较差。为了改善流动性，应选用相对分子质量较低的树脂，避免设计壁薄的大面积制品。同时，在成型时可以采用加大浇口及流道直径、增加注射压力、提高料筒和模具温度等措施加以解决。

（2）玻璃纤维长度的变化

在注射成型过程中，玻璃纤维因受到剪切作用而易被切断破碎，当高分子熔体通过模具的流道浇口时，玻璃纤维将会进一步切断。通常制品中玻璃纤维的长度大约在0.3～0.7mm。玻璃纤维的长短将影响制品的力学强度，尤其是冲击强度。为了避免玻璃纤维的过度切断破碎，可适当降低螺杆转速，降低纤维受到的剪切作用，但这易造成混炼效果差而影响制品的表面光洁度。为此目前多通过改进螺杆头部来增强混炼效果，改善制品性能。

（3）玻璃纤维在制品中的方向性

注射成型时，制品中纤维排列的方向与熔体在型腔中的流程、流动速度和熔体冻结的快慢、以及浇口设置的位置等因素有关。由于玻璃纤维排列的方向性易引起制品性能具有方向性，特别对薄壁制品更为明显。为了尽可能减少制品的各向异性，在严格控制成型工艺条件的同时，应在设计制品时加以注意。

（4）收缩率

与热塑性塑料相比，热塑性增强塑料的收缩率都比较低。影响成型收缩率的主要因素有塑料品种、纤维含量、成型工艺条件、制品的形状和厚度以及浇口位置和大小等。结晶型聚合物的收缩率比无定型聚合物大；随着玻璃纤维含量的增加，制品收缩率降低；采用较高的料筒温度和较大的注射压力时，收缩率较小；模具温度过高，熔体冷却速度缓慢，特别是对于结晶型塑料，由于结晶度增高，收缩率变大。无定型聚合物的收缩率则与制品的薄厚有关，对于薄壁制品，收缩率增加；浇口应开设在制品最厚的截面上。

（5）玻璃纤维对设备的磨损

由于玻璃纤维和偶联剂等填加剂对螺杆和料筒的磨损使其间隙增大，导致加工中的逆流和漏流流量增加，影响注射成型。因此，要采用措施防止设备的磨损和腐蚀，通常加工设备的钢材要进行氮化和镀铬处理。

## 7.7 浇铸

### 7.7.1 概述

浇铸是由金属铸造技术演变而来的塑料成型方法，又称铸塑。浇铸成型的一般工艺是以聚合物的单体、预聚物、熔体、溶液、分散体、粉末等可流动的高分子材料为原料，利用重力、离心力等成型力的作用使之附着在模具型面或载体面上成型，通过适当方式使之固化定型后将其与模具或载体剥离而得到一定形状的制品。根据原料性质及制品固化的特点，浇铸成型既可以是单纯的物理过程，也可以是一个物理－化学过程。

浇铸用原料流动温度和成型压力一般都不很高，对模具材质及强度要求也相对较低。因而对模具材料适应性强，浇铸所用模具可用金属或合金、玻璃、木材、石膏、塑料和橡胶等材料制造。由于浇铸成型过程中物料受力很小，因此所得制品大分子取向度低，内应力小，质量均匀性好，对制品的尺寸大小也几乎没有限制。但是浇铸成型存在生产周期长、制品尺寸准确性较差的缺点，所以多用于单件或小批量生产。

浇铸是一类高分子材料成型方法的统称，根据其成型、固化等技术特点可分为静态铸塑、离心浇铸、流延铸塑、搪塑、蘸塑、滚塑等多种工艺方法。

静态铸塑可生产各种型材和制品，以及嵌入物固定、封装等；离心浇铸可以生产大直径的管制品，空心制品，齿轮和轴承；流延铸塑常用来生产薄膜；搪塑常用来生产儿童玩具及其他小型中空制品；蘸塑可生产乳胶手套等；滚塑可生产大型的容器。

## 7.7.2　静态浇铸

静态浇铸是一类比较简便且使用广泛的浇铸成型工艺。具体方法是将液态原料（浇铸液）平稳地浇灌入模，浇铸液靠自重流动注满模具型腔而成型，并在模具中完成聚合或固化过程而硬化定型成为制品。静态浇铸成型工艺过程可简示如下：

原料→浇铸液的配制→过滤和脱泡→浇铸成型→固化定型→脱模→修饰→成品

静态浇铸工艺设备非常简单，除浇铸模具外，几乎不需要任何其他设备。

静态浇铸属模塑成型工艺，制品及其模具设计的基本要求与注射等模塑成型相同。但由于静态浇铸靠重力成型，模腔压力很低，因此对模具强度要求很低，只要模具材料对浇铸过程没有不良影响，易加工，能经受浇铸液聚合或固化过程所需要的温度即可。常用的制模材料有铸铁、钢、铝合金、型砂、硅橡胶、塑料、玻璃以至水泥、石膏等。选用时视原料品种、制品要求及生产批量而定。例如，小批量生产环氧塑料浇铸制品时可用石膏模，而大量生产则用金属模；浇铸有机玻璃板材的模具通常是两块平行放置的玻璃板，四周依次用等厚而贴有玻璃纸的橡皮条等条状物衬垫（在其中一边留出一定长度缺口作为浇铸口）将两块玻璃板隔开，再用橡皮带或牛皮纸包紧封边并用夹子夹紧即可；而在用于电子零件封装的环氧塑料嵌铸成型中零件本身或其外壳就起着模具的作用。模具使用强度较差的材料制作时，特别是在生产大型制品时，为使模具有足够的刚度，常以其他刚硬材料制成模框、模座或骨架对模具进行支撑。

静态浇铸用浇铸模的结构形式也因原料品种、制品要求及生产批量而异，基本要求是便于浇铸液流动充模，模内及浇铸液中裹入的气体能顺利排除或聚集到制品的非工作部分。静态浇铸常用的模具形式有敞开式、水平式、侧立式、倾斜式等。

敞开式浇铸（图7－73），所用模具只有上部敞开的凹模，浇铸及排气均在敞口处。此类模具主要用于一些外形简单的实心制品、坯料和嵌铸制品。此类模具成型的制品上表面为自由成型，制品高度尺寸不准确和上表面不平整，因此模具高度应考虑留有充足的制品后加工余量。

水平式浇铸（图7－74），所用模具由上下两瓣模构成，浇口和排气口开在上模或制品的嵌入物上。此类模具主要用于内外形状均有要求的壳状制品或带有基体（嵌入物）的制品。

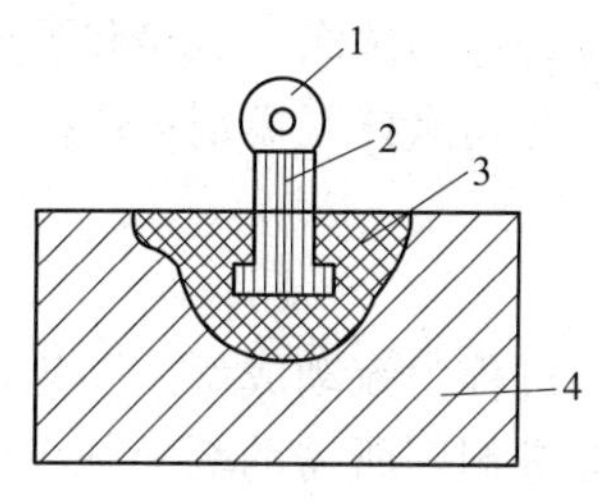


图7－73　敞开式浇铸

1—固定嵌件及脱模用吊环

2—嵌件　3—成型物　4—模具

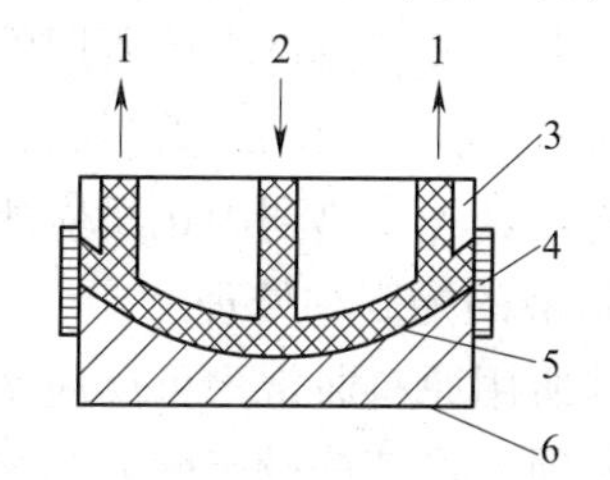


图7－74　水平式浇铸

1—排气口　2—浇口　3—上模

4—密封板　5—成型物　6—下模

侧立式浇铸（图7－75），所用模具是将两瓣模具（或一瓣为基体）对合并侧立放置，浇口和排气口在两瓣模具对合时中间所余缝隙（模腔）的上部。其用途与水平浇铸模类似，优点是便于浇铸液流动充模，可使制品的气泡集中在制品顶部非工作部位，与用水平浇铸模成型的相似制品相比制品质量较高。

真空浇铸（图7－76），所用模具及用途与水平浇铸类似，但为了更好地排气，浇铸是在真空下进行的。对于小型模具可直接放在真空烘箱中进行浇铸，而对于较大的模具则在模具排气口接上真空系统对模具型腔抽真空。

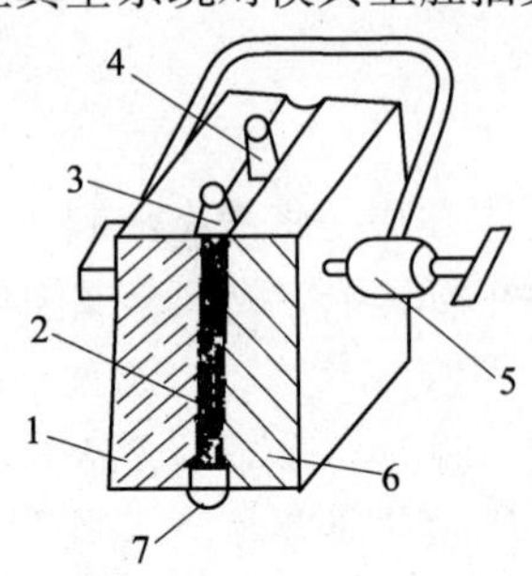


图7－75　侧立式浇铸

1，6—模具　2—成型物　3—排气口

4—浇口　5—夹具　7—密封条

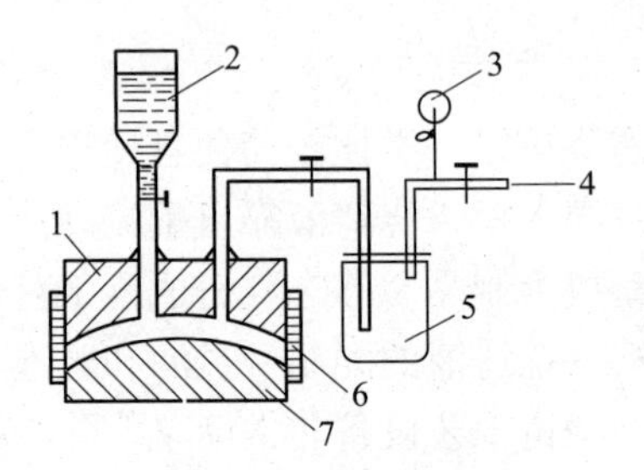


图7－76　真空浇铸

1—上模　2—浇铸液　3—真空表

4—接真空系统　5—缓冲器

6—密封板　7—下模

用于静态浇铸工艺生产的塑料品种主要有：聚甲基丙烯酸甲酯、聚苯乙烯、聚酰胺、环氧树脂、有机硅树脂、酚醛树脂、不饱和聚酯、聚氨酯等，其中以聚酰胺、聚甲基丙烯酸甲酯及环氧树脂的浇铸反应成型最为常见。

良好的静态浇铸原料在成型工艺性上应满足以下几个方面的要求：

① 流动性好，在浇灌时容易填满模具的型腔。

② 成型温度（成型用物料的熔点或流动温度）应明显高于产品（经聚合或冷却凝固的后的产物）软化温度。

③ 液态料固化时没有或很少生成低分子副产物，以避免制品内出现气泡。

④ 固化交联反应或结晶凝固过程在成型物各处以相近的速率同时开始进行，以免因各处固化收缩不均而使制品出现缩孔和产生过大的残余应力。

静态浇铸基本过程主要包括下列几个步骤。

（1）模具准备

模具准备包括模具的清洁、干燥、涂脱模剂，嵌件预处理与安放，模具预热等步骤。浇铸成型对模具材质及强度要求不高，但一般要求模具应是清洁、干燥的。具体要求因原料及产品性能而异，如有机玻璃板材浇铸所用的硅酸盐玻璃板，应经仔细洗涤、擦净和干燥后再用；环氧树脂及其塑料对模具的粘结力很高，需要在模具型面上均匀涂抹脱模剂；己内酰胺单体浇铸成型前，应将模具先预热到固化反应所需温度。

（2）浇铸液的配制和处理

静态浇铸所用原料通常为可反应单体或齐聚物，成型过程为流动成型，固化过程为交联固化。成型前必须先将其按设定配方与引发剂、固化剂、促进剂等所需助剂配制成可流动成型的混合物——浇铸液。浇铸液一般现配现用，根据具体原料不同，其浇铸液的配制方法也不同。但无论哪种原料，其浇铸液配制过程都必须注意以下几点：

① 控制好固化剂、催化剂等的加入时机和温度，避免浇铸液因提前聚合而失效。

② 浇铸液中各组分必须充分混合均匀。

③ 浇铸前必须通过过滤除去机械杂质，通过抽真空或常压静置足够时间脱除浇铸液中的空气及其他挥发物（脱泡），并采用适当方法适时除去阻聚剂等影响聚合固化的其他物质。

(3) 浇铸成型

浇铸液配制、处理完成后即可浇铸。即将经处理过的浇铸液用人工或机械的方法灌入模具，使其平稳地注满模具型腔。

浇铸过程主要注意不要操之过急，避免使空气卷人或模内空气被入模料压堵无法排出，必要时可辅以轻微振动或排气操作（真空浇铸）。

(4) 固化

固化的目的是使浇铸液在模具中完成聚合反应而硬化成为制品。固化过程控制的基本原则是尽可能使制品各处均匀固化，防止制品收缩不均匀而产生内应力，注意防止暴聚，避免低分子物大量积聚导致制品出现气泡等缺陷。浇铸制品的固化通常在常压或接触压力下进行，具体的固化过程及温度、时间等固化条件随原料品种、配方及制品厚度等而异。

例如，用己内酰胺浇铸液制备MC尼龙制品时，将灌满浇铸液的模具在160℃左右保温约半小时即可脱模。环氧树脂的固化条件视所用固化剂的不同而异，通常在采用室温固化剂时，只需在25℃左右放置一段时间即可。为加速固化，也可在升温下进行。温度升高，固化时间相应缩短。但升温不宜过快，温度也不能太高，以免造成某些添加剂的挥发损失，避免原料中的空气、水分等低分子物逸出太快使制品起泡。甲基丙烯酸甲酯浇铸有机玻璃时的固化过程通常是在烘房或水浴中进行的。固化温度逐步分段提高，必要时还需加入几个冷却阶段。各阶段温度和所占的时间主要取决于制品的厚度。初期固化温度不得高于100℃，而当转化率达到92%～96%以后，则需提高到100℃或更高，以提高聚合反应速度，因为此时的聚合反应速度已十分缓慢。例如，以水浴法生产厚度小于20mm的板材时，其固化条件可取为35～50℃下经30～38h，65～100℃下经7h，最后降温至45～65℃即可取出；在烘房中用空气浴聚合时，先在85～100℃的烘房中聚合到一定黏度，并将溶解于浇铸液中的空气排除，随即降温至35～45℃，然后再送至另一烘房，在40～60℃低温下聚合，再在90～100℃下进行高温聚合，冷却至60～70℃后脱模。

(5) 制品后处理

浇铸制品固化后即可脱模，脱模后的制品经适当的后处理，即得成品。浇铸制品的后处理通常包括热处理、机械加工、修饰、装配、检验等，后处理的目的意义大多与其他模塑制品相同。而热处理有时还兼有使制品进一步聚合完全的作用。因为浇铸制品的固化反应越来越慢，为了提高生产效率往往不待其聚合完全，而是在达到可以脱模的聚合度后即行脱模。如MC尼龙制品一般在160℃左右的模具内保温半小时左右就可脱模，脱模后再在150～160℃的机油中保温2h，待与油一起冷至室温后再置于水中煮沸24h，再逐步冷至空温。其后处理过程兼有进一步聚合、调湿以及消除制品内应力等多重作用。

静态浇铸除广泛用于塑料型材、制品的浇铸成型之外，还常用于将各种非塑料物件（嵌件）包封到塑料中，方法是在模具内预先安放经过处理的嵌件，然后将浇铸液倾入模具中，在一定条件下固化成型，嵌件便被包裹在塑料中。这种静态成型技术称为嵌铸成型。

聚甲基丙烯酸甲酯、不饱和聚酯及脲醛树脂等透明塑料的嵌铸成型常用于各种动植物标本、样品、纪念品、艺术品的包封保存，以及“人造琥珀”、“人造玛瑙”等工艺品的制造；环氧树脂、不饱和聚酯等塑料的嵌铸成型常用于某些电气设备中电气元件及零件的封装，使之与外界隔离，起到绝缘、防腐、防震等作用。

嵌铸作为静态浇铸的一种，所用的模具，浇铸及固化过程均与前述的静态浇铸过程基本相同，两者区别主要在于嵌铸须将嵌入物预先置于模具中。为了使塑料与嵌件之间有良好的紧密黏合，避免出现在嵌件上带有气泡等不良情况往往要对嵌件进行预处理。预处理的方法因嵌件特性而异，如对含有水分的生物标本等嵌件进行干燥，以防制品产生气泡；将嵌件在单体中进行表面浸润，对嵌件与塑料接触部分进行喷砂或打磨糙化，以提高嵌件与塑料的结合牢度；对某些表面存在活性物质，可能对浇铸液固化造成不良影响的嵌件，在嵌件表面预涂上一层惰性物质涂层等。

嵌件与浇铸液的密度差异往往会使其在浇铸时漂浮或沉降。所以，浇铸前须以适当的方式将嵌件固定在模腔内以免浇铸时位置移动，或采用分次浇铸的方法，以便嵌件能固定在制品中央或其他预定的位置。

另外，还需注意浇铸液固化反应可能对嵌件造成的影响。例如，嵌铸用聚甲基丙烯酸甲酯浇铸液一定要用预聚体配制，否则会因大量的聚合反应热无法逸散而引起爆聚。

### 7.7.3 离心浇铸

离心浇铸是一类借助离心力使浇铸液成型的浇铸成型工艺。具体方法是将浇铸液浇入高速旋转的模具中（或将粉粒料置于边高速旋转边升温的模具中使其熔融塑化成浇铸液），浇铸液在离心力作用下附着在模具内而成型，并在模具中完成固化或冷却定型成为制品。

离心浇铸与静态铸塑的区别在于模具要高速转动。离心浇铸的成型力为模具高速旋转产生的离心力，其大小可通过转速调控。由于成型力较静态浇铸大，因此可生产静态浇铸难以生产的大型薄壁或厚壁制品；制品内部均匀密实，很少有气孔、缩孔等缺陷，因而具有较高的强度；制品外形饱满、精确、精度较高，后加工量较小。离心浇铸的缺点是成型设备较静态浇铸复杂；由于离心力有方向性，离心浇铸生产的制品大多为圆柱型或近似圆柱型的回转体结构，如大型的管材、轴套、齿轮、滑轮、转子、垫圈等，难以成型外形比较复杂的制品。

离心浇铸常用于熔体黏度小、热稳定性好的热塑性塑料，如聚酰胺、聚烯烃等，也可用于己内酰胺生产 MC 尼龙制品等浇铸制品的成型。

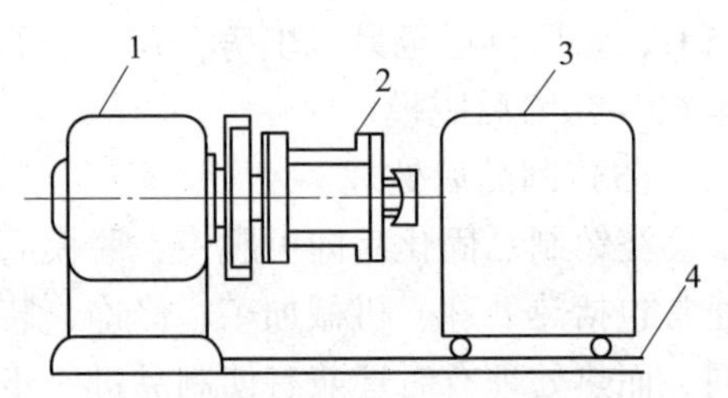

图 7－77 用于 MC 尼龙管生产的卧式离心浇铸设备

1—电机及传动机构 2—模具 3—可移动烘箱 4—轨道

离心浇铸所用设备由模具及其旋转驱动装置构成。图 7－77 所示为一种用于 MC 尼龙管材生产的水平式离心浇铸设备示意图。生产时将预先制备好的浇铸液用专用漏斗加入模具内，开机使模具旋转，原料在离心力的作用下附着于模具型腔壁上形成中空的圆柱形，移动烘箱使旋转的模具悬于烘箱内，模具被加热，其中的成型物聚合固化，固化完成后，移开烘箱，开模取件即得制品。

离心浇铸模具一般由碳钢制造，因受力不大，模具壁厚不必太大，以减少旋转时的动能消耗。模具固定于离心浇铸设备的旋转驱动装置上，电动机经减速装置带动其旋转，通过调节电机转速或减速比控制模具转速，从而控制产生所需的离心力。

离心浇铸设备分为卧式和立式两种，可根据制品的形状尺寸选用。当制品轴线方向尺寸很大时，宜采用卧式设备；当制品的直径较大而轴线方向尺寸较小时，宜采用立式设备。单方向旋转的离心浇铸设备一般用来生产空心制品。空心制品的外径由模具型腔限定，壁厚大小则取决于加入模具的物料量。当制造实心制品时，除绕制品轴线单方向旋转外还需在紧压机上使模具绕着与制品轴线垂直的另一轴进行旋转，以实现制品高度方向的压实。为保证产品密实，加料量必须大于模腔容积，所以离心浇铸实心制品的模具通常在制品高度方向上增设储料腔，以补偿压实时产生的成型收缩，保证产品质量。立式离心浇铸实心制品过程如图7－78所示。

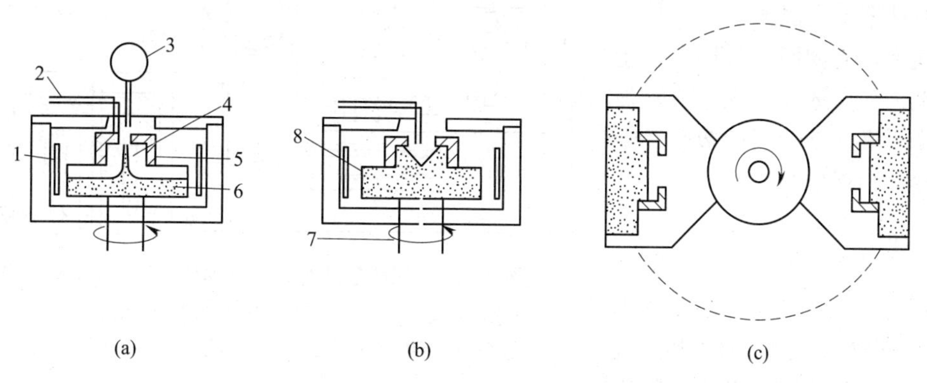


图7－78　立式离心浇铸实心制品过程示意图

（a）加料　（b）成型　（c）压实

1—加热器　2—惰性气体送入管　3—加料器　4—储料腔

5—保温层　6—物料　7—转轴　8—模具

## 7.7.4　流延铸塑

流延铸塑是一类用于薄膜成型的浇铸成型工艺。具体方法是将热塑性或热固性塑料溶于溶剂中配成一定浓度的聚合物溶液（浇铸液），然后以一定的速度将其流布在连续回转的基材（一般为无接缝的不锈钢带）上，通过加热使溶剂挥发，聚合物硬化成膜，将薄膜从基材上剥离即为制品。薄膜的宽度取决于基材的宽度，长度可任意截取，厚度则取决于浇铸液浓度、基材运动速度、流延涂布速度及次数等。

流延铸塑的产品为流延膜，亦称铸塑薄膜。铸塑薄膜的特点是厚度小，厚薄均匀，内应力小，透明度高，多用于光学性能要求很高的塑料薄膜的制造，如电影胶片、安全玻璃的夹层膜等。其缺点是生产速度慢，设备昂贵，生产过程较复杂，热量及溶剂消耗量大，要考虑溶剂的回收及安全等问题，制品的成本较高。另外，铸塑膜中大分子无序排列，薄膜各向同性，但强度较低。

流延铸塑主要用于要求各向同性、内应力极低的聚合物膜的生产，以及某些在高温下容易降解或熔融黏度较高，不易用挤出、压延等成型方法加工成膜的高聚物薄膜的制造。流延铸塑常用的塑料主要有：三醋酸纤维素、聚乙烯醇、氯乙烯和醋酸乙烯的共聚物等，此外某些工程塑料，如聚碳酸酯和聚对苯二甲酸乙二醇酯等，也可采用流延铸塑来生产薄膜。

流延铸塑成型过程包括：塑料溶液的配制、溶液的流延铸塑成膜、薄膜的干燥和溶剂的回收等操作。图7－79所示为三醋酸纤维素流延膜生产工艺流程示意图。

流延铸塑设备主要有带式流延机（图7－79，件9）和回转转鼓铸塑机（图7－79，件10）两种。目前生产中常用的主要是带式流延机。带式流延机由表面无接头、工作面表面光洁度达镜面的不锈钢带（浇铸液铸塑的载体，其宽度决定着可成型薄膜的最大宽度）及加热装置等组成。不锈钢带用两个回转的辊筒张紧并带动，在前回转辊筒处不锈钢带的上部有流延嘴。流延嘴断面为三角形，长度销小于不锈钢带宽度，底部有可调宽窄、长短的窄缝（浇铸液出口），窄缝长度根据薄膜宽度调定。整个流延机置于热风烘房中。

生产时脱泡后的浇铸液被送至流延嘴内，通过其底部的窄缝流布于不锈钢带上。流布到钢带表面的浇铸液液层厚度由钢带的运行速度和流延嘴窄缝宽度决定。从不锈钢带下面逆向吹入热空气使附着在不锈钢带上的溶液层在随其回转过程中逐渐干燥成膜，然后从钢带上剥离下来。从钢带上剥离下来的薄膜通常还含一定量的溶剂，需再通过干燥室或熨烫机进一步干燥。干燥后的薄膜经卷曲辊收卷，即得成品。

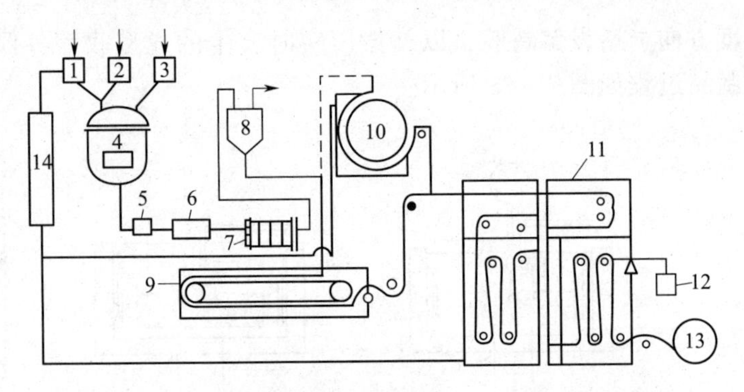


图 7-79　三醋酸纤维素流延膜生产工艺流程示意图

1—溶剂　2—增塑剂　3—三醋酸纤维素　4—混合器　5—泵　6—加热器　7—过滤器　8—脱泡器　9—带式机烘房　10—转鼓机烘房　11—干燥室　12—存贮辊平衡锤　13—成品卷曲辊　14—溶剂回收系统

## 7.7.5　搪塑

搪塑是一类用塑性溶胶（糊塑料）成型空心软制品的浇铸成型工艺，又称为涂凝成型或涂凝模塑。具体方法是将糊塑料倾倒在预先加热到一定温度的模具中，接近模壁的塑性溶胶因受热胶凝而附着在模具型面上而成型，及时倒出没有胶凝的糊塑料，并将附有成型物的模具加热使糊塑料熔融塑化，再经冷却定型后即得中空制品。搪塑成型过程如图 7-80 所示。

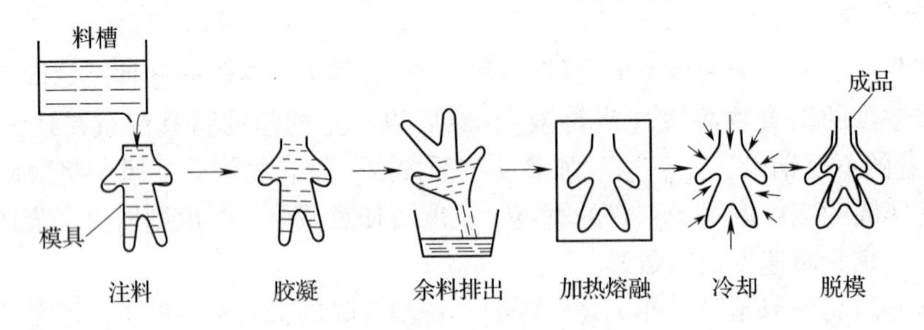


图 7-80　搪塑成型过程示意图

搪塑工艺的主要优点是设备及工艺控制都很简单，生产投入低，即可用恒温烘箱进行间歇生产，也可以采用通道式的加热方式进行高效的连续化生产，但存在缺点是制品的壁厚和质量的准确性、重复性较差。目前此法主要用于以聚氯乙烯糊为原料生产玩具等空心软制品。

搪塑成型用物料为聚氯乙烯塑性溶胶，其原料构成、配制方法以及成型过程中所经历的一系列物理状态和性能变化与涂层等其他糊塑料成型工艺所用原料完全相同（参见第 3 章及本章第 3 节）。

搪塑成型所用模具为内形光洁、形状平滑过渡（无死角及突变）的整体式凹模，材质多为导热性好、热惯量较大的铜铁等金属或合金。搪塑为无压浇铸成型，对模具强度要求不高，只要能承受脱模力作用即可。由于整体式复杂内形加工困难，搪塑模具通常部由电镀法制成。方法是先用黏土等塑性材料捏成制品的形状，再用石膏翻制成阴模（为便于脱模，有时需将石膏阴模做成几个组合块），然后将熔化的蜡浇入石膏模中铸成蜡质阳模。蜡模经仔细修整后涂以石墨或通过化学镀银在其表面制成导电层。对表层导电的蜡模进行电镀镀铜，镀层厚度达 l.5mm 左右即可。加热把蜡芯熔化倒出，锯出浇口，再对型面进行清洗、抛光及镀镍。所得模具在 180～200℃退火 2h 即可投入使用。

搪塑成型工艺操作中主要注意以下几点：

① 糊塑料性能要求　搪塑要求糊塑料黏度适中，以保证在灌入模具后能充分润湿整个型

面，使制品表面微细的凹凸或花纹均能清晰呈现。黏度过大达不到上述要求，而黏度过低则制品厚度难达要求。

② 注料操作　搪塑成型必须保持模具型面和物料的清洁，以便整个型面均能为糊塑料所润湿。注料时注意不要操之过急，避免空气卷人或模内空气被入模料压堵无法排出形成气堵，导致模具部分型面不能被物料润湿。因此，在进行注料操作时，最好将模具稍加振动以逐出糊塑料中的气泡，排除型腔内的空气。

③ 制品厚度控制　搪塑制品为软制品，为使其获得使用强度（可站立、挤压变形后可自行恢复）必须有一定厚度（一般为1～3mm）。搪塑制品厚度取决于糊塑料的黏度、糊塑料滞留模内时模具的温度和糊塑料在模具中停留的时间。当糊塑料黏度适宜时，模具预热温度（一般为130℃左右）越高、糊塑料在模内滞留时间越长，胶凝层即制品厚度越厚。但如果模具温度过低，滞留时间再长厚度也不会增加。所以，当模具热惯量太小时，单靠预热模具往往不能获得制品要求的壁厚。此时可在未倒出糊塑料前短时间加热模具，加热方法可以是用红外线灯照射或将模具浸入热油浴中，使胶凝层达到所需厚度。

④ 烘熔　烘熔是使物料由非均相胶凝态转变为均相粘流态的过程。排尽末胶凝糊塑料的模具需放入165～175℃左右的烘箱或加热烘道中加热一定时间，使胶凝料层塑化，加热时间取决于制品的壁厚。烘熔温度较高时，加热时间可相应缩短，但应注意防止物料过热分解。

⑤ 冷却　烘熔后的成型物为黏流态，必须冷却定型后方可脱模。烘熔完成后，将模具及成型物从加热装置取出，用风冷或水喷淋冷却，当模温降至80℃左右时，即可将制品从模内取出。冷却不足会导致脱模后变形，甚至无法脱模。

### 7.7.6　蘸浸成型

蘸浸成型又称蘸浸模塑，其原理及方法与搪塑成型基本相同，两者区别仅在于蘸浸所用模具为阳模而非阴模。模具材质可以是铝、铜、钢材、陶瓷、玻璃、木材等。

蘸浸成型的具体方法是将模具浸入装有糊塑料的容器中，然后将模具缓慢提出，糊塑料即附着在模具型面上而成型，将蘸有糊塑料的模具加热使糊塑料胶凝、塑化，再经冷却定型，脱模后即得中空制品。此法生产的制品主要有泵用隔膜、软管、塑胶手套、玩具等。与搪塑类似，蘸浸成型即可用简易设备间歇生产，也可采用流水生产线进行高效连续化生产。

用有机溶胶和塑性溶胶蘸浸一次所得制品的厚度分别为0.003～0.4mm和0.02～0.5mm，厚度大小取决于所用溶胶的黏度。欲成型厚度较大的制品，可通过多次蘸浸、预热模具等方法实现。用多次蘸浸的方法生产厚制品时，每次蘸浸后都要加热使蘸上的糊塑料胶凝，但不必使之塑化，只有最后一次蘸浸完成后才使其完全塑化，以免制品分层。用预热模具的方法生产厚制品时，模具浸入胶槽的速度应很快，以保证附着在模具上的胶凝层厚度尽可能均匀，提出的速度则与不预热模具时完全相同。制品增厚的程度决定于模具的预热温度，在多数情况下，用150℃的模具蘸浸塑性溶胶所得制品的厚度可达1.6～2.4mm。

糊塑料蘸浸成型技术是由胶乳浸渍成型技术演化而来的，因此与橡胶浸渍制品成型技术极为相似。胶乳浸渍成型是应用最早的一项橡胶成型技术，远在18世纪以前，就已用天然胶乳浸渍方法制造日用品。

浸渍用胶乳主要要求成膜性好。目前大部分采用离心法浓缩天然胶乳，有特殊性能要求时也可使用合成胶乳。胶乳的浓度和黏度直接影响到浸渍胶膜的厚度和操作条件，应根据制品特点、工艺操作、温湿度等情况，适当加入稳定剂或增稠剂等。为改善胶乳的流动性和制品的柔软性，通常加入少量软化剂。

胶乳浸渍成型方法主要有直浸法、凝固剂法、热敏化法和电沉积法4种。

直浸法是将模具直接浸入配合好的胶乳中，上提模具，胶乳附着在模具型面上形成胶膜，然后经翻转、干燥、脱模，即得制品。胶膜厚度取决于胶乳固体含量及其黏度。操作过程中，应控制模具上提的速度高于胶乳沿模具下流的速度，以防先提出部分胶乳大量流失导致产品厚薄不均。该法操作简便，每浸一次形成的胶膜很薄，可浸多次，减少针孔，适于生产避孕套等薄膜制品。

凝固剂法，又叫离子沉积法，一般分为先浸凝固剂和后浸凝固剂两种。前者是把模具先浸上一层凝固剂，待凝固剂干燥后再浸入胶乳中，胶乳在凝固剂的表面迅速凝固形成胶膜；后者是在模具上先浸胶乳，然后再浸凝固剂，使胶乳快速凝固成膜，干燥后洗去凝固剂。目前生产上主要使用前一种方法。凝固剂法生产效率较高，也可反复多次浸渍直至达到所要求厚度，适于制造手套、奶嘴等较厚的乳胶制品。

热敏化法采用的是热敏性胶乳，模具先预热再浸入胶乳，然后在热空气中凝固定型。此法可制得厚度均匀的胶膜，可连续浸胶，生产效率高，兼有直浸法和凝固刑法的优点。但浸渍槽必须备有冷却装置，以防热模具反复浸入引起胶乳升温，导致胶乳全部凝固。

电沉积法类似电镀，工艺简便，所得胶膜致密，强度高，耐撕裂，伸长小，定伸强度高，但要求模具表面导电，适用于金属模具或金属制品表面挂胶。

浸渍制品生产操作过程中主要注意以下几点：

① 浸渍　浸渍操作模具浸入速度对产品质量影响不大，只要注意不使胶乳起泡即可。但上提速度必须均匀适度。当模型提出后，使剩余胶乳流至顶部，然后再翻转180度，并且缓慢旋转模具至胶乳凝固为止。在再次浸渍前，胶膜应经过干燥，但不能硫化，否则将产生鳞片状或导致制品分层。

② 沥滤　胶膜中的分散剂、稳定剂等会增加制品的吸湿性，残留的凝固剂、热敏剂等也对制品性能有不利影响。因此，在制品成膜后，应用热水或蒸汽进行沥滤清洗，去除胶膜表面的这些低分子物。

③ 卷边　在最后一次浸胶后，胶膜呈半干燥状态时，将模具上胶膜边缘卷起成一定粗度的卷边，以增强制品边缘的抗撕裂能力。

④ 脱模　脱模前胶膜必须进行干燥。脱模分湿法和干法两种。湿法脱模是将模具浸入含有滑石粉或碳酸钙的热水或热肥皂水中，使胶膜膨胀松弛，以便脱下。干法脱模时，必须在制品表面涂隔离剂，以防黏结在一起。

⑤ 干燥和硫化　干燥一般用热空气干燥，温度大约在70～80℃，以免引起气泡。薄膜制品也可用红外线干燥。硫化一般采用热空气或热水。

⑥ 表面处理　将浸渍后胶膜未干的模具浸入苯或甲苯等溶剂中，可使制品表面获得防滑皱纹；用氯气、次氯酸钠或溴水对表面进行氯化或溴化处理，可使制品表面更加光洁美观。

### 7.7.7　滚塑

滚塑是一种成型中空制品的工艺方法，又称旋转成型、回转成型、旋转铸塑、旋转浇铸成型。具体方法是先将塑料加入到模具中，然后使模具沿两垂直轴不断旋转并加热升温，模内塑料在重力和模具热量的作用下，逐渐地均匀涂布、附着于整个模具型面上，成型为所需要的形状，经冷却定型制得中空塑料制品。

滚塑制品无口无缝，厚度及其均匀性取决于加料量和模具型面的温度均匀性。与挤出中空吹塑相比制品壁厚均匀，无熔接缝，废料少。产品内在质量与离心浇铸类似，几乎无内应力，因而不易出现气泡、变形、凹陷等缺陷。

滚塑成型的生产方法与离心浇铸类似，但由于模具转速不高，成型压力比离心浇铸还低，故设备更加简单，更有利于小批量生产大型的中空制品（如化工原料贮存、运输用的超大容器等）。滚塑工艺出现于20世纪50年代后期，最初主要用于聚氯乙烯糊塑料生产玩具、皮球、瓶罐等小型制品。目前，滚塑更多地用于大型中空制品的生产，原料也从糊塑料、聚氨酯等液状料拓展到PE、PP等各种粉状热塑性塑料。

滚塑所用设备主要由模具，使模具多轴旋转的旋转机，以及能对旋转中的模具进行加热的高温室等组成。

滚塑模具为可开合的瓣合模，型面光洁、形状平滑过渡（型面角隅及突变易导致制品壁厚差异过大）。滚塑靠物料自重成型，成型压力很低，对模具强度要求不高，只要能保持制品所需型样即可，但由于模具型面温度一般由烘烤整个模具获得，要求模具材质导热性好。所以，滚塑模具多用易加热的金属或合金制造，小型的常用铝或铜，大型的则多采用骨架支撑的钢板制成。

旋转模具的旋转机应能实现模具多轴旋转，并能将旋转中的模具或与模具一起移入高温烘房。根据模具大小可设计成多模同时多轴旋转（图7-81）或单模多轴旋转（图7-82）。

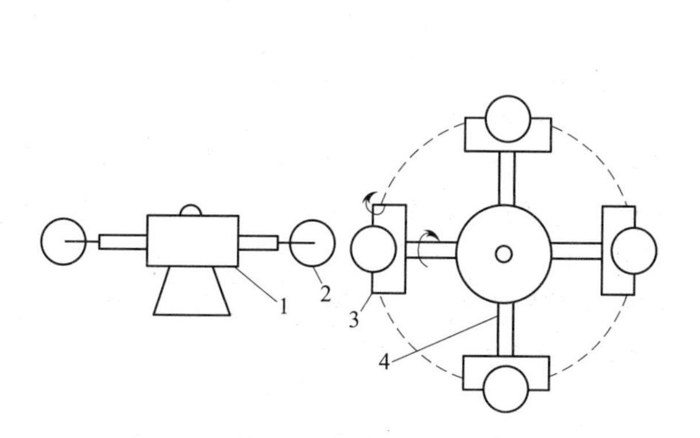


图7-81　多模滚塑旋转机示意图

1—旋转机　2—模具　3—次轴　4—主轴

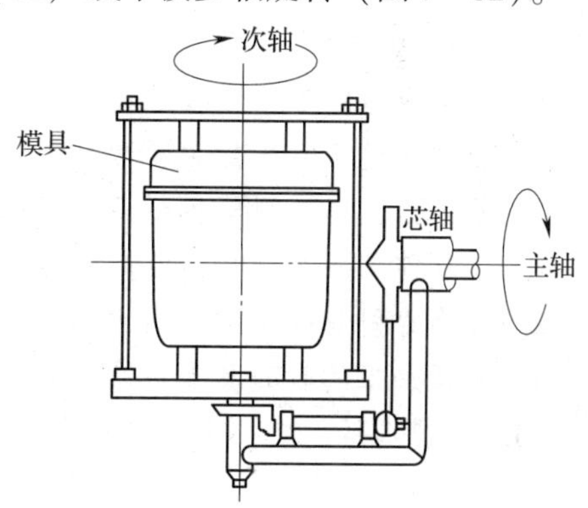


图7-82　单模滚塑旋转机示意图

模具加热可以用将模具或连同旋转机一起送入高温室的方法。加热用高温室多采用耐火材料砌成，也可用装有石棉板等隔热材料的结构件组装而成。热源为置于室内各面的电热器或远红外加热器。或者使用夹套式滚塑模具，通过向模具夹套内通入加热介质的方法加热。

滚塑成型生产操作过程中主要注意以下几点：

① 装料　滚塑用原料无论是液体还是粉料都必须洁净，多组分物料需按配方准确计量树脂及各种助剂，并预先混合均匀。加料量根据模具型面面积和制品壁厚计算。物料加入到预先安装在旋转机上滚塑模具中，然后锁紧模具，保证模具在转动过程中物料不致从合模处泄漏。

② 加热滚塑成型　模具装好物料后送入高温室，模具一边不停地转动，一边加热。由于模具是沿着两相互垂直的轴转动的，模具中的物料在重力的作用下，向着模具转动的相反方向下滑，与模具型面上的各点逐一接触，同时模具型面的高温使与其接触的塑料塑化并黏附于模具型面上，形成与模具型面相同的形状。

③ 冷却定型　待模内物料全部均匀地附着于模具型面，并充分塑化后，将旋转机连同模具一起移离高温室，通过冷却使已成型的塑料的形状固定下来。需要注意的是，塑化后的物料是可流动（下淌）的，所以在模具移离高温室及冷却过程中，必须保持旋转机继续带动模具沿两垂直轴向旋转，直到模内物料失去流动性（基本定型）为止。冷却方式可以是风冷（向

模具吹风)、水冷（向模具喷水）或向夹套式滚塑模具的夹套内通入冷却介质。

④ 脱模　模内物料基本定型后旋转机可停止转动，但脱模必须待制品“冷透”（冷却至塑料热变形温度以下）方可进行。滚塑成型周期较长，一般多采取人工脱模，大批量生产(特别是一次滚塑多只制品时)，也有采用机械脱模的。

⑤ 模具清理　开模取件后，需对模具进行清理，清除模腔中以及合模处残存的飞边等杂物，补涂或重新涂布脱模剂，以备下一个周期再用。

滚塑成型过程需控制的主要工艺参数是模具加热温度、旋转成型机主、副轴的转速和速比、加热时间和冷却时间等。具体参数因原料品种、特性，制品大小、壁厚等而异。

## 思　考　题

7.1

1. 压延成型的原理是什么？有何工艺特点？

2. 压延成型辊筒的排列方式有哪几种？辊筒排列的原则是什么？

3. 压延机按辊筒数目可分为几类？四辊压延机有几种排列方式？最普遍采用哪几种？并画出它们的排列方式。

4. 压延成型的工艺流程是什么？

5. 影响压延产品质量的因素有哪些？

6. 试画出压延成型塑料制品生产工艺方框图，并简答压延的操作顺序是什么？

7. 压延前工序有哪些设备？压延后处理有哪些程序？

8. 分离力引起的厚度不均的解决方法有哪些？

9. 压延加工的目的及其对操作和产品质量的要求是什么？

10. 何谓压延效应？受哪些操作因素影响？如何影响？

7.2

1. 解释下列词语：模压成型、预压、预热、固化、模压温度、模压压力

2. 简述模压成型工艺流程。

3. 模压成型前为什么要预压和预热？

4. 常用压模有哪几种结构类型？各有何特点？

5. 模具结构对热固性塑料模压过程中模腔内的物料体积和压力变化有何影响？

6. 试论模压成型工艺参数（模压压力、模压温度、模压时间）的设定依据和方法，及其对制品强度的影响。

7. 热固性塑料和热塑性塑料模压工艺有何异同？

8. 冷压烧结成型主要用于成型哪些物料？对物料有何要求？

9. 简述冷压烧结成型工艺过程，讨论影响制品质量的主要因素。

7.3

1. 解释下列词语：涂层、直接涂覆、间接涂覆、刮涂、辊涂、覆膜纸、火焰喷涂、流化喷涂、静电喷涂

2. 简述涂覆法生产聚氯乙烯人造革的工艺流程。

3. 比较说明干法、湿法两种PU革生产工艺及产品特点？

4. 常用的粉末喷涂工艺有哪几种？试论其技术原理及优缺点？

5. 工件喷涂前通常需要进行哪些表面处理？如何处理？

7.4

1. 解释下列词语：泡沫塑料、泡孔密度、发泡倍率。

2. 如何区分开孔结构和闭孔结构？

3. 比较物理发泡法和化学发泡法，简述其特点及各自的优缺点。

4. 在发泡成型中，如何控制泡孔的增大，使泡孔稳定？

5. 常用的物理发泡剂和化学发泡剂的种类有哪些？各有何特点？

6. 解释PE发泡工艺控制较难的原因及解决办法。

7.5

1. 解释下列词语：热成型、压差成型、真空成型、加压成型、鼓泡成型、引伸比、展开倍率。

2. 简述热成型工艺过程及其产品特点。

3. 热成型中材料是在什么状态成型的？其变形是弹性变形还是塑性变形？

4. 常用的热成型工艺方法有哪些？各有何特点？

5. 热成型机主要由哪几个基本功能部分构成？

6. 热成型工艺对模具设计、加工有哪些要求？

7. 热成型成型温度的设定有何要求？设定时主要考虑哪些因素？

7.6

1. 简述热塑性增强塑料的性能特点。

2. 简述偶联剂处理玻璃纤维的方法。

3. 简述增强物的种类及表面处理方法。

4. 简述拉挤成型的3种成型工艺方法。

5. 影响热塑性增强塑料性能的因素有哪些？

7.7

1. 何谓浇铸成型？试论其原料、工艺及产品特点。

2. 常用的浇铸成型工艺方法有哪些？说明它们的工艺特点及主要用途。

3. 热成型良好的静态浇铸原料在成型工艺性上应满足哪些要求？

4. 简述静态浇铸基本过程及其操作要点。

## 参考文献

1. 黄锐，曾邦录. 塑料成型工艺学［M］2版. 北京：中国轻工业出版社，2011.
2. 周达飞，唐颂超. 高分子材料成型加工［M］. 北京：中国轻工业出版社，2010.
3. 申开智. 塑料成型模具［M］. 2版. 北京：中国轻工业出版社，2002.
4. ［美］M. D. 贝贾尔著，贾德民等译. 塑料聚合物科学与工艺学（下册）［M］. 广州：华南理工大学出版社，1991.
5. 吴崇周. 塑料加工原理及应用［M］. 北京：化学工业出版社，2008.
6. 何继敏. 新型聚合物发泡材料及技术［M］. 北京：化学工业出版社，2007.
7. 吴智华，杨其. 高分子材料成型工艺学［M］. 成都：四川大学出版社，2010.
8. 史玉升，李远才，杨劲松. 高分子材料成型工艺学［M］. 北京：化学工业出版社，2006.
9. 张京珍. 泡沫塑料成型加工［M］. 北京：化学工业出版社，2005.
10. 赵素合，张丽叶，毛立新. 聚合物加工工程［M］. 北京：中国轻工业出版社，2003.
11. 杨东洁. 塑料制品成型工艺［M］. 北京：中国纺织出版社，2007.
12. 周殿明. 塑料压延技术［M］. 北京：化学工业出版社，2003.
13. 张明善. 塑料成型工艺及设备［M］. 北京：中国轻工业出版社，1998.